U0165539

專利說明書撰寫實務

顏吉承 著

推薦序1

　　顏吉承科長於大同大學設計系畢業，係臺灣最早期培養的設計專業人才，通過經濟部專利商標人員技藝職系工業設計科特考，擔任經濟部智慧財產局（含改制前中央標準局）專利審查官、高級專利審查官達二十餘年，嫻熟專利法制及實務，勤於研究，於工作中累積審查經驗，為文撰述或講學與人分享，對臺灣專利制度之推廣與提升具使命感。司法院於2008年改革智慧財產訴訟制度，因顏科長具備專利專才及在專業上的優異表現，乃借調至智慧財產法院擔任技術審查官（2008.07.01～2011.02.28）及主任技術審查官（2011.03.01～2011.06.30），協助法官辦理專利事件之技術判斷、技術資料之蒐集、分析及提供技術之意見，並依法參與訴訟程序，深入專利訴訟實務，透析專利制度運作之全貌。

　　顏科長於2007年完成「專利說明書撰寫實務」一書，並經2版3刷。2012年1月1日專利法作大幅調整，舉凡定義釐清及名稱變更，專利申請、新型專利、設計專利、專利權及專利權行使等均有重大修正，顏科長旋將其大作修正改版，本版除修改專利法條次及修正相關規定外，另增加：

1. 美國2011年有關35 U.S.C.112補充審查指南（第三章3.2.5之三之(四)）。
2. 撰寫申請專利範圍時，必須因應產業發展狀況決定新穎特徵（第四章4.1.3）。
3. 範例說明，包括請求項及其他專利申請文件之撰寫（第四章4.3）。
4. 解釋申請專利範圍之場合、必要性、目的及意義（第五章5.2.1～5.2.3）。
5. 依美國判決，製法界定物之請求項於不同階段之解釋方法（第五章5.6.3）。
6. 解析申請專利範圍及解析系爭對象的方法（第六章6.2）
7. 限制均等論的新理論，如請求項破壞原則等（第六章6.5.2之十）。
8. 先前技術阻卻vs.專利無效抗辯之解說（第六章6.7.6）。

　　以上皆屬貼近實務歷練、切合現實趨勢及需要的重要內容，增益充實本書，並有畫龍點睛之效。對專利工程師、專利師、律師、專利領域、學習者、研究者、布局者及從事智慧財產法律實務工作者，均具重要而實效之參考價值。

智慧財產法院　院長

高秀真

102.02.19

推薦序2

現代化的企業經營，除了重視品質（Quality）、成本（Cost）、交期（Delivery）之外，尤其關注智慧財產（IP, Intellectual Property）的累積與生態意識（Eco-awareness）。就企業經營的資本（Capital）言之，也由單純的財務資本（Financial Capital），進而重視人才資本（Human Capital）與智財資本（IP Capital）。身處全球性激烈競爭的今天，這些轉變在在顯示企業經營的永續繁榮與發展更有賴智財資本的加速累積與壯大。

在今日知識經濟時代，專利（Patent）已經不只是科技法律事務而已，更是企業資產及商業競爭之利器。無論將專利視為科技法律事務或視為資產、競爭力之表徵，皆必須植基於有效的專利權，而其最基本的課題在於專利說明書及申請專利範圍之撰寫必須符合專利法規。

欣見本公司建教合作的大同大學工業設計系高才生顏校友吉承秉持服務於經濟部智慧財產局多年所累積的實務經驗與理論基礎順利完成「專利說明書撰寫實務」一書之著作，本書包含專利說明書之概說與撰寫、申請專利範圍之規劃與撰寫技巧、申請專利範圍之解釋及發明暨新型專利權範圍侵害判斷等六章，內容詳實豐富，對於發明界及產業界相信必是一大福音。際本書付梓前夕，特予介紹。

大同公司董事長　林蔚山
2007年10月

新版序

　　5年了，2007年11月本書初版距今5年了。當年，筆者有感於國內專利界長期以來心中只想取得專利權，眼中只看到新穎性、進步性等專利要件，對於涉及申請專利範圍、說明書等相關觀念及專利要件反而不甚瞭解，以致專利品質一直無法提升，在此情況下，不揣自己才疏學淺，冒然將自己的讀書心得集結成冊，始有本書的誕生。

　　5年來，本書出版了2版3刷，筆者也曾到智慧財產法院走了一遭，對於本書內容所涉及的專利實務有了更深一層的體悟。2008年7月1日智慧財產法院成立之前，國內專利界有一種說法：「解釋申請專利範圍是法院的權責，無需專利代理人或審查官費心。」如今，無論是審查、舉發或專利無效抗辯程序，只要有爭執，常常是先從申請專利範圍的解釋著手，國內專利界漸漸理解到原來解釋申請專利範圍也是前端作業必須注重的事項，這個發展正符合本書在2007年初版時將「申請專利範圍之解釋」納入第5章的初衷。筆者以為唯有經過訴訟攻防淬煉的專利權才有價值，撰寫申請專利範圍及說明書並非只是交代了事，撰寫者必須清楚知道法院會怎麼解釋當事人所爭執的申請專利範圍，也必須清楚預期到怎樣的侵權物品才會落入專利權範圍，嗣將自己的體悟融入專利申請文件，才能提升專利品質。

　　2013年1月1日起新專利法施行，相關子法及專利審查基準也一併修正施行，本書當然必須與時俱進跟著調整。藉這次修正的機會，筆者將5年來的學習、體悟及國內、外新的專利法制融入本書內容，並新增申請專利範圍及說明書之撰寫範例，引領初學者實際撰寫一遍，讓初學者更能得心應手掌握專利說明書的撰寫重點。

　　最後感謝智慧財產局暨智慧財產法院的長官、同仁、專利界先進同道及許許多多讀者5年來的支持，本書即將帶著大家的祝福展開Part III的旅程，謹此致謝。

顏吉承　謹誌

再版序

　　玩，向來是筆者工作的態度，只要玩得深玩得廣，就能玩出趣味玩出東西。回首來時路，從電子玩到汽車，從私人企業玩到公務機關，玩得不亦樂乎。近幾年開始玩爬格子遊戲，玩新式樣專利也玩發明專利，玩專利審查也玩專利侵權鑑定，先是寫「發明專利審查基準」、「新式樣專利審查基準」及「專利侵害鑑定要點」，接著寫「設計專利——理論與實務」、「專利說明書撰寫實務」及「設計專利權侵害與應用」三本著作，以字數計，可也玩出百萬字。未來是否再玩「專利地圖與分析」或「專利鑑價」，似乎並無不可，一切隨緣囉！

　　以專利作業而言，前端作業是申請人或專利工程師撰寫專利說明書，中段是專利審查官審查申請案及專利工程師申復、答辯申請案是否符合專利法規之作業，授予專利權後，後端作業則是專利權之行使，包括專利管理、鑑價、契約、授權及訴訟等作業，參與人員包括律師、專利師、專利工程師等，專利權人提起專利訴訟時，甚至法官及技術審查官都要參與其中。無論前端、中段或後端作業，前述參與人員共同注目的焦點唯專利說明書，足以見其重要性。

　　在專利界引頸祈盼中，司法院於2008年7月1日在台北縣板橋市設立智慧財產法院，筆者有幸加入該法院成為其中的一員，得以從爬格子遊戲中再開展另一段專利遊戲的旅程。筆者所任技術審查官的工作屬於專利的後端作業，對於已累積20年專利審查經驗的人而言，這段機緣相當令人珍惜，不但可以在工作中學習專利訴訟實務，更可以藉機檢驗本書所載之理論與實務，尤其是第五章「申請專利範圍之解釋」及第六章「發明暨新型專利權範圍侵害判斷」。本書6.5.2之七就點出美國聯邦巡迴上訴法院近幾年所創設且大量採行之「請求項破壞論」（the Claim Vitiation Doctrine）及「特別排除原

則」（specific exclusion principle）。這兩個理論或原則可謂係全要件原則之衍生產物，與禁反言原則或貢獻原則同屬均等論之限制理論，雖然美國律師界目前尚有相當爭議，台灣專利界也不重視，但依筆者一年多來任技術審查官的經驗，這兩種理論對於台灣眾多申請專利範圍相當狹隘的專利，尤其是僅進行形式審查即取得專利權的新型專利而言，仍有其理論基礎及技術分析上的優點，值得持續觀察其未來發展。

　　古人云：「弱水三千，只取一瓢」，當今全球關注的人權、生化、通訊、網路、環保、智慧財產權六大議題中，筆者有幸能玩到其中之一，已是不虛此生，焚香頌禱之餘，還要感謝讀者兩年來的支持（雖然支持的掌聲稀疏寥落），使出版社有勇氣繼續本書Part II的旅程，謹此致謝。

顏吉承　謹誌

2009年10月

序

　　2002年起，筆者有幸參與發明專利及新式樣專利實體審查基準的撰寫工作。歷經2年時光，前後草擬了發明6章（2004年版）及新式樣6章（2005年版）總計12章基準；嗣後於2004年下半年起又參與「專利侵害鑑定要點」草擬、整理的工作。草擬的過程中，難免會遇到令人疑惑、困擾的問題，細究其根源就在申請專利範圍的規劃、撰寫及解釋等問題。

　　以往，專利只是技術或法務工作的一環，曾幾何時，專利不僅是企業內部財務及業務部門不可忽視之議題，甚至已躍上企業生存發展、併購或策略聯盟談判的主角，例如當今最火紅的專利課程已是「專利策略及管理」、「專利地圖與分析」、「專利鑑價」、「專利契約」及「專利授權談判」等。萬丈高樓平地起，在實務運作時，這些高階議題仍然必須植基於有效的專利權。專利權是否有效，雖然與專利要件有直接關係，但是根本的問題尚繫於專利說明書，尤其是申請專利範圍的撰寫是否嚴謹、妥當。

　　有鑑於此，本書試圖從專利法制入手，先介紹專利說明書各部分包括申請專利範圍之目的及作用，再引領讀者瞭解專利說明書及申請專利範圍的撰寫技巧。除了基本技巧外，本書也從擴大申請專利範圍涵蓋範圍的角度切入，介紹若干規劃申請專利範圍的手法。最後兩章「申請專利範圍之解釋」及「發明暨新型專利權範圍之侵害判斷」係介紹專利侵權訴訟程序中有關申請專利範圍之操作，以協助讀者擴大視野深入瞭解申請專利範圍撰寫之核心重點及邏輯思維。

　　時代變了，從前仰賴土地及自然資源的工業時代已經被以創意為軸心的知識經濟取代，強調產業要創新、要差異化的「藍海策略」前兩年幾乎成為國內專業經理人的口頭禪。創意就是財富，也是經濟成長、商業利益的泉源，這個不爭的事實自然而然促使創意及創意的所有權成為產業競爭策略重

要的一環。未來國際關注的焦點在於：人權、生化、通訊、網路、環保、智慧財產權等議題。值此台灣產業起飛之際，希望本書能發揮拋磚引玉之功，協助專利從業人員更進一步暸解專利實務與制度，也希望能促使專利界人士協助台灣產業走向國際智慧財產權舞台，邁向知識經濟的時代。

顏吉承　謹誌

2007年9月3日

第六章　發明暨新型專利權範圍侵害判斷 453

第一章 | 專利說明書概說

　　專利制度旨在鼓勵、保護、利用發明與創作，以促進產業發展。政府藉授予申請人專有排他之專利權，保護其所研發之發明或創作，並鼓勵其公開研發成果，使公眾能利用之制度。美國法院於1938年已指出：專利政策的基本目的在於藉專利制度使公眾能利用專利所揭露之資訊，開發、改良更好的產品貢獻給社會。

　　在當今知識經濟的時代，發明人腦海中靈光乍現浮現一個好的創意點子時，大家都知道要申請專利取得專利權，以保障自己的智慧財產權。智慧財產權的種類很多，耳熟能詳的就有專利權、商標權及著作權等。就前二者而言，申請人必須向國家提出申請，請求保護其發明、創作，而由國家授予專有排他權，這就是所謂的權利主義；就後者而言，申請人從著作完成時起即自動取得權利，不須經過申請程序。依專利法，專利權發生的前提條件在於發明及設計專利申請案須經實體審查、新型專利申請案須經形式審查，以確認該創作具備專利法所規定的專利要件，這就是所謂的審查主義。

　　申請人向智慧財產局申請專利，必須以書面形式提出申請。為達成前述專利制度之目的，依專利法規定，申請發明專利應備具申請書、說明書、申請專利範圍、必要之圖式、摘要及其他必要之代理人委任書、優先權證明文件、優惠期證明文件、核苷酸或胺基酸序列表及生物材料寄存證明文件等向智慧財產局提出申請，智慧財產局受理專利申請案，嗣於申請書、說明書、申請專利範圍及必要之圖式齊備之日賦予該申請案之申請日。

　　申請專利之文件包括說明書、申請專利範圍、必要之圖式及摘要，除摘要之外，其他三件攸關申請日及專利權之取得，而為申請專利之必備文件，其中，申請專利範圍之記載關係到專利權範圍的界定，為本書之重點。本書內容係以發明專利為對象，文中涉及發明及新型之共同事項者，概以「發明」代之，不再贅述「新型」。

　　本章先就專利法及專利法施行細則中有關前述申請專利必備文件之記載事項予以列示並簡單說明之。

1.1 申請文件之架構

申請專利，申請人必須備具申請書、說明書、申請專利範圍、必要之圖式及摘要向智慧財產局申請，前四件申請文件為智慧財產局受理專利申請案賦予申請日之必備文件，另須備具之摘要並非賦予申請日之必備文件。

專利法條約（Patent Law Treaty，簡稱PLT）於2000年6月在世界智慧財產權組織獲得通過，並於2005年4月28日正式生效後，全球各國專利申請手續及形式要求已趨於一致，概依專利合作條約Rule 3.3(a)(i)之規定：國際申請案應包含之要件：說明書、申請專利範圍、必要之圖式及摘要[1]，我國專利法第25條係依該規定。

本書之敘述概以前述架構為主，惟各國歷年所規定之申請文件多次變更，尤其是論及說明書與申請專利範圍之關係時，有時說明書係指包含申請專利範圍之文件，有時係指申請專利範圍以外說明書中所載之發明內容，屆時必須勞駕讀者自行轉換成該國或組織之法制概念理解之。

此外，必須指明者，我國專利法中之用語「申請專利範圍」與施行細則中之用語「請求項」兩者之意義實質上並無太大差異，本書並未刻意區分兩用語，請讀者以同義詞理解之。

1.2 申請書之記載

依專利法施行細則第16條規定，申請發明專利者，其申請書應載明下列事項：

1. 發明名稱。
2. 發明人姓名、國籍。

1　專利法條約歷經數年多邊談判，於2000年6月在世界智慧財產權組織獲得通過，並於2005年4月28日正式生效。專利法條約旨在調和全球的專利體系，經由某些專利申請手續之統一，減少或消除繁文縟節及失權的隱憂。專利法條約簡化了各國專利與專利申請的形式要求，使其與國際相關規定趨於一致，從而使專利申請人與專利權人在全世界更容易獲得並維持其專利。專利法條約並非將各國的實質性專利法予以統一，亦即並非調和各國有關可專利性的法律規定；後者係世界智慧財產權組織目前正在討論的實質專利法條約所處理的問題。

3. 申請人姓名或名稱、國籍、住居所或營業所；有代表人者，並應載明代表人姓名。

4. 委任專利代理人者，其姓名、事務所。

有下列情形之一者，並應敘明之：

1. 主張本法第22條第3項第1款至第3款規定之事實者。

2. 主張本法第28條第1項規定之優先權者。

3. 主張本法第30條第1項規定之優先權者。

1.3 說明書之記載

說明書之記載事項規定於專利法施行細則第17條。

1. 說明書應載明之事項規定於第1項：

(1) 發明名稱。

(2) 技術領域。

(3) 先前技術：申請人所知之先前技術，並得檢送該先前技術之相關資料。

(4) 發明內容：發明所欲解決之問題、解決問題之技術手段及對照先前技術之功效。

(5) 圖式簡單說明：有圖式者，應以簡明之文字依圖式之圖號順序說明圖式。

(6) 實施方式：記載一個以上之實施方式加以記載，必要時得以實施例說明；有圖式者，應參照圖式加以說明。

(7) 符號說明：有圖式者，應依圖號或符號順序列出圖式之主要符號並加以說明。

2. 說明書之記載順序及方式規定於第2項：

說明書應依前述前項各款所定順序及方式撰寫，並附加標題。但發明之性質以其他方式表達較為清楚者，不在此限。

3. 說明書之段落編號規定於第3項：

說明書得於各段落前，以置於中括號內之連續4位數之阿拉伯數字編號依序排列，以明確識別每一段落。

4. 發明名稱之記載規定於第4項：

發明名稱，應簡明表示所申請發明之內容，不得冠以無關之文字。

5. 有關生物材料發明之記載規定於第5項：

申請生物材料或利用生物材料之發明專利，其生物材料已寄存者，應於說明書載明寄存機構、寄存日期及寄存號碼。申請前已於國外寄存機構寄存者，並應載明國外寄存機構、寄存日期及寄存號碼。

6. 有關核苷酸或胺基酸序列之記載規定於第6項：

發明專利包含一個或多個核苷酸或胺基酸序列者，說明書應包含依專利專責機關訂定之格式單獨記載其序列表，並得檢送相符之電子資料。

1.4　申請專利範圍之記載

申請專利範圍之記載事項規定於專利法施行細則第18條至第20條。

1. 申請專利範圍之形式事項規定於第18條

(1) 整個申請專利範圍之結構及請求項之類型規定於第1項前段：發明之申請專利範圍，得以一項以上之獨立項表示；其項數應配合發明之內容；必要時，得有一項以上之附屬項。

(2) 請求項之依附關係規定於第1項後段：獨立項、附屬項，應以其依附關係，依序以阿拉伯數字編號排列。

(3) 獨立項之記載形式規定於第2項：獨立項應敘明申請專利之標的名稱及申請人所認定之發明之必要技術特徵。

(4) 附屬項之記載形式規定於第3項前段：附屬項應敘明所依附之項號，並敘明標的名稱及所依附請求項外之技術特徵，其依附之項號並應以阿拉伯數字為之。

(5) 附屬項之技術範圍規定於第3項後段：於解釋附屬項時，應包含所依附請求項之所有技術特徵。

(6) 多項附屬項之記載形式規定於第4項：依附於二項以上之附屬項為多項附屬項，應以選擇式為之。

(7) 附屬項依附關係之順序規定於第5項前段：附屬項僅得依附在前之獨立項或附屬項。

(8) 禁止多項附屬項規定於第5項但書：但多項附屬項間不得直接或間接依附。

(9) 單句原則規定於第6項：獨立項或附屬項之文字敘述，應以單句為之。

2. 申請專利範圍之實體事項規定於第19條

(1) 記載限制規定於第1項：請求項之技術特徵，除絕對必要外，不得以說明書之頁數、行數或圖式、圖式中之符號予以界定。

(2) 符號之記載及解釋規定於第2項：請求項之技術特徵得引用圖式中對應之符號，該符號應附加於對應之技術特徵後，並置於括號內；該符號不得作為解釋請求項之限制。

(3) 非文字之記載規定於第3項：請求項得記載化學式或數學式，不得附有插圖。

(4) 手段或步驟功能用語之記載規定於第4項：複數技術特徵組合之發明，其請求項之技術特徵，得以手段功能用語或步驟功能用語表示。於解釋請求項時，應包含說明書中所敘述對應於該功能之結構、材料或動作及其均等範圍。

3. 二段式請求項規定於第20條

(1) 二段式請求項之形式事項規定於第1項：發明獨立項之撰寫，以二段式為之者，前言部分應包含申請專利之標的名稱及與先前技術共有之必要技術特徵；特徵部分應以「其特徵在於」、「其改良在於」或其他類似用語，敘明有別於先前技術之必要技術特徵。

(2) 二段式請求項之實體事項規定於第2項：解釋獨立項時，特徵部分應與前言部分所述之技術特徵結合。

1.5　圖式之製作

圖式之揭露事項規定於專利法施行細則第23條：
(1) 繪製方式規定於第1項：發明之圖式，應參照工程製圖方法以墨線繪製清晰，於各圖縮小至2/3時，仍得清晰分辨圖式中各項細節。
(2) 排列及禁止事項規定於第2項：圖式應註明圖號及符號，並依圖號順序排列，除必要註記外，不得記載其他說明文字。

1.6　摘要之記載

摘要之記載事項規定於專利法施行細則第21條第1、2項：
(1) 記載內容及方式規定於第1項：摘要，應簡要敘明發明所揭露之內容，並以所欲解決之問題、解決問題之技術手段及主要用途為限；其字數，以不超過250字為原則；有化學式者，應揭示最能顯示發明特徵之化學式。
(2) 禁止事項規定於第2項：摘要，不得記載商業性宣傳用語。

1.7　說明書與申請專利範圍之作用

各國之專利法制皆採先申請主義，申請日之確定攸關發明申請之先後順序，說明書與申請專利範圍攸關申請日之確定。

依專利法第1條，專利法制之目的在於鼓勵、保護、利用發明、新型及設計之創作，說明書必須作為公開創作之技術文獻，使該創作所屬技術領域中具有通常知識者，能瞭解其內容，並可據以製造或使用該取得專利之物或方法，而達到公眾能利用該發明之程度。另依專利法第58條第4項規定：「發明專利權範圍，以申請專利範圍為準，於解釋申請專利範圍時，並得審酌說明書及圖式。」申請專利範圍之作用係界定申請人欲取得專利權之範

圍[2]，而為專利權人主張權利之法律文件，惟專利權範圍並非僅由申請專利範圍予以確定，說明書之記載內容攸關專利權範圍之解釋。

專利法第58條第4項係確定專利權範圍之法律依據及解釋申請專利範圍之基本原則，為達成法律文件及技術文獻之作用，說明書必須達到專利法第26條第1項所定之可據以實現要件：「說明書應明確且充分揭露，使該發明所屬技術領域中具有通常知識者，能瞭解其內容，並可據以實現。」申請專利範圍必須達到專利法第26條第2項所定之明確、簡潔及支持要件：「申請專利範圍應界定申請專利之發明；其得包括一項以上之請求項，各請求項應以明確、簡潔之方式記載，且必須為說明書所支持。」類似之規定見於實質專利法條約（Substantive Patent Law Treaty，以下簡稱SPLT）第10屆草約[3]。

總之，申請專利範圍是界定專利權範圍的依據[4]，目的在於精確劃分受專利保護及未受專利保護之區域，使公眾明瞭可作為研究發展之範圍[5]；說明書是申請人公開揭露其創作使公眾能明瞭該創作並據以實現。在專利實務上，申請專利範圍及說明書得作為下列用途：

1. 對申請人：具體記載發明構思，並提出請求保護之範圍。

2　United States v. Adams, 383 U.S. 39, 48-49 (1996) "While the claims ... limit the invention, and specifications can not be utilized to expand the patent monopoly, ... claims are construed in the light of the specifications and both are to be read with a view to ascertaining the invention."

3　Substantive Patent Law Treaty (10 Session), Article 10 (1) "[*General Principle*] The application shall disclose the claimed invention in a manner sufficiently clear and complete for that invention to be carried out by a person skilled in the art. The disclosure of the claimed invention shall be considered sufficiently clear and complete if it provides information which is sufficient to allow that invention to be made and used by a person skilled in the art on the filing date, without undue experimentation [as prescribed in the Regulations]." Article 11 (1) "[*Contents of the Claims*] The claims shall define the subject matter for which protection is sought in terms of the [technical] features of the invention." 為協調各國之專利制度，世界智慧財產權組織已召開多屆實質專利法條約討論會。此外，專利合作條約PCT亦有類似之規定。

4　Constant v. Advanced Micro-Devices, Inc., 848 F.2d 1560, 1571, 7 USPQ2d 1057, 1064-1065 (Fed. Cir.), cert. Denied, 488 US 892 (1988) "However, it is the claims that define a patented invention."

5　General Electric Co., v. Wabash Appliance Corp., 364 U.S. 364, 369 (1938) "A fundamental tenet of patent policy is that a patent is a teaching toll which others may use as a foundation for developing newer and better products, beneficial to the public, a fundamental purpose of the claim is to precisely demarcate where others may or may not endeavor."

2. 對專利專責機關——明瞭申請專利之發明內容及請求保護之範圍，作
　 為審查之依據。

3. 對社會大眾：依公告之發明內容，利用或迴避申請專利之發明。

4. 對法院：專利侵權訴訟時，解釋專利權範圍之依據。

5. 對專利權人：主張專利權範圍之依據。

1.8　申請文件之撰寫順序

完成發明創作是人生一大樂事，值得慶賀。但是在當今仿冒猖獗的知識
經濟時代，想要保護自己的創作，甚至想藉機賺大錢，千萬不要忘記將剛出
爐的創作向智慧財產局申請專利。

申請專利，不能僅憑著一張嘴說得天花亂墜；申請專利之文件，不能是
天馬行空的塗鴉。智慧財產局貼心的為申請人準備了制式的表格，包括申請
書、說明書、申請專利範圍、摘要及圖式，只要依其格式將您的發明創作化
為書面文件即可向該局提出申請。

拿到制式表格，可以看到空白表格上印有「申請書」、「說明書」、
「申請專利範圍」、「摘要」及「圖式」等。後四件申請文件彼此之間具有
共通性及關聯性，撰寫時並不是從第1頁開始寫起，較佳的撰寫順序簡介如
下：

(1) 繪製草圖並標示主要（元件）符號：因為圖式最能鉅細靡遺的清楚表
　　達整個創作，而為了將圖形化作文字及整份申請文件的明確性及一致
　　性，並應在草圖周邊標示主要符號。

(2) 撰寫圖式簡單說明及元件名稱：將前述所繪製之草圖圖名載入圖式簡
　　單說明欄，例如「第1圖為＊＊裝置立體圖」或「第2圖為先前技術示
　　意圖」，並對應前述主要符號記載（元件）名稱。

(3) 撰寫獨立項：依申請專利範圍之先期規劃，先就物之發明，參照圖式
　　撰寫達成主要發明目的之獨立項，以上位概念用語或其他總括方式撰
　　寫必要技術特徵及有別於先前技術之新穎特徵。

(4) 撰寫附屬項：針對次要發明目的或具體限定，將具可專利性之技術特
　　徵附加於所依附之獨立項或附屬項，記載各種具體的實施例請求項，

包含大大小小各種範圍，通常是從涵蓋範圍較寬廣的請求項逐步限縮為較狹窄的請求項。

(5) 編排請求項：就各請求項群組（獨立項及其附屬項），分別依邏輯順序及涵蓋範圍之寬窄順序編排之，有系統的將同一請求項群組各種寬窄範圍之請求項群集在一起。

(6) 依前述(3)～(5)之撰寫模式，完成涵蓋其他申請標的或範疇之請求項。

(7) 撰寫說明書：以請求項為藍本，甚至將請求項整項移列說明書中之發明內容，以綜合式手法撰寫所欲解決之問題、技術手段及功效，並撰寫其他部分，如發明名稱、技術領域、先前技術及實施方式或實施例等。

(8) 撰寫摘要：將獨立項整項移列摘要後稍加修飾，並簡要說明所欲解決之問題及用途。

(9) 完成圖式：增補、修正前述(1)所繪製之草圖並完成之。

(10) 依格式列印出說明書。

第二章 | 說明書、摘要及圖式之撰寫

　　說明書之作用為說明申請專利之發明（包括新型，以下同）；申請專利範圍之作用為界定申請專利之發明，並向社會大眾宣告受保護之專利權範圍。在今日知識經濟時代，對於企業經營而言，專利權已經不只是科技法律事務而已，更是企業資產及商業競爭之利器，無論將其視為科技法律事務或為資產、競爭力之表徵，皆必須植基於有效的專利權。專利權是否有效，除了對照先前技術必須符合專利要件之外，最基本的課題在於說明書及申請專利範圍之撰寫必須符合專利法規。依專利法規，申請專利應以說明書明確且充分揭露申請專利之發明，據以作為公眾利用之技術文獻；並應以申請專利範圍明確界定所取得之專利權的技術範圍，據以作為排除他人未經其同意實施（包括製造、為販賣之要約、販賣、使用及進口五種行為）其專利權之專利法律文件。

　　申請專利必備之文件包括申請書、說明書、申請專利範圍及必要之圖式，另須提供摘要。本章將引導讀者了解專利法及其施行細則中所規定各申請文件應記載事項之內容及實體要件，並以具體案例說明記載事項之形式要件、撰寫方式及撰寫前之準備事項，此外，亦將說明我國智慧財產局及美國專利商標局（以下簡稱USPTO）審查說明書之實體規範，俾使讀者全面了解並體認申請及審查之實際運作重點。

2.1　基本概念

　　專利制度旨在鼓勵、保護、利用發明、新型及設計之創作，以促進產業發展。經由申請、審查程序，授予申請人專有排他之專利權，以鼓勵、保護其創作。另一方面，在授予專利權時，亦確認該專利之保護範圍，使公眾能經由說明書之揭露得知該創作內容，進而利用該創作研發新的創作，促進產業之發展。為達成專利立法目的，端賴說明書及圖式明確且充分揭露發明，

使該發明所屬技術領域中具有通常知識者[1]（以下簡稱「具有通常知識者」）能了解其內容，並可據以實現，以作為公眾利用之技術文獻；並明確界定專利權之技術範圍，以作為保護專利權之法律文件。

說明書作為技術文獻及法律文件，應明確且充分揭露申請專利之發明，使公眾能實施該發明，並使專利權人能據以保護該發明。說明書為申請專利的必備文件之一，欠缺說明書無法取得申請日。專利法對於說明書應記載之事項及記載之形式要件及實體要件有明確規定，違反規定者均構成不予專利之理由。說明書應記載之事項包括發明名稱、技術領域、先前技術、發明內容、圖式簡單說明、實施方式及符號說明。

申請人依前述記載事項完成說明書之撰寫，只是符合專利法規之形式要件而已，尚須注意記載之實質內容是否符合專利法之實體要件。說明書記載之實體要件係指專利法第26條第1項：「說明書應明確且充分揭露，使該發明所屬技術領域中具有通常知識者，能了解其內容，並可據以實現」及「申請專利範圍應界定申請專利之發明；其得包括一項以上之請求項，各請求項應以明確、簡潔之方式記載，且必須為說明書所支持」。前者「可據以實現」要件規定於專利法第26條第1項，通常被認為是說明書應滿足之實體要件，見2.1.2「實體要件」；後者「明確」、「簡潔」及「支持」三要件規定於專利法第26條第2項，通常被認為是申請專利範圍應滿足之實體要件，見3.1.2「實體要件」。

2.1.1　形式要件

說明書之揭露內容應符合專利法所規定的「可據以實現」要件，對於剛入門的初學者而言，尚難以全盤掌握該要件的內容，但不必擔心，智慧局已有貼心的作法，只要依專利法施行細則所規定之記載事項及對應該事項之說

1　該發明所屬技術領域中具有通常知識者，係一虛擬之人，指具有申請時該發明所屬技術領域之一般知識（general knowledge）及普通技能（ordinary skill）之人（專利法施行細則第14條第1項），且能理解，利用申請時之先前技術。

一般知識，指該發明所屬技術領域中已知的知識，包括習知或普遍使用的資訊以及教科書或工具書內所載之資訊，或從經驗法則所了解的事項。

普通技能，指執行例行工作，實驗的普通能力。

申請時之一般知識及普通技能，簡稱「申請時之通常知識」。

明書表撰寫，即能符合說明書記載之形式要件，對於日常用品及機械技術領域之發明，通常亦能符合實體要件。

　　說明書應記載之事項包括發明名稱、技術領域、先前技術、發明內容、圖式簡單說明、實施方式及符號說明，其中發明內容包括發明所欲解決之問題、解決問題之技術手段及對照先前技術之功效。

　　說明書、申請專利範圍、圖式及摘要等均必須縱向橫書撰寫，且必須分頁從頭開始，不得包含申請案的其他部分或其他資訊，例如撰寫申請專利範圍之頁次只能撰寫各請求項，不能包含圖式、摘要或說明書等。說明書各節之文字應冠於各節之首作為標題，無須劃底線或設粗體字。對於說明書、圖式、摘要及其他事項，專利法施行細則規定之形式要件如下：

一、說明書

(一) 發明名稱

　　專利法施行細則第17條第1項第1款，說明書應記載「發明名稱」；第4項規定：「發明名稱，應簡明表示所申請發明之內容，不得冠以無關之文字。」

(二) 技術領域

　　專利法施行細則第17條第1項第2款，說明書應記載「技術領域」。

(三) 先前技術

　　專利法施行細則第17條第1項第3款：「申請人所知之先前技術，並得檢送該先前技術之相關資料。」

(四) 發明內容

　　專利法施行細則第17條第1項第4款：「發明內容：發明所欲解決之問題、解決問題之技術手段及對照先前技術之功效。」

(五) 圖式簡單說明

專利法施行細則第17條第1項第5款：「有圖式者，應以簡明之文字依圖式之圖號順序說明圖式。」

(六) 實施方式

專利法施行細則第17條第1項第6款：「實施方式：記載一個以上之實施方式，必要時得以實施例說明；有圖式者，應參照圖式加以說明。」

(七) 符號說明

專利法施行細則第17條第1項第7款：「有圖式者，應依圖式之圖號或符號順序列出圖式之主要符號並加以說明。」

二、圖式

專利法施行細則第23條：「（第1項）發明之圖式，應參照工程製圖方法以墨線繪製清晰，於各圖縮小至2/3時，仍得清晰分辨圖式中各項細節。（第2項）圖式應註明圖號及符號，並依圖號順序排列，除必要註記外，不得記載其他說明文字。」

三、摘要

專利法施行細則第21條：「（第1項）摘要，應簡要敘明發明所揭露之內容，並以所欲解決之問題、解決問題之技術手段及主要用途為限；其字數，以不超過250字為原則；有化學式者，應揭示最能顯示發明特徵之化學式。（第2項）摘要，不得記載商業性宣傳用語。」

四、其他

(一) 有關生物材料之發明

專利法施行細則第17條第5項：「申請生物材料或利用生物材料之發明專利，其生物材料已寄存者，應於說明書載明寄存機構、寄存日期及寄存號

碼。申請前已於國外寄存機構寄存者，並應載明國外寄存機構、寄存日期及寄存號碼。」

(二) 有關核苷酸或胺基酸序列

專利法施行細則第17條第6項：「發明專利包含一個或多個核苷酸或胺基酸序列者，說明書應包含依專利專責機關訂定之格式單獨記載其序列表，並得檢送相符之電子資料。」

(三) 說明書之撰寫順序及方式

專利法施行細則第17條第2項：「說明書應依前項各款所定順序及方式撰寫，並附加標題。但發明之性質以其他方式表達較為清楚者，不在此限。」

(四) 說明書之段落編號

專利法施行細則第17條第3項：「說明書得於各段落前，以置於中括號內之連續四位數之阿拉伯數字編號依序排列，以明確識別每一段落。」

五、案例

美國專利案號：5,857,654[2]
公告日期：Jan. 12, 1999

發明名稱

文件架（DOCUMENT STAND）

技術領域

[0001]

　　本發明係屬IPC分類表A47B023/04——置於桌上之文件架。本類涵蓋之

2　以「文件架」作為案例係因其為技術簡單易於理解的物品案例，並非因為其說明書或申請專利範圍內容撰寫得特別好，筆者並不建議應以其作為範本。

裝置為穩定支撐物品抵抗重力。尤其是被描述為支撐紙張或其他薄片材料，而以直立或傾斜的方式閱讀。

先前技術

[0002]

文件架通常是使用若干型式的支撐系統之一，以展示薄片材料。典型的型式是使用基座及能使紙張以傾斜方式平貼於上的背板。畫架型式的文件架相當笨重且占桌面，無論水平或垂直方向。紙張所依靠的背板通常覆蓋了紙張的大部分或全部面積。

[0003]

另一種型式的文件架係使用能使其夾住紙張頂緣並懸掛之頂部支架。雖然其比畫架型式之裝置所占的桌面為少，但其相當難看且通常需要兩隻手夾住或鬆開閱讀之紙張。若作為文件支架，例如看著監視器操作鍵盤，為夾住或鬆開紙張，雙手必須離開鍵盤。在雙手回到鍵盤之期間，將迫使使用者視線往下並離開文件。

發明內容

[0004]

支持紙張（或其他撓性薄片材料）之文件架，用於打字時之文件支持架，或用於展示圖表。利用沿裝置頂面之彎曲細槽形狀，其容許單一或複數張紙的底緣插入。該細槽使該紙張呈弧狀，而使該紙張以本身之強度保持直立。撓性紙張順應此稍微彎曲形的細槽，則可以使其保持直立而無需額外的背面、側面或頂面支撐。紙張的直立方式是向後傾斜，以增加穩定度並容易閱讀文件。

[0005]

本發明之典型用途是作為電腦環境中所使用之文件支持架。其應置於書桌上，電腦監視器邊。將經編輯或手寫之資料鍵入電腦，打字者會使用本發明以傾斜的方式支持（印刷）紙張。使用典型的文件支持架將文件以一般直

立方式置於電腦螢幕旁，使視線游移在電腦螢幕與紙張文件之間變得容易。本發明也足以為之。

[0006]

　　此外，若有必要的話，本裝置容許以單手完成文件之插入或移除。因此，打字者不必變換雙手位置且視線不必往下而離開文件（如使用頂部夾式裝置那樣）。沒有像畫架那樣笨重凸起之後支撐。只有一個小巧、低矮、紙張可滑入且僅占據一點空間的物體。插在細槽中而受支撐之紙張所形成之形，使該紙張保持稍微傾斜的直立，在該紙張之底緣之上並無任何支撐。

[0007]

　　本發明其他用途可以包括圖表之展示，例如照片、招牌、便條、日曆等需要一段時間內能被看到者。

圖式簡單說明

　　圖1為本文件架較佳實施方式1之透視圖

　　圖2為本文件架較佳實施方式1之俯視圖

　　圖3為本文件架較佳實施方式1之仰視圖

　　圖4為本文件架較佳實施方式1之前視圖

　　圖5為本文件架較佳實施方式1之側視圖

　　圖6為本文件架較佳實施方式1之剖視圖

　　圖7為本文件架較佳實施方式1文件插入之透視圖

　　圖8為本文件架較佳實施方式2之透視圖

　　圖9為本文件架較佳實施方式2之俯視圖

　　圖10為本文件架較佳實施方式2之仰視圖

　　圖11為本文件架較佳實施方式2之前視圖

　　圖12為本文件架較佳實施方式2之側視圖

　　圖13為本文件架較佳實施方式2之剖視圖

　　圖14為本文件架較佳實施方式2文件插入之透視圖

　　圖15為本文件架較佳實施方式3之透視圖

圖16為本文件架較佳實施方式3之俯視圖

圖17為本文件架較佳實施方式3之仰視圖

圖18為本文件架較佳實施方式3之前視圖

圖19為本文件架較佳實施方式3之側視圖

圖20為本文件架較佳實施方式3之剖視圖

圖21為本文件架較佳實施方式3文件插入之透視圖

圖22為本文件架較佳實施方式4之透視圖

圖23為本文件架較佳實施方式4之俯視圖

圖24為本文件架較佳實施方式4之仰視圖

圖25為本文件架較佳實施方式4之前視圖

圖26為本文件架較佳實施方式4之側視圖

圖27為本文件架較佳實施方式4之剖視圖

圖28為本文件架較佳實施方式4文件插入之透視圖

圖29為本文件架較佳實施方式5之透視圖

圖30為本文件架較佳實施方式5之俯視圖

圖31為本文件架較佳實施方式5之仰視圖

圖32為本文件架較佳實施方式5之前視圖

圖33為本文件架較佳實施方式5之側視圖

圖34為本文件架較佳實施方式5之剖視圖

圖35為本文件架較佳實施方式5文件插入之透視圖

圖36為本文件架較佳實施方式6之透視圖

圖37為本文件架較佳實施方式6之俯視圖

圖38為本文件架較佳實施方式6之仰視圖

圖39為本文件架較佳實施方式6之前視圖

圖40為本文件架較佳實施方式6之側視圖

圖41為本文件架較佳實施方式6之剖視圖

圖42為本文件架較佳實施方式6文件插入之透視圖

實施方式

[0008]

　　為清楚描述揭示於圖面之本發明之較佳實施方式，使用了特定術語。然而，並非要使本發明限制於所選用之特定術語，且應了解者，每一個特定術語包含所有的技術均等物，其係以類似方式完成類似之目的。

[0009]

　　紙張這個用語此處係用作上位概念用語，描述任何薄的撓性薄片材料。

[0010]

　　本文件架揭示了6個較佳實施方式。其揭露內容說明了紙張支持構造形狀之差異，及文件架整體以傾斜方式支撐紙張。實際發揮作用之構造是一彎曲細槽，紙張之基部固定於其中。觸及並以傾斜及穩定之方式支撐該插入之紙張者為有實際作用之細槽表面。這些有實際作用之表面以下被稱為內槽面、外槽面及底槽面。

[0011]

　　參考圖1至圖7，說明本文件架第1個較佳實施方式。本文件架包含構件1，其係作為文件架之基座，並在其中包含實際的紙張支撐機構。該紙張支撐機構係由內槽面1a、外槽面1b及底槽面1c構成。在本例中，內槽面1a及外槽面1b具有類似稍稍彎曲之形狀。底槽面1c係一平坦、水平、連續之平面。

[0012]

　　彎曲紙張之底緣，插入並配合本裝置之細槽之彎曲形狀。紙張之定位會使其頂部稍微傾向觀覽者之反側。該紙張因而被支撐並以半剛性之形式予以適當支撐之，而使其保持穩定並以傾斜之方式支持其形狀。插入紙張的新形狀及方向導致紙張底緣中央部位低於該紙張底緣兩角之高度。插入紙張的最低部位僅有單一點會緊臨底槽面1c，最好是靠近該插入紙張底緣中央位置。

[0013]

　　由於紙張懸空超過構件1相對於其所座落之水平面最後側之接觸點，文件架會有向後傾之傾向。因此，構件1材料重量之選擇必須足以平衡該傾向。內槽面1a及外槽面1b紋路必須產生足夠摩擦力，以抵消插入之紙張滑出該細槽之傾向。

[0014]

　　參考圖8至圖14，說明本文件架第2個較佳實施方式。本文件架包含構件2，其係作為文件架之基座，並在其中包含實際的紙張支撐機構。該紙張支撐機構係由內槽面2a、外槽面2b及底槽面2c構成。在本例中，內槽面2a及外槽面2b具有類似稍稍彎曲之形狀。底槽面2c係一連續、垂直彎曲面，中央比兩端為深。

[0015]

　　彎曲紙張之底緣，插入並配合本裝置之細槽之彎曲形狀。紙張之定位會使其頂部稍微傾向觀覽者之反側。該紙張因而被支撐並以半剛性之形式予以適當支持之，而使其保持穩定並以傾斜之方式支持其形狀。插入紙張的新形狀及方向導致紙張底緣中央部位低於該紙張底緣兩角之高度。底槽面2c垂直彎曲之形狀係沿著該插入紙張底緣之底部。該插入紙張之底緣會沿著其縱長方向連續緊臨底槽面2c。本例中，構件2之頂面為彎曲面。

[0016]

　　由於紙張懸空超過構件2相對於其所座落之水平面最後側之接觸點，文件架會有向後傾之傾向。因此，構件2材料重量之選擇必須足以平衡該傾向。內槽面2a及外槽面2b紋路必須產生足夠摩擦力，以抵消插入之紙張滑出該細槽之傾向。

[0017]

　　參考圖15至圖21，說明本文件架第3個較佳實施方式。本文件架包含頂-前構件3、頂-後構件4及兩個基礎構件5。該紙張支撐機構係由內槽面3a、外

槽面4a及底槽面5a構成。在本例中，內槽面3a及外槽面4a具有類似稍稍彎曲之形狀。底槽面5a係在細槽中央部位的兩側構成兩個分開之支撐形狀。該細槽中央部位具有一開放底部。

[0018]

　　彎曲紙張之底緣，插入並配合本裝置之細槽之彎曲形狀。紙張之定位會使其頂部稍微傾向觀覽者之反側。該紙張因而被支撐並以半剛性之形式予以適當支持之，而使其保持穩定並以傾斜之方式支持其形狀。插入紙張的新形狀及方向導致紙張底緣中央部位低於該紙張之高度。該插入紙張底緣有兩點會緊臨底槽面5a，中央之兩側各有一點。其對於插入紙張，實際產生兩點支撐，而該紙張之底緣中央部位會無拘束的懸空。該兩基礎構件5將頂-前構件3配合頂-後構件4而產生底槽面5a，其高度應足以容許該插入紙張之底緣中央無拘束的懸空。

[0019]

　　由於紙張懸空超過構件5相對於其所座落之水平面最後側之接觸點，文件架會有向後傾之傾向。因此，構件1材料重量之選擇必須足以平衡該傾向。內槽面3a及外槽面4a紋路必須產生足夠摩擦力，以抵消插入之紙張滑出該細槽之傾向。

[0020]

　　參考圖22至圖28，說明本文件架第4個較佳實施方式。本文件架包含頂-前構件6、頂-後構件7及基礎構件8。該紙張支撐機構係由內槽面6a、外槽面7a及底槽面8a構成。在本例中，內槽面6a及外槽面7a具有稍稍不同之多邊之形。雖然所示之基礎構件8為單一元件，底槽面8a係以細槽中央部位兩側兩個分開的支撐發揮功能。

[0021]

　　彎曲紙張之底緣，插入並配合本裝置之細槽之彎曲形狀。紙張之定位會使其頂部稍微傾向觀覽者之反側。該紙張因而被支撐並以半剛性之形式予以

適當支持之,而使其保持穩定並以傾斜之方式支持其形狀。插入紙張的新形狀及方向導致紙張底緣中央部位低於該紙張之高度。該插入紙張底緣有兩點會緊臨底槽面8a,中央之兩側各有一點。對於插入之紙張,其實際產生兩點支撐,因而該紙張之底緣中央部位可以無拘束的懸空。該基礎構件8將頂-前構件6配合頂-後構件7而產生底槽面8a,其高度應足以容許該插入紙張之底緣中央無拘束的懸空。

[0022]

由於紙張懸空超過構件8相對於其所座落之水平面最後側之接觸點,文件架會有向後傾之傾向。因此,所有構件材料重量之選擇必須足以平衡該傾向。內槽面6a及外槽面7a紋路必須產生足夠摩擦力,以抵消插入之紙張滑出該細槽之傾向。

[0023]

參考圖29至圖35,說明本文件架第5個較佳實施方式。本文件架包含頂-前構件9、頂-後構件10及兩個基礎構件11。該紙張支撐機構係由內槽面9a、外槽面10a及底槽面11a構成。在本例中,內槽面9a及外槽面11a具有類似多邊之形。底槽面11a係在細槽中央部位的兩側構成兩個分開之支撐形狀。該細槽中央部位具有一開放底部。

[0024]

彎曲紙張之底緣,插入並配合本裝置之細槽之彎曲形狀。紙張之定位會使其頂部稍微傾向觀覽者之反側。該紙張因而被支撐並以半剛性之形式予以適當支持之,而使其保持穩定並以傾斜之方式支持其形狀。插入紙張的新形狀及方向導致紙張底緣中央部位低於該紙張之高度。該插入紙張底緣有兩點會緊臨底槽面11a,中央之兩側各有一點。對於插入之紙張,其實際產生兩點支撐,因而該紙張之底緣中央部位可以無拘束的懸空。該基礎構件11將頂-前構件9配合頂-後構件10而產生底槽面11a,其高度應足以容許該插入紙張之底緣中央無拘束的懸空。

[0025]

　　該兩個基礎構件11延伸超過該傾斜紙張後側最外範圍之垂直面，以平衡文件架由於紙張懸空而向後傾之傾向。內槽面9a及外槽面10a紋路必須產生足夠摩擦力，以抵消插入之紙張滑出該細槽之傾向。

[0026]

　　參考圖36至圖42，說明本文件架第6個較佳實施方式。本文件架包含3支頂-前樁子12、4支頂-後樁子13及基礎構件14。該紙張支撐機構係由內槽面12a、外槽面13a及底槽面14a構成。在本例中，內槽面12a及外槽面13a係由一連串樁子所構成，即係由樁子之構成而界定一彎曲之細槽。底槽面14a為一平坦、水平、連續面。

[0027]

　　彎曲紙張之底緣，插入並配合本裝置之細槽之彎曲形狀。紙張之定位會使其頂部稍微傾向觀覽者之反側。該紙張因而被支撐並以半剛性之形式予以適當支持之，而使其保持穩定並以傾斜之方式支持其形狀。插入紙張的新形狀及方向導致紙張底緣中央部位低於該紙張之高度。該插入紙張之最低部位僅有一點會緊臨底槽面14a，最好是靠近該插入紙張底緣中央位置。

[0028]

　　由於紙張懸空超過構件14相對於其所座落之水平面最後側之接觸點，文件架會有向後傾之傾向。因此，所有構件材料重量之選擇必須足以平衡該傾向。或者構件14之底面得直接固定於其所座落之面。內槽面12a及外槽面13a紋路必須產生足夠摩擦力，以抵消插入之紙張滑出該細槽之傾向。

[0029]

　　雖然已揭露並描述本文件架若干較佳實施方式，惟具有通常知識者所能為之結構、材料、尺寸及形狀的改變均未脫離本發明。本發明以下述之申請專利範圍予以界定。

符號說明

元件名稱	符號	元件名稱	符號
構件（基座）	1；2	頂-後構件	4；7；10
內槽面	1a；2a；3a；6a；9a；12a	基礎構件	5；8；11；14
外槽面	1b；2b；4a；7a；10a；13a	頂-前椿子	12
底槽面	1c；2c；5a；8a；11a；14a	頂-後椿子	13
頂-前構件	3；6；9		

申請專利範圍

1. 一種支持單一或複數張插入之紙張（或其他薄的撓性薄片材料）的文件架，包含：

   一基座；

   一彎弧狀或其他彎曲細槽，設於該基座之上半部，該細槽適於容納該插入紙張之底緣，以實質上直立稍微內凹傾斜於垂直方向之方式支撐該插入之紙張；

   該細槽包含一內槽面、一外槽面及一底槽面；

   該細槽包含複數個實際接觸點，以傾斜、彎曲及穩定之方式支持該插入紙張；

   該外槽面由3個或3個以上約沿水平方向的實際接觸點組成；

   該內槽面由3個或3個以上約沿水平方向的實際接觸點組成；及

   該底槽面由1個且至多2個實際接觸點組成。

2. 如請求項1所述之架，其中在沿著該底槽面之該1個實際接觸點約位於沿著等分該插入紙張之中央垂直軸。

3. 如請求項1所述之架，其中在沿著該底槽面之該2個實際接觸點係位於等分該插入紙張之中央垂直軸的兩側，其中該插入紙張之底部中央部位應為懸空。

4. 一種支持單一或複數張插入之紙張（或其他薄的撓性薄片材料）的文件架，包含：

   一基座；

3支或3支以上之椿子，凸出於該基座的上半部，以實質上直立稍微內凹傾斜於垂直方向之方式支撐該插入之紙張；

該等椿子的設置係沿著約水平之平面上兩條分開並朝同一方向之弧形路徑；

該等弧形分開而在其間形成狹窄連續之彎曲空間，而能容納該插入紙張之底緣；

該基座包含1個或1個以上沿著該等弧形之間之連續彎曲空間底面，支撐該插入紙張之支撐點；及

該等椿子係沿著該等弧形，接觸到並作為強固該插入之紙張，由是以傾斜、彎曲及穩定之方式支持該插入之紙張。

圖式

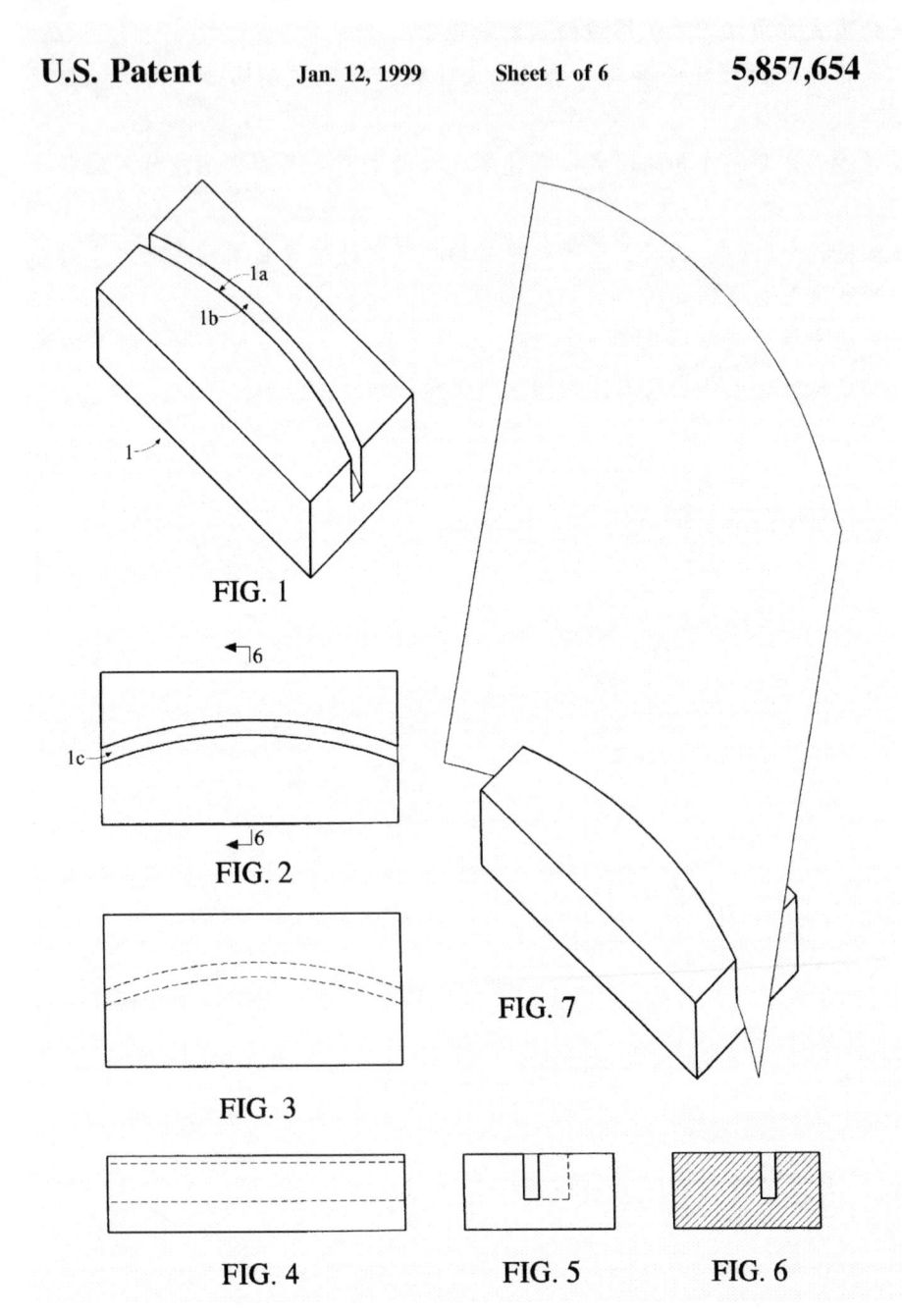

FIG. 1

FIG. 2

FIG. 3

FIG. 7

FIG. 4   FIG. 5   FIG. 6

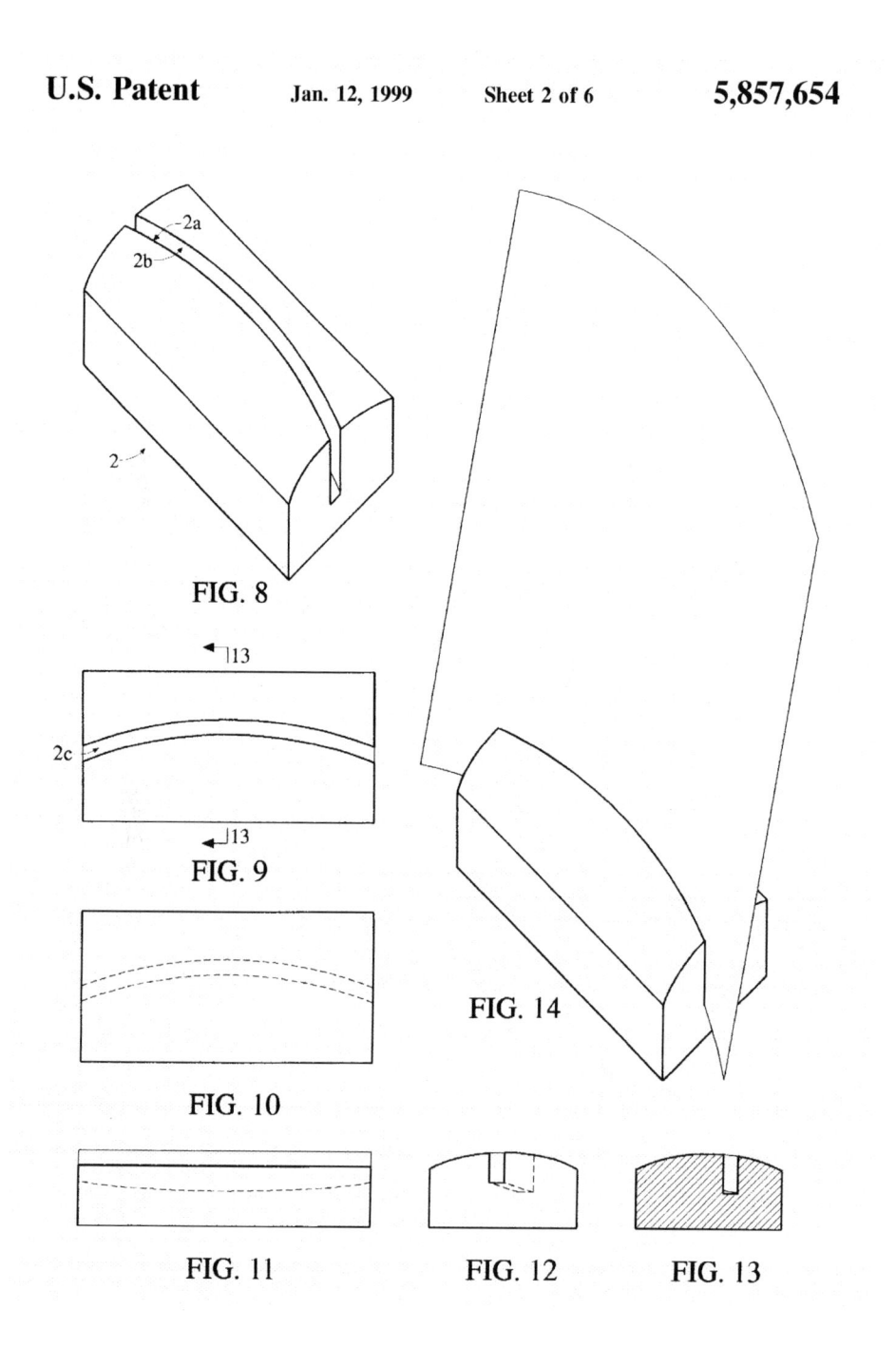

FIG. 8

FIG. 9

FIG. 10

FIG. 11

FIG. 12

FIG. 13

FIG. 14

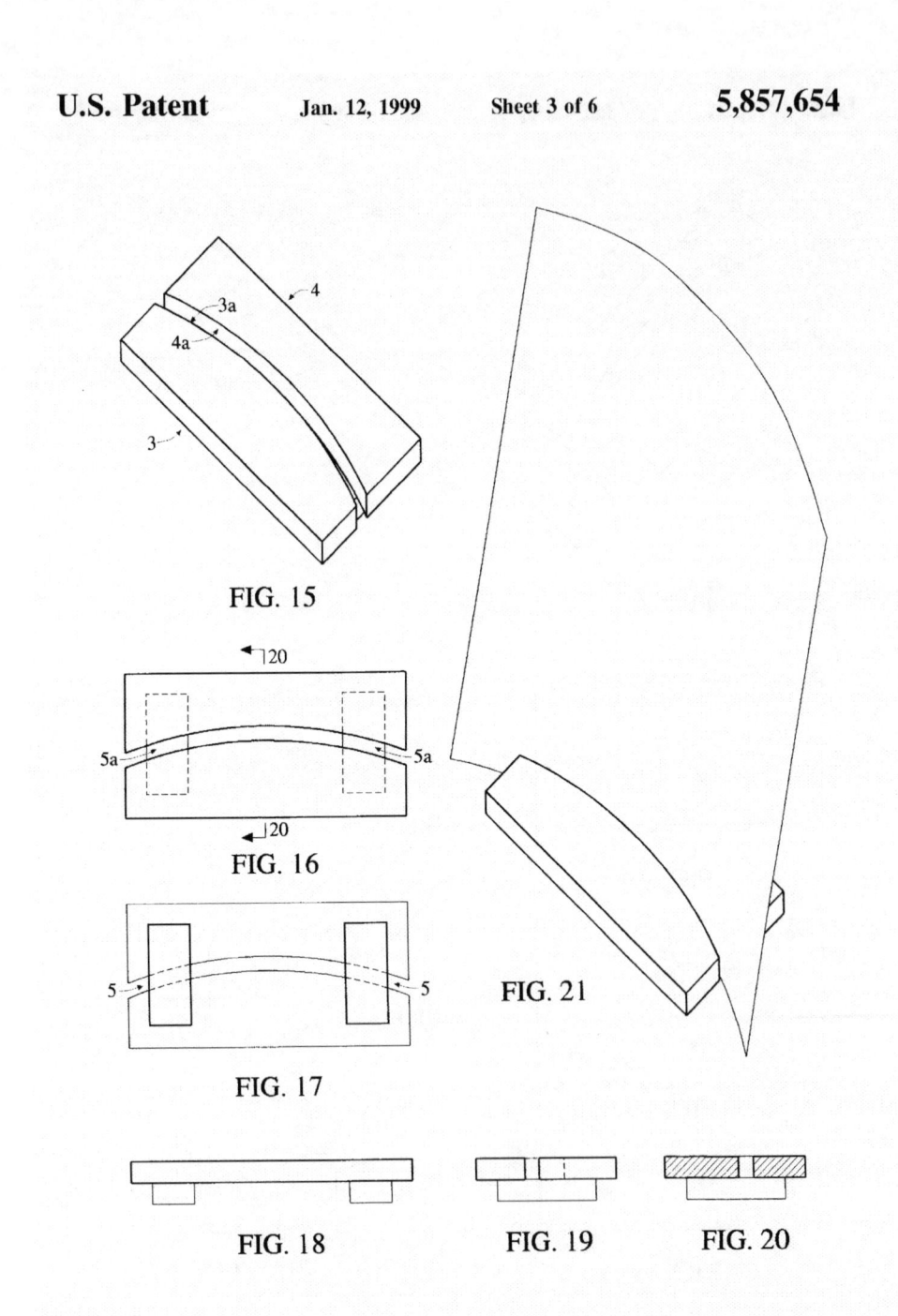

FIG. 15

FIG. 16

FIG. 17

FIG. 21

FIG. 18   FIG. 19   FIG. 20

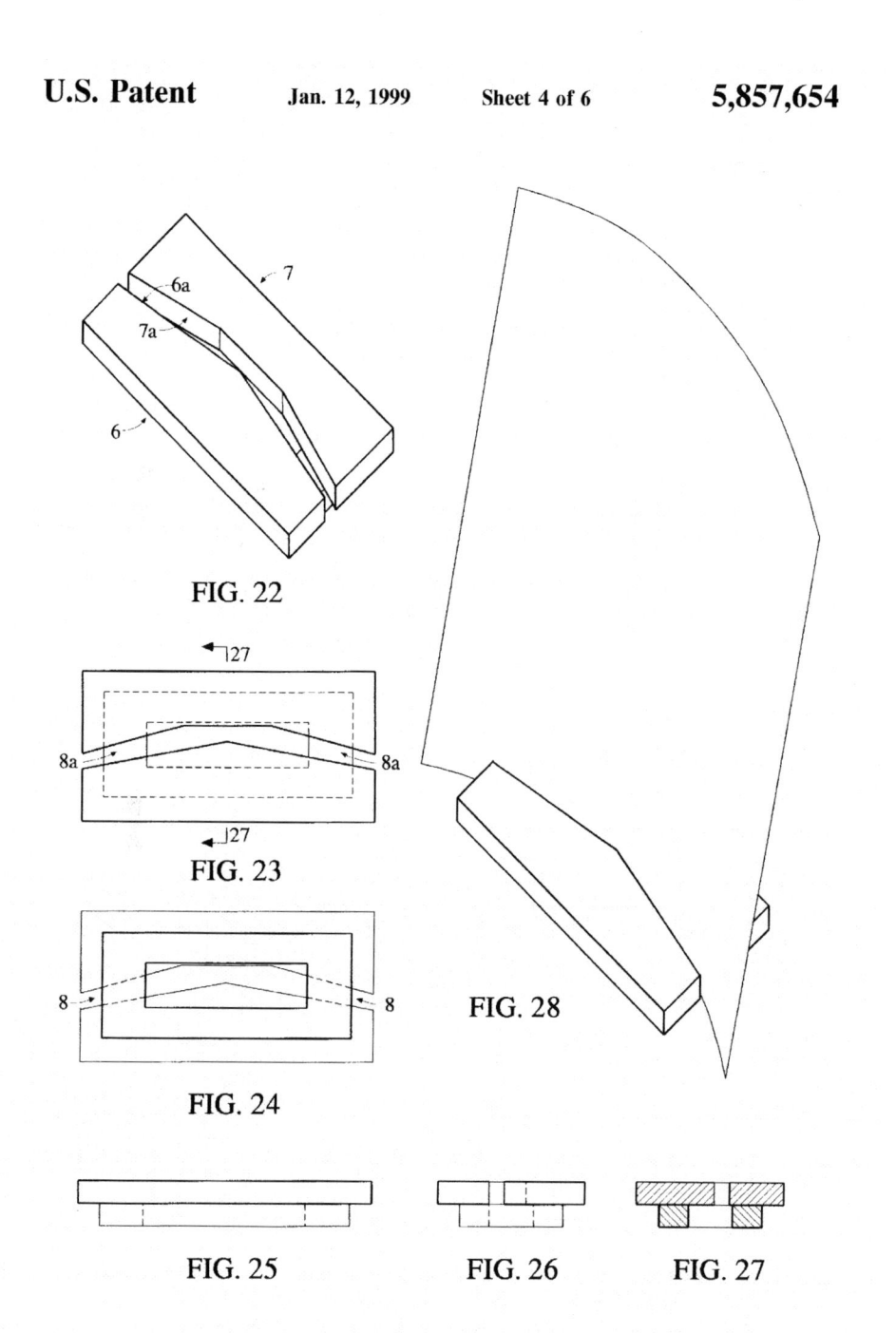

FIG. 22

FIG. 23

FIG. 24

FIG. 25

FIG. 26

FIG. 27

FIG. 28

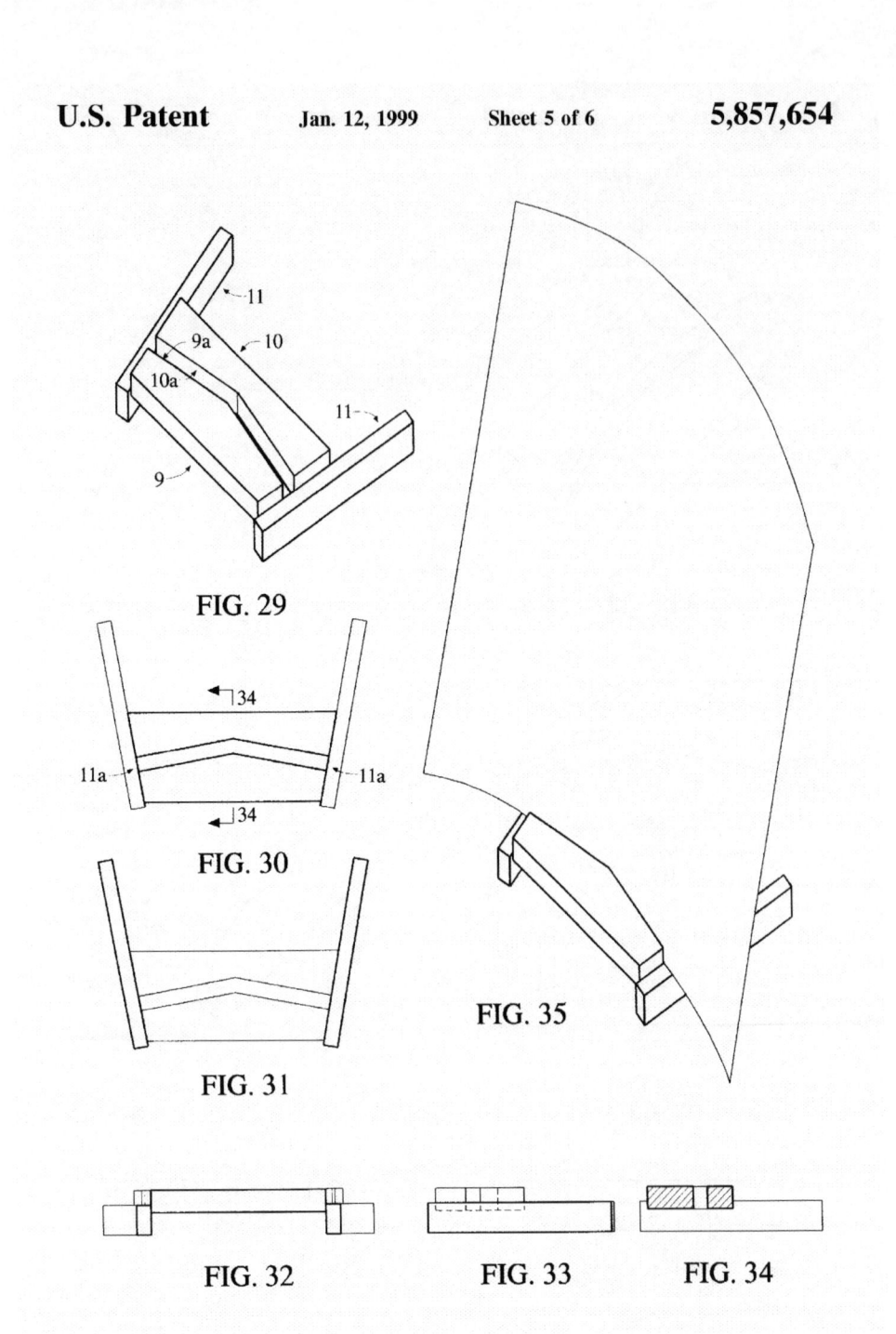

FIG. 29

FIG. 30

FIG. 31

FIG. 35

FIG. 32   FIG. 33   FIG. 34

FIG. 36

FIG. 37

FIG. 38

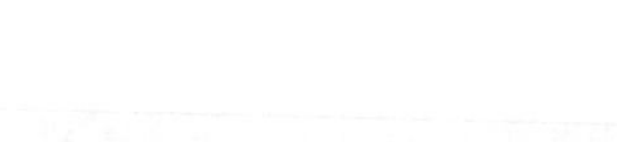

FIG. 39　　　　　FIG. 40　　　　FIG. 41

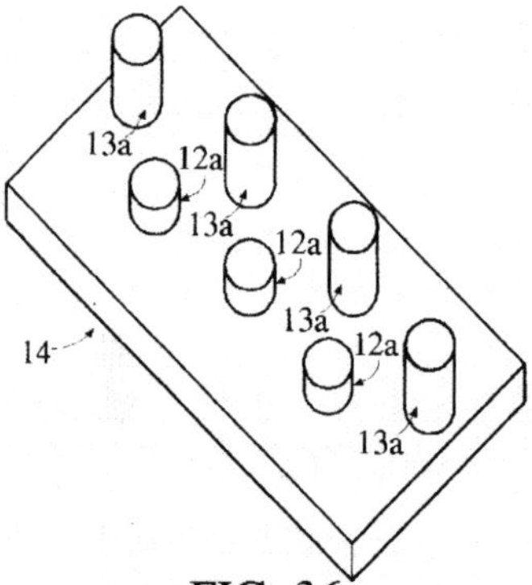

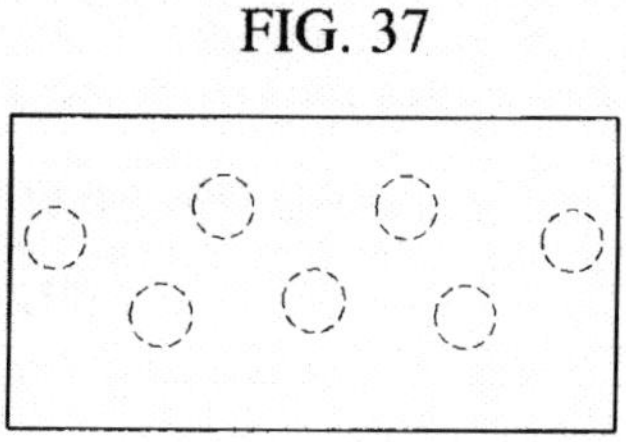

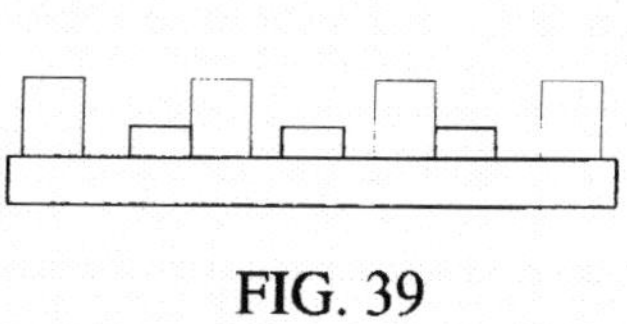

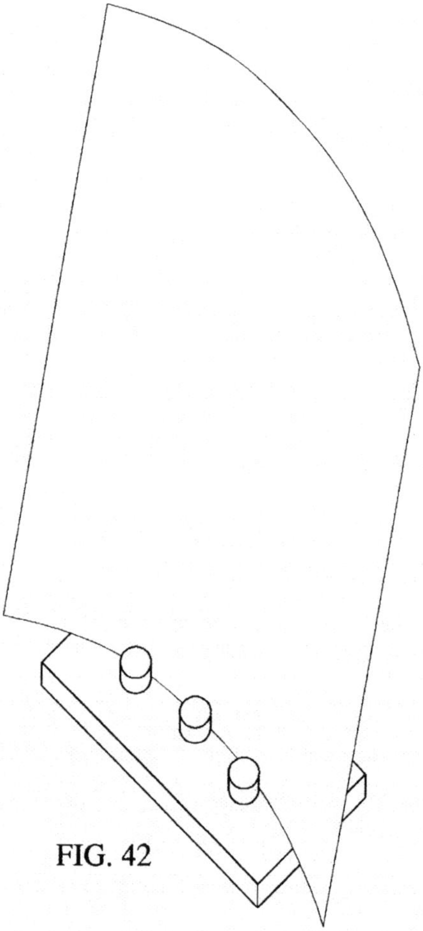

FIG. 42

摘要

本發明係一種支持紙張（或其他撓性薄片材料）之文件架，用於打字時之文件支持架，或用於展示圖表。利用沿裝置頂面之彎曲細槽形狀，其容許單一或複數張紙的底緣插入。該細槽使該紙張呈弧狀，而使該紙張以本身之強度保持直立。撓性紙張順應此稍微彎曲形的細槽，可以使其保持直立而無需額外的背面、側面或頂面支撐。紙張的直立方式是向後傾斜，以增加穩定度並容易閱讀文件。

2.1.2　實體要件

專利權係一種智慧財產權，國家為鼓勵社會大眾「智慧」活動的成果，以法律授予創作人「權利」保護，讓權利人可以排除他人實施、獨占市場，據以將智慧轉成私有「財產」之制度。然而，國家應將專利權授予什麼樣的創作？授予什麼樣的人？及專利權人應負擔之義務？在在涉及一個古老的法理「先占」。依我國民法第802條：「以所有之意思，占有無主之動產者，除法令另有規定外，取得其所有權。」先占，是一種以所有（全然管理其物）的意思，先於他人占有無主的動產，而取得其所有權的事實行為。專利法制之目的在於鼓勵、保護最先申請之創作，並藉由創作之公開，使社會大眾利用該創作，以促進產業發展。為確保政府授予專利權之創作內容能為社會大眾所利用，取得申請日的申請文件，包括說明書、申請專利範圍及圖式，其揭露之內容及程度必須足以使具有通常知識者能合理確定申請人已完成該創作進而先占該創作之技術範圍，故專利法定有可據以實現要件。

為確保政府授予發明人專利權時公眾能取得明確、完整的發明技術，專利法第26條第1項規定：「說明書應明確且充分揭露，使該發明所屬技術領域中具有通常知識者，能了解其內容，並可據以實現。」（以下簡稱「可據以實現」要件）「可據以實現」要件係達成專利政策所需之最低要求，申請人必須在說明書中明確揭露足夠資訊，清楚傳達申請人已完成申請專利之發明之資訊，讓公眾得知該資訊據以利用該發明，並認知到申請人已先占該創作之技術範圍。

可據以實現要件，係指說明書內容應「明確且充分揭露」申請專利之發

明（記載於申請專利範圍中請求保護的申請標的「subject matter」），使具有通常知識者能了解該發明的內容；判斷方式及標準為具有通常知識者在說明書、申請專利範圍及圖式三者整體之基礎上，參酌申請時（申請日，主張優先權者為優先權日）之通常知識，「無須過度實驗」即能了解申請專利之發明，據以實現（物之發明為製造及使用；方法發明為使用）該發明並解決問題並產生預期的功效。若達到可據以實現之程度，即謂說明書明確且充分揭露申請專利之發明，符合可據以實現要件。「明確且充分揭露」係規範說明書揭露之方式；「無須過度實驗」係規範揭露之程度；最終係以是否可據以實現申請專利之發明為判斷標準。簡言之，說明書「明確且充分揭露」之程度必須使具有通常知識者「無須過度實驗」即可實現申請專利之發明，始符合可據以實現要件。

　　除可據以實現要件外，說明書尚須「支持」申請專利之發明，有關「支持」要件，見3.1.2之三「支持」。「可據以實現」及「支持」要件之對象均為申請專利之發明；對於申請專利範圍未請求之部分，說明書是否符合可據以實現或支持要件，則不予審究。由於說明書之撰寫係定位在具有通常知識者之技術水準，因此，對於習知且非主要之輔助特徵（ancillary features）之細節亦不予審究。

　　在我國、歐洲專利組織、日本、中國大陸及專利合作條約，對於說明書之揭露，均要求說明書必須揭露申請專利之發明的所有必要（essential）技術特徵，並詳細到使具有通常知識者可據以實現該發明（put the invention into practice，即製造產物或使用方法）的程度；亦即將「明確」、「充分」與「可據以實現」合而為一。相對地，美國35 U.S.C.第1項規定說明書必須包含：(1)發明本身之書面揭露（written description）、(2)製造及／或使用該發明之方式及方法（the enablement requirement，可據以實現要件）及(3)發明人認為實施其發明之最佳模式（the best mode），三者各別獨立。尤其對於前二者，美國法院曾判決揭露要件與可據以實現要件是個別獨立且有區別者[3]，並舉例說明：(1)僅描述發明但未揭露可據以實現之內容（例如說明書僅描述化合物之結構，但未揭露製造方法或未揭露明確的製造方法）；

3　Vas-Cath, Inc. v. Mahurkar, 935 F.2d 1555, 1563-64, 19 USPQ2d 1111, 1117 (Fed. Cir. 1991)

(2)僅揭露可據以實現之內容但未描述該發明（例如說明書以所能達到之功能廣泛界定漆的組合物成分，並描述如何製造並使用該組合物之方法，該方法之揭露僅能被認定可據以實現落入前述範圍之配方，但未揭露該漆的任何具體配方）[4]。

　　美國專利審查手冊MPEP 2163.01指出：揭露要件問題通常涉及請求項中所載之申請標的是否為申請時之說明書中所揭露的內容所支持（二者一致）的問題；若申請標的不為申請時之說明書中所揭露的內容所支持，得以不符揭露要件為由，依35 U.S.C. 112第1項核駁該請求項。MPEP 2172 II亦指出：請求項與說明書之間的一致或不一致僅有關35 U.S.C. 112第1項，而無關35 U.S.C. 112第2項（請求項之明確要件）[5]。

　　雖然我國對於說明書揭露要件之規定與美國不同，但美國在實體審查上之實務經驗仍有值得借鏡之處，爰一併介紹美國之審查觀點，作為申請人撰寫說明書之參考。為理解上之方便性及明確性，本章將專利法之規定拆解為「明確且充分揭露」及「可據以實現」，分別說明之。

一、明確且充分揭露

　　說明書的基本目的是清楚傳達申請人已完成申請專利之發明之資訊，並讓公眾得知該資訊據以實施該發明，以交換排除他人在專利權期間內實施其發明之權利。在美國，為滿足揭露要件（written description，對應於我國的「明確且充分揭露」，以下同），說明書必須詳細描述申請專利之發明，以有別於其他既有發明及既有技術之程度記載該發明[6]，使具有通常知識者能合理確定發明人已完成申請專利之發明進而先占該發明[7]之技術範圍。

　　說明書是否符合揭露要件的問題可能發生在說明書對應原請求項之內容，但最常須要判斷是否符合揭露要件的狀況為：

4　In re Armbruster, 512 F.2d 676, 677, 185 USPQ 152, 153 (CCPA 1975)

5　In re Ehrreich, 590 F.2d 902, 200 USPQ 504 (CCPA 1979)

6　美國專利規則37 CFR §1.71 (b) "The specification must set forth the precise invention for which a patent is solicited, in such manner as to distinguish it from other inventions and from what is old. ..."

7　Moba, B.V. v. Diamond Automation, Inc., 325 F.3d 1306, 1319, 66 USPQ2d 1429, 1438 (Fed. Cir. 2003)；Vas-Cath, Inc. v. Mahurkar, 935 F.2d at 1563, 19 USPQ2d at 1116

(1) 修正請求項。

(2) 援用原申請案之申請日，例如申請分割。

(3) 主張優先權。

(4) 被舉發之請求項。

(一) 判斷標準

　　說明書是否符合揭露要件的客觀標準是「揭露內容是否明確而足以使具有通常知識者能認知到發明人發明了申請專利之發明」[8]。易言之，要滿足揭露要件，申請人必須合理清楚地傳達給具有通常知識者，申請人在申請時已完成申請專利之發明[9]。

(二) 判斷原則

　　揭露要件的判斷原則：揭露內容的具體程度應與通常知識水準呈逆相關，知識水準愈低、技術水準愈不成熟之技術領域，揭露內容必須愈具體；實務上，發明所屬技術領域中習見或具有通常知識者已知之資訊（即通常知識）不必在說明書中詳細描述[10]。

　　說明書是否符合揭露要件，係就申請專利範圍與說明書揭露之內容比對，以決定申請人是否已完成申請專利之發明。這種檢視是以具有通常知識者在申請時的觀點為之[11]，亦即應考量該發明所屬技術領域於申請時的通常知識水準。若具有通常知識者已經了解到申請人於申請時已完成申請專利之發明，即使各請求項對照先前技術之細微差異並未明示於說明書，仍符合揭露要件[12]。但若說明書未適當描述請求項所要求的基本特徵或關鍵特徵，且該特徵並非所屬技術領域中習見或為具有通常知識者已知者，則申請專利之發明整體可能不符合揭露要件。

8　In re Gosteli, 872 F.2d 1008, 1012, 10 USPQ2d 1614, 1618 (Fed. Cir. 1989)

9　Vas-Cath, Inc. v. Mahurkar, 935 F.2d 1555, 1563-64, 19 USPQ2d 1111, 1117 (Fed. Cir. 1991)

10　Hybritech, Inc. v. Monoclonal Antibodies, Inc., 802 F.2d 1367, 1379-80, 231 USPQ 81, 90 (Fed. Cir. 1986)

11　Wang Labs. v. Toshiba Corp., 993 F.2d 858, 865, 26 USPQ2d 1767, 1774 (Fed. Cir. 1993)

12　Vas-Cath, 935 F.2d at 1563, 19 USPQ2d at 1116; Martin v. Johnson, 454 F.2d 746, 751, 172 USPQ 391, 395 (CCPA 1972)

　　具體而言，申請人的揭露義務依申請專利之發明所屬之技術領域而有不同，在屬於高級知識及技術水準成熟之技術領域中，即使說明書僅揭露物之發明之製造方法及該發明之功能，請求項大多不生揭露要件的問題。例如具有通常知識者會知道如何程式化微處理器而實現說明書中所述之必要步驟，僅揭露能實現特定功能的微處理器即足以滿足揭露要件，不須描述其發明的每一個細節。反之，對於新興技術或難以預測結果之技術，或對於具有通常知識者已知但無法合理預測之遺傳因子相關之發明，需要更多說明顯示申請人已完成該發明。例如僅揭露物之發明之製造方法可能不足以支持物之請求項，除了製法界定物之請求項之外[13]。就製法界定物之請求項而言，若該方法實際上已被用於製造該物，則足以滿足揭露要件，惟若以該方法製成之物並不明確，則無法滿足揭露要件。又如僅揭露物之發明之功能可能不足以支持物之請求項，若是否能實現說明書中所載之動作並不明確，則無法滿足揭露要件。

　　不符合揭露要件的問題亦可能發生在具有通常知識者從說明書中所揭露之方法無法想像到所請求之物的情況，即使冗長地揭露一長串可能的特徵仍不足以揭露上位概念發明中每一個下位概念發明，因其無法合理引導（reasonably lead）具有通常知識者認知到任一個特定的下位概念發明。

(三) 判斷方式及順序

　　說明書內容是否符合揭露要件之判斷順序：

1. 閱讀並分析說明書。
2. 決定各請求項整體涵蓋之內容。
3. 檢視整個申請案是否能支持申請專利之發明中之各元件及步驟。
4. 決定揭露內容是否足以使具有通常知識者得知申請人在申請時已完成申請專利之發明整體。

　　發明專利權範圍，以申請專利範圍為準，於解釋申請專利範圍時，並得實酌說明書及圖式。解釋申請專利範圍是審查申請案的基本步驟，進行這項

13　Fiers v. Revel, 984 F.2d at 1169, 25 USPQ2d at 1605; Amgen, 927 F.2d at 1206, 18 USPQ2d at 1021

步驟時必須分析各請求項,並賦予最寬廣合理的解釋,解釋時應審酌說明書及圖式,使請求項為說明書所支持[14]。在這種情況下,說明書撰寫的品質直接、間接影響到專利權的有效性,也影響到專利權範圍的大小。因此,申請人要顯示其已完成申請專利之發明,必須在說明書中以請求項中界定申請專利之發明的所有技術特徵描述該發明,並得利用文字、結構圖、圖式、方塊圖及分子式之描述方式完整記載申請專利之發明[15]。

為顯示完成申請專利之發明,得以下列兩種方式明確描述該發明,使具有通常知識者清楚認知到申請人已完成該發明:(1)已真正實施該發明(actual reduction to practice)之說明,例如顯示已完成發明之圖式或化學結構式;或(2)為取得專利應備具(ready for patenting)之說明,例如詳細描述足以確認發明之特性,包括完整或部分結構、物理及/或化學特性、功能特性或前述特性之組合[16]。總之,判斷申請專利之發明是否符合揭露要件,重點在於說明書必須揭露足以區別申請專利之發明的特性,使具有通常知識者認知到申請人已完成申請專利之發明[17]。

對於改良發明,說明書必須指出方法、機器、製品或組合物中所改良之部分,且應侷限於具體改良之部分及與該改良配合之部分,或為充分理解或描述該改良所需之部分。

對於化合物發明,得以該化合物之特性說明之,但必須達到足以與其他化合物充分區別的程度,並須描述如何取得該化合物[18]。

對於生物材料發明,由於取得專利後,該說明書之揭露內容必須足以協助解決侵權之問題,因此必須將該生物材料寄存於專利專責機關指定之國內寄存機構。但可專利性之審查僅基於書面說明,生物材料之寄存不能完全取代申請專利之發明的揭露內容,說明書中必須敘及寄存內容,始得使所請求

14 In re Morris, 127 F.3d 1048, 1053-54, 44 USPQ2d 1023, 1027 (Fed. Cir. 1997)

15 Lockwood v. American Airlines, Inc., 107 F.3d 1565, 1572, 41 USPQ2d 1961, 1966 (Fed. Cir. 1997)

16 Pfaff v. Wells Elecs., Inc., 525 U.S. 55, 68, 119 S.Ct. 304, 312, 48 USPQ2d 1641, 1647 (1998); Eli Lilly, 119 F.3d at 1568, 43 USPQ2d at 1406

17 Eli Lilly, 119 F.3d at 1568, 43 USPQ2d at 1406

18 Amgen, Inc. v. Chugai Pharmaceutical, 927 F.2d 1200, 1206, 18 USPQ2d 1016, 1021 (Fed. Cir. 1991)

之材料符合揭露要件。對於某些生物分子，用於確認之特性之例包含序列、結構、類似性（binding affinity）、同質性（binding specificity）、分子量及分子長度。此外，亦得使用其他用於確認之特性或特性之組合，例如抗原的揭露內容完全以其結構、分子式、化學名稱、物理特性或寄存於寄存機構之寄存物賦予特徵，藉由抗體與抗原之類似性，對於所請求之抗體，其提供了適當的揭露。

對於具有數值範圍技術特徵之發明，必須考量請求項中所載之發明的數值範圍。例如原說明書中所描述之範圍包含「25%-60%」及實施例「36%」及「50%」，若請求項之記載為「至少35%」，因為「至少」並無上限，請求項在文義上不能對應到實施例而落在「25%至60%」之外，應認定「25%-60%」不符合揭露要件[19]。

對於被說明書所揭露之單一實施方式或下位概念技術特徵[20]所支持之請求項，其專利權範圍應被解釋為僅限於該實施方式或該下位概念技術特徵之發明；而對於範圍涵蓋兩個以上實施方式或下位概念技術特徵之請求項，其專利權範圍應被解釋為上位概念發明請求項。對於下位概念發明請求項，若完整揭露申請專利之發明整體的結構或動作，則符合揭露要件；若未完整揭露結構或動作，則須視說明書是否揭露其他相關特性，足以使具有通常知識者認知到申請人已完成申請專利之發明。例如某技術之結構與功能之間已建立強而有力的相互關係，具有通常知識者以合理程度之信賴從其功能之記載能預測到申請專利之發明的結構者，即使僅記載功能及部分結構，仍可以滿足揭露要件。反之，若沒有這種相互關係，僅記載功能及部分結構而不能認知或理解該發明者，則無法滿足揭露要件。

(四) 明確之意義

說明書應明確，指說明書之揭露內容應清楚而無模糊不清或矛盾，使具

---

19 In re Wertheim, 541 F.2d 257, 191 USPQ 90 (CCPA 1976)

20 經濟部智慧財產局，第二篇發明專利實體審查基準，2013年，第三章專利要件2.4新穎性之判斷標準「上位概念，指複數個技術特徵屬於同族或同類的總括概念，或複數個技術特徵具有某種共同性質的總括概念。發明包含以上位概念表現之技術特徵者，稱為上位概念發明。下位概念，係相對於上位概念表現為下位之具體概念。發明包含以下位概念表現之技術特徵者，稱為下位概念發明。」

有通常知識者能了解申請專利之發明，具體而言，實質內容及記載形式均應明確，分別就申請專利之發明應明確及記載用語應明確兩部分說明之。

1. 申請專利之發明應明確

申請專利之發明應明確，係指應記載所欲解決之問題（即發明目的）、解決問題之技術手段及以該技術手段解決問題而產生之功效，且問題、技術手段及功效之間應有相對應的關係，使該發明所屬技術領域中具有通常知識者能了解申請專利之發明。

申請專利之發明，即記載於申請專利範圍中請求保護的申請標的（subject matter），其實質內容包括前述之問題、技術手段及功效[21]。此外，說明書尚應詳細記載解決問題之實施方式或實施例，有圖式時應參照附圖詳細說明之，使具有通常知識者能了解發明之技術手段及較佳的實施方式或實施例。說明書其餘部分亦應以發明目的及技術手段為中心，各部分內容相互對應，不宜有無法對應或矛盾的情況。

2. 記載用語應明確

記載用語應明確，係指應使用發明所屬技術領域中之技術用語，用語應清楚、易懂，以界定其真正涵義，不得模糊不清或模稜兩可，且說明書、申請專利範圍及摘要中之技術用語及符號應一致。

(1) 說明書之記載必須明確、易懂、不矛盾，原則上應使用發明所屬技術領域中公知或通用的技術用語，避免艱深不必要的技術用語，亦不宜使用註冊商標、商品名稱（trade name）或其他類似文字表示材料或物品；若必須使用時，應註明其型號、規格、性能及製造廠商等，以符合可據以實現要件。

(2) 對於非屬具有通常知識者所知悉的技術用語，申請人得自行定義，但必須無其他既有技術用語具等同意義時，始得使用該用語。若技術用語本身在其技術領域中已有其基本意義，申請人不得自行將其定義為

---

21 新穎性審查，係以請求項中所載之技術手段為對象；進步性審查，係以申請專利之發明的整體內容為對象，包括問題、手段及功效。

不同意義，以免產生混淆。

(3) 說明書應用中文記載，但在不會產生混淆的情況下，對於具有通常知識者所熟知之特殊技術用語，如CPU、PVC、Fe、RC結構等，得使用中文以外之技術用語。

(4) 技術用語之譯名經國家教育研究院編譯者，應以該譯名為原則；未經該院編譯或專利專責機關認有必要時，得附註外文原名。對於數學式、化學式或化學方程式，必須使用一般所使用的符號及表示方式。

(5) 說明書內容涉及計量單位者，應採用國家法定度量衡單位（參照度量衡法）或國際單位制計量單位，必要時得使用該領域公知的其他計量單位。

(6) 申請專利之發明的實質內容係問題、技術手段及功效三者相互關聯所構成之整體，故申請專利範圍、說明書、摘要及圖式中之用語、符號或中文譯名等應前後一致。

(7) 說明書各段落前，應以置於中括號內之連續四位數之阿拉伯數字編號依序排列，如[0001]、[0002]、[0003]……等，以明確識別每一段落。

(五) 充分之意義

說明書必須包含足夠資訊，使具有通常知識者利用申請前之通常知識即能製造及／或使用申請專利之發明[22]。說明書所揭露之內容必須足使具有通常知識者無須過度負擔（undue burden）且無須創造性技巧（inventive skill）而可據以實現申請專利之發明[23]。

1. 應記載之事項

為充分揭露申請專利之發明，得參酌專利法施行細則第17條決定說明書應記載之事項：

(1) 判斷申請專利之發明是否具備專利要件所需的內容：包括發明所欲解決之問題、解決問題之技術手段及對照先前技術之功效，據以描述申

22　In re Glass, 492 F.2d 1228, 181 USPQ 31 (CCPA 1974)

23　GUIDELINES FOR EXAMINATION IN THE EUROPEAN PATENT OFFICE, February 2005, PART C, Chapter II Content of European application (other than claims), 4.9

請專利之發明本身，尤其是該發明之必要技術特徵及對照先前技術具有貢獻之新穎特徵。

(2) 實施申請專利之發明所需的內容：至少一個實施發明之方式，必要時得以實施例說明之，據以描述如何實現該發明。物之發明，應記載如何製造及使用該發明的實施方式；方法發明，應記載如何使用該發明的實施方式。

(3) 有助於了解申請專利之發明所需的內容：發明所屬之技術領域及先前技術等，有圖式者，尚應包括圖式簡單說明，據以描述申請專利之發明之背景及／或所應用之科學原理等。

(4) 有助於取得專利所需的內容：說明書中應記載申請專利之發明具有無法預期之功效、解決了長期存在的問題、克服了技術偏見或獲得商業上的成功等內容，及申請專利之發明與前述內容之間有關的內容。

(5) 具有通常知識者從習知技術無法直接且無歧異得知的內容：若該內容係有關申請專利之發明者，均應記載於說明書。

2. 應記載之內容

說明書完整之揭露內容應包含實用性的陳述，即必須記載申請專利之發明某些特定、實質及可信的用途（specific、substantial and credible use）。在機械、電子等可預測技術效果的技術領域，看到發明內容通常即知其用途，即使不陳述該發明之用途亦不生實用性的問題；但在化學、生物等難以預測技術效果的技術領域，則必須記載申請專利之發明的用途。涉及新化合物或組合物之發明，說明書中必須教示具有通常知識者如何製造該化合物或組合物；所教示之化合物組成及化學式僅為可能或隨機達成者，不足以支持以該組合物或以化學式界定之化合物請求項。惟應注意者，不能藉補充修正說明書使原本不完整的教示內容符合充分揭露之要件。

對於先前技術之記載，通常得以一般技術用語予以記載。若先前技術之記載關係到申請專利之發明中有關新穎性、進步性等專利要件之實質內容，則必須詳細說明使具有通常知識者可據以實現該發明。

對於化學、生物等難以預測技術結果的技術領域，必須記載具體的實施

方式或實施例（specific operative embodiments or example）[24]，其記載內容應達到足以判斷申請專利之發明的程度，但允許未真正實施而屬模擬或預測型式的實驗結果或預言性的紙上實施例（prophetic paper examples），不一定非要記載已真正付諸實施的實驗結果或已達成結果的操作實施例（working examples）。對於馬庫西請求項，記載內容必須足以支持馬庫西請求項中各選項。

　　說明書或圖式有缺漏，若請求項主張國際優先權或國內先申請案之利益，且該缺漏之部分已見於說明書中主張優先權之先申請案者，得補正說明書或圖式，以原提出申請之日為申請日，而將該缺漏之部分視為已申請時揭露的內容。在美國，對於有關揭露要件、可據以實現要件及手段功能用語請求項的「必要資料」（essential material），僅能藉引述美國專利或公開之美國專利申請案而將其視為揭露內容的一部分。至於「非必要資料」（nonessential material）得藉引述美國專利、公開之美國專利申請案、外國專利、外國專利公告、先前及同時申請共通的美國申請案或非專利刊物而將其視為揭露內容的一部分。

　　在美國，若(1)商業名稱（names used in trade，指貿易商或工作者之間所知所稱之物品或商品但無所有權之名稱，即使其可能一般不為社會公眾所習知。商業名稱並未指出製造商之商品，但其確認了單一物品或商品而不論製造商。）所確立之意義作為請求項之一部分定義足夠精確且明確者，或(2)在本國，商業名稱之意義為習知且其文義足夠清楚者，得將該商業名稱記載於說明書或請求項。

　　在美國，若商標能明確界定所指之產品，且其文字有別於一般描述性名詞者，得將該商標記載於說明書。若商標具固定、確切之意義，則構成足夠的識別性，除非商標所指之物品或材料的某些物理或化學特性涉及申請專利之發明，否則即足以界定申請專利之發明；惟若商標不具固定、確切之意義，則需要科技用語或其他解釋性用語予以界定[25]。但應避免在申請案之發明名稱中使用商標或使用商標搭配「型」字，例如「<u>Band-Aid</u> 型繃帶」中

24　實施例，指發明的具體態樣（specific forms of the invention）（PCT規則13.4參照）

25　In re Gebauer-Fuelnegg, 121 F.2d 505, 50 USPQ 125 (CCPA 1941)

之Band-Aid為商標。記載商標時，在文字或字母商標的情況，每一個字均應以大寫字母為之，並置於括號內，例如「NYLON」或標註註冊商標符號「NYLON®」或商標符號「NYLON™」；在符號、圖案或其他非字體形式之商標的情況，則應加註商標的描述。

　　說明書中之商標或商業名稱違反前述原則，應認定揭露內容不足，不足以充分揭露申請專利之發明，若無其他足堪使用之界定方式，得以其製造方法界定產物。僅以製造方法或功能描述，就其結構與功能間之交互作用或關係（correlation or relationship）並未描述或無技術上的認知者，不得謂已適當描述申請專利之發明整體。僅以功能特性描述之生物分子序列，若對於該序列之功能及結構並無任何已知之交互作用或未揭露其交互作用者，即使一併記載了獲得所請求之序列之方法，通常並不足以確認該序列之特性，而不足以充分揭露申請專利之發明。

　　由於軟體之書寫碼（writing code）通常是屬於通常知識的範圍，一旦實施方式描述了軟體之功能，使該軟體構成實施方式的一部分，不須過度實驗即能實施申請專利之發明，因此，電腦軟體相關之發明只要揭露軟體功能，並非一定要揭露流程圖或原始碼列。

3. 充分揭露與隱藏技術祕訣

　　在台灣，普遍有一種「家傳絕學傳子不傳賢」的錯誤認知，總認為「癩痢頭的兒子是自己的好」，「敝帚自珍」的終極結果常常是絕學失傳，後代子孫空留遺恨。

　　這種文化傳承反映在專利申請實務上就是隱藏技術祕訣（know how）的心態及結果，但是偏偏專利法「明確且充分揭露」之規定與隱藏技術祕訣背道而馳，不容許發明人隱藏技術祕訣，而必須將申請專利之發明的實質內容明確且充分揭露，使具有通常知識者利用申請前之通常知識即能製造及／或使用該發明。生在「敝帚自珍」文化環境之下的筆者能深切體會這種心態，借用「發明和實用新型專利申請文件撰寫案例剖析——機械和日常生活領域」一書中所舉之例「生產粉煤灰陶粒的熱窯設備及工藝」[26]，對於「充

---

26 吳觀樂，賀化，楊光，張榮彥，吳忠仁，茅紅，卜方等7人，發明和實用新型專利申請文件撰寫案例剖析——機械和日常生活領域，2002年9月第4刷，p204～234。

分揭露」與隱藏技術祕訣之關係稍加探討，以滿足國人欲隱藏技術祕訣的需求。

　　在前述「生產粉煤灰陶粒的熱窯設備及工藝」之例中，請求項所載之申請標的為一種粉煤灰陶粒熱窯。

〔說明書內容〕

　　粉煤灰陶粒熱窯壁面結構係由內層、外層及二者之間夾設之保溫層組成，將窯壁溫度控制在1150℃～1250℃之間，形成橫截面上溫度均勻的等溫窯，而使焙燒的陶粒性能最好。

〔該案審查意見〕

(1) 說明書中並未描述保溫層之具體結構，且未描述將窯壁溫度控制在1150℃～1250℃之手段。

(2) 設有保溫層的窯壁及將窯壁溫度控制在1150℃～1250℃之間係熱工爐窯技術領域之通常知識。

(3) 先前技術顯示陶粒成形的最佳溫度為1200℃左右，落在窯壁溫度1150℃～1250℃之區間內。

(4) 結論：不具創造性（即進步性）。

〔該案申復意見〕

　　申請專利之發明中的保溫層不是習知的保溫層，而是一個通道，其中通以煙氣、燃氣或高溫火焰。

〔案情說明〕

(1) 請求項並未記載作為保溫層之通道構造及其中通以煙氣、燃氣或高溫火焰之技術特徵。

(2) 說明書並未教示前述說明(1)中所指之技術特徵，具有通常知識者依申請前之通常知識無法認知到保溫層係由通道所構成且其中通以煙氣、燃氣或高溫火焰，只能將請求項中所載之保溫層解釋為「絕熱材料構成的保溫層」或「真空保溫層」。

(3) 由於具有通常知識者非經創造性的勞動無法從說明書及通常知識認知申請專利之發明的主要構思——窯壁內設有通以煙氣、燃氣或高溫火焰之通道，因而中國學者認定說明書未充分揭露申請專利之發明。

〔分析意見〕

(1) 由於請求項及說明書均未記載或教示具有通常知識者通以煙氣、燃氣或高溫火焰之通道為申請專利之發明的技術特徵，從這個角度而言，「通以煙氣、燃氣或高溫火焰的通道」並非請求項之技術特徵，不生是否充分揭露之問題。

(2) 基於前述之分析(1)，筆者認為本例之說明書係因未遵守前述「應記載之事項」中(1)判斷申請專利之發明是否具備專利要件所需的內容，致使申請專利之發明不符合進步性，而非不符合「充分揭露」要件。

(3) 申請人未經檢索先前技術即輕率隱藏了申請專利之發明的主要構思，雖然申請時滿足了隱藏技術祕訣的欲求，但也無法取得專利權，甚至偷雞不著蝕把米，反而申復時公開了原本要隱藏的技術祕訣。

　　美國專利法規定：「說明書應……記載發明人認為實施其發明之最佳模式。」事實上，應記載「最佳模式」之規定有別於「揭露要件」，目的就是為了防止發明人隱藏技術祕訣。台灣專利法並未規定應記載最佳模式，依不同技術領域之特性，容有隱藏技術祕訣之空間。

　　說明書之撰寫係定位在具有通常知識者之技術水準，因此，不必記載習知且非主要之輔助特徵，但為充分揭露申請專利之發明，說明書必須揭露申請專利之發明所有必要技術特徵（指申請專利之發明解決問題所不可或缺的技術特徵），並詳細到使具有通常知識者可據以實現該發明。尤其，最好省略習知及已能為公眾得知之事項[27]，僅記載具有通常知識者可據以實現申請專利之發明所需之技術知識。

　　前述案例之申請人未經深思熟慮，僅揭露先前技術中已知之技術特徵，並隱藏其發明的主要構思，嗣因未揭露前述「判斷申請專利之發明是否具備

27　In re Buchner, 929 F.2d 660, 661, 18 USPQ2d 1331, 1332 (Fed. Cir. 1991)

專利要件所需的內容」，致使申請專利之發明不符合進步性要件，而非不符合「充分揭露」要件。由於具有通常知識者依申請前之通常知識無法認知到保溫層係由通道所構成，若要達成隱藏技術祕訣之目的，請求項應記載「作為保溫層之通道」，無論說明書記載內容為「空氣通道」或「其他流體通道」，或未記載而被解釋為「空氣通道」或「其他流體通道」，依先前技術或通常知識，均不會被「絕熱材料構成的保溫層」或「真空保溫層」所涵蓋。換句話說，請求項記載了發明之必要技術特徵，只要說明書詳細揭露實施發明之技術內容，使具有通常知識者可據以實現該發明，在已充分揭露申請專利之發明、可據以實現要件及新穎性、進步性等所有實體要件的情況下，申請人仍有空間隱藏技術祕訣──通以煙氣、燃氣或高溫火焰。

　　經由前述之說明，要在符合專利要件與隱藏技術祕訣之間取得平衡，必須考慮之因素很多，決定之步驟分析如下：

(1) 隱藏技術祕訣有無實益

　　原則上，能為消費者所取得並得知之物或方法並無隱藏其技術祕訣之實益，因為取得專利權的終極目的就是要實施，一旦付諸製造或使用，只要消費者能取得、觀察或經解析而得知，即使申請人千方百計隱藏該技術祕訣，終究徒勞無功。通常，要得知不流通於市場之物、不易明瞭之物質或方法等之技術祕訣有相當困難度者，或解析需要大量實驗者，對於這兩種類型之發明始有隱藏技術祕訣之實益；而一般具有實體之簡單物品、裝置或結構並無隱藏技術祕訣之實益。

　　前述「生產粉煤灰陶粒的熱窯設備及工藝」所述之請求項係工廠內部之生產設備，並非流通於市場之物，應有隱藏技術祕密之實益，惟行使專利控告他人侵權時，須進入他人工廠內部始能探知或查扣此類設備或利用該設備之製造方法，亦有其困難度。

(2) 區分必要技術特徵及附加技術特徵的可行性

　　獨立項必須記載實施發明之必要技術特徵，說明書亦須詳細揭露實施發明之技術內容以支持請求項。在必要技術特徵係申請專利之發明為解決問題不可或缺之技術特徵的前提下，即使要隱藏技術祕訣也不能動到必要技術特

徵的腦筋。因此，得作為技術祕訣者，不能是必要技術特徵，只能是其他附加技術特徵。附加技術特徵結合必要技術特徵構成的技術手段（通常記載為附屬項）能發揮較佳的功效，在市場上較具商業價值，例如成本較低、性能較佳、效率較高或不良率較低等。用簡式說明可以作為技術祕訣之技術特徵為：「技術祕訣＝必要技術特徵＋附加技術特徵＝實施方式＝附屬項。」換句話說，申請專利之發明起碼必須能區分必要技術特徵及附加技術特徵兩種，始有隱藏技術祕訣之可行性。為保險起見，通常係以最佳實施方式作為技術祕訣，而將構成次佳實施方式之附加技術特徵載入附屬項請求保護。

　　申請專利之發明的實質內容係問題、技術手段及功效三者相互關聯所構成之整體，各請求項中所載之發明與說明書中所載欲解決之問題呈對應關係，亦即每一請求項所對應之問題並不相同，甚至獨立項與其附屬項所對應之問題亦不一致。以前述「生產粉煤灰陶粒的熱窯設備及工藝」為例，若通道作為窯壁之保溫層係為了提供另一種保溫層構造，而通以煙氣、燃氣或高溫火焰之方式係為了便於將溫度控制在1150℃～1250℃之區間，由於二者所對應之問題不同，得分別將其記載為兩請求項，「作為保溫層之通道」作為必要技術特徵，「通以煙氣、燃氣或高溫火焰」作為附加技術特徵。

　　同理，若作為保溫層之通道的形態或煙氣、燃氣流過通道的溫度、速度能使窯壁溫度更均勻或能提高陶粒成品的合格率、生產效率或質量，申請專利時，可考慮將其作為技術祕訣而隱藏之，或依其商業價值予以區分或組合，而依附於前述「作為保溫層之通道」，或依附於前述「通以煙氣、燃氣或高溫火焰」，構成多層次或多群組的依附關係，以擴大專利保護範圍及態樣。

(3) 取得專利之可能性

　　為求取得專利之餘尚能隱藏技術祕訣，前述(2)已說明必須將技術特徵區分為必要及附加兩種，而其區分的標準除了所欲解決之問題外，重點在於那些技術特徵對照先前技術能使請求項符合新穎性、進步性等專利要件。區分之前應檢索先前技術，再將擬申請專利之發明對照相關先前技術，初步分析那些技術特徵為已知者，那些技術特徵加上已知者即能使請求項符合新穎性、進步性要件而取得專利，及那些技術特徵更具功效及商業價值。準此，

將所有技術特徵分出層次，亦即將所有技術特徵區分為必要及附加兩種，將能取得專利之技術手段的所有技術特徵作為必要技術特徵，而構成較佳實施方式之其他技術特徵作為附加技術特徵。甚至得再將實施方式區分為數級，據以區分附加技術特徵之層次，以供作為獨立項、附屬項及要隱藏之技術祕訣的選擇。

以前述「生產粉煤灰陶粒的熱窯設備及工藝」為例，先前技術顯示設有保溫層的窯壁結構及將窯壁溫度控制在1150℃～1250℃之間係熱窯技術領域之通常知識，因此保溫層及窯壁溫度控制等應作為必要技術特徵，此外尚須加上其他新穎特徵始能使申請專利之發明符合專利要件，因此前述「作為保溫層之通道」勢必作為必要技術特徵，至於前述「通以煙氣、燃氣或高溫火焰」、通道構造的形態及煙氣、燃氣流過通道的溫度、速度等則作為附加技術特徵或隱藏之。

(4) 綜合考量隱藏技術祕訣之可行性

經前述步驟(1)認定隱藏技術祕訣有實益，次經步驟(2)申請專利之發明的技術特徵能區分為必要及附加兩種，再經步驟(3)申請專利之發明有取得專利之可能性，最後，本步驟應綜合前述所提及之各項因素，例如隱藏技術祕訣有無實益、發明的實質內容、先前技術的範圍、取得專利之可能性及商業價值等，考量隱藏技術祕訣之可行性。

一旦作出要隱藏技術祕訣之決策後，應將所有必要技術特徵載入獨立項，將附加技術特徵中較不具創作高度者或較不具商業價值者作為附加技術特徵載入附屬項，而將其他較具創作高度或較具商業價值之技術特徵作為技術祕訣予以隱藏。當然，策略考量上亦得將創作高度或商業價值次佳之技術特徵載入附屬項，或為增進取得專利之可能性，而將大多數或全部附加技術特徵載入各別附屬項請求保護。

以前述「生產粉煤灰陶粒的熱窯設備及工藝」之例，因為通道係有別於先前技術具專利要件之新穎特徵，為取得專利「作為保溫層之通道」係實施申請專利之發明所不可或缺者，故申請專利時應將「作為保溫層之通道」載於獨立項，而將「通以煙氣、燃氣或高溫火焰」作為附加技術特徵載於附屬項。惟若申請人認為該附加技術特徵中之煙氣包含了燒窯廢氣，能有提高工

作效率、廢物利用、降低成本等商業價值，而希望將該燒窯廢氣技術作為祕訣隱藏之，則應犧牲前述附屬項，並將說明書及請求項中相關之文字全數刪除。切記，說明書中相關之文字必須全數刪除，否則會被解釋為請求項不包含該燒窯廢氣技術，而將該技術貢獻給社會大眾自由實施，參見6.5之七「貢獻原則」。

同理，若「作為保溫層之通道」的形態或煙氣、燃氣流過通道的溫度、速度能使窯壁溫度更均勻或能提高陶粒成品的合格率、生產效率或質量，亦可考慮將其作為技術祕訣隱藏之。然而，若有多層次的附加技術特徵，筆者認為應依其商業價值予以區分或組合，有些作為附屬項申請專利，有些作為技術祕訣予以隱藏，才能有多元選擇的可能性，以免因小失大，吃芝麻掉燒餅，只顧隱藏技術祕訣而無法取得專利。

總之，基於隱藏技術祕訣之實益、商業價值、取得專利之可能性等因素，綜合考量各技術特徵的重要性而分為必要、附加1、附加2等層級，若有最佳實施方式、次佳實施方式……之選擇空間的話，得將最佳實施方式結合其他實施方式所構成之總括概念發明作為獨立項，附屬項僅記載次佳或其他實施方式，而達成隱藏最佳實施方式之目的。重點在於隱藏技術祕訣後所申請專利之發明仍須符合新穎性、進步性等要件，而能取得專利。

二、可據以實現

專利法第26條第1項所定：「……，使該發明所屬技術領域中具有通常知識者，能了解其內容，並可據以實現[28]」，指說明書之記載，應使具有通常知識者在說明書、申請專利範圍及圖式三者整體之基礎上，參酌申請時的通常知識，無須過度實驗，而能了解申請專利之發明解決問題產生預期功效的內容，據以製造及／或使用該發明。若具有通常知識者需要大量的嘗試錯誤或複雜實驗，始能發現實施該發明之方式或方法，而其已超過具有通常知識者合理預期之程度者，應認定說明書之記載不符合可據以實現要件。

本要件之目的係為了以有意義之方式將所授予專利之發明傳達給社會公眾，故說明書之揭露內容必須對應到申請專利範圍中所載之技術特徵，教示

---

28 實施，為「embodying」之意，並非「working」之意。

製造及／或使用申請專利之發明的方式或方法。

　　專利法第26條所揭露之要件係規定說明書必須揭露申請專利之發明本身，而以是否可據以實現該發明為判斷標準，若達到可據以實現之程度，則符合「明確且充分揭露」要件。本節中所指可據以實現要件係依美國專利法之觀點，介紹說明書必須記載如何製造及／或如何使用申請專利之發明，使具有通常知識者能實施該發明。雖然我國對於說明書「明確且充分揭露」與「可據以實現」合而為一之規定與美國將二者視為各自獨立之要件不同，惟本小節所介紹之內容中絕大部分仍適用於我國說明書之撰寫。

　　為符合可據以實現要件，其記載不必是較佳或商業上可行的實施方式；若發明本身之說明即足以使具有通常知識者製造及／或使用該發明，則不必詳述製造及／或使用該發明之方式或方法。惟對於說明書中有記載而申請專利範圍中未記載之發明，或對於未記載於請求項中之非必要技術特徵，即使未教示實施之方式或方法，仍未違反可據以實現要件。可據以實現要件係以申請專利之發明為對象，在物之請求項，指能製造該物及能使用該物；在方法請求項，指能使用該方法；在製法請求項，指能以該方法製造該物。

　　對於有關生物技術領域之發明，由於文字記載有時難以載明生命體的具體特徵，或即使有記載亦無法獲得生物材料本身，致具有通常知識者無法據以實現。因此，申請人最遲應於申請日將該生物材料寄存於專利專責機關指定之國內寄存機構，並於說明書上載明寄存機構、寄存日期及寄存號碼。但該生物材料為具有通常知識者易於獲得時，不須寄存。若未依規定寄存，或未於申請日後4個月內（優先權日後16個月內）檢送寄存證明文件者，視為未寄存，有違可據以實現要件。

(一) 判斷標準

　　說明書是否符合可據以實現要件之判斷標準已有美國最高法院在Mineral Separation v. Hyde一案中之判決，標準在於：實施發明所需之實驗是否過度或不合理[29]。雖然「過度實驗」（undue experimentation）均未見於各國專利法規，但對於美國專利法規中「能製造及／或使用該發明」或「可據以實現

29　Mineral Separation v. Hyde, 242 U.S. 261, 270 (1916)

要件」，已被解釋為可據以實現要件係要求具有通常知識者無需過度實驗即能製造及／或使用申請專利之發明。可據以實現之檢測標準在於是否需要「過度實驗」[30]，更精確的說，是檢測必要之實驗是否過度，而非實驗是否必要[31]。

　　判斷是否需要過度實驗時，必須斟酌後述(二)「判斷內容」中所載各個要素之所有證據，任何無法據以實現之結論必須基於整體證據予以判斷[32]。無法據以實現之結論，係指基於前述各要素所有證據，說明書未教示具有通常知識者在申請時無需過度實驗如何製造及／或使用申請專利之發明整個範圍[33]。

　　說明書只要揭露至少一種製造及／或使用申請專利之發明的方式或方法，而其與請求項之整體範圍有合理的相互關連者，則符合可據以實現要件[34]。惟若方法之實施需要特殊設備，且該設備不易取得時，說明書必須充分揭露該設備[35]；製造化合物或實施化學方法需要某一化學品者，亦同。對於不穩定、短暫存在之化學中間體的請求項，並不要求說明書教示如何製造具有穩定、永久或可分離形式之產物[36]。

　　化合物或組合物請求項被限制在特定用途，該請求項是否可據以實現應基於該限制之用途予以評價[37]，亦即若化合物或組合物請求項記載了複數種用途，則必須每一種用途均可據以實現，申請專利之發明始符合可據以實現要件；相對地，化合物或組合物請求項未被限制在所載之用途，只要與請求項整個範圍合理相互關連之任何一種用途可據以實現，申請專利之發明即符合可據以實現要件。

　　若說明書中實用性之陳述已包含如何使用之內涵，或實施該技術之標準

30 United States v. Telectronics, Inc., 857 F.2d 778, 785, 8 USPQ2d 1217, 1223 (Fed. Cir. 1988)

31 In re Angstadt, 537 F.2d 498, 504, 190 USPQ 214, 219 (CCPA 1976)

32 In re Wands, 858 F.2d at 737, 740, 8 USPQ2d at 1404, 1407

33 In re Wright, 999 F.2d 1557, 1562, 27 USPQ2d 1510, 1513 (Fed. Cir. 1993)

34 In re Fisher, 427 F.2d 833, 839, 166 USPQ 18, 24 (CCPA 1970)

35 In re Ghiron, 442 F.2d 985, 991, 169 USPQ 723, 727 (CCPA 1971)

36 In re Breslow, 616 F.2d 516, 521, 205 USPQ 221, 226 (CCPA 1980)

37 In re Vaeck, 947 F.2d 488, 495, 20 USPQ2d 1438, 1444 (Fed. Cir. 1991)

模式是已知且易於思及者，即符合可據以實現要件[38]。例如基於化合物知識中類似的生理或生物活動，具有通常知識者無需過度實驗，即能得知適當的服藥法或使用方法者，則符合可據以實現要件，跟本不必說明申請專利之發明是否安全。

(二) 判斷內容

　　判斷必要的實驗是否「過度」，必須考量很多要素，這些要素包含但不限於下列：

(1) 申請專利範圍的廣度

(2) 申請專利之發明的本質

(3) 先前技術現狀

(4) 具有通常知識者之技術（一般知識及普通技能）水準

(5) 申請專利之發明的可預測性

(6) 說明書提供指引的數量

(7) 操作實施例（working examples）之有無

(8) 實施申請專利之發明所需實驗的數量

1. 申請專利範圍的廣度

　　可據以實現要件之判斷係針對請求項中所載申請專利之發明，且必須考量請求項中所載之每一項技術特徵，但並非就每一項技術特徵判斷是否可據以實現。因此，應正確決定請求項所涵蓋之申請標的（subject matter）的內容及範圍。考量請求項可據以實現之範圍時，不得忽略說明書之教示，因為解釋請求項時應賦予其說明書中最寬廣合理之意義（the broadest reasonable interpretation）。解釋請求項時，得參酌說明書，但不得將說明書中之技術特徵讀入請求項[39]。

　　就申請專利範圍的廣度而言，判斷是否可據以實現的唯一標準在於：揭

38　In re Brana, 51 F.2d 1560, 1566, 34 USPQ2d 1437, 1441 (Fed. Cir. 1993)

39　Raytheon Co. v. Roper Corp., 724 F.2d 951, 957, 220 USPQ 592, 597 (Fed. Cir. 1983), cert. denied, 469 U.S. 835 (1984)

露內容提供給具有通常知識者可據以實現之範圍是否與申請專利範圍的保護範圍相當[40]。申請專利範圍是否相當於可據以實現範圍的決定須分成兩階段：1.考量整個請求項，據以決定相對於揭露內容的請求項廣度；2.決定具有通常知識者依揭露內容是否無需過度實驗而能製造及／或使用申請專利之發明的整個範圍。若請求項之廣度超過可據以實現之揭露範圍，不符合可據以實現要件；但具有通常知識者認為該技術特徵為顯而易知者，則請求項中不必記載該技術特徵[41]。

　　為符合可據以實現要件，說明書必須教示具有通常知識者如何製造及／或使用申請專利之發明整個範圍，而無需過度實驗[42]。決定請求項中所載者為何及其申請標的為何，應整體考量請求項，且不得忽略任何請求項，但不必就請求項之部分各別分析之。例如請求項中所涵蓋之矽含量高達10%重量百分比，惟說明書中之陳述明確且強烈的警告鋁外層中矽含量超過0.5%重量百分比會產生被覆的問題，該陳述說明了申請專利之發明中較高數量者不會發生作用[43]，亦即無法合理的據以實現申請專利之發明的整個範圍。然而，說明書並不一定須揭露實施發明所需之每一事物，事實上，習知之事物最好省略[44]；決定習知與否應以該技術領域之通常知識及技術水準為準。

　　在Amgen案中，美國法院考量申請專利範圍的廣度而判決不符合可據以實現要件，請求項所請求者係經純化之DNA序列編碼氨基化合物，其類似紅血球生成素（EPO），法院指出：「Amgen無法據以實現其全部請求項的DNA序列準備。……不管說明書中有關可以被製得之EPO基因所有類似物的陳述多麼龐雜，幾乎沒有可據以實現及如何製造特殊類似物之揭露內容。僅揭露一點點EPO之類似基因之細節準備……。Amgen僅指出如何製造及使用某些物，因此不能請求所有物。」[45]

40　AK Steel Corp. v. Sollac, 344 F.3d 1234, 1244, 68 USPQ2d 1280, 1287 (Fed. Cir. 2003)

41　In re Skrivan, 427 F.2d 801, 806, 166 USPQ 85, 88 (CCPA 1970)

42　In re Wright, 999 F.2d 1557, 1561, 27 USPQ2d 1510, 1513 (Fed. Cir. 1993)

43　AK Steel Corp. v. Sollac, 344 F.3d 1234, 1244, 68 USPQ2d 1280, 1287 (Fed. Cir. 2003)

44　In re Buchner, 929 F.2d 660, 661, 18 USPQ2d 1331, 1332 (Fed. Cir. 1991)

45　Amgen v. Chugai Pharmaceutical Co., 927 F.2d 1200, 18 USPQ2d 1016 (Fed. Cir.), cert. denied, 502 U.S. 856 (1991)

在Fisher案，請求項所請求者係治療關節炎具有「至少」某一特定值之效力的組合物，由於請求項與可據以實現之揭露範圍不相當，不能僅因申請人首次完成超過特定門檻值效力之組合物，而認定請求項中之每一個組合物均超過門檻值，法院判決該揭露內容對於具有稍高效力之組合物無法據以實現[46]。

單一手段請求項（single means claim），僅記載單一手段而非與其他手段或元件組合之請求項，即純功能請求項，不符合可據以實現要件。單一手段請求項涵蓋了每一個想像得到能達成所指目的之手段，因為說明書最多僅揭露發明人已知之手段，故應認定無法據以實現整個申請專利範圍[47]。同理，以特性界定物之請求項，若請求項涵蓋每一個想像得到能達成所指特性（結果）的結構（手段），而說明書最多僅揭露發明人已知者，應認定無法據以實現整個申請專利範圍。

申請專利範圍中出現無法操作（inoperative）之實施方式不一定使請求項無法據以實現，僅當該實施方式是否可以操作之決定必須涉及過度實驗時，始能認定無法據以實現申請專利之發明。換句話說，預言性的實施例並不一定會使揭露內容無法據以實現[48]；判斷標準在於：對於想像得到（並非已能製得）的實施方式，具有通常知識者是否能以不超過該技術領域中通常所需之努力，決定該實施方式可以操作或無法操作。

說明書中所教示之關鍵（critical）特徵未載於請求項者，不符合可據以實現要件[49]；因請求項未記載關鍵特徵而認定不符合可據以實現要件，僅在說明書已明確指出該特徵對於發明之功能具關鍵性時始得為之。在決定未載於請求項之特徵是否為關鍵時，必須考量整個揭露內容；只是較佳之特徵者，不得認定是關鍵特徵[50]。在Mayhew案，說明書揭露方法發明唯一的操作模式係位於處理循環之特殊位置上的冷卻區，請求項未特定該方法之冷卻步驟及實施該步驟的位置。法院認為冷卻浴及其位置係必要技術特徵，判決

46　In re Fisher, 427 F.2d 833, 839, 166 USPQ 18, 24 (CCPA 1970)

47　In re Hyatt, 708 F.2d 712, 714-715, 218 USPQ 195, 197 (Fed. Cir. 1983)

48　Atlas Powder Co. v. E.I. du Pont de Nemours & Co., 750 F.2d 1569, 1577, 224 USPQ 409, 414 (Fed. Cir. 1984)

49　In re Mayhew, 527 F.2d 1229, 1233, 188 USPQ 356, 358 (CCPA 1976)

50　In re Goffe, 542 F.2d 564, 567, 191 USPQ 429, 431 (CCPA 1976)

請求項未記載冷卻區之使用及位置不符合可據以實現要件[51]。

2. 發明的本質

可據以實現要件涉及之因素包含發明的本質、先前技術現狀及具有通常知識者之技術水準等。發明的本質，指申請專利之發明固有的內涵；其亦為決定技術現狀及具有通常知識者之技術水準的背景。

說明書未記載一個以上之必要技術特徵或技術特徵間之關係，具有通常知識者未經過度實驗無法實施者，通常會涉及可據以實現之問題。例如，以方塊圖及功能標示揭露電路裝置，對於圖式中標示「LOGIC」之方塊，說明書未記載相關資訊，因而被判決其內容無法據以實現[52]。又如決定地面水平鑿孔位置之方法請求項，因為用來實施申請專利之方法發明的某些電腦程式細節未揭露於說明書，以致以具有通常知識者不了解如何依請求項中之記載內容「比較」（compare）或「重新排列」（rescale）數據實施申請專利之方法發明，故被判決不符合可據以實現要件[53]。

對於設備的揭露內容，有時必須揭露如何建構複雜組件及如何實現所需之功能的細節。例如包含若干上位概念名稱之組件（例如電腦、時刻及控制機構、交/直流轉換器等）及整體最終功能之系統請求項，法院判決不符合可據以實現要件，因為說明書未描述如何以合理數量之實驗，將不同系統中已知複雜元件予以改裝而用於所請求之特定系統，以實現請求項中所總括記載之功能，以致於為達成上訴人所述其已解決之細部關係需要不合理數量之工作[54]。

3. 先前技術現狀

先前技術現狀（the state of the prior art），指申請日之前能為公眾得知（available to the public）之所有資訊，並不限於世界上任何地方、任何語言

51　In re Mayhew, 527 F.2d 1229, 188 USPQ 356 (CCPA 1976)

52　In re Donohue, 550 F.2d 1269, 193 USPQ 136 (CCPA 1977)

53　Union Pacific Resources Co. v. Chesapeake Energy Corp., 236 F.3d 684, 57 USPQ2d 1293 (Fed. Cir. 2001)

54　In re Scarbrough, 500 F.2d 560, 182 USPQ 298 (CCPA 1974)

或任何形式，例如書面、電子、網際網路、口頭、展示或使用等。先前技術現狀，可謂係申請日之前既有技術狀態；先前技術，指申請日之前特定之既有技術。

特定技術領域之技術現狀在時間座標中並非靜止不動。10年前申請案之揭露內容被認定不符合可據以實現要件，但該揭露內容在今日可能符合可據以實現要件。因此，先前技術現狀必須以各申請案之申請日為準，針對該申請案予以評價。申請日之後公開的刊物中始揭露之資訊，並不能證明相關之技術在申請時為已知[55]。

先前技術現狀可以作為特定技術之可預測性的證據，並與（為符合可據以實現要件）說明書所須提供指引或指示（guidance or direction）的數量及說明書是否載有操作實施例等其他判斷因素有關。

4. 具有通常知識者之技術水準

可據以實現要件之判斷，係基於申請專利之發明所屬技術領域或最相關技術領域中具有通常知識者之技術（一般知識及普通技能）水準；相關技術領域通常（但不限於）係依所欲解決之問題予以定義，而非依該發明適用之技術範圍、工業或貿易等。換句話說，說明書之撰寫係定位在具有通常知識者之技術水準，而為充分揭露申請專利之發明，說明書必須揭露申請專利之發明所有必要技術特徵，並詳細到使具有通常知識者可據以實現該發明，但不必記載習知且非主要之輔助特徵，最好省略習知且已能為公眾得知之事項[56]，而僅記載具有通常知識者可據以實現申請專利之發明所需之技術知識。

相關技術，指與申請專利之發明有關連之技術。若發明涉及不同技術領域，說明書使各技術領域中具有通常知識者組成之團隊運用其專長而能實施發明中分屬其技術專長之部分者，則該說明書符合可據以實現要件[57]。在Zechnall案中，美國上訴委員會指出：若揭露內容使電腦技術之具有通常知

55　Chiron Corp. v. Genentech Inc., 363 F.3d 1247, 1254, 70 USPQ2d 1321, 1325-26 (Fed. Cir. 2004)

56　In re Buchner, 929 F.2d 660, 661, 18 USPQ2d 1331, 1332 (Fed. Cir. 1991)

57　In re Naquin, 398 F.2d 863, 866, 158 USPQ 317, 319 (CCPA 1968)

識者聯合燃油噴射技術之具有通常知識者，能製造及／或使用上訴人之發明，則必須認為揭露內容足以滿足可據以實現要件[58]。

5. 申請專利之發明的可預測性

申請專利之發明技術的可預測性或欠缺可預測性，均關係到具有通常知識者思及申請專利之發明的能力或認知該發明之結果的能力。若具有通常知識者能輕易預期申請專利之發明的變化結果，則該技術具有可預測性[59]。

符合可據以實現要件所需之揭露範圍與申請專利之發明可預測之程度呈逆相關之關係；但即使是難以預測結果之技術領域，仍無須揭露每一個下位概念發明之實施方式，據以支持申請專利之發明。對於可預測技術結果之發明，例如機械或電氣技術領域，通常單一下位技術實施方式就可據以實現、支持寬廣的申請專利範圍[60]；相對地，對於難以預測技術結果之發明，例如化學或生物技術領域，單一下位技術實施方式通常無法適當支持上位概念發明[61]。

6. 說明書提供指引的數量

可據以實現申請專利之發明所需指引或指示（guidance or direction）之數量與其技術現狀之知識數量及該發明之可預測性呈逆相關之關係[62]，且與說明書所教示如何製造及／或使用申請專利之發明的資訊有關。有關申請專利之發明發明的本質、如何製造或如何使用該發明之先前技術越多，或該發明之技術結果越容易預測者，說明書中須詳細陳述可據以實現之資訊越少。反之，有關申請專利之發明發明的本質、如何製造或如何使用該發明之先前技術越少，或該發明之技術結果越難以預測者，說明書中須詳細陳述可據以實現之資訊越多[63]。

58　Ex parte Zechnall, 194 USPQ 461 (Bd. App. 1973)
59　In re Marzocchi, 439 F.2d 220, 223-24, 169 USPQ 367, 369-70 (CCPA 1971)
60　In re Cook, 439 F.2d 730, 734, 169 USPQ 298, 301 (CCPA 1971)
61　In re Soll, 97 F.2d 623, 624, 38 USPQ 189, 191 (CCPA 1938)
62　In re Fisher, 427 F.2d 833, 839, 166 USPQ 18, 24 (CCPA 1970)
63　Chiron Corp. v. Genentech Inc., 363 F.3d 1247, 1254, 70 USPQ2d 1321, 1326 (Fed. Cir. 2004)

7. 操作實施例之有無

實施例（example）包括「操作實施例」（working example）及「預言性的實施例」（prophetic example）兩種。操作實施例係基於業經真正實施操作過之結果；預言性的實施例係基於預測之結果，而非已真正實施操作或已真正完成之結果。說明書所記載之實施例不必是申請前已真正將該發明付諸實施之結果[64]。

可據以實現要件並非取決於實施例之揭露，若以具有通常知識者能實施申請專利之發明而無需過度實驗之方式揭露該發明，說明書不必包含實施例[65]。惟欠缺操作實施例是一個考量因素，尤其在涉及難以預測技術結果或新開發之技術領域。

若說明書中所載之其他因素指向可據以實現，不得只因未記載操作實施例即認定不符合可據以實現要件。再者，說明書中只要記載了申請專利之發明的一個操作實施例，除非該實施例被限於特定範圍，否則即足以符合可據以實現要件，因為至少該實施例可據以實現。

對於上位概念請求項，具有通常知識者參酌技術水準、技術現狀及說明書中所載之資訊，認為無需過度實驗而能製造及／或使用該發明者，只要有代表性實施例及上位概念發明整體之陳述，通常即足以符合可據以實現要件。因此，切勿因請求項比揭露內容寬廣，而以僅有一實施例為唯一理由，認定不符合可據以實現要件。

8. 實施申請專利之發明所需實驗的數量

具有通常知識者所需實驗之數量，僅為決定是否過度實驗的因素之一。若說明書已教示具有通常知識者足夠的指示或指引，即使實驗需時較長，仍非過度實驗[66]。是否過度實驗之檢測方法並非僅與數量有關，若僅是例行性實驗，或說明書對於應進行實驗之方向提供了合理數量之指引，仍允許相當數量的實驗[67]。實驗所需之時間及花費僅為是否過度實驗之考量因素之一，

---

64 In Gould v. Quigg, 822 F.2d 1074, 1078, 3 USPQ 2d 1302, 1304 (Fed. Cir. 1987)

65 In re Borkowski, 422 F.2d 904, 908, 164 USPQ 642, 645 (CCPA 1970)

66 In re Colianni, 561 F.2d 220, 224, 195 USPQ 150, 153 (CCPA 1977)

67 In re Angstadt, 537 F.2d 489, 502-04, 190 USPQ 214, 217-19 (CCPA 1976)

而非關鍵因素[68]。

　　在化學技術領域中，是否過度實驗之判斷，應考量是否需要數量龐大的實驗，對於需要長時間且困難之實驗始足以確認請求項中之化合物者，應一併考量達成申請專利之發明所需實驗之指引及容易度，因前述二者均會影響所需之實驗數量。惟若實驗之性質係屬例行性者，實驗之時間及困難度並不具決定性，則實施例之數量是判斷是否需要過度實驗時應考量之唯一因素[69]。在United States v. Telectronics案中，由於一實施方式（不銹鋼電極）及決定劑量／反應之方法已載於說明書，法院判決雖然研究之時間及費用約各為＄50,000及6-12個月，仍不能認定其為過度實驗[70]。

(三) 可據以實現之審查

　　欠缺技術手段之記載，或記載不明確或不充分，而無法據以實現的情況如下：

(1) 說明書僅記載目的、構想或結果，但未記載任何技術手段者。例如申請專利之發明為一種釣竿，其可釣起500公斤重之魚，但說明書中並未記載任何與釣竿有關之材質及結構，無法了解該釣竿如何達成釣起500公斤重之魚。

(2) 說明書雖然載有解決問題之技術手段，但不明確或不充分者。例如申請專利之發明為一種太陽眼鏡，其可阻擋太陽光中99%之紫外線，而說明書僅記載使用抗紫外線之鏡片可以阻擋紫外線，但未記載該鏡片之材料、組成或結構，無法了解如何達成阻擋太陽光中99%之紫外線。

(3) 說明書雖然載有解決問題之技術手段，但採用該技術手段不能解決問題者。例如申請專利之發明為一種無線傳輸裝置，其可於水平距離1公里之間進行訊號的發射與接收，而說明書中僅記載該無線傳輸裝置

---

68 United States v. Telectronics Inc., 857 F.2d 778, 785, 8 USPQ2d 1217, 1223 (Fed. Cir. 1988), cert. denied, 490 U.S. 1046 (1989)

69 In re Wands, 858 F.2d at 737, 8 USPQ2d at 1404

70 United States v. Telectronics, Inc., 857 F.2d 778, 8 USPQ2d 1217 (Fed. Cir. 1988), cert. denied, 490 U.S. 1046 (1989)

為藍芽裝置,但申請時藍芽裝置之傳輸距離最遠僅及於100公尺。

(4) 說明書雖然載有解決問題之技術手段,但無法再現或僅能隨機再現說明書所載之結果者。例如申請專利之發明為一種新穎大腸桿菌Z之製造方法,其特徵在於將大腸桿菌暴露於X射線,但說明書中之實施例顯示暴露於X射線而突變為新穎大腸桿菌Z係隨機再現,致具有通常知識者無法理解如何以其他技術手段產生新穎大腸桿菌Z。

(5) 說明書雖然載有具體的技術手段,但未提供實驗資料,致無法證實該技術手段可達成所欲解決之問題。例如申請專利之發明為一種治療心臟病之醫藥組成物,但說明書未提供任何實施數據證實該醫藥組成物對心臟病具有療效。

(四) 產業利用性與可據以實現要件

產業利用性,係規定申請專利之發明本質上必須能被製造及/或使用;可據以實現要件,係規定申請專利之發明之記載形式,必須使具有通常知識者能了解其內容,並可據以實現(即可據以製造及/或使用)該發明。二者在判斷順序或層次上有先後、高低之差異。若申請專利之發明本質上能被製造及/或使用,尚應審究說明書在記載形式上是否明確且充分揭露對照先前技術之貢獻,使發明之揭露內容達到具有通常知識者可據以實現之程度,始得准予專利。相對地,若申請專利之發明本質上並不能被製造及/或使用,即使說明書中明確且充分記載其內容,仍不可能據以實現。

例如,一種以吸收紫外線之塑膠膜包覆整個地球表面的方法,其係為防止因臭氧層減少而導致紫外線增加,該發明實際上顯然不能被製造或使用,不具產業利用性,亦違反可據以實現要件。又如一種可阻擋太陽光中99%紫外線之太陽眼鏡,該發明實際上有被製造或使用之可能性,具有產業利用性,惟若其說明書中未記載如何製造及使用該發明時,則違反可據以實現要件。

在美國,35 U.S.C. 112第1項如何使用發明之規定(相對於我國可據以實現要件)與35 U.S.C. 101實用性之規定(相對於我國產業利用性)不同。35 U.S.C. 101實用性之規定是記載發明某些特定、實質及可信的用途(specific、substantial and credible use)。換句話說,35 U.S.C. 112第1項係

要求說明如何實現35 U.S.C. 101所規定之用途，亦即如何使用該發明。若請求項不符合35 U.S.C. 101之實用性要件，因為其沒有用處或不發生作用，則也一定不符合35 U.S.C. 112第1項如何使用方面之可據以實現要件，例如Fouche案，法院即指出若申請專利之組合物實際上沒有用處，說明書無法教示如何使用[71]。在某些情況，對於說明書所揭露之用途，具有通常知識者仍可能不知如何實現該用途，例如Mowry案，法院指出即使申請專利之發明很有用，但說明書仍可能無法讓任何具有通常知識者使用該發明[72]。

2.2　說明書撰寫方式

專利法及其施行細則規定說明書應記載之事項包括：發明名稱、技術領域、先前技術、發明內容、圖式簡單說明、實施方式及符號說明7個部分。

相對於前述應記載之事項，在美國是「發明名稱」（title of the invention）、「技術領域」（technical field）、「發明背景」（background of invention）、「發明概要」（summary of the invention）、「圖式簡單說明」（brief description of the drawings）、「發明詳細說明」（detailed description of the invention）及「發明較佳實施方式」（preferred embodiment of the invention）。

說明書之撰寫應依前述應記載之事項所定順序（格式次序）撰寫，並附加標題。但發明之性質以其他方式表達較為清楚者，得依需要增減項目或挪動順序。實際撰寫說明書時，請依1.8「申請文件之撰寫順序」撰寫之。

前述說明書應記載之事項中，除了發明名稱外，每項至少應使用一個文字段落，並加標題。由於說明書、申請專利範圍及摘要分屬不同文件，故必須分頁從頭開始撰寫，圖式及序列表亦同。

對於不同技術領域，應有不同的撰寫內容，各技術領域說明書之撰寫重點簡介如下：

71　In re Fouche, 439 F.2d 1237, 169 USPQ 429 (CCPA 1971)
72　Mowry v. Whitney, 81 U.S. (14 Wall.) 620 (1871)

1. 物之範疇

(1) 機械、物理領域

- ·申請專利之標的：物品、器具、機器、裝置。
- ·技術手段：形狀、構造、特點、功效。
- ·申請專利範圍之技術特徵：形狀、構造、連結關係。

(2) 電子、電機領域

- ·申請專利之標的：物品、器具、裝置、電路、系統。
- ·技術手段：形狀、構造、特點、功效；對於電路，得以該行業者習知之方塊圖表現。
- ·申請專利範圍之技術特徵：形狀、構造、連結關係；對於電路，得記載各元件或方塊之連結關係。

(3) 電腦軟體相關之發明領域

- ·申請專利之標的：器具、裝置、系統、記錄媒體、程式產品。
- ·技術手段：形狀、構造、特點、功效；得以該行業者習知之方塊圖表現。
- ·申請專利範圍之技術特徵：就各方塊所表現之硬體與軟體之整體敘述其技術特徵及連結關係；得以手段功能用語表現各技術特徵；記錄媒體，得以功能、程序、手段或結構予以界定。

(4) 化學、醫藥領域

- ·申請專利之標的：化合物、組合物、醫藥、製劑、飲食品、嗜好品。
- ·技術手段：化學結構式、製法、用途。
- ·申請專利範圍之技術特徵：化學結構式或物質名；必要時，得以物理化學特性或製法予以界定。

(5) 生物技術領域

- ·申請專利之標的：產物、微生物、蛋白質、基因、DNA序列、載體、轉形株、融合細胞、抗體、疫苗、生物晶片。

‧技術手段：菌學特性、化學特性、用途、微生物學名、菌學特徵、基因圖譜、寄存資料、培養方法。

‧申請專利範圍之技術特徵：生物學名、菌學特徵、基因圖譜、寄存號碼；必要時，得以物理化學特性或製法予以界定。

2. 方法範疇

(1) 機械、物理領域

‧申請專利之標的：製造方法、處理方法、使用方法、控制方法。

‧技術手段：具體步驟；步驟內容及步驟間的連結關係。

‧申請專利範圍之技術特徵：具體步驟內容及順序；得配合敘述硬體之技術特徵。

(2) 電子、電機領域

‧申請專利之標的：製造方法、處理方法、使用方法、控制方法。

‧技術手段：具體步驟；依流程圖敘述步驟內容及步驟間的連結關係。

‧申請專利範圍之技術特徵：具體步驟內容及順序；得一併敘述硬體之技術特徵。

(3) 電腦軟體相關之發明領域

‧申請專利之標的：製造方法、處理方法、使用方法、控制方法、商業方法。

‧技術手段：具體步驟；依流程圖敘述步驟內容及步驟間的連結關係；並敘述在電腦外面所執行之物理動作，或將電腦外實體物件的測量資料轉換成電腦資料，或限制演算法於技術領域中之實際應用。

‧申請專利範圍之技術特徵：以功能手段用語敘述步驟內容及順序；得一併敘述硬體之技術特徵。

(4) 化學、醫藥領域

‧申請專利之標的：製造方法、處理方法、使用方法、控制方法、用途。

‧技術手段：具體步驟；步驟內容及步驟間的連結關係。

‧申請專利範圍之技術特徵：具體步驟內容及順序；得一併敘述硬體、
材料等之技術特徵。

(5) 生物技術領域

‧申請專利之標的：製造方法、處理方法、使用方法、控制方法、微生
物檢驗方法、微生物培養方法、植物與動物育成方法、用途。

‧技術手段：具體步驟；依流程圖、生物轉化程式圖敘述步驟內容及步
驟間的連結關係。

‧申請專利範圍之技術特徵：具體步驟內容及順序；得一併敘述硬體、
材料或微生物等之技術特徵。

　　前面2.1「基本概念」已詳細說明有關說明書之撰寫的形式要件及實體
要件，本小節將依形式要件中所規定應記載之事項，並配合實體要件之要
求，以實際案例「電動脫毛裝置」引領讀者撰寫說明書及摘要。本案例之申
請專利範圍原有30項，擇其中12項揭示如下[73]，本小節將配合這12項敘述說
明書應記載之事項：

專利名稱：電動脫毛裝置[74]

美國專利：4,524,772

〔申請專利範圍〕

1. 一種電動脫毛裝置，包含：
　　一手持可攜式外殼；

---

73 以「電動脫毛裝置」作為案例係因其為技術簡單易於理解的機器案例，並非因為其說明書
或申請專利範圍內容撰寫得特別好，筆者並不建議應以其作為範本。再者，相對於原專
利，本案例業經調整請求項之排序，併予敘明。

74 此發明在世界各國獲得17件專利（包含一件指定11國之歐盟專利，如EP Patent No.
0,101,656, US Patent No. 4,524,772 等）及4件工業設計保護，並因上市的前兩年達到580萬
件之銷售量及美金3億4仟萬元的銷售總額，而被稱之為「The key to unlock the treasure」，
但同時在世界各國引起大量仿冒，並展開大規模而長期的專利侵害攻防戰，其中除了奧地
利外，其他國家均認定被告之行為構成侵害，一連串的發展過程亦被若干國家之專家學者
為文探討或列入各種會議之議程。

馬達手段，設置於該外殼中；及

一螺旋彈簧，包含複數個相鄰捲圈，以該馬達手段驅動之，相對於長有要去除毛髮的皮膚作旋轉式滑動；該螺旋彈簧包含一弧狀嚙合毛髮部位而形成一凸側及一對應之凹側，該捲圈在該凸側伸展張開在該凹側緊壓閉合，該螺旋彈簧之旋轉運動使該捲圈產生從該凸側的伸展張開形態變到該凹側之緊壓閉合形態的連續動作，而嚙合並拔除皮膚上的毛髮，藉此該捲圈之表面速度相對於該皮膚遠超過該外殼相對於該皮膚之表面速度。

2. 依請求項1之電動脫毛裝置，其中該螺旋彈簧弧狀嚙合毛髮部位之延伸係沿著夾角超過90度的弧部，藉此該螺旋彈簧捲圈之表面速度同時包括相互垂直方向所延伸的分量，而顯著加強毛髮移除效率。

3. 依請求項2之電動脫毛裝置，其中該螺旋彈簧弧狀嚙合毛髮部位之延伸係沿著夾角超過180度的弧部。

4. 依請求項1之電動脫毛裝置，其中在該嚙合毛髮部位之該凸側，設定該螺旋彈簧相鄰張開捲圈之夾角至少1.5度。

5. 依請求項1之電動脫毛裝置，其中在該嚙合毛髮部位之該凸側，設定該螺旋彈簧相鄰張開捲圈之最大間隔至少0.15mm。

6. 依請求項1之電動脫毛裝置，其中在該嚙合毛髮部位之該凸側，設定該螺旋彈簧相鄰張開捲圈之最大間隔至少0.2mm。

7. 依請求項1之電動脫毛裝置，其中該外殼為一模組式兩部分外殼所構成，一部分包括馬達手段另一部分包括螺旋彈簧，因而包括螺旋彈簧之部分可輕易的從包括馬達手段之部分拆除，以輕易清潔消毒或視需要更換螺旋彈簧。

8. 依請求項1之電動脫毛裝置，其中該馬達手段包含一對馬達，耦合該螺旋彈簧之兩相對自由端。

9. 依請求項1之電動脫毛裝置，其中該馬達手段包含單一馬達。

10. 依請求項1之電動脫毛裝置，其中驅動該螺旋彈簧以至少每分鐘70公尺表面速度作旋轉運動。

11. 依請求項1之電動脫毛裝置，其中驅動該螺旋彈簧以至少每分鐘100～150公尺表面速度作旋轉運動。

12. 一種電動脫毛裝置，包含：

一手持可攜式外殼；

馬達手段，設置於該外殼中；及

一螺旋彈簧，包含呈環圈形之複數個相鄰捲圈，以該馬達手段驅動之作旋轉運動；該螺旋彈簧之環圈沿著其大體上整個長度形成一弧狀嚙合毛髮部位而形成一凸側及一對應之凹側，該螺旋彈簧之旋轉運動使該捲圈產生從該凸側的伸展張開形態變到該凹側之緊壓閉合形態的連續動作，而嚙合並拔除皮膚上的毛髮。

2.2.1　圖式

依專利法規，圖式並非說明書的一個部分。圖式之作用在於補充說明書文字部分之不足，使具有通常知識者閱讀說明書時，得藉直觀之圖象直接理解發明各個技術特徵及其所構成的技術手段整體。圖式係判斷是否符合可據以實現要件的基礎之一，圖式與說明書均得作為解釋申請專利範圍之依據，圖式的重要性不言可諭。尤其繪製草圖就是撰寫專利申請文件的第一步，故將圖式併入本節說明之。

發明之圖式，應參照工程製圖方法以墨線繪製清晰，於各圖縮小至2/3時，仍得清晰分辨圖式中各項細節；圖式應註明圖號及符號，並依圖號順序排列，除必要註記外，不得記載其他說明文字。申請時，應指定最能代表該發明技術特徵之圖式為代表圖，並列出其主要符號，簡要加以說明。

說明書之版面格式係採縱向橫書，圖式通常亦應縱向繪製。一張圖紙得置若干圖式，同一張圖紙上各圖式之繪製應採同一方向。元件之橫向尺寸明顯大於縱向尺寸而必須橫向繪製時，應將圖式的頂部朝圖紙左側之裝訂邊。在無法以圖式表現的情況下，若能直接再現並符合圖式所適用之規定者，得以照片取代，例如金相圖、電泳圖、電腦造影影像圖或細胞組織染色圖。

說明書、申請專利範圍與圖式三者中所註記之符號應一致，且記載同一元件時，應以同一符號予以註記。說明書或申請專利範圍中未註記的符號通常勿註記於圖式；說明書或申請專利範圍中所註記之符號，必須出現於至少一圖式。惟若修正說明書時刪除說明書中整段內容，而要刪除圖式中相對應之記載有困難時，圖式中註記之符號得多於說明書或申請專利範圍中所註記

者。另應說明者，圖式不包括各式表格，說明書或申請專利範圍中之表格及序列表並非圖式。

圖式必須表現申請專利範圍中所載之發明的每一個技術特徵，對於說明書或申請專利範圍中所揭露的習知特徵（conventional features），只要在整體動作中能發揮功能者，也必須表現於圖式，但若其詳細圖式對於了解發明並非必要者，得以符號或具有標示之方塊圖表示。

圖式應以表達發明技術內容之圖形及符號為主，說明文字應記載於圖式簡單說明，圖式本身僅得註記圖號及符號，但為明確了解圖式，得加入單一簡要語詞，如水、蒸氣、開、關等。專利法施行細則規定除必要註記外不得記載其他說明文字：

(1) 座標圖：得有縱軸、橫軸、線及區域之說明。
(2) 流程圖：得有方塊圖的方塊說明及邏輯判斷之記載。
(3) 回路圖：得有方塊圖的方塊說明，信號及電源之記載，以及積體電路、電晶體及電阻器等記號。
(4) 波形圖：得有波形之說明及波形表示式。
(5) 工程圖：得有方塊圖的方塊說明，以及原料及產物之記載。
(6) 狀態圖：得有座標軸、線及區域之說明。
(7) 向量圖：得有向量及座標軸之說明。
(8) 光路圖：得有光的成分、相位差、角度及距離之記載。

繪製方塊圖時，應於方塊內加註說明文字，或註記方塊之編號；繪製詳細電路圖時，對於慣用元件如電晶體、電容、電阻、場效電晶體、二極體等，得分別以Tr、C、R、FET、D等符號代之。

在我國，專利專責機關之見解認為新型說明書必須附圖式，機械、電學、物理領域之物之發明，說明書通常也必須附圖式。

下列為美國專利法施行細則37 CFR有關圖式之部分規定：

(1) 通常要求黑白圖式。經USPTO同意後，USPTO始接受發明專利或設計專利申請案中之彩色圖式。發明專利及設計專利申請案通常不允許照片或其影本。
(2) 僅在照片是揭示申請專利之發明的實用媒介時，USPTO始接受發明專利及設計專利申請案之照片。例如下列照片或顯微照片：電泳凝

膠、墨點（免疫學上的、西方、南方及北方）、放射性自體顯影、細
胞培養株（染色或不染色）、組織切片（染色或不染色）、動物、植
物、活體顯影（in vivo imaging）、薄膜層析片、結晶構造及設計專
利申請案中之裝飾效果等是可被接受者。

(3) 化學式或數學式、圖表及波形圖得作為圖式提出，並須符合與圖式相
同之規定。各個化學式或數學式均被視為個別的圖式，必要時，得以
括號表示，以顯示資料經適度整合。各組波形圖均被視為一個單獨圖
式提出，並使用一般的縱軸及表示時間延伸的橫軸。說明書中提及之
各個獨立波形圖均須以不同字母標示在緊鄰縱軸之位置。

(4) 圖式應依需要儘可能包含多幅視圖以表現發明內容。各幅視圖得為平
面、正視、剖視或透視圖。必要時得使用放大比例之元件部分細部
圖。各視圖最好是縱向放置，彼此間清楚區分，而且不得置於有說明
書、申請專利範圍或摘要之頁面上。各視圖不得以投影線連接亦不得
包含中心線。電訊波形圖可用長折線連接，以表現波形圖之相關時
差。分解圖，允許以括弧包含各個不同部分，以顯示不同部分間之關
係或組合順序。

(5) 對於大機器或大器具的全貌，可以分解成數個部分，另須製作一張縮
小比例之圖面，顯示各部分圖在顯示全貌的整體圖面中之相關位置，
原圖面及放大圖面須標示為不同名稱。

(6) 元件的位置可被移動時，只要不致於造成圖面擁擠，得以虛線表現並
疊置在適當的視圖上；否則須利用另一張圖面以達到此種位移目的。

(7) 得在圖面上使用習用元件的圖示符號。使用此種圖示符號及標記表示
的習用元件須在說明書中已經適當確認。習知器具裝置應以眾所周知
的涵義且為該技術領域所普遍接受的圖示符號解說之。

(8) 參考符號（最好是數字）、頁碼及圖號須清楚易讀，且不得與括號或
引號一起使用，或被包含在圖形輪廓內（被圍繞在內）。其應與圖式
為相同的方向，以免須旋轉紙張。參考符號應依所指元件之順序排列
之。數字、文字及參考符號至少需0.32cm（1/8英吋）高。其不得被置
於圖式中，否則會影響圖式之了解程度。因此其不得與線條相交或相
混。發明的同一部分出現在一張以上之圖式時，在各圖式上所標示之

參考符號須相同，且不同部分不得標示相同之參考符號。詳細說明中未論及之參考符號不得出現在圖式中。詳細說明中所論及之參考符號均須出現在圖式中。

(9) 導引線，指參考符號與其所參考之細部間的線條。此種線條可直或曲且應儘可能短，且須起於緊鄰參考符號處並延伸至所標示之特徵處。導引線不得彼此交錯。各參考符號均需要導引線，除非該參考符號係用以標示其本身所在之表面或割面。此參考符號須繪上底線，以標明其非因錯誤而漏繪了導引線。

(10) 著作權或光罩著作標示得出現在圖式中，但須置於圖式範圍中代表該著作權或光罩著作資料的圖表下方。

(11) 在圖式中描繪有所有權之「符號或圖案」商標，圖式簡要說明或圖式詳細說明應說明該「符號或圖案」是某公司之註冊商標。

(12) 各視圖須從「圖1」開始以阿拉伯數字連續編號，且與頁碼相區隔，儘可能依其出現在圖式紙張上的順序編號。對於繪製在同一頁或數頁上之各部分圖式，該部分圖式得組合成一個完整物品，則該部分圖式必須使用相同圖號，但在其後標示不同的大寫字母予以區分。

(13) 區分視圖的數字及字母須簡單清楚，且不得與括號、圓圈或引號一起使用。用於視圖圖號之數字高度須大於用以表示參考符號的數字。

〔電動脫毛裝置之圖式〕

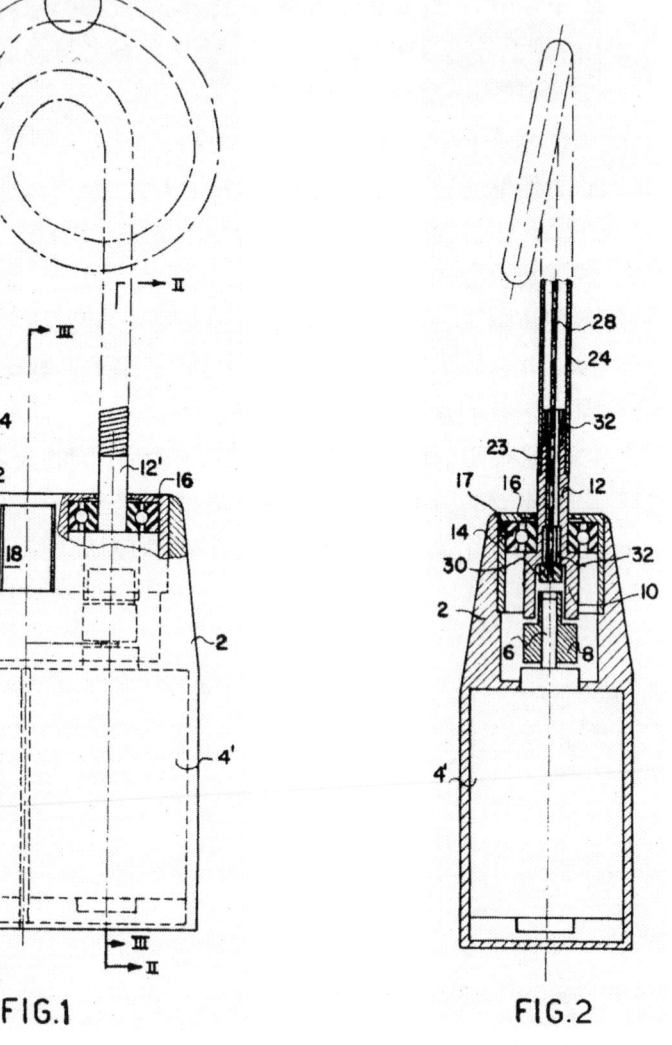

U.S. Patent　Jun. 25, 1985　　Sheet 1 of 4　　4,524,772

FIG.1

FIG.2

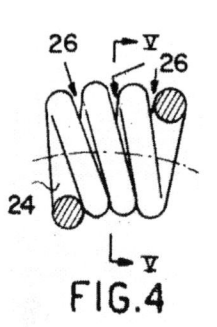

FIG.4

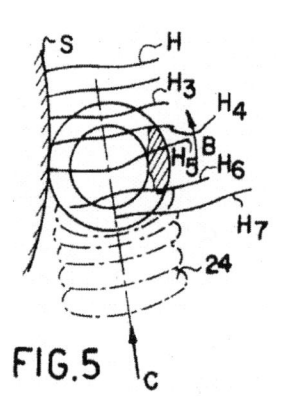

FIG.5

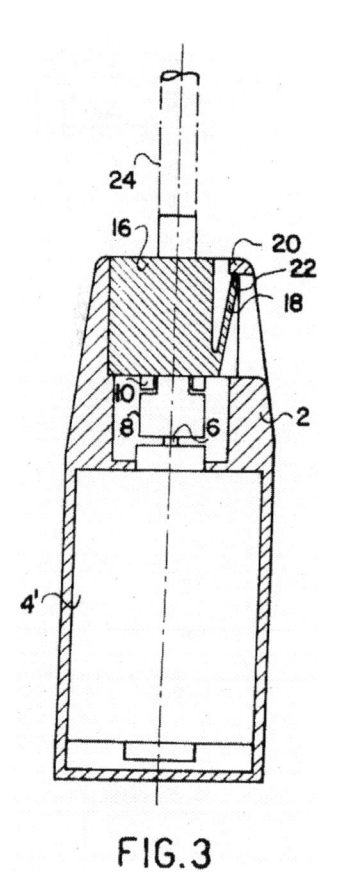

FIG.3

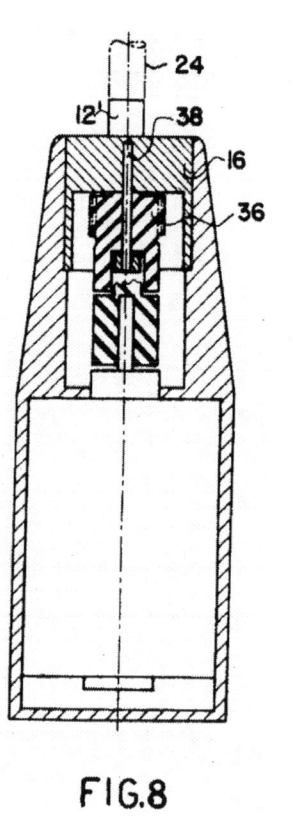

FIG.8

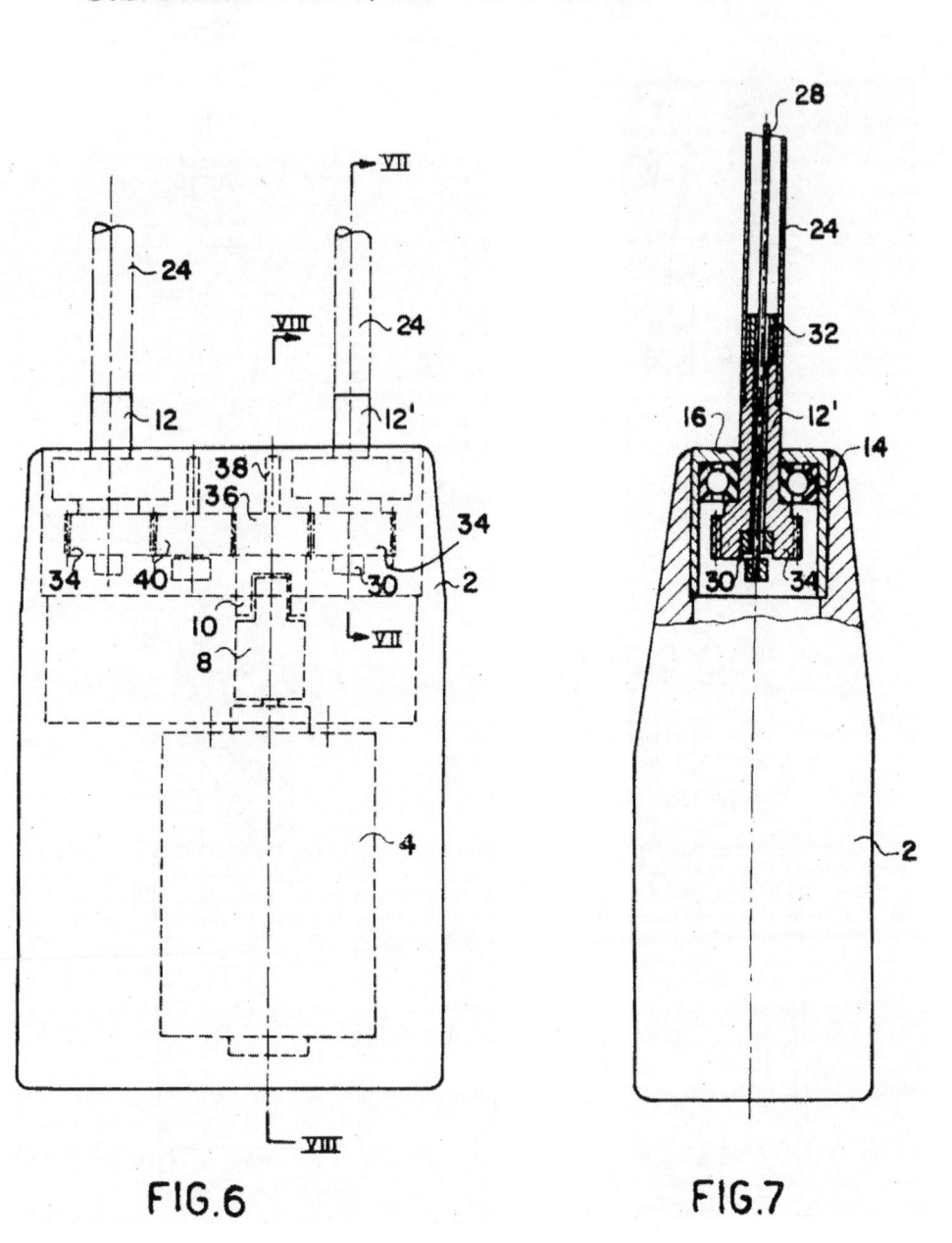

FIG.6   FIG.7

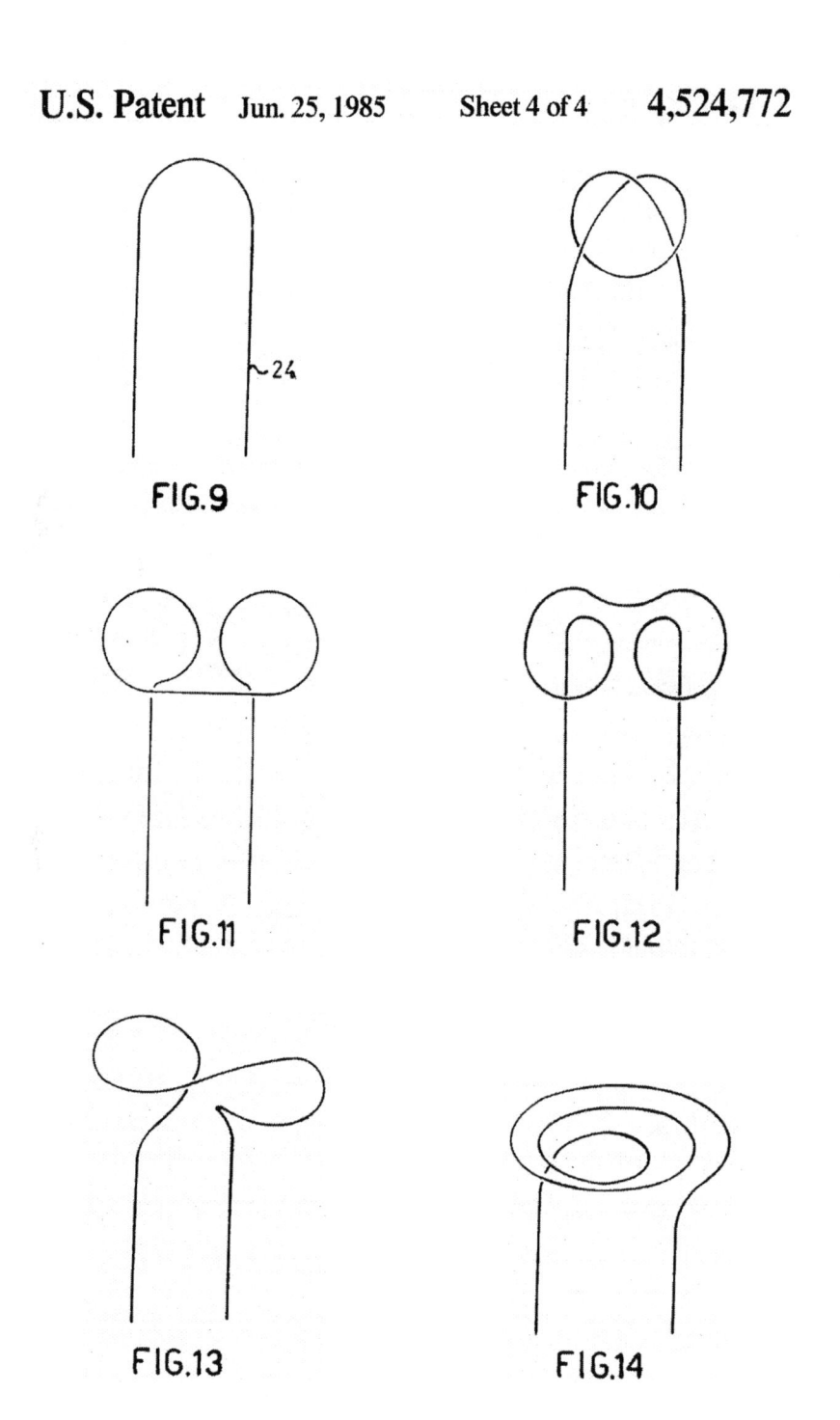

2.2.2　發明名稱

　　發明名稱，應明確、簡要表示申請專利之發明，並反映其範疇（category，即物或方法，方法包括用途）；盡可能使用國際專利分類表中之分類用語。發明名稱中不得包含人名、地名、代號等非技術用語，例如「雲南白藥」、「101生髮水」；不得包含模糊籠統之用語，例如「及其類似物」之類的用語，或僅記載「物」、「方法」、「裝置」等；且不得冠以無關之文字或商標等宣傳用語，例如「新穎神油」、「Band-Aid 型繃帶」。

　　發明名稱應反映申請專利之標的的範疇，亦即應涵蓋申請標的之範疇，但不必與申請專利之標的名稱（designation of the subject matter）完全相同。例如申請專利範圍「一種製造綜合蔬果汁的方法，……」及「一種綜合蔬果汁，……」，發明名稱應記載為「綜合蔬果汁及其製造方法」或反映該兩範疇之類似名稱，而不應僅記載「綜合蔬果汁」或「綜合蔬果汁之製造方法」。修正說明書或圖式而變更所申請之範疇時，應注意發明名稱與申請專利範圍之範疇是否相符；但二者之文字不必完全相同。

　　發明名稱中記載特定用途或應用領域，申請專利範圍有可能產生限定作用，為避免限制申請專利範圍，至少應避免記載申請專利之發明有別於先前技術之新穎特徵。例如「具吸墨水腔室之墨水瓶」發明的吸墨水腔室為新穎特徵，該發明名稱為記載為「墨水瓶」，否則「具吸墨水腔室之墨水瓶」之發明名稱或獨立項前言部分中申請專利之標的名稱可能產生限定申請專利範圍的效果。

　　由於發明名稱係分類、檢索之依據，基於商業策略，業界不想曝露自己的技術動向時，會故意指定稍微名不符實的發明名稱，以迴避競爭對手的探知。對於這種作法，筆者認為不足為訓，除非隱藏技術是該企業之專利管理的一環，因為專利權係供社會大眾利用、迴避，專利權固然可以排除他人實施，但也可以授權、讓與而獲利，隱藏技術、敝帚自珍尚非唯一的策略。更何況檢索技術日新月異，跑得了和尚跑不了廟，說明書及申請專利範圍內容仍必須符合明確性及可據以實現等要件，若連說明書及申請專利範圍內容都不曝露自己的技術內容，即使取得專利權，日後仍會構成專利無效之事由。

〔電動脫毛裝置之發明名稱〕

　　電動脫毛裝置

〔說明〕

　　「電動脫毛裝置」最接近之國際分類號為A45D26/00「燙焦髮根之裝置；除去多餘毛髮之裝置，如鑷子」，其已為第3階分類，並無上一階或下一階之適當類別。申請人得以明確、簡要反映申請標的為原則，擇定「電動脫毛裝置」之名稱，其中「脫毛」反映申請專利之發明的技術內涵，「裝置」反映其為物之發明。

2.2.3　技術領域

　　技術領域，應為簡短的一句話，針對申請專利之發明敘明其直接所屬或直接應用的具體技術領域，得記載該發明在國際專利分類表中可能被指定的最低階分類，但非上一階技術領域或發明本身（即包含新穎特徵之技術手段），亦非相鄰的技術領域。例如自行車液壓轉向裝置的改良發明，由於該轉向裝置僅能應用於自行車領域，故「自行車轉向裝置」為具體的技術領域，其上一階領域為「自行車」，本項技術領域應記載為「本發明係有關一種自行車轉向裝置，尤其是一種自行車液壓轉向裝置……」，或「本發明係有關一種自行車液壓轉向裝置……」。

　　若申請專利之發明為開創性發明，不屬於既有之技術領域者，僅須記載該發明所開發之新技術領域。若申請專利之發明為簡單的技術，具有通常知識者從說明書及圖式內容即能理解發明所屬之技術領域者，可以不必記載。

　　技術領域的慣用語句是「本發明係有關（涉及）一種……〔具體之技術領域〕」；為清楚起見，得進一步記載為「本發明係有關（涉及）……〔發明之上一階技術領域〕，尤其是一種……〔具體之技術領域〕」。記載內容應表現發明之主題及範疇，若申請標的是一種產品及其製造方法，則二者均應載入。例如「本發明涉及一種用於空調、冷卻系統中之沸騰液體傳熱壁，該傳熱壁透過液體沸騰及汽化將熱量傳送給與其接觸之液體。本發明還涉及該傳熱壁的製造方法及該方法專用的鏟刮刀具。」或「本發明係關於改良之刮鬍刀及刮鬍刀片，及製造刮鬍刀或具有銳利耐久切削工具之之方法，尤其

是使用一種過濾陰極電弧漿源之非結晶金剛石塗裝刀片。」此外，與前述發明名稱相同，為避免限制申請專利之發明，將發明本身對照先前技術之新穎特徵「具有至少40%之SP3碳結合、至少45×10億巴斯卡之硬度及至少400×10億巴斯卡之模數」載入技術領域亦不適當。

〔電動脫毛裝置之技術領域〕

本發明係有關一種用於美容之電動脫毛裝置。

〔說明〕

本發明係有關A45D26/00「燙焦髮根之裝置；除去多餘毛髮之裝置，如鑷子」，其已為第3階分類，無法撰寫成上一階A45D「理髮或修面設備；修指甲或其他化妝處理」，且不宜撰寫成相鄰的類別A45D27/00「修面附件」或將發明本身對照先前技術之新穎特徵「螺旋彈簧」及「高速旋轉」等載入。

2.2.4 先前技術

說明書中應記載：(1)申請人所知至少一件最接近之先前技術，並客觀指出技術手段所欲解決先前技術中之問題或缺失；(2)盡可能引述該先前技術文獻之名稱、公開日期等資訊，並得檢送該先前技術之相關資料，以利於釐清申請專利之發明與先前技術之間的關係，必要時，得多記載幾件相關之先前技術文件或習知之通常知識；(3)應簡要說明該先前技術的主要相關內容，例如原理、主要結構（或方法步驟）及技術手段；(4)若獨立項以吉普森式撰寫者，則說明書中所記載的先前技術應包含獨立項前言部分所載之技術特徵。

說明書中引述或檢送的先前技術文獻得為專利文獻或非專利文獻，必要時應譯成中文。引述專利文獻者，儘可能載明專利文獻的國別、公開或公告編號及日期，例如美國專利第5,857,654號「DOCUMENT STAND」公告日期1999-1-12；引述非專利文獻者，盡可能以該文獻所載之原文註明該文獻之名稱、公開日期及詳細出處，例如「2007年世界汽車風雲」雜誌第×期第×頁「BMW旗艦車」一文。引述或檢送之先前技術文獻應為公開刊物，得為

紙本或電子形式，但最好是紙本。

　　具有通常知識者必須僅就說明書內容而可據以實現申請專利之發明，不得參考任何文獻。引述先前技術文獻時，應考量該文獻所載之內容是否會影響可據以實現等要件之判斷，若具有通常知識者未參考該文獻內容，即無法了解申請專利之發明並可據以實現，則應於說明書中詳細記載文獻內容，不得僅引述文獻之名稱。因此，先前技術應記載有助於了解申請專利之發明的背景及／或所應用之科學原理等，以協助審查人員了解申請專利之發明。

　　然而，由於專利之審查、訴訟等程序中對於申請專利之發明的判斷係以具有通常知識者為判斷主體，除非必要，否則不必詳細記載教科書或工具書之類文獻中習知或普遍使用之資訊。對於同一技術特徵，無須重複記載不同的先前技術。對於開創性發明，得不記載先前技術。

　　申請人得提及申請專利之發明改良之處，但不允許貶抑其他發明、貶低申請人以外之特定人之物或方法，或評價無關之人的申請案或專利之缺點或有效性；僅比較先前技術，不被認為是貶抑。

〔電動脫毛裝置之先前技術〕

　　生長在人體不合意部位上之體毛令人困窘，而為各種年齡的女性所關心。雖然使用膏狀脫毛劑並不舒服，並常刺激皮膚，但仍被廣泛使用。熔臘亦被施用在皮膚上作為脫毛之目的。

　　手動操作與動力驅動之機械式脫毛裝置均為已知。一種採用捲線彈簧之手動操作裝置，例如美國專利編號2,458,911、2,486,616及1,743,590，以及瑞士專利編號268,696，此種彈簧將毛髮夾在其捲圈之間的空隙中，捲圈之間的空隙閉合時將毛髮從皮膚上拉除。此種裝置之操作效率極低、緩慢且痛苦。

　　動力驅動之脫毛裝置例如美國專利編號2,900,661及4,079,741。前者描述了一旋轉鼓具有嚙合並去除禽類羽毛、毛髮及類似物的楔形構成。後者描述了一種毛髮拔除裝置，其使用之軸向配置螺旋彈簧受電動馬達驅動作軸向旋轉，並藉該電動馬達所操作之凸輪同步作緊壓、伸展之往復運動。

　　總之，機械式脫毛裝置之先前技術未包括適於家庭使用及有效之美髮除毛裝置。簡言之，類似男性用電動刮鬍刀之女性除毛器根本不可得。基於膏

狀脫毛劑眾多之廣告及銷售，即使對這種家庭電器並不十分了解，仍具有廣泛需求。

〔說明〕

　　第1段指出先前技術中廣泛使用熔臘或膏狀脫毛劑不僅刺激皮膚，最重要的是不舒服。

　　第2段引述三項專利之國別及編號，指出採用捲線彈簧之手動操作脫毛裝置效率低、緩慢且痛苦，並敘述其結構、技術手段及脫毛之原理。

　　第3段引述兩項專利之國別及編號，指出電力驅動脫毛裝置之結構、技術手段及脫毛之原理。

　　第4段總結先前技術有關效率、便利及舒適之問題。

2.2.5　發明內容

　　發明內容，係簡要闡述申請專利之發明整個發明構思，重點在於該發明對照先前技術具有什麼技術貢獻；其實質內容係由發明所欲解決之問題、解決問題之技術手段及對照先前技術之功效三者相互關聯所構成之整體，以技術手段解決先前技術中所存在的問題，該問題即一般所稱的發明目的，而功效是發明對照先前技術所具有之優點，其為構成技術手段之技術特徵所帶來的有益效果。例如「一種活魚展示之綁束方法」以一繩索一端綁束活魚嘴部，另一端綁束尾部之方法，使魚身呈彎曲狀並固定魚體形態，以防止活魚相互碰撞進而有效延長活魚生命，而便於展示活魚並延長展示時間。其中，綁束方法為技術手段，技術手段所發揮之功能為「使魚身呈彎曲狀並固定魚體形態」，目的為「防止碰撞進而有效延長活魚生命」，功效為「便於展示活魚並延長展示時間」。

　　發明內容應以申請專利範圍中所載之申請標的為對象，包含三部分：發明所欲解決之問題、解決問題之技術手段及對照先前技術之功效。撰寫發明內容時，應就先前技術中所點出之問題，以綜合的形式簡要記載該三部分之內容及三者之間的對應關係，指出發明如何解決該問題及如何發揮功效達成發明目的。

發明內容應簡要說明該發明的整體構思[75]及主要內容，無須就問題、技術手段及功效三者分別撰寫。實務上，有些案例係將獨立項移列發明內容作為技術手段的主要部分，再增加其他部分的敘述（若不增加其他敘述，可能導致有爭議時找不到解釋申請專利範圍之依據），若有其他的次要發明目的時，亦得將附屬項移列，清楚說明各請求項與發明目的之對應關係。

發明內容不宜太過冗長，對於理解申請專利之發明毫無助益之一般性陳述不必記載。兩個以上請求項所對應之問題、技術手段或功效有相同或重疊之情形者，可以不對應各請求項而重複記載。此外，發明內容應說明各獨立項屬於一個廣義發明概念而符合發明單一性的理由。

一、發明所欲解決之問題

發明所欲解決之問題，指申請專利之發明所要解決先前技術中既存的問題。記載發明所欲解決之問題時，應針對先前技術中存在的問題加以敘述，具體、客觀的指出先前技術中已存在或被忽略的問題，或導致該問題的原因或解決問題的困難。記載內容應僅限於申請專利之發明所欲解決的問題，不得有主觀的詆毀、貶損用語，亦不得記載「節省能源」、「提高品質」等籠統詞句或商業性宣傳詞句。發明所欲解決之問題的慣用語句是「本發明的目的是提供一種……」。

除偶然發現具有技術性之發明外，發明內容應記載一個或一個以上發明所欲解決的問題。對於技術簡單之發明，即使未記載所欲解決之問題，從先前技術或功效能了解申請專利之發明所解決之問題者，則不必為符合形式規定而記載問題。對於開創性發明或經嘗試錯誤而發現之發明，亦不必記載問題。

說明書中所載發明所欲解決之問題，其內容具下列作用：(1)供社會大眾作為開發新技術之啟示；(2)進步性審查中相關技術領域的判斷依據之一，但非唯一依據；(3)在決定獨立項應記載之必要技術特徵時，亦得以問

---

75 筆者認為：發明內容中的「技術手段」著重整體發明構思之記載，重點在於獨立項，應揭露所有必要技術特徵；「實施方式」著重技術手段本身及技術特徵之記載，重點在於附屬項及所有請求項之均等範圍，應揭露附加技術特徵，據以符合支持要件及可據以實現要件；「摘要」僅揭露發明內容之概要，揭露主要特徵即足。

題或發明目的為依據區分實施方式中所載之技術特徵，與發明目的有關者，
則為必要技術特徵。

二、解決問題之技術手段

　　解決問題之技術手段，係解決申請人所設定之前述問題並獲致功效所採
取之技術方案，而為技術特徵所構成。前述技術手段係對應申請專利範圍中
所載申請專利之發明，而為說明書的核心。

　　發明內容之記載係以綜合問題、手段、功效的形式說明整個發明構思，
使具有通常知識者理解達成發明目的之技術手段，故至少應反映獨立項所有
的必要技術特徵以及附屬項中之附加技術特徵。必要技術特徵，指申請專利
之發明中為解決問題（即達成主要發明目的）所不可或缺的技術特徵。例如
為達成無痛除毛之目的，電動除毛裝置必須以「捲圈之表面速度相對於皮膚
遠超過該外殼相對於皮膚之表面速度」作為必要技術特徵，若無該技術特
徵，其他技術特徵所構成之技術手段僅具除毛之功能不能達成無痛除毛之目
的。由於發明內容係簡要闡述整個發明構思，故得以獨立項中之總括用語說
明技術手段。為避免認定上之困擾及分歧，記載之用語應與申請專利範圍之
用語一致，但不必如同實施方式一樣加上符號。

　　對應其他次要發明目的，例如電動除毛裝置的次要發明目的「加強毛髮
移除效率」，得另起一段落記載附屬項中重要的附加技術特徵。

　　若有複數個獨立項，應就每一個獨立項另起一段落記載之；並應呈現屬
於一個廣義發明概念[76]的「特別技術特徵」；有相同範疇之獨立項者，應於
第一段說明其共同構思[77]。

三、對照先前技術之功效

　　對照先前技術之功效，係技術手段付諸實施所直接產生的技術效果，亦

---

[76] 屬於一個廣義發明概念，指二個以上之發明，於技術上相互關聯。技術上相互關聯，指請
　　求項中所載之發明應包含一個或多個相同或相對應的技術特徵，且該技術特徵係使發明在
　　新穎性、進步性等專利要件方面對於先前技術有所貢獻之特別技術特徵（special technical
　　features）。
[77] 例如「天線廣播發射接收系統」，若其發射機及接收機係分別針對發射及接收該新的工作
　　頻率訊號之技術手段，則具有相應之特別技術特徵。

即構成技術手段之所有技術特徵所直接產生的技術效果,其為認定申請專利之發明是否具進步性的重要依據。

功效之記載,應敘明為達成發明目的,技術手段如何解決所載之問題,並應以明確、客觀之方式敘明技術手段與說明書中所載先前技術之間的差異,呈現技術手段對照先前技術之有利功效(advantageous effect)。

發明之功效,得以產量、品質、精密度、效率、產率的提高,能源、材料、製程的節省,加工、操作、使用上的便利,環境污染的防治及有用特性的發現等予以表現。機械或電機領域,功效的表現通常係分析發明的結構特徵或作用關係,或論理說明;化學領域,功效的表現通常必須以實驗數據予以證明,並應說明其實驗條件及方法。不得空言或以廣告性語言宣傳發明之功效,且不得詆毀任何特定物或方法之先前技術。

〔電動脫毛裝置之發明內容〕

本發明之目的在於提供一種能有效去除毛髮的機械式電動脫毛器,利用一條螺旋彈簧之旋轉運動快速拔除毛髮,而解決手動操作裝置之低效率、緩慢及痛苦之問題,並使該裝置小型化、簡單便利、有效率且能無痛除毛而足堪與男性電鬍刀比擬。

為達成前述發明目的,本發明提供之電動脫毛裝置,包含手持可攜式外殼、設置於該外殼中之馬達手段及螺旋彈簧,該螺旋彈簧以該馬達手段驅動,相對於長有毛髮的皮膚作旋轉式滑動;該螺旋彈簧,包含複數個相鄰捲圈,呈弧狀彎曲之嚙合毛髮部位形成一凸側及一對應之凹側,該捲圈在該凸側伸展張開在該凹側緊壓閉合,該螺旋彈簧之旋轉運動使該捲圈產生從該凸側的伸展張開形態變到該凹側之緊壓閉合形態的連續動作,而嚙合並拔除毛髮,該捲圈之表面速度相對於該皮膚遠超過該外殼相對於該皮膚之表面速度。

為加強毛髮移除效率,本發明螺旋彈簧弧狀嚙合毛髮部位之延伸係沿著夾角超過90度最好是180度的弧部,因而該螺旋彈簧之捲圈的表面速度同時包含相互垂直方向所延伸的分量,而顯著加強毛髮移除效率。

為更加強毛髮移除效率,本發明提供之電動脫毛裝置,包含手持可攜式外殼、設置於該外殼中之馬達手段及螺旋彈簧,該螺旋彈簧以該馬達手段驅

動，相對於長有毛髮的皮膚作旋轉式滑動；該螺旋彈簧，包含呈環圈形之複數個相鄰捲圈，該螺旋彈簧之環圈沿著其實質上整個長度形成一弧狀嚙合毛髮部位而形成一凸側及一對應之凹側，該捲圈在該凸側伸展張開在該凹側緊壓閉合，該螺旋彈簧之旋轉運動使該捲圈產生從該凸側的伸展張開形態變到該凹側之緊壓閉合形態的連續動作，而嚙合並拔除毛髮。

本發明另一實施方式，驅動該螺旋彈簧以至少每分鐘70公尺表面速度作旋轉運動，最好是在每分鐘100～150公尺。

本發明另一實施方式，在該嚙合毛髮部位之該凸側，設定該螺旋彈簧相鄰張開捲圈之夾角至少1.5度，最好是2度。

本發明另一實施方式，在該嚙合毛髮部位之該凸側，設定該螺旋彈簧相鄰張開捲圈之最大間隔至少0.15mm，最好是0.2mm。

〔說明〕

第1段係針對前一小節「先前技術」中所指出手動操作裝置之低效率、緩慢及痛苦，及動力驅動脫毛裝置之複雜、不便利等缺失，說明「發明目的」在於解決前述問題，使該裝置小型化、簡單便利、有效率且能無痛除毛。

第2段主要內容係將獨立項1之內容移列，並作適當的文字修飾。本段描述發明之技術手段係利用螺旋彈簧所包含複數個相鄰捲圈呈弧狀彎曲之嚙合毛髮部位形成一凸側及一對應之凹側，以馬達手段驅動，使凸側的伸展張開形態變到該凹側之緊壓閉合形態的連續動作，而嚙合並拔除毛髮。藉手持可攜式外殼、以馬達手段驅動螺旋彈簧、捲圈之表面速度相對於該皮膚遠超過該外殼相對於該皮膚之表面速度等技術特徵[78]，達到小型化、簡單便利及高效率之目的，最重要係藉高速拔毛之手段達到無痛除毛之目的。

第3段係描述依附第2段所述之獨立項的附屬項，藉嚙合毛髮部位之延伸弧部超過90度最好是180度的附加技術特徵，使捲圈的表面速度同時包含相互垂直方向所延伸的分量，而達到加強毛髮移除效率之目的。

---

78 案例中請求項1以whereby子句描述「藉此該捲圈之表面速度相對於該皮膚遠超過外殼相對於該皮膚之表面速度」並不適當，因該請求項中所載之結構並不必然產生高速之功能，故並不能達成無痛除毛之目的，請參酌3.3.9「功能子句」

第4段係描述另一項更能加強毛髮移除效率之獨立項，該獨立項主要技術特徵與獨立項1相同，二者之差異在於本獨立項之螺旋彈簧所包含複數個相鄰捲圈呈環圈形，該環圈的整個長度形成一弧狀嚙合毛髮部位，其嚙合毛髮部位的長度比獨立項1中90度之1/4圓弧或180度之半圓弧更長，移除毛髮之效率更佳。

第5段係描述另一附屬項，具體限定螺旋彈簧以至少每分鐘70公尺表面速度作旋轉運動，最好是在每分鐘100～150公尺。

第6段係描述另一附屬項，具體限定螺旋彈簧相鄰張開捲圈之夾角至少1.5度，最好是2度。

第7段係描述另一附屬項，具體限定螺旋彈簧相鄰張開捲圈之最大間隔至少0.15mm，最好是0.2mm。

2.2.6　圖式簡單說明

有圖式者，應以簡明之文字依圖式之圖號順序說明圖式及其主要符號，但不必就圖式中各細部元件逐一說明；有多幅圖式者，應就所有圖式說明之。

圖式簡單說明的慣用語句為「本發明的實施方式係以後述簡單說明結合圖式予以描述……」，其後依圖號順序描述各圖式之名稱。

〔電動脫毛裝置之圖式簡單說明〕

本發明的實施方式係以後述簡單說明結合圖式予以描述：

圖1為依本發明較佳實施方式所建構與操作的脫毛裝置部分剖開及放大之前視圖；

圖2為取自圖1所示割面II－II之側剖視圖；

圖3為圖1及圖2之裝置取自圖1所示割面III－III之側剖視圖；

圖4為圖1之裝置中所使用螺旋彈簧之一部分之放大圖（以參考字母A標示之）；

圖5為圖4彈簧部分之橫剖面示意圖，取自圖4所示割面V－V；

圖6為本發明之裝置另一實施方式的機械相連方式圖示；

圖7為圖6之裝置的部分側剖視圖，取自圖6所示割面VII－VII；

圖8為圖6之裝置的側剖視圖，取自圖6所示割面VIII－VIII；

圖9－14為可用在本發明之裝置中之螺旋彈簧另一構成的簡化示意圖。

〔說明〕

依圖式之圖號順序說明各圖式之名稱。

2.2.7　實施方式

實施方式（embodiments），係申請專利之發明的詳細說明，為說明書的重要部分，對於可據以實現、明確及支持三要件及解釋申請專利範圍均極為重要。實施方式之記載，應為申請人所認為實施發明的較佳方式或具體實施例。說明書應記載一個以上實施方式詳細說明申請專利之發明；有圖式者，實施方式之記載應依指定之圖號參照各圖式，且應依符號參照各元件加以說明。必要時得以實施例（examples，常用於難以預測技術結果之化學領域發明）說明，實施例是以例示性方式具體說明發明較佳的實施方式（preferred embodiment of the invention）。

為可據以實現申請專利之發明，應明確且充分描述為達成發明目的所採用解決問題的技術手段，使具有通常知識者在無須過度實驗的情況下即能了解該發明的內容，並可據以製造及／或使用該發明。為支持申請專利範圍，實施方式中應詳細記載申請專利範圍中所載之必要技術特徵、附屬項中所載之附加技術特徵及各技術特徵之間的關係，並得描述其達成發明目的功能或作用。為符合前述各項要件，不得僅引述先前技術文獻或說明書中其他段落。

為符合新穎性及進步性等專利要件，除了應完整描述申請專利之發明的物、方法或其改良外，實施方式或實施例的記載內容應與先前技術有區別，故應詳細記載該發明對照先前技術有區別之新穎特徵。

對於以手段功能用語或步驟功能用語記載技術特徵之請求項（means claim），其可據以實現要件之說明見3.2.5之三「手段請求項」。

實務上，有些案例係將獨立項及附屬項移列本項作為實施方式的主要部分，再加以增補、修飾，清楚說明各請求項與發明目的之對應關係，可避免遺漏任何必要技術特徵、附加技術特徵及新穎特徵，以符合支持要件。

一、發明本身之說明

實施方式或實施例應具體記載解決問題的技術手段中的技術特徵，其內容依申請專利之發明的性質而定；參照圖式敘明發明之具體實施方式時，所載之符號應與圖式中所示者一致，並置於對應的元件名稱之後。

1. 對於物之發明，應描述其機械構造、電路構造或化學成分，並說明組成該物之元件與元件之間的結合關係。
2. 對於可作動之物，應描述其構造，若仍然無法使具有通常知識者了解其內容並可據以實現者，應再描述其作動過程或操作步驟。
3. 對於物質發明，應描述物質名稱及結構式（包括各種官能基、分子立體構型等）或分子式，使具有通常知識者能確認該物質，並應揭露相關的化學、物理特性參數。
4. 對於方法發明，應描述其步驟及參數或參數範圍表示之技術條件（例如溫度、壓力等），不同的實施方式得以不同的參數或參數範圍表示其技術條件。化學領域之發明應包括所採用之起始物。
5. 對於機械、物理領域中物品發明不同的實施方式，係指同一發明構思下不同之結構，並非結構上不同參數的選擇（例如結構的具體尺寸等），除非該參數的選擇對技術手段具有重要意義。
6. 對於改良發明，應侷限於具體之改良部分及與該改良部分配合之其他部分，或為充分理解該改良所需之部分，不要求對已知技術特徵作詳細說明。例如「具有日期顯示窗之手錶」，其改良之特徵為日期顯示窗，雖然指針、動力來源等為必要技術特徵，但因該等特徵與先前技術並無不同，且與發明目的無直接關係，故不必說明。

二、可據以實現之說明

為達成可據以實現要件，實施方式或實施例的記載內容，應以完整、清楚、簡潔、精確的語句記載發明的製造及／或使用方式，具體說明申請人所理解而能實現該發明的最佳實施態樣，且必須詳細到使具有通常知識者能製造及／或使用該發明而不須過度實驗的程度。單就物之構造仍無法推斷如何製造及使用該物之發明，如化學物質，通常須記載一個或一個以上之實施

例；但技術手段簡單之發明或於技術手段中之記載已符合可據以實現要件者，不必記載其實施方式。

為達成可據以實現要件，實施方式的記載內容依申請專利範圍之範疇而異：

(一) 物之發明

對於物之發明，應記載如何製造該物及使用該物；實施方式或實施例應記載有關製造及使用該物的所有必要事項及其作用或任務。惟若發明本身之記載已符合可據以實現要件者，例如大多數的日常用品或機械發明，得不必記載如何製造及如何使用該物。

1. 以功能或特性界定之物

對於以功能或特性界定物之發明，例如以功能界定之電腦，除非說明書之記載已符合可據以實現要件，否則應記載實現該功能之特定方式。若該功能或特性並非該領域之標準或具有通常知識者所慣用者，則必須記載該功能或特性之定義、實現該功能或特性之特定方式或揭露可定量決定該功能或特性之實驗或測定方法。

2. 化學物質

單就物之構造無法推斷如何製造或使用所發明之物，或從界定物之功能或特性難以預測該物的構造者，例如化學物質，必須記載一個或一個以上之實施例，以符合可據以實現要件。

在難以預測產物構造之技術領域，對於所載製造方法所生之產物以外其他有關之物，若具有通常知識者依通常知識仍無法理解如何製造，或必須嘗試錯誤或過度實驗而超出預期之程度，通常須記載一個或一個以上之實施例，以符合充分揭露而可據以實現要件。例如，對於以特定篩選方法所得到的R受容體活性化合物，實施例記載新穎R受容體活性化合物X、Y、Z之化學構造及製造方法，但並未記載其他有關之化合物的化學構造及製造方法，且並無推論之線索者，可能被認定不符合可據以實現要件。

除了記載如何製造所發明之物之外，實施方式或實施例尚應記載如何使

用該物，尤其是化學物質，必須記載一個以上具有技術意義之特定用途。

(二) 方法發明

方法發明，應記載如何使用該方法。

1. 無產物之方法發明

無產物之方法發明，例如物的使用方法、測定方法、控制方法等，均應以具有通常知識者基於說明書、圖式或通常知識而能使用該方法的方式記載。

2. 有產物之製法發明

有產物之製法發明，應記載如何以該方法製造該物。製造方法發明，例如製造方法、組裝方法、加工方法等，均係由原材料、其處理之製程及產物三者所構成。對於製造方法發明，應以具有通常知識者基於說明書、圖式或通常知識而能使用該方法的方式記載前述三者，惟若從原材料及其處理之製程，具有通常知識者能了解其產物者，例如簡單裝置的組合方法或在處理過程中元件之構造未生變化之方法等，得不記載該產物。

3. 用途發明

利用物之特性的用途發明，例如醫藥，應記載支持該醫藥用途之實施例。

三、支持申請專利範圍之說明

實施例是舉例說明發明較佳的具體實施方式，其數目主要取決於申請專利範圍中所載之技術特徵的總括程度，例如並列元件的總括程度或數據的取值範圍。實施例的數目是否適當，應考量發明的本質、所屬技術領域及先前技術的情況，原則上應以是否符合可據以實現要件及是否足以支持申請專利範圍判斷之。

當一個實施例足以支持申請專利範圍所載之技術手段時，說明書得僅記載單一實施例。若申請專利範圍所載的範圍過廣，僅記載單一實施例並不符

合可據以實現要件時，應記載一個以上實施例，或記載性質類似之擇一形式實施方式（alternative embodiments），以支持申請專利範圍所載的範圍。

四、其他

　　申請人得使用自創用語，只要其能被了解。因此，實施方式或實施例的記載內容可謂是申請專利範圍之字典，對於申請專利範圍中每一個技術特徵及所有用語，均應提供明確之支持或前提基礎，無須記載不必要的說明；對於圖式中的每一個元件，也必須在實施方式或實施例中予以說明。

　　參照圖式敘述發明之實施方式時，所載之符號應與圖式中所示者一致，並置於對應的元件名稱之後，不加括號。符號與元件名稱應呈一對一之關係，一個符號勿用於兩個不同元件，且勿用於一元件及與該元件結構、形狀等相同之元件。對於後者，得將用於某元件之符號之後再加數字，例如桿體1、桿體2，以便區別。

　　說明書揭露不足，補充實施例會擴大申請標的之範圍，而超出申請時原說明書或圖式所揭露之範圍；通常不得補充實施例載入說明書，更不得載入申請專利範圍，補充之實施例僅能作為審查專利要件之參考。但若這種揭露不足僅發生在發明的某些實施方式，其他實施方式並無揭露不足的情形時，得減縮申請專利範圍中所載之發明至實施方式已充分揭露的範圍。將申請專利範圍中之內容載入實施方式或實施例中，使說明書得以支持申請專利範圍，並不會超出申請時原說明書或圖式所揭露之範圍。

〔電動脫毛裝置之實施方式〕

　　參照圖式，尤其是圖1-3，顯示了尺寸上能舒適的握持於手中的外殼2。設於該外殼2內面下半部者，有兩個以反向接線的電動馬達4與4'。電動馬達之軸6以一般方式承接簡單的舌與槽型式耦合之舌狀構件8，在此實施方式中，第1心軸12及第2心軸12'以可轉動方式裝嵌在設於軸承裝嵌件16內的滾珠軸承14中，而軸承裝嵌件16則可插入外殼2上殼內一適當形狀之凹槽17中，而槽式構件10為前述整體構成的一部分。

　　本文中，「心軸」（spindle）一詞要作其最廣義解釋，包括任何可用來將螺旋彈簧之一端連結至旋轉軸承及／或旋轉動力來源或轉接件之裝置。螺

旋彈簧亦可直接裝嵌在電動馬達4與4'的軸6上而無須任何轉接件。另一種方式為一個或一個以上之電動馬達沿著彈簧表面與一個或一個以上之環狀位置嚙合，將轉動力加諸螺旋彈簧，而無須在彈簧之最末端。

對於以下說明之目的，軸承裝嵌件16應為可更換者，其是用來與外殼在上殼凹槽17處形成滑動卡入式的可拆除嚙合。當軸承裝嵌件完全卡在凹槽17中時，與其結合構成整體的彈性舌片18扣在由外殼2構成的扣部20之下。軸承裝嵌件16從凹槽17拆除時，將彈性舌片18壓下，使其尖端22彎折至離開扣部20，即可拉出軸承裝嵌件16。

心軸12與12'設有稍許收窄的末端23，在其上固定裝有一小型緊密捲繞的螺旋彈簧24，一較佳形態揭示於圖1。圖1中標示「A」之彎曲部分的放大剖視顯示於圖4，其清楚顯示彈簧24在弧狀部位之凸側的彎曲具有將捲圈張開之效果，而在該部位之凹側該捲圈更為緊壓在一起，從而構成楔形間隙26，如下之說明，其為本裝置脫毛動作之手段。

本發明之較佳實施方式，在嚙合毛髮部位的凸側上，設定螺旋彈簧相鄰張開捲圈的夾角至少1.5度，最好是至少2度。

本發明另一較佳實施方式，在嚙合毛髮部位的凸側上，設定螺旋彈簧相鄰張開捲圈的最大間隔至少0.15mm，最好是至少0.2mm。

參酌圖1－4及圖5，可了解圖1－4中所揭示裝置之操作。圖5揭示了想除去之毛髮H的皮膚部位S。在所揭示之實施方式中，馬達4之接線最好是以順時針方向旋轉，而馬達4'之接線是以逆時針方向旋轉，從而使圖5中彈簧24之操作部位的旋轉如箭頭B所示者。當外殼2裝置向箭頭C所示方向前進，圖4顯示毛髮H3剛進入間隙26之中，而毛髮H4已完全在間隙26內。毛髮H5即將被夾在兩相鄰捲圈之間，毛髮H6剛被拔出，而毛髮H7已被旋轉之彈簧拔出來。

本發明之特徵為彈簧24之捲圈表面相對於要拔除毛髮，係以滑動方式移動，而非滾動方式。由於此種移動方式，在嚙合部位的全部毛髮大體上均被拔除。本發明之進一步特徵為捲圈的表面轉動速度遠超過整個外殼在皮膚上的移動速度。請注意本發明之裝置的正確操作無須且不應壓迫皮膚。

雖然圖1所示之彈簧形態適合大多數目的，亦可配合人體的特定部位變換上述軸承裝嵌件16與配合之彈簧24，使用其他各種彈簧形態。圖9－14為

該等形態之示意圖，當然各形態須有各別的軸承裝嵌件。

　　本發明之環圈形彈簧形態為其一特殊特徵，在任何時候，螺旋彈簧捲圈相對於毛髮之速度同時保持相互垂直方向所延伸的分量。因此本裝置可用來除去朝不同方向的毛髮，而無須相對皮膚往所有方向移動外殼。

　　彈簧捲圈具有每分鐘約100～150公尺範圍之表面速度，實際拔除毛髮的速度很快。因此，減輕了使用者所受的痛苦。

　　圖9－14為彈簧裝置一些額外形態之簡單示意圖，由該圖即可了解其形態。雖然圖9－12的形態大體上為平面化，省略了彈簧本身的厚度，但圖13的8字形及圖14之旋渦形形態所構成之平面實質上與該等形態的「腿部」所構成之平面垂直。

　　雖然在較佳實施方式中顯示上述之馬達為電動馬達，尚得以電池作動力或以電線電源作動力，但本發明的實施方式亦可採用設有驅動流體來源及適合速度控制裝置的氣動或液動馬達。

　　熟習本發明技術之人士應清楚了解本發明並不受限於上述說明性實施方式的細節，本發明得以其他特定形式實施而不脫離本發明之基本屬性，實施方式僅係說明本發明，而非限制本發明，本發明以申請專利範圍為依據，而非以上述說明為依據，申請專利範圍之意義及均等範圍中之所有變型均屬本發明之範圍。

〔說明〕

　　本案例為機械領域之發明，計提供了14幅圖式。說明實施方式之記載應參照各圖式，且為了便於對照圖式中所載之元件，說明時，應依符號參照各元件，所載之符號應與圖式中所示者一致，並置於對應的元件名稱之後，不加括號，例如「外殼2」。此外，將同樣用於心軸之符號12之後再加符號「'」，以區分第1心軸12及第2心軸12'。

　　第1～4段主要係對照圖式詳細說明本發明之結構，尤其第4段對照圖1及圖4，以「彈簧24在弧狀部位之凸側的彎曲具有將捲圈張開之效果，而在該部位之凹側該捲圈更為緊壓在一起，從而構成楔形間隙26⋯⋯，其為本裝置脫毛動作之手段」說明本發明之技術特點、必要技術特徵及其作用、任務。其中，第2段定義本發明中所載之「心軸」的意義。

第5、6段係描述附屬項中的附加技術特徵，據以支持附屬項。

第7段係對照圖式詳細說明利用螺旋彈簧之旋轉拔除毛髮之方式或方法。第8段接續第7段，說明「以滑動方式移動……在嚙合部位的全部毛髮大體上均被拔除」之功效，及「捲圈的表面轉動速度遠超過整個外殼在皮膚上的移動速度」對照先前技術有區別之新穎特徵，並在第11段說明「彈簧捲圈具有每分鐘約100～150公尺範圍之表面速度，實際拔除毛髮的速度很快……減輕了使用者所受的痛苦」而達成無痛拔毛之發明目的。

第9段及第12段說明螺旋彈簧的各種型態，如圖9～圖14為該等形態之示意圖；並在第10段說明環圈形彈簧形態為其一特殊的新穎特徵，具有「捲圈相對於毛髮之速度同時保持相互垂直方向所延伸的分量」之功能，而達成「除去朝不同方向的毛髮，而無須相對皮膚往所有方向移動外殼」之功效及提高效率之發明目的。

第13段說明驅動螺旋彈簧之馬達的習知技術，以定義請求項中「電動馬達」技術特徵所涵蓋的均等範圍。

由於本案例為機械領域之發明，從針對發明本身之說明即能明瞭該發明如何製造及如何使用，故實施方式中無須再加以敘述，即能符合可據以實現要件。本案例對於技術手段所發揮之功效，係以論理說明之方式予以表現。

此外，對於本案例實施方式的記載內容，筆者認為略嫌凌亂，建議將各獨立項移列本項實施方式，作為實施方式之主要部分再加以增補、修飾，若有其他的次要發明目的或進一步限定時，得另起一段落將附屬項移列再加以增補、修飾，清楚說明各請求項與發明目的之對應關係。準此，可避免遺漏任何必要技術特徵、附加技術特徵或新穎特徵，以支持各請求項。例如下列之案例（雖然未列出申請專利範圍及實施方式所有內容，但申請專利範圍與實施方式相對應之技術特徵係以底線標示）：

〔傳熱壁之申請專利範圍〕[79]

1. 一種用於沸騰液體之傳熱壁，該傳熱壁外表面下方有許多平行的狹長通

79　美國專利第4,653,163號（優先權基礎案為日本專利第59-191,578及59-228,723號；經增補修改後作為下列書中之案例；吳觀樂、賀化、楊光、張榮彥、吳忠仁、茅紅、卜方等7人，發明和實用新型專利申請文件撰寫案例剖析——機械和日常生活領域，2002年9月第4刷，p204～234）

道，該外表面上沿通道間隔開設小孔，使該通道與該傳熱壁外部相通，其特徵在於：該外表面上的該小孔(5)中有一個從孔壁向孔中心伸出之非對稱凸起(4)，其在該小孔(5)橫截面上之投影面積與該小孔(5)橫截面的面積比為0.4～0.8。

2. 如請求項1所述用於沸騰液體之傳熱壁，其特徵在於：前述非對稱凸起(4)之一側高於另一側，整個凸起(4)呈傾斜。

〔傳熱壁之實施方式〕

圖1為本發明用於沸騰液體之傳熱壁透視圖。在傳熱壁基體或傳熱管體1上有許多平行的狹長通道2，該通道彼此間距很小。通道2上方的外表面6上有許多三角小孔5，以特定規則間隔排列。每個小孔5中均有一個凸起4，該凸起4在小孔橫截面的投影面積小於小孔5之橫截面面積，凸起4之形狀為非對稱。如圖2所示者，小孔5之底邊51與通道2平行，與該底邊51斜交之兩側邊52、53及從側邊52伸出之凸起4相當於通道2側壁3的延伸部分，凸起4以橫跨之方式伸進小孔5中，並將小孔5之一部分擋住。該小孔之形狀亦得為其他形狀，如矩形、梯形、U形或半圓形等，凸起4亦得為任何所希望之形狀，例如該凸起之前端部有多個裂口，或凸起之前端成雙舌片形。

從圖3及圖4，由小孔5側邊52伸出之凸起呈傾斜，傾角為5～80°，靠近底邊51之部分的水平位置高於靠近另一側邊53之部分的水平位置。

〔以上實施方式之參考圖式〕

U.S. Patent　Mar. 31, 1987　Sheet 1 of 7　**4,653,163**

FIG. 1

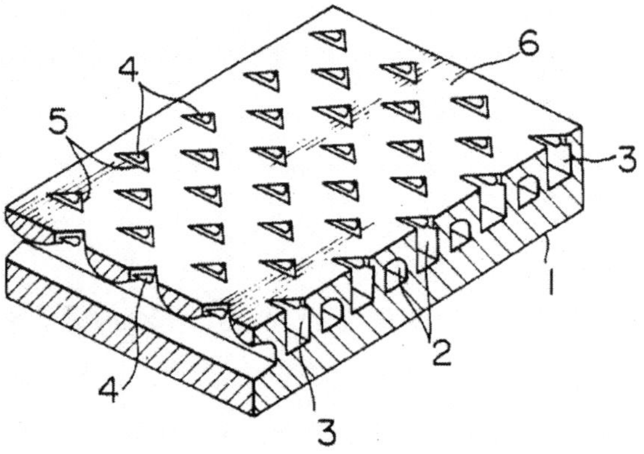

FIG. 2

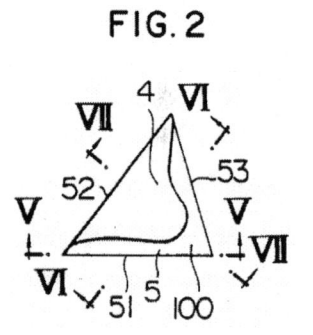

FIG. 3

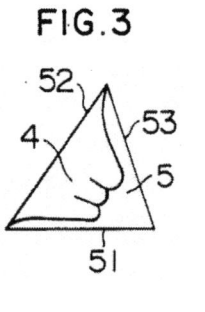

FIG. 4

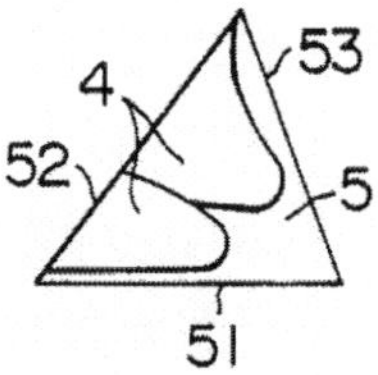

FIG. 5

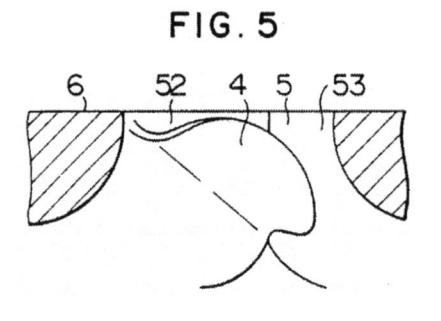

2.2.8　符號說明

〔符號說明〕

外殼2	槽式構件10	扣部20	端接件30
電動馬達4	心軸12	末端23	襯管32
電動馬達4'	心軸12'	螺旋彈簧24	齒輪組34
軸6	滾珠軸承14	間隙26	齒輪36
舌狀構件8	軸承裝嵌件16	剛硬線材28	軸38
	彈性舌片18		惰性齒輪40

〔說明〕

依符號說明敘明元件名稱，但並非就圖式中各細部元件逐一說明。

2.2.9　摘要

依專利法規，摘要並非說明書的一部分，但申請人必須自己撰寫摘要作為申請文件的一部分，故將摘要併入本節說明之。雖然摘要與說明書均係申請人自己於申請時所撰寫，適足以反映申請人在申請時已完成該發明之創作，惟摘要僅供揭露技術資訊之用途，依專利法規有關之規定，不得用於決定申請專利之發明是否符合可據以實現要件及專利要件，亦不得用於解釋請求項，且不得作為修正說明書、申請專利範圍或圖式之依據[80]。

摘要的目的是作為重要的科技資訊，讓行政機關及社會公眾經粗略檢視其中所揭露發明之本質內容及要旨，即能快速作出決定。因此，摘要應總括說明書中所揭露之內容，簡要揭示該發明之目的、構思及對照先前技術具有新穎性、進步性的發明特點，以便讀者快速了解整個發明核心之所在，節省讀者的時間。記載之重點在於發明對於先前技術之貢獻，即前述的發明特點。

摘要，應簡要敘明發明所揭露之內容，並以發明所欲解決之問題、解決問題之技術手段及主要用途為限；其字數，以不超過250字為原則；有化學

80　美國專利審查作業手冊Manual of Patent Examining Procedure (MPEP), 8 Edition, 608.01 (b)：「為符合35 U.S.C. 112第1項之目的，摘要被解釋為屬於說明書的一部分。」

式者，應揭示最能顯示發明特徵之化學式；不得記載商業性宣傳詞句。摘要中應以構成發明特點之主要技術特徵為內容，並提及發明之標的及技術領域，但不必提及發明所聲稱之優點或理論性的用途，且不必比較該發明與先前技術。摘要中應避免使用申請專利範圍中常見的法律形式用語，例如「手段」（means）及「該」（said）等。

　　摘要內容記載之程度應足以描繪說明書之輪廓，以協助讀者決定是否有必要閱覽整個專利的詳細文字。例如下列範例：「本發明係一種將碳酸酯與胺類反應而製備之基氰化合物，用於催化鹼金屬二氧化物。首先在500mm汞柱之壓力下將該酯類加熱到至少75℃，以除去水氣及防止反應之酸氣，然後不加熱直到啟動反應而轉換成基氰化合物。」

　　摘要的慣用語句是：「本發明係一種……」。實務上，有些案例係將獨立項移列，再摘出技術手段的主要技術特徵，不必記載細節，例如裝置中更進一步之機械及設計細節。摘要之記載應不分段為之，通常其記載內容：
1. 對於機器或裝置，應記載其結構及操作。
2. 對於物質，應記載其製造方法。
3. 對於化合物或組合物，應記載其通常特性及用途，例如「alkyl benzene sulfonyl ureas族化合物，用於口服抗糖尿病」；其製造及使用方法並非顯而易知者，尚應記載其製造及／或使用方法。
4. 對於混合物，應記載其成分。
5. 對於方法，應記載其步驟；通常應陳述典型的化學反應、試劑及方法條件，除非需要各種變異型（variations）。
6. 對於具體下位概念之發明，得揭示該族之成員。
7. 對於開創型發明，其整體係屬新穎技術，應記載整個技術內容。
8. 對於改良發明，應記載所改良之技術內容，技術內容涉及修改型或選擇型（modifications or alternatives）者，應記載實施例中所載較佳之修改型或選擇型。

〔電動脫毛裝置之摘要〕

　　本發明係一種電動脫毛裝置，藉電動馬達驅動螺旋彈簧作旋轉運動，使其複數個相鄰捲圈產生在其凸側的伸展張開形態變到凹側之緊壓閉合形態的

連續動作,而嚙合並拔除毛髮。由於捲圈之表面速度相對於該皮膚遠超過該外殼相對於該皮膚之表面速度,故能快速且無痛拔除毛髮。

〔說明〕

本案例之「脫毛裝置」已點出發明之標的及技術領域;接著,以發明之主要技術特徵描述發明特點之所在,反映發明對於該技術領域之貢獻;最後,指出捲圈快速之表面速度能解決脫毛之效率及不舒服的問題。

2.3　撰寫前之準備事項

前三節已詳細說明說明書之撰寫順序、基本概念及撰寫方式。撰寫說明書、申請專利範圍等申請文件之前,應完成之準備事項如下列:
(1) 了解發明的實質內容。
(2) 先期應確認之事項。
(3) 檢索並分析先前技術。
(4) 決定撰寫策略。

本節中所述之內容與第4章「申請專利範圍之規劃及撰寫技巧」有密切的互補性,請相互參照之。

2.3.1　了解發明的實質內容

無論申請人或專利代理人,撰寫說明書之前,均必須了解並確認發明的實質內容為何?發明的實質內容,除了解決問題之技術手段外,尚包括發明所欲解決之問題及以該技術手段解決問題所產生之功效。重點在於發明對於先前技術有貢獻的發明特點,並應確定實現發明目的的必要技術特徵。申請人在委託專利代理人撰寫說明書之前,必須將自己發明的實質內容交代清楚,或與代理人討論確定之。

發明目的,指申請人所申請專利之發明所解決之問題;功效,指申請專利之發明對照先前技術所具有之優點。在了解功效之前必須先檢索先前技術,確認發明對於先前技術之貢獻,始能確定發明所產生之功效為何?必要技術特徵為何?因此,撰寫說明書之前的準備工作,實務上須經反饋、修正,始能真正了解並確認發明的實質內容。

一、發明目的與必要技術特徵

　　發明目的，指申請人所欲解決之問題，亦即申請專利之發明所解決之問題。必要技術特徵，指申請專利之發明中為解決問題（即達成發明目的）所不可或缺的技術特徵。撰寫申請專利範圍及說明書之前，應具體分析已創作完成之技術手段，針對發明所欲解決之問題，確定解決該問題的技術特徵，並釐清各技術特徵之間的連接關係。此外，為取得專利權，尚須從技術特徵中確定該發明對於先前技術有貢獻的發明特點及構成該特點之新穎特徵。

　　必要技術特徵應對應發明目的，每一個獨立項對應一個發明目的；有時，附屬項對應另一個發明目的。為區別起見，對應獨立項者稱主要發明目的，對應附屬項者稱次要發明目的。每一件發明申請案得包括一個以上發明目的，但各個發明目的應與一個廣義的發明概念有關，以符合發明單一性規定。發明的必要技術特徵應載入申請專利範圍中的獨立項，從整體上反映申請專利之發明的技術內容，並載於說明書之發明內容及實施方式，據以支持申請專利範圍。若技術特徵與次要發明目的有關，但並非實現主要發明目的所必要者，應將其作為附加技術特徵載入附屬項，才能使獨立項之保護範圍更寬廣。

　　以「圓筒式濾清器的密封裝置」[81]為例，若該發明所欲解決之問題有三個：(a)安裝過程中墊圈承受內部剪力；(b)安裝過程中存留空氣；(c)不規則形狀墊圈造成安裝不便。若將三個問題作為一個發明目的，則獨立項必須記載解決這三個問題之必要技術特徵，而窄化該獨立項所請求之範圍。基於前述考量，得有下列選擇：

(1) 僅將其中之一問題作為發明目的，例如消除安裝過程中墊圈承受之內部剪力，而將其他兩問題作為實施方式記載於說明書中，並敘明發明所發揮之功效。若解決其他兩問題之技術手段未載於任一請求項，解釋申請專利範圍時，會適用貢獻原則將該等技術手段視為貢獻給社會大眾。

---

81 吳觀樂、賀化、楊光、張榮彥、吳忠仁、茅紅、卜方等7人，發明和實用新型專利申請文件撰寫案例剖析──機械和日常生活領域，2002年9月第4刷，p307～308。

(2) 將三個問題均作為個別發明目的，而將解決第1個問題之必要技術特徵載入獨立項，並將解決其他問題之技術特徵作為附加技術特徵分別載入2個附屬項。

(3) 將三個問題均作為個別發明目的，而將解決三個問題之必要技術特徵分別載入獨立項，在這種情況，必須注意這三個獨立項必須符合發明單一性，屬於一個廣義的發明概念。

就前述第(2)種選擇，請求項得為：

1. 一種用於圓筒式濾清器中的密封裝置，其包括一個環形墊圈一個位於濾清器端蓋上用於安放此環形墊圈的環狀凹槽，環形墊圈的橫截面大致呈矩形，包括一對徑向延伸的表面和一對軸向延伸的表面，其特徵在於：在此墊圈的軸向內側面上設有一圓周構槽，濾清器端蓋的環狀凹槽內側壁上設有一個伸入到墊圈溝槽內的固位裝置將墊圈保持在凹槽內，該固位裝置與墊圈溝槽呈<u>鬆動配合</u>，墊圈的外直徑小於端蓋環狀凹槽外側壁的直徑，而墊圈的內直徑則等於或大於環狀凹槽內側壁外表面的直徑。

2. 如請求項1所述的密封裝置，其特徵在於：<u>該墊圈的角部是圓形</u>。

3. 如請求項1或2所述的密封裝置，其特徵在於：<u>該墊圈橫截面的形狀沿徑向上下對稱</u>。

〔說明〕

　　請求項1之「鬆動配合」消除了(a)安裝過程中墊圈承受內部剪力之問題。

　　請求項2之「墊圈的角部是圓形」解決了(b)安裝過程中存留空氣之問題。

　　請求項3之「墊圈橫截面的形狀沿徑向上下對稱」解決了(c)不規則形狀墊圈造成安裝不便之問題。

二、發明範疇

　　發明專利得區分為兩種範疇：物之請求項及方法請求項；方法包括用途。物之請求項包括物質、物品、設備、裝置、電腦程式產品或系統等。方

法請求項包括製造方法、處理方法、使用方法及物用於特定用途的方法等。

　　物之請求項，申請標的為物，享有絕對的保護，只要被控侵權物與專利物相同或均等，且該製造方法未載於請求項者，即使製造方法不同，仍應認定被控侵權物落入專利權範圍，故物的保護範圍比該物之製造方法的保護範圍來得寬廣。再者，專利侵權訴訟實務顯示，相對於「方法」落入專利權範圍，專利權人要舉證證明「物」落入專利權範圍較為容易多，因方法本質上並非實體，即使看得到也摸不到，且方法專利之實施通常係屬內部行為，故外人難以舉證。

　　基於前述說明，發明的技術內容可能涉及物或製造方法兩種發明時，應分析其發明特點（即創作之所在、新穎特徵之所在）為何？適於以物之發明保護或以方法發明保護？發明的特點既可以描述成物之發明又可以描述成方法發明者，則應請求保護物之發明，例如：「一種……產物，其係由下列之方法製得：……。」（本項為製法界定物之請求項，技術特徵係以方法之步驟表示，但申請標的為物），甚至兩種發明一併請求保護，例如：「1.一種製造……物之方法，其特徵在於……。」及「2.一種依請求項1之方法製得之物。」（第2項為製法界定物之請求項）。相對地，發明的實質內容只適用其中一種時，應依發明對於先前技術之貢獻，據以確定請求保護之發明的範疇。舉例[82]說明之：

　　(1)「無接口環形帶」之發明：在先前技術中，專供塑膠熱融合封口所使用之環形帶已有搭接接口及斜接接口等多種帶接口，但長期存在接口強度不足的問題，即使該技術領域之業者已知無接口環形帶之優點，但由於無合適的生產技術，致市場上一直沒有無接口環形帶。若申請人創造出無接口環形帶之製造方法，究竟應以方法發明保護或應以物之發明保護？面臨抉擇時，宜考量發明對於先前技術有貢獻之特徵為何？由於該發明的新穎特徵無關結構，且無接口環形帶之優點已為習知，無接口環形帶之結構特徵並非該發明對於先前技術之貢獻，故以方法發明請求保護較為妥適。此外，典型的製法界定物之請求項須在

---

82 吳觀樂、賀化、楊光、張榮彥、吳忠仁、茅紅、卜方等7人，發明和實用新型專利申請文件撰寫案例剖析——機械和日常生活領域，2002年9月第4刷，p28～29。

　　　　無法以其他技術特徵充分界定申請專利範圍時始得為之，故本例並不適於以製法界定物之請求項請求保護物之發明。即使以製法界定物之請求項記載無接口環形帶，因對於先前技術並無貢獻，仍無法取得專利權。

(2)「暖氣機之暖氣片組裝技術」之發明：在先前技術中，暖氣片之組裝係逐片安裝。為簡化暖氣片之組裝方法，申請人設計了一種新的暖氣片模組結構，將暖氣片套到進、出水管上，只須從兩端藉螺紋結構將各暖氣片壓緊在進、出水管上，即得能將暖氣片模組組裝完成。究竟應以方法發明保護或應以物之發明保護？面臨抉擇時，宜考量發明對於先前技術有貢獻之特徵為何，由於該發明的新穎特徵為暖氣片模組結構，組裝方法是由暖氣片模組的結構所決定，而非該發明對於先前技術之貢獻，故以物之發明請求保護較為妥適，以組裝方法請求保護可能因不具進步性而無法取得專利權。

　　對於前述「製法界定物之請求項」，其專利要件之認定及專利侵權之認定並不一致，見5.6.3「製法界定物之請求項」。就專利要件之認定而言，製法界定物之請求項，例如「一種電阻器，包含：(a)陶瓷內芯；(b)經由分解烴類氣體使碳沉積於內芯上形成碳被覆層；(c)導電金屬帶……。」只要該物與先前技術物相同，或依先前技術得輕易完成該物者，即使製造方法不同，仍應認定該物不符合專利要件[83]。我國發明審查基準規定：「以製法界定物之請求項，其申請專利之發明應為請求項中所載之製法所賦予特性之物本身，亦即以製法界定物之請求項，其是否具備專利要件並非由製法決定，而係由該物本身來決定。若請求項所載之物與先前技術中所揭露之物相同或屬能輕易完成者，即使先前技術所揭露之物係以不同方法所製得，該請求項仍不得予以專利。[84]」即採此觀點。

---

[83] EPO boards of appeal decisions T_0400/88 "5. As repeatedly decided by Boards of Appeal (see decisions above, paragraph 2), "product-by-process" claims have to be interpreted in an absolute sense, i.e. independently of the process. They have, thus, to be examined as any other product claim, namely whether or not the claimed product fulfills the basic requirements of novelty (Article 54 EPC) and inventive step (Article 56 EPC)."

[84] 經濟部智慧財產局，第二篇發明專利實體審查基準，2013年，第一章說明書及圖式2.5.2以製法界定物之請求項。

2.3.2 先期應確認之事項

除說明書及申請專利範圍中所載之內容必須符合前述2.1.2「實體要件」外，要取得專利權，申請專利之發明必須符合之專利要件尚包括：發明定義、法定不予發明專利之項目、產業利用性、新穎性（含擬制喪失新穎性）、進步性及先申請原則等，且必須符合發明單一性。發明定義、法定不予發明專利之項目及產業利用性係就申請專利之發明的本質判斷是否為發明專利保護之標的，發明單一性的初步判斷係就各獨立項中所載之發明判斷是否具有技術關連性，均未涉及先前技術的比對判斷，係屬簡單的技術性判斷。

一、發明專利保護之標的

(一) 發明之定義

申請專利之發明必須是利用自然界中固有之規律所產生之技術思想的創作。由前述意旨，專利法所指之發明必須具有技術性（technical character），即發明解決問題的手段必須是涉及技術領域的技術手段，至於問題或功效是否涉及技術性，則非所論。申請專利之發明是否具有技術性，係其是否符合發明定義的判斷標準；申請專利之發明不具有技術性者，例如單純之發現、科學原理、單純之資訊揭示、單純之美術創作等，均不符合發明定義。申請專利之發明是否符合發明定義，應考量申請專利之發明的內容而非申請專利範圍的記載形式。不符合發明定義者大致可歸納為下列幾種類型：

(1) 自然法則本身。

(2) 單純之發現。

(3) 違反自然法則者。

(4) 非利用自然法則者。

(5) 非技術思想者（包括：a.技能；b.單純之資訊揭示；c.單純之美術創作）。

(二) 不授予專利之發明

對於符合前述發明定義之申請標的，尚須論究其是否屬於下列不授予發明專利之事項：

(1) 動、植物及生產動、植物之主要生物學方法。但微生物學之生產方法，不在此限。

(2) 人類或動物之診斷、治療或外科手術方法。

(3) 妨害公共秩序或善良風俗者。

說明書、申請專利範圍或圖式中所記載之發明的商業利用（commercial exploitation）會妨害公共秩序或善良風俗，則應認定該發明屬於法定不予專利之項目。例如郵件炸彈及其製造方法、吸食毒品之用具及方法、服用農藥自殺之方法、複製人及其複製方法（包括胚胎分裂技術）、改變人類生殖系之遺傳特性的方法等。發明的商業利用不會妨害公共秩序或善良風俗者，即使該發明被濫用而有妨害之虞，仍非屬法定不予專利之項目，例如各種棋具、牌具，或開鎖、開保險箱之方法，或以醫療為目的而使用各種鎮定劑、興奮劑之方法等。

(三) 產業利用性

申請專利之發明在產業上能被製造及／或使用，則認定該發明可供產業上利用，具產業利用性。具產業利用性之發明，指該發明能加以實際利用而有被製造及／或使用之可能性，即符合產業利用性，並不要求該發明實際上已經被製造及／或使用。理論上可行但實際上顯然不能被製造及／或使用者，仍不具產業利用性，例如為防止臭氧層減少而導致紫外線增加，以吸收紫外線之塑膠膜包覆整個地球表面的方法。

二、發明單一性

附屬項包含所依附請求項之所有技術特徵，附屬項與其所依附之獨立項之間不生發明單一性的問題。考量申請專利範圍中之請求項是否符合發明單一性得分為兩個步驟：(1)初步判斷係就各獨立項之間是否顯然於技術上相互關聯，例如兩獨立項所載之發明分別為除草劑及割草機，則判斷為不符合

發明單一性。(2)要符合發明單一性，尚須考量各個獨立項對照先前技術具有貢獻之技術特徵（即「特別技術特徵」）是否相同或相對應。若包含一個或多個相同或相對應的特別技術特徵，而於技術上相互關聯，則符合發明單一性；反之，則不符合發明單一性。

　　兩項以上獨立項所載之發明屬於一個廣義發明概念之態樣通常有以下六種；但這六種態樣屬例示性質，仍有其他組合。惟無論屬於何種態樣，均須回歸到請求項是否屬於一個廣義發明概念之判斷，始能決定其是否符合發明單一性：

(1) 兩發明同為物或同為方法發明，不適於以單一獨立項涵蓋2個以上之物或方法發明者。

(2) 發明為物之發明，他發明為專用於製造該物之方法的獨立項。

(3) 發明為物之發明，他發明為該物的用途獨立項。

(4) 發明為物之發明，他發明為專用於製造該物之方法及該物的用途獨立項。

(5) 發明為物之發明，他發明為專用於製造該物之方法及為實施該方法專用的機械、器具或裝置獨立項。

(6) 發明為方法發明，他發明為實施該方法專用的機械、器具或裝置獨立項。

　　以前述「用於沸騰液體之傳熱壁、製造方法及專用鏟刮刀具」為例，該發明屬於前述(5)之態樣。

2.3.3　檢索並分析先前技術

　　前述說明中，一再提及的必要技術特徵、新穎特徵及發明單一性均必須對照先前技術才能作最後的決定。

　　檢索先前技術之目的是要確定與申請專利之發明相關的先前技術，尤其是最接近的先前技術，再將該發明與最接近的先前技術比對分析，據以決定該發明的必要技術特徵、新穎特徵、申請專利之範疇及申請專利範圍之規劃、分割及合併等。

2.3.4　決定撰寫策略

　　檢索並分析先前技術後，應決定撰寫說明書及申請專利範圍之策略，為嗣後之撰寫方向及內容舖路。

一、適當之請求範圍及內容

　　前述之說明已指出，對應發明目的之必要技術特徵及申請專利之範疇取決於先前技術狀態。決定撰寫說明書及申請專利範圍之策略，應就原先所認定之發明的實質內容（問題、手段、功效）與所檢索之先前技術比對分析，尤其是針對最接近的先前技術，確定該發明對於先前技術有貢獻之新穎特徵，並確定發明目的、必要技術特徵、附加技術特徵及申請專利之範疇等，最後決定適當的請求範圍及內容。

　　依申請專利之發明與最接近的先前技術距離之遠近，得採取下列三個策略：

(一) 申請專利之發明與先前技術距離遠

　　若申請專利之發明距離最接近的先前技術相當遠，請求項請求保護的範圍得有寬廣的空間，應以上位概念等廣義之用語撰寫必要技術特徵，使申請專利之發明有更寬廣的保護。但為審慎起見，仍應發揮撰寫技巧，將技術特徵以各種廣度之用語予以記載，並分設為獨立項、附屬項構成多層次之請求項群組。

(二) 申請專利之發明與先前技術距離近

　　除非確定較寬廣之範圍已為先前技術涵蓋，對於距離最接近的先前技術相當近的申請專利之發明，仍得以上位概念等廣義之用語撰寫必要技術特徵。但與前述不同者，一定要撰寫附屬項，將必要技術特徵所涵蓋之範圍限縮，拉開與先前技術之距離，使附屬項仍然具有新穎性及進步性等專利要件。當然，亦得以各種廣度之用語予以記載，構成多層次之請求項群組，以備日後修正請求項時，容許將具可專利性之附屬項與其所依附之獨立項合併，改寫為獨立項。若為早日取得專利，放棄範圍較為寬廣之請求項亦為可選擇之策略之一。

(三) 先前技術涵蓋申請專利之發明

　　若認定申請專利之發明與先前技術並無實質上的區別，幾乎沒有取得專利權的可能性時，應考量是否有迴避先前技術之空間或斷然放棄申請。

　　以前述「電動脫毛裝置」為例說明前述策略之運用：

〔申請專利範圍〕

1. 一種電動脫毛裝置，包含：
　　一手持可攜式外殼；
　　馬達手段，設置於該外殼中；及
　　一螺旋彈簧，包含複數個相鄰捲圈，以該馬達手段驅動之，相對於長有要去除毛髮的皮膚作旋轉式滑動；該螺旋彈簧包含一弧狀嚙合毛髮部位而形成一凸側及一對應之凹側，該捲圈在該凸側伸展張開在該凹側緊壓閉合，該螺旋彈簧之旋轉運動使該捲圈產生從該凸側的伸展張開形態變到該凹側之緊壓閉合形態的連續動作，而嚙合並拔除皮膚上的毛髮，藉此該捲圈之表面速度相對於該皮膚遠超過該外殼相對於該皮膚之表面速度。

1°.依請求項1之電動脫毛裝置，其中驅動該螺旋彈簧以至少每分鐘70公尺表面速度作旋轉運動。

3. 依請求項2之電動脫毛裝置，其中該螺旋彈簧弧狀嚙合毛髮部位之延伸係沿著夾角超過180度的弧部。

〔說明〕

　　若檢索到之先前技術顯示用於脫毛裝置之已知技術特徵為「手動螺旋彈簧產生直線伸縮運動」，則請求項1必須以「電動」、「螺旋彈簧」、「弧狀」、及「旋轉運動」等作為必要技術特徵，但仍得將請求項1中技術特徵「嚙合毛髮部位」及「捲圈之表面速度相對於該皮膚遠超過該外殼相對於該皮膚之表面速度」之用語不作具體限定，涵蓋寬廣之範圍。

　　請求項1之附屬項3將技術特徵「嚙合毛髮部位」具體限定在「夾角超過180度的弧部」。

　　請求項1之附屬項10將技術特徵「捲圈之表面速度相對於該皮膚遠超過該外殼相對於該皮膚之表面速度」具體限定在「每分鐘70公尺表面速度」。

　　若請求項1與先前技術距離過近，得將請求項1與附屬項3及／或附屬項10合併，而將「夾角超過180度的弧部」及／或「每分鐘70公尺表面速度」技術特徵移列請求項1而限縮之。

二、分割或合併申請

　　二個以上發明，屬於一個廣義發明概念者，得於一申請案中提出申請；反之，即二個以上之請求項之間沒有相同或相對應的特別技術特徵，而不符合發明單一性者，應將二個以上發明予以分割，不得合併於一申請案中提出申請。但若發明的實質內容對照先前技術已被其所涵蓋而不具專利要件者，應考量是否有迴避先前技術之空間或斷然放棄申請。以下列案例說明之：

〔申請專利範圍〕

1. 一種化合物X。
2. 一種製備化合物X的方法。
3. 化合物X作為清潔劑的應用。

〔說明〕

　　若就先前技術而言，請求項1化合物X不具備專利要件，由於請求項2、3之間的相同技術特徵為化合物X，其已不屬於特別技術特徵，在無其他相同或相對應之技術特徵的情況下，請求項2、3之間不具單一性，應予以分割。

三、隱藏技術祕訣

　　隱藏技術祕訣的可行性與申請專利之發明距離先前技術的遠近呈正相關之關係，距離遠較有隱藏技術祕訣的可行性。在前述2.3.4之一之(一)「申請專利之發明與先前技術距離遠」的情況，得依2.1.2之一之(五)之3「充分揭露與隱藏技術祕訣」步驟(1)～(4)之順序，最後綜合考量隱藏技術祕訣之可行性，考量因素包括：隱藏技術祕訣有無實益、發明的實質內容、先前技術

的範圍、取得專利之可能性及商業價值等。

　　一旦作出要隱藏技術祕訣之決策後，基於隱藏技術祕訣有無實益、商業價值、取得專利之可能性等因素，綜合考量各技術特徵的重要性，分為新穎特徵、必要技術特徵、附加技術特徵1、附加技術特徵2等層級，若有最佳實施方式、次佳實施方式……之選擇空間的話，得將最佳實施方式結合其他實施方式所構成之總括概念發明作為獨立項，附屬項僅記載次佳或其他實施方式，而達成隱藏最佳實施方式之目的。無論是否要隱藏技術祕訣，申請專利之發明仍須符合新穎性、進步性等要件取得專利權。

第三章 │ 申請專利範圍之撰寫

　　專利制度旨在鼓勵、保護、利用發明、新型及設計之創作，以促進產業發展。政府藉授予申請人專有排他之專利權，保護申請人所研發之創作，並鼓勵其公開研發成果，使公眾能利用所公開之創作。為使公眾能利用專利所揭露之資訊開發更好的產品貢獻給社會，專利權人以申請專利範圍界定專利權範圍，目的在於精確劃分受專利保護及未受專利保護之區域，使公眾明瞭可自由研究開發之區域[1]。

　　專利權人藉申請專利範圍明確界定專利權範圍，作為排除他人未經其同意實施其專利權之法律文件。申請專利範圍，係申請人（取得專利權後即為前述之專利權人）所撰寫欲取得專利權之請求範圍[1]、專利審查人員進行實體審查之對象、專利權人行使專利權之依據及競爭同業進行迴避設計之基礎，亦為專利侵權訴訟時主張或界定專利權範圍之依據。總之，申請專利範圍之撰寫，必須以有限的文字界定發明人所認定的發明內容，據以取得專利權，並作為未來主張專利權之依據。

　　第二章已詳細介紹說明書、摘要及圖式應記載之事項，本章將針對申請專利範圍應撰寫之內容予以詳細說明，引導讀者了解專利法及施行細則中所規定申請專利範圍應記載之內容及其應符合之實體要件，並以具體案例說明申請專利範圍記載之形式要件、撰寫之原則、各種撰寫形式及各種發明範疇的撰寫技巧。此外，亦將說明我國智慧財產局及美國專利商標局（以下簡稱USPTO）審查說明書之實體規範，俾使讀者全面了解並體認申請及審查之實際運作重點。

1　Constant v. Advanced Micro-Devices, Inc., 848 F.2d 1560, 1571, 7 USPQ2d 1057, 1064-1065 (Fed. Cir.), cert. Denied, 488 US 892 (1988) "However, it is the claims that define a patented invention."

3.1　基本概念

專利權人有向公眾公開其專利權範圍之責任，故必須於申請專利範圍中以文字界定其所取得之專利權所禁止實施之範圍，申請專利範圍未記載但已揭露於說明書中之發明則被視為貢獻給公眾。

對於說明書、申請專利範圍、摘要及圖式應記載之事項及說明書、申請專利範圍記載內容之實體要件，專利法規有明確之規定，違反應記載之事項或實體要件均構成不予專利之理由。有關申請專利範圍之記載事項主要規定於專利法施行細則第18條及第19條，第20條為吉普森式請求項之記載規定。

申請人依細則所定之記載事項完成說明書之撰寫，只是符合專利法規之形式要件而已，尚須注意所記載之內容是否符合專利法所定之實體要件。申請專利範圍記載之實體要件係指專利法第26條2項：「申請專利範圍應界定申請專利之發明；其得包括一項以上之請求項，各請求項應以明確、簡潔之方式記載，且必須為說明書所支持。」

申請專利範圍，概指申請文件之一種，為複數請求項之集合（claims），有時亦指申請階段請求授予專利權之範圍（scope）；請求項（claim），概指申請人請求授予專利權或專利權人已取得專利權之基本單元，可以是獨立項或附屬項，每一項均由一句話所構成，其內涵為一技術手段。

3.1.1　形式要件

本節主要係說明專利法施行細則所載申請專利範圍記載之形式規定，並分別就撰寫請求項之語句、類型、撰寫結構、請求項之間的依附關係及整理編排等，予以詳細說明。有關手段請求項及吉普森式請求項，則另於3.2.5之三「手段請求項」及3.2.4之六「吉普森式」予以說明。

一、專利法施行細則

請求項之記載形式規定於專利法施行細則第18條至第20條，違反者亦違反專利法第26條第4項之規定，而為不准專利之理由。

(一) 施行細則第18條

第1項：發明之申請專利範圍，得以一項以上之獨立項表示；其項數應
　　　　配合發明之內容；必要時，得有一項以上之附屬項。獨立項、
　　　　附屬項，應以其依附關係，依序以阿拉伯數字編號排列。

第2項：獨立項應敘明申請專利之標的名稱及申請人所認定之發明之必
　　　　要技術特徵。

第3項：附屬項應敘明所依附之項號，並敘明標的名稱及所依附請求項
　　　　外之技術特徵，其依附之項號並應以阿拉伯數字為之；於解釋
　　　　附屬項時，應包含所依附請求項之所有技術特徵。

第4項：依附於二項以上之附屬項為多項附屬項，應以選擇式為之。

第5項：附屬項僅得依附在前之獨立項或附屬項。但多項附屬項間不得
　　　　直接或間接依附。

第6項：獨立項或附屬項之文字敘述，應以單句為之。

以第二章所提及之「用於沸騰液體之傳熱壁」[2]為例，說明前述各項之
意義：

1. 一種用於沸騰液體之傳熱壁，該傳熱壁外表面下方有許多平行的狹長通
道，該外表面上沿通道間隔開設小孔，使該通道與該傳熱壁外部相通，其
特徵在於：該外表面上的該小孔(5)中有一個從孔壁向孔中心伸出之非對
稱凸起(4)，其在該小孔(5)橫截面上之投影面積與該小孔(5)橫截面的面積
比為0.4～0.8。

2. 如請求項1所述用於沸騰液體之傳熱壁，其特徵在於：前述非對稱凸起(4)
之一側高於另一側，整個凸起(4)呈傾斜。

3. 如請求項1或2所述用於沸騰液體之傳熱壁，其特徵在於：……該小孔之孔
徑為……。

2　美國專利第4,653,163號（優先權基礎案為日本專利第59-191,578及59-228,723號；經增補修改後作為
　下列書中之案例；吳觀樂、賀化、楊光、張榮彥、吳忠仁、茅紅、卜方等7人，發明和實用新型專利
　申請文件撰寫案例剖析──機械和日常生活領域，2002年9月第4刷，p204～234）

4. 一種如請求項1所述用於沸騰液體傳熱壁之製造方法，……，其特徵在於：具切口(12)之肋片(11)係依下述步驟製得：……。

5. 一種執行請求項4所述用於沸騰液體傳熱壁之製造方法的專用鏟刮刀具，……，其特徵在於：……。

〔說明〕

第1項：申請專利範圍之結構及請求項之類型、依附關係及編排

　　本案例包括請求項1、4及5三項獨立項，分別請求「傳熱壁」、「傳熱壁之製造方法」及「用於該方法之鏟刮刀」，各獨立項申請標的之範疇分別為物、製造該物之方法及用於該方法之物，屬於前述3.1.2之四「發明單一性」態樣e.「發明為物之發明，他發明為用於製造該物之方法及為實施該方法所用的機械、器具或裝置獨立項」，符合發明單一性。由於前述三項發明之內容無法記載於單一獨立項，應配合發明內容分項記載之。

　　請求項4及5係引用記載形式之獨立項，雖然其記載形式與附屬項相同，包括所依附之請求項項號及申請標的名稱，但其未包含被依附項之所有技術特徵，實質上仍然屬於獨立項，而與被依附之獨立項分屬不同之發明，請參酌3.1.1之三之(二)「引用記載形式之獨立項」。

　　除了三項獨立項之外，本案例之「傳熱壁」有三種具體實施方式，故分別記載於請求項1、2及3，並依獨立項＞依附該獨立項之附屬項＞依附該附屬項之附屬項的順序，分別以阿拉伯數字1、2、3予以編號。

第2項：獨立項之記載形式

　　獨立項應敘明申請專利之標的名稱及其申請人主觀認定之必要技術特徵。指定申請專利之標的名稱，應反映發明之範疇及技術領域，如請求項1中之「用於沸騰液體之傳熱壁」、請求項4中之「用於沸騰液體傳熱壁之製造方法」及請求項5中之「用於沸騰液體傳熱壁之製造方法的專用鏟刮刀具」。三項均屬傳熱壁之技術領域，除請求項4之範疇為方法外，另兩項之範疇均為物。

　　本案例之發明目的在於使傳熱壁「不僅在正常工作狀態具有良好的傳熱性能，而且在熱載荷過大或過小時同樣保持良好的傳熱性能」，達成發明目

的之必要技術特徵「狹長通道」、「小孔」、「非對稱凸起」及「面積比為0.4～0.8」均必須記載於第1項傳熱壁之獨立項，反映達成該發明目的之整體技術手段。其中，前兩項技術特徵係與先前技術共有的必要技術特徵（即已見於先前技術的技術特徵），應記載於本案例所採用之吉普森式請求項的前言部分；後兩項技術特徵係申請人自認有別於先前技術之必要技術特徵（申請人主觀認定的新穎特徵），則記載於特徵部分，突顯申請標的具有新穎性及進步性之創新部分。

　　至於「凸起呈傾斜」及「小孔孔徑」等附加技術特徵僅為具體實施方式，而與主要發明目的並無直接關係，則記載於附屬項即足，否則會限縮獨立項之技術範圍。

第3項：附屬項之記載形式及技術範圍

　　為簡化請求項之記載內容，得撰寫附屬項，敘明所依附之項號，並敘明標的名稱及所依附請求項外之技術特徵；被依附項得為獨立項或附屬項。例如請求項2依附於請求項1，應以「如請求項1所述」、「依請求項1所述」等類似文字敘明其所依附之項號，並敘明被依附項之申請標的之名稱，如本例之「用於沸騰液體之傳熱壁」。前述之項號及標的之名稱通常記載於句首，但並不一定記載於句首，例如美國專利之記載形式容許「一種製造乙醇之方法，包含將澱粉醣與請求項1之培養菌接觸，係在下列之條件……。」但我國將這種記載形式視為引用記載形式之獨立項，請參酌3.1.1之三之(三)「附屬項」。

　　此外，附屬項尚須敘明被依附項以外之附加技術特徵，進一步限定被依附項之申請標的，如「凸起呈傾斜」，係請求本案例說明書中所揭露之實施方式之一。

　　解釋附屬項2之申請專利範圍時，除了附加技術特徵「凸起呈傾斜」外，尚應包含被依附項1之所有技術特徵「狹長通道」、「小孔」、「非對稱凸起」及「面積比為0.4～0.8」等。

第4項：多項附屬項之記載形式

　　多項附屬項，指依附於二項以上請求項之附屬項，例如請求項3。多項

附屬項所依附之請求項得為獨立項或附屬項，例如請求項3所依附之請求項1為獨立項，請求項2為附屬項。記載多項附屬項所依附之請求項項數時，僅得以選擇式用語為之，例如請求項3之「請求項1或2」中之「或」或其他類似用語；當被依附項眾多時，其用語得為「請求項1至10中任一請求項」。

第5項：依附關係之順序及多項附屬項之特別規定

附屬項僅得依附排序在前之獨立項或附屬項，即被依附項之項次應小於其附屬項，例如請求項3之「請求項1或2」或請求項5之「請求項4」。其實，只要是引用記載形式之請求項，包括附屬項、多項附屬項或引用記載形式之獨立項，均必須符合本項之規定。

此外，基於依附關係簡潔、解釋之容易性的考量，另規定多項附屬項之間不得直接或間接依附，指多項附屬項與另一多項附屬項之間不得有依附關係，不論是直接或間接依附關係，請參酌3.1.1之三之(三)「多項附屬項」。

第6項：單句原則

單句原則，指獨立項或附屬項之文字敘述，應以單句為之；具體而言，整個請求項僅能有一個句號，且僅能置於句尾，請參酌3.1.1之二之(二)「單句原則」。

(二) 施行細則第19條

第1項：請求項之技術特徵，除絕對必要外，不得以說明書之頁數、行數或圖式、圖式中之符號予以界定。

第2項：請求項之技術特徵得引用圖式中對應之符號，該符號應附加於對應之技術特徵後，並置於括號內；該符號不得作為解釋請求項之限制。

第3項：請求項得記載化學式或數學式，不得附有插圖。

第4項：複數技術特徵組合之發明，其請求項之技術特徵，得以手段功能用語或步驟功能用語表示。於解釋請求項時，應包含說明書中所敘述對應於該功能之結構、材料或動作及其均等範圍。

〔說明〕

第1項：請求項之記載限制

請求項之技術特徵，除絕對必要外，不得以說明書之頁數、行數或圖式、圖式中之符號予以界定，即不得記載「如說明書……部分所述」或「如圖……所示」等類似用語

第2項：請求項中有關圖式符號之記載及解釋

請求項之技術特徵得引用圖式中對應之符號，該符號應附加於對應之技術特徵後，並置於小括號內，例如請求項1中之「小孔(5)」或「非對稱凸起(4)」。若有複數個實施例，獨立項僅須參照最重要實施例之符號。

解釋專利權範圍時，符號不得作為解釋請求項之限制，亦即不得以該符號將專利權範圍限制於圖式。

第3項：請求項中非文字之記載

請求項得記載化學式或數學式，必要時得有表格，但不得附有插圖。

請求項中通常不宜記載表格，除非使用表格能夠更清楚說明申請標的，此外，不宜記載人名、地名、商品名或商標名稱。

雖然請求項不得附有插圖，但必要時仍得引用圖式，例如發明涉及特定形狀僅能以圖形界定而無法以文字表示時，或化學產物發明之技術特徵僅能以曲線圖或示意圖界定時，請求項得記載「如圖……所示」等類似用語，請參酌3.2.5之六「圖式請求項」。

第4項：手段請求項之記載形式

手段請求項，指複數技術特徵組合之發明的請求項中有技術特徵以手段功能（means plus function）用語或步驟功能（step plus function）用語表示者稱之。手段請求項之記載要件有4：(1)技術特徵必須使用片語「手段用以」、「裝置用以」或「步驟用以」；(2)該技術特徵必須記載特定功能；(3)請求項中不得記載達成該特定功能之結構、材料或動作；(4)說明書中必須記載可明確對應該特定功能之結構、材料或動作。請參酌3.2.5之三「手段請求項」。

(三) 施行細則第20條

第1項：發明獨立項之撰寫，以二段式為之者，前言部分應包含申請專利之標的名稱及與先前技術共有之必要技術特徵；特徵部分應以「其特徵在於」、「其改良在於」或其他類似用語，敘明有別於先前技術之必要技術特徵。

第2項：解釋獨立項時，特徵部分應與前言部分所述之技術特徵結合。

〔說明〕

第1項：二段式請求項之記載形式

二段式請求項，即吉普森式請求項，包括前言部分及以連接詞「其特徵在於」、「其改良在於」或其他類似用語引領的特徵部分；前言部分應包括申請專利之標的與先前技術相同之必要技術特徵，特徵部分應包括申請專利之標的與先前技術相異之必要技術特徵。二段式請求項之記載形式僅適用於獨立項，可以使公眾簡單區分申請專利之標的與先前技術相同及相異之技術特徵，請參酌3.2.4之六「吉普森式」。

第2項：二段式請求項之技術範圍

雖然申請人於二段式請求項主張申請專利之發明「其特徵在於」或「其改良在於」特徵部分之技術特徵，但記載於前言部分者仍為解釋申請專利範圍不可忽略之必要技術特徵，故二段式請求項之技術範圍包括前言部分及特徵部分中所載申請專利之標的與先前技術相同及相異之全部技術特徵。

二、語句

(一) 用語

1. 申請專利範圍應用中文記載，但在不會產生混淆的情況下，對於具有通常知識者所熟知之特殊技術用語，如CPU、PVC、Fe、RC結構等，得使用中文以外之技術用語。

2. 技術用語之譯名經國家教育研究院編譯者，應以該譯名為原則；未經該院

編譯或專利專責機關認有必要時，得附註外文原名。對於數學式、化學式或化學方程式，必須使用一般所使用的符號及表示方式。

3. 申請專利範圍內容涉及計量單位者，應採用國家法定度量衡單位（參照度量衡法）或國際單位制計量單位，必要時得使用該領域公知的其他計量單位。

4. 申請專利範圍、說明書、摘要及圖式中之用語、符號或中文譯名等應前後一致。

(二) 單句原則

申請專利範圍中每一項請求項各自代表一個獨立的技術範圍；為明確區分每一項請求項，而有「單句原則」（single sentence rule），亦即每一項請求項是以一個單一句子所構成[3]。單句原則並非指有主詞、動詞及受詞之句子，而是指各請求項中所載之技術特徵所構成的技術範圍係一個不可分割的整體（as a whole），其為決定是否符合專利要件、提起舉發或主張專利權等的基本單位。易言之，「單句原則」之真正涵義在於：縱使有99%的相同，只要存在有1%的差異，即難謂相同。

獨立項或附屬項之文字敘述，均應以單句為之。具體而言，整個請求項僅能有一個句號「。」且僅能置於句尾[4]；但句子中得使用逗號「，」冒號「：」或分號「；」等為必要的分隔。若技術特徵繁多，其內容及相互關係複雜，即使以標點符號仍難以將其關係敘明時，得分段敘述（請參酌3.2.4之二「分段式」），甚至再分段敘述（請參酌3.2.4之三「次分段式」）。

三、類型

申請專利範圍中得以請求項分項記載申請人所認為界定申請專利之發明的技術特徵，請求項為決定是否符合專利要件、提起舉發或主張專利權等的基本單位。依性質之差異，請求項記載形式分為獨立項（包括引用記載形式

3　Becker, Stephen Patent Application Handbook, 2002 Edition, West Group, 2002, P58, "A claim is a statement in the form of a single sentence that defines the metes and bounds of the invention."

4　Fressola v. Manbeck, 36 USPQ2d 1211 (D.D.C. 1995)

之獨立項）及附屬項[5]。獨立項及附屬項僅在記載形式上有差異，對於申請專利範圍實質內容的認定並無影響。

(一) 獨立項

獨立項（independent claim），指一請求項本身已完整描述發明技術而能獨立存在之請求項[6]。申請專利範圍得以一項以上之獨立項表示；其項數應配合發明內容，例如物之發明與方法發明應分項記載，又如組合發明與其次組合發明（請參酌4.1.4之一「組合式/次組合式請求項」）應分項記載。

獨立項應敘明申請專利之標的名稱及申請人所認定之發明之必要技術特徵，以呈現申請專利之發明的整體技術手段。必要技術特徵（essential technical feature），指申請專利之發明為解決問題所不可或缺的技術特徵（最少技術特徵原則）；其總和構成發明整體的技術手段，而為申請專利之發明與先前技術比對之基礎。技術特徵（歐洲專利之technical feature；美國之element, limitation），於物之發明為結構、元件或成分等，及其技術關係；於方法發明為步驟、順序及條件等。以一通式予以說明：

一種○○，其係由A、B、C所組成；其中
A為……，B為……，C為……；且
A－B－C。

〔說明〕

　　第1段：○○為申請專利之標的名稱；A、B、C為必要技術特徵。
　　第2段：逐一界定A、B、C內容。
　　第3段：界定必要技術特徵之間的關係為A-B-C，而非A-C-B或B-C-A等其他關係。

獨立項前半段應記載申請專利之標的名稱，反映發明之範疇及技術領

5　美國法典35 U.S.C. 112 III：A claim may be written in independent or, if the nature of the case admits, in dependent or multiple dependent form.

6　美國法典35 U.S.C. 112 III：... an independent claim is a claim standing alone and that describes a complete invention.

域，例如「一種活魚展示之綁束方法」；後半段應記載必要技術特徵，呈現解決問題不可或缺的技術特徵，例如「將一繩體一端綁結成一束扣部，該束扣部束套於活魚嘴部，再將該束扣部束緊，再彎折該活魚身部，並將該繩體另端綁結該活魚尾部。」記載獨立項時，勿省略達成發明目的之必要技術特徵，但亦勿記載非必要技術特徵，因為解釋申請專利範圍時，載入獨立項中之技術特徵皆被視為必要技術特徵。

有時一申請案涉及一個廣義發明概念下不同範疇之發明，例如前述3.1.1之一之(一)「施行細則第18條」中之傳熱壁案，「傳熱壁」、「傳熱壁之製造方法」及「實施該方法專用之鏟刮刀」三項獨立項；有時一申請案涉及同一發明構思下數個不同結構之實施方式，例如2.1.1之五「案例」中之文件架請求項1及4。若對照先前技術無法撰寫成一請求項完整保護不同發明，得記載幾項獨立項，各獨立項涵蓋屬於一個廣義發明概念下相同或不同範疇之不同發明，或同一發明構思下之不同實施方式。為求完整保護申請人之發明，應記載足夠之請求項涵蓋解決問題之全部技術手段。惟若獨立項足以總括全部實施方式，應針對每一個實施方式以附屬項記載之，不宜以個別的獨立項記載之。例如上位概念技術特徵「固定裝置」可總括螺釘、鉚釘、鐵釘等元件，且「固定裝置」之文義可包括具有通常知識者可以想像得到的固定裝置，故應以「固定裝置」作為獨立項之技術特徵，而以前述三元件作為該獨立項之附屬項的技術特徵；若以獨立項個別記載螺釘、鉚釘及鐵釘，則三者之文義並不包括具有通常知識者可以想像得到的固定裝置。

物及方法發明屬於不同範疇，每一範疇均應為一申請標的；兩個以上之申請標的屬於同一範疇但不適於記載於單一請求項者，配合發明之內容，應記載為兩項以上的獨立項，但必須符合發明單一性。例如兩個各自獨立且分別可以獲致功效、達成目的之發明，如醫藥品與其製備方法、電插頭與插座、發送器與接收器、一化合物之多種製備方法或一物質具有多種不同用途等，若其符合發明單一性，均得以兩項以上的獨立項表示。

1. 記載必要技術特徵

獨立項應記載達成發明目的不可或缺的必要技術特徵，反映發明的整體技術手段。對於物之請求項，應記載達成發明目的之必要元件及其必要的相

對位置關係或相互作用關係。對於方法請求項，應記載達成發明目的之必要
步驟，並應記載其必要的操作過程及技術條件。

　　為充分保護申請專利之發明，獨立項僅須反映發明的整體技術手段，不
必記載無關發明目的之非必要技術特徵，亦不必記載屬於實施方式或實施例
（以下簡稱實施例）之附加技術特徵，而限縮獨立項之技術範圍，因為基於
請求項整體原則，解釋申請專利範圍時，記載在請求項中的技術特徵均不得
忽略。

2. 反映新穎特徵

　　為取得專利權，獨立項應反映申請人自認為對於先前技術有貢獻或有區
別的新穎特徵，突顯申請標的具有新穎性及進步性之創新部分；新穎特徵亦
屬達成發明目的之必要技術特徵的一部分。請求項之記載應強調申請人所發
明之創新部分，亦即新穎特徵為何？而非舊特徵為何？故申請人不須於請求
項中鉅細靡遺的記載發明的每一個特徵[7]。若以吉普森式請求項撰寫獨立項
時，應將新穎特徵載入特徵部分。前述「用於沸騰液體之傳熱壁」之例第1
項中之「非對稱凸起」及「面積比為0.4～0.8」即為新穎特徵。

3. 引用記載形式之獨立項

　　為避免重複記載相同內容，使請求項之記載明確、簡潔，得以引用排序
在前之另一請求項的方式記載獨立項。引用記載形式之獨立項雖然具有附屬
項之記載形式，但實質上應解釋為獨立項[8]；其與其他獨立項分屬不同之發
明，但必須符合明確要件（申請專利範圍應明確記載申請專利之發明的規
定）且各獨立項之間符合發明單一性規定。對於引用記載形式之獨立項，雖
然專利法及其施行細則並未特別予以規定，由於其與附屬項同樣係屬引用記
載形式，理論上應準用施行細則中有關附屬項之規定。

　　獨立項係請求項本身已完整描述發明技術而能獨立存在之請求項，通常
其記載形式不引用其他請求項，但為符合明確及簡潔，得以引用記載形式撰

7　In re Dossel, 115 F.3d 942, 946, 42 USPQ2d 1881, 1884 (Fed. Cir. 1997)

8　GUIDELINES FOR EXAMINATION IN THE EUROPEAN PATENT OFFICE, February 2005, PART C, Chapter III 3.7a

寫之，例如3.1.1之一之(一)「施行細則第18條」中「用於沸騰液體傳熱壁」案例之請求項4及5：

1. 一種用於沸騰液體之傳熱壁，……，其特徵在於：……。
4. 一種如請求項1所述用於沸騰液體傳熱壁之製造方法，……，其特徵在於：……係依下述步驟製得：……。
5. 一種執行請求項4所述用於沸騰液體傳熱壁之製造方法的專用鏟刮刀具，……，其特徵在於：……。

　　雖然美國並無引用記載形式之獨立項的說法，但專利實務上仍允許典型的製法界定物之請求項（請參酌3.2.5之四「製法界定物之請求項」）及下列引用另一請求項之次組合及技術特徵等方式。

　　引用記載形式之請求項通常為附屬項，惟若範疇不同、標的名稱不同或未包含其所引用之請求項中所有的技術特徵，則實質上應解釋為獨立項，不因其記載形式而有判斷上之差異，以下為五種常見態樣。

(1) 引用不同範疇之請求項
〔例1〕

1. 一種化合物A，……。
2. 一種如請求項1之化合物A的製造方法，……。

〔例2〕

1. 一種不含石膏的豆腐之製造方法，……。
2. 一種實施請求項1所述製造方法之裝置，……。

〔例3〕

1. 一種培養菌A，……。
2. 一種製造乙醇之方法，包含將澱粉醣與請求項1中之培養菌A接觸，係在下列之條件……。

〔說明〕

　　本態樣係引用另一請求項之全部技術特徵，而申請專利之標的不同，且屬不同範疇。

(2) 引用另一請求項之協作部分（co-operating part）
〔例1〕

1. 一種具有特定形態之公螺牙之螺栓，……。
2. 一種配合請求項1之螺栓而具有該特定形態之母螺牙之螺帽，……。

〔說明〕

　　螺栓及螺帽具有相互對應之協作部分（公、母螺牙），必須共同使用始足以發揮功效。

(3) 引用另一請求項之次組合（sub-combination）
〔例1〕

1. 一種具有結構式(I)的化合物A。
2. 一種組合物，包含X%之請求項1化合物A，Y%之化合物B，Z%之化合物C而成者。

〔說明〕

　　本態樣係引用另一請求項之全部技術特徵，雖然申請專利之標的不同，但屬同一範疇。

　　「組合」指結合多個元件、成分之物或結合多個步驟之方法；「次組合」指其所屬之「組合」中的元件或步驟。請求項2中「組合」為組合物，「次組合」為請求項1之化合物A。

〔例2〕

1. 一種具有特定形態之公螺牙之螺栓，……。
2. 一種配合請求項1之螺栓而具有該特定形態之母螺牙之螺帽，……。
3. 一種如請求項1所述螺栓及請求項2所述螺帽所組成之鎖緊裝置。

〔說明〕

　　請求項3中「組合」為螺栓及螺帽之結合，「次組合」為請求項1之螺栓或請求項2之螺帽。

(4) 引用另一請求項之部分技術特徵
〔例1〕

1. 一種……，……培養菌A……。
2. 一種製造乙醇之方法，包含將澱粉醣與請求項1中之培養菌A接觸，係在下列之條件……。

〔例2〕

1. 一種影像監視系統，具有紅外線感應器及攝像裝置。
2. 一種如請求項1之紅外線感應器，包含紅外線發射元件、距離量測元件及紅外線接收元件。

〔說明〕

　　例1及例2之請求項2均僅引用請求項1之部分技術特徵（培養菌A、紅外線感應器），並未包含請求項1所有技術特徵，故實質上應解釋為獨立項。

　　由於未包含被依附項之全部技術特徵，本態樣之記載方式易導致請求項不明確，在美國被視為不適當之附屬項，筆者建議勿採用，應盡可能界定完整之技術特徵。

　　適合的話，例2可改寫為前述(3)引用另一請求項之次組合：「1.一種紅外線感應器，包含紅外線發射元件、距離量測元件及紅外線接收元件。2.一種影像監視系統，具有如請求項1之紅外線感應器及攝像裝置。」

(5) 替換另一請求項之部分技術特徵
〔例1〕

1. 一種系統，具有構造A……。
2. 一種如請求項1所述之系統，具有構造B以替代構造A。
3. 一種如請求項1所述之系統，但省略構造A。

〔說明〕

　　例1請求項2、3引用請求項1之部分技術特徵（構造A以外之技術特徵），並未包含請求項1所有技術特徵，故實質上應解釋為獨立項。

　　由於未包含被依附項之全部技術特徵，請求項2「具有B構造以替代A構造」及請求項3「省略A構造」之記載方式易導致請求項不明確，在美國被視為不適當之附屬項，筆者建議勿採用，應盡可能界定完整之技術特徵。

(二) 附屬項

　　附屬項（dependent claim），指依附其他請求項，包含所依附之請求項中所載全部技術特徵另外再附加技術特徵，而就被依附之請求項所載的技術手段作進一步限定之請求項，其涵蓋該發明非必要技術特徵之部分[9]。

1. 附屬項之記載形式

　　為了避免重複記載同一技術特徵，附屬項採用引用記載方式，明確區分附屬項與被依附項所屬之技術特徵，易於認定其申請專利範圍，例如下列之例請求項2及3。

1. 一種製造化合物A之方法，……其反應壓力為1-2 atm，反應溫度為50-100℃。
2. 如申請專利範圍第1項之方法，其中反應溫度為80℃。
3. 如申請專利範圍第2項之方法，其中反應壓力為1.5 atm。

　　附屬項之記載應包含依附部分及限定部分：
　　(1) 依附部分：敘明被依附之請求項項號及申請標的名稱。
　　(2) 限定部分：敘明附加的技術特徵。
　　附屬項的依附部分應敘明被依附之請求項項號，並應重述被依附之請求項的申請標的，例如「如請求項1所述之照相機快門，……。」附屬項的限

9　美國法典35 U.S.C. 112 III：... dependent claim, which depend and add features to another claim, are included generously to cover non-essential aspects of the invention.

定部分可以就被依附之請求項中的技術特徵作進一步限定；請求項為吉普森式請求項時，附屬項不僅可以限定該請求項的特徵部分，亦可以限定該請求項的前言部分。

在美國，只要引用另一請求項中所載全部技術特徵，則視為附屬項，無論是否屬於同一範疇，故引用另一製造方法請求項界定物，該物之請求項被視為附屬項，而不適用前述「進一步限定」之原則。

附屬項之依附部分不一定記載在句首，例如：

〔例1〕

1. 一種紅外線感應器，包含紅外線發射元件、距離量測元件及紅外線接收元件。
2. 一種影像監視系統，具有如請求項1之紅外線感應器及攝像裝置。

〔例2〕

1. 一種培養菌A，……。
2. 一種製造乙醇之方法，包含將澱粉醣與請求項1中之培養菌A接觸，係在下列之條件……。

典型的附屬項係針對被依附項或其技術特徵進一步限定，見後述之詳述式及附加式。前述兩例之請求項2均係以請求項1作為技術特徵限定請求項2，而為被依附項限定附屬項，或許是基於這個原因，在我國係將該請求項視為引用記載形式之獨立項。

2. 附屬項之態樣
(1) 詳述式及附加式

典型的附屬項係針對被依附項或其技術特徵進一步限定，針對被依附項進一步限定者為附加式附屬項，針對技術特徵進一步限定者為詳述式附屬項。兩者之區分不在於具體元件之附加與否，而在於附加技術特徵相對於被依附項，是否附加說明書中所強調之其他功能而解決不同問題。附加功能者，為附加式，否則為詳述式。

附屬項之附加技術特徵分為下列兩種態樣：

a.詳述式：將被依附之請求項全部技術特徵包含在內，並針對其中之部分技術特徵詳加界定。

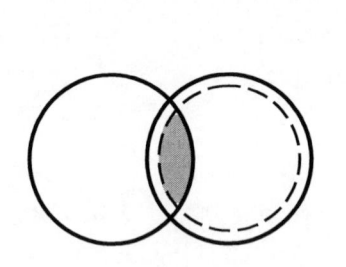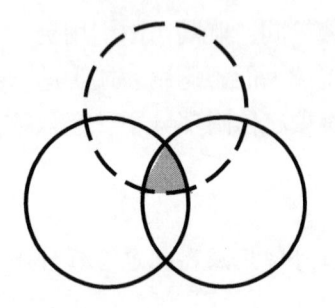

實線圖為被依附項技術特徵範圍
虛線圖為詳述式技術特徵範圍
灰色梭形區域為申請專利範圍

實線圖為被依附項技術特徵範圍
虛線圖為附加式技術特徵範圍
灰色三角區域為申請專利範圍

b.附加式：將被依附之請求項全部技術特徵包含在內，並針對被依附項，增加被依附項原本未包含的技術特徵。

以後述之「手搖鈴」例示附屬項之態樣：

1. 一種手搖鈴，包含：

　一罩體，內頂面設有一掛環；

　一手柄，其一端嵌入該罩體外頂面的一凹穴內；

　一錘體；及

　一柔軟線材，連接該掛環與該錘體。

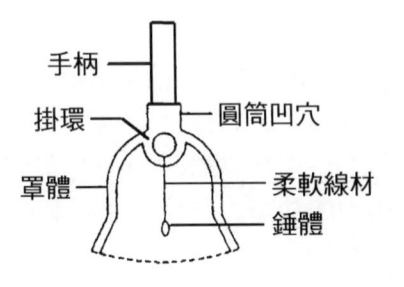

手柄
掛環　　　　圓筒凹穴
罩體　　　　柔軟線材
　　　　　　錘體

2. 如請求項1所述之手搖鈴，其中該手柄有波浪形表面。（詳述式）

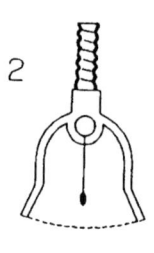

3. 如請求項1所述之手搖鈴，其中該罩體內部壁面上設數條環形凸肋。
（詳述式）

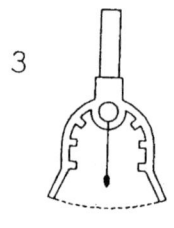

4. 如請求項2或3所述之手搖鈴，其中該柔軟線材為彈簧。
（詳述式）

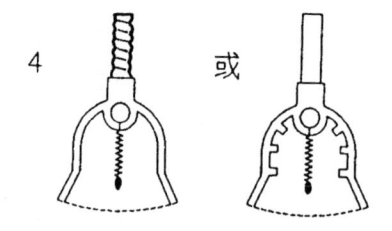

5. 如請求項1、2或3所述之手搖鈴，在該凹穴側邊上開設一孔洞，以一螺絲
鎖入，藉以加強手柄與凸穴之連結。（附加式）（劃底線之文字為藉以子
句）

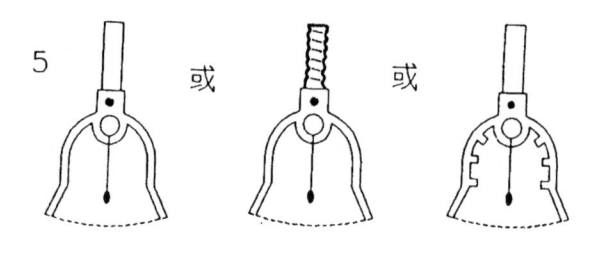

5'.如請求項1、2、3或4所述之手搖鈴,其中之圓筒凹穴側邊上開設一孔洞,
以一螺絲鎖入。(本項5'違反多項附屬項直接依附多項附屬項之規定,因
為本項及第4項均為多項附屬項)

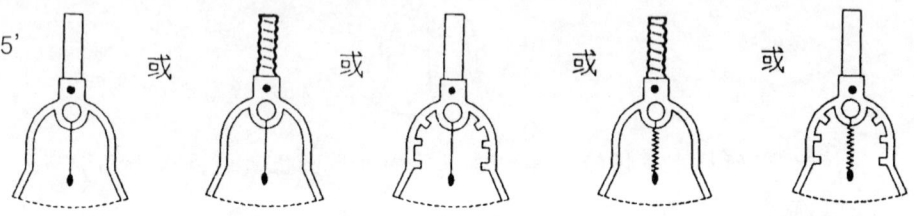

前述「手搖鈴」申請專利範圍之關係圖:

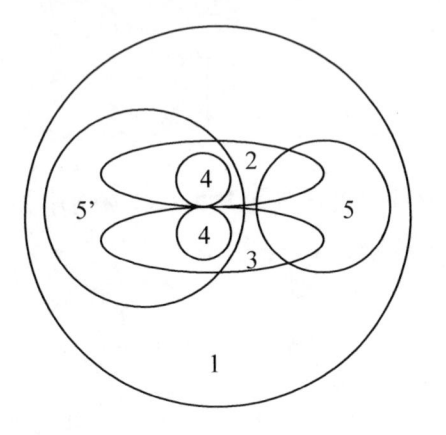

(2) 單項附屬及多項附屬

　　依附屬項依附之項數,分為單項附屬及多項附屬兩種,前者之被依附項
僅一項,後者之被依附項包括兩項以上:

1. 一種空調裝置,包含有風向調節機構及風量調節機構……。(獨立項)
2. 如請求項1所述之空調裝置,其中之風向調節機構係……。(單項附屬
項)
3. 如請求項1或2所述之空調裝置,其中之風量調節機構係……。(多項附屬
項)

3. 附屬項之技術範圍

　　請求項中的限制條件愈少，其所涵蓋的範圍愈大，例如地球上的「人」比「男人」多，因為後者是前者「人」再加上限制條件「男性」所構成。附屬項包含所依附之請求項所有技術特徵，並附加技術特徵係針對被依附項作進一步限定，故附屬項為被依附之請求項的特殊實施方式，其申請專利範圍必然落在被依附項的範圍之內，見前述「手搖鈴」申請專利範圍關係圖。

　　一般而言，係以上位概念用語記載獨立項之技術特徵，而附屬項係以相對於該上位概念用語之下位概念用語記載之，例如獨立項之技術特徵以上位概念用語記載為「加熱」，其附屬項2、3、4之技術特徵以下位概念用語記載為「電氣加熱」、「微波加熱」或「蒸氣加熱」，則附屬項2、3、4均為被依附項之實施方式。若實施方式本身已達具有通常知識者可據以實現之程度，則不需要實施例；但在難以預測技術結果的化學領域，通常必須有實施例。實施例係實施方式更下位之具體例，例如「以100V、1A的電流加熱10分鐘」，即為前述「電氣加熱」之實施例。

1. 一種化合物A之製造方法，其步驟為：……加熱……。
2. 如請求項1化合物A之製造方法，其中……加熱係以電氣加熱……。（實施方式）
3. 如請求項2化合物A之製造方法，其中……電氣加熱係以100V、1A的電流加熱10分鐘……。（實施例）
4. 如請求項1化合物A之製造方法，其中……加熱係以微波或蒸氣加熱……。（實施方式）
5. 如請求項2化合物A之製造方法，其中……電氣加熱以微波加熱替代……。
6. 如請求項1化合物A之製造方法，其中……加熱省略……。

　　前述請求項5及6未包含被依附項之全部技術特徵，在我國被視為引用記載形式之獨立項，在美國被視為不適當之附屬項，筆者建議勿使用。

　　在美國，對於請求項是否為適當之附屬項，其檢測方式為：應包含其所依附之請求項中每一個技術特徵（35 U.S.C. 112第4項）。換句話說，未侵

害附屬項所依附之請求項者亦未侵害該附屬項。因此,物之請求項與該物之製造方法請求項之間只要符合前述檢測方式,均得為附屬項與被依附項之關係,否則則認定為不符合明確要件。在我國,將前述物之請求項與該物之製造方法請求項,因為不同範疇,兩請求項之間視為獨立項及引用記載形式之獨立項。

4. 附屬項之記載內容

當申請專利之發明涉及若干發明目的,即使說明書已記載各種實施方式或廣泛描述各技術手段之具體細節,仍勿將全部技術特徵記載於同一請求項中,應就不同發明目的分別撰寫成若干請求項請求保護各技術手段,分別處理各技術特徵之細節,而以獨立項及附屬項構成一系列完整保護之請求項群組。準此為之,不僅完整保護創新之發明,而且可以擴大其技術範圍。在審查階段,得依先前技術之檢索結果,靈活的修正申請專利範圍以順利取得專利權;在專利侵權訴訟階段,得依被控侵權對象適當主張被侵害之請求項。

附屬項不必記載獨立項之技術特徵已涵蓋的習知細節,只須記載有重要(商業)價值或有別於先前技術之新穎特徵。例如獨立項之技術特徵為「金屬」,且說明書已記載該技術特徵的實施方式包括金、銀、銅,若銅相對於金及銀並無特殊功效或無關發明目的,附屬項不必再記載其下位概念「銅」,除非銅是申請人未來要付諸實施之元素,而具有成本等商業價值者。

撰寫附屬項時,下列事項必須特別注意:

(1) 附屬項之申請標的名稱及範疇均應與被依附項一致,且附屬項之申請標的係包含被依附項全部技術特徵,而以附加技術特徵進一步限定被依附項所載之發明,故其申請專利範圍必然落在被依附項的範圍內。

(2) 附屬項之附加技術特徵為詳述式者,係就被依附項中原本已記載之技術特徵進一步限定,附加尚未記載之細部技術特徵。

(3) 附屬項之附加技術特徵為附加式者,除記載被依附項原本未記載的技術特徵外,並應記載該附加技術特徵與其他技術特徵之間的結構位置關係或作用關係或步驟順序,進一步限定被依附項整體技術手段。

(4) 附加技術特徵切勿重複記載被依附項中之技術特徵,即應避免被依附

項及附屬項中重複記載完全相同之技術特徵，而使申請專利範圍不明確。例如請求項1鍍鋅溶液中已包含「調整pH值之物質」，其附屬項得以詳述式「……其中該調整pH值之物質為氫氧化銨……」限定之，若記載為「……進一步包含（further comprising）氫氧化銨……」，而氫氧化銨仍作為調整pH值之物質，則為錯誤的附加，因為「進一步包含」隱含氫氧化銨是被依附項中所無的技術特徵。

(5) 附屬項最好不要依附兩項以上的獨立項，例如3.1.2之一之(三)之5「依附關係」中所示之請求項8。

(6) 物之附屬項不得僅附加被依附項中之技術特徵所執行之功能或操作，因為該功能或操作之記載不能提供附屬項與被依附項之差異，卻會限縮該請求項之範圍；惟若該記載並非被依附項中之技術特徵本身固有的功能或操作，而係隱含其他結構特徵者，則能提供附屬項與被依附項之差異。

(7) 附屬項之申請標的名稱不得與被依附項不同，亦不得與被依附項之範疇不同。例如「1.一種收集線材裝置，……。」及「2.如請求項1之收集線材裝置，另包含一自動收集裝置，將線材不間斷地自動收集到一串列之桶中。」請求項1及2之申請標的名稱必須一致，即使請求項2附加不間斷及自動收集之技術特徵，仍不得記載為「3.如請求項1之不間斷自動收集線材裝置，另包含一自動收集裝置，將線材不間斷地自動收集到一串列之桶中。」

若附屬項修飾其被依附項之前言，其應被記載在附屬項之前言，例如「2'.如請求項1之線材收集裝置，該線材收集裝置係將線材不間斷地自動收集到一串列之桶中。」

事實上，若不間斷及自動收集之特徵是該發明必要技術特徵，正確的方式應記載於獨立項，換句話說，前述請求項1未記載必要技術特徵，違反明確及／或支持要件。

(三) 多項附屬項

多項附屬項（multiple dependent claim），指依附於兩項以上請求項之附屬項。多項附屬項之記載應以選擇式為之，即多項附屬項中所載之被依附

的獨立項或附屬項項號之間應以「或」或其他與「或」同義的擇一形式用語（例如「前述任一項」、「……至……中任一項」、「……至……中、至……中任一項」、「……或……至……中任一項」）表現，例如請求項3之依附部分記載為「如請求項1或2……」，其依附於請求項1、2，且以擇一形式「或」記載：

1. 一種製造中草藥A之方法，……其反應溫度為50-100℃。

2. 如請求項1之方法，……其反應溫度為60-80℃。

3. 如請求項1或2之方法，……其反應溫度為70℃。

　　為簡潔、明確，多項附屬項不得直接或間接依附另一多項附屬項[10]。多項附屬項之記載形式如後述請求項4、5、7及8；請求項7係多項附屬項間接依附多項附屬項，請求項8係多項附屬項直接依附多項附屬項，故不被允許。第7項得改寫為第7'及7"項，第8項得改寫為第8'及8"項，並須調整排序：

1. 一種空調裝置，包含有風向調節機構及風量調節機構……。
　（獨立項）

2. 如請求項1所述之空調裝置，其中……。
　（單項附屬項——依附獨立項）

3. 如請求項2所述之空調裝置，其中……。
　（單項附屬項——依附單項附屬項）

4. 如請求項2或3所述之空調裝置，其中……。
　（多項附屬項——依附兩單項附屬項）

5. 如請求項1或2所述之空調裝置，其中……。
　（多項附屬項——依附獨立項及單項附屬項）

6. 如請求項5所述之空調裝置，其中……。
　（單項附屬項——依附多項附屬項）

10　專利合作條約PCT Rule 6.4 (a)：Multiple dependent claims shall not serve as a basis for any other multiple dependent claim. 美國及中國大陸亦不允許多項附屬項直接或間接依附多項附屬項；但歐洲及日本均允許。

7. 如請求項1、2或6所述之空調裝置，其中……。

（多項附屬項——依附獨立項、附屬項並間接依附多項附屬項5）

8. 如請求項3或5所述之空調裝置，其中……。

（多項附屬項——依附單項附屬項並直接依附多項附屬項5）

7'. 如請求項1或2所述之空調裝置，其中……。

7". 如請求項6所述之空調裝置，其中……。

8'. 如請求項3所述之空調裝置，其中……。

8". 如請求項5所述之空調裝置，其中……。

　　多項附屬項係包含兩項以上被依附項之技術手段，而非包含全部被依附項中所載之技術特徵，其各技術手段僅包含其所依附之各單一請求項的技術特徵，亦即多項附屬項被認為是複數個單一附屬項之集合。例如前述請求項4依附請求項2或3，則其所涵蓋之技術手段有兩個，一技術手段包含請求項2全部技術特徵，另一技術手段包含請求項3全部技術特徵。

　　違反形式要件之多項附屬項用語如下列：

(1) 請求項未以選擇式依附

5. 依請求項3及4之裝置，其中……。

4. 依請求項1-3之裝置，其中……。

9. 如請求項1或2及7或8之裝置，其中……。

3. 如前述請求項之裝置，其中……。

6. 如請求項1、2、3、4及／或5之裝置，其中……。

10. 如請求項1-3或7-9之裝置，其中……。

(2) 請求項未依附排序在前之請求項

3. 如後述任一請求項之裝置，其中……。

5. 如請求項6或8之裝置，其中……。

(3) 請求項依附兩組不同特徵之請求項

9. 以請求項5、6、7或8之方法製備如請求項1或4之裝置，其中……。

(4) 請求項依附另一多項附屬項

　　8.如請求項5或7之裝置，其中……。

　　（若請求項5或7為多項附屬項）

四、組合式請求項之結構

　　組合式請求項（combination type claim），例如「一種空調裝置，包含風向調節機構及風量調節機構……。」其典型結構為：

　　前言（Preamble）+連接詞（Transition）+主體（Body）。

(一) 前言

1. 記載形式

　　請求項中之前言應記載申請專利之標的名稱，並反映技術領域及範疇；若為組合式請求項，尚須列舉或界定被請求之主要技術特徵。前言內容之長、短端視請求項之撰寫形式而定，二段式請求項之前言相對較長，但對於大部分請求項，前言只要針對申請之組合賦予一般性界定（general definition），並配合記載於主體中之技術特徵，彼此應一致而無矛盾，並構成一個整體。

　　前言中所指定申請專利之標的名稱與發明名稱通常應一致，惟若請求項僅請求組合發明的元件或次組合，以發明名稱作為前言可能產生誤導而涵蓋過窄的範圍。若發明名稱與前言中所載申請專利之標的名稱不同，該發明名稱並不限定申請專利之標的。

　　前言內容過於冗長可能使連接詞所涵括之部分模糊不清，例如「一種裝置搖動物品以去除雜質，包含……」，該連接詞「包含」之主詞似乎為雜質而非裝置；為釐清，前言得重複連接詞之前申請標的中的關鍵字，例如「一種藉搖動物品去除雜質之裝置，該裝置包含……」。

　　有時，附屬項之前言得被簡縮為關鍵字，例如其所依附之請求項前言中之標的類型「如請求項1之裝置」，只要不會不明確。

2. 記載內容

　　前言中應記載申請人所發明的真正標的或領域，其廣度最好是涵蓋實施

方式中所載之範圍，並涵蓋可能之均等範圍，勿涵蓋過廣或過窄的範圍。例如主體中之技術特徵明明指向「兩輪車」，則勿記載為「車輛」而擴大相關先前技術領域而被核駁，亦勿記載為「自行車」而限制專利權範圍而被輕易迴避。

有時候，申請人會將發明目的記載在前言，例如「一種處理網狀物以防止撕裂之裝置，包含……。」對於組合式請求項，若該組合並無公認之名稱，為明確說明主體內所載之內容，可能須在前言描述該組合之某些性質或特徵，例如「一種具有密度x及明度高於y之色彩z的組合物，包含至少10%材料a及材料b……。」前言中之細節，例如前述之性質或特徵，亦得載於主體中之功能子句（functional clause）。

原則上，在請求項中任何部分，應避免不必要的限定或陳述，即使是前言。例如將應記載於主體中之發明特點「螺旋彈簧」記載在前言「一種螺旋彈簧脫毛裝置」；或將所操作之工作物「軟質衣物」記載在前言「一種攪動軟質衣物之裝置」。對於前述操作工作物之發明，應於主體中描述技術特徵作用於該工作物的相互關係，且得以功能子句描述該技術特徵所發揮之功能。以其他方式不易理解請求項其他部分的話，有時候，適於在前言中較完整的描述該工作物。

附屬項應包含其所依附之請求項中全部技術特徵及申請專利之標的範疇，若獨立項為「一種化合物A」，附屬項不得請求不同物或不同範疇，例如「組合物」或「化合物之製造方法」。惟引用記載形式之獨立項得與被引用之請求項不同，而無前述之限制。

吉普森式請求項之前言相當特殊且冗長，其包括發明名稱，並記載先前技術中整個裝置、方法、組合物或物品之技術特徵，請參酌3.2.4之六「吉普森式」。

3. 限定作用

原則上，前言並無限定作用；惟若為理解整個請求項內容，前言對請求項之技術特徵予以限定，或前言賦予請求項「生命、意義及活力」（life, meaning and vitality）而為不可或缺者（申言之，即包括必要技術特徵），

則前言應作為解釋申請專利範圍的一部分[11]。例如請求項前言中之「研磨物」（an abrasive article），包含了物之請求項或該物之製造方法請求項所界定之發明的必要技術特徵——研磨顆粒及強化黏劑，美國法院指出：僅以該用語即知請求項所界定之申請標的係由研磨物所構成，但並非每一種能用作研磨顆粒之物質與黏劑之結合均為「研磨物」，因此，該前言有助於進一步界定物品之結構[12]。又如請求項為治療或預防人體惡性貧血症之方法，將某種維他命之預備措施於「需要之人體」（a human in need thereof），法院判決前言不只是效果的陳述，請求項中「需要之人體」之陳述將生命及意義賦予前言中所載之目的，因此，該請求項應被解釋為必須將維他命之預備措施施於有需要治療或預防致命貧血症之人體[13]。

前言是否具限定請求項之作用，應依個別案情之事實決定；對於前言是否限定申請專利範圍，並無立刻有效之檢測方法[14]。謹將兩種判決結果說明如下：

(1) 結構特徵具限定作用

前言中限定申請專利之發明的結構用語必須作為請求項之限定條件（美國所稱之「限定條件」即為我國專利法所稱之「技術特徵」，以下同）。決定前言中之記載是否為結構限定或只是目的或所主張之用途（purpose or intended use）的陳述，必須理解請求項整體內容，「明瞭發明人真正發明了什麼及意圖以請求項涵蓋什麼」[15]。例如請求項係一種起子，其必須組裝有螺紋之環狀接頭，而請求項之主體並未直接記載該環狀結構，作為申請標的物的一部分。美國法院判決，雖然載於前言中之該環狀結構未限定起子之結構，致請求項並未被該環狀結構直接限定，但對照先前技術之教示，該請求項的可專利性無法擴及所有起子，而必須限於組合該環狀結構之起子，故該環狀結構不能被忽略[16]。

11　Pitney Bowes, Inc. v. Hewlett-Packard Co., 182 F.3d 1298, 1305, 51 USPQ2d 1161, 1165-66 (Fed. Cir. 1999)

12　Kropa v. Robie, 187 F.2d 150, 152, 88 USPQ 478, 481 (CCPA 1951)

13　Jansen v. Rexall Sundown, Inc., 342 F.3d 1329, 1333-34, 68 USPQ2d 1154, 1158 (Fed. Cir. 2003)

14　Catalina Mktg. Int'l v. Coolsavings.com, Inc., 289 F.3d 801, 808, 62 USPQ2d 1781, 1785 (Fed. Cir. 2002)

15　Corning Glass Works v. Sumitomo Elec. U.S.A., Inc., 868 F.2d 1251, 1257, 9 USPQ2d 1962, 1966 (Fed. Cir. 1989)

16　In re Stencel, 828 F.2d 751, 4 USPQ2d 1071 (Fed. Cir. 1987)

(2) 目的或用途不具限定作用

　　如同前述，決定前言中之記載是否為結構限定條件或只是目的或所主張之用途的陳述，必須理解請求項整體內容，「明瞭發明人真正發明了什麼及意圖以請求項涵蓋了什麼」。若請求項之主體中已完整記載申請專利之發明的所有限定條件，而前言僅記載發明目的或所主張之用途而非明確的限定條件者，則前言不被認為具限定作用，對於請求項之解釋不具重要意義[17]。若請求項係針對產物，而前言中所載之性質僅為請求項之外其他部分所界定之舊產物所固有者，則前言不具限定作用[18]。

　　前言記載「一種方法，用以降低癌症病人血中毒性，……」被認為只是單純敘述該發明如何被加以使用，因該方法可被其他不同應用方式所侵害，因此「降低癌症病人血中毒性」部分並非限制條件[19]。惟並非前言中所載之目的或用途就不具限定請求項之作用；若前言中所載之用途使請求項有別於先前技術，前言提供解釋請求項之前提基礎（antecedent）[20]或背景內容（context）[21]，則必須評估前言，決定所載之目的或用途是否導致申請專利之發明有別於先前技術之結構或方法操作。若然，在審查時，該記載內容有限定請求項之作用，在侵權訴訟時，則限縮了請求項之範圍。例如請求項為兩階段偵測缺乏維他命B12或葉酸之方法，該方法涉及(i)測定體液升高之homocysteine值，及(ii)將「升高」（elevated）之值與維他命之缺乏「相互關連」（correlating），美國法院指出系爭請求項主體中之用語「相互關連」非僅包含「升高」之值，尚包含未升高之值與升高之值的比較；由於在申請過程中增加了「相互關連」之步驟以克服先前技術，而將前言中所載「偵測」維他命是否缺乏之用途直接與「相互關連」綁在一起，而具有限定請求項之作用，使「偵測」方法發明不限於主體中所載偵測「升高」之值[22]。

17　Pitney Bowes, Inc. v. Hewlett-Packard Co., 182 F.3d 1298, 1305, 51 USPQ2d 1161, 1165 (Fed. Cir. 1999)

18　Kropa v. Robie, 187 F.2d at 152, 88 USPQ2d at 480-81

19　Bristol-Myers Squibb Co. v. Ben Venue Labs., Inc., 246 F.3d 1368, 58 U.S.P.Q.2d (BNA) 1508, 1513 (Fed. Cir. 2001)

20　C.R. Band, Inc. v. M3 Sys., Inc., 157 F.3d 1340, 48 U.S.P.Q.2d (BNA) 1225, 1230-31 (Fed. Cir. 1998)

21　Metabolite Labs., Inc. v. Corp. of Am. Holdings, 370 F.3d 1354, 1358-62, 71 USPQ2d 1081, 1084-87 (Fed. Cir. 2004)

22　Metabolite Labs., Inc. v. Corp. of Am. Holdings, 370 F.3d at 1362, 71 USPQ2d at 1087 (Fed. Cir. 2004).

在申請過程中明顯依賴前言以區分申請專利之發明與先前技術之差異者，將使前言轉變成請求項之限定條件，因為所依賴之用途界定了申請專利之發明。然而，若前言僅單純頌揚申請專利之發明的優點或特點（extrolling benefits or features），前言未明顯依賴其優點或特點作為可准予專利之重要事項，則不具限定申請專利範圍的作用[23]。例如美國法院指出前言中有關「膨脹薄膜」（blown-film）之用語並非陳述發明之目的或用途，而係揭露申請專利之發明的基本特性，故應被解釋為請求項之限定條件[24]。在Catalina Marketing Int'l, Inc. v. Coolsavings.com, Inc., 案，美國聯邦法院判決前言中之「設於預先指定之位置例如消費商店」，僅陳述該申請之系統的目的、優點或用途，而非請求項之限定條件。即使該被控方法在連接網路之電腦上實施，而非在前言中所指之「消費商店」，仍應認定侵權[25]。

在Intirtool v. Texar Corp., 案，美國法院認為檢測前言是否構成請求項之限定條件，必須檢視請求項主體是否描述了一個結構完整的發明，以致於前言未影響申請專利之發明的結構或步驟，即前言並未記載說明書所強調之重點以外的任何結構或步驟[26]。

(3) 是否具限定作用之指引

美國聯邦法院定義了前言中之記載具有限定效果的指引，即前述「生命、意義、活力」之判斷標準[27]：

(a)吉普森式請求項之前言。

(b)主體中所載之技術特徵的前置基礎記載於前言。

(c)理解主體中所載之技術特徵必須藉助前言。

(d)說明書強調前言之限定的重要性。

(e)申請過程中以前言迴避先前技術的核駁。

23　Catalina Mktg. Int'l v. Coolsavings.com, Inc., 289 F.3d at 808-09, 62 USPQ2d at 1785

24　Poly-America LP v. GSE Lining Tech. Inc., 383 F.3d 1303, 1310, 72 USPQ2d 1685, 1689 (Fed. Cir. 2004)

25　Catalina Mktg. Int'l, Inc. v. Coolsavings. Com, Inc., 289 F.3d 801, 62 U.S.P.Q.2d (BNA) 1781 (Fed. Cir. 2002)

26　In tirtool Ltd. v. Texar Corp., 369 F.3d 1289, 70 U.S.P.Q.2d (BNA) 1780 (Fed. Cir. 2004)

27　Landis on Mechanics of Patent Claim Drafting (edition 5), 2:4 Preamble, p2-11

前言部分冗長地記載很多元件並無任何好處，各個元件可能成為請求項之限定條件，而限縮了專利權的範圍。請求項前言部分是否構成限定條件，並無明確標準，通常其包括結構特徵，而賦予請求項重要意義者，則構成限定條件。請求項之主體已完整界定發明之結構，而前言僅是陳述該發明之目的或所欲達到之用途者，則前言並非請求項的限定條件。有關用途請求項之前言，請參酌3.5.5「有關用途之請求項」。

(二) 連接詞

請求項中所載之發明為元件、成分或步驟之組合者，這種組合式請求項需要一個連接詞介於前言與主體之間。連接詞有開放式、封閉式、半開放式及其他4種表達方式：

1. 開放式

開放式（open-ended）連接詞，如「包含」或「包括」（comprising、containing、including）、「其特徵在」（characterized by，characterized in that）等，係表示元件、成分或步驟之組合中所列舉者為必要元件、成分或步驟，但不排除外加其他未記載的元件、成分或步驟。例如「一種包含成分A＋B之組合物」，其範圍可以包含A＋B＋C及A＋B'（B'與B均等），不論他人是否取得後兩者之專利權。又如「一種安全刮鬍刀片單元，包含一防護片、一蓋子及一組第1、第2及第3刀片」請求項所涵蓋之刮鬍刀具有3片以上之刀片，因為前言中之連接詞「包含」及片語「一組」（a group of）皆被推定為開放式，後者仍得外加刀片，而請求項中所載「第1」、「第2」及「第3」刀片是用來區分或確認該群組中之各構件，並非表示不具體的一連串或很多技術特徵[28]。

大家都知道，請求項中所載之技術特徵愈少所涵蓋的範圍愈寬廣，利用開放式連接詞，得將技術特徵之記載合理的減少而涵蓋較廣的範圍。開放式連接詞適用於大多數請求項，尤其是機械、物理及電子領域，撰寫請求項

28　Gillette Co. v. Energizer Holdings Inc., 405 F.3d 1367, 1371-73, 74 USPQ2d 1586, 1589-91 (Fed. Cir. 2005)

時，建議使用連接詞「包含」或「包括」，這兩種連接詞的意義並無差異。

雖然前述說明是有關前言之後的連接詞，但其亦適用於整個請求項中的連接用語。

2. 封閉式

封閉式（closed-ended）連接詞，如「由……組成」或「由……構成」（consisting of）等，係表示元件、成分或步驟之組合中僅限於請求項中所載之元件、成分或步驟，除通常與其結合之雜質外，不得外加未記載之元件、成分或步驟[29]。例如「一種由成分A＋B組成之組合物」，其範圍不包含A＋B＋C。馬庫西式請求項中之片語「由……構成之群組」（group consisting of）亦屬封閉式用語。惟應注意者，對於套組請求項，例如骨頭修補套組（bone repair kit），雖然該套組係以「由……組成」（consisting of）作為連接詞界定所請求之化學物質，但因為系爭物包含所請求之化學物質，而壓舌板與申請專利之發明無關，美國法院仍判決包含壓舌板之系爭物侵害該骨頭修補套組專利權[30]。

封閉式請求項大部分是使用「由……組成」（consisting of）作為連接詞，因為化學領域之組合物難以預測其技術結果，附加一成分於化學組合物可能改變該組合物與發明有關之特性，故須要限定其成分。對於化學領域請求項中的連接詞「由……組成」，解釋上應排除非微量之其他成分，而不排除雜質等微量元素，但僅允許通常含量的存在。

若連接用語「由……組成」僅出現在請求項主體中之子句，而非緊跟在前言之後，則其僅限定該子句所載之元件，其他元件並未被請求項整體所排除。例如「有關對人體involucrin基因（hINV）具有促進活動之純化DNA分子」請求項中記載「純化之oligonucleotide至少包含（comprising at least）SEQ ID NO:1之核苷酸序列之一部分，其中該部分由（consists of）從……至SEQ ID NO:1之2073核苷酸序列組成，且該SEQ ID NO:1核苷酸序列之一部分具有促進活動……」，美國法院指出請求項主體中所用之用語「consists

---

29 In re Gray, 53 F.2d 520, 11 USPQ 255 (CCPA 1931); Ex parte Davis, 80 USPQ 448, 450 (Bd. App. 1948)

30 Norian Corp. v. Stryker Corp., 363 F.3d 1321, 1331-32, 70 USPQ2d 1508, 1516 (Fed. Cir. 2004)

of」（標示雙底線）並未限定請求項中之開放式連接詞「comprising」（標示底線），「consists of」並未將請求項限定於僅為所載編號SEQ ID NO:1之核苷酸序列，連接詞「comprising」容許請求項涵蓋整個involucrin基因加上質體之其他部分，只要該基因包含了請求項所載之SEQ ID NO:1之特定部分[31]。

封閉式連接詞主要用於難以預測技術結果的化學領域之發明，對於機械、物理及電子領域之發明，即使請求項中使用「由……組成」，有些學者認為不宜將其視為封閉式連接詞，而宜解釋為相當於「包含」之意義，否則解釋申請專利範圍時，會因適用「全要件原則」而限制專利權保護範圍[32]。但申請專利範圍中之用語涉及專利權範圍之解釋，而為當事人之攻擊防禦方法，且法院在進行專利侵權判斷時常用的「專利侵害鑑定要點」似乎亦不採此見解，故撰寫請求項時，仍應注意連接詞之用語。

由於封閉式連接詞使請求項不得外加未記載之元件、成分或步驟，當被依附之請求項使用封閉式連接詞，其附屬項不得外加元件、成分或步驟，否則會使申請專利範圍不明確。

3. 半開放式

半開放式連接詞介於開放式與封閉式之間[33]，如「基本上（或主要、實質上）由……組成」（consisting essentially of）等，係表示元件、成分或步驟之組合中不排除請求項中未記載，但說明書中有記載，實質上不會影響申請標的之基本特性及新穎特性的元件、成分或步驟。請求項以半開放式連接詞撰寫者，認定上不排除說明書中有記載而實質上不會影響申請專利之發明主要技術特徵的次要或輔助元件、成分或步驟，例如「一種主要由成分A組成之物」，說明書中若載明申請專利之發明得包含任何已知之添加物，例如乳化劑，且並無證據顯示乳化劑之添加實質上會影響申請專利之發明的主要技術特徵時，則認定上不排除乳化劑。雖然「主要由……組成」連接詞主要

---

31 In re Crish, 393 F.3d 1253, 73 USPQ2d 1364 (Fed. Cir. 2004)

32 尹新天，專利權的保護，知識產權出版社，2005年4月第2版，p304

33 PPG Industries v. Guardian Industries, 156 F.3d 1351, 1354, 48 USPQ2d 1351, 1353-54 (Fed. Cir. 1998)

用於化學組合物，但亦得用於方法步驟。

惟若說明書或請求項未明確說明申請專利之發明的基本及新穎特性，則「基本上由……組成」會被解釋為均等於「包含」[34]。例如AK Steel Corp. v. Sollac案，說明書記載矽之有毒效果及在金屬鍍層中之矽含量不得超過約0.5%重量，前述記載已提供矽超過0.5%重量實質上會改變發明之基本及新穎特性的結論基礎，因此，前言中所載之「基本上由……組成」被解釋為在鋁鍍層中之矽不允許超過0.5%重量[35]。雖然連接詞「基本上由……組成」一向用於化學物質組合物請求項，但就本質而論，將這種用語用在方法步驟，使請求項僅對實質上不影響方法標的的基本及新穎特性之步驟開放，其實並無不可，但申請人必須擔負建構、解釋的責任[36]。

4. 其他

若以前述以外之其他連接詞撰寫請求項，則須參照說明書上、下文意，依個案予以認定。「構成」（composed of）、「具有」（having）、「係」（being）等連接詞究竟屬於開放式、封閉式或半開放式連接詞，應參照說明書上、下文意，依個案予以認定。例如「一種具有編碼人類PI序列之cDNA」，由說明書所載之內容，若可了解該cDNA尚包含其他部分，則認定該連接詞「具有」為開放式連接詞[37]。

連接詞「composed of」已被解釋成「consisting of」或「consisting essentially of」，端賴個案之事實；而美國法院進一步提醒「composed of」在某些情況下比「consisting of」之意義更寬廣[38]。

(三) 主體

主體，係記載構成申請標的之元件、成分或步驟等技術特徵及其連接關係等。主體之記載應以敘事體為之，其記載內容應包含後述事項：

34　PPG Industries v. Guardian Industries, 156 F.3d at 1355, 48 USPQ2d at 1355 (Fed. Cir. 1998)

35　AK Steel Corp. v. Sollac, 344 F.3d 1234, 1240-41, 68 USPQ2d 1280, 1283-84 (Fed. Cir. 2003)

36　Ex parte Hoffman, 12 USPQ2d 1061, 106364 (Bd. Pat. App. & Inter. 1989)

37　Regents of the Univ. of Cal. v. Eli Lilly & Co., 119 F.3d 1559, 1573, 43 USPQ2d 1398, 1410 (Fed. Cir. 1997)

38　In re Bertsch, 132 F.2d 1014, 1019-20, 56 USPQ 379, 384 (CCPA 1942)

(1) 元件：組合發明之構成元件或其細部零件（parts）的詳細描述，包括元件、元件之構成及細節特徵等。

(2) 連接關係：元件與元件之間在結構、物理或功能上的相互關係（correlation）、連接關係（connection）或如何共同作動的描述，包括功能及操作等。請求項中未記載各元件相互關係或連接關係之請求項僅為元件之集合（aggregation），難謂申請標的為一組合物。

　　主體是記載構成申請專利之標的的技術特徵，不允許目的或功效之陳述，亦不允許多餘或廣告性之陳述，例如「新穎……」。惟對於各技術特徵在可操作的組合中所發揮的功能，例如可作動的機器，得以功能子句描述之，例如以藉以（whereby）子句敘明請求項中技術特徵所產生之結果，其並未增加請求項之可專利性或實質內容[39]，詳細說明請參酌3.3.9「功能子句」。

　　功能子句並非皆為藉以子句，例如「其中」（wherein）、「以便」（so that）、「適於」（for）等皆係用以限制效果，其可能隱含結構特徵或連接關係，而有限定作用。

五、項數

　　申請專利範圍，得以一項以上之獨立項表示，其項數應配合發明或創作之內容，例如不同範疇之發明不適於記載於單一項獨立項者，亦即申請專利範圍得有「多項式」之記載。此外，必要時，亦得有一項以上之附屬項。

(一) 單項式

　　申請專利範圍，僅記載一項獨立項者，稱該申請專利範圍為「單項式申請專利範圍」（single claim），例如下列：

1. 一種化合物A之製造方法，……其反應溫度為40-90℃。（獨立項）

---

39 Israel v. Cresswell, 35 CCPA 890, 166 F.2d 153, 156 76 USPQ 594, 597 (CCPA 1948)

　　單項式申請專利範圍與「單一元件請求項」（single element claim）常造成混淆，單一元件請求項僅記載一元件，請參酌3.2.2之一「單一元件」。

(二) 多項式

　　申請專利範圍記載兩項以上請求項者，稱該申請專利範圍為「多項式申請專利範圍」（multiple claim）。例如：

1. 一種化合物A之製造方法，……其反應溫度為40-90℃。（獨立項）
2. 如申請專利範圍第1項之方法，……其反應溫度為80℃。（附屬項）

　　申請專利範圍中有兩項以上請求項時，每一請求項應換行記載，並依序以阿拉伯數字編號排列。

　　在申請案之審查過程中，雖然申請人得修正申請專利範圍，惟為減輕修正的困難，筆者建議，申請時應妥善規劃申請專利範圍之記載，最好應包含由寬廣到狹窄各種廣度之請求項，善用多項式之優點。

六、整理編排

　　申請專利範圍中有兩項以上請求項時，每一請求項應換行記載，且應依序以阿拉伯數字編號排列。為了解相關請求項之依附關係，附屬項無論是直接或間接依附，均必須以最適當、合乎邏輯的方式群聚在一起，排列在所依附之獨立項之後另一獨立項之前。易言之，獨立項與其所屬之附屬項構成之請求項群組中不得插入另一群組之請求項，無論是獨立項或附屬項。

　　獨立項與其所屬之附屬項之間的依附關係大致上呈樹枝狀結構，如後述「請求項依附關係圖」左半邊附屬項(1)之群組。但實務上更可能是如該圖右半邊附屬項(2)之群組，各多項附屬項跨級或越級依附不同層級之請求項，例如附屬項D依附獨立項1或附屬項(2)；附屬項e依附獨立項1或附屬項C；附屬項f依附獨立項1、附屬項(2)或附屬項C。

請求項依附關係圖

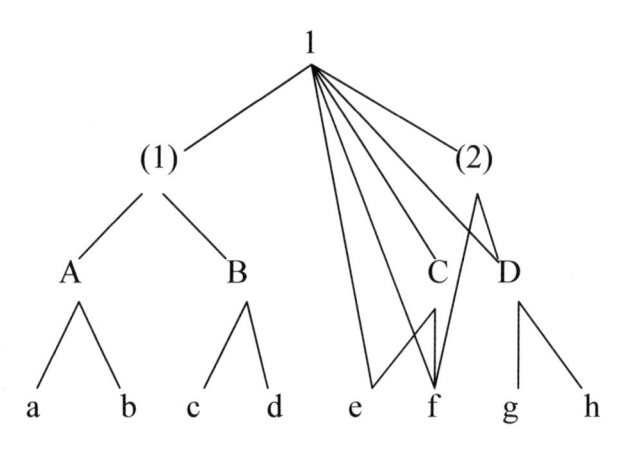

　　為便於審查人員、社會大眾或法官明瞭申請專利範圍，多項式請求項之編排順序應依邏輯順序（logic order）編排。所謂的邏輯順序並無規定之格式，下列原則係一般最低標準，未列入其中者，撰寫人宜以最合乎邏輯的順序編排多項式請求項。

(1) 獨立項之編排順序應以申請專利範圍的廣度為依歸，由最寬廣至最狹窄依次排列，例如2.2「說明書撰寫方式」中「電動脫毛裝置」之申請專利範圍。原則上，技術特徵最少的請求項應列於第1項，且通常以物之獨立項為優先，方法獨立項次之；但若以製法界定產物，則製法請求項必須排在製法界定物之請求項之前，請參酌3.2.5之四「製法界定物之請求項」。

(2) 不同範疇或不同申請標的之請求項應分別編排，各自群聚構成群組。

(3) 各獨立項與其所屬之附屬項應群聚在一起，每一群組各自獨立，二者之間不得插入不同群組之其他請求項。

(4) 群組中屬同一系列之請求項，例如附屬項與其所屬之附屬項，應儘可能群聚在一起。

(5) 編排附屬項時，a.首先應以依附之層級順序編排依附層級高之附屬項；b.再以附屬項項數多寡編排項數多的系列；c.最後以依附層級順序反向編排之，直到最高之依附層級。對於這種編排順序，得以一句話理解之：

「依附附屬項之請求項不得被任何未依附該附屬項之請求項隔開。[40]」這是美國MPEP對於請求項之編排順序唯一的規定。

對於前述(5)附屬項之編排順序，對照後述「請求項編排順序圖」，以實例說明之（後述阿拉伯數字代表請求項之編號，1及17為獨立項，其餘為附屬項）；將各請求項編號連線，類似W字形或鋸齒形排列：

a. 依附1者僅有2，故將該附屬項編排於1之後。

b. 依附二者有3及14，由於3系列包括3～13，遠多於14系列之14～16，故將3系列編排於2之後，14系列置於3系列之後。

c. 依附3者有4、10、12及13，4系列包括4～9，10系列包括10及11，而12及13並無附屬項，依項數多寡，故將4系列編排於3之後，10系列置於4系列之後，12及13押後。

d. 依附4者有5及9，5系列包括5～8，9並無附屬項，依項數多寡，故將5系列編排於4之後，9押後。

e. 依附5者僅有6，依附6者有7及8，兩項均無附屬項，故6～8不生先後順序之問題。

f. 2～8系列之後應以依附層級順序反向編排之，亦即9～16之編排係以其所依附之附屬項的編號依低至高（8＞7＞6……1）之順序為之，直至最高之依附層級。

g. 依前述f.之說明，9～16中以依附4之9優先，其次為依附3之10系列及12、13，最後為依附2之14系列。

h. 俟獨立項1之群組記載完成後，始記載另一獨立項17及其群組。

---

40 美國專利審查作業手冊Manual of Patent Examining Procedure (MPEP),8 Edition, 608.01(n)

請求項編排順序圖

請求項編排順序											
獨立項	□										□□
		□									
			□						□□		
附屬項			□			□□	□□	□□		□□	
				□		□		□□			□□
					□						
					□	□					

3.1.2　實體要件

　　專利權係一種智慧財產權，國家為鼓勵社會大眾「智慧」活動的成果，以法律授予創作人「權利」保護，讓權利人可以排除他人實施、獨占市場，據以將智慧轉成私有「財產」之制度。

　　專利權人藉申請專利範圍明確界定專利權範圍，作為排除他人未經其同意實施其專利權之法律文件。申請專利範圍之作用：

(1) 申請專利階段：其作用在於界定申請專利之發明；申請專利範圍為申請人請求授予專利權之發明標的及範圍，且為審查人員進行實體審查之對象。

(2) 取得專利權階段：其作用在於公示專利權保護範圍；申請專利範圍為專利權人行使專利權之依據，且為社會大眾利用、迴避之基礎，亦為法院解釋專利權範圍之依據。

　　專利法制之目的在於鼓勵、保護最先申請之創作，並藉由創作之公開，使社會大眾利用該創作，以促進產業發展。申請人固然必須在說明書中明確揭露足夠資訊，讓社會大眾得知該資訊據以實現該發明，並應清楚傳達申請人已完成申請專利之發明之資訊並先占該發明之技術範圍；另為達到前述界

定申請專利之發明、公示專利權保護範圍之作用，使社會大眾知所迴避，申請人應以說明書為基礎記載申請專利範圍，不得超出申請人先占之技術範圍，故專利法第26條第2項規定：「申請專利範圍應界定申請專利之發明；其得包括一項以上之請求項，各請求項應以明確、簡潔之方式記載，且必須為說明書所支持。」（以下分別簡稱為「明確」、「簡潔」及「支持」要件）。

對於以手段功能用語或步驟功能用語記載技術特徵之請求項（簡稱為手段請求項，means claim），為顧及說明內容之連貫性，其明確、簡潔及支持要件之說明見3.2.5之三「手段請求項」。

一、明確

為使具有通常知識者從申請專利範圍之記載，參酌申請時的通常知識，即可了解申請專利之發明，並理解申請人所主張保護之範圍，據以判斷申請標的之可專利性，申請專利範圍應明確記載申請專利之發明。

(一) 判斷標準

申請專利範圍是否符合明確要件的客觀標準：(1)具有通常知識者由請求項本身之記載內容即可清楚了解其意義，而對其範圍不會產生疑義。(2)請求項記載之申請標的對照先前技術應具特殊性及區別性，而能區隔申請標的與先前技術之間的範圍界限。

(二) 判斷原則

基於前述判斷標準(1)，具體而言，每一請求項中所記載之申請標的、範疇、技術特徵及技術關係等應明確；申請專利範圍為多項式者，每一請求項之間的依附關係亦應明確。至於判斷標準(2)，請求項記載之申請標的對照先前技術必須能區隔其範圍界限，若不能清楚區隔二者之範圍界限，則應認定申請專利範圍不明確；惟若能清楚區隔二者之範圍界限，但二者之範圍重疊或牴觸，則為不具新穎性或進步性的問題。

判斷申請專利範圍之記載是否明確，應參酌之事項包括：(1)說明書及圖式所揭露之內容；(2)申請時的通常知識；(3)具有通常知識者於申請當時

對於申請專利範圍之認知。雖然判斷申請專利範圍之記載是否明確應參酌前述事項，但判斷的對象僅限於申請專利範圍本身之記載，無須涉及說明書，例如申請專利範圍本身之記載明確而能區隔其範圍界限，但其內容與說明書不一致，則為申請專利之發明無法為說明書所支持的問題，而非申請專利範圍不明確。

然而，國際上對於說明書之揭露要件、請求項之明確要件及支持要件之審查觀點莫衷一是（見2.1.2「實體要件」，美國MPEP 2163.01及2172 II），從學習的角度固然應理解三者之意義及其關係，但因三者之間具有難以完全釐清的連帶關係，且三者皆屬說明書全文的瑕疵，實務上，似無須亦不必爭執所生之瑕疵究屬專利法第26條第1項或第2項中哪一項要件。

(三) 判斷內容

申請專利範圍之記載是否明確，應從下列五個面向探究，其中有記載不清楚、不一致或混淆者，皆屬記載不明確。

1. 標的名稱及範疇

獨立項應敘明申請專利之標的名稱及申請人所認定之發明之必要技術特徵。申請專利之標的名稱，應包括發明之範疇及技術領域；必要技術特徵，係指構成申請專利之標的達成發明目的不可或缺的限定條件。要明確記載申請專利之發明，首先申請標的名稱及範疇應明確，且兩者應一致。

(1) 標的名稱

申請標的不明確之例，例如請求項記載為「一種方法，……。」或「一種裝置，……。」未記載申請標的所應用之技術領域，導致申請標的不明確。惟對於物之發明，由於用途或實用性之說明係說明書而非請求項應記載之內容，請求項中僅以一般方式表現（亦即僅為不具體的廣泛概念）為「一種由……所組成的醫藥品」，而未以用途具體限定該發明如「一種由……所組成治療疾病X的醫藥品」者，不宜據以認定前者不明確。

對於用途請求項，如「物質X作為殺蟲劑之應用」，應視為相當於方法請求項「用物質X殺蟲的方法」，其申請標的並非殺蟲劑；而「物質X於製

備治療疾病Y之藥品的應用」應視為「用物質X製備治療疾病Y之藥品的方法」，其申請標的並非藥品。

(2) 範疇

發明範疇不明確之例，例如請求項記載為「一種方法或裝置，包含⋯⋯」或「一種方法及裝置，包含⋯⋯」；或無法判斷請求項所指者為物或方法，例如「一種化學物質X的消炎功效」。

依附項與被依附項中所載技術手段分屬不同範疇，因有依附關係，致申請標的之範疇不明確之例，例如下列第2項附屬項為「方法」，非屬「物」之範疇，不宜依附於第1項：

1. 一種式(I)化合物，其結構式為⋯⋯。
2. 如請求項1之化合物，其係依下述步驟之方法製得：⋯⋯。
2'. 一種製備如請求項1之化合物之方法，其係依下述步驟製得：⋯⋯。

對於這種情況，應將第2項改寫為另一獨立項2'.，而為引用記載形式之獨立項。

被依附之請求項分屬兩種以上範疇，致申請標的之範疇不明確，例如：

1. 一種具有特定構造之人工心臟。
2. 一種依特定步驟製造如請求項1之人工心臟的方法。
3. 如請求項1之人工心臟或請求項2之製造人工心臟的方法，備有⋯⋯安全裝置者。

2. 技術特徵

前一小節已指出獨立項應敘明申請專利之標的名稱及申請人所認定之發明之必要技術特徵；要明確記載申請專利之發明，除標的名稱及範疇應明確之外，請求項中所載的每一個技術特徵皆應明確，亦即技術特徵之技術意義應明確，不得有誤記或不明瞭之事項。

以下分別就請求項本身之記載不明確及請求項與說明書不一致兩種情形，予以說明。

(1) 請求項本身之記載不明確

a. 無法了解技術特徵之技術意義

請求項中所載之技術特徵係判斷請求項是否符合專利要件的事項，若無法了解技術特徵的技術意義，則無法據以審查。例如請求項記載為「一種包含成分Y之接著劑，其黏度為a至b，係依據X實驗室之量測方法所測得者。」若說明書中未揭露X實驗室之技術意義或量測方法，且其亦非屬申請時的通常知識者，則無法了解技術特徵「黏度」之意義。又如請求項記載「一產物A，係以特定方程式B之特定數值予以限定……。」僅以獲得的結果表示該特定方程式B，即使參酌說明書、圖式及申請時的通常知識，仍無法了解其技術意義。惟若說明書敘明獲得該方程式之過程或決定該方程式之數值限定的理由等（包括該數值係由實驗結果得到者），則通常能了解其技術意義。

由於化學技術難以預測其技術結果，對於組合物之發明，應明確記載其所包含之各成分及組成比例範圍，例如「一種觸媒組合物，包含下列各成分：(a)一種貴金屬化合物；(b)一種酸；及(c)一種雙膦化合物。」三種成分之記載均不明確，難以認定達成發明功效之申請標的。對於化學品之製備方法，應明確記載必要之技術條件，例如「一種製造化合物C之方法，係將A與B二化合物反應而製得。」未記載反應溫度、壓力、觸媒等，難以認定達成發明功效之申請標的，故該申請專利範圍不明確。

請求項以功能、性質或製法之技術特徵界定物，若具有通常知識者依該技術特徵，參酌申請時的通常知識，能想像一具體物，據以判斷新穎性、進步性等專利要件並界定發明之技術範圍者，例如「一種偏光元件，係經過拉伸之親水性高分子薄膜所形成者；其特徵為：對於前述偏光元件進行80℃、30分鐘加熱後收縮力為4.0N/cm以下。」應認定申請專利範圍為明確。若無法想像一具體物，例如「一種飛行器具，包含一個可以讓人飛翔的手段。」請求項僅記載發明所欲解決之問題或發明目的者，則為不明確。即使如此，雖然具有通常知識者無法想像一具體物，但(a)不以功能、性質或製法界定請

求項中物之技術特徵,就無法適當界定申請專利之發明,且(b)能了解該功能、性質或製法所界定之物與已知物之間的關係或差異時,仍應認定申請專利範圍為明確。

b. 技術特徵不具技術意義

請求項中記載之事項與技術無關,例如「傳送特定電腦程式的資訊傳送媒介」,由於資訊的傳送為傳送媒介固有的功能,請求項中所載之事項僅指出特定電腦程式在特定媒介上於任何時間被傳送到任何地點的固有功能,但未敘明該資訊傳送媒介與該電腦程式之間的任何技術關係,以致申請專利範圍不明確。

c. 記載形式所致之不明確

對於請求項中所載之商業名稱、販賣地區、販賣商等,參酌申請時之通常知識,具有通常知識者仍無法明瞭該技術特徵所界定之技術意義者,申請專利範圍不明確。

請求項中記載之事項出處不明或引述說明書或圖式之內容,例如「如藥用醫典第2章之定義」、「如說明書第3~8行之文字」或「如圖1所示的電動脫毛機構」等,由於可能有多重解釋,會使申請專利範圍不明確。但也有引述圖式仍被認定為明確之請況,參考3.2.5之六「圖式請求項」。

(2) 請求項之記載與說明書不一致

申請專利範圍之記載是否明確,判斷對象僅限於申請專利範圍本身之記載。申請專利範圍本身之記載並無不明確,但超出說明書所揭露的範圍,係不符合支持要件。說明書與申請專利範圍之記載不一致,專利申請及審查實務上常常會同時違反支持要件及明確要件,因兩要件皆屬申請專利範圍的瑕疵,實務上尚無須嚴格區分。以下所舉之例同時違反前述兩要件。

a. 記載內容不一致

請求項中所載之技術特徵與說明書中所載之用語不一致,例如文字處理器之發明,請求項中記載「資料處理手段」,說明書中記載「文字大小變更手段」或「行間隔變更手段」,亦即界定發明之技術特徵的用語不一致,以致申請專利範圍不明確。

b. 請求項未記載必要技術特徵

依說明書之記載或隱含的內容，獨立項未敘明達成發明目的之必要技術特徵者，例如以高速脫毛達成無痛脫毛目的之「電動脫毛裝置」，其獨立項中未記載高速脫毛之技術特徵，以致申請專利範圍不明確。

c. 請求項之技術特徵未涵蓋說明書之部分內容

例如請求項為利用真空管技術特徵之電路，而說明書所載內容為利用電子管之電路的實施方式，亦即請求項中所載之技術特徵為下位概念，說明書中所載之技術特徵為上位概念，由於實施方式之記載必須是請求項中所載之技術特徵的下位具體技術內容，以致申請專利範圍不明確。

3. 技術關係

技術關係，指二個或二個以上技術特徵之技術意義間的關係；並非單指元件與元件之間的連結關係或順序關係。

(1) 個別技術特徵之間的技術關係

請求項中所載個別技術特徵之間的技術意義有矛盾，例如「一種製造終產物D之方法，包含從起始物A製造中間產物B的第1步驟，及從中間產物C製造該終產物D的第2步驟。」由於第1步驟製造的中間產物B與第2步驟的起始物C不同，具有通常知識者無法了解中間產物究竟是B、C或包含二者，致第1步驟與第2步驟之間的技術關係不明確。

(2) 請求項整體的技術關係

請求項中所載個別技術特徵之間的技術意義尚無矛盾，但請求項整體之技術關係有矛盾，導致申請專利範圍不明確的情形：
　　a. 組合物某一成分的上限值與其他成分的下限值之總和高於100%，例如「一種組成物X，其由40至60重量百分比的A、30至50重量百分比的B及20至30重量百分比的C所組成。」
　　b. 組成物某一成分的下限值與其他成分的上限值之總和低於100%，如請求項記載為「一種組成物X，其由10至30重量百分比的A、20至60重量百分比的B及5至40重量百分比的C所組成。」

　　c. 獨立項中之連接詞為封閉式「由……構成」，但其附屬項為附加式（外加元件、成分或步驟），而非詳述式（下位概念之限定）。例如：

1. 一種組合物，係由下列成分構成：(a)……；(b)……；及(c)……。
2. 如請求項1之組合物，另包含成分：(d)……。

　　d. 多項附屬項對不同的被依附項所為之技術限定不同，例如下列第3項，第3'項則為明確之例：

1. 一種具有……構造之空調裝置，……。
2. 如請求項1所述之空調裝置，具有風向調節機構。
3. 如請求項1所述之空調裝置，具有風量調節機構，或如請求項2所述之空調裝置，具有計時機構。
3'. 如請求項1或2所述之空調裝置，具有風量調節機構。

(3) 擇一形式請求項中之選項不具類似的性質

　　擇一形式，指一請求項記載一群發明，而該發明群中之每一發明係由請求項所載之群組中各個選項（alternatives）分別予以界定，以「或」或「及」並列數個選項的具體特徵，例如「特徵A、B、C或D」、「由A、B、C及D構成的群組中選出的一種物質」等。擇一形式請求項中選項之間應具備類似的性質，並應符合發明單一性規定，參照3.2.5之一「馬庫西式請求項」。請求項以擇一形式界定發明，但各選項不具類似的性質或不等同時，例如鹵素與氯為上、下位概念的關係，二者不等同，會導致申請專利範圍不明確。

　　但在美國，馬庫西群組構成雙重包含（double inclusion，請參酌3.3.8「元件之雙重包含」），尚不足以核駁該請求項。例如馬庫西群組為「選自氨基、鹵素、氮、氯及烷基所構成之群組」，即使其中的「鹵素」與「氯」為上、下位概念的關係，仍不得以請求項中一個以上之元件有雙重包含之情形為理由，而認定申請專利範圍不明確。

4. 用語

申請專利範圍之記載用語應明確，指申請專利範圍之撰寫應使用發明所屬技術領域中之技術用語，用語應清楚、易懂，以界定其真正涵義，不得模糊不清或模稜兩可，且申請專利範圍、說明書及摘要中之技術用語及符號應一致。

(1) 申請專利範圍之記載必須明確、易懂、不矛盾，原則上應使用發明所屬技術領域中公知或通用的技術用語，避免艱深不必要的技術用語，亦不宜使用註冊商標、商品名稱（trade name）或其他類似文字表示材料或物品；若必須使用時，應註明其型號、規格、性能及製造廠商等，以符合明確要件。

(2) 申請專利範圍得記載非屬具有通常知識者所知悉的技術用語，但應於說明書中說明其定義，且必須無其他既有技術用語具等同意義時，始得使用該用語。若技術用語本身在其技術領域中已有其基本意義，申請人不得自行將其定義為不同意義，以免產生混淆。

(3) 申請專利之發明的實質內容係問題、技術手段及功效三者相互關聯所構成之整體，故申請專利範圍、說明書、摘要及圖式中之用語、符號或中文譯名等應前後一致。

請求項中所載之用語使技術特徵本身之技術意義或技術關係不清楚，具有通常知識者無法了解所請求之範圍者，則應認定申請專利範圍不明確；反之，具有通常知識者能了解所請求之範圍，則申請專利範圍為明確。在Bancorp Services v. Hartford Life案，雖然說明書中未定義請求項中之「保障投資信用之退保金」（surrender value protected investment credits），但其已有公認之意義，讀者能推知整個片語之意義，故美國法院判決其為可識別且明確[41]。

請求項中之用語是否明確，端賴具有通常知識者參酌說明書及請求項本身之記載，是否能明瞭申請標的之內容及請求項所界定之範圍。即使請求項中之用語不明確，但無礙請求項整體所界定之範圍，且其可專利性並非取決

---

[41] Bancorp Services, L.L.C. v. Hartford Life Ins. Co., 359 F.3d 1367, 1372, 69 USPQ2d 1996, 1999-2000 (Fed. Cir. 2004)

於該用語所描述之技術特徵的範圍者，則無不明確的問題。以下就各種類型之用語舉例說明之：

(1) 負面表現用語

請求項中使用負面表現方式，例如「除……之外」、「非……」或類似用語，通常會導致申請專利範圍不明確。例如請求項為「一種自行車曲柄之製造方法，其係包含下列步驟(a)……；(b)使用一非切削加工方式，將該踏板封口。」若其實施方式僅包括「沖製法」及「滾壓法」，未列舉之其他加工方式未必皆具有實施方式中所載之效果，以致申請專利範圍不明確。但請求項為「一種自行車座墊立管，其包括插束段及座墊立管兩部分，兩者均呈非圓管形態，以利相互插置結合。」實施方式揭露橢圓管形態，並指出非圓管形態均能達成不自轉之特殊功效，故申請專利範圍明確。

(2) 範圍用語

請求項中使用數值界定的用語，僅指出最小值或最大值，或包含0或100%數值之界定，例如「大於……」、「小於……」、「至少……」、「至多……」、「……以上」、「……以下」、「0～……%」或類似用語，通常會導致申請專利範圍不明確。例如請求項為「一種殺蟲劑組合物，係由成分A、B組成，其中A之含量為30重量百分比以上。」請求項已明確界定組合物之成分為A及B，不宜將用語「……以上」解釋為上限值可達100%而使另一成分B不存在，進而違反申請標的為組合物之本意，故該用語不會導致請求項不明確。又如請求項為「一種螺釘，包括釘頭、釘桿及釘尾，……其特徵為該釘桿係具有二個以上之複數凹槽。」由於「以上……」之用語係該技術領域中通常的表現方式，具有通常知識者能了解其範圍，故申請專利範圍明確。

(3) 概括性用語

請求項中使用「大約」、「接近」或類似用語，通常會導致申請專利範圍不明確。例如請求項為「一種可除去蝕刻殘留物之組合物，以其重量計，由約35分羥基胺水溶液、約65分烷醇胺與約5分二羥基苯化合物所組成。」

已指明組合物之各成分，並將其重量比例列出，具有通常知識者能了解其範圍，故申請專利範圍明確。再如請求項為「一種化合物A之製法，……，其pH值大約6至9。」但已有相同製法之先前技術pH值至多為5，因pH值5與6距離太近，就該技術領域而言，具有通常知識者無法清楚區隔二者之範圍界限，導致申請專利範圍不明確。又如請求項為「一種高分子導電材料，包含聚合物A及B，其特徵在於聚合物A及B之結晶度相對比率約50%。」請求項中用語「約……」係界定聚合物之間的結晶度相對比率，由於該比率係影響材料導電度之重要因素，而導電度為該發明之功效之一，當聚合物之間的結晶度相對比率為49%～51%，其導電度變化相當大，以致「約50%」之限定無法使具有通常知識者了解其範圍界限，導致申請專利範圍不明確。

(4) 程度用語

　　請求項中使用相對標準或程度不明的用語，例如「遠大於」、「低溫」、「高壓」、「難以」、「易於」、「厚」、「薄」、「強」、「弱」或類似用語，通常會導致申請專利範圍不明確。例如請求項為「一種H型鋼之製造方法，係先將中胚加熱至1050～1350℃……，於總變形率達20%以上後冷卻至室溫，再加熱至高溫保持一段時間後完成。」由於「高溫」及「一段時間」係程度不明之用語，具有通常知識者無法了解其範圍，以致申請專利範圍不明確。但如請求項為「一種高頻無線之週邊裝置，係包含……。」在通信領域中「高頻」所指之頻帶為3～30MHz，故申請專利範圍為明確。此外，若相對程度用語有能度量之標準，則申請專利範圍為明確，例如請求項中界定某構件之「尺寸能插入門框……與座椅之一之間」[42]。

(5) 選擇用語

　　請求項中使用「視需要時」、「必要時」、「若有的話」、「尤其是」、「特別是」、「主要是」、「最好是」、「較佳是」、「例如」、「等」、「或類似的」或類似用語，通常在同一請求項中會界定出不同的申請專利範圍，而使申請專利範圍不明確。例如請求項為「一種化合物A之製

42　美國專利審查作業手冊Manual of Patent Examining Procedure (MPEP), 8 Edition, 2173.05(b)

法，……，其反應溫度為20～100℃，較佳為50～80℃，最佳為70℃。」其中「較佳」及「最佳」所界定的範圍會異於「反應溫度為20～100℃」，以致申請專利範圍不明確，應刪除用語「較佳」、「最佳」及其溫度範圍之技術特徵，另以附屬項申請之。技術特徵之實施例與另一範圍較寬廣之技術特徵併列，則申請專利範圍不明確，例如「鹵素，例如氯」（halogen, for example, chlorine）、「材料，例如X」（material such as X；material, for example, X）使請求項不明確。又如請求項為「一種拖鞋，係由鞋底、鞋面及釘扣等構件組成。」由於請求項記載封閉式連接詞「由……組成」，僅包含鞋底、鞋面及釘扣，而用語「等」所界定之構件數目不確定，兩者產生矛盾，導致申請專利範圍不明確。但請求項為「一種研磨裝置，包含馬達、研磨頭、研磨平台……，其中該研磨頭有三花瓣、四花瓣、五花瓣等形狀。」由於用語「等」所界定之形狀數目不確定，具有通常知識者無法了解其範圍，導致申請專利範圍不明確；惟若此例中「等」改為「等三種」，即研磨頭之形狀限定為三花瓣、四花瓣、五花瓣，則不會導致申請專利範圍不明確。美國法院判決噴嘴用於「高壓清潔單元或類似裝置」之請求項前言中之用語「類似的」（similar）不明確，因為不清楚申請人意圖以「類似」之記載涵蓋什麼裝置[43]。

(6) 用語「基本上」（essentially）

請求項中記載「……基本上無鹼金屬之二氧化矽來源……」被美國法院判決為明確，因為說明書所包含之指引及實施例，足使具有通常知識者能將起始材料中不可避免之雜質與基本構成元素之間拉上關係[44]。

(7) 用語「實質上」（substantially）

用語「實質上」時常被用於描述申請專利之發明的特性，其為概括性用語。只要被修飾之技術特徵不要求精確之邊界，例如由於水變成氣態之溫度因海拔高度而異，要求精確溫度實質上並不重要，則技術特徵之邊界得有某

43　Ex parte Kristensen, 10 USPQ2d 1701 (Bd. Pat. App. & Inter. 1989)
44　In re Marosi, 710 F.2d 799, 218 USPQ 289 (CCPA 1983)

些程度的模糊。另以技術特徵pH值6為例，pH值5或5.8在文義上均未落入技術特徵之範圍，因為該數值均低於6。然而，若撰寫請求項時在數值6之前附加修飾詞「實質上」（substantially）或「大約」（approximately）等，則pH值5.8在文義上應落入該技術特徵之範圍，而在特殊情況下，可能pH值5亦落入該技術特徵之範圍。準此，在專利侵權訴訟中，具pH值5.8或5之被控侵權對象即屬文義侵權，不須再證明其是否均等。

美國聯邦法院定義「實質上」之通常意義為「被特定之內容的大部分但非全部」[45]。美國法院判決，參酌記載於說明書中之指引，請求項中所載「以銅質添加物增加化合物之實質上功效」明確[46]。此外，美國法院判決請求項中所載「製成與E及H實質相等之平面照明模式」明確，因為具有通常知識者依「實質相等」用語知道所指之意義為何[47]。

當技術特徵涉及程度、數量、狀態或比較等之意義時，其用語可以使用有大約（approximation）意思之文字，惟須明確的予以定義，例如在說明書或歷史檔案中說明該用語或提供區隔標準，否則必須確定具有通常知識者依先前技術能理解該用語之意義，以免造成申請標的不明確。

若說明書或申請歷史檔案中未定義該用語，則在專利侵權訴訟中必須取決於法院之解釋，例如美國聯邦法院即引用說明書之說明，解釋「實質上增加」（to increase substantially）之意義係至少增加30%[48]。

(8) 用語「類型」（type）

美國法院判決獨立項中所載「ZSM-5型鋁矽酸鹽沸石」不明確，因為「……型」意圖傳達什麼不明確；尤其更難以解釋為何附屬項中所界定之沸石不在其獨立項中所界定之上位概念的沸石類型之內[49]。

45　Ecolab, Inc. v. Envirochem, Inc., 264 F.3d 1358, 60 U.S.P.Q.2d (BNA) 1173 (Fed. Cir. 2001)

46　In re Mattison, 509 F.2d 563, 184 USPQ 484 (CCPA 1975)

47　Andrew Corp. v. Gabriel Electronics, 847 F.2d 819, 6 USPQ2d 2010 (Fed. Cir. 1988)

48　Exxon Research & Eng'g Co. v. United States, 265 F.3d 1371, 60 U.S.P.Q.2d (BNA) 1272 (Fed. Cir. 2001)

49　Ex parte Attig, 7 USPQ2d 1092 (Bd. Pat. App. & Inter. 1986)

(9) 例示性用語「例如」（for example）或「例如」（such as）

實施例應載於說明書中而非請求項。若載於請求項中，將造成申請專利範圍與實施例的混淆，因為實施例請求之範圍較窄，其是否為限定條件並不明確。例如：

a.「R為鹵素，例如氯」。

b.「例如石綿或石絨之材料」[50]。

c.「輕質碳氫化合物，例如製成蒸汽或氣體」[51]。

d.「正常操作狀態，例如在容器中」[52]。

(10) 其他用語

美國法院判決「相對淺」（relatively shallow）、「約5mm的程度」（the order of about 5mm）、「實質部分」（substantial portion）不明確，因為說明書欠缺所請求程度的量測標準[53]。

美國法院判決請求項中所載「焦炭、磚塊或類似材料」（or like material）文句中之用語「或類似材料」使請求項不明確，因為焦炭或磚塊之外的材料必須多麼類似始滿足請求項之限定條件並不明確[54]。

美國法院判決請求項中所載「性質優於（superior）可資比較（comparable）之先前技術材料之性質」中之用語「可資比較」及「優於」不明確，因為參酌說明書，什麼性質需要比較及如何比較性質並不明確，而對於用語「優於」之意義並無指引[55]。

5. 依附關係

附屬項僅得依附排序在前之獨立項或附屬項；多項附屬項之記載應以選擇式（alternative，即以「或」字連結）為之，不允許累積式（cumulative，即以「及」字連結）。非以選擇式依附或依附排序在後之請求項，均使申請

50　Ex parte Hall, 83 USPQ 38 (Bd. App. 1949)

51　Ex parte Hasche, 86 USPQ 481 (Bd. App. 1949)

52　Ex parte Steigerwald, 131 USPQ 74 (Bd. App. 1961)

53　Ex parte Oetiker, 23 USPQ2d 1641 (Bd. Pat. App. & Inter. 1992)

54　Ex parte Caldwell, 1906 C.D. 58 (Comm'r Pat. 1906)

55　Ex parte Anderson, 21 USPQ2d 1241 (Bd. Pat. App. & Inter. 1991)

專利範圍不明確，例如下列之請求項4或5。此外，附屬項依附另一群組之請求項，若被依附項為同一範疇，且附加技術特徵為同一者，則難謂申請專利範圍不明確（雖然我國專利實務上不認為後述之請求項8不明確，但有些國家會認定為不明確，筆者建議改寫為6'及8'分別依附較為適當，而且6'移至6之後7之前）：

1. 一種式(I)化合物，……，其中取代基A為$C_1 \sim C_{20}$烷基，取代基B為$C_1 \sim C_{20}$烷基……。

2. 依請求項1之化合物，其中取代基A為$C_1 \sim C_{10}$烷基。

3. 依請求項2之化合物，其中取代基B為$C_1 \sim C_{10}$烷基。
   （依附並無不適當）

4. 依請求項1及2之化合物，其中……。
   （多項附屬項非以選擇式依附之）

5. 依請求項1或6之化合物，其中……。
   （附屬項依附排序在後之請求項）

6. 依請求項1或3之化合物，其中……。

7. 一種式(II)化合物，……，其中取代基A為$C_1 \sim C_{20}$烷基，取代基B為$C_1 \sim C_{20}$烷基……。

8. 依請求項1或7之化合物，其中……。
   （附屬項依附另一群組之請求項）

6'. 依請求項1之化合物，其中……。

8'. 依請求項7之化合物，其中……。

　　附屬項包含所依附請求項之所有技術特徵，其申請專利範圍必然落在被依附之請求項的範圍內。惟若附屬項之記載係刪除被依附項之部分元件，未包含被依附項之所有技術特徵，以致申請專利範圍不明確，例如下列第2項。為使申請專利範圍明確，得將第2項改寫為引用記載形式之獨立項，僅引用被依附項中共通之技術特徵，正面記載之（第2項為負面記載）。

1. 一種吸塵器，包含……連接該馬達與該齒輪之銷……。

2. 如請求項1之吸塵器，無連接該馬達與該齒輪之銷。

　　多項附屬項得以選擇式僅依附1組請求項，依附2組以上請求項會造成不明確，例如：

9. 以請求項5、6、7或8之方法製造如請求項1、2、3或4之化合物。

　　對於物之發明，若以其製造方法之外的技術特徵無法充分界定申請專利範圍時，始得以製造方法界定物之發明，稱為製法界定物之請求項，請參酌3.2.5之四「製法界定物之請求項」。但並不允許以產物界定製法，例如下列請求項2，而使申請專利範圍不明確。請求項2'為引用記載形式之獨立項，並無不明確。

1. 一種化合物A，……。
2. 一種製造請求項1之化合物A的方法。
2'. 一種製造請求項1之化合物A的方法，其中……是加熱到100℃；然後加上……並維持該溫度40到90小時。

二、簡潔

　　申請專利範圍應以簡潔之方式記載，係要求申請專利範圍每一請求項之記載應簡潔，且申請專利範圍所有請求項整體之記載亦應簡潔。

　　每一請求項之記載應簡明扼要，用字遣詞勿繁瑣，記載內容勿重複，除技術特徵外，不得記載與發明目的無關之不必要事項而包括欲解決之問題、技術原理等，且勿記載商業宣傳用語。對於具有通常知識者自明或已知之技術特徵，無須記載。用字遣詞太繁瑣或冗長的重複記載同一事項或不重要的細節，以致無法確定申請標的之邊界及範圍者[56]，違反簡潔要件。

　　請求項之項數應合理，得將合理數量之較佳實施例記載為附屬項，但不

56　美國專利審查作業手冊Manual of Patent Examining Procedure (MPEP), 8 Edition, 2173.05(m)

必記載顯而易知之特徵作為附屬項之附加技術特徵。為減少項數及不必要的重複記載，盡可能採用附屬項或引用記載形式，或盡可能以擇一形式記載選項以減少請求項項數。

雖然請求項之記載內容係由申請人自行決定，但一件申請案不得有兩項以上實質相同且屬同一範疇之請求項，或內容相當接近而為數量不合理之重複且多重（repetitious and multiplied）申請之請求項[57]，否則即屬違反簡潔要件，例如下列第3項或第4項之式(I)化合物發明與第1項實質完全相同，係重複申請相同發明，不符合簡潔要件。惟若申請標的非屬單一化合物之其他化學物質（即非純物質），以製法界定之化學物質（第3項或第4項）範圍小於化學物質本身（第1項）者，則無簡潔之問題。

1. 一種式(I)化合物，其結構式為……。
2. 一種製備請求項1之式(I)化合物之方法，其係……。
3. 一種式(I)化合物，其係依請求項2之製法所製得。
4. 一種依請求項2之製法所製得之式(I)化合物。

三、支持

依2.1.2「實體要件」之說明，為確保政府授予專利權之創作內容能為社會大眾所利用，取得申請日的申請文件，包括說明書、申請專利範圍及圖式，其揭露之內容及程度必須足以使具有通常知識者能合理確定申請人已完成該創作進而先占該創作之技術範圍。然而，專利權範圍並非記載於說明書，而係以申請專利範圍為準，因此申請專利範圍中所載之內容不得超出申請人先占之技術範圍，故專利法定有支持要件。

支持要件，指請求項中所載之發明應以說明書為基礎，不得超出說明書所揭露之範圍。每一請求項所記載之申請標的必須是具有通常知識者從說明書所揭露的內容直接得到或總括得到的技術手段；惟具有通常知識者基於說明書所揭露的內容，利用例行之實驗或分析方法即可延伸者，或對於說明書

---

57 美國專利審查作業手冊Manual of Patent Examining Procedure (MPEP), 8 Edition, 2173.05(n)

所揭露之內容僅作顯而易知之修飾即能獲致者,仍被視為係說明書所支持之範圍。

　　美國專利法並未規定前述的支持要件(僅規定在37 CFR §1.75(d)),案例法就指出僅顯示申請人是否完成申請專利之發明並不能彌補揭露要件之欠缺[58],故仍應審究說明書是否適當支持請求項。

(一) 判斷步驟

　　說明書是否支持請求項的判斷步驟如下:

1. 針對各請求項,決定其所涵蓋之範圍。
2. 審閱說明書,決定說明書所揭露之範圍。
3. 以具有通常知識者之觀點,判斷依步驟2所決定之揭露範圍是否支持依步驟1所決定之涵蓋範圍。

(二) 具體要求

　　請求項係總括一個以上的實施例所構成者,請求項總括的內容應恰當,使請求的範圍恰如其分相當於說明書所揭露的內容,申請專利範圍勿超出說明書所揭露的技術內容,亦不減損申請人理當獲得之權益。請求項總括的範圍是否恰當,應參酌申請時的通常知識,故開創性發明通常比改良發明得有較廣之總括範圍。

　　申請專利範圍不僅在形式上應獲得說明書之支持,而且在實質上應為說明書所支持,使具有通常知識者能就說明書所揭露的內容直接得到或總括得到申請專利之發明。具體而言,即使申請專利範圍與說明書中所載之技術特徵一致,形式上獲得說明書之支持,仍須檢視申請專利範圍及說明書,包含實施方式及圖式等,以理解說明書是否為申請專利範圍提供實質內容之支持。請求項之記載與說明書不一致,通常係支持要件的問題,請參酌本章前述明確要件中之「請求項之記載與說明書不一致」。

　　完成說明書之撰寫後,應檢視請求項及整個說明書,包含實施方式、圖式及序列表,以理解說明書是否為申請專利之發明所包含之各元件或步驟提

58　Enzo Biochem, Inc. v. Gen-Probe, Inc., 323 F.3d 956, 969-70, 63 USPQ2d 1609, 1617 (Fed. Cir. 2002)

供支持。尤應注意者，對於說明書是否支持申請專利範圍的問題，可能發生在原申請專利範圍、經修正、訂正、更正、分割或改請之申請專利範圍，以及以外文本取得申請日及主張優先權日之申請專利範圍，也有是否獲得支持的問題，但專利法係稱「……不得超出……說明書、申請專利範圍或圖式所揭露之範圍」。

　　說明書是否符合支持要件，應依下列具體要求判斷之，違反任一具體要求應認定不符合支持要件。

(1) 請求項中的每個技術特徵是否均載於說明書，且未超出說明書所揭露的範圍

　　請求項是否獲得說明書之支持，應就請求項中所載之申請專利之發明審究之，若請求項中之技術特徵為說明書中明示、暗示或固有（express、implicit、inherent）之內容，應認定該發明獲得說明書之支持。具體而言，請求項中之技術特徵必須在說明書中有明確的前提基礎，參酌說明書即能確定請求項中之用語的意義，且用語一致而無模稜兩可。尤其，請求項中所載之技術手段必須具體表現在至少1個實施例中，否則應認定該發明未獲得說明書之支持。例如請求項記載具體數值，而說明書未揭露具體數值；請求項具體記載利用超音波馬達之發明，而說明書僅揭露直流馬達；說明書僅揭露(a)、(b)、(c)、(d)組合，而未揭露其他組合所構成之技術手段，則下列第1、3項未獲得支持：

1. 一種組合物，係包含下列成分：(a)……；(b)……；及(c)……。
2. 如請求項1之組合物，另包含成分：(d)……。
3. 如請求項2之組合物，另包含成分：(e)……。

　　對於請求項中所載之技術用語，說明書應明確揭露其意義，並清楚說明該用語作為申請專利之發明必要技術特徵的來龍去脈，使該用語在說明書中有明確之支持內容或前提基礎，而能參酌說明書確定該用語之意義[59]。對於

59　美國專利規則37 CFR 1.75(d)(l)

機械領域之發明，應在說明書中以文字明確說明請求項中所載之用語的意義，並參酌圖式指出圖式中該用語所對應之零件。

對於具有通常知識者而言，請求項中所載之技術特徵未記載於說明書者，例如請求項僅記載使用無機酸之技術手段，而說明書未記載任何有關無機酸之技術特徵，僅記載使用有機酸之實施例者，若兩者對於申請專利之發明而言特性有別，則應認定請求項未獲得說明書之支持。

若請求項包含申請人推測的內容，而其效果難以確定時，應認定其超出申請時說明書所揭露的範圍，而未獲得說明書之支持。例如「以冷休克處理植物種子的方法」，若說明書僅揭露該方法適用於一種植物種子，而未揭露是否適用於其他植物種子，具有通常知識者難以確定以該方法處理其他植物種子是否能得到相同的效果者，則應認定請求項未獲得說明書之支持。

請求項中之技術特徵必須獲得說明書中明示、隱含或固有涵義之支持。請求項中所載之技術特徵未出現在說明書時，必須證明具有通常知識者在提出專利申請案時已理解請求項包含該技術特徵[60]。例如說明書中未明示上位概念發明時，其所提及之代表化合物必須隱含上位概念請求項之用語[61]。對於說明書中之誤記，若具有通常知識者不僅認知到該誤記之存在，而且認知到適當的修正內容，仍得認定符合支持要件，修正該誤記並不構成增加新事項（new matter），亦即不得增加新的技術內容。

為建構固有性（inherency），外部證據必須能證明未記載之事項屬於揭露內容，並為具有通常知識者必然認知到之內容。惟固有性不得建構在或然性或可能性（probabilities or possibilities）之上，亦即某些事物僅僅可能出自於既有之事實，尚不足以建構其之固有性[62]。

對於經變動（經修正、訂正、更正、分割或改請）之請求項，應仔細檢視其是否有新事項或新用語，雖然專利法或實務上未規定必須使用原申請案中所使用之用語，但對於新增之用語，說明書應作相對應之變動，使說明書對於該新用語有明確之支持內容或前提基礎，惟變動之內容尚不得超出申請時說明書所揭露之範圍。

---

60 Hyatt v. Boone, 146 F.3d 1348, 1353, 47 USPQ2d 1128, 1131 (Fed. Cir. 1998)

61 In re Robins, 429 F.2d 452, 456-57, 166 USPQ 552, 555 (CCPA 1970)

62 In re Robertson, 169 F.3d 743, 745, 49 USPQ2d 1949, 1950-51 (Fed. Cir. 1999)

(2) 請求項與說明書中所載申請專利之發明的內容是否相呼應，且無矛盾之情形

　　支持要件的問題經常涉及到請求項之申請標的是否與說明書之揭露內容一致。例如申請標的「組合式沙發」，請求項僅記載「包含一操縱台及一操縱手段……等」，對於請求項中所載之技術特徵「操縱手段」，若說明書中所描述之位置為其唯一可能之位置，改變其位置就不能達成發明目的的話，應認定請求項中所載之用語的意義未為揭露內容所支持，因為請求項中所載之必要技術特徵與說明書中之揭露內容不一致[63]。換句話說，應將該唯一可能之位置記載於請求項。又如母案中之揭露內容僅敘明下位概念之發明「圓錐形杯」之功效及達成發明目的之重要功能，改請或分割後，刪除「圓錐形杯」而未記載任何杯形，該上位概念請求項不能援用母案之申請日，因為該上位概念請求項省略該發明之必要技術特徵，其說明書不足以支持請求項[64]。

　　支持要件並非指請求項之記載與說明書中之揭露內容一有不一致即不符合支持要件，必須是請求項中所載之必要技術特徵與說明書中之揭露內容有矛盾，始不符合支持要件。例如「顯示裝置」請求項，修正請求項時刪除尖端特定斜錐形狀的技術特徵而擴大申請專利範圍，即使說明書載有該斜錐形狀，若說明書並未描述該斜錐形狀為該請求項達成發明目的之必要技術特徵，亦未描述該斜錐形狀係該請求項具可專利性之必要技術特徵，則該斜錐形狀之限定與發明目的並無關係，應認定修正後之內容符合支持要件[65]。

(3) 每一獨立項的技術特徵是否記載在一個或一個以上之實施例

　　請求項通常係總括一個以上的實施例所構成，請求項總括的內容應恰當，使其請求的範圍恰如其分相當於說明書所揭露的內容。總括的範圍是否恰當，取決於具有通常知識者從說明書中所載之實施例是否能聯想到總括的範圍。

　　撰寫請求項，通常係利用一上位概念用語總括說明書中所載實施例中之

63　Gentry Gallery, Inc. v. Berkline Corp., 134 F.3d 1473, 45 USPQ2d 1498 (Fed. Cir. 1998)

64　Tronzo v. Biomet, 156 F.3d at 1158-59, 47 USPQ2d at 1833 (Fed. Cir. 1998)

65　In re Peters, 723 F.2d 891, 221 USPQ 952 (Fed. Cir. 1983)

下位概念事項，而以該用語描述上位概念技術特徵。若請求項所載之申請標的係利用該上位概念技術特徵總括的所有下位概念事項，而所有下位概念事項具有共通之性質者，則稱總括的範圍恰當；反之，即使實施例中是下位概念事項，而申請標的係利用該下位概念事項的特有性質，則稱總括的範圍不恰當。請求項總括的內容包含推測或難以預測技術效果的內容者，應認定為超出說明書所揭露之範圍。

　　每一獨立項所載之全部技術特徵皆應記載於說明書，各獨立項應對應於說明書中至少一個實施例，亦即至少應記載一個實施例支持該獨立項。若獨立項中所載之技術特徵為總括性的上位概念用語，應有複數個實施例，除非對於具有通常知識者而言該上位概念用語顯然係該實施例之總括。獨立項的技術特徵未載於任何實施例者，應認定該獨立項不符合支持要件。惟支持要件並非指必須將上位概念發明所有下位概念技術特徵或選項之實施例一一記載於說明書。說明書中所載之實施例越多，請求項總括的範圍越寬廣；但亦得僅有一個實施例，只要這種總括對於具有通常知識者而言是顯而易見者。

(三) 判斷原則

1. 上位概念請求項

　　請求項以上位概念用語總括實施例者，稱為上位概念請求項（generic claim）；以下位概念用語記載者，稱為下位概念請求項（species claim）。對於上位概念請求項，得於說明書中以一群具代表性數量之下位概念發明（a representative number of species）予以說明，而滿足其支持要件。當上位概念發明中有實質差異時，必須描述足夠的下位概念發明，以各種類型反映上位概念發明中之差異。當證據顯示具有通常知識者無法預測任一下位概念發明是否能達成發明目的時，不會認為專利權人已發明了足以構成上位概念發明之所有下位概念發明，例如請求項「具有增進磨擦力塗層之PTFE牙線」，若揭露內容僅限於微晶蠟，但未說明或其他紀錄（例如通常知識）未顯示微晶蠟以外之其他塗層均適於PTFE牙線，則前述請求項不被揭露內容之微晶蠟所支持[66]。

66　In re Curtis, 354 F.3d 1347, 1358, 69 USPQ2d 1274, 1282 (Fed. Cir. 2004)

揭露之數量是否足夠而具代表性，端賴具有通常知識者依所揭露之下位概念實施例是否足以認知到上位概念發明之技術特徵具備必要之共同屬性或特徵。若然，亦可能僅有一下位概念實施例即能支持上位概念發明的情形。在難以預測技術結果之領域，對於請求項中之上位概念發明廣泛包含複數個下位概念發明，說明書僅揭露其中一下位概念實施例時，尚不足以支持之。例如美國法院判決：雖然說明書僅揭露1實施方式將1結構層牢牢的緊貼到另一結構層之方式，但已足以支持上位概念請求項中「緊貼到」（adheringly applying）之用語，因為具有通常知識者閱讀說明書後會理解該等結構層如何緊貼並不重要，只要其為緊貼者[67]。在另案中美國法院判決：說明書中所揭露之片語「對該液體不活潑之空氣或其他氣體」（air or other gas which is inert to the liquid）足以支持請求項「對該液體不活潑之媒介物」（inert fluid media），因為說明書已揭露中斷媒介之空氣或其他氣體之特性及功能，故已教示具有通常知識者系爭發明廣泛的包含「惰性液體」之使用。

對於上位概念請求項，若以例行之實驗或分析方法，不足以將說明書所載之內容延伸到請求項中所請求之範圍時，應認定該請求項未獲得說明書之支持。例如「一種改良之燃油組合物」，請求項中並未記載任何催化劑，而說明書僅揭露一種必須添加催化劑始能獲得該燃油之方法，則該請求項未獲得說明書之支持。又如「一種處理合成樹脂成型物的方法，……將合成樹脂成型，再進行去除應變處理，以製成合成樹脂成型品之方法。」說明書的實施方式僅揭露將熱塑性樹脂成型品加熱軟化以去除應變之處理方法，由於依通常知識，熱固性樹脂成型後不能藉加熱再軟化，該處理方法並不適合熱固性樹脂成型品，若無法證明該方法亦適用於熱固性樹脂，則該請求項未獲得說明書之支持。

2. 擇一形式請求項

說明書中應記載實施發明之實施例，實施例應足以判斷申請專利之發明。對於擇一形式請求項，例如馬庫西式請求項，說明書必須支持馬庫西式請求項之群組中各選項，若僅記載部分選項之實施例，當證據顯示具有通常

67　Rasmussen, 650 F.2d at 1214, 211 USPQ at 326-27

知識者無法預測任一選項是否能達成發目的時，則該馬庫西式請求項未獲得說明書之支持。例如請求項為一種製造仲硝化苯（para-nitro substituted benzene）之方法，係利用硝基置換苯之CH_3、OH、COOH中之一個置換基（X）；說明書僅揭露原料化合物為甲苯（X為CH_3）之實施例，由於通常知識已顯示CH_3與COOH之間有顯著之方向性差異，可以合理推論該方法以安息香酸（X為COOH）為原料並不適當，應認定該請求項未獲得說明書之支持。

3. 手段請求項

對於以手段（步驟）功能用語記載之手段請求項，說明書中應記載對應於該功能之結構、材料或動作，使該請求項獲得說明書之支持。

對於以手段功能用語或步驟功能用語界定的請求項，若說明書僅記載某些技術特徵的實施方式，而具有通常知識者依說明書所揭露之內容，並參酌申請時的通常知識，了解該功能所涵蓋說明書中所敘述對應於該功能之結構、材料或動作及其均等範圍時，應認定該請求項獲得說明書之支持；反之，若無法了解該功能所涵蓋之範圍，則應認定該請求項未獲得說明書之支持。

複數技術特徵組合之發明，以手段功能用語或步驟功能用語撰寫請求項者，解釋申請專利範圍時，應包含說明書中所敘述對應於該功能之結構、材料或動作及其均等範圍。手段請求項是否符合支持要件，應依下列方式為之，只要符合其中之一，則應認定該請求項獲得說明書之支持：(1)說明書中所載之特定結構、材料或動作明確連結到請求項中所載之功能；或(2)即使請求項未記載對應之特定結構、材料或動作，具有通常知識者已知實現請求項中所載之功能特徵的結構、材料或動作。

四、發明單一性

二個以上發明，屬於一個廣義發明概念者，稱符合發明單一性，得併於一申請案中提出申請。無論是記載於各別請求項之發明或是以擇一形式（如

馬庫西式[68]）記載於同一請求項中各選項之發明，其判斷是否符合發明單一性之原則均相同。

　　屬於一個廣義發明概念，指二個以上之發明，於技術上相互關聯，具體而言，即請求項中所載之發明應包含一個或多個相同或相對應的技術特徵，且其係使該發明在新穎性、進步性等專利要件方面對於先前技術有所貢獻之特別技術特徵（special technical features）。例如下列之例，假設就先前技術而言，燈絲A具備專利要件，則第1、2、3項均具有相同的特別技術特徵燈絲A，三項請求項之間符合發明單一性：

1. 一種燈絲A，……。
2. 一種以燈絲A製成之燈泡B。
3. 一種探照燈，裝有以燈絲A製成之燈泡B及旋轉裝置C。

　　申請案有兩項以上之請求項，判斷其是否符合發明單一性的標準在於請求項中所載之發明是否屬於一個廣義發明概念，亦即請求項之間是否具有相同或相對應的特別技術特徵，使其於技術上相互關聯。

　　發明單一性之審查僅須論究獨立項之間是否符合發明單一性規定，獨立項與其附屬項之間不生發明單一性的問題，惟若獨立項不符專利要件而被刪除，其附屬項被修正為獨立項時，則須重新考量各項之間是否符合發明單一性規定。

　　依附於同一獨立項之各附屬項包含該獨立項所有技術特徵，故獨立項與其附屬項之間或其附屬項與附屬項之間不生發明單一性的問題。即使附屬項另包含新創的技術特徵，情況亦同，例如下列之例：

1. 一種渦輪機之葉片，……，其特徵在於該葉片之特殊形狀。
2. 依第1項所述之渦輪機葉片，……，其特徵在於該葉片的材質為合金A。

---

68 馬庫西式請求項之基本型式：「...wherein __ is a material selected from the group consisting of __ , __ and __ .」及「...a __ selected from the group consisting of __ , __ and __ .」等

渦輪機葉片之特殊形狀使兩請求項之發明於技術上相互關聯，即使合金A本身即為不同的新發明，且其在渦輪機葉片的應用具有進步性，仍無須考量該兩請求項之間是否符合發明單一性規定。

兩項以上獨立項所載之發明屬於一個廣義發明概念之態樣通常有以下六種；但這六種態樣屬例示性質，仍有其他組合。

a. 兩發明同為物或同為方法發明，不適於以單一獨立項涵蓋兩個以上之物或方法發明者。

b. 發明為物之發明，他發明為用於製造該物之方法的獨立項。

c. 發明為物之發明，他發明為該物的用途獨立項。

d. 發明為物之發明，他發明為用於製造該物之方法及該物的用途獨立項。

e. 發明為物之發明，他發明為用於製造該物之方法及為實施該方法所用的機械、器具或裝置獨立項。

f. 發明為方法發明，他發明為實施該方法所用的機械、器具或裝置獨立項。

3.2 撰寫形式

請求項之撰寫形式繁多，本節將依其性質分門別類詳加說明，內容包括標的類別、構成元件、總括程度、格式整理、發明特徵及撰寫風格等，旨在引導讀者有系統的了解撰寫請求項時應考量之事項，並廣泛學習適合各種發明之撰寫類型。

3.2.1 請求項之標的類別

申請專利範圍得區分為兩種範疇：物之請求項及方法請求項。物之請求項，係記載具有物理實體之技術；方法請求項係記載有時間要素之技術，方法請求項包括用途。

一、物之範疇

物之請求項，記載具有物理實體之技術，包括物質、物品、設備、裝

置、電腦程式產品（視為物件）或系統等。

(一) 物品

物品，為元件或元件的組合，通常不包括可作動零件，例如煙灰缸、眼鏡盒或第二章中所舉之「文件架」。物品請求項（product claim）必須列舉各元件及元件與元件之間的結構關係。裝置或機械，通常包括可作動零件，而有某些操作規則（rule of operation），例如電腦或自行車。

對於可能是物品又可能是機械之物，例如摺傘、手鉗，難以認定其結構究屬物品或裝置。事實上，專利實務並不爭執申請專利之發明究屬裝置或物品，撰寫專利說明書時，只要能區別物或方法請求項即足。

(二) 裝置

裝置，通常指各種機器或設備，例如第二章所舉之「電動脫毛裝置」，包含電子電路、電腦相關之裝置、水力設備或任何能達成有用結果之機電整合組件，其中有些裝置對其本身或物品或工作物產生動作或操作（act or operation）。裝置請求項（device claim）通常應記載構成發明之各元件及元件與元件之間的連接關係，並得記載各元件所發揮的功能。

物品請求項與裝置請求項大同小異，原則上，絕大部分記載原則均彼此通用。

(三) 物質

化學物質，包括元素、化合物及聚合物等。申請物質發明，得以後述之組合物請求項予以界定。申請標的為純物質時，應以化學名稱或分子式、結構式界定；無法以化學名稱或分子式、結構式界定時，得以物理或化學特性界定；仍無法以物理或化學特性界定時，始得以製造方法界定。

1. 一種通式（I）所示之化合物

$R\text{-}O\text{-}C_6H_4\text{-}CH(CH_3)\text{-}COOH$　　　　　　　　　　　　　(I)

通式中，R代表氫，$C_1\text{-}C_{20}$烷基或含有1-3環的芳香基。

(四) 組合物

組合物，係以所使用之物質或材料之化學本質作為區別特性之物，而非以物之形狀或形式予以區別者。一如裝置對照物品，專利實務上，並不須區別物品與組合物之間的差異。即使要求組合物中之材料之形狀、組成或其他特徵必須具備可專利性，亦不須區別該請求項究屬物品或組合物。

組合物請求項（composition of matter claim），應明確界定所含各成分之種類（例如元素或自由基等）及其組成比例範圍，以認定達成發明功效之申請標的，例如：

1. 一種觸媒組合物，包含下列各成分：
   (a) 一種鈀化合物
   (b) pKa低於2之一種酸之陰離子，但不為鹵氫酸
   (c) 具通式為R_1 R_2 P-R -P R_3 R_4之雙膦，其中R_1為……，R_2為……，R_3為……，(a)、(b)之比例為×：×～×：×，(b)、(c)之比例為×：×～×：×。

組合物請求項中以各元素、成分的名稱界定技術特徵，其申請專利範圍較狹窄；以具有同等功能的同族元素界定技術特徵，其申請專利範圍較寬廣。

二、方法範疇

方法請求項包括有產物之製造方法及無產物之處理方法、使用方法及用途等。

方法請求項之技術特徵係施於物品、工作物或化學物質上之動作或操作步驟（act or operation），而非結構零件。方法請求項中之動作或步驟，係將物品、工作物或化學物質轉變成不同狀態，或事物之轉換或還原手段（transformation or reduction），以達成實用技藝或技術技藝上的某些結果。

方法請求項之技術特徵為動作、步驟或操作，物之請求項之技術特徵為

元件或元件關係，二者之用語的最大區別在於前者為動詞（英文為動名詞），後者為名詞。

(一) 製造方法

　　製造方法請求項（process claim），係改變物質之物理或化學特性的一連串步驟或操作，而將物品、工作物或化學物質轉變成不同相或狀態。製造方法請求項應記載步驟或操作及其順序，尚應記載反應溫度、壓力或觸媒等技術條件，以認定申請專利之發明，例如：

1. 一種製造化合物C之方法，係將A與B二化合物於$50 \sim 150°C$之溫度、1atm ~ 2 atm之壓力下反應而製得，其中A與B之用量比例為$2：1 \sim 4：1$，使用觸媒為……。

　　在美國，製造方法（process）是法定保護的類別之一，其專利法所謂的「製造方法」，指製造方法、技藝或方法（method），包括已知方法、機器、製品、組合物或材料之新用途。製造方法（process）與方法（method）可以互換使用，雖然「製造方法」較常用於化學領域，而「方法」較常用於機械及電機領域。本書不採前述之規定，而以有產物的方法請求項稱為製造方法，無產物的方法請求項稱為處理方法、使用方法及用途等。

(二) 一般方法

　　前述製造方法請求項，係一連串作用於物品、工作物或化學物質上之步驟或操作所構成，以達成實用技藝或技術技藝上的某些結果。無產物之方法請求項（method claim）有處理方法、使用方法及用途等，處理方法例如空氣中二氧化硫之檢測方法，使用方法例如使用化合物A殺蟲之方法，用途例如化合物A作為殺蟲之用途，說明如後。

(三) 用途

　　用途發明，指發現物的未知特性，利用該特性於特定用途之發明，例如化合物A作為殺蟲之用途，得以用途請求項予以保護。無論是已知物或新穎

之物，其特性是該物所固有，故用途請求項的本質不在物本身，而在於物之特性的應用。因此，用途請求項是一種使用物之方法，屬於方法發明。用途請求項（use claim）係以「用途」、「應用」或「使用」為申請標的，視為方法範疇之請求項，詳參3.5.5「有關用途之請求項」。

3.2.2　請求項之構成元件

就申請標的之構成元件而言，請求項之撰寫形式分為單一元件、組合及次組合三種。

一、單一元件

單一元件請求項（single element claim），指請求項中僅記載一項技術特徵。單項式請求項與單一元件請求項的意義不同，單一元件請求項經常以單項式請求項的型態存在。例如：

1. 一種處理聚乙烯物表面以增加其印刷油墨接受力之方法，其包含：將該物之表面接觸加濃硫酸之重鉻酸鈉飽和溶液。

單一元件請求項中使用手段功能用語記載其唯一的技術特徵，而為單一手段請求項（single means claim），因其僅記載單一手段而非與其他手段或元件組合之請求項，一般稱為純功能請求項，其申請專利範圍過於廣泛，涵蓋了每一個想像得到能達成所指目的之手段，因為說明書最多僅揭露發明人已知之手段，故應認定無法據以實現整個申請專利範圍[69]。例如：

1. 一種搖動容器中物品之裝置，其包含：振盪該容器以搖動該物品之手段。

二、組合

組合式請求項（combination type claim），指包含兩個以上元件之請求

---

[69]　In re Hyatt, 708 F.2d 712, 714-715, 218 USPQ 195, 197 (Fed. Cir. 1983)

項，而以串列方式描述構成組合之必要元件。組合式請求項中各元件之間以標點符號「、」、「，」或「；」斷開，例如A、B及C，當然其技術特徵尚須記載A、B及C各必要元件之間的相互關係及連接關係等。前述A、B及C各必要元件可以是記載於前言中之申請標的的零件、步驟或成分等。例如：

1. 一種電動脫毛裝置，包含：
   一手持可攜式外殼；
   馬達手段，設置於該外殼中；及
   一螺旋彈簧，……。
1. 一種食品與包裝之組合，該食品在熱能作用下可以變色及變鬆脆，……；
   該包裝材料與該食品形狀大致吻合，……。

三、次組合

　　組合式請求項係請求複雜機器、裝置、方法或物品等之請求項。次組合，係某些元件或元件之群組，其為組合式請求項中必要元件之構成部分，若次組合本身為一個完整機構或機器，而能發揮自己的功能並具實用性者，則可以個別請求之。次組合式請求項（sub-combination type claim）所包含之元件及限制條件少於引用其之組合式請求項，故其申請專利範圍比引用其之組合式請求項寬廣，見3.1.1之三之(三)「引用記載形式之獨立項」；組合式請求項得引用次組合式請求項，且得於組合式請求項主體部分中陳述所引用之部分。例如：

1. 一種以燈絲A製成之燈泡B。（次組合）
2. 一種探照燈，裝有請求項1以燈絲A製成之燈泡B及旋轉裝置C。（組合）

　　次組合式請求項通常與機器裝置有關，但亦可能出現在方法、組合物或物品。在組合物中，其次組合可能是用於殺昆蟲之新化合物本身，而組合物是含有該化合物及其他材料之殺蟲劑。例如：

1. 一種具有結構式(I)的化合物A。（次組合）
2. 一種組合物，包含X%之請求項1化合物A，Y%之化合物B，Z%之化合物
　　C而組成者。（組合）

　　為使次組合式請求項完整而有意義，次組合式請求項中必須記載次組合
之元件、組合中與次組合有相互或連接關係之其他元件及該相互或連接關
係。例如椅背具有一連結椅座之新穎元件，要請求作為次組合之該椅背，須
記載該新穎連結元件，並以推導式請求（請參酌3.4.2之四「推導式請求」）
之方式記載椅座，使請求項涵蓋具有椅背之椅子，而不只是涵蓋椅背，例如
「一種椅子之椅背，包含……，其中……元件連結椅座……。」就涵蓋的範
圍而言，這種記載方式與「一種椅子的連結構造，（用於椅背與椅座之連
結，）包含……連結椅背與椅座。」而將椅背及椅座記載於前言而作為周邊
元件的記載方式並無太大不同。
　　在In re Dean案，藉次組合中與組合之元件有關連之元件，得請求用於
組合之次組合，請求項為：

3. 一種照相機之快門機構，包含二個可獨立操作之快門啟動元件，一個可精
　　確預設照相曝光的快門裝置包含：
　　一對電子感應設備，適於單獨耦合該〔快門啟動〕元件；……及
　　一電子式時間常數迴路，負責……使該放電設備傳導而產生定時脈衝……
　　使與其相連之電感應設備完成曝光。

　　美國法院判決前述請求項是請求屬於次組合之計時器（timer）本身，而
非請求計時器及快門（shutter）之組合。前言限定條件「照相機」及
「可……照相曝光」並非請求項之結構特徵。主體中「適於單獨耦合」僅陳
述該計時器之零件實現耦合功能的適合性，並未將快門導入請求項[70]。
　　在In re Rohrbacher and Kolbe案，請求項係用於特種引擎中之冷卻泵，
但該引擎之零件並非請求項之結構特徵，請求項為：

70　In re Dean 130 U.S.P.Q. (BNA) 107 (C.C.P.A. 1961)

1. 一種用於引擎之液冷泵，該引擎具有併排之液冷汽缸並包含：

一瘦長的泵外殼，套合於該併排之汽缸之間，為安全防護，其另一端延伸
到該併排汽缸之液冷空心牆；

該外殼作成提供……〔詳細界定某內腔〕；

該外殼尾端作成提供出口之零件……〔被界定〕而適於使該未充滿之內腔
與該併排汽缸之該空心牆中之冷卻液凹穴連通……。

　　美國法院判決前述請求項前言中所載之引擎及其零件並非請求項之結構
特徵，參酌請求項中之陳述，該泵是「用於」特殊型式之引擎，且該泵內腔
是「適於」連通到引擎的某部分，這種陳述僅是要界定泵本身，而非陳述所
請求之物品為引擎或包含引擎，而只是用於引擎或適於連接該兩者。因此，
請求項中所載之泵是要與引擎一併使用，而有一特殊結構使其適於該使用，
該請求項僅界定泵之結構本身而非泵與引擎之組合[71]。此外，在美國，物之
請求項前言中所載之用途已被判決不應限制請求項於特定之用途。

　　次組合式請求項係以發明人對於先前技術有貢獻之部分作為核心，其涵
蓋範圍比其所屬之組合來得寬廣，無論是在申請、維護或行使專利權方面，
均比組合式請求項更優越。若次組合本身為一個完整機構或機器，而能發揮
自己的功能並具實用性者，應記載為次組合式請求項，不須記載為組合式請
求項而將組合中無關之周邊元件一併載入請求項。惟若對於次組合本身是否
為一個完整機構或機器有疑慮者，或許可以使用前述後兩項特別形式的次組
合式請求項，將屬於次組合之元件以推導式請求之方式（請參酌3.4.2之四
「推導式請求」）一併記載組合中之其他內容，而使次組合式請求項完整而
有意義。準此，解釋申請專利範圍時，請求項並不包含該其他內容，但能提
供嗣後修正或更正申請專利範圍之基礎。

3.2.3　請求項之總括方式

　　為求申請專利之發明涵蓋寬廣的範圍並符合簡潔要件，獨立項得就說明
書中所載之實施例作總括性的界定。通常獨立項總括的方式有下列三種：

71　In re Rohrbacher and Kolbe 128 U.S.P.Q. (BNA) 117, 119 (C.C.P.A. 1960)

(1) 以習知之上位概念用語總括

例如以「C_1-C_4烷基」總括甲基、乙基、丙基及丁基；以「固定手段」總括螺釘、螺栓及釘等。

(2) 以自定之擇一形式總括

例如以「A、B、C或D」或「由A、B、C及D構成的群組中選出的一種物質」之格式總括A、B、C及D技術特徵。

(3) 以手段（步驟）功能用語總括

手段（步驟）功能用語，即所謂的means plus function / step plus function，於請求項中僅記載功能，說明書中記載對應之結構、材料或動作。

一、上位概念與下位概念

依技術內容涵蓋之層次，技術特徵之用語可分為上位概念用語（generic term）及下位概念用語（species term）。上位概念，指複數個技術特徵屬於同族或同類，或具有某種共同性質的總括概念，例如電腦；下位概念，指相對於上位概念表現為下位之具體概念，例如電子計算機、微處理器。

上位概念技術特徵的範圍限於說明書所明示及具有通常知識者所能理解之下位概念技術特徵。以馬達為例，若說明書記載了交流馬達、直流馬達及線性馬達等下位概念用語，則其專利範圍包括前述三種馬達及具有通常知識者所能理解之其他習知馬達。

上、下位概念是彼此之間的相對概念，下位概念金、銀、銅、鐵之上位概念得為導電金屬，而導電金屬得為更上位概念導電材料（包含碳）之下位概念。專利實務上，發明中某一技術特徵可以是兩個以上可選擇之實施方式，例如結構、步驟或零件，各實施方式之間可以互換使用，以達同一結果，這種具體的結構、步驟或零件等作為請求項之技術特徵，即屬下位概念。附屬項係以下位概念用語記載申請專利之發明具體的實施例，而獨立項得以上位概念用語總括其所屬之下位概念，例如以馬達總括前述三種特定馬達，而將該三種馬達記載於附屬項。

二、上位概念請求項與下位概念請求項

請求項以上位概念用語總括實施例者，稱為上位概念請求項（generic claim）；以下位概念用語記載者，稱為下位概念請求項（species claim）。上位概念請求項涵蓋其所屬以下位概念揭露之全部事項，甚至涵蓋未被揭露之下位事項；而下位概念請求項僅涵蓋個別實施例，得為獨立項或附屬項。

符合專利要件之上位概念請求項得總括合理數目之下位概念發明，但若上位概念請求項不符合專利要件，而其所屬之複數個下位概念請求項在設計、操作或功效各方面皆無關係時，該等下位概念發明皆必須改寫為獨立項，甚至因不具發明單一性必須分割申請。

上位概念或下位概念請求項並無規定之撰寫格式。例如：

1. 一種物質C之製造方法，將A與B混合並加熱，再以酸處理之，而製成物質C。（上位概念請求項）
2. 如請求項1物質C之製造方法，以螺旋狀攪拌機P將A與B混合，並以電氣加熱，再以硫酸處理之，而製成物質C。（下位概念請求項）

上位概念請求項不包括其下位概念附屬項所附加之技術特徵，而各下位概念附屬項一定包括其上位概念請求項之所有技術特徵。例如前述物質C之製造方法，上位概念請求項之技術特徵包括：混合、加熱及酸處理等，但不包括下位概念附屬項所附加的螺旋狀攪拌機、電氣及硫酸。因此，上位概念請求項對照先前技術具專利要件而准予專利者，下位概念附屬項亦具專利要件。

上、下位概念用語之區分係依該技術領域之通常知識，相對於其他類型之請求項，以上位概念用語總括之意義較為明確，因此，若有明確的上位概念用語可資使用時，切勿使用較可能產生爭議之馬庫西式請求項或手段請求項。例如上位概念用語「容器」對照手段功能用語「容納手段」（means for containing），前者意義更為明確，且總括範圍比後者更為寬廣。

就請求項之撰寫本身而言，區分上、下位概念或次上位概念並不重要，其僅關係到能取得一個上位概念請求項之專利或若干下位概念請求項之專利

而已；重點在於上位概念請求項不具專利要件時修正或更正該上位概念請求項是否會違反專利要件。因此，撰寫請求項時，除了以上位概念用語撰寫成涵蓋範圍較大的獨立項，有系統地總括屬於同一發明構思但涵蓋範圍較小的請求項之外，附屬項尚應包含大大小小各種範圍之具體實施例，以應付未來可能的修正或更正申請專利範圍。

三、次上位概念請求項

次上位概念請求項（sub-generic claim），指申請標的之技術特徵僅包含上位概念技術中之部分下位概念技術而非全部。例如上位的「羧酸」相對於次上位用語的「脂肪族羧酸」及「芳香族羧酸」[72]；或依通常知識，上位概念技術「鹵素」包括氟、氯、溴、碘等，而申請專利之發明之實施例僅記載氟、氯及溴，為求獨立項總括說明書中所載之實施例，只有使用申請人自定的擇一形式或馬庫西式請求項（請參酌3.2.5之一「馬庫西式請求項」），始足以適當總括，但應注意擇一形式請求項是否符合明確要件。

就總括之程度而言，上位概念請求項涵蓋之範圍係具有通常知識者對於請求項中所載之上位概念用語之意義所理解之範圍，包含說明書已揭露或未揭露之下位概念；下位概念請求項涵蓋之範圍僅限於其所載之下位概念所界定之具體實施例。次上位概念請求項涵蓋之範圍介於前述二者之間，既非上位概念用語所總括全部下位概念技術，亦非僅限於單一下位概念技術。因此，若無公認之上位概念用語可資使用時，得以自定的次上位概念請求項請求之，適當的總括所揭露之實施例於單一獨立項中，或以手段（步驟）功能用語總括說明書中所載之結構、材料或動作（請參酌3.2.5之三「手段請求項」）。

3.2.4　請求項之格式整理

請求項之記載應依單句原則為之；完成文字之記載後尚須決定呈現格式，以標點符號區隔文字。請求項中所載之文字的呈現方式，主要包括單一

72　Ex parte Sorenson 3 USPQ2d 1462 (Bd. Pat. App. & Inter. 1987)

段落或分若干段落呈現兩種方式，另外尚包括習用的二段式請求項（吉普森式請求項）。

一、單段式

單段式請求項（single-paragraph form of claim），指請求項以一完整句子不分段記載整個申請標的。例如：

1. 一種感溫奶瓶，該奶瓶之下段裝設有一感溫裝置，該感溫裝置係於一基座中設置一感溫片及一溫度感知器，該感溫片之一面係與該奶瓶內的液體接觸，且該感溫片之另一面與該溫度感知器緊密接觸。

單段式請求項中，主要是以標點符號區別不同技術特徵，不以縮排、字母或數字予以標示。單段式之段落格式不易閱讀，讀者必須仔細分析其標點符號、文法等，始能了解請求項之內容涵義。

二、分段式

分段式請求項（subparagraph form of claim），或稱表格式請求項（tabular form of claim），是在連接詞之後加冒號並換行撰寫主體部分，對於每一個技術特徵或子句皆分行撰寫並以標點符號斷開，但不必編號。分段式請求項中每一個技術特徵皆列於行首，有綱舉目張之效，對於構造複雜的裝置、系統，便於區分並了解其內容涵義，適合表現大多數類型之請求項，對於初學者而言，尤其易於閱讀、撰寫，係最受專利實務界歡迎的段落格式。例如：

1. 一種按摩座墊結構改良，包括：
   一直立的周壁；
   二個端表面，其與周壁一體成形；
   一氣室，在周壁及二個端表面之間形成；及
   一個氣嘴。

三、次分段式

分段式請求項中，再以縮排方式區別次組合或相關步驟者，稱為次分段式請求項（sub-subparagraph form of claim）。例如以縮排方式呈現後述「氣室」之技術特徵。

1. 一種按摩座墊結構改良，包括：
　一直立的周壁；
　二個端表面，其與周壁一體成形；
　　一氣室，在周壁及二個端表面之間形成；及
　一個氣嘴。

四、大綱式

大綱式請求項（outline form of claim），係在請求項主體部分中所載之主要技術特徵或子句之前編號，標示(a)、(b)、(c)之類的符號作為綱目，提醒注意之請求項。對於複雜的請求項，大綱式請求項中之標示有助於指定同一請求項或依附前述另一請求項中之技術特徵。當然，大綱式請求項亦可以搭配使用分段式。例如：

1. 一種觸媒組合物，包含下列各成分：
　(a) 一種鈀化合物；
　(b) pKa低於2之一種酸之陰離子，但不為鹵氫酸；及
　(c) 具通式為$R_1 R_2$ P-R-P $R_3 R_4$之雙膦，其中R_1為……，R_2為……，R_3為……，(a)、(b)之比例為×：×～×：×，(b)、(c)之比例為×：×～×：×。

五、冒號分號式

冒號分號式請求項（colon-semicolon form of claim），係除了逗號、句

號之外，在請求項中標示冒號、分號，進一步將所載之技術特徵予以區分之請求項。冒號分號式請求項，係在連接詞之後加冒號，並在各技術特徵之記載之間加分號。例如3.2.4之二「分段式」至3.2.4之四「大綱式」之例均為冒號分號式。

六、吉普森式

　　為使公眾更明確了解獨立項，並明確、簡潔區分申請專利之標的與先前技術共有之必要技術特徵及有別於先前技術之必要技術特徵，獨立項得以吉普森式請求項（Jepson type claim）（或稱二段式two-part form，歐洲式請求項European type claims[73]）之形式撰寫[74]：

(1) 前言部分：應包含申請專利之標的名稱與先前技術共有之必要技術特徵；

(2) 特徵部分：應以「其特徵在於」或其他類似用語，如「其改良在於」、「其改良為」、「其特徵為」、「其改良包含」（characterized by; characterized in that; wherein the improvement comprises；the improvement comprising）等連接詞引領後續有別於先前技術之必要技術特徵。

　　吉普森式之通式：「一種○○，……〔以上為前言部分〕，其特徵為〔連接詞〕……〔特徵部分，即申請專利主體部分〕。」其中○○為申請標的。例如：

1. 一種二甲胺之製法，其係使甲醇及／或二甲醚與氨，於提供充分量之碳／氮（C/N）比為約0.2至約1.5，於約250至約450℃反應，〔前言部分〕
   其特徵為：〔連接詞〕
   使用如下組成之觸媒……〔特徵部分，即主體部分〕。

1. 一種紙尿褲之尿濕或排泄告知裝置，該紙尿褲係於防水層頂側中段，配合

73　美國聯邦法規37 CFR §1.75(e)及歐洲專利公約規則EPC Rule 29(1)

74　吉普森式請求項之基本型式：「In a ＿＿ having [conventional elements A, B, C] the combination with [A] of [new element D].」，「In combination with [conventional elements] of the type wherein [conventional elements are provided for doing something], the improvement which comprises：....」，「An improved of the type having [conventional elements] wherein the improvement comprises....」，「In a machine of the type having the improvement which comprises：....」及「A machine having [conventional elements], characterized in that：....」等

表層夾設吸收體；該尿濕告知裝置具有一控制器；〔前言部分〕

其改良為：〔連接詞〕

尿濕告知裝置，於紙尿褲之防水層及吸收體間夾設兩片可導電之扁平狀金屬箔面紙條作為感應器，……〔特徵部分，即主體部分〕。

　　吉普森式請求項適用於改良發明，係將新的技術特徵或經改良的技術特徵加到已知的組合，其前言中通常得相當寬廣的描述最接近申請標的之單一先前技術的已知技術特徵，適當時，甚至可以不必記載已知技術特徵之結合或連結關係。在連接詞之後的主體部分，應描述新技術特徵及其彼此間之結合或連結關係，以及新技術特徵與前言中之已知技術特徵間之結合或連結關係。

　　吉普森式請求項明確描述了申請標的與先前技術之共有部分，又主張了申請標的的新穎特徵，便於審查人員或社會大眾了解申請專利之發明的實質內容，並清楚地劃分出專利權範圍之特徵部分，便於維護專利或於專利侵權訴訟階段之攻防。惟應注意者，吉普森式請求項隱含了申請人自認前言中所載之技術特徵為先前技術，而為該先前技術之再發明，不僅有被追索授權金或損害賠償金之風險，且可能不利於專利權人嗣後維護及主張專利權，居於申請的立場，儘量少用此撰寫方式。

　　吉普森式請求項前言部分之申請標的名稱，指與發明有關的裝置、組合物、方法等之名稱，且必須屬於說明書中所載發明所屬的技術領域。例如「一種套筒扳手之棘輪構造」，前言部分記載其他屬於扳手的構成元件，例如「扳手握柄」時，不得僅記載「一種棘輪構造」而超出發明所屬的技術領域。

　　前言部分所載之技術特徵應為申請標的與先前技術共有且為必要之技術特徵，但僅侷限於具體之待改良部分及與該待改良部分配合之部分，或為充分理解該待改良部分所需之部分，不要求對已知技術特徵作詳細說明，故可以不必記載已知技術特徵之結合或連結關係。例如「具有日期顯示窗之手錶」，若其改良特徵為日期顯示窗，雖然指針、動力來源等為必要技術特徵，由於該等特徵與先前技術並無不同，且與發明目的無直接關係者，不必記載該特徵。在這種情況，並非指指針、動力來源等不是手錶的必要技術特

徵，而是指該等技術特徵與先前技術並無不同。惟若將指針、動力來源等載入附屬項，隱含其所依附之獨立項不包括該等技術特徵，因此，若附屬項要限定該等技術特徵，則其所依附之獨立項必須記載該等技術特徵，作為附屬項之前提基礎。此外，若連接詞為「其改良包含」（wherein the improvement comprises; the improvement comprising），為避免文字重複，前言部分應載為「具有」（having），例如前述「具有日期顯示窗之手錶」。

特徵部分應敘明申請專利之標的與該先前技術不同的必要技術特徵，包括所附加的新技術特徵、經修飾的已知技術特徵或已知技術特徵之間新的連接關係或交互作用。前言中可以不描述所載之已知技術特徵之間的連接關係，只須在特徵部分中描述所載之新技術特徵之間的連接關係，並描述其與前言中所載之已知技術特徵之間的連接關係，以表達其間的交互作用即足。對於同一技術特徵，不得於前言部分及特徵部分重複記載，僅得就前言部分已記載之技術特徵作進一步限定，並記載其與前言部分中之技術特徵之間的關係。

解釋申請專利範圍時，特徵部分應與前言部分所述之技術特徵結合，因此，不得僅因特徵部分僅記載單一手段之技術特徵，而認定為純功能請求項。此外，申請專利時，也不能在同一申請案中一方面使用吉普森式請求項，另一方面又以該請求項之前言部分中所載之內容作為另一請求項之申請標的。

吉普森式請求項僅適用於獨立項，不適用於附屬項。雖然吉普森式撰寫形式具有明確、簡潔的優點，惟若發明之性質不適於以吉普森式撰寫時，應以其他形式撰寫。屬於這種情況之發明如下：
(1) 開創性發明、用途發明或化學物質發明。
(2) 已知技術的組合發明，其發明重點在於組合本身。
(3) 已知發明的改良，其改良之重點在於刪除某一技術特徵，或置換某一技術特徵，或將技術特徵間的相互關係重新安排。

3.2.5　請求項之發明特徵

請求項中必須記載實施之必要技術特徵或被依附項之外的附加技術特徵，通常於物之發明為結構特徵及其連接關係；於方法發明為步驟、順序及

條件等特徵。對於發明特徵，只要能明確記載申請專利之發明，申請人得使用特性、功能、製法等技術特徵記載申請標的，且得以手段功能用語、擇一表現形式、圖式或其他記載方式。本節將介紹無法記載結構或步驟等特徵時，得記載之其他特徵及技術特徵之記載方式等。

一、馬庫西式請求項

為求申請專利之發明涵蓋寬廣的範圍並符合簡潔要件，獨立項得就說明書中所載之實施例作總括性的界定。前述上位概念請求項係以習知上位概念用語總括（請參酌3.2.3之二「上位概念請求項與下位概念請求項」）；擇一形式請求項或馬庫西式請求項（Markush type claim）係申請人自定的總括方式。當無法以上位概念請求項總括說明書中所載之實施例時，得退而求其次以馬庫西式請求項列舉無適當或無真正上位概念用語之選項予以總括，而以單一請求項涵蓋數個並列之特徵選項。

擇一形式請求項，指一請求項記載一群發明，而該發明群中之每一發明係由請求項中所載之具體技術特徵的選項（alternatives）分別予以界定。擇一形式請求項係以「或」、「及」並列數個選項的具體技術特徵，例如「特徵A、B、C或D」或「由A、B、C及D構成的群組（物質群）中選出的一種物質」（... wherein X is selected from the group consisting of ... and ...）[75]，其意義為「選擇其中之一」，故其申請專利範圍限於所載之各選項，而非各選項之任一組合。注意馬庫西式請求項中「由……構成」（consisting of）係封閉式連接詞，且後續之「及」不能以「或」代之。例如：

1. 一種除莠劑組合物，包括有效量的A及B兩種化合物的混合物、稀釋劑或惰性載體，A是2,4-二氯苯氧基醋酸；B是由以下化合物：硫酸銅，氯化鈉及氨基磺酸銨構成的群組中選出的一種化合物。

以擇一形式總括時，並列的各選項應具有類似的性質，不得將以上位概念特徵總括的內容與下位概念特徵並列。以擇一形式總括的概念應明確，例

75　Exparte Markush, 1925 C.D. 126 (Comm'r Pat. 1925)

如「A、B、C或類似物（或類似物質、設備、方法）」，若類似物的定義不明確，不得與具體的A、B、C並列。

　　方法或組合物（非單一化合物）請求項中有馬庫西群組時，若說明書揭露內容顯示該群組之全部選項具備至少一項共通性質，而該性質導致該等選項在個別實施方式中之功能相關，且就選項之本質內涵或就具備該性質的所有先前技術而言亦屬明確者，則該等選項足以構成馬庫西群組。

　　在化學領域，馬庫西式請求項中並列的各選項是否具有類似的性質，應考慮是否符合下列條件：

(1) 所有選項（即可供選擇之化合物）具有一種共同的性質或活性；且

(2) a.具有一種共同的化學結構，即所有的選項都具有一種重要的化學結構元素（element），或

　　b.若共同的化學結構沒有統一的判斷標準，則所有選項被認為屬於具有通常知識者所公認之任一化學物質群。

　　前述(2)a.中之「所有的選項都具有一種重要的化學結構元素」係指所有選項都具有一種共同的化學結構，該共同的化學結構占了其化學結構的絕大部分，或雖然共同的化學結構只占了其化學結構的小部分，但對照先前技術，該共同的化學結構構成結構上獨特的部分。前述結構元素為單獨之一部分（component），亦得為相互關聯的幾個結構部分的組合。

　　前述(2)b.之「所認知之任一化學物質群」是指請求項中所載的發明具有相同作用，且參酌該發明所屬技術領域中的通常知識能預期的化學物質群。換言之，即將屬於該化學物質群的各個化學物質互相替代亦能預期得到相同的結果。

　　美國專利審查手冊MPEP指出馬庫西式請求項中並列的各選項是否類似之判斷，通常必須是「屬於同一個公認的物理類別、化學類別或先前技術已認可的類別」[76]。馬庫西式請求項經常被使用於合金、耐火材料、陶瓷、製藥、藥理及生化領域。

　　就其他技術領域而言，MPEP另指出：若說明書揭露內容顯示群組之選項共有至少一種性質，而該性質會導致所請求之內容具相關功能，且從選項

76　美國專利審查作業手冊Manual of Patent Examining Procedure (MPEP), 8 Edition, 706.03(y)

之本質或先前技術觀之，所有選項具有該性質並無不明確，則滿足馬庫西式請求項之要求[77]。純粹的機械特徵或是製程步驟，亦得使用。在機械領域，例如「……一種固定元件，其係選自由圖釘、鉚釘及螺釘所構成的群組中的一種元件」或「一個圖釘、鉚釘或螺釘之固定元件」，惟通常得以上位概念用語「固定裝置」總括這些元件。在製程方面，馬庫西式請求項得為：「……一種使鍵結力量減弱的步驟，其係選自由加熱及冷凝所構成的群組中的一種步驟」。

在美國，擇一形式用語「任何一個」（optionally）被認為是可接受的語言，例如「包含A、B、及C中任何一個」（containing A, B, and optionally C），因為該擇一形式被請求項所涵蓋的範圍並無不明確[78]。在化學領域馬庫西群組所載之選項重疊，例如「選自由……鹵素……氯……構成之群組中的一種元素」，雖然鹵素是氯的上位，該請求項仍被認定並無不明確。

在美國，允許縮減或改變範圍之馬庫西式請求項，只要請求項並無不明確或過度重複，例如：

1. ……A、B、C及D之群組……。（寬廣的上位概念請求項）
2. ……A、B及C之群組……。（次上位概念請求項）
3. ……A及C之群組……。（優選的請求項）

二、指紋式請求項

指紋式請求項（fingerprint claim）大多出現於化學或生物技術領域，當某一物質以新的或經修飾的形式產生，其與先前形式之差異不能以物理或化學構造描述時，容許以X光繞射圖型、溶解度、融點、相圖等特性來定義該物質。例如：

1. 一種纖維狀乳蛋白製品，其特徵為含有直徑10μ以下的乳蛋白纖維素，其

---

77 美國專利審查作業手冊Manual of Patent Examining Procedure (MPEP), 8 Edition, 2173.05(h)
78 In Ex parte Cordova, 10 USPQ2d 1949 (Bd. Pat. App. & Inter. 1989)

拉伸率為115%～380%，且在135℃熱水中處理4分鐘不會溶化。

1. 一種可灌入管內不含防腐劑且無須殺菌即可存放之醬料，其基料為沙拉油、蛋黃、液體乳脂部分及增味劑，特徵在於該醬料製備物的pH值為5.6～5.8，水分活度為0.89～0.9，並含有經磷脂酶改質的蛋黃。

　　對於物之發明，例如化學物質之發明，一般係以化學名稱或分子式、結構式予以界定，若無法充分界定申請專利範圍時，得以其物理或化學特性等（如熔點、分子量、光譜、pH值等參數）予以界定。請求項以特性界定發明時，該特性必須是該發明所屬技術領域中常用而明確的特性（如鋼的彈性係數、電的傳導係數等）；若該特性必須使用新的參數時，則該參數必須能使其所界定之物與先前技術有區別，且應於說明書中記載該參數值的量測方法。若以非屬習知的特性界定申請專利範圍，而說明書未記載量測該參數值之方法，或所記載之裝置無法測量該參數值，因申請專利之發明無法與先前技術比較，應認定該請求項不明確。

　　使用指紋式請求項是否適當，必須視其界定之申請標的是否明確而定。若請求項中所載之特性達到足以區別申請標的之程度，而能發揮「指紋」的鑑識功能者，則可以使用指紋式請求項。因此，指紋式請求項必須符合下列兩項要求[79]：

(1) 足以區別新物質與舊物質之間的差異。

(2) 新物質之界定足夠確實（certainty），足以使社會大眾了解何種行為構成侵權及何種行為不構成侵權。

　　請求項以物理或化學特性界定發明時，原則上應於申請專利範圍中記載參數值的量測方法，但有下列情事之一者，則無須記載：

(1) 量測方法係唯一的方法或普遍使用的方法，而為該發明所屬技術領域中具有通常知識者知悉之量測方法。

(2) 所有已知的量測方法均會產生相同結果者。

(3) 量測方法的記載太冗長，因不夠簡潔或難以了解，而可能使申請專利範圍

---

[79] Benger Labs., Ltd. v. R.K. Laros Co., 135 U.S.P.Q. (BNA) 11, 14 (E.D. Pa. 1962), aff'd, 137 U.S.P.Q. (BNA) 693 (3d Cir. 1963)

不明確時，請求項之記載只要參照說明書所載之量測方法即可。

三、手段請求項

物之發明通常應以結構或特性界定請求項（即該技術特徵是什麼），方法之發明通常應以步驟界定請求項。惟若技術特徵無法以結構、特性或步驟界定，或以功能界定較為清楚者，且說明書中已明確且充分揭露的實驗或操作，能直接確實驗證該功能時，得以功能界定請求項（即該技術特徵做了什麼）。請求項中包含功能界定之技術特徵，解釋上應包含具有通常知識者已知能夠實現該功能之所有實施方式。請求項中記載功能特徵，不限於手段請求項（means claim，以means/step plus function用語記載技術特徵之請求項）或功能子句（functional clause，即whereby等引領之子句），亦得以其他功能語言記載技術特徵。

對於複數技術特徵組合之發明，若某些技術特徵無法以結構或步驟界定，或以功能界定較為清楚，且具有通常知識者不須過度實驗，即能毫無困難了解該發明實現功能的技術手段者，得以手段功能用語或步驟功能用語記載該等技術特徵。對於以手段功能用語或步驟功能用語記載技術特徵之請求項，以下簡稱手段請求項（means claim）；對於該技術特徵，以下簡稱功能特徵或功能性技術特徵（functional limitations）；對於手段功能用語或步驟功能用語，以下簡稱手段功能用語，例如下列的「將該把手裝至壺身之手段」：

一種茶壺，包含：壺身；把手；及將該把手裝至壺身之手段。

發明專利係保護請求項中所載技術特徵所構成的具體技術手段，並不保護抽象的發明概念。惟若發明的新穎特徵在於功能或功能之組合，而實現該功能之技術特徵為習知者，得採用手段請求項以手段功能用語記載該功能，廣泛的記載申請標的，並於說明書中明確且充分記載實現該功能之習知結構、材料或動作。例如請求項中記載「振盪手段」，並在說明書中記載對應「振盪」功能之習知「馬達、凸輪及凸輪從動件連桿」，而非將習知結構記載於請求項而直接界定申請專利範圍。若能達成「振盪」功能之習知結構並

不限於「馬達、凸輪及凸輪從動件連桿」，例如「活塞及汽缸」亦能達成該功能，得將申請時能達成該功能之習知結構全部載入說明書，以涵蓋能達成該功能之均等結構。在前例中，雖然得以手段功能用語表現次上位概念而涵蓋達成振盪功能之習知結構，但最好是以「振盪裝置」或「機械式振盪機構」等上位概念用語表現，只要申請人能證明該用語對於具有通常知識者而言不會造成申請專利範圍不明確。

　　我國專利法施行細則第19條第4項：「複數技術特徵組合之發明，其請求項之技術特徵，得以手段功能用語或步驟功能用語表示，於解釋請求項時，應包含說明書中所敘述對應於該功能之結構、材料或動作及其均等範圍。」本項規定大致上與美國35 U.S.C. 112第6項之規定類似，所稱之技術特徵得為實現所載之功能所需之單一元件、元件之單一零件或元件之組合等任何事項。本小節所稱「手段請求項」即為以本項所定之手段功能用語或步驟功能用語表示之請求項。由於本項規定首見於民國93年7月1日施行之專利法施行細則第18條第8項，其適用或解釋尚待專利實務及法院判決之驗證，本小節以下之說明概依美國MPEP及專利實務見解。

　　請求項中使用手段功能（means-plus-function）用語之效果是將說明書中所描述之實施例及申請時習知的均等範圍作為請求項之技術特徵，實施例及其均等範圍二者在審查階段及取得專利權後的解釋申請專利範圍階段均應予以考量。因此，請求項中以手段功能用語所界定之範圍與說明書中所載之發明的範圍相同，但比請求項中以手段功能用語界定之功能的範圍狹窄。就專利訴訟實務而言，雖然專利法施行細則中之用語「均等」（equivalents）與耳熟能詳的「均等論」類似，但前者限縮了手段功能用語所界定之功能性技術特徵的範圍（相對於說明書中所明示的對應結構、材料或動作，仍屬擴張），將申請時非習知之均等技術全部排除於該技術特徵之外，亦即專利法施行細則第19條第4項限縮了申請專利範圍，而均等論係擴張申請專利範圍，涵蓋侵害專利時習知之均等範圍。具體而言，若請求項中未以手段功能用語界定技術特徵，則其所涵蓋的範圍不必被限於說明書中所揭露之內容，而是由技術特徵本身的字面意義（plain meaning）所定義，其範圍更為寬廣，例如前述上位概念用語「振盪裝置」比次上位概念的手段功能用語「振盪手段」所涵蓋的範圍更為寬廣。基於前述簡單說明，能以上位概念界定技

術特徵的情況下，切勿以手段功能用語界定，否則反而可能限縮了申請專利範圍。

　　手段請求項大多適用於電子或機械技術領域，例如以手段功能用語「放大電氣訊號手段」（means for amplifying an electric signal）取代具體結構特徵「放大器」（amplifier），而使該用語涵蓋所有記載於說明書中能放大電氣訊號之手段或裝置及其均等物。又如下述之例中「電驅動手段」（electricdrive means for rotating）及「開關手段」（switch means）即為手段功能用語：

1. 一種電動削鉛筆器，包括：
　一框體；
　一對轉子削刀，兩者之間可置入鉛筆，並可在該框體中移動；
　<u>電驅動手段</u>，以轉動該削刀，俾將插入其間之鉛筆削尖；及
　<u>開關手段</u>，以感應該轉子削刀在該框體中的移動，且當鉛筆插入該轉子削刀時，開啟該電驅動手段。

　　手段功能用語之判斷常繫於撰寫格式，應謹慎為之，例如「搖動容器之裝置」（...apparatus which shakes the container）是敘述性語言，而「<u>用於搖動容器之裝置</u>」（...apparatus for shaking the container）可能被視為以「means...for」所界定之手段請求項。

(一) 應記載之事項

　　美國專利商標局（USPTO）於1999年發布有關35 U.S.C. 112第6項（美國專利法第112條第6項）之補充審查指南（Supplemental Examination Guidelines），該指南指出請求項之限定條件符合下列三項分析（3-prong analysis）則應被解釋為適用35 U.S.C. 112第6項：

(1) 請求之限定條件必須使用「means for」或「step for」片語。

(2) 「means for」或「step for」之後必須記載特定功能。

(3) 「means for」或「step for」之後不得充分記載達成特定功能之結構、材料或動作。

　　是否適用35 U.S.C. 112第6項而為手段請求項之決定必須一個一個元件（element by element）逐一為之。35 U.S.C. 112第6項之解釋僅適用於請求項中所載之功能特徵，並非手段功能子句（means-plus-function clause, means clause）中所有的技術特徵均適用而限於說明書中所揭露結構、材料、動作及其均等物，尤其是非屬手段之名詞，例如「連續顯示資料區塊查詢之手段」（means to sequentially display data block inquiries）中之「資料區塊」並非產生「連續顯示」之手段，其意義應不限於所揭露之實施方式及其均等物[80]。又如「穿過通道傳送該代幣之手段」（means for passing the analyte slug through a passage），法院認為該手段功能子句適用35 U.S.C. 112第6項，但其中之「代幣」及「通道」均不適用[81]。此外，即使是實質上相似的方法及裝置請求項，仍然必須單獨檢視各請求項以決定是否適用35 U.S.C. 112第6項。在O.I. Corp案，美國法院即指出：方法請求項中的步驟實質上與裝置請求項中之限定條件相同，決定各請求項是否適用35 U.S.C. 112第6項，必須單獨檢視各請求項，不能僅因所用之語言類似，否則將造成請求項解釋之錯亂[82]。

　　在美國，請求項中未包含「means for」或「step for」片語（以下簡稱手段片語）的技術特徵不被認為適用35 U.S.C. 112第6項[83]，要適用該款者會被要求修正請求項之用語。惟傳統的手段片語並未自動形成手段功能用語，且不記載手段片語亦無礙於其被解釋為功能性技術特徵。例如「墨水供應手段被置於……」（ink delivery means positioned on...）被美國法院判決適用35 U.S.C. 112第6項，因為「ink delivery means」與「means for ink delivery」均等[84]。再如「一種噴射驅動裝置，被建構並設於該旋轉輪上以驅動該旋轉輪」（a jet driving device so constructed and located on the rotor as to drive the rotor）美國法院判決「裝置」（device）連同功能是適當的定義，適用35 U.S.C. 112第6項，「裝置」之前的文字「噴射驅動」僅使裝置更明確而具

80　IMS Technology Inc. v. Haas Automation Inc., 206 F.3d 1422, 54 USPQ2d 1129 (Fed. Cir. 2000)

81　O.I. Corp., 115 F.3d at 1583-1584, 42 USPQ2d at 1782

82　O.I. Corp., 115 F.3d at 1583-1584, 42 USPQ2d at 1782

83　Watts v. XL Systems, Inc., 232 F.3d 877, 56 USPQ2d 1836 (Fed. Cir. 2000)

84　Signtech USA, Ltd. v. Vutek, Inc., 174 F.3d 1352, 1356, 50 USPQ2d 1372, 1374–75 (Fed. Cir.1999)

體[85]。因此，未與手段片語連結之記載，其最寬廣合理的解釋不會被限於說明書中對應之結構、材料或動作及其均等物[86]。

　　手段請求項中所載之技術特徵，至少一部分必須以其所實現之功能予以記載。若請求項中所載之技術特徵未將手段片語連結到特定功能，則該請求項不適用35 U.S.C. 112第6項[87]。例如「桿狀移動元件用來移動該桿」（lever moving element for moving the lever）及「可動之連桿構件用來抓住該桿並釋放該桿」（movable link member for holding the lever and releasing the lever）之請求項被解釋為適用35 U.S.C. 112第6項，因為其所載之技術特徵是功能而非機械結構[88]。再如「眼鏡架構件」（eyeglass hanger member）及「眼鏡片接觸件」（eyeglass contacting member）雖然包含功能，但其請求項並不適用35 U.S.C. 112第6項，因為請求項本身包含足夠實現這些功能的結構限定條件[89]。此外，僅出現在請求項前言中之功能陳述通常不足以使請求項適用35 U.S.C. 112第6項，例如因為前言中之陳述係實現一系列步驟所生之結果，並未將請求項中之「passing」步驟轉換成步驟功能子句再連結到被該步驟實現的功能[90]。

　　縱使請求項中所載之技術特徵使用手段片語，若該技術特徵本身記載了足以實現特定功能的動作，仍不適用第112條第6項[91]。例如「擋板」（baffle）本身為結構特徵且請求項進一步記載了擋板結構，「第2個擋板手段」（second baffle means）不適用35 U.S.C. 112第6項[92]。再如請求項於手段片語之後界定了一連串結構及實現移動功能之詳細結構，「用來移動之定位手段」（positioning means for moving）並不適用35 U.S.C. 112第6項[93]。又如

85　Ex parte Stanley, 121 USPQ 621 (Bd. App. 1958)

86　Morris, 127 F.3d at 1055, 44 USPQ2d at 1028

87　York Prod., Inc. v. Central Tractor Farm & Family Center, 99 F.3d 1568, 1574, 40 USPQ2d 1619, 1624 (Fed. Cir. 1996)

88　Mas-Hamilton Group v. LaGard Inc., 156 F.3d 1206, 1213, 48 USPQ2d 1010, 1016 (Fed. Cir. 1998)

89　Al-Site Corp. v. VSI Int'l, Inc., 174 F.3d 1308, 1317-19, 50 USPQ2d 1161, 1166-67 (Fed. Cir. 1999)

90　O.I. Corp., 115 F.3d at 1583, 42 USPQ2d at 1782

91　Seal-Flex, 172 F.3d at 849, 50 USPQ2d at 1234 （Radar, J.,協同意見）

92　Envirco Corp. v. Clestra Cleanroom, Inc., 209 F.3d 1360, 54 USPQ2d 1449 (Fed. Cir. 2000)

93　Rodime PLC v. Seagate Technology, Inc., 174 F.3d 1294, 1303–04, 50 USPQ2d 1429, 1435–36 (Fed. Cir. 1999)

請求項描述了支持撕裂功能（即穿孔）的結構，「用來撕裂之穿孔手段」
（perforation means ... for tearing）不適用35 U.S.C. 112第6項[94]。

美國聯邦法院之判例指出，申請專利範圍是否適用35 U.S.C. 112第6
項，並非單純從其撰寫形式予以判斷，而應就其實質記載內容是否揭露所要
達成之功能且未揭露完整的結構綜合判斷之[95]。具體而言，僅因請求項中以
「means」記載限定條件，並不能認定該限定條件屬於35 U.S.C.112第6項中
所稱之手段功能用語；反之，即使請求項中未以「means」記載限定條件，
亦不能認定該限定條件就不屬於35 U.S.C.112第6項中所稱之手段功能用
語[96]。

總之，是否為手段功能用語（functional language）所描述之技術特徵的
判斷原則：若請求項的技術特徵記載「……手段（或裝置）」（means for，
但非means of）或「……步驟」（step for，但非step of）的字眼，即推定該
技術特徵是以手段或步驟功能用語撰寫；惟此推定在以下兩種任一情形下可
被推翻：

(1) 技術特徵雖記載了「……手段（或裝置）」或「……步驟」片語，但未記
載達成該手段（或裝置）或步驟之特定功能。

(2) 技術特徵雖記載了「……手段（或裝置）」或「……步驟」片語，不論是
否記載了達成該手段（或裝置）或步驟之特定功能，只要記載了足以達成
該特定功能的完整（sufficient）結構、材料或動作。

對於單單使用「means」而不使用「means for」片語的情況，則會被推
定為不適用35 U.S.C. 112第6項；惟在一般請求項中使用「means」有時能涵
蓋實現所欲達成之功能的全部結構。例如僅使用「反射物」或「鏡子」並無

---

94 Cole v. Kimberly-Clark Corp., 102 F.3d 524, 531, 41 USPQ2d 1001, 1006 (Fed. Cir. 1996)

95 Phillips v. AWH Corp., Nos. 03-1269, 1286, 2005 U.S. App. LEXIS 13954 (Fed. Cir. Jul. 12, 2005) (en banc),
citing Watts v. XL Sys., Inc., 232 F.3d 877, 880-81 (Fed. Cir. 2000)
"Means-plus-function claiming applies only to purely functional limitations that do not provide the structure
that perform the recited function."

96 Cole v. Kimberly-Clark Corp., 41 U.S.P.Q. 2d 1001, 1006 (Fed. Cir. 1996) "Merely because a named element
of a patent claim is followed by the word 'means', however, does not automatically make the element a
'means-plus-function' element under 35 U.S.C. 112, 6. The converse is also true; merely because an element
does not include the word 'means' does not automatically prevent that element from being construed as a
means-plus-function element."

法反映請求項中可能需要一個也可能需要複數個反射物或鏡子之結構時，「反射手段」（reflector means）可以涵蓋一個或一個以上之反射物，因為置於「means」之前的名詞「reflector」變成描述性形容詞；尤其在請求項未記載「包含」等類似用語而涵蓋至少一個元件之數量範圍的情況，「反射手段」之記載可能是唯一明確涵蓋達成目的之元件全部範圍的方式[97]。然而，上位概念用語置於「means」之前通常並不能擴張申請專利範圍且可能造成不明確，例如「leg means」與「leg」並無不同。

　　在美國，聯邦法院曾判決即使被依附項為手段請求項，記載實現該功能之結構的附屬項並不受35 U.S.C.112第6項之限制[98]，該附屬項只要記載「……其中該……手段……包含……」（wherein the means for...comprises ...）即足。請求項中提及先前已記載之技術特徵，應使用描述性之名稱，例如「該振盪手段」或「該電驅動手段」，而不要使用「該第1手段」。

(二) 說明書之審查

　　對於手段請求項，USPTO原本不認為必須受35 U.S.C. 112第6項之拘束，只要先前技術有任何元件能實現所請求之功能，則認定請求項不具可專利性，而不管說明書中所揭露之實施例。但1994年Donaldson案[99]，美國聯邦法院判決審查專利申請案時必須受35 U.S.C.112第6項之限制，而使法院與USPTO解釋手段請求項的方式一致。換句話說，功能性技術特徵僅涵蓋說明書中所揭露之結構、材料、動作及其均等範圍。從被控侵權對象是否可以讀取到系爭專利請求項中所載之功能性技術特徵，必須該被控侵權對象：(1)實現該功能性技術特徵，及(2)實現該功能係使用說明書中所揭露之結構、材料、動作或其均等範圍。至於被控侵權對象是否落入前述均等範圍，必須審究其是否實現了請求項中所載之相同功能，且是否有實質相同之習知結構、材料或動作。

　　對於手段請求項中之功能性技術特徵，必須被解釋為說明書中所揭露之

97　Landis on Mechanics of Patent Claim Drafting (edition 5), 3:25 The "Means" or "Step" Clauses, p3-90

98　Medtronic, Inc. v. Advanced Cardiovascular Sys., Inc., 248 F.3d 1303, 58 U.S.P.Q.2d (BNA) 1607 (Fed. Cir. 2001)

99　In re Donaldson Co., 16 F.3d 1189, 29 USPQ2d 1845 (Fed. Cir. 1994) (in banc)

結構、材料、動作及其均等範圍，故請求項中記載功能性技術特徵，必須在說明書載明其實施方式，清楚表示該技術特徵之涵義，否則違反明確要件[100]。解釋手段請求項中之功能性技術特徵，首先應確定請求項中所載之特定功能為何，其次應決定說明書中對應於該特定功能之結構、材料或動作。前述所稱之對應，指說明書或申請歷史檔案中所載之結構、材料或動作必須與請求項中所載之功能有關連[101]，請參酌5.6.2之一「手段請求項之解釋及其步驟」。

　　雖然手段請求項中所載之技術特徵為功能，但其必須在結構方面而非功能方面與先前技術有區別。手段請求項是否符合專利要件之判斷，必須審究其涵蓋什麼結構，而非具有什麼功能[102]，因為功能是結構固有的內容[103]。因此，手段請求項中之技術特徵的範圍限於說明書中所載之對應結構、材料或動作及其均等物，手段請求項是否符合專利要件應比對說明書中所載之對應結構、材料或動作。使用手段請求項，必須於說明書中充分記載對應請求項中所載之功能的結構、材料或動作，否則不符合明確要件[104]或支持要件（未受可據以實現之結構、材料或動作所支持）[105]；惟並非指說明書必須記載對應於手段請求項中所載功能的所有均等結構、材料或動作[106]，亦即不必記載且最好省略習知之結構、材料或動作[107]，但對於較佳實施例、具有（商業）價值者或競爭對手可能採用者，應儘可能詳細記載，將其納入請求項中之功能性技術特徵所涵蓋的文義範圍。

　　在決定說明書是否記載了請求項中所載之功能的對應結構、材料或動作

---

100 In re Donaldson Co., 16 F.3d 1189, 29 USPQ2d 1845 (Fed. Cir. 1994) (in banc)

101 O.I. Corp. v. Tekmar Co., 115 F.3d 1576, 1583, 42 U.S.P.Q. 2d 1777, 1782 (Fed. Cir. 1997) "The Federal Circuit holds that, pursuant to this provision (35 U.S.C. 112 paragraph 6), structure disclosed in the specification is corresponding structure only if the specification or prosecution history clearly links or associates that structure to the function recited in the claim. This duty to link or associate structure to function is the quid quo for the convenience of employing Section 112, Paragraph 6."

102 Hewlett-Packard Co. v. Bausch & Lomb Inc., 909 F.2d 1464, 1469, 15 USPQ2d 1525, 1528 (Fed. Cir. 1990)

103 In re Schreiber, 128 F.3d 1473, 1477-78, 44 USPQ2d 1429, 1431-32 (Fed. Cir. 1997)

104 In re Dossel, 115 F.3d 942, 946, 42 USPQ2d 1881, 1884 (Fed. Cir. 1997)

105 In re Ghiron, 442 F.2d 985, 991, 169 USPQ 723, 727 (CCPA 1971)

106 In re Noll, 545 F.2d 141, 149-50, 191 USPQ 721, 727 (CCPA 1976)

107 Hybritech Inc. v. Monoclonal Antibodies, Inc., 802 F.2d 1367, 1384, 231 USPQ 81, 94 (Fed. Cir. 1986)

據以滿足35 U.S.C. 112第2項明確要件時，必須基於具有通常知識者之觀點，檢視說明書之揭露內容，在不依賴引述之文件中任何資訊的前提下，分析決定之[108]。若具有通常知識者從說明書之記載內容，包括隱含或固有之揭露內容，能明瞭什麼結構、材料或動作實現了請求項中所載之功能，則符合明確要件。對於請求項中所載之功能，若說明書中未記載對應之結構、材料或動作，請求項不符合明確要件。例如美國法院解釋請求項中「用來監看ECG訊號……啟動……的第3監看手段」片語，認為同一手段實現兩種功能且說明書中唯一提及之東西唯有醫師，因而判決除了醫師沒有結構可以完成所請求之雙重功能，因為實施方式中並未揭露真正實現所請求之雙重功能的結構，請求項不符合明確要件[109]。若具有通常知識者單從說明書無法確認實現所載之功能的結構、材料或動作，則必須修正說明書，將引述文件中有關之資訊載入說明書，進而將結構、材料或動作清楚地連結或關連到請求項中所載之功能性技術特徵。

　　美國法院指出在決定是否已揭露足夠的結構時，應基於具有通常知識者之觀點，並指出USPTO所發布的補充審查指南符合法院判決的這個觀點[110]。在Atmel案中，請求項中記載一種裝置，包含適用35 U.S.C. 112第6項之技術特徵「高電壓產生手段」（high voltage generating means），其說明書引述非專利文件之技術期刊，該期刊描述了一特殊高電壓產生電路。美國法院指出，說明書中之發明名稱已向具有通常知識者充分揭露了實現所載之功能的對應結構，而將案件發回地方法院[111]。

　　對於電腦軟體相關之發明，若申請人僅揭露所實現之功能，而未以明示、隱含或固有的方式揭露硬體或硬體與實現該功能之軟體的組合，則申請案未揭露對應請求項中所載之功能的任何結構[112]。絕大部分的情況下，說明書必須明示對應手段片語中之功能的結構、材料或動作，例如美國法院即指

---

108 Default Proof Credit Card System, Inc. v. Home Depot U.S.A., Inc., ___F.3d ___, 75 USPQ2d 1116 (Fed. Cir. 2005)

109 Cardiac Pacemakers, Inc. v. St. Jude Med., Inc., 296 F.3d 1106, 1115-18, 63 USPQ2d 1725, 1731-34 (Fed. Cir. 2002)

110 In re Dossel, 115 F.3d 942, 946-47, 42 USPQ2d 1881, 1885 (Fed. Cir. 1997)

111 Atmel Corp. v. Information Storage Devices, Inc., 198 F.3d at 1382, 53 USPQ2d at 1231 (Fed. Cir. 1999)

112 B. Braun Medical, 124 F.3d at 1424, 43 USPQ2d at 1899

出接收數位數據單元實現了複雜的數學計算，且輸出結果到顯示器，其必須藉由或利用普通或特別目的之「電腦」予以執行[113]。在適當的情況下，圖式可以提供對應之結構、材料或動作[114]。

為擴大手段請求項中功能性技術特徵之範圍，應明確且充分地將各種可能被認定為該技術特徵的選擇記載於說明書，說明書之記載內容最好足以涵蓋已知及未來的可能選擇，其結果將導致易於檢索到均等的先前技術，當然也易於主張該請求項之功能性技術特徵的均等範圍。此外，得在說明書中記載實現請求項中所載功能之元件或其部分結構，並說明該部分為實現功能之手段，例如實現功能之螺旋彈簧的弧狀嚙合毛髮部位為實現功能之手段，若在說明書中記載該部位並說明毛髮被該部位所拔除，則實現功能之手段為該部位而非螺旋彈簧，得因而擴大均等範圍。

請求項不得以單一手段（single means claim）之「純功能」界定物或方法請求項，因其僅為發明目的之記載，涵蓋了達成目的的每一個可想像之手段[115]。純功能界定，指請求項中僅有描述發明目的之單一功能特徵，並非指手段請求項中全部技術特徵均為功能特徵。例如1986年Texas Instruments v. United States International Trade Commission案[116]之系爭專利係微型電子計算機，每一個技術特徵均為功能性技術特徵；請求項1為一種以電池驅動的微型電子計算機，由四個部分組成：(1)鍵盤輸入裝置；(2)電子裝置，包括記憶裝置、運算裝置及訊號傳送裝置；(3)顯示裝置；(4)殼體，安裝上述三項裝置及電池整個計算機。

純功能請求項為單一技術特徵；手段請求項為技術特徵之組合[117]。由於以純功能界定之請求項涵蓋了能達成發明目的（意圖達成之結果）的所有具體手段，以致範圍過於空泛而不符合明確要件（美國MPEP認為違反可據以實現要件[118]）。例如：

---

113 Dossel, 115 F.3d at 946, 42 USPQ2d at 1885

114 Vas-Cath, Inc. v. Mahurkar, 935 F.2d 1555, 1565, 19 USPQ2d 1111, 1118 (Fed. Cir. 1991)

115 In re Hyatt, 708 F.2d 712, 218 USPQ 195 (Fed. Cir. 1983)

116 Texas Instruments v. United States International Trade Commission, 805 F.2d 1558 (Fed. Cir. 1986) (Texas Instruments I)

117 In re Donaldson Co., 16 F.3d 1189, 29 USPQ2d 1845 (Fed. Cir. 1994) (in banc)

118 In re Hyatt, 708 F.2d 712, 714-715, 218 USPQ 195, 197 (Fed. Cir. 1983)

1. 一種醫藥品，其可治療肝癌。
2. 一種玻璃量杯，其特徵為不需要進行預先計算及度量，就可以直接配製所需要濃度的溶液。
3. 一種飛行器具，包含一個可以讓人飛翔的手段。
4. 一種搖動容器中物品之裝置，其包含：振盪該容器以搖動該物品之手段。（即使加上「基座」或其他習知元件亦無裨益，因為其涵蓋了達成所要之結果的每一個可想像之手段）

　　基於前述說明，下列五種情況構成手段請求項之申請專利範圍不明確，其中(3)至(5)一併構成說明書所載之內容違反可據以實現要件：
(1) 依撰寫之格式無法判斷是否為手段請求項（包括純功能請求項）。
(2) 請求項中所載之功能不清楚。
(3) 說明書中未記載對應該功能之結構、材料或動作。
(4) 說明書中未敘明請求項中所載之功能與說明書中所載之結構、材料或動作的對應關係。
(5) 說明書中所載對應該功能之結構、材料或動作不明確或不充分。

　　雖然美國MPEP指：除非手段功能用語本身不明確，只要說明書符合35 U.S.C. 112第1項之明確、充分揭露要件，以手段功能用語撰寫請求項之限定條件就應符合35 U.S.C. 112第2項之明確要件[119]。但筆者認為下列三種情況宜認定申請專利範圍不能被說明書所支持：(1)說明書中記載了結構、材料或動作及其與請求項中所載之功能的對應關係，但所載之結構、材料或動作不能達成該功能者。(2)說明書中記載了結構、材料或動作及其與請求項中所載之功能的對應關係，但所載之結構、材料或動作包含非習知者，且未記載其如何達成請求項中所載之功能者。(3)說明書中記載了結構、材料或動作及其與請求項中所載之功能的對應關係，但所載之結構、材料或動作中有無法據以實現者。

---

119 In re Noll, 545 F.2d 141, 149, 191 USPQ 721, 727 (CCPA 1976)

(三) 可專利性之審查

　　物之發明請求項中之技術特徵以手段功能用語（means plus function），或方法發明請求項中之技術特徵以步驟功能用語（step plus function）表示時，其必須為複數技術特徵組合之發明。於解釋申請專利範圍時，應包含說明書中所敘述對應於該功能之結構（structure）、材料（material）或動作（acts）及其均等範圍，而其均等範圍應以具有通常知識者不會產生疑義之範圍為限。本小節之說明係參酌美國之專利實務。

　　解釋功能性技術特徵之步驟[120]：

(1) 就該技術特徵之功能解釋所適用之限定條件，且僅適用於該限定條件（3.2.5之三之(一)「應記載之事項」所述非屬實現功能之手段不適用）；

(2) 檢視並確認該功能之對應結構，說明書或申請歷史檔案將該結構明確連結或關連到請求項中所載之功能者，該說明書中所揭露之結構就是對應結構。

　　專利法施行細則第19條第4項中所載之「均等範圍」的檢索及判斷步驟：

(1) 檢索能實現請求項中所載之功能性技術特徵的先前技術。

(2) 從該先前技術中再找出並未被申請案之說明書明確排除於均等範圍之外的技術特徵，則該技術特徵屬於該功能對應之結構、材料或動作的均等範圍。

　　得做成均等範圍之結論的檢測方式如後述四項，任一項均足以認定先前技術與請求項均等，請求項喪失新穎性之結論：

(1) 先前技術所揭露之技術特徵以實質相同之方式，實現申請案之請求項中所特定之相同功能，且達成與申請案之說明書中所揭露之對應技術特徵實質相同之結果。

(2) 具有通常知識者認為先前技術所揭露之技術特徵與申請案之說明書中所揭露之對應技術特徵具可置換性。

---

120 Golight Inc. v. Wal-Mart Stores Inc., 355 F.3d 1327, 1333-34, 69 USPQ2d 1481, 1486 (Fed. Cir. 2004)

(3) 先前技術所揭露之技術特徵與申請案之說明書中所揭露之對應技術特徵之間具有非實質上的差異。

(4) 先前技術所揭露之技術特徵與申請案之說明書中所揭露之對應技術特徵在結構上為均等，亦即先前技術所揭露之技術特徵實現申請案之請求項中所特定之功能的方式與說明書中所揭露之對應技術特徵實現該功能之方式實質相同[121]。

　　就前述四項檢測方式觀之，專利法施行細則第19條第4項中所載之「均等範圍」與專利侵權訴訟中之「均等論」並無太大不同。惟前者必須限於請求項中所載之相同功能及說明書中所載之結構、材料或動作於申請時之均等範圍[122]；後者不限於前述相同功能及結構、材料或動作等，亦不限於申請時之均等範圍，而以侵害專利之時點為準[123]。

　　若先前技術所揭露之技術特徵與申請案之說明書中所揭露之結構、材料或動作不均等，仍必須進行進步性審查，決定申請案請求項中所載之功能性技術特徵對於先前技術是否為具有通常知識者能輕易完成。若先前技術所揭露之技術特徵能實現申請案之請求項中所界定之功能，即使該技術特徵與說明書中所描述之結構、材料或動作不相同亦不均等，仍可以認定該請求項喪失進步性。由於「均等」之確切範圍不可能清楚明白，若請求項中除功能性技術特徵以外的其餘部分已被先前技術揭露，在美國，適於以新穎性或進步性予以核駁，這種方式已適用於製法界定物之請求項的情況，因為審查人員無法決定所請求之產物與先前技術是否完全相同[124]。

　　過去一段時期，專利權人認為手段請求項有較大的空間擴張解釋其專利權範圍，而以手段功能子句廣泛的描述組合中之一般習知元件。惟手段功能子句之邊界不明確，且專利法施行細則第19條第4項已明白規定手段請求項之專利權範圍限於說明書中所記載之對應結構、材料、動作或其均等物或方法，而從美國專利實務的發展觀之，手段請求項之解釋亦已被嚴格限制。在

---

121 In re Bond, 910 F.2d 831, 15 USPQ2d 1566 (Fed. Cir. 1990)

122 Valmont Indus., Inc. v. Reinke Mfg. Co., 983 F.2d 1039, 25 U.S.P.Q.2d (BNA) 1455 (Fed. Cir. 1993)

123 Al-Site Corp. v. VSI Int'l, Inc., 174 F.3d 1308, 50 U.S.P.Q.2d (BNA) 1161, 1167 (Fed. Cir. 1999); Ishida Co. v. Taylor, 221 F.3d 1310, 55 U.S.P.Q.2d (BNA) 1449, 1453 (Fed. Cir. 2000)

124 In re Brown, 450 F.2d 531, 173 USPQ 685 (CCPA 1972)

科技領域中，經常以功能名詞作為元件之名稱，例如制動器（brake）、夾子（clamp）、容器（container）等，這些具有上位概念之名詞並不會有定義不明確的問題，且涵蓋具有通常知識者所能理解之範圍，而不限於說明書中所載之對應結構，相對於制動手段、夾緊手段或收納手段所涵蓋之範圍更為寬廣且更為明確。請參酌下一節及5.6.2之一「手段請求項之解釋及其步驟」。

(四) 美國2011年35 U.S.C.112補充審查指南

　　USPTO於2011年2月9日發布35 U.S.C.112之補充審查指南（Supplementary Examination Guidelines），該補充審查指南係該局基於其對現行法規並遵循美國最高法院、聯邦巡迴上訴法院的法院判例所制定。補充審查指南的內容分為兩部分，第1部分為確保符合35 U.S.C.112第2項（對應我國專利法第26條第1項）請求項用語明確的審查指南，第2部分為電腦軟體相關發明以功能手段用語記載請求項之技術特徵。本節僅聚焦於第1部分的步驟1及步驟2。

　　有關35 U.S.C.112第2項請求項用語是否明確的審查，補充審查指南指出具體的審查步驟：

　　步驟1：解釋請求項。

　　步驟2：決定請求項用語是否明確。

　　步驟3：解決請求項用語之不明確。

　　決定請求項用語是否明確，補充審查指南分別就「不確定用語」、「說明書與請求項之記載應一致」及「依35 U.S.C.112第6項解釋請求項用語」三個層面詳細規定請求項用語是否明確。請求項是否明確原本屬於本書3.1.2之一「明確」要件應探討之事項，惟補充審查指南之重點在於手段請求項之明確性，為求內容的一貫性及連續性，爰置於本節一併說明。

1. 解釋請求項

(1)最寬廣合理的解釋（Broadest Reasonable Interpretation）

　　審查請求項用語是否明確，首先必須充分了解說明書所揭露申請專利之發明，並確定請求項所涵蓋之範圍。審查過程中，係在請求項為說明書所支

持的前提下，賦予請求項具有通常知識者所認知最寬廣合理的解釋。由於申請人在申請專利的過程中可以修正請求項，賦予請求項最寬廣合理的解釋可以減少取得專利權後該專利權範圍被不當擴大解釋。在最寬廣合理的解釋原則下，請求項用語應賦予其字面意義（plain meaning），除非此意義與說明書不一致。字面意義，指具有通常知識者於完成發明時所賦予該用語的通常習慣意義（ordinary and customary meaning）。請求項用語的通常習慣意義得依請求項本身、說明書、圖式及先前技術等佐證說明之；惟最寬廣合理的解釋僅具有推定之效果，申請人主張該用語於說明書中已有不同的定義者，可推翻之。

(2) 請求項中之用語是否明確的判斷標準並非唯一

在涉及侵權及有效性之訴訟程序，已核准的請求項係被推定為明確而有效，不會被賦予最寬廣合理的解釋，而是依申請歷史檔案（申請或維護專利過程中之內部證據）解釋之。換句話說，對於已核准專利權之請求項，除非其用語的意義模糊而難以理解（insolubly ambiguous），否則法院不會認定該用語不明確；相對地，對於審查中之請求項，因不會將其推定為明確而有效，且申請人可修正申請專利範圍、說明書或圖式使申請專利範圍符合明確等要件，故應賦予最寬廣合理的解釋。審查過程中，經解釋後，若請求項所界定的範圍模糊不清而無法理解，或有二個以上範圍者，應認定不符合35 U.S.C.112第2項之明確要件。惟應注意者，範圍寬廣（broad scope）與不明確（indefinite）之意義不同，請求項之範圍已明確者，不得因其範圍較為寬廣而認定不明確（至於是否能為說明書所支持，則為另一個層面的問題），例如以上位概念（genus）技術特徵撰寫之請求項應包含若干下位概念（species）具體結構特徵，尚不得因其範圍較為寬廣而認定不明確。

(3) 判斷請求項中之技術特徵是否適用35 U.S.C.112第6項

請求項中所載之技術特徵為手段功能用語者，該技術特徵的解釋應適用35 U.S.C.112第6項，必須以說明書中所揭露之對應結構、材料、動作及其均等範圍解釋該技術特徵。

2. 決定請求項用語是否明確

　　申請人應明確界定申請專利之發明，以利社會大眾利用並知所迴避。補充審查指南分別敘述「不確定用語」、「說明書與請求項之記載應一致」及「依35 U.S.C.112第6項解釋請求項用語」三個層面。

(1) 不確定用語

　　補充審查指南特別針對若干容易造成不明確的用語說明之，包括功能請求（functional claiming）用語、程度用語（term of degree）、主觀用語（subjective term）、馬庫西群組（Markush group）等。

a. 功能請求

　　請求項中之技術特徵以功能語言撰寫者，係描述其做了什麼而非其是什麼。功能請求，不限於手段功能用語，亦得以其他功能語言記載技術特徵，通常可以包括結構特徵及其功能，例如「圓錐形噴嘴〔結構特徵〕，容許爆米花與果仁同時通過〔功能特徵〕」。對於以功能語言撰寫之請求項，判斷該功能語言所界定之技術特徵是否明確，應依說明書中所載的內容及申請時之通常知識，並應考慮下列條件：

　　(a)是否清楚描述請求項所涵蓋的標的範圍。

　　(b)功能語言是否精準地界定申請專利之發明的範圍，或僅陳述欲解決之問題或欲獲得之結果。

　　(c)從該功能語言具有通常知識者是否能得知請求項所隱含的結構或步驟。

　　例如：請求項包括脆弱膠體（fragile gel）之功能用語，但說明書中僅描述該膠體之功能可以從膠狀快速轉化為液狀，但未具體揭露該膠體的脆弱度或強度等物理特性，而被認定為不明確。又如：請求項包括「可穿透紅外線」（transparent to infrared rays）之功能用語，雖然學理上穿透率會隨不同因素而變化，但依說明書所揭露的內容，因足供紅外線穿透實質的數量，故被認定為明確。

　　對於請求項中所載之功能請求，若有記載不明確的顧慮，得採用下列方式：

　　(a)於請求項中撰寫定量數字（如物理特性的數值限定），而不撰寫定

性的功能性技術特徵。

(b)主張說明書已提供計算特性的公式，再加上符合、不符合該技術特徵之實施例。

(c)主張說明書已提供一般性原則及實施例，足以教示具有通常知識者了解何種條件下可滿足該限定。

(d)修正請求項，改寫為實現該功能的特定結構。

b.程度用語

　　當請求項使用程度用語，說明書應提供量測該程度的標準。若說明書未提供該標準，則具有通常知識者必須能認知到請求項所涵蓋的範圍。若說明書已提供量測程度的實施例或教示，即使沒有精確的數據度量，請求項仍為明確。

c. 主觀用語

　　類似前述程度用語的說明，為使社會大眾能夠判斷請求項所涵蓋的範圍，說明書必須提供若干客觀標準。當請求項使用主觀用語，說明書應提供量測該用語範圍的標準；請求項所界定的範圍不能僅依賴某特定人的主觀評價，故空泛的主觀用語會被認為不明確。例如，電腦介面螢幕發明請求項中記載主觀用語「賞心悅目」（aesthetically pleasing look and feel），其含意僅依賴個人的主觀評價，若說明書未提供任何指引以產生「賞心悅目」的選擇，由於對特定使用者也許「賞心悅目」，但對其他使用者不見得「賞心悅目」，故應被認定不明確。

d. 馬庫西群組

　　馬庫西請求項，指請求項中以選擇式記載若干適用的下位概念技術特徵，但不限於必須使用馬庫西記載格式。當具有通常知識者不能認知到請求項中所載之發明的邊界範圍時，馬庫西請求項的範圍就過於寬廣。雖然馬庫西請求項可涵蓋許多選項，惟若其包括不同性質的（distinct）選項，以致於具有通常知識者不能想像到全部選項而無法認定其所界定之範圍時，應認定請求項不明確。

　　馬庫西請求項有下列情形者，應認定該請求項包含不適當的馬庫西群組：a.所有選項皆不具類似的結構（single structural similarity）；或b.所有選項皆不具共通的用途（common use）。當馬庫西群組的選項屬於公認相同的

物理或化學分類，或是屬於公認相同的技術分類，則馬庫西群組的選項具有類似的結構。當說明書中已揭露或所屬技術領域中已知馬庫西群組的所有選項在功能上為均等者，則具有共通的用途。馬庫西群組的所有選項不具有類似結構或共通的用途者，則應認定請求項包含不當的馬庫西群組而不明確。

e. 附屬項

附屬項應敘明所依附請求項外之技術特徵；於解釋附屬項時，應包含所依附請求項之所有技術特徵。若附屬項不符合35 U.S.C.112第4項規定，例如省略所依附之請求項中所載之技術特徵，或未增加任何技術特徵到所依附之請求項，應予以不准專利之審定。

(2) 說明書與請求項之記載應一致

說明書理應該作為請求項用語的最佳索引對象，使社會大眾能清楚明瞭請求項中所載之用語的涵義。37 CFR 1.75(d)(1)[125]規定說明書與請求項之記載應一致，請求項中所載之用語必須為說明書所支持或說明書中應有前置基礎，以致參照說明書即可確定該用語的涵義。請求項用語並不要求與說明書所載完全一樣，只要說明書能提供該用語之意義的必要索引，即可滿足35 U.S.C.112 第2項明確要件。

(3) 依35 U.S.C.112第6項解釋請求項用語

MPEP 2181已描述手段功能用語的三項分析：

(a) 必須以「……手段（或裝置）用以（means for）……」或「……步驟用以（step for）……」記載請求項的技術特徵。

(b) 「……手段（或裝置）用以……」或「……步驟用以……」中必須記載特定功能。

(c) 「……手段（或裝置）用以……」或「……步驟用以……」中不得記載足已達成該特定功能之完整結構、材料或動作。

---

125 37 CFR 1.75(d)(1)：The claim or claims must conform to the invention as set forth in the remainder of the specification and the terms and phrases used in the claims must find clear support or antecedent basis in the description so that the meaning of the terms in the claims may be ascertainable by reference to the description.

　　除前述三項分析外，USPTO新增有關35 U.S.C.112第6項之判斷，詳述如下。

a. 決定請求項的技術特徵是否適用35 U.S.C.112第6項

　　請求項的技術特徵未使用手段片語（means for）或（step for）時，應判斷請求項的技術特徵是否僅為非結構用語（non-structural term）用以取代手段片語，例如「mechanism for」、「module for」、「device for」、「unit for」、「component for」、「element for」、「member for」、「apparatus for」、「machine for」或「system for」等。請求項記載非結構用語，仍適用35 U.S.C.112第6項，惟若非結構用語屬於下列二者之一，則不適用35 U.S.C.112第6項：

(a)該用語之前已有描述某種結構裝置的結構修飾語，且說明書已定義其為一特定結構或該修飾語為具有通常知識者已知之結構，例如濾波器（filter）、制動器（brakes）、夾鉗（clamp）、螺絲起子（screwdriver）、鎖具（locks）及擒縱機構（detent mechanism）。但非結構用語再加上非結構修飾語不具有該技術領域通常可理解的結構意義，故應適用35 U.S.C.112第6項，例如（colorant selection mechanism）、（lever moving element）、（movable link member）。

(b)以請求項中所載的完整結構或材料修飾該用語，足以達成所界定之功能。

　　非結構用語，非指描述結構之名詞，其只是一個取代手段片語之用語，以連結功能語言。決定功能用語是否為非結構用語，應檢視下列事項：

(a)說明書揭露內容是否足以使具有通常知識者認知到其表示了某種結構。

(b)一般字典或特殊字典是否提供了證據，證明藉該用語可認知到某種結構。

(c)先前技術是否提供了證據，證明該用語具有該技術領域中已公認可實現所界定之功能的結構。

　　適用35 U.S.C.112第6項之請求項必須符合下列全部條件：

(a)技術特徵使用手段片語或非結構用語，而無結構修飾語。

(b)請求項中所載手段片語或非結構用語被功能語言所修飾。

(c)請求項中所載手段片語或非結構用語未被足以達成請求項中所特定之功能的完整結構、材料或動作所修飾。

請求項中所載之技術特徵屬於下列情況之一，而無法認定是否適用35 U.S.C.112第6項者，得以不符合35 U.S.C.112第2項明確要件予以核駁：

(a)請求項中所載之技術特徵是否適用35 U.S.C.112第6項並不明確。

(b)在請求項前言中記載手段片語，其是否適用35 U.S.C.112第6項或僅是申請專利之發明的意圖用途（intended use）描述並不明確。

b. 以35 U.S.C.112第2項核駁手段請求項

經認定請求項中所載之技術特徵適用35 U.S.C.112第6項，應決定其所請求之功能，並檢視說明書以決定其是否充分描述了實現請求項中所載功能特徵之對應結構、材料或動作。說明書之文字內容必須從具有通常知識者的觀點來衡量，其是否可理解該文字內容已揭露對應之結構、材料或動作。為符合35 U.S.C.112第2項，說明書文字內容必須將對應之結構、材料或動作清楚連結或關連到請求項中所載之功能特徵；若該文字內容無法連結或關連，或未揭露或未充分揭露對應之結構、材料或動作，得以不符合35 U.S.C.112第2項明確要件予以核駁。若僅是聲明已知的技術或方法均適用，尚不足以支持說明書應充分揭露手段功能用語請求項的要求。

經認定適用35 U.S.C.112第6項之手段功能用語，適於以35 U.S.C.112第2項核駁的情形如下：

(a)無法確定請求項中所載之技術特徵是否適用 35 U.S.C.112第6項。

(b)請求項中所載之技術特徵適用35 U.S.C.112第6項，但說明書的文字內容未揭露或未充分揭露實現請求項中所載之功能特徵的對應結構、材料或動作。

(c)請求項中所載之技術特徵適用35 U.S.C.112第6項，但請求項中所載之功能特徵與說明書所揭露的對應結構、材料或動作之間沒有清楚的連結或關連。

請求項中所載之技術特徵被認定適用35 U.S.C.112第6項者，該技術特徵

應被解釋為包含說明書中所載的對應結構、材料或動作及其均等物。惟若請求項中未記載之功能特徵，或對於實現請求項中所載之功能特徵並非必要的對應結構、材料或動作，均不能納入請求項作為限定。

c. 電腦軟體相關發明的手段功能用語

電腦軟體相關發明以手段功能用語撰寫請求項時，申請人應於說明書中記載電腦軟體之「演算法」（algorithm），以作為判斷是否符合35 U.S.C.112第2項明確要件之基礎。

電腦軟體相關發明請求項中所載之功能性技術特徵適用35 U.S.C.112第6項，說明書中所揭露的對應結構不能僅只是通用電腦或微處理器，若僅描述實現某功能的通用電腦，則屬於純功能限定。對於電腦軟體相關發明中適用35 U.S.C.112第6項規定的手段功能用語，其說明書中所揭露的對應結構必須包含電腦軟體之演算法，執行該演算法後可以將通用電腦或微處理器程式化，而將其轉化為特定用途電腦。演算法，指用以解決邏輯或數學問題或執行作業的有限連續步驟，可以是任何可理解的表達方式，包括數學方程式（mathematical formula）、文字敘述（in prose）、流程圖（in a flow chart）或任何其他足以描述結構的方式。

說明書未揭露相關的演算法，例如僅描述電腦執行某程式但未說明該程式為何，或僅描述有軟體但未說明完成軟體功能的細節等，皆應認定違反35 U.S.C.112第2項的明確要件。說明書中僅提及實現請求項中所載之功能的元件、編碼、邏輯操作、電腦系統中未定義的組件或特定電腦但不知其實質內容者，尚無法滿足明確要件，仍須說明電腦或電腦組件如何實現請求項中所載之功能。

若具有通常知識者有能力撰寫軟體，將通用電腦轉化為具有請求項中所載之功能的特定用途電腦，是否就可免除申請人應揭露演算法的責任？補充審查指南指出此種主張不具說服力，因為說明書中應明確且充分揭露對應結構以支持手段功能用語，即使具有通常知識者明瞭申請專利之發明，仍無法免除申請人必須揭露演算法的責任。此外，僅描述功能尚難稱已記載演算法，因演算法必須包含連續步驟。

說明書必須明確且充分揭露演算法，將通用電腦轉化為特定用途電腦，使具有通常知識者能執行所揭露之演算法，進而達到請求項中所載之功能。

說明書清楚揭露演算法，其揭露內容是否充分，應以具有通常知識者的水準予以判斷。判斷標準在於：a.具有通常知識者是否知道如何將電腦程式化，進而實現說明書中所記載的必要步驟（據以實現申請專利之發明）；及b.發明人是否已完成該發明（發明符合揭露要件）。

依35 U.S.C.112第6項，電腦軟體相關發明請求項中以手段功能用語撰寫的技術特徵應被理解為說明書中所揭露的結構或材料及其均等物，故手段功能用語所界定的範圍將限縮在說明書所揭露的結構。若說明書未揭露對應的結構，例如請求項中以手段功能用語所撰寫之技術特徵僅由軟體所支持，且未對應到任何演算法及以該演算法程式化的電腦或微處理器，則應認定該手段功能用語違反35 U.S.C.112第2項明確要件。

執行電腦軟體相關發明，究竟應透過硬體、軟體或二者之組合，是經常被討論的問題，連帶引發一個問題，即前述三種執行模式中何者可以支持請求項中所載以手段功能用語撰寫的技術特徵。依35 U.S.C.112第6項，實現請求項中所載特定功能的手段應被解釋為涵蓋說明書中對應之結構或材料及其均等物。因此，藉由將功能性技術特徵記載於請求項之方式，據以適用35 U.S.C.112第6項，而將該技術特徵限於所揭露之結構，亦即電腦軟體相關發明係藉由硬體或軟、硬體之組合及其均等物執行申請專利之發明，不適於將該技術特徵解釋為涵蓋純軟體執行之發明。

(五) 案例說明

手段請求項案例或對於手段請求項涵蓋範圍的爭論，說明如下：

〔案例〕[126]

· 請求項為：

一種閥裝置包括：……；第1閥體元件……；第2閥體元件……；彈性閥隔板……；第1手段，用於以一閥體元件支撐隔板……；及固定手段，用於以其他閥體元件將該隔板與該第1手段堅固的固定在一起，該固定手段要防止該隔板向旁邊移動……。

---

126 B. Braun Medical, Inc. v. Abbott Laboratories, 124 F.3d 1419, 43 USPQ2d 1896 (Fed. Cir. 1997)

〔案例〕[127]

· 請求項為：

一種組合沙發，其包括：

一對後仰靠椅，以一端無扶手之雙人後仰靠椅沙發組合之組合型式，彼此平行置放……，該後仰靠椅各具有靠背及椅墊，且其可活動於直立至後仰之位置之間……；

雙人後仰靠椅沙發組合中之一固定控制台，置於該對後仰靠椅中間，該控制台與後仰靠椅一起構成整體結構，該控制台包括該各張後仰靠椅的扶手部分；

該扶手在靠椅保持固定，當該後仰靠椅從一個位置移向另一個位置時；及

一對控制手段，每張後仰靠椅各有一個；安裝在雙人後仰靠椅沙發組合中……。

〔案例〕[128]

· 獨立項為：「一種運送接收自上游裝置之一組物品的傳輸系統，……第1及第2傳輸元件……第1及第2固定機構……。」
· 爭執點：請求項中所載之「第1及第2傳輸元件（conveyance members）」及「第1及第2固定機構（holding mechanism）」是否為手段功能用語。
· 被告：主張請求項中所載運輸系統中之固定機構為已知的先前技術，以手段功能用語界定之技術特徵應不及於先前技術。
· 美國聯邦巡迴上訴法院判決：依申請專利範圍整體原則（as a whole），即使以手段功能用語界定之技術特徵在說明書中之對應結構、材料或動作為先前技術，只要整體請求項對照先前技術為非顯而易知者，即具備可專利性。

---

127 Gentry Gallery, Inc. v. Berkline Corp., 134 F.3d 1473, 45 USPQ2d 1498 (Fed. Cir. 1998)
128 陳森豐，科技藍海策略的保衛戰2006美國專利訴訟(一)，禹騰國際智權股份有限公司，2006年，p288～291。

〔案例〕[129]

- 請求項為「一種處理廢水之裝置……將空氣注入廢水中的空氣注入手段（means for injecting air）……。」說明書中記載之結構為屬於先前技術的「硬式導管」及新的「彈性管路系統」。
- 地方法院：該「空氣注入手段」為手段功能用語，但由於說明書中提及該「硬式導管」結構之缺點，而認定該「硬式導管」無法達成請求項中所載之功能，故其並非該手段功能用語能涵蓋的範圍。
- CAFC：如同組合式請求項，不論其為舊元件的新組合，或新元件與舊元件的組合，均能取得專利保護，因此，只要舊結構與其他技術特徵組合之整體技術手段具備專利要件，手段功能用語涵蓋的結構範圍得包含舊結構。

〔案例〕[130]

- 獨立項為：「一種用於管理以合夥制建立資產組合金融服務體系的數據處理系統，每個合夥者是多個資產組合中的一個，包括：
- (a) 用於處理數據的電腦處理手段；
- (b) 用於在儲存媒體上儲存數據的儲存手段；
- (c) 用於啟動儲存媒體的第1手段；
- (d) 用於處理有關前一天每種基金及資產組合中資產的數據及處理有關每種基金資產中增值或減值的數據，並用於分配每種基金在資產組合中所占百分比數額的第2手段；
- (e) 用於處理有關資產組合每日增加的收入、支出及已實現之淨收益或淨損失的數據，並用於在每種基金中分配這種數據的第3手段；
- (f) 用於處理有關資產組合未實現之淨收益或淨損失的數據，並用於在每種基金中分配這種數據的第4手段；及
- (g) 用於處理有關資產組合及每種基金的總計年終收入、支出及資金收益

---

129 Celeritas Techs. Ltd. v. Rockwell Int'l Corp., 150 F.3d 1354, 1360, 47 U.S.P.Q. 2d 1516, 1522 (Fed. Cir. 1998)

130 State Street Bank & Trust Co. v. Signature Financial Group, Inc., 149 F.3d 1368, 47 USPQ2d 1596 (Fed. Cir. 1998)

　　或損失的數據的第5手段。」

· 地方法院：

　1. 前述請求項為方法請求項，每個「手段」子句係表示方法之步驟。

　2. 該方法屬於法院判決不得取得專利之一：(1)演算法（mathematical algorithms）；(2)商業方法（business method）。

· CAFC：

　1. 只有在書面揭露內容未揭露請求項中之「手段」對應之結構時，載有「手段」之裝置請求項始能被視為方法請求項。說明書中揭露之結構與請求項中所載之手段對應如下列，故該請求項為手段請求項：

· 電腦處理手段=包括CPU之個人電腦

· 儲存手段=數據磁碟

· 第1手段=用於製備磁力儲存所選取數據的數據磁碟的運算邏輯電路

· 第2手段=用於從具體文件中檢索信息，依具體輸入值計算增值或減值，依百分比分配結果，並在獨立的文件中儲存輸出結果的運算邏輯電路

· 第3手段=用於從具體文件中檢索信息，依具體輸入值計算增值或減值，依百分比分配結果，並在獨立的文件中儲存輸出結果的運算邏輯電路

· 第4手段=用於從具體文件中檢索信息，依具體輸入值計算增值或減值，依百分比分配結果，並在獨立的文件中儲存輸出結果的運算邏輯電路

· 第5手段=用於從具體文件中檢索信息，依具體累積結果計算信息，並在獨立的文件中儲存輸出結果的運算邏輯電路

　　因此，CAFC依第112條第6項認為該請求項為一個數據處理「系統」或一種金融服務體系的「機器」。惟只要符合第110條法定類別，無論是地方法院所認定之方法或裝置，並無任何影響。總之，是否符合法定類別，應聚焦在申請標的之主要特性上，尤其是該標的之實際應用上，無須論究其係屬於4種法定類別中的那一類別。應知者，第101條之意圖是「世界上人為創造之任何東西（anything under the sun that is made by man）」均得准予專利[131]。從「任何」之用語，該條表示了一種包含原則，而非排除原則。

---

131 Diamond v. Charkrabarty, 447 U.S. 303 (1980)

2. 對於地方法院所提及之演算法，CAFC指出有三種申請專利之標的不能取得專利：(1)自然規律；(2)自然現象；(3)抽象概念[132]。演算法本身僅為一種抽象概念，以其為申請標的者，非屬法定類別，不得取得專利；但若賦予演算法實際應用（以一種有用的方法予以應用），即成為有用、具體而有形之結果（useful, concrete and tangible result）時，則屬法定類別，得取得專利。例如，利用一種裝置通過一系列演算法將數據轉換產生平滑波形顯示在監視器上，而提供有用、具體而有形之結果——平滑波形，就是演算法之實際應用[133]。又如，一種通過一系列演算將患者心跳轉換成心電圖信號，而提供有用、具體而有形之結果——患者心臟狀況，就是演算法之實際應用[134]。

3. 本案係通過一系列演算將數據（代表離散的美元數量discrete dollar amounts）轉換成最終股票價格的裝置，由於其產生了有用、具體而有形之結果－股票價格，可作為紀錄及報告之目的，並能被管理機構及嗣後之交易所接受、依賴，該裝置係演算法之實際應用。

4. 地方法院以「Freeman-Walter-Abele」方法檢測請求項之申請標的是否為抽象概念，並不正確。「Freeman-Walter-Abele」方法：(1)確定請求項是否直接或間接描述演算法，若然，則(2)就請求項整體進行分析，以確定該演算法是否業以任何方式應用於有形元件或方法步驟中，若然，則認定為屬於第101條法定類別。

5. 「Freeman-Walter-Abele」方法是一種潛在誤導，雖然演算法未產生有用、具體而有形之結果，其非屬法定類別，但僅因發明使用了或包括了演算法，例如僅因發明涉及輸入數據、計算數據、輸出數據及儲存數據，並不能認定其非屬法定類別。本案涉及之機器使用了演算法產生有用、具體而有形結果，亦即將有用的結果以數據形式表現，如價格、利潤、百分比、成本或損失等，因此，認定演算法並未使該請求項非屬法定類別。

6. 商業方法發明是否符合第101條，應與其他發明一樣，適用相同的法律

---

132 Diamond v. Diehr, 450 U.S. 175 (1981)

133 In re alappat, 33 F.3d 1526, 31 USPQ 2d 1545 (Fed. Cir. 1994) (in banc)

134 Arrythmia Research Technology Inc. v. Corazonix Corp. 958 F.2d 1053, 22 USPQ 2d 1033 (Fed. Cir. 1992)

規定，不宜單以其為商業方法，即認定不得取得專利。CAFC與CCPA均未曾以「商業方法」為由認定一項發明不得取得專利，而是依專利法及是否為抽象概念之演算法認定之。

四、製法界定物之請求項

製法界定物之請求項（product-by-pocess claim），指請求項中僅記載製成產物（或元件）之方法據以請求該產物（或產物之元件）者。典型的製法界定物之請求項有兩種：物之申請標的完全由製造方法所界定，及物之申請標的中之部分技術特徵係由製造方法所界定。

申請專利範圍以純物質為申請標的時，原則上應以化學名稱或分子式、結構式等結構特徵界定其申請專利範圍。若無法以前述結構特徵界定時，得以物理或化學特性界定，例如熔點、分子量、光譜、pH值等參數；若仍無法以物理或化學特性充分界定時，始得以製造方法界定。

製法界定物之請求項，指產物或產物中至少一元件係以其製造方法界定之請求項。典型的請求項形式：

(1) 一種電阻器，包含：(a)陶瓷內芯；(b)<u>經由分解烴類氣體使碳沉積於內芯上形成碳被覆層</u>；(c)導電金屬帶⋯⋯。
（劃底線者為製法界定產物之技術特徵）
(2) 一種化學物質A，<u>其係由下列方法所製得者</u>：⋯⋯。
（A為請求項中所載之製法所界定的產物）
(3) 1. 一種製造產物B之方法，其特徵在於：⋯⋯。
2. 一種<u>依請求項1之方法製得</u>之產物B。
（第2項為第1項製法所界定之產物）

申請人考量請求項是否以製法界定產物之方式撰寫，通常有下列三種理由：

a. 無法以常規結構或特性予以界定，例如包含數十種成分的食品、中草藥，其中某些成分過於複雜或含量甚微而無法以現有技術分析得知

者。物質結構不清楚之例：

1. 一種大腸桿菌神經毒素，由脫去細胞碎片的分裂細胞大腸桿菌血清培養基浮液製得，該血清可引起小豬水腫病，製備包括用硫酸銨使神經毒素沉澱，分離出沉澱物並使沉澱物在乙酸纖維素橡皮管中向自來水滲析……。

  b. 確認化學結構必須經過長期且昂貴的研究，為儘早申請專利，以製法界定物之請求項申請，有利於快速取得專利。
  c. 避免錯誤的結構界定，例如高分子結構被錯誤確認的可能性遠高於傳統有機化學的低分子。物質微觀結構難以量測、定義之例：

1. 一種以γ Al2O3為載體的催化劑，以釩和錳的氧化物為活性組分，其含量為催化劑重量的5～40%，並採用下列方法製備：
(a) 將五氧化二釩溶於草酸水溶液中，
(b) 加入三氧化二錳……。

  在我國，製法界定物之請求項的使用時機，是以製造方法之外的技術特徵無法充分界定申請專利範圍時，始得以製法界定產物之發明。對於製法界定物之請求項，其他國家或地區的相關規定如下：
  a. 美國：申請人有權決定請求項的最佳表示方式記載其發明，只要製法界定物之請求項是明確且直接針對產物而非方法，裝置、機器、製品或組合物等申請標的中得包含所欲使用之方法技術特徵。製法界定物之請求項所涵蓋的範圍小於結構界定物之請求項，因此，得於同一申請案中一併記載物之請求項及製法界定物之請求項。例如：

1. 一種〔產物標的〕，包含……。
2. 一種如請求項1之……〔產物標的〕，其中之亞麻籽油是加熱到200°F；然後加上該石蠟並維持該溫度4到9天。[135]

---

135 Leutzinger v. Ladd, 139 U.S.P.Q. (BNA) 196 (D.D.C. 1963)

b. 日本：對於產物發明，只要能明確界定該發明，申請人可以利用傳統的成分組合或結構限制，或以功能、特性、特點、方法、用途等表達方式，不會僅因物之請求項包含製造方法，即不准專利。

c. 歐洲：對於製法界定物之請求項，只要該物符合專利要件，尤其是新穎性及進步性，得以此種形式記載請求項[136]。

d. 中國大陸：得以製備方法表徵化學品請求項的情況：(i)製備方法以外的其他特徵不能充分界定請求的化學品，且(ii)製備方法給予該化學品新的特性，使其能用於特定用途。

製法界定物之請求項，其申請專利之發明應為請求項中所載之製造方法所賦予特性之產物本身[137、138]。這句話的重點有二：申請標的為物，其是否具備專利要件並非由製造方法決定，而是由該物本身所決定；對於物之申請標的，該製造方法必須賦予以其他方式無法描述之新穎特徵（novel feature）。說明如下：

(1) 對照先前技術評估製法界定物之請求項的可專利性時，應考慮方法步驟隱含之結構，尤其在產物僅能被製造該產物之方法步驟所界定的情況，或在製造方法之步驟被認為係將特殊的結構特性導入最終產物的情況[139]。若申請專利之物與先前技術有相同的傾向，即使是以不同方法所製成者，該標的不具專利要件。例如，請求項為一種沸石，其係集合各種無機材料在溶液中混合，再加熱結合凝膠而構成基本上無鹼金屬之結晶金屬矽酸鹽的製造方法所製得之產物；先前技術描述了在離子交換後去除鹼金屬而製得沸石之方法，其沸石產物基本上無鹼金屬。由於申請人未提出證據證明先前技術所製得之產物並非基本上無鹼金屬，故核駁所申請之沸石標的[140]。雖然專利行政機關可以如前述

---

136 GUIDELINES FOR EXAMINATION IN THE EUROPEAN PATENT OFFICE, February 2005, PART C, Chapter III 4.7b: Claims for products defined in terms of a process of manufacture are admissible only if the products as such fulfil the requirements for patentability, i.e. inter alia that are new and inventive. ...

137 Substantive Patent Law Treaty (10 Session) Rule13(4)(b)：Where a claim defines a product by its manufacturing process, that claim shall be construed as defining the product per se having the characteristics imparted by the manufacturing process.

138 In re Bridgeford, 357 F.2d 679, 149 USPQ 55 (CCPA 1966)

139 In re Garnero, 412 F.2d 276, 279, 162 USPQ 221, 223 (CCPA 1979)

140 In re Marosi, 710 F.2d 798, 802, 218 USPQ 289, 292 (Fed. Cir. 1983)

說明進行審查，惟實務上，其並無能力以製法界定物之請求項所載之方法製得產物，再與先前技術之產物進行物理比對，以證明製法界定物之請求項之申請標的不具專利要件[141]。

(2) 就前述電阻器請求項而言，即使被覆碳層之電阻器為已知，但由於先前技術被覆碳層是利用其他方式而並非分解烴類氣體，例如利用塗敷方式，若請求項中以分解烴類氣體使碳沉積之製法使沉積之碳被覆層在機械上或電氣上之特性不同於先前技術，在其結構或特性之差異係「非已知」且「無法描述」之前提下，得以製法界定物之請求項申請專利。這種請求項所限定之物包含特定製造方法，故其比以其他常規方式所界定之請求項或純產物（pure product）請求項狹窄。

製法界定物之請求項，應記載該製造方法之製備步驟及參數條件等重要技術特徵，例如起始物、用量、反應條件（如溫度、壓力、時間等）。若請求項所載之物與先前技術中所揭露之物相同或屬能輕易完成者，即使先前技術所揭露之物係以不同方法所製得，該請求項仍不得予以專利。例如，申請專利範圍中所載之發明為方法P（步驟P1、P2、……及Pn）所製得之蛋白質，若以不同的方法Q所製得的蛋白質Z與所請求的蛋白質相同，且蛋白質Z為先前技術時，則無論申請時方法P是否已經能為公眾得知，所請求的蛋白質喪失新穎性。對於製法界定物之請求項的可專利性，其他國家或地區的相關規定如下：

a. SPLT[142]：請求項採用製造方法界定產物時，該請求項應解釋為涵蓋具有該方法所賦予之特性的該產物本身。

b. 美國[143]：製法界定物之請求項不受所列舉步驟之操作的限制，僅受到步驟中所包含之結構的限制。

c. 日本[144]：以製法界定物之請求項，該產物應指終產物本身。若以所請求之方法以外的方法能獲得相同產物，則該產物於申請時為已知者，

---

141 In re Brown, 459 F.2d 531, 535, 173 USPQ 685, 688 (CCPA 1972)

142 Substantive Patent Law Treaty (10 Session), Rule 13 (4)(b)

143 美國專利審查作業手冊Manual of Patent Examining Procedure (MPEP),8 Edition, 2113

144 日本專利審查基準PART II, Ch. 4, p.12

不具新穎性。

d. 歐洲[145]：物之請求項以其製造方法表示者（以方法Y製得產物X），
應被解釋為直接針對產物之申請，亦即以任何方法Y可製得之產物。
因此，此種請求項只有在產物符合專利要件時始被允許。特別是，不
能僅因製法為新法即認定該產物具新穎性。

e. 中國大陸[146]：對於用方法表徵的化學產品權利要求，如果沒有提供可
與現有技術進行比較的參數證明該產物的新穎性，而僅僅是製備方法
不同，也沒有表明由於方法上的區別為產物帶來任何功能、性質上的
改變，則該方法表徵的產物權利要求不具新穎性。

　　對於前述製造方法必須賦予以其他方式無法描述之新穎特徵（novel
feature），詳細說明如下。PCT檢索與國際初步審查指南[147]：製法界定物之
請求項中該製法賦予該物足資區別之特性，檢索及評價其是否符合專利要件
時應考量該製造方法。例如請求項為「一種雙層結構板，係將一鐵板與一鎳
板焊接而製得」，則「焊接」應為檢索及對照先前技術是否符合專利要件的
審查事項，因為「焊接」使終產物的雙層面板結構產生了不同於其他製造方
法的物理特性[148]。就前述指南之說明，除非先前技術揭露相同的面板結構且
係以焊接接合，否則不會破壞請求項的新穎性。

　　相同地，美國MPEP規定：對於有些乍看之下為製法之技術特徵，例如
「酸蝕」（etched）、「焊接」（welded）、「熔入而產生鍵結」
（interbonded by interfusion）、「混合鍵結」（intermixed）、「接地」
（ground in place）或「緊配合」（press fitted）等，並未賦予申請標的新穎

---

145 GUIDELINES FOR EXAMINATION IN THE EUROPEAN PATENT OFFICE, February 2005, PART C,
Chapter III, 4.7b

146 中國大陸專利審查指南（2006）第二部分第十章5.3節，p.2-166

147 PCT International Search and Preliminary Examination Guidelines PCT/GL/ISPE/1 5.26-27

148 PCT/GL/ISPE/1 "where the manufacturing process would be expected to impart distinctive characteristics on
the final product, the examiner would consider the process steps indetermining the subject of the search and
assessing patentability over the prior art. Forexample, a claim recites "a two-layer structured panel which is
made by welding together aniron sub-panel and a nickel sub-panel." In this case, the process of "welding"
would be considered by the examiner in determining the subject of the search and in assessing patentability
over the prior art since the process of welding produces physical properties in the end product which are
different from those produced by processes other than welding"

特徵者，均被美國法院判決是結構特徵，而不適用製法界定物之請求項的解釋方法。例如：

1. 一種甲醛之<u>濃縮產物</u>之磷酸鹽，具有選自由……〔A及B〕所構成之群組之化合物鹽類，該磷酸具有一般的化學式……〔C〕[149]。

美國法院認為其並非製法界定物之請求項，因為其用語「濃縮產物」（condensation product）之方法並非單純之方法特徵，其亦為結構特徵。對於下列之例，美國法院亦認為「產生熔解之方法……彼此之間產生鍵結」被解釋為結構特徵，而非製法特徵：

1. 一種具有尺寸穩定及結構強之特性的混合、多孔、隔熱板，主要由膨脹之珍珠岩微粒所組成，其是以該珍珠岩表面之間<u>產生熔解之方法</u>，而使該微粒<u>彼此之間產生鍵結</u>，而在熱熔融狀態下形成多孔珍珠岩板[150]。

自從TRIPs擴張製造方法之專利保護後，比較我國專利法第58條第2項與第3項規定，「以製造方法界定之物」與「製造方法」的專利權能間之差異僅在於「製造」行為而已，惟「使用」製造方法即等於「製造」物品，二者的專利權能實質上並無差異。因此，請求項以製造方法界定物並無實際效益，反而不適用專利法第99條第1項製造方法專利之舉證責任倒置之規定[151]。

雖然製法界定物之請求項大多適用於化學領域，但其他領域之請求項亦得使用，例如：

1. 一種複合材料自行車手把，包括：
　一複合材料中空管狀元件；

---

149 In re Pilkington, 162 U.S.P.Q. (BNA) 145, 147 (C.C.P.A. 1969)

150 In re Garnero, 162 U.S.P.Q. (BNA) 221, 223 (C.C.P.A. 1969)

151 專利法第99條第1項：「製造方法專利所製成之物在該製造方法申請專利前，為國內外未見者，他人製造相同之物，推定為以該專利方法所製造。」

一補強部，利用短纖複合糰料充填，並利用長纖複合材料包覆，使得不同材料間得以順利結合；及

一複合材料補強桿，由一矩形長纖布包覆一發泡材料而捲繞形成，並藉長纖布包覆於該補強桿與上述中空管狀元件之搭接處補強，再由上、下模具鎖合及擠壓膨脹之作用而與把手本體一體成型。

五、寄存材料式請求項

有關生物技術領域之發明，由於文字記載難以載明生命體的具體特徵，或即使有記載亦無法獲得生物材料本身時，具有通常知識者無法據以實現該發明。因此，申請人最遲應於申請日將該生物材料寄存於專利專責機關指定之國內寄存機構，並於申請日後四個月內檢送寄存證明文件，並載明寄存機構、寄存日期及寄存號碼。請求項中必須記載寄存名稱及寄存號碼，這種請求項稱寄存材料式請求項（deposit of material claim），例如：美國專利編號4,292,406，將一個新的獨立的C thermocellum代表性物種寄存於American Type Culture Collection, Rockville, Md. USA的專利物種蒐集部門，編號為ATCC 31549及ATCC 31550。請求項1之技術特徵包含那些微生物：

1. ……Thermoanaerobacter ethanolicus具有如編號ATCC 31550所標示的特徵，及Clostridium thermocellum具有如編號ATCC 31549所標示的特徵……。

六、圖式請求項

請求項之技術特徵，除絕對必要外，不得以說明書之頁數、行數或圖式、圖式中之符號予以界定，即不得記載「如說明書……部分所述」或「如圖……所示」等類似用語。原則上，請求項必須以文字記載申請標的之技術特徵，惟若無法以文字描述或以圖式可更清楚揭露形狀、構造或裝置等，亦

得以參照圖式之方式請求之[152]。具體而言，發明涉及之特定形狀僅能以圖形界定而無法以文字表示時，或化學產物發明之技術特徵僅能以曲線圖或示意圖界定時，請求項得記載「如圖……所示」等類似用語。對於這種請求項之記載，稱圖式請求項（drawing claim），例如美國專利編號3,034,806：

1. 如圖1所示之數字字型。
2. 在紅燈低亮度環境中，如圖1〔見下圖〕所示之數字字型。

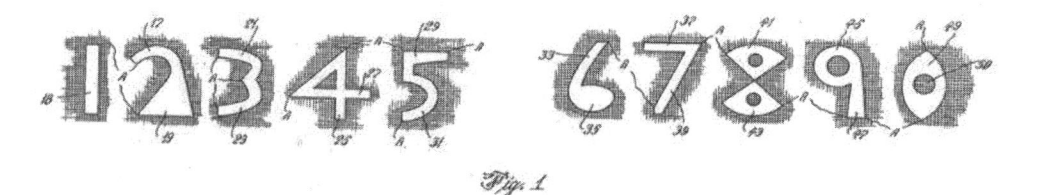

Fig. 1

　　前述請求項中所指的字型係指圖式1所示一組0～9阿拉伯數字以扇形外觀為其特徵的字型。申請人主張在潛水艇中的低亮度紅光下，這種數字字型的辨識性優於尋常的數字字型，該字型的新穎性在於其扇形外觀，由於難以文字表達該扇形外觀，但以圖式表示則簡單明瞭，故被允許以「……如圖所示之……」予以描述。雖然請求項中得以圖式界定，但限於無法以文字描述或以圖式顯示更明瞭時始得為之，僅因便宜行事而使用圖式記載請求項之技術特徵者，則不符合明確要件[153]。

　　化學領域亦得使用圖式請求項，例如美國專利編號3,248,173：

1. 一種女性尿液的驗孕方法，包含：將一片浸有預定含量碘成分的試紙浸於pH值6.5以下之女性尿液中加熱，該碘成分的含量與該尿液樣本之特定比重及體積有關，其關係如附圖〔見下圖〕所示，測試結果為肯定時，在該試紙上所產生的一種粉紅覆盆子色表示懷孕。

152 Ex parte Fressola, 27 U.S.P.Q.2d (BNA) 1608, 1609 (Board of Patent Appeals and Interference 1993)
153 Ex parte Lewin, 154 U.S.P.Q. (BNA) 487 (Bd. App. 1966)

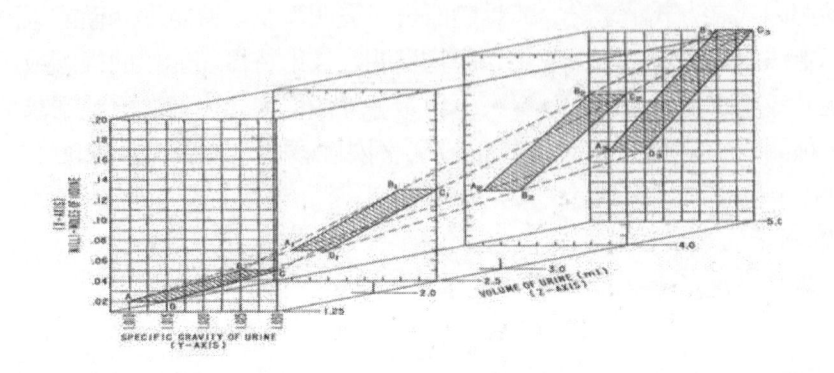

1. 一種製備主要由人類生長荷爾蒙胺基酸1-191構成之蛋白質的方法，包括：

(a) 以人類生長荷爾蒙結合蛋白之DNA編碼的轉化細菌呈現，該蛋白結合基本上由人類生長荷爾蒙胺基酸1-191構成的如圖1及圖3結合所示不伴隨人類生長荷爾蒙的先導序列或其他外源蛋白，以及其他能被酶解作用解離的胺基酸序列；及

(b) 通過胞外酶解作用解離所述結合蛋白的多餘部分以製備所述主要由人類生長荷爾蒙胺基酸1-191構成的蛋白質。[154]

　　對於合金發明之請求項，每一種元素含量之變化會牽動其他元素含量，難以文字描述各成分之間的含量變化關係，但以圖式表示則相當容易。當合金發明的可專利性在於其含量變化關係，則允許以圖式請求項請求之，例如：

1. 一種Fe-Cr-Al耐熱電偶用合金，係由如圖1所示以點A（　）、點B（　）、點C（　）、點D（　）所包圍範圍內的Fe、Cr、Al以及X％以下雜質所組成者。

---

154 Genentech, Inc. v. Novo Nordisk, A/S 108 F.3d 1361, 42 USPQ2d 1001 (Fed. Cir. 1997)

七、套組式請求項

　　組合式請求項中所載之申請標的係由複數個必要元件所組成，請求項中尚須記載元件與元件之間的連接關係或相互關係。但有一種申請標的，請求項不須記載元件與元件之間的連接關係或相互關係，這種請求項係請求保護一組未經組合之元件所構成的物品，稱套組式請求項（kit claim）。例如「套組式整髮器」或「真空吸塵器」等，在使用狀態下，該物品為元件之組合，但未必是套組中每一個元件同時組合成一整體，其通常有特定的一對多的連接關係。

八、命名式請求項

　　商標或商品名稱是用來識別貨品來源而非貨品本身，商標或商品名稱不能確認或描述與該商標或商品名稱有關之貨品。因此，使用商標或商品名稱作為技術特徵界定特殊材料或產物，可能使請求項不明確[155]，請參酌3.3.4「商標及商業名稱」。

　　當今各國的專利制度均設有喪失新穎性或進步性之例外（即我國的優惠期制度），美國35 U.S.C規定申請專利之前得在市場上銷售商品，而有1年的優惠期。若申請專利之發明於申請前已為大眾所知悉，例如申請專利之前已將該發明陳列於政府主辦或認可之展覽會，撰寫請求項時，得以業界習知之名稱界定該物質。例如美國專利編號2,699,054：

1. A compound chosen from the group consisting of tetracycline, the mineral acid salts of tetracycline, the alkali metal salts of tetracycline and the alkaline earth metal salts of tetracycline.

2. Tetracycline.

3. Mineral acid salts of the tetracycline.

4. Alkaline earth metal salts of tetracycline.

5. Tetracycline hydrochloride.

---

155 Ex parte Simpson, 218 USPQ 1020 (Bd. App. 1982)

　　前述請求項2僅記載一個名稱「四環黴素」（Tetracycline），發明人宣稱其為一種新的有機分子，在說明書中詳細記載其結構、性質及製造方法，且在文獻中該抗菌的Tetracycline之名稱已為習知，故僅以該名稱即能確認該化合物，而無須撰寫有機分子冗長的結構式或分子式。這種以業界習知之名稱所界定之請求項稱為命名式請求項（coined named claim）。

　　對於一個僅以名稱而未以結構式、化學式、特性、功能或用途界定的物質，即使取得專利，參酌說明書中所載之內容，仍難以決定說明書中所列舉之特性中那些特性為其保護範圍，其專利權保護範圍包括文義範圍及均等範圍皆不清楚，權衡之下，其專利之價值不如指紋式等一般請求項。

　　為完整保護申請標的，得一併使用指紋式請求項及命名式請求項。例如美國專利編號3,382,053，由於該申請標的為物理結構不明的新元素——鉭，但說明書中載有利用結晶分析法等陳述其特性，而申請專利範圍記載了命名式請求項「一種組合物包含鉭元素」及若干以其特性作為技術特徵之指紋式請求項。

九、劑量式請求項

　　對於新用途發明，在美國，若新用途係直接利用已知物而未經修飾（modification）者，例如「一種新的治療生病組織之治療產物，包含一種透過乙醛濃縮之metacresolsulfonic酸之濃縮產物。」則以新用途限定已知物之請求項（並非方法請求項）不得取得專利[156]。至於修飾到什麼程度始符合專利要件，頗有爭議：

(1) 增加載體（carrier）或溶劑仍然不得取得專利，除非其與組合物產生特別的交互作用，例如請求項「一種獸醫驅蟲〔殺絛蟲劑〕組合物，包含一有效成分X，〔一種已知化學品〕及一固體載體而壓製成藥錠之形式。[157]」不得取得專利。

(2) 將材料製成藥錠或膠囊，即劑量式請求項（dosage form claim），若藥錠或膠囊是單純材料的組合，則不得取得專利，但若該劑量係針對某一疾病

156 In re Thuau, 57 U.S.P.Q. (BNA) 324 (C.C.P.A. 1943)
157 In re Craige, 90 U.S.P.Q. (BNA) 33 (C.C.P.A. 1951)

之治療，而為配藥學上所需的一種特別、非顯而易知的濃度時，則得取得專利，例如「一種促進動物成長之改良組合物，其包含動物飼料及促進成長之〔已知化合物〕之有效量。[158]」

　　在In re Duva，美國法院認為顯而易知性之決定是將發明整體與先前技術比對，考量請求項的每一個部分，不能忽略前言中「在化學上沉積金的組合物」之限定條件，亦須考量請求項中之全部陳述[159]。

3.2.6　請求項之撰寫風格

　　接續前一節所介紹發明特徵之類型及記載方式，對於發明特徵之撰寫，本節將介紹專利實務上曾經出現之撰寫型式，其中有些已被認定不適當。

一、混合式請求項

　　混合式請求項（hybrid claim or mixed claim），指請求項中之技術特徵有以常規產物（regular product）語法界定者，亦有製法語法界定者。對於混合式請求項，只要其申請標的明確，而其範疇究竟是產物或方法並無不明確者，則在請求項之記載應由申請人自行決定的原則下，並無不允許混合式請求項之理。

　　3.2.5之四「製法界定物之請求項」已指出製法界定物之請求項的申請標的為產物，且製造方法必須賦予該申請標的新穎特性。例如：

1. 一種電阻器，包含：(a)陶瓷內芯；(b)經由分解烴類氣體使碳沉積於內芯上形成碳被覆層；(c)導電金屬帶……。

　　前述劃底線者為製法界定物之技術特徵，若該製法賦予申請標的有別於先前技術之特性，則得以製法界定物之請求項請求之。惟若請求項中一併記載物及方法，例如請求項之前言中所載的申請標的為物但其修飾語包含方法

---

158 In re Halleck, 164 U.S.P.Q. (BNA) 647 (C.C.P.A. 1970)
159 In re Duva, 156 U.S.P.Q. (BNA) 90 (C.C.P.A. 1967)

之混合式請求項，因申請標的之範疇不明確，故不符合明確要件；相對地，若混合式請求項中所請求之申請標的並無不明確，請求項之主體中包含描述物及方法語法之技術特徵，則無不允許使用混合式請求項之理。例如下列請求項申請標的之範疇不明確：

2. 一種用於執行如請求項1之無線通訊方法的通訊系統。
3. 一種以請求項1之組合物使用方法作為殺蟲劑。

二、綜合／形式請求項

綜合請求項（omnibus claim），例如我國以前的新式樣專利、英國發明專利及美國設計專利請求項中所載：「My invention substantially as shown and described。」、「本裝置如圖示1～3所示或所述者」、「所提及的」、「舉例說明的」或「任何及所有的創新特徵」等類似用語。綜合請求項未指出請求項中包含什麼或排除什麼，致不符合明確要件。

由於綜合請求項未記載任何申請標的名稱、範疇或技術特徵，故又稱為形式請求項（formal claim）。我國專利法施行細則第19條第1項即指出：「請求項之技術特徵，除絕對必要外，不得以說明書之頁數、行數或圖式、圖式中之符號予以界定。」我國發明及新型專利亦不允許使用綜合請求項。

三、照片式請求項

照片式請求項（picture claim）並非指請求項中所載之技術特徵係參照圖式中之照片，而是指一種申請專利範圍極為狹窄的請求項，請求項中之文字有如照片般鉅細靡遺的記載申請標的之主要結構及細部結構，未記載者僅為無關緊要之零件，例如螺絲或螺帽而已。前述「如圖1所示之數字字型」之圖式請求項亦為一種照片式請求項。

四、標籤式請求項

用途發明，指發現物的未知特性，利用該特性於特定用途之發明，故用途發明的本質不在物質本身，而在於物質特性的應用。用途請求項是方法或

物之使用方法，所申請之方法標的應針對一種新用途，例如某一種化學配方，從前是作為清潔液，發明人將其作為殺蟲劑之用途，則這種新用途具有可專利性，得取得專利保護。惟若請求用途之方法請求項，該用途僅是已知方法針對相同目的之結果，則不得准予專利，因其為該已知方法固有的特性，例如鍍鋅溶液，若該溶液為已知且用於鍍鋅亦為其已知固有的特性，則不能因其未曾用於鍍鋅，即認定其鍍鋅用途符合專利要件而准予專利。

在美國，若申請人只是在物之請求項前言中說明其意圖用途（intended use）作為對照先前技術具有可專利性之特徵，這種請求項被稱為標籤請求項（label claim），實務上並不被允許，例如鍍鋅溶液，若該溶液為已知者，「鍍鋅」用途之標籤不會使已知溶液之物的請求項准予專利。因此，必須記載為以用途界定方法之請求項。

由於以用途界定方法之請求項與以用途界定物之請求項兩者之間的差異僅在記載形式，實質內容可以完全相同，要求申請人必須撰寫成方法請求項始符合可專利性之作法實無必要，因此，在我國、歐洲或日本允許以用途界定物之請求項，SPLT對於用途界定物之請求項之解釋亦規定其應受所載之用途的限定[160]，請參酌3.5.5「有關用途之請求項」。

3.3　一般原則

前述已說明我國專利法及其施行細則所規定之實體要件及形式要件等基本概念，並就請求項各種撰寫形式分門別類詳細說明，相信讀者對於申請專利範圍之撰寫已有基礎觀念。本節將進一步說明撰寫申請專利範圍時應注意及遵守之一般原則，以適用於物及方法兩種請求項。

由於近年來我國專利實務大量引進美國專利制度及其實務運作上之觀念及作法，歷經數年其中已有一部分內化為我國專利實務，本節將一併介紹之。

---

160 Substantive Patent Law Treaty (10 Session), Rule 13(4)(c) "Where a claim defines a product for a particular use that claim shall be construed as defining the product being limited to such use only."

3.3.1　一般用語

　　申請專利範圍之解釋應以申請專利範圍中所載之文字為基礎，並得審酌說明書、圖式及申請時的通常知識。解釋申請專利範圍時，原則上應以每一請求項中所記載之文字意義及該文字在相關技術中通常所總括的範圍予以認定。申請專利範圍中之用語在說明書中必須有前提基礎，使該用語的意義能參酌說明書予以確定，申請專利範圍始能獲得支持。若說明書中另有明確揭露之定義或說明時，應考量該定義或說明；對於申請專利範圍中之記載有疑義而需要解釋時，則應一併考量說明書、圖式及該發明所屬技術領域中之通常知識。對於請求項中常用之用語，說明如下：

(1)　「一」

　　以非特定用語「a」或「an」不定冠詞表現數目時，美國專利實務一致的見解認為除非申請專利範圍中特定其數目，否則不能被解釋為僅指「單一」之意[161]，代表之意義為至少一個[162]。

　　若請求項對特定元件僅需一個或一個以上即能操作，得以「一」界定構件之數目，由於習慣上搭配使用連接詞「包含」，故所載之數目字涵蓋較多之數目，其意義為一個及一個以上，例如「一連接桿」，指至少一支連接桿。惟對於複數個元件或手段功能用語，則不用不定冠詞。在Elkay v. Ebco案，美國法院判決「a」或「an」之意義為「one」，但仍應依該冠詞之上下文義，若請求項記載開放式連接詞，例如「包含」，係指「一個或一個以上」（one or more than one）或「至少一個」（at least one），即使實施例僅記載單一餵食管及單一流道[163]。

　　若請求項中所需之特定元件超過一個，應記載所需元件之最少數目。若特定元件之數目無關請求項之實質，記載複數個元件並無好處，只要記載

---

161 KCJ Corp. v. Kinetic Concepts, Inc. 223 F.3d 1351, 1356, 55 U.S.P.Q. 2d (BNA) 1835 (Fed. Cir. 2000) "Unless the claim is specific as to the number of elements, the article 'a' does not receive a singular interpretation unless the patentee evinces a clear intent."

162 Tate Access Floors, Inc. v. Maxcess Technologies, Inc., 222 F.3d 958, 55 U.S.P.Q. 2d (BNA) 1513 Fed. Cir. 2000)

163 Elkay Mfg. Co. v. Ebco Mfg. Co., 52 U.S.P.Q.2d (BNA) 1109 (Fed. Cir. 1999)

「一……」即足，即使複數個元件是明顯存在的話，也只要記載「至少一……」即足，例如實施例中為複數個元件。

　　若被依附項中僅申請單一個特定元件，其附屬項得僅記載複數個該元件，無須再界定該元件之特徵，例如請求項記載「一構件」或「至少一構件」，而其附屬項2得記載「複數個構件」或「至少二構件」，該被依附之請求項對於該附屬項提供了前提基礎。

(2)「一對」（a pair of）

　　以「一對」表現數目時，代表之意義為二或二以上之任何數目，而非二對以上，亦不包含一。

(3)「複數」（plurality）或「多數」（multiplicity）

　　以「複數」表現數目時，代表之意義為二或二以上之數目，例如「複數支連接桿」指二支或二支以上。撰寫請求項時，若需要超過一以上任何數目之特定元件，則使用「複數」。

　　「多數」這個詞亦時常被使用，但其傾向於指相當大的數目，例如「具有多數貫穿孔之篩子」。

　　應注意者，在專利侵權之技術判斷，若被控侵權物僅有一元件，從「複數」及「多數」無法讀取「一」之文義，且原則上「複數」及「多數」亦與「一」實質不同，不適用均等論。

(4)「至少……」

　　為達成發明目的，對於元件組合中某一元件之數目有最少限制者，應以「至少……」記載最小值，例如「至少一」（at least one），代表之意義為不是一個就是一個以上。「一或一以上」（one or more）之選擇式表現通常會被認為不適當，應避免使用。以「至少二」表現數目時，代表之意義為最少二。

(5)「至多……」

　　為達成發明目的，對於元件組合中某一元件之數目有最多限制者，應以

「至多……」記載最大值,例如「至多三……」(at most three)。

(6)「該」或「前述」

在美國,請求項中第一次敘及之元件名詞之前必須加不定冠詞「a」或「an」或以複數名詞表示[164],例如「a leg」或「legs」。嗣後提及該元件,則必須在該元件之前加定冠詞「the」或「said」(中譯皆為「該」或「前述」),例如「一支桿……一連桿,連結該支桿……」,若請求項記載「一支桿……一連桿,連結一支桿……」,則後者之支桿是否指前者之支桿或另一支桿並不明確。「the said」之雙重表示方式顯然多餘,應予以避免。

事實上以「該」字代表前述先行詞係一般文法規則,在我國的文章或請求項中亦常用「該」或「前述」表示前述元件,例如「該椅腳」、「前述椅腳」、「該兩支桿」或「該馬達手段」。

在請求項中,「該」或「前述」係表示先行詞(antecedent)之用語。在同一請求項群組中,使用「該」或「前述」表示另一請求項中之先行詞亦屬正確記載,但必須確定該先行詞僅代表某一個特定元件,否則不符合明確要件。

(7) 標點符號

請求項中常用之標點符號包括句號、冒號、分號、逗號及頓號等,其用法如下列:

a. 句號「。」──請求項應以單句為之,將句號置於句尾。

b. 冒號「:」──通常置於連接詞之後,主體之前。

c. 分號「;」──通常係以分號隔開數個描述技術特徵的子句。

d. 逗號「,」──在各個子句中以逗號表示語氣停頓。

e. 頓號「、」──在各個子句中以頓號隔開數個連續的同類詞。

---

164 我國專利法規並未明確規定首次提及某一技術特徵必須記載「一……」。且中文語法亦無不定冠詞之說法及記載習慣(但似乎有記載「該……」之習慣),從單一用語本身亦無法看出是單數或複數,故筆者認為若不會造成不明確,不一定必須記載「一……」;但為使請求項之記載更明確,保障自己解釋申請專利範圍的利益,建議最好首次提及某一技術特徵應記載「一……」,再次提及時,應記載「該……」。

　　標點符號與數學符號相同，皆有解釋上的優先順序，前述標點符號之優先順序：句號＞冒號＞分號＞逗號＞頓號。例如「……一光源，……；一凸點，可折射該光源所發出之光線；介質……。」解釋用語「折射」之意義時，不得主張光線之「折射」係經由「介質」之作用而達成者，因為「一凸點」及「折射」係被前述各一個「；」所限定，故「折射」係描述「凸點」在整個請求項中之作用，亦即該「凸點」本身必須具「折射」功能。易言之，不得將「凸點」解釋為不具「折射」功能，該功能係「；」之後「介質」的固有功能，請求項中「折射」之作用係由「介質」所產生者。

3.3.2　元件符號

　　專利法施行細則第19條第2項：請求項之技術特徵得引用圖式中對應之符號，該符號應附加於對應之技術特徵後，並置於括號內；該符號不得作為解釋請求項之限制。

　　請求項所載之技術特徵得引用圖式中相對應的元件符號，以理解請求項中所載之技術特徵。若有複數個實施例，獨立項僅須參照最重要實施例之元件符號。元件符號不得限制申請專利範圍，其唯一的作用僅在於了解申請專利範圍。請求項中記載元件符號應列於對應之元件名稱之後，並載於小括號內。

3.3.3　擇一形式

　　擇一形式（alternative），指一群發明中各個發明係以選擇式記載於單一請求項中，而一併予以界定者，例如以「或」字連結或以馬庫西式群組記載各發明之技術特徵均屬擇一形式。擇一形式本身並無不明確，若擇一形式的記載不會使申請專利範圍不明確，例如後述不具共通性質所導致不明確的情況，則允許這種表現方式。但以「或」字之擇一形式記載請求項，必須謹慎為之，否則該擇一形式可能會被視為馬庫西群組，若然，則群組中之一選項為先前技術，整個群組不具專利要件。

　　擇一形式是一種簡單的總括表現方式，涵蓋一群兩個以上不同材料（元件、基團、化合物等）、機械元件或程序步驟。美國MPEP 2173.05(h)指出：若說明書揭露群組中各個選項共有的至少一種性質，而其導致所請求之

相關功能，且從各選項之本質或從先前技術觀之，所有選項具有此性質是明確者，則無不明確。因此，若欲在非化學技術領域中採用擇一形式，只要其中所載之各技術特徵共有一種共通性質，則不會使申請專利範圍不明確。

在Gaubert案，美國法院判決請求項中「完成整個或一部分」（made entirely or in part of）及「鐵、鋼或任何其他磁性材料」（iron, steel or any other magnetic material）並無不明確[165]。在Kustom v. Applied Concepts案，美國法院判決選擇式「or」或「either」排除了兩者皆可之選項，亦即其意義為「one or another」[166]；具體而言，「或」之意義為「非彼即此」，二選其一之意。

雖然有前述判例，但由於元件之均等範圍並不明確，建議儘量少用擇一形式之記載方式。例如「驅動滑架對抗擋板之彈簧或重錘」，由於其包含兩種實施方式，且兩者不具共通性質，會造成申請專利範圍不明確。解決之道在於以一上位概念用語「施力裝置」涵蓋「彈簧」及「重錘」作為獨立項，再將兩實施方式「彈簧」及「重錘」分別記載於兩附屬項。

3.3.4　商標及商業名稱

商標或商業名稱所表徵之產品特性並非永不改變，商標或商業名稱不能明確界定之物的特徵，因此，物之發明應以物相關的一般名稱或揭露於說明書或圖式中之特性予以界定，儘可能避免使用註冊商標、商品名稱（trade name）或其他類似文字表示材料或物品；若必須使用時，應註明其型號、規格、性能及製造廠商等，以符合可據以實現要件。

然而，對於商標或商業名稱所表徵之物，社會大眾僅知其功效而不知其他，若該物為描述申請專利之發明所必需者，則僅限於以下所述之情形，始得以商標或商業名稱作為技術特徵界定申請專利之發明。

商業名稱，指貿易商或工人之間所知、所稱之物品或商品不具專屬權之名稱，即使其可能不為一般社會大眾所習知。商業名稱並未指出製造商之商品，但其確認了單一物品或商品而不論製造商。在美國，若(1)商業名稱所

---

165 In re Gaubert, 524 F.2d 1222, 187 U.S.P.Q. (BNA) 664 (C.C.P.A. 1975)

166 Kustom Signals, Inc. v. Applied Concepts, Inc., 264 F.3d 1326, 604 U.S.P.Q.2d (BNA) 1135 (Fed. Cir. 2001)

確立之意義作為請求項之一部分，其定義足夠精確且明確者，或(2)商業名稱之意義在美國為習知且其文義足夠清楚者，說明書及請求項中皆可以記載商業名稱。

若商標能明確界定所指之產品，且其文字有別於一般描述性名詞者，說明書及請求項中皆得使用商標予以記載。若商標具固定確切之意義，足以構成識別性，除非商標所指之物品或材料的某些物理或化學特性涉及申請專利之發明，否則得據以界定申請專利之發明；惟若商標不具固定確切之意義，則需要科學或其他解釋性語言予以界定[167]。

在美國，記載商標時，在文字或字母商標的情況，每一個字均應以大寫字母為之，並置於括號內，例如「ＮＹＬＯＮ」或標註註冊商標符號「NYLON ®」或商標符號「NYLON™」；在符號、圖案或其他非字體形式商標的情況，則應加註商標的描述。

3.3.5 數值範圍及總量

請求項中記載具體的數值範圍不生明確要件之問題。但在單一請求項中將數值或較窄的數值範圍與較寬的數值範圍併列，通常不符合明確要件，例如：「20mm至50mm，及最佳為30mm至40mm」或「溫度介於40至70℃之間，最好介於50至60℃之間」，兩者均係在一請求項中記載兩個範圍，包括涵蓋寬、窄兩範圍。同理，技術特徵之實施例與另一範圍較寬廣之技術特徵併列亦不明確，例如「鹵素，例如氯」。

對於前述之例，應分別記載於不同請求項，將範圍較狹窄之請求項作為附屬項依附範圍較寬廣之請求項。美國MPEP 2173.05(c) I.「同一請求項中之寬窄範圍」中亦建議得於附屬項中記載比其所依附之請求項中所載之數值範圍更狹窄之範圍，例如，請求項1為「一種線路……其中阻抗為70-150 ohms……。」請求項2為「如請求項1之線路，其中阻抗為70-100 ohms……。」

對於開放式數值範圍（open-ended ranges）是否明確，應小心分析。例如「至少20%鈉」（at least 20% sodium）僅有一端值，本身並無不明確，但

---

167 In re Gebauer-Fuelnegg, 121 F.2d 505, 50 USPQ 125 (CCPA 1941)

若a.該數值範圍在同一請求項中與其他技術特徵之總量超過100%，例如「至少20%鈉，至少90%非鈉成分」，或b.該數值範圍與其附屬項中其他技術特徵之總量超過100%，或c.其附屬項中所載特定量之非鈉成分總量為100%而排除了鈉含量，「至少」之限定條件會使該請求項不明確。美國法院曾判決用語「最高」（up to）包含0作為下限[168]；從不含水分之乾材料可以讀取到「水含量不超過重量70%」[169]。

　　若在說明書中已定義有效量為何，而無任何先前技術導致申請專利範圍不明確者，請求項中所載「一有效量」（an effective amount）本身並無不明確；反之，不確定有效量為何者，則不明確[170]。

3.3.6　負面表現之技術特徵

　　負面表現之技術特徵（negative limitation），指請求項中所載之技術特徵僅表示申請標的不是什麼，而非表示其是什麼，例如「除氦以外之鈍氣」。負面表現之技術特徵本身會使請求項所涵蓋的範圍太過寬廣且不明確；但例如「非圓形」（noncircular）、「無磁性」（nonmagnetic）或「無彩色」（colorless），因為並無其他適當方式陳述其概念，一直都能被接受。對於能正面描述之技術特徵，例如「除氦以外之鈍氣」或「R是除了2-butenyl及2,4-pentadienyl之外的alkenyl基團」，僅表示發明人未發明什麼，而非明確指出其發明了什麼[171]，曾被美國法院認定不明確。

　　現階段之觀點是負面表現之技術特徵本身並無不明確，只要申請專利範圍整體明確，亦即若此類用語在特定技術領域中具有明確的涵義，或該發明所屬技術領域中具有通常知識者能了解其範圍，則得以負面表現請求項之技術特徵。

　　若以正面記載技術特徵之方式無法明確、簡潔界定請求項時，例如為迴避先前技術，得將屬於先前技術的部分，以負面表現方式明確排除之。換句話說，即使是以負面表現作為技術特徵，為排除先前技術之核駁，負面表現

---

168 In re Mochel, 470 F.2d 638, 176 USPQ 194 (CCPA 1974)

169 Ex parte Khusid, 174 USPQ 59 (Bd. App. 1971)

170 In Ex parte Skuballa, 12 USPQ2d 1570 (Bd. Pat. App. & Inter. 1989)

171 In re Schechter, 205 F.2d 185, 98 USPQ 144 (CCPA 1953)

之技術特徵「沒有蛋白質、皂、樹脂及糖之均聚物存在於天然Hevea橡膠中」[172]或「不以該氧化顯影劑構成染料」[173]或「欠缺足夠的CN〔氰化物cyanide〕離子防止沉澱……」[174]所界定之請求項並無不明確。但負面表現之技術特徵在說明書中必須有基礎，亦即必須揭露負面表現之技術特徵所排除之特性，尚不得以未記載正面表現之技術特徵為由，而稱說明書已揭露要排除之特性而有基礎。

由於請求項係記載申請標的是什麼而非不是什麼，除非負面表現之技術特徵是陳述技術特徵唯一或最明確之方式，否則應避免使用負面表現之技術特徵。惟在某些情況下使用負面表現之技術特徵，可以迴避使用限定用語「由……構成」（consisting）或「主要由……構成」（consisting essentially），例如請求項涵蓋包含A＋B＋C之組合，在先前技術為A＋B＋C並有大量的D且去除D則具專利要件的情形下，為迴避該先前技術，得將請求項修正為「包含A＋B＋C但欠缺足夠的D……」，而無須修正為封閉式連接詞「由……構成」或半開放式連接詞「主要由……構成」。準此，該請求項仍可以涵蓋A＋B＋C＋E，其中E可以是未超過D之含量，或是不同成分、特性或功能等其他限定，而涵蓋大於前述兩種連接詞所限定之範圍。

3.3.7　前提基礎

對於請求項中以定冠詞修飾之技術特徵，若在先前已敘述之內容中從未被提及而欠缺前提基礎（antecedent basis）者，會使該請求項不符合明確要件。欠缺前提基礎之情形例如請求項記載「該連桿」，而先前無連桿之記載，或先前係記載「一連接元件」，或先前記載了兩支不同連桿，因為無法確定「該連桿」所指者為何，會導致該請求項不明確。此外，若未將定冠詞用於後續出現之元件，例如請求項記載「一支桿……連結一支桿……」，則後者是否指前者之支桿或另一支桿並不明確。

若提及先前已賦予名稱之元件，所指之元件名稱必須足以區別，且須前後一致。例如請求項中已分別賦予兩支不同控制桿，則嗣後不宜僅稱「該控

---

172 In re Wakefield, 422 F.2d 897, 899, 904, 164 USPQ 636, 638, 641 (CCPA 1970)

173 In re Barr, 444 F.2d 588, 170 USPQ 330 (CCPA 1971)

174 In re Duva, 156 U.S.P.Q. (BNA) 90, 94 (C.C.P.A. 1967)

制桿」，而應先稱「第1控制桿」及「第2控制桿」，嗣後敘及同一元件時稱
「該第1控制桿」或「該第2控制桿」；且應注意名稱的一致性，不宜稱「該
第1控制棒」。此外，提及先前已賦予名稱之元件，不宜稱該元件額外之細
節，例如原本僅記載「一齒輪」，應稱其為「該齒輪」，不宜稱「該塑膠齒
輪」。前述「塑膠」材質之引進，被稱為間接限定條件（indirect
limitation），正確之記載應使用敘述性語句「該齒輪是塑膠材質」或「該齒
輪由塑膠材質製成」。

　　請求項之記載太冗長時，為符合明確要件，盡量不使用代名詞，尤其有
其他元件介於首次提及之元件與再提及該元件名稱之間，例如「一握把連結
於該齒輪，該握把被該軸所支持以樞接該齒輪」（a handle connected to the
gear, the handle is supported on the axis to pivot about the gear），應不厭其煩
的敘明該握把、該齒輪及該軸。附屬項亦如是，對於所稱之元件必須能明確
予以區分。

　　惟並未規定請求項中之用語與說明書揭露內容中所使用者必須完全一
致，即使未提供明示的前提基礎，若具有通常知識者能合理確定申請專利範
圍，則該請求項並非不明確，例如「液體控制下的流動」（controlled stream
of fluid）對於「控制下的液體」（the controlled fluid）仍提供了合理的前提
基礎[175]。此外，技術特徵本身固有之構成對於該構成本身之記載仍有前提基
礎，例如技術特徵「鉛筆之筆心」，先前不必已記載該鉛筆有筆心，再如技
術特徵「該圓錐體外表面」，先前不必已記載該圓錐體有外表面[176]。

　　僅因請求項主體記載了未見於前言之額外技術特徵，其並不一定使該請
求項不明確。例如In re Larsen案請求項之前言僅記載「掛鈎」及「環圈」，
但請求項主體額外記載了「襯墊構件」；美國法院指出應考量請求項所有技
術特徵之交互關係及其整體，以確定發明之貢獻，系爭請求項已發揮了公示
功能將其範圍告知了具有通常知識者，故並無不明確[177]。

---

175 Ex parte Porter, 25 USPQ2d 1144, 1145 (Bd. Pat. App. & Inter. 1992)

176 Bose Corp. v. JBL, Inc., 274 F.3d 1354, 1359, 61 USPQ2d 1216, 1218-19 (Fed. Cir 2001)

177 In re Larsen, No. 01-1092 (Fed. Cir. May 9, 2001)

3.3.8　元件之雙重包含

　　元件之雙重包含（double inclusion），指同一元件以不同名稱重複出現在同一請求項。為求申請專利範圍之明確，每一元件應以不同名稱稱之，相同名稱所指之元件應相同，禁止請求項中元件之雙重包含[178]。禁止雙重包含本身並非規則，重點在於請求項中用語的合理解釋。

　　對於非化學技術領域之請求項，雙重包含同一元件，可能使該請求項不明確[179]。但在馬庫西群組，群組之構成中容許重疊，例如群組包含「鹵素」及「氯」而出現雙重包含，並不會造成請求項不明確，請參酌3.1.2之一之(三)之3之(3)「擇一形式請求項中之選項不具類似的性質」。發生雙重包含的情況如下：

(1) 使用不同名稱

　　在不同請求項中以涵蓋範圍寬窄不同之用語記載同一技術特徵，例如請求項1記載「脫毛手段」附屬項2記載「如請求項1之組合，進一步包含馬達……」而脫毛手段本身已包含馬達，若附屬項2記載「如請求項1之組合，其中之馬達……」，則該請求項無不明確。

　　若兩個技術特徵僅包含部分共通結構而非完全相同，應賦予不同名稱，則不生雙重包含之問題。

(2) 附加同一元件

　　附屬項將被依附項中之技術特徵再次附加，這種情形最可能發生於有很多元件之複雜結構。

(3) 未使用「該」字

　　在相同請求項或在同一系列請求項中第2次提及同一元件，未使用「該」字，以致究竟是引述先前請求項之元件或另附加元件並不明確。

---

178 In re Kelly, 305 F.2d 909, 916, 134 USPQ 397, 402 (CCPA 1962)
179 Ex parte Kristensen, 10 USPQ2d 1701 (Bd. Pat. App. & Inter. 1989)

3.3.9　功能子句

　　物之發明通常應以結構或特性界定請求項，方法之發明通常應以步驟界定請求項。惟若技術特徵無法以結構、特性或步驟界定，或以功能界定較為清楚者，且說明書中已明確且充分揭露的實驗或操作，能直接確實驗證該功能時，得以功能界定請求項。請求項中包含功能界定之技術特徵，解釋上應包含所有能夠實現該功能之實施方式。

　　功能子句（functional clause）係以「whereby」、「thereby」或「so that」等引領之子句，功能子句包括藉以子句（whereby clause）。藉以子句，通常附加於請求項末尾描述技術特徵或整個請求項之功能、效果或操作方式。例如「如請求項1、2或3所述之手搖鈴，其中之圓筒凹穴側邊上開設一孔洞，以一螺絲鎖入，藉以（whereby）加強手柄與凸穴之連結。」又如「一種……轉向裝置，包括……，藉以（where by）達成快速轉向目的。」若適當使用藉以子句，僅描述所載之結構或方法必然實現之功能、操作或結果，藉以子句並非不適當，但對於非必然實現之功能，應避免使用藉以子句。

　　功能子句譯成中文時，得依上、下文義譯成「藉以」、「藉此」或「以便」等適當意思。功能子句僅敘明請求項中技術特徵所實現之結果，並未增進請求項之可專利性或實質內容[180]，若請求項中已明確記載申請標的、範疇及技術特徵等，得再記載功能子句，有助於了解申請標的中各元件之動作關係及功能，切記功能子句並非手段功能子句，不得以其所載之功能取代必要技術特徵。惟由於功能子句與申請人的意識限定或排除事項有關，依全要件原則，專利侵權訴訟時，功能子句仍為解釋申請專利範圍之基礎，若申請人不想讓自己的專利權範圍被解釋得更狹窄，應避免記載功能子句。

　　功能子句是否為請求項中之限定條件端賴個案之事實，在Hoffer案，法院就判決：「whereby子句所陳述之條件對於可專利性具有實質意義時，其不能被省略而改變該發明之實質。[181]」惟法院也注意到Minton案之判決：「當方法請求項中之whereby子句對於確實記載之方法步驟僅表示其所欲之

---

180 Israel v. Cresswell, 35 CCPA 890, 166 F.2d 153, 156 76 USPQ 594, 597 (CCPA 1948)
181 Hoffer v. Microsoft Corp., 405 F.3d 1326, 1329, 74 USPQ2d 1481, 1483 (Fed. Cir. 2005)

結果時，其不具重要性。」[182]

　　要檢測功能子句中所載之功能是否為請求項中所載之結構必然可實現者，可以先忽略該子句，再檢視請求項中其餘內容是否已完整記載了必要技術特徵，包括必要元件及其連接關係等。若必要技術特徵有所欠缺，應增加結構特徵作為功能子句之前提基礎。功能子句僅陳述請求項中所載技術特徵之功能，並不會增加任何事項而影響到請求項之可專利性，有助於讀者明瞭結構特徵。以下述兩例比較說明之[183]：

- 一種物品之容器，具有縫隙之壁，該縫隙尺寸小於要被搖動之該物品，藉以將該物品收納在容器中搖動之。（a container for the articles, having apertured walls, the apertures of which are smaller in size than the articles to be shaken whereby the articles are retained in the container as they are shaken）
- 一種有縫隙之物品容器，藉以將該物品收納在容器中搖動之。（an apertured container for the articles whereby the articles are retained in the contained as they are shaken）

　　在前述案例中，藉以子句完全相同，但前一例藉以子句中之收納功能是請求項中所載結構特徵必然實現之功能，故該藉以子句並無不當。後一例之藉以子句雖然與前一例相同，但其試圖以單純的功能語言定義結構特徵，僅記載所要之結果，而未記載足夠之必要結構特徵，故該藉以子句並不適當。

　　前述所稱「不適當」，係建議儘量避免撰寫成後一例之方式，並非指後一例就違反明確要件。在美國，過去很多判例判決功能子句中所載之功能不能作為決定該請求項可專利性之基礎，但近代的觀點認為功能子句可以是結構或方法的一部分，請參酌5.5.7「功能子句」。為避免爭執，應避免以功能子句作為結構或方法技術特徵。事實上，以手段請求項在大部分案例中亦能發揮功用，達成相同任務。因此，除非能確定功能子句中所載之功能係請求項中所載之結構必然可實現者，否則應儘量避免記載功能子句，以避免解釋

182 Minton v. Nat'l Ass'n of Securities Dealers, Inc., 336 F.3d 1373, 1381, 67 USPQ2d 1614, 1620 (Fed. Cir. 2003)

183 Landis on Mechanics of Patent Claim Drafting (edition 5), 3:23 "Whereby" Clauses, p3-63

申請專利範圍時，因功能子句隱含結構或步驟特徵，而限制該請求項所涵蓋之範圍。

3.3.10 請求項之解釋

申請專利範圍係界定發明專利權範圍之基礎，申請專利範圍中之請求項係界定專利權範圍及判斷新穎性、進步性等專利要件的基本單元（basic unit）。申請專利之標的應以請求項中所載之所有技術特徵予以界定；解釋申請專利範圍時，附屬項應包含被依附之請求項中全部技術特徵；引用記載形式之獨立項應包含被引用之請求項中被引用之技術特徵、次組合、協作構件或不同範疇之技術手段。發明之構成元件在該領域為習知者，申請人不須描述該元件，在這種情形下，該元件會被解釋為包含各技術領域所公認之意義。

在專利審查過程中，必須賦予請求項符合說明書（必須為說明書所支持）之最寬廣合理的解釋（broadest reasonable interpretation）[184]，這個原則不同於法院在侵權訴訟中參酌說明書、申請歷史、先前技術及其他請求項，解釋已取得專利之請求項的方式[185]。專利行政機關應參酌說明書中所載之定義或其他事項，以具有通常知識者會明瞭之一般用法，將最寬廣合理的意義適用到請求項之用語[186]。請求項最寬廣合理的解釋應與具有通常知識者之解釋一致，例如在In re Cortright案，具有通常知識者會理解所請求之方法中「使頭髮恢復生長」之技術特徵係指增加頭皮上頭髮的生長量，而非產生一頭茂密的頭髮[187]。

一、賦予請求項中之用語字面意義

請求項之解釋應為符合說明書之最寬廣合理的解釋，其意思是指必須賦予請求項中之用語字面意義（plain meaning），除非申請人在說明書中已提

---

184 In re Hyatt, 211 F.3d 1367, 1372, 54 USPQ2d 1664, 1667 (Fed. Cir. 2000)

185 In re Morris, 127 F.3d 1048, 1054-55, 44 USPQ2d 1023, 1027-28 (Fed. Cir. 1997): In re American Academy of Science Tech Center, 367 F.3d 1359, 1369, 70 USPQ2d 1827, 1834 (Fed. Cir. 2004)

186 In re Morris, 127 F.3d 1048, 1054-55, 44 USPQ2d 1023, 1027-28 (Fed. Cir. 1997)

187 In re Cortright, 165 F.3d 1353, 1359, 49 USPQ2d 1464, 1468 (Fed. Cir. 1999)

供明確的定義[188]。對於意義明確、無疑義且未表示特定意義之一般簡單用語，字面意義應恰為其所顯示之意義；例如「將蛋糕所裹之麵糰成品加熱到約400°F到850°F的範圍」，係要求加熱麵糰而非爐子內部的空氣到特定之溫度[189]。請求項中之用語通常並不限於說明書中所顯示或揭露之意義，尤其是化學以外之技術領域，不能將請求項限於說明書中所載之實施方式[190]。

雖然解釋請求項中之用語得藉助說明書中所載之內容，但切勿將非屬請求項之內容讀入請求項作為限定條件，亦即當請求項中之用語比實施方式寬廣時，切勿將說明書中所載之實施方式讀入請求項[191]。例如方法請求項之用語未於方法步驟中記載具體順序，且說明書未直接或隱含特定順序者，則不得將該順序讀入請求項[192]。但有一例外，當請求項係以手段（步驟）功能用語所載之手段請求項時，必須參酌說明書決定對應請求項中所載之功能的結構、材料或動作[193]。僅能解釋請求項但不得將說明書中所載之內容讀入請求項，有關之詳細說明請參酌5.3.1之三「禁止讀入原則」。

二、字面意義應參酌通常習慣意義

對於請求項中所載之用語的字面意義，應參酌具有通常知識者在專利申請案之有效申請日對於該用語所了解之通常習慣意義（ordinary and customary meaning）[194]，若申請人無明顯意圖將新的意義引入請求項之用語，該用語被推定為具有通常知識者所認定之通常習慣意義[195]。例如，說明書對於「電子多功能卡」（electronic multi-function card）並無明確之定義，該用語應被賦予通常及最寬廣合理的解釋，不限於說明書中較佳實施方式；若說明書未指出一般信用卡之定義適用於所請求之電子多功能卡，該用語不

---

188 In re Zletz, 893 F.2d 319, 321, 13 USPQ2d 1320, 1322 (Fed. Cir. 1989)

189 Chef America, Inc. v. Lamb-Weston, Inc., 358 F.3d 1371, 1372, 69 USPQ2d 1857 (Fed. Cir. 2004)

190 Liebel-Flarsheim Co. v. Medrad Inc., 358 F.3d 898, 906, 69 USPQ2d 1801, 1807 (Fed. Cir. 2004)

191 Superguide Corp. v. DirecTV Enterprises, Inc., 358 F.3d 870, 69 USPQ2d 1865 1868 (Fed. Cir. 2004)

192 Altiris Inc. v. Symantec Corp., 318 F.3d 1363, 1371, 65 USPQ2d 1865, 1869-70 (Fed. Cir. 2003)

193 In re Donaldson, 16 F.3d 1189, 29 USPQ2d 1845 (Fed. Cir. 1994) (in banc)

194 Phillips v. AWH Corp., _F.3d_, 75 USPQ2d 1321 (Fed. Cir. 2005) (en banc)

195 Sunrace Roots Enter. Co. v. SRAM Corp., 336 F.3d 1298, 1302, 67 USPQ2d 1438, 1441 (Fed. Cir. 2003); Brllkhill-Wilk l, LLC v. Intuitive Surgical, Inc., 334 F.3d 1294, 1298 67 USPQ2d 1132, 1136 (Fed. Cir. 2003)

限於信用卡之工業標準定義[196]。

　　請求項中所載之用語的通常習慣意義可以被各種來源之資料所證明[197]，包含：請求項本身[198]；字典及論文[199]；書面說明、圖式及申請歷史[200]。若外部參考資料，例如字典，對於該用語顯示一個以上之定義，必須參酌內部紀錄以確定不同定義中何者最符合該用語。若該用語有若干共通意義，說明書之揭露內容得用於指出不適宜之意義並指向適宜之意義[201]。例如為符合說明書，「焊料回流溫度」（solder reflow temperature）之解釋係指焊料「回流溫度峰值」（peak reflow temperature），而非焊料「液態溫度」（liquidus temperature）[202]。若一個以上外部定義與內部紀錄中所用之文義一致，請求項之用語得被解釋為包含該全部意義。

三、申請人得自己定義請求項中之用語

　　解釋請求項時，必須檢視說明書，決定通常習慣意義的推定是否被推翻[203]。若專利權人自己作為辭彙編纂者，說明書中已記載與該用語之通常習慣意義不同的定義，或專利權人利用有明顯結論或限制之用語或表示，清楚表達所排除之請求範圍，而排除或放棄所涵蓋之範圍，則可以推翻該推定[204]。例如，美國法院發現說明書中所載經深思熟慮之辭彙，因為說明書中明確的排除非界面活性劑之溶解劑，而將請求項中之用語「溶解劑」（solubilizer）的範圍限定於界面活性劑[205]。再如，美國法院判決請求項中之用語「開放之管路」（open channels）及「單件構造」（single piece

---

196 E-Pass Technologies, Inc. v. 3Com Corporation, 343 F.3d 1364, 1368, 67 USPQ2d 1947, 1949 (Fed. Cir. 2003)

197 Phillips v. AWH Corp., _F.3d_, 75 USPQ2d 1321 (Fed. Cir. 2005)(en banc)

198 Process Control Corp. v. HydReclaim Corp., 190 F.3d 1350, 1357, 52 USPQ2d 1029, 1033 (Fed. Cir. 1999)

199 Tex. Digital Sys., Inc. v. Telegenix, Inc., 308 F.3d 1193, 1202, 64 USPQ2d 1812, 1818 (Fed. Cir. 2002)

200 DeMarini Sports, Inc. v. Worth, Inc., 239 F.3d 1314, 1324, 57 USPQ2d 1889, 1894 (Fed. Cir. 2001)

201 Brookhill-Wilk l, 334 F.3d at 1300, 67 USPQ2d at 1137; Renishaw PLC v. Marposs Societa' per Azioni, 158 F.3d 1243, 1250, 48 USPQ2d 1117, 1122 (Fed. Cir. 1998)

202 Vitronics Corp. v. Conceptronic Inc., 90 F.3d 1576, 1583, 39 USPQ2d 1573, 1577 (Fed. Cir. 1996)

203 Tex. Digital, 308 F.3d at 1204

204 International Rectifier Corp. v. IXYS Corp., 361 F.3d 1363, 1368, 70 USPQ2d 1209, 1214 (Fed. Cir. 2004)

205 Astrazeneca AB v. Mutual Pharm. Co., 384 F.3d 1333, 1339-40, 72 USPQ2d 1726, 1730-31 (Fed. Cir. 2004)

construction）宜被解釋為其通常習慣意義，因為專利權人自己並未作為辭彙編纂者，且對於該等用語之使用方式是否與其通常習慣意義一致，申請歷史及說明書之記載均模糊不清[206]。又如，美國法院注意到系爭請求項中之用語「操作上連結」（operatively connected）是一般描述性用語，常用於說明書以反映所請求之構件間的功能關係，且內部紀錄顯示專利權人自己並未作為辭彙編纂者重新定義「操作上連結」，而將其限於濾管與封蓋在物理上緊緊黏接之實施方式，故應將「操作上連結」解釋為該濾管與封蓋能達成過濾功能之方式的連結[207]。

　　申請人自己得為辭彙編纂者，明確記載請求項之用語的定義，據以推翻該用語之通常習慣意義，但說明書中記載之定義必須「足夠清楚、深思熟慮及精確」，且必須使具有通常知識者注意到意義的改變[208]。例如，美國法院判決專利權人未以足夠明確之術語重新定義「約」（about）之意義係指「正是」（exactly），藉以證明「約」字並非一般直覺的定義[209]。若申請人提出用語之明確定義，該定義會決定請求項中該用語的解釋。惟應注意者，近年來美國法院之觀點已有改變，認為請求項中之用語的編纂並非單就辭彙本身之意義，而應以說明書及圖式之整體內容解釋之[210]；若申請人自己作為辭彙編纂者，依賴說明書決定請求項中之用語的意義時，得以隱含之意義予以定義，亦即依據說明書整體內容中該用語之用法，而不侷限於明示的辭彙編纂或明確的排除請求範圍的情況[211]。

　　若申請人對於請求項中之用語所定義的詞彙與所屬技術領域中一般公認之意義相左，由於申請案取得專利後將成為後續申請案之先前技術，為嗣後

---

206 W.E. Hall Co. v. Atlanta Corrugating LLC, 370 F.3d 1343, 1350-53, 71 USPQ2d 1135, 1140-42 (Fed. Cir. 2004)

207 Innova/Pure Water Inc. v. Safari Water Filtration Sys. Inc., 381 F.3d 1111, 1117-20, 72 USPQ2d 1001, 1006-08 (Fed. Cir. 2004)

208 In re Paulsen, 30 F.3d 1475, 1480, 31 USPQ2d 1671, 1674 (Fed. Cir. 1994) quoting Intellicall, Inc. v. Phonometrics, Inc., 952 F.2d 1384, 1387-88, 21 USPQ2d 1383, 1386 (Fed. Cir. 1992)

209 Merck & Co., Inc., v. Teva Pharms. USA, Inc., 395 F.3d 1364, 1370, 73 USPQ2d 1641, 1646 (Fed. Cir. 2005)

210 Toro Co. v. White Consolidated Industries Inc., 199 F.3d 1295, 1301, 53 USPQ2d 1065, 1069 (Fed. Cir. 1999)

211 Phillips v. AWH Corp., __F.3d__, 75 USPQ2d 1321 (Fed. Cir. 2005) (en banc); Vitronics Corp. v. Conceptronic Inc., 90 F.3d 1576, 1583, 39 USPQ2d 1573, 1577 (Fed. Cir. 1996)

之檢索起見，必須修正為具一般公認意義之專門術語，以清楚反映申請專利之發明。

3.4　物之請求項之撰寫

發明專利保護之標的包括物及方法兩種範疇之發明，以物為標的之請求項得請求物品、物質、形狀、構造或裝置等。本節主要係以物之請求項為對象，尤其是針對裝置及物品請求項，說明撰寫物之請求項時3.3「一般原則」以外所適用之其他原則。無論申請標的為物或方法，實務上兩種請求項之撰寫原則大同小異，本節內容亦準用於方法請求項之撰寫。

3.4.1　前言

申請標的名稱必須載於請求項之前言部分，其必須是足以描述所請求之裝置全部功能的名稱，例如「1.一種脫毛裝置，其包含：……。」這種裝置或機械組合式請求項簡單的前言型式為「一種〔對於特定物品或工作物執行具體動作或操作〕之裝置，其包含：……。」應確認前言中作為動作或操作對象之物品或工作物，但不須詳細界定，除非其對於裝置之操作是重要或為迴避先前技術而有必要者。前言可能包含發明目的之陳述，例如「一種快速脫毛裝置，……。」但有時發明目的之陳述係載於主體，例如以功能特徵記載之。

3.4.2　技術特徵之記載

獨立項應敘明申請專利之標的名稱及申請人（主觀）所認定之發明之必要技術特徵。物之請求項，最常使用者為組合式請求項（combination type claim），其係以串列方式描述申請標的之必要元件，而以個別子句完整描述各必要元件，整體組合為申請標的之構成內容。

撰寫物之請求項時，首先應決定所申請之裝置的必要元件，將各元件作為請求項主體中子句之主題。請求項必須列出該元件，並陳述其在物理上及／或在功能上彼此如何互相關連，及在連接關係上如何構成前言中所指之物品或如何達成前言中所指之任務。例如：

1. 一種電動脫毛裝置，包含：

  (a) 一手持可攜式外殼；

  (b) 馬達手段，設置於該外殼中；及

  (c) 一螺旋彈簧，包含複數個相鄰捲圈，以該馬達手段驅動之，相對於長有要去除毛髮的皮膚作旋轉式滑動；該螺旋彈簧包含一弧狀嚙合毛髮部位而形成一凸側及一對應之凹側，該捲圈在該凸側伸展張開在該凹側緊壓閉合，該螺旋彈簧之旋轉運動使該捲圈產生從該凸側的伸展張開形態變到該凹側之緊壓閉合形態的連續動作，而嚙合並拔除皮膚上的毛髮，藉此該捲圈之表面速度相對於該皮膚遠超過該外殼相對於該皮膚之表面速度。

　　前述組合式請求項中有三個必要元件：(a)外殼；(b)馬達手段；(c)螺旋彈簧。在請求項之架構中，這些元件均為達成脫毛之必要元件，而不需要其他元件。若要進一步限定該請求項，例如心軸及齒輪組等，得作為附屬項之元件。為撰寫寬廣的請求項，應省略習知元件減少發明的必要元件數目，並考量可能的侵權者會實施什麼結構所構成的產品。

　　工作物（workpieces）是發明使用或操作之對象，而非所申請之標的的構成元件，得在前言中記載工作物，例如前述請求項前言中之「毛」，若其與所申請之元件互相關連，亦可出現在主體，但不須詳細界定。

一、技術特徵之內容

　　撰寫請求項之技術特徵（或稱元件）應包含以下前三項內容，可以的話，增加第4項內容：

(1) 元件名稱。

(2) 元件之構成零件或新穎特徵（為達成請求項之發明目的，所載之元件與先前技術之間的特徵差異）。

(3) 元件與其他元件或與其構成零件之間的連結及連接關係。

(4) 各元件之功能與操作（所載之元件做了什麼及如何做）。

　　在(3)及(4)之情況下，各元件必須在結構上及／或在功能連接關係上與至少一個其他元件有關。

二、元件名稱

撰寫請求項之前，應先分析申請標的之結構並選定必要元件。對於各必要元件，必須賦予足以區分彼此之名稱，且應與說明書及圖式中所載之名稱相對應（但不必完全相同），例如前述請求項中之外殼、馬達手段及螺旋彈簧，尤其，請求項中所載之名稱必須出現在至少一個實施例中，以獲得說明書之支持。

對於各元件之名稱，申請人得自己作為詞彙編纂者創造新的詞彙並於說明書中賦予定義，或於說明書中賦予既有詞彙新的意義，例如2.1.1之五「案例」的〔實施方式〕第2段所載「紙張這個用語此處係用作上位概念用語，描述任何薄的撓性薄片材料」，及2.2.7「實施方式」中〔電動脫毛裝置之實施方式〕第2段所載「本文中，『心軸（spindle）』一詞要作其最廣義解釋，包括任何可用來將螺旋彈簧之一端連結至旋轉軸承及／或旋轉動力來源或轉接件之裝置」。一旦賦予特定詞彙明示或隱含的定義，解釋申請專利範圍時，應參酌說明書及申請歷史檔案決定申請專利範圍中所載文字、用語之意義，並以該定義為第一優先解釋申請專利範圍。但元件名稱被賦予之定義不得與該技術領域中慣用之用語矛盾。

若內部證據對於申請專利範圍中之文字、用語均未賦予新的意義，應以具有通常知識者所認知或了解之通常習慣意義（ordinary and customary meaning）解釋之。

解釋申請專利範圍時，應先參酌內部證據，將其作為認定申請專利範圍之文字、用語意義的首要依據。就內部證據本身的順序而言，先參酌申請專利範圍，然後是說明書，最後是申請歷史檔案。內部證據與外部證據有衝突或不一致者，優先適用內部證據；內部證據足使申請專利範圍清楚明確者，無須考慮外部證據。外部證據，泛指非屬內部證據之資料，包括：普通字典、科學字典、教科書、工具書、權威著作、百科全書、學術論文、刊物、先前技術及具有通常知識者之觀點等。

撰寫各元件名稱，通常係以描述該元件之功能或目的的名詞稱之，例如「基座」（base）可以稱為「支持座」（support）、「固定板」（mounting plate）等類似名稱。撰寫各元件名稱時，應避免使用涵蓋範圍太狹窄的名

詞，得參酌字典尋求上位概念用語，以擴大請求項的涵蓋範圍。若無具體之上位概念名稱可用，得自創名稱表達該元件之功能，例如「旋轉件」（rotary member）或「承座」（holder），以元件之功能描述之。當然，亦得使用手段功能用語撰寫各元件名稱。

對於複數個類似功能的元件，最好撰寫不同名稱，例如「支撐件」（holding member）及「支持件」（support member），即使這兩個名稱一般習慣上被認為並無區別。另外一種方式是將有識別性或描述性之形容詞加註於元件名稱，描述其功能、位置或主要特性，例如「固定件……連接件」、「左側固定件……右側固定件」或「基座固定件……連接器固定件」等，以區別各元件。若前述方式均不適用，得加上序號，例如「第1構件」、「第2構件」，使請求項中所列舉之元件彼此之間足以明確區別。

對於請求項群組（獨立項及其附屬項）中之同一元件，應使用同一名稱，勿更動其名詞，亦勿增、刪或更動其形容詞；對於不同元件，應使用不同名稱。惟應注意同一請求項中同一元件重複出現，而產生一元件名稱包含另一元件名稱之「雙重包含」情形，該請求項可能被認定為不明確。

撰寫元件名稱時，不僅得指定名詞，亦得加註修飾之形容詞。首次以形容詞加名詞完整地撰寫元件名稱，例如「左側連接件」，再次提及該元件時，應使用相同名詞，雖然可以使用形容詞的一部分或不使用形容詞，即「構件」或「連接件」，但必須沒有其他元件的名稱用「構件」或「連接件」，以免混淆。若要使用形容詞，亦應使用相同形容詞不得變動，例如「左邊連接件」與「左側連結件」之間易生混淆。

撰寫各元件名稱時，得善用請求項差異原則，針對不同請求項中之同一元件指定不同名稱，有助於界定各請求項涵蓋範圍之間的差異。請求項差異原則（doctrine of claim differentiation），指每一請求項之範圍均相對獨立，請求項之間對應之技術特徵以不同用語予以記載者，應推定該不同用語所界定的範圍不同。換句話說，對於不同請求項中之同一元件，無論是否有依附關係，得使用不同名稱，例如對於一請求項中之元件記載為較寬廣的「平面」，而在另一請求項中將該元件記載為較狹窄的「鐵砧」，前者「平面」為後者「鐵砧」的一部分，致兩請求項涵蓋不同寬窄的範圍。在Sun Race Roots Enters.案，獨立項之技術特徵記載為「變速機構」（shift actuator），

其附屬項記載被該機構所涵蓋之「凸輪裝置」（cam means），由於兩者之用語不同，不得將附屬項之技術特徵讀入獨立項，而限制了該獨立項[212]。

　　若說明書揭露了複數個實施例，但請求項僅請求一個實施例，對於其他實施例，可能被解釋為申請人自願貢獻給公眾，專利侵權訴訟時，專利權人不得主張均等論將請求項中之用語擴張至未請求之實施例。在Johnson & Johnson案，美國聯邦法院認為鋁質基板的均等範圍不能涵蓋未請求之鋼質基板實施例[213]。惟若鋼質基板未曾被揭露，依均等論，鋁質基板可延伸至涵蓋鋼質基板。

三、元件之撰寫順序

　　請求項中必要元件之撰寫應以邏輯順序為之，得沿著申請標的所實現之一連串動作，或沿著申請標的中元件之排列順序予以撰寫。前者稱為「功能順序」；後者稱為「結構順序」。

　　「功能順序」，係先撰寫首先接觸工作物之元件（後述之例中的容器），再沿著功能路線撰寫其餘元件。例如：

1. 一種搖動物品之裝置，其包含
   (a) 一裝物品之容器；
   (b) 一基座；
   (c) 複數支平行支桿，各支桿一端樞接於該容器另一端樞接於該基座，以支持該容器相對於該基座作振盪搖動；及
   (d) 搖動該容器之手段，在該各支桿上搖動物品。[214]

　　「結構順序」，係先撰寫整個裝置之下方基座或電力來源，再沿著結構路線撰寫其餘元件。例如：

---

212 SunRace Roots Enter. Co. v. SRAM Corp., 336 F.3d 1298, 67 U.S.P.Q.2d (BNA) 1438 (Fed. Cir. 2003)

213 In re Johnson & Johnson Associates, Inc. v. R.E. Service Co., 285 F.3d 1046, 62 U.S.P.Q.2d (BNA) 1225 (Fed. Cir. 2002)

214 Landis on Mechanics of Patent Claim Drafting (edition 5), 3:1.1 Example 1 - Shaker, p3-2

1. 一種搖動物品之裝置，其包含

　(a) 一基座；

　(b) 複數支平行支桿，各支桿一端樞接於該基座；

　(c) 一裝物品之容器，樞接於該各支桿之另一端，該各支桿支持該容器相
　　　對於該基座作振盪搖動；及

　(d) 搖動該容器之手段，在該支桿上搖動物品。

　　對於機電整合之發明，例如具有傳動裝置及電子電路裝置者，通常宜以馬達或動力源開頭，並朝傳動裝置或電路之尾端撰寫，依序描述該裝置中實現各種動作或功能所需之重要元件。以前述之裝置為例，從傳動裝置開始，止於各個實現最後操作所必需之元件。惟有時亦得從後端開始反向撰寫。

　　若申請標的中有元件A及B同時或平行作動，仍應依功能或結構順序處理，先選定其中一個同時或平行作動之元件A，依動作順序從該元件到其終點完整記載，然後再換到另一個同時或平行作動之元件B，依動作順序完整記載之。

四、推導式請求

　　撰寫技術特徵時，要將新元件首次寫進物之請求項或將新步驟首次寫進方法請求項，應以下列兩方式之一為之：

a. 以新元件或新步驟作為子句之主題，在子句中陳述新元件或新步驟之存在，亦即在子句之開頭列出新元件或新步驟，再敘明新元件或新步驟是什麼，及／或以新元件或新步驟做了什麼或對新元件或新步驟做了什麼，例如前述電動脫毛裝置「(b)馬達手段，設置於該外殼中」。

b. 藉先前已記載而引進之元件或步驟，以動名詞「為」（being）、「包含」（comprising）、「具有」（having）或「包括」（including）描述新元件或新步驟之存在，例如前述電動脫毛裝置「螺旋彈簧包含（具有、包括或為）相鄰捲圈」指出在後之相鄰捲圈係在前之螺旋彈簧的一部分；而非說明對該元件做了什麼或以該元件做了什麼。

　　在美國，有下列情況之一者，被認為是推導式請求（inferential

claiming），其為一種撰寫上之形式規則，引進必要元件時應力求避免這種推導式請求：

(1) 新元件A操作或連結新元件B：在引進新元件A之子句中以作為操作對象或連結對象的方式引進另一新元件B。

(2) 對尚未被引進之新元件做了什麼：描述內容係針對尚未被引進之新元件進行操作或動作。

(3) 以尚未被引進之新元件做了什麼：描述尚未被引進之新元件所為之操作或動作。

　　若物之請求項有三個必要元件：馬達、齒輪及連桿。不適當之推導式請求子句例如「一馬達……一齒輪……該馬達連接到連接於該齒輪之一連桿，以傳動該齒輪」（a motor ... a gear ... the motor being connected with a shaft which is connected with the gear for driving the gear）。從「該馬達」、「該齒輪」及「一連桿」之用語觀之，連桿為推導式請求，因為連桿在組合物中為獨立元件，但前述子句的主題是馬達或齒輪並非連桿，且其亦非藉先前已記載之馬達或齒輪引進連桿，而是以動名詞描述對尚未被引進之連桿做了什麼。適當的語法得為：

(a) 「一連桿，連接該馬達及該齒輪，以傳達從該馬達到該齒輪之傳動」（a shaft connected with the motor and with the gear for communicating driving motion from the motor to the gear），其中連桿作為自己子句之主題（對照前述之a.）；或

(b) 「該馬達包括延伸到該齒輪之一連桿」（the motor including a shaft extending to the gear）藉先前已被引進並列出之馬達，以「包括」（including）說明連桿之存在，而在有關馬達之陳述中首次將連桿引進請求項（對照前述之b.）。

　　前述兩子句中隱含馬達及齒輪係請求項中先前已記載而引進者，因為均以定冠詞「該」字引領，而被首次引進之連桿係以不定冠詞引領。

　　「推導式請求」有如隔空抓藥，憑空而降一技術特徵，而未具體界定所請求之技術特徵的來龍去脈及該技術特徵與其他技術特徵之技術關係，例如「一手桿，具有一叉狀尾端，該叉狀尾端樞接一支裝在該叉狀尾端之叉條間之樞接銷」（A lever having a forked end pivoted on a pin mounted between the furcations of the forked end.）之文句，作為說明書之描述並無不當，但不適於寫在請求項中，因為「樞接銷」是組合物中之獨立元件，應正面予以界定，例如：

　　佳：(a) 一手桿，具有一叉狀尾端（a lever having a forked end）；及

　　　　(b) 一樞接銷，固定於該叉狀尾端之叉條之間（a pivot pin mounted between the furcations of the forked end）。

更佳：(a) 一手桿，具有一叉狀尾端（a lever having a forked end）；

　　　　(b) 該叉狀尾端包含有間隙隔離之叉條（the forked end comprising spaced apart furcations）；及

　　　　(c) 一樞接銷，固定於該叉條之間（a pivot pin mounted between furcations）。

　　在美國，引進新元件必須以不定冠詞「a」或「an」、複數形式或完全無冠詞之方式（尤其是執行功能之手段）為之。後續提及先前已引進之元件時，必須以定冠詞「the」或「said」即「該」字引領；否則會隱含引進新元件之意，而導致單一元件的雙重包含，請參酌3.3.8「元件之雙重包含」。禁止推導式請求之例外是將不定冠詞用於工作物的情況，由於工作物並非申請的元件之一，不必引進工作物，再次提及工作物時，亦無須使用定冠詞，請參酌3.4.2之六「周邊元件或工作物」。

五、元件之零件或特徵

　　撰寫必要元件之名稱後，應描述各元件與請求項之實質有關之所有事項，包括：

(1) 元件之構成零件及其如何連結。

(2) 構成之細節，例如縫隙、圓角等。

(3) 元件或其零件的尺寸、形狀或幾何關係。

(4) 所用之材料。

(5) 元件之方位（水平、垂直）或其位置（與其他元件之相對位置）。

　　撰寫請求項之前，必須區分請求項之必要元件及其構成零件。必要元件得為獨立元件或元件之零件，端賴該必要元件如何界定；不能確定時，以獨立元件作為必要元件。

撰寫各必要元件之零件或特徵，最好在同一子句中接續於該元件之主要描述之後再描述其他特徵，並說明元件如何作動或配合其他元件。若元件中有很多特徵係請求項所必需者，應以邏輯順序（例如依結構順序或功能順序）予以描述。例如：

- 一繼電器，具有兩線圈……。
- 一操作桿，具有一叉狀尾端及一圓形尾端……。
- 一齒輪，以絕緣材料製成……。
- 一碟，以彈性材料製成，具有邊緣溝槽……。

元件之特徵為負空間（empty space）形成之結構者，例如孔洞、溝槽、細縫、凹槽、長孔、縫隙、間隔、穴、空洞等（hole, groove, aperture, recess, slot, gap, space, opening, hollow），仍得作為請求之對象，例如「操作桿中之孔洞、溝槽等」；但最好是請求一元件，而其具有該負空間特徵，例如「一操作桿，具有一孔洞及一溝槽」。嗣後提及該特徵，仍應記載為「該孔洞」、「該溝槽」等。

六、周邊元件或工作物

大部分的裝置係使用某物或操作某物，或被某物所操作或使用；大部分的方法係作用於某物或為被作用之某物。對於前述與物之請求項或方法請求項有關之物（稱工作物workpiece）或周邊元件（environmental element），為使請求項完整而有意義，請求項中應予以記載。為使請求項所涵蓋的範圍寬廣，不宜將工作物或周邊元件作為申請標的中之必要元件，僅能以推導式請求之，而將工作物或周邊元件連同與其有連接關係或作用關係之元件記載於主體，藉文字說明該工作物或周邊元件而記載於請求項，請求方式詳見3.4.2之四「推導式請求」。至於前言部分則為：

(1) 若工作物或周邊元件對於申請標的具有意義，得將其記載於前言，例如「一種脫毛裝置」或「一種榨柳丁裝置」，或將工作物作為申請標的之修飾語，例如「一種鑽石研磨機」。前述之「毛」、「柳丁」或「鑽石」即為工作物。

(2) 若工作物或周邊元件對於申請標的不具意義，則無須記載於前言，例如「一種果汁機」。

就工作物或周邊元件而言，對於申請標的不具意義者，切勿載入請求項，例如燃料之於汽車請求項；對於習知可置換者，最好不要載於請求項，例如輪胎或電池之於汽車請求項。若工作物或周邊元件必須記載於主體，則僅載於主體以推導式請求之，而不將其作為申請標的之必要元件。

在美國，引進工作物後，後續每一次提及同一工作物，無須使用定冠詞，充其量僅以定冠詞「the」，而不用「said」，因為「said」這個字已習慣用於回溯到先前真正的請求元件。

七、連結或協同關係

連結關係，可以是結構、物理、電性、功能或操作等連接關係。結構之連結關係，係請求項中所載元件彼此之間的連接。若請求項中之元件在結構之連結或功能上之協同關係是達成完整而可操作之組合所必需者，應將該連結或協同記載於請求項。結構上之連結例如「固定」（fix to）、「組裝」（mount）、「連接」（connect）、「樞接」（connect pivotally）、「位於」（position）、「接合」（engage）、「栓合」（bolte to）或「嚙合」（in mesh with）等。若先前技術許可的話，應使用涵蓋範圍相對寬廣之文字。

3.4.2之三「元件之撰寫順序」中搖動物品之裝置請求項，元件(a)、(b)及(c)之間的結構連結關係記載為「各支桿一端樞接於該容器另一端樞接於該基座」，而將(a)、(b)及(c)三個元件連接在一起。然而，(d)「搖動該容器之手段，在該各支桿上搖動物品」係手段功能子句，其自動將本身固有的結構及操作連結到該子句之對象的某些元件。換句話說，該手段某些部分必須連接到該容器或某些東西必須連結到該容器以達成所載之功能，案例中兩者被隱含在「搖動該容器」之記載中，而不必明示結構上之連結關係，例如「連結該容器以搖動該容器」。

切勿使請求項中所載之任一元件或零件與其他元件或零件無任何結構連結關係或無功能協同關係，而形成孤島。若有任一元件或零件與其他元件或零件無任何連結關係，即違反前述的「孤島原則」而為後述元件之集合者，

則會違反請求項明確要件。例如對於「一螺旋彈簧包含複數個相鄰捲圈」，未記載什麼東西與該彈簧或該捲圈連結，或什麼東西操作於該彈簧或該捲圈，或該彈簧或該捲圈操作什麼東西。若該捲圈無任何目的或功能，則勿記載該捲圈。

為檢核請求項中是否漏載了必要元件或結構上或功能上的連結關係，最有效的作法是在已完成之圖式上註記符號，並與請求項中所載之元件名稱及其零件、連結關係等一一比對檢視。對於元件之間的連結關係，應使任一元件或零件與其他元件或零件有清楚的結構連結關係或功能協同關係，寧可過多而不要冒著結構矛盾或不完整之風險。

撰寫結構上的連結關係並不困難，反而重點在於如何涵蓋更寬廣的範圍。若申請標的是否具專利要件之關鍵不在於該連結關係的話，應以涵蓋範圍更寬廣的上位概念用語撰寫之。

八、元件之集合

裝置，是零件經組裝而可操作之組合，或為已就定位準備作工之機械元件。因此，每一元件或元件之每一零件必須記載物理上連結到至少一個其他元件或零件，或功能上關連到至少一個其他元件或零件，或兩者皆具，且必須藉一個或一個以上前述元件之間的個別連結，將全部元件構成一單元。惟必要的連結關係不必是直接的機械連結關係；只要整體效果具有用性及非顯而易知性，而組合中之元件能獨立發揮功能者，該組合得准予專利[215]。

撰寫裝置等物之請求項，除須撰寫必要元件及其零件或特徵外，也必須將元件組合在一起完成整體可操作之裝置或物品。換句話說，請求項必須界定各必要元件與組合中之其他元件之直接或間接連結關係或相互關係始為已完成之發明。若請求項中省略了必要元件或元件之間必要的結構連接關係，而為未完成之發明者，不符合明確要件及／或支持要件。

組合，係其構成之元件共同合作達成一結果；集合，係其構成之元件之間彼此獨立而無共同合作關係。即使說明書中所揭露之實施例為組合而非結構上無連結關係的集合（aggregration），請求項中未記載必要元件之間的連

---

215 Ex parte Adams and Ferrari, 177 U.S.P.Q. (BNA) 21 (Bd. App. 1972)

結關係或相互關係者，充其量只是集合了複數個各別獨立元件，而非經組裝而可操作之組合，除非是一種特別形式之請求項－無法組裝之零件套組（a kit of unassembled parts，請參酌3.2.5之七「套組式請求項」）[216]，否則請求項中所載之集合不符合專利要件。集合請求項例如：「一種一端具有橡皮擦之鉛筆。」（a pencil with an eraser on the end）僅記載鉛筆及橡皮擦之集合，未記載該鉛筆與橡皮擦之連結關係，或什麼東西與該鉛筆或該橡皮擦連結，或什麼東西在鉛筆或橡皮擦上操作，或鉛筆或橡皮擦在其他東西上操作。在Ansul v. Uniroyal案，美國法院判決「集合」亦適用於A及B之化學混合物，若A或B未執行新功能[217]。

九、功能與操作

　　請求項中所載必要元件彼此之間的功能關係，係描述申請標的做了什麼；必要元件彼此之間的操作關係，係描述申請標的如何做。以功能語言（functional language）描述元件，係界定其做了什麼，而非界定其係什麼，故功能語言本身並不會使請求項不明確[218]。

　　撰寫請求項，除了記載結構之連結關係外，若不會過度限定請求項，最好也記載元件之間的功能或操作關係。換句話說，請求項中不僅應敘明構成元件、成分或步驟是什麼及其結構之連結關係，並要敘明其功能、目的或如何一起作動、操作，而達成前言中所指之結果[219]。例如：

1. 一種搖動物品之裝置，其包含[220]

　(a) 一裝物品之容器；

　(b) 一基座；

　(c) 複數支平行支桿，各支桿一端樞接於該容器另一端樞接於該基座，以支持該容器相對於該基座作振盪搖動；及

---

216 In re Venezia, 189 U.S.P.Q. (BNA) 149 (C.C.P.A. 1976)

217 Ansul Co. v. Uniroyal, Inc., 169 U.S.P.Q. (BNA) 759, 761 (2d Cir. 1971)

218 In re Swinehart, 439 F.2d 210, 169 USPQ 226 (CCPA 1971)

219 In Innova/Pure Water Inc. v. Safari Water Filtration Sys. Inc., 381 F.3d 1111, 1117-20, 72 USPQ2d 1001, 1006-08 (Fed. Cir. 2004)

220 Landis on Mechanics of Patent Claim Drafting (edition 5), 3:1.1 Example 1 - Shaker, p3-2

(d) 搖動該容器之手段，在該各支桿上搖動物品。

前述請求項中劃底線之用語即為功能語言，功能語言本身並不會使請求項不明確，若未過度使用功能或操作之陳述，或未導入不必要之技術特徵於請求項中，則無須參酌說明書就可以使請求項更明確且更容易明瞭，但必須注意不得僅為純功能之記載。

附隨於先前所載之結構的作動（movement）、動作（action）或結果的功能語言通常不會不明確，例如前述請求項1，該容器振盪作動之功能係導因於該容器與基座之間的樞接。「操作上的連結」（operatively connected）是請求項中經常使用的一般性描述用語，該用語係反映所請求之構成元件間的功能關係，換句話說，所請求之構成元件之間的連結係以能實現所欲達成之功能的方式為之，例如圓管與蓋子之間是以能實現過濾功能之方式予以設置者，得記載為「該圓管在操作上連結到該蓋子」。惟應注意者，以這種方式撰寫之請求項為結構請求項，並非以功能或以製法界定物之請求項。常見的功能語言尚包括「藉以」（whereby；thereby）及「手段」（means for）。功能語言之例如下：

- 一種轉盤〔元件〕，其上固定〔結構連結〕該桶〔工作物〕以隨其旋轉〔功能語言〕……。
- 使股線導槽往復運動之手段以使其作動〔means for功能語言〕……。
- 一種脈搏計算器感應每一血管脈搏……以計算〔功能語言〕……。

由於功能性技術特徵（functional limitation，在本小節係指以功能語言界定之技術特徵，不限於手段功能用語中所載的功能）係定義元件或特徵做了什麼，而非元件或特徵是什麼，因此，請求項中之必要元件及其結構關係所界定之申請標的本身必須具可專利性[221]。若申請標的之新穎特徵就在功能性技術特徵，而結構本身不具可專利性者，申請標的包含結構特徵及功能性技術特徵所構成之整體仍須通過先前技術檢測，亦即必須注意功能性技術特

---

221 In re Schreiber, 128 F.3d 1473, 1477-78, 44 USPQ2d 1429, 1431-32 (Fed. Cir. 1997)

徵是否將請求項擴及先前技術而請求了過廣的範圍。說明申請標的具可專利性之責任在於申請人，其必須證明該功能性技術特徵對照先前技術具可專利性，亦即該功能並非先前技術所固有者[222]。

撰寫請求項，雖然得記載元件的功能，但應避免功能性技術特徵所涵蓋的範圍過廣，尤其僅請求所要之結果。解讀請求項時，應考量功能性技術特徵之上下文義真正傳達給具有通常知識者之事項，通常是將請求項中所載之元件、成分或步驟結合功能性技術特徵，一併界定該元件、成分或步驟所提供的特殊功能或目的。

功能性技術特徵可能產生的問題是導致申請標的脫離達成結果之特定結構或步驟，而僅請求所希望之最後結果。例如「一種毛布料，穿起來粗糙而不柔滑」，其申請標的的實質內容是不光滑的感覺，是希望的終極結果，而非達成該結果的結構，例如「降低動物油脂含量並增加絲線」則為達成前述終極結果的具體手段。就前述增加絲線之例而言，功能性技術特徵本身並無不明確，若請求項另外記載了毛料之物理結構或新穎特性，即使後續附加「穿起來粗糙」之功能性技術特徵亦無不妥。事實上，功能性技術特徵有助於明瞭請求項且可以表現新穎特徵。

在Ludtke案，申請標的「降落傘傘面」包含習知元件A及B，請求項幾乎用了全部已知的功能表現方式（除「means for」之外）：「……該複數條線材〔B〕提供〔降落傘〕展開狀態下各該平面材〔A〕輻射狀之分隔（實施狀態下的物理關係），以產生各該平面材之間的高多孔部位（物理性質），使有危害之速度……低於……（達成之功能關係）藉該降落傘相繼的張開（發生之效果）而逐漸減速（達成所要的最後結果）（said plurality of the lines [B] providing a radial separation between each of said panels [A] upon deployment [of the parachute] creating a region of high porosity between each of the said panels such that the critical velocity ... will be less than ... whereby said parachute will sequentially open and thus gradually deaccelerate.）。」[223]

222 In re Swinehart, 439 F.2d 210, 212-13, 169 USPQ 226, 229 (CCPA 1971)
223 In re Ludtke & Sloan, 169 U.S.P.Q. (BNA) 563 (C.C.P.A. 1971)

3.4.3　電路請求項

　　電路請求項中所載之元件可以全部是電子元件或部分電子元件及部分機械結構，元件之間的連結或協同關係可以是電子、電磁、光電、機械或任何混合型式。電路請求項之撰寫規則與前述一般裝置或物品請求項相同，只是經常使用方塊圖及手段功能用語。圖式中之方塊圖必須為說明書所支持，或為具有通常知識者所習知，無須過度實驗即能建構每一方塊之內容。

　　為撰寫寬廣的電路請求項，應減少發明的必要元件數目，考量可能的侵權者會實施什麼，而省略習知元件，例如電源、電池或天線等。例如請求項為一種簡單的無線電接收器，應記載為「……接收無線電頻道訊號之手段……」，而非「……一天線連結到該接收器之調頻線圈……」，因為販售接收器時不一定會附天線。

　　在複雜的電路請求項中，通常會記載所請求之電路系統的方塊圖（block diagrams），而非詳細描述每一個電阻、電容等。說明書中使用方塊圖時，方塊圖本身或與其之結合必須足以支持請求項中所載之技術特徵，但若方塊中之內容具新穎性且包含所請求之發明或包含其之次元件，切勿僅使用方塊圖作為該方塊中之發明的揭露內容。

3.4.4　組合物請求項

　　請求專利保護之組合物得為新的分子、化合物、溶液、混合物甚至活體等，組合物請求項通常係由化學成分（化合物、元素或基團）構成之組合物或化合物。組合物是以所使用之物質或材料之化學本質區別其特性之物，而非以物之形狀或形式予以區別。

　　除新化合物或分子本身之發明外，組合物請求項通常為組合式請求項，涉及化學元素或基團，其技術特徵通常是化學元素或化合物。

　　新的有機分子請求項之例：

1. 一種化合物具有分子式：

　　R-CH = N-S-X

　　其中R是選自由甲基、乙基及異丙基構成之群組之烷基；

　　X是選自由氯及溴構成之群組之鹵素。

由材料組合而成之組合物請求項之例：

1. 一種鍍鋅溶液，包含：
   (a) 一醋酸鋅水溶液，從30至90 g/l；
   (b) 檸檬酸，醋酸鋅濃度的1.5至3倍；及
   (c) 一鹼性pH值調整物質，數量足以將pH3調整到4至5.5之值。[224]

技術特徵(c)「pH值調整物質」類似功能子句，係記載該技術特徵所實現之功能，而非具體之結構，亦即發明特點著重在所指之pH值範圍，而非特定之物質，只要該物質在該組合中能發揮調整pH值之功效，則請求項並無不明確。

在美國，組合物請求項前言中所述之用途（如鍍鋅、防鏽、抗菌）通常並不具實質意義，例如「鍍鋅溶液」，若溶液本身係屬已知者，不會因「鍍鋅」用途之記載而使請求項具可專利性，請參酌3.2.6之四「標籤式請求項」。

組合物是否具可專利性，關鍵在於所載之材料的組合，而不在於其如何組合；組合物之成分及含量必須於請求項予以限定。組合物中各成分含量百分數之和應等於100%，此外，各成分之含量範圍應符合下列條件：

某一成分的上限值+其他成分之下限值≦100

某一成分的下限值+其他成分之上限值≧100

以文字或數值難以表示組合物各成分之間的特性關係者，得以特性關係式、用量關係式或圖式界定請求項，但說明書中應說明圖式之具體意義。在冶金技術領域，通常係改變已知成分之比例以達到新性質或功效，故得參照圖式中所示之化合物曲線圖的區域，以界定成分比例。

---

224 Landis on Mechanics of Patent Claim Drafting (edition 5), 2:9 Dependent Claims, p2-34

3.5　方法請求項之撰寫

　　方法請求項包括有產物的製造方法及無產物的處理方法、使用方法及用途。在美國，方法請求項指「method」或「process」，兩用語得互換，雖然實務上後者較常用於化學案，前者較常用於機械及電機案，惟35 U.S.C. 100 (b)將「process」這個法定類別定義為「製程、工藝或方法」（process、art or method）」。

　　方法請求項之技術特徵係施於物品、工作物或化學物質上之動作或操作步驟（acts or manipulative steps），而非結構零件。方法請求項中之動作或步驟，係將物品、工作物或化學物質變成不同狀態或事物之轉換或還原手段，以達成實用技藝或是技術技藝上的某些結果，而前述之狀態或事物為方法請求項之核心且為是否具專利要件之關鍵。

　　前述3.3「一般原則」及3.4「物之請求項之撰寫」中所載之原則亦適用於方法請求項。

3.5.1　技術特徵之記載

一、步驟之撰寫

　　方法請求項中所載之技術特徵為方法步驟（method steps），通常是動名詞，例如：塗覆（coating）、加熱（heating）、蒸餾（distilling）、分離（separating）、冷卻（cooling）、混合（mixing）等。後述方法請求項中劃底線之記載即為方法步驟：

1. 一種製造化合物C之方法，係將A與B二化合物於50～150℃之溫度、1atm ～2 atm之壓力下<u>反應而製得</u>，其中A與B之用量比例為2：1～4：1，使用觸媒為……。
1'. 一種組裝手提式電腦之方法，該電腦包含：
   一液晶顯示裝置，具有一顯示面及第1複數個側緣，
   一本體，具有一輸入裝置，
   一外罩，耦合到該本體邊緣，並具有第2複數個側緣；

該方法包含步驟：將該液晶顯示裝置之該第1複數個側緣裝到該外罩之該第2複數個側緣，而將該液晶顯示裝置固定到該外罩。[225]

1". 一種用於沸騰液體傳熱壁之製造方法，先在管壁上形成彼此間隔很近、端部具有多個均勻分布切口的肋片，再將該肋片之端部折彎，並與相鄰肋片搭接，從而在外表面下方形成平行窄長的通道，該肋片切口處形成沿該通道間隔設置之小孔，其特徵在於：具該切口(12)之該肋片(11)係依下述步驟製得：先在金屬管外表面上形成多條溝槽(7)，再以鏟刮刀具(9)沿該金屬管外表面鏟刮起具該切口(12)之該肋片，且該鏟刮刀具(9)之後緣(10)擠壓該金屬管上尚未被鏟刮起之外表面(8)，使與其相鄰之該溝槽(7)變形，在其斜面或波谷部分形成隆起(71)，從而在鏟刮下一個肋片(11)時，該肋片(11)之該切口(12)內有一個隆起部分就形成該小孔(5)內從孔壁向孔中心伸出之非對稱凸起(4)。[226]

　　請求項中要撰寫什麼用語界定申請專利範圍是申請人的自由選擇，惟記載請求項必須符合明確等要件，亦即請求項之記載必須使申請標的對照先前技術具特殊性及區別性，而能識別其範圍界限。對於方法步驟，得記載某些條件或性質，但無須在請求項中記載獲得或達成該條件或性質所需的每一個步驟。例如僅記載步驟「蒸餾」即已足夠，不須記載「將水溶液置於……加熱……冷凝……」詳述「蒸餾」之步驟。若請求項中所使用之文字本身的意義明確，通常不須解釋該文字，說明書中只要簡單敘及相同或等同之文字即已足夠。然而，若請求項中所使用之文字使其步驟或程序不明確，例如水果酒之蒸餾，因為水果酒本質上並未經蒸餾，則須進一步說明蒸餾之詳細方法步驟，包括蒸餾之加熱及分離等細節步驟。

　　前述章節已詳細介紹物之請求項的撰寫原則，方法請求項亦得撰寫步驟功能用語，例如「分離步驟」（step for separating），其中「分離」與一般的步驟用語同樣是動名詞。比較後述兩請求項：

---

225 美國專利第5,926,237號「Computer having liquid crystal display」申請專利範圍第6項
226 美國專利第4,653,163號（優先權基礎案為日本專利第59-191,578及59-228,723號；經增補修改後作為下列書中之案例：吳觀樂、賀化、楊光、張榮彥、吳忠仁、芧紅、卜方等7人，發明和實用新型專利申請文件撰寫案例剖析——機械和日常生活領域，2002年9月第4刷，p204～234）

1. 一種將輸送中之線材收集於筒中之裝置，其包含（Apparatus for collecting an advancing strand in a barrel, which comprises）：

  (a) 一轉盤，該筒被固定於其上作旋轉運動（a turntable on which the barrel is mounted for rotation therewith）；

  (b) 一線材導件，固定於該筒上方，以導引該輸送中之線材進入該筒中（a trand guide positioned above the barrel for guiding the advancing strand into the barrel）；

  (c) 旋轉該轉盤之手段，以改變該線材收集點相對於該筒底呈圓周狀（means for rotating the turntable so that the point of collection of the strand varies circularly with respect to the bottom of the barrel; and）；及

  (d) 使該導件作往復運動之手段，以改變該收集點相對於該筒底呈放射狀（means for reciprocating the guide so that the point of collection varies radially with respect to the bottom of the barrel）。[227]

1'. 一種將輸送中之線材收集於筒中之方法，其包含（A method of collecting an advancing strand in a barrel, which comprises）：

  (a) 導引該輸送中之線材進入該筒中（guiding the advancing strand into the barrel）；

  (b) 旋轉該筒，使該筒之收集點相對於該筒底呈圓周狀變化（rotating the barrel so that the point of collection of the strand varies circularly with respect to the bottom of the barrel; and）；及

  (c) 使位於筒上之導引點往復運動，以使該收集點相對於該筒底呈放射狀變化（reciprocating a guide point above the barrel so that the point of collection varies radially with respect to the bottom of the barrel）。[228]

    比較請求項1中之「旋轉……之手段……」（means for rotating）與請求項1'中之「旋轉……」（rotating）；再比較請求項1中之「使……作往復運動之手段……」（means for reciprocating）與請求項1'中之「使……往復運

---

[227] Landis on Mechanics of Patent Claim Drafting (edition 5), 3:25.1 Example III – Take-Up Barrel, p3-96~97

[228] Landis on Mechanics of Patent Claim Drafting (edition 5), 4:2 Element of Method Claims, p4-7

動……」（reciprocating）。兩請求項中所載之技術特徵的差異在於請求項1中所載動名詞之前另加上「means for」。由前述兩請求項之分析比較，可得知物之請求項與方法請求項之間通常有部分類似，若申請之裝置標的可達成一連串操作，得將該一連串操作以一連串步驟之方式記載於方法請求項。實務上，若容許的話，得於一申請案中以不同範疇請求項涵蓋一發明，即如前述請求項1及1'。當然前言部分仍須作適當之修正：「一種在特定物品（或工作物或化學物質）上實現特定動作（或操作）之方法（或製程），包含步驟：……。」

步驟（steps），指方法中技術特徵的一般描述；動作（acts），指步驟之施行[229]。動作與步驟之間可謂為學術上的區分，而非實際上的區分，即使有的話也很少就功能性步驟（functional step，步驟功能子句中之步驟）與實現該步驟所進行之動作在觀念上區分兩者之異同。如同手段功能子句一樣，步驟功能子句亦被限制於組合式請求項；如同純功能請求項一樣，單一步驟之方法請求項僅在該步驟是動作時始被允許，若為功能性步驟則不被允許。

二、步驟之順序

方法請求項之步驟特徵應以合理的邏輯順序記載之：
(1) 通常應依執行步驟之次序。
(2) 執行步驟之次序對於請求項具有實質意義者，應清楚說明之。
(3) 未清楚說明執行步驟之次序者，步驟之記載次序並非解釋申請專利範圍之基礎，除非該記載次序已為所載之步驟所隱含。
(4) 除非執行步驟之次序對於請求項具有實質意義，否則勿記載，以擴大請求項涵蓋的範圍。

以前述3.5.1之一「步驟之撰寫」中請求項「一種用於沸騰液體傳熱壁之製造方法」為例，「先……形成……，再……折彎，並與……搭接，從而……形成……，……係依下述步驟製得：先……形成……，再……鏟刮起……，且……擠壓……，使……變形，……從而……形成……。」其步驟

---

229 OI Corporation v. Tekmar Company, Inc. 115 F.3d 1576, 42 USPQ2d 1777 (Fed. Cir. 1997)

或步驟之部分必須以所載之次序予以執行，故應以「先」、「再」等文字說明其次序。步驟之次序，應為排序在後之步驟修飾排序在先之步驟。若請求項未明白陳述或不必然隱含所有或某些步驟之次序，該請求項之範圍涵蓋以任何次序或同步執行之步驟。

若請求項中所有的步驟必須以特定次序始得執行，如前所述，應依先後次序描述每一步驟，或於前言記載：「一種……方法，包含下列註記次序之步驟：(a)……，(b)……，(c)……」或「一種……方法，包含之步驟依次序記載：……」。

在3.5.1之一「步驟之撰寫」請求項「一種將輸送中之線材收集於筒中之方法」中所有三個步驟「導引」、「旋轉」及「往復運動」係同步發生，各個步驟完成其個別結果，而全部步驟完成前言中所述之結果，故步驟(a)、(b)或(c)不生先後次序的問題，將步驟(a)置於最後或(b)與(c)之間均合乎邏輯。

有時候，請求項中所載之內容已固有或隱含執行步驟之次序，例如「鍍一層銅箔於基板；沉積一層防水膜於該銅箔上」，「於該銅箔上」已隱含兩步驟之先後次序。

三、裝置作為技術特徵

方法請求項中所載之方法或步驟通常在產物、裝置或組合物上執行，或結合產物、裝置或組合物一起作動，或被產物、裝置或組合物所執行，故方法請求項中必然會有產物或裝置作為技術特徵。方法步驟之描述類似於物之請求項中之元件所實現之功能，請參酌3.5.1之一「步驟之撰寫」。因此，除非必須描述裝置與所請求之方法間的協同作用，否則方法請求項中所載之技術特徵儘量勿包含裝置，理由如後述：

首先，記載之技術特徵包含裝置者，會更限縮請求項涵蓋之範圍。除非方法涉及裝置之操作，而有必要記載於請求項，否則無須記載非屬必要技術特徵之裝置，而限縮其範圍。因此，若方法步驟能以手工執行而無須與裝置協同作用，請求項中切勿記載裝置，技巧上可將其置於附屬項。即使要記載於附屬項，仍然不要僅附加裝置技術特徵，最好是記載為方法步驟，除非是進一步限定組合物或化學品。以3.5.1之一「步驟之撰寫」請求項「一種將輸

送中之線材收集於筒中之方法」為例，切勿將附屬於該請求項之捲線方法記載為「……進一步包含一轉盤……」因為其僅限縮該附屬項之範圍，並無太大意義。寧可記載為「……其中旋轉該筒之步驟包含固定該筒於轉盤並旋轉該轉盤……」。

　　在3.4.2之四「推導式請求」中已詳述裝置請求項之記載應避免有如隔空抓藥的「推導式請求」，引進新元件必須有前提基礎，例如記載「該轉盤」，則先前文句中必須已引進「轉盤」。惟因為方法請求項之技術特徵是一連串步驟，因此，得在該步驟中以推導式請求實施方法步驟的產物、裝置或組合物等。換句話說，得於請求項中引進產物、裝置或組合物等作為所實現之步驟的對象，而非作為子句之主題，例如於子句中段記載「……旋轉固定該筒之轉盤……」而引進「轉盤」。

　　本小節中對於裝置之說明並不適用於方法請求項中所載之組合物composition-of-matter或化學技術特徵，事實上其經常是可專利性之基礎，請參酌3.5.2「可專利性之基礎」。

3.5.2　可專利性之基礎

　　決定方法請求項之可專利性時，必須重視方法所涉及之材料[230]。權衡申請專利之發明與先前技術間之差異，決定製程或方法請求項之進步性時，必須考量請求項中所有技術特徵。因此，解釋請求項時必須探究方法請求項中所製造或所使用的產物等重要技術特徵之記載。

　　在Kuehl案，美國法院判決，即使新穎特徵（point of novelty）為製程請求項中其他法定類別之技術特徵（在該案為新的化合物），只要該製程之整體對於具有通常知識者而言非顯而易知，仍具可專利性[231]。系爭請求項之一為「一種碳氫化合物轉換方法，其包含以請求項6之組合物之觸媒裂解條件下，接觸碳氫化合物電荷。」其中請求項6係一群新沸石之組合物，具可專利性。法院認為以新的沸石裂解汽油（碳氫化合物）是非顯而易知，即使以其他類似沸石裂解是非常習知的先前技術，或即使在知道申請人的新沸石之

---

230 Ex parte Leonard, 187 USPQ 122 (Bd. App. 1974)

231 In re Kuehl, 475 F.2d 658, 177 U.S.P.Q. (BNA) 250 (C.C.P.A. 1973)

後以其他類似沸石裂解已為顯而易知者。法院判決對於具有通常知識者而言，選擇特殊沸石來裂解碳氫化合物並非顯而易知。Kuehl案判決方法請求項之可專利性在於在該方法中使用新穎且非顯而易知的材料，將X與催化劑Y接觸，雖然其本身是相當老舊的單一製程步驟「接觸」。

　　與前述判決不同者，在Durden案，美國法院判決該案使用新穎起始物仍為顯而易知，而與Kuehl中判決使用新穎起始物並非顯而易知之結果不同。法院指出使用新穎或非顯而易知之起始材料或製出新穎或非顯而易知之終產物均不足夠，該製程本身必須對具有通常知識者為非顯而易知[232]。

　　在Ochiai案中，系爭之製程請求項係將酸轉換為噻吩化合物（cephem），而該酸及噻吩是其他請求項之申請標的。USPTO核駁該製程請求項之理由為申請標的為已知之製程，且其與先前技術之差異僅係選擇稍有差異的起始物製成稍有差異之終產物。美國聯邦法院推翻USPTO意見，判決作為起始物之酸並非已知之先前技術，且不知該酸之人難以顯而易知發現使用該酸作為反應物製成產物。聯邦法院指出顯而易知之檢測是法律規定，須將申請標的整體（subject matter as a whole）與先前技術比對，並指出這個問題具有高度的事實特性，應依個案之事實而定，無論所請求之發明是製程、使用方法或某些其他方法[233]。換句話說，無論是新材料或舊材料，若將習知製程用於所請求之物之製程係屬非顯而易知者，則該製程請求項可以准予專利。換句話說，請求項是否具顯而易知性必須就整體決定之，化學方法請求項之可專利性可以是由於使用新穎且非顯而易知之起始物，或以該方法獲得新穎且非顯而知之產物。

　　在1995年11月1日，美國國會制定的35 U.S.C. 103(b)生效（本條款限於生物技術專利始適用），容許使用或製成非顯而易知之生物技術產物之顯而易知製程准予專利，只要該顯而易知之製程請求項與非顯而易知之物之請求項共存於同一專利。1996年3月20日公布「PTO產物及製程請求項之處理公告PTO Notice on Treatment of Product and Process Claims」指出：解釋請求項之發明整體，必須考量請求項中所有限定條件。因此，對於製程請求項中所

---

232 In re Durden, 763 F.2d 1406 (Fed. Cir. 1985)

233 In re Ochiai, 71 F.3d 1565, 37 USPQ2d 1127 (Fed. Cir. 1995)

載製造或使用非顯而易知之產物的用語，必須被視為重要的限定條件，若欲維持第103條之核駁，則先前技術必須有製造或使用該非顯而易知產物之動機。

3.5.3　化學方法請求項

化學方法可以是使用化學品之方法、製備化學品（無論是新或舊化學品）之方法、利用物之未知特性於特定用途（視為方法請求項）或任何其他具有產業利用性之方法。

使用化學品之方法請求項「一種處理聚乙烯物表面以增加其印刷油墨接受力之方法，其包含：將該物之表面接觸加濃硫酸之重鉻酸鈉飽和溶液。」

製備化學品之方法請求項「一種製備氫氧化鈉之方法，其包含在足以分解氯化鈉為氯元素及鈉元素之電流量下電解該氯化鈉水溶液，水溶液中該鈉與水反應形成氫氧化鈉及氫氣。」

利用物之特性於特定用途之用途請求項「一種化合物A在治療疾病X之用途，……。」

就化學方法之判斷標準而言，得以實際操作之步驟呈現其與先前技術之區別，亦得以所載之組合物呈現其與先前技術之區別。若方法請求項中所載之內容包含新的組合物，則步驟本身的新、舊就不重要，以前述「一種處理聚乙烯物表面以增加其印刷油墨接受力之方法」為例，將物品與試劑「接觸」之步驟本身相當老舊，唯一的新穎特徵在於該試劑之組合物，在化學方法之判斷標準中，接觸試劑X與接觸試劑Y被認為並非相同操作步驟，因此，使用新穎非顯而易知之起始物及／或產生新穎非顯而易知之終產物即足以使方法請求項具可專利性。

一般而言，物之專利比方法專利更容易行使且保護範圍更寬廣，由於申請人無法確實知道所請求之物或方法是否一定具可專利性，據以決定是否僅申請物之請求項或僅申請方法請求項，因此，可以的話，應撰寫涵蓋新穎起始物、新穎終產物及其相關之方法等兩種範疇之請求項。

3.5.4　電腦軟體相關發明請求項

　　申請專利之發明中之電腦軟體為達成發明目的不可或缺者，稱該發明為電腦軟體相關發明（computer software related invention）。電腦軟體基本上為演算法（Algorithm）之一種實施方式，整體觀之，若演算法之實施涉及技術領域之技術手段，例如將軟體所執行之技術步驟記載於申請專利範圍，即為專利法保護之電腦軟體相關發明。

　　電腦軟體是否為發明專利的保護標的，應考量申請專利之發明的內容是否為「直接或間接藉電腦、網路實施之步驟或動作」之方法發明或「以軟體與硬體結合之方式界定其具體結構」之物之發明；檢測的標準為申請專利之發明必須是「使用硬體資源具體實現以軟體處理之資訊」（Information processing by software is concretely realized by using hardware resources）。

　　電腦軟體種類甚多，系統軟體係管理、使用硬體資源或作為使用者與機器間之介面，例如監督程式或驅動程式（monitor、driver）、作業系統（operating system）、組譯程式（assembler）、編譯程式（compiler）、資料庫管理系統（DBMS）、公用程式（utility）等；應用軟體係輔助使用者利用電腦解決問題，例如使用者利用高階程式語言（如COBOL語言）所撰寫的編輯軟體、套裝軟體等。

　　電腦軟體相關發明之申請專利範圍，可區分為方法請求項及物之請求項兩種範疇；物之請求項包括系統請求項、記錄媒體請求項、程式產品請求項等。

　　電腦軟體相關之方法發明必須是直接或間接藉電腦、網路實施之步驟或動作，包括任何經電腦處理前或處理後或於電腦內所能產生特定之實際應用效果。方法請求項之記載，應依方法流程具體記載電腦軟體所執行的必要步驟或動作，及軟體如何藉硬體資源完成該等步驟或動作。

　　電腦軟體相關之物之發明必須以軟體與硬體結合之方式界定其具體結構，其標的之種類有物品、設備、裝置或系統請求項、記錄媒體請求項及程式產品請求項等。

　　若發明係為特定硬體特別設計之「系統軟體」，該軟體與特定硬體之關係密不可分，則其物之請求項應具體記載該特定硬體各組件與組件間之連結

關係，尤其是輸出入介面連結關係，及該系統軟體如何結合硬體資源完成所欲解決問題之必要技術特徵。若發明係實施於任何不特定硬體之應用軟體，例如OFFICE套裝軟體，則其物之請求項宜以手段功能用語撰寫。系統軟體或應用軟體之申請標的的可專利性通常取決於請求項中所載解決問題之方法手段，例如「一種內儲文書編輯程式之裝置」之可專利性取決於請求項中所載之文書編輯程式。

　　電腦軟體可存於硬碟、軟碟、CD-ROM等媒體中，電腦軟體相關發明可寫成以記錄媒體為標的之物之請求項。由於記錄媒體之發明，並非直接解決問題之技術手段，而是內儲於記錄媒體之程式或資料結構經由電腦讀取並被執行時，整體上使解決問題的手段具有技術性，亦即程式或資料結構在電腦中被執行時能產生超出程式與電腦之間正常物理交互作用的進一步技術效果，故記錄媒體請求項中之各技術特徵仍須記載該軟體發明之各步驟，例如「一種內儲程式之電腦可讀取記錄媒體，使電腦達成：步驟A之功能，步驟B之功能……。」對於電腦進行特定處理之記錄媒體，得記載其步驟特徵，例如控制晶片記載為「一種內儲系統程式之記錄媒體，使電腦進行下列步驟：步驟A，步驟B……。」對於電腦實現特定功能之記錄媒體，得記載其手段功能，例如記載為「一種內儲系統程式之記錄媒體，使電腦作為下列功能之裝置：功能A，功能B……。」記錄媒體請求項之可專利性取決於其所載之方法（步驟或動作）整體技術手段，而非該記錄媒體之物本身。

　　由於網路之普及，電腦軟體除可存於記錄媒體外，亦可在網路上傳輸，故電腦軟體相關發明可寫成以「程式產品」（program product）為標的之物之請求項。「程式產品」並非科學名詞，包含廣泛之意義，業界泛稱之為「載有電腦可讀取之程式且不限外在形式之物」。對於以程式產品為申請標的之發明，具有通常知識者依說明書及圖式之整體內容及申請時之通常知識，必須能立即、客觀得知該程式產品之意義，而不必依賴外部文件；若不能立即、客觀得知該程式產品之意義，則稱該程式產品之定義不清楚或內容不明確。電腦程式產品本身並非直接解決問題之技術手段，電腦程式必須經由電腦讀取並被執行，始能產生超出程式與電腦之間正常物理交互作用的進一步技術效果，故電腦程式產品請求項中之各技術特徵仍須記載該軟體發明之各步驟。電腦程式產品請求項，其可專利性取決於其所載方法（步驟或動

作）整體技術手段，而非該電腦程式產品之物本身。

　　電腦軟體與電子商務的技術通常是將實體產品或運作方式進行資訊化或虛擬化，電子交易之運作過程基本上是由使用者之登入端及資訊接收處理之伺服端所構成。登入端有資訊顯示裝置、溝通裝置及資訊儲存裝置，使用者在登入端藉網際網路或其他通訊協定，直接或透過其他中間處理系統的間接方式將資訊或購物需求傳送至伺服端。伺服端接收從登入端傳送的資訊或需求，並將這些資訊整理、分類、比對、分析、計算或儲存於資料庫，作為將來進一步交易之依據，有時可能將相關訊息傳送其他廠商進行其他交易。為完整保護電子商業方法發明，以因應未來針對跨國性可能屬不同國籍的系統業者、終端或中間業者等的專利侵權訴訟，撰寫請求項時，應就電子商務交易系統、登入端、伺服端、記錄媒體及商業方法等分別撰寫請求項，例如申請案得提出請求項「一種……電子交易系統，……」、「一種……伺服器，……」、「一種……使用者終端機，……」、「一種……記錄媒體，……」及「一種……交易方法，……」。

〔範例〕

請求項1：

　　一種電腦系統，包含：

　　一使用者端電腦，該使用者端電腦與一網際網路連線，可發出一申請至該網際網路，並接收來自該網際網路相對應該申請之一回應；及

　　一伺服端電腦，該伺服端電腦與該網際網路連線，可接收該申請，並發出該回應至該網際網路。

請求項2：

　　一種使用者端電腦，該使用者端電腦可與一網際網路連線，該使用者端電腦包含：

　　一發送模組，可發送一申請至該網際網路；及

　　一接收模組，可接收來自該該網際網路之相對應該申請之一回應。

請求項3：

　　一種伺服端電腦，該伺服端電腦可與一網際網路連線，該伺服端電腦包含：

　　一接收模組，可接收來自該網際網路之一申請；及

　　一發送模組，可發送相對應該申請之一回應至該網際網路。

請求項4：

　　一種網際網路平台，包含：

　　一第一接收模組，該第一接收模組可接收來自一使用者端電腦之一申請；

　　一第一發送模組，該第一發送模組可發送該申請至一伺服端電腦；

　　一第二接收模組，該第二接收模組可接收來自該伺服端電腦之相對應該申
　　　　請之一回應；及

　　一第二發送模組，該第二發送模組可發送該回應至該使用者端電腦。

請求項5：

　　一種網際網路方法，包含以下步驟：

　　自一使用者端電腦發出一申請至一網際網路；

　　自一伺服端電腦接收來自該網際網路之該申請；

　　自該伺服端電腦發出相對應該申請之一回應至該網際網路；及

　　自該使用者端電腦接收來自該網際網路之該回應。

　　　為明確且充分描述電腦軟體相關發明的技術特徵，電腦軟體所達成之功能得以流程圖（flow chart）或功能方塊圖（functional block diagram）予以表現，必要時，得輔以資料流程圖、虛擬碼、時序圖等，以揭露其發明。為符合可據以實現要件，說明書之揭露內容以流程圖為基礎者，應配合流程圖的操作順序描述該方法的各步驟；以功能方塊圖為基礎者，應描述該功能方塊圖中硬體各組件與組件間之連結關係（若為特別設計之硬體，則須更明確界定組件之邏輯電路結構），或軟體各模組（modules）與硬體各組件如何相互關連（例如URL中之元件圖及部署圖）。此外，申請專利之發明之軟體類型，宜記載於說明書，以增進說明書之易讀性。

　　　USPTO於2011年2月9日發布35 U.S.C.112之補充審查指南（Supplementary Examination Guidelines），該補充審查指南指出：電腦軟體相關發明以手段功能用語撰寫請求項時，申請人應於說明書中記載電腦軟體之「演算法」（algorithm），以作為判斷是否符合35 U.S.C.112第2項明確要件之基礎。見3.2.5之三之(四)「美國2011年35 U.S.C.112補充審查指南」。

電腦軟體相關發明之申請專利範圍以手段或步驟功能用語敘述者，請求項中所載之功能必須對應到說明書中所載之結構、材料或動作，據以認定申請專利之發明。

電腦軟體相關發明之請求項包括物之請求項、方法請求項、記錄媒體請求項及程式產品請求項等，撰寫時，應涵蓋全部申請標的始能獲得最寬廣的保護。例如申請案得提出請求項「一種在網路上之……電子商務系統，包括：……」、「一種在網路上之……電子商務方法，包括：……」、「一種儲存一電子商務系統之一程式的儲存媒體……，包括：……」及「一種程式產品……，包括：……」。

3.5.5　有關用途之請求項

在我國，僅稱用途請求項經常會造成混淆，因為涉及用途之請求項就有三種記載形式：用途請求項（use claim，以用途use為標的，被視為方法請求項，只有這種請求項才是真正的用途請求項）、用途界定物之請求項（product-by-use claim，以物為標的，以用途為限定條件）及用途界定方法請求項（以方法為標的，以用途為限定條件）。

在我國、歐洲及日本允許前述三種請求項之記載形式；惟在美國，僅允許以方法為標的之用途界定方法請求項，不允許用途界定物之請求項（請參酌3.2.6之四「標籤式請求項」），且不允許以用途為標的之請求項，例如在Clinical Products v. Brenner案，請求項為「一種X化學品作為Y用途」（the use of X ... as a Y ...），被認為不適當，因其並非方法請求項[234]。本節將分別說明並釐清前述三種請求項。

一、用途界定物之請求項

用途界定物之請求項，係以物為申請標的而於前言中記載特定用途之發明，例如「一種殺蟲劑」、「一種用於治療心臟病之醫藥組合物」之請求項，兩者均為以物為申請標的之請求項，另於前言中以「殺蟲」或「治療心臟病」用途作為技術特徵限定請求項。

---

234 Clinical Prods., ltd. v. Brenner, 149 U.S.P.Q. (BNA) 475 (D.D.C. 1966)

　　申請標的與已知物相同者，原本應喪失新穎性，惟若發現已知物前所未知的特性，得利用該特性（所產生之新穎技術效果）於特定用途，例如「一種易切削不脆化銅合金，其特徵是含有重量比為0.1%～0.5%的Fe，0.02%～0.2%的Cr，其餘為Cu。」依申請專利範圍整體原則（as a whole）[235]，解釋用途界定物之請求項，不得忽略任何技術特徵，故其專利權範圍應受請求項中所載所有技術特徵之限定，包含所載之用途特徵。對於用途界定物之請求項的解釋，SPLT亦規定其應受所載之用途的限定[236]。例如「一種用於殺蟲之組合物A＋B」，其專利權範圍係組合物A＋B限於「殺蟲」之用途，若嗣後申請「用於清潔之組合物A＋B」，因該申請專利範圍係組合物A+B限於「清潔」之用途，仍不喪失新穎性。惟若該用途係界定物之構造或材料本身固有之已知特性的應用，則該用途所界定之申請專利範圍應為其構造或材料本身，不得以另一新用途再界定該物，而取得相同之物的另一專利。例如「用於殺蟲之化合物X」，其「殺蟲」用途係化合物X本身固有之已知特性的應用，應認定其申請專利範圍為化合物本身。

　　以用途界定物之請求項，應將申請之標的物解釋為適於所界定之特殊用途，於解釋請求項時應參酌說明書所揭露之內容及申請時之通常知識，考量請求項中的用途特徵是否隱含技術特徵而限定申請標的。若該用途特徵並未隱含任何技術特徵，僅係一般使用目的或使用方式之描述，則不生限定作用。

(1) 物品：請求項「用於熔化鋼鐵之鑄模」，其用途「熔化鋼鐵」隱含鑄模材料必須承受鋼鐵熔點以上的高溫，而對申請標的「鑄模」具有限定作用，故該鑄模對照僅能耐低溫的一般塑膠製冰盒，雖然兩者均屬鑄模，但鑄模材料並不相同。

(2) 裝置：請求項「用於起重機之吊鉤」，其用途「起重機」隱含結構之尺寸及強度，而對申請標的「吊鉤」具有限定作用，故該吊鉤對照細小的魚鉤，雖然兩者具有相似之形狀，但結構之尺寸及強度顯然不同。

---

235 經濟部智慧財產局，專利侵害鑑定要點，2004年10月4日，p31「解釋申請專利範圍應以請求項所載之整體內容為依據」

236 Substantive Patent Law Treaty (10 Session), Rule 13(4)(c) "Where a claim defines a product for a particular use that claim shall be construed as defining the product being limited to such use only."

(3) 組合物：請求項「用於鋼琴弦之鐵合金」，其用途「鋼琴弦」隱含其材料必須是具高張力之層狀微結構（lamellar microstructure），而對申請標的「鐵合金」具有限定作用，故其與不具有層狀微結構之鐵合金顯然不同。

若請求項中所載之用途特徵僅係描述一般使用目的或使用方式，未隱含任何技術特徵，則該用途特徵不生限定作用。

(1) 化合物：請求項「用於催化劑之化合物X」，相較於先前技術「用於染料的化合物X」，雖然化合物X的用途不同，但決定其本質特性的化學結構式並無不同。

(2) 組合物：請求項「用於清潔之組合物A＋B」，相較於先前技術「用於殺蟲之組合物A＋B」，雖然組合物A＋B的用途不同，但決定其本質特性的組成並無不同。

(3) 物品：請求項「用於自行車之U型鎖」，相較於先前技術「用於機車之U型鎖」，雖然U型鎖的用途不同，但其本身結構並無不同。

二、用途界定方法請求項

用途界定方法請求項，屬於一般的方法請求項，而係以方法為申請標的而於前言中記載特定用途之發明。用途界定方法請求項與一般方法請求項之間的差異僅在於用途界定方法請求項之新穎特徵並非所載之操作步驟，而在於使用已知或未知物之方法（即用途），例如「一種鍍鋅之方法，其包含電解步驟，溶液包含：……」，即使所載之溶液及唯一之操作步驟「電解」均為已知者，只要該溶液從未被使用於「鍍鋅」之用途，仍具可專利性。在美國，不允許用途請求項且不允許以新用途界定物而取得物之專利，故必須記載實現用途的步驟，始能授予用途發明專利，例如「一種使用請求項4單細胞繁殖的抗體離析並純化……抗癌干擾素之方法」被認為不明確，因為未記載任何有效積極之步驟[237]。綜合美國專利實務之見解，申請用途發明時，對於以用途界定之方法請求項，不必在意所記載之物或方法步驟的新舊，只要使用物的方法（即用途）新穎，即具可專利性；對於以用途界定物之請求

---

237 Ex parte Erlich, 3 USPQ2d 1011 (Bd. Pat. App. & Inter. 1986)

項，該物本身必須是新穎之物，始有准予專利之可能。因此，其見解與前述 SPLT對於用途界定物之請求項僅要求新的用途而不論所載之物的新舊，並不完全相同。

三、用途請求項

用途發明，指發現物的未知特性，利用該特性於特定用途之發明，而為使用物之方法，屬於方法發明，得以用途請求項予以保護。產物之用途發明，指產物的新穎使用方式，以產生某種預期之效果。無論是已知物或新穎物，其特性是該物所固有，而非申請人所創作，故用途發明的本質不在物的本身，而在於物之特性的應用。

用途請求項（use claim）之標的名稱得為「用途」、「應用」或「使用」。請求項之前言中有關用途之敘述為發明之技術特徵之一，具有限定請求項之作用。請求項究竟是用途請求項或用途界定物之請求項，應由記載之文字予以區分。例如用途請求項「化合物A作為殺蟲之用途」或「化合物A之用途，其係用於殺蟲」視同「使用化合物A殺蟲之方法」或「殺蟲方法，其係使用化合物A」（申請標的為方法），具有「殺蟲」及「使用化合物A」之技術特徵，而不認定為「作為殺蟲劑之化合物A」（申請標的為物），亦非「使用化合物A製備殺蟲劑之方法」（申請標的為製備方法）。

用途請求項之可專利性在於將具有未知特性之物使用於前所未知之特定用途，故通常僅適用於依據物的構造或名稱較難以理解該物如何被使用的技術領域，例如化學物質之用途；機器、設備及裝置等物品通常較難有未知特性之特定用途，故以用途作為機械或電子領域之申請標的，通常不具新穎性。

因用途請求項屬方法請求項，依專利法第24條第2款，用途請求項中所載之申請標的不得為人類或動物之診斷、治療或外科手術方法。物之發明以「用於治療疾病」、「用於診斷疾病」等醫療用途作為技術特徵者，則屬於法定不予專利之項目，例如「一種化合物A在治療疾病X之用途（或使用、應用）」，視同「一種使用（或應用）化合物A治療疾病X之方法」，不得予以專利。惟因醫藥組成物及其製備方法依法得為申請標的，故將用途請求項之記載方式撰寫成製備藥物之用途的瑞士型請求項，例如「一種化合物A

在製備治療疾病X之藥物的用途」或「一種化合物A之用途，其係用於製備治療疾病X之藥物」，得認可這種記載型式之請求項為一種製備藥物之方法，非屬人類或動物之診斷、治療或外科手術方法。

上述請求項之記載方式將化合物或組成物用於醫藥的用途請求項，改為用於製備藥物的用途請求項，係迴避人類或動物之診斷、治療或外科手術方法的特殊記載方式，對於藥物之非醫藥用途，例如非以外科手術執行之美容方法或衛生保健方法，無須記載為瑞士型請求項，得記載為一般用途請求項，例如「一種化合物A作為美白之用途」或「一種化合物A之用途，其係用於美白」。

醫療器材、裝置或設備等屬於物之發明，並不適用專利法第24條第2款，且前述物品並非化合物或組成物，無法作為製備藥物之用途，故無須亦不得以瑞士型請求項申請醫藥用途。

四、有關用途之請求項的記載方式

前述三種請求項取決於請求項之記載形式，理論上用途發明屬於方法發明，但在很多情況下，亦得撰寫成物之請求項。實務上，請求項得以物、製備方法、處理方法或用途為申請標的，而前言中有關用途之敘述為發明之技術特徵之一。

(1) 以物為申請標的
- 請求項：「一種治療疾病X之組合物，包含化合物A為活性成分」。
- 申請標的：「組合物」。
- 技術特徵：「治療疾病X」及「化合物A為活性成分」。

(2) 以製備方法為申請標的
- 請求項：「一種製備治療疾病X之組合物的方法，其係以化合物A為活性成分與醫藥上可接受之賦形劑混合製成」。
- 申請標的：「製備方法」。
- 技術特徵：「製備治療疾病X之組合物」、「化合物A為活性成分」、「醫藥上可接受之賦形劑」及「混合」。

(3) 以處理方法為申請標的

- 請求項：「一種殺蟲方法，其係使用化合物A」。
- 申請標的：「處理方法」。
- 技術特徵：「殺蟲」及「使用化合物A」。

(4) 以用途（或使用、應用）為申請標的

- 請求項：「一種化合物A作為殺蟲之用途（或使用、應用）」或「一種化合物A之用途（或使用、應用），其係用於殺蟲」。
- 申請標的：「用途」、「使用」或「應用」。
- 技術特徵：「殺蟲」及「使用（或應用）化合物A」。
- 前述請求項視同：「一種使用（或應用）化合物A殺蟲之方法」或「一種殺蟲方法，其係使用（或應用）化合物A」（申請標的為殺蟲方法）。
- 前述請求項不認定為：「一種包含化合物A之殺蟲劑」（申請標的為物）。
- 前述請求項不認定為：「一種使用（或應用）化合物A製備殺蟲劑之方法」（申請標的為製備方法）。

應注意者，以用途為申請標的之發明為人類或動物疾病之診斷、治療或外科手術方法，不得予以專利。例如：
- 請求項：「一種化合物A在治療疾病X之用途」。
- 前述請求項視同：「一種使用化合物A治療疾病X之方法」。

惟申請標的為製備方法者，則非屬不予專利之申請標的。例如：
- 請求項：「一種化合物A在製備治療疾病X之藥物的用途」或「一種化合物A之用途，其係用於製備治療疾病X之藥物」。
- 技術特徵：「製備治療疾病X之藥物」及「化合物A」。
- 前述請求項視同：「一種使用化合物A製備治療疾病X之藥物的方法」或「一種製備治療疾病X之藥物的方法，其係使用化合物A」。

第四章 ｜ 申請專利範圍之規劃及撰寫技巧

撰寫申請專利範圍是一種技藝，必須就申請專利之發明的創新內容及其所處之產業技術發展狀況而有不同，例如創造用途的先鋒發明、不同原理的全新發明、原理相同結構不同之發明或改良設計之發明，彼此之間並不相同，其申請專利範圍的撰寫方式各異。換句話說，並無絕對正確或最佳之請求項，通常只要能涵蓋發明構思並滿足申請人之需求，即為可接受之請求項。

撰寫申請專利範圍之前必須完成之準備事項有四：(1)了解發明的實質內容；(2)先期應確認之事項；(3)檢索並分析先前技術；(4)決定撰寫策略（見2.3「撰寫前之準備事項」）。決定說明書及申請專利範圍之撰寫策略，應就原先所認定申請專利之發明的內容（包括所欲解決之問題、解決問題之技術手段及該技術手段對照先前技術所能達成之功效）與所檢索之先前技術分析比對，尤其是針對最接近的先前技術，確定該發明對於先前技術有貢獻之新穎特徵，並確定所要撰寫之發明目的（即所欲解決之問題）、必要技術特徵、附加技術特徵及範疇等，最後決定適當的請求範圍及內容。申請專利範圍之撰寫策略涉及申請人主觀上對於申請專利範圍之規劃，而要如何規劃仍必須考量申請專利之發明的創新內容及先前技術容許的範圍。

本章內容包括三部分，首先說明規劃申請專利範圍時應考量之事項及如何運用各種撰寫技巧涵蓋寬廣的範圍，其次說明撰寫申請專利範圍之重點，最後介紹一套簡單的撰寫模式。

4.1 申請專利範圍之規劃

發明專利權範圍，以申請專利範圍為準。獨立項應敘明申請專利之標的名稱及申請人主觀上所認定發明之必要技術特徵。前者涉及申請標的之範疇及技術領域，後者涉及達成發明目的之技術手段及有別於先前技術之新穎特徵，兩者整體必須反映請求項所涵蓋的範圍。

　　為擴大保護發明專利權範圍，得將發明構思延伸至可能的不同範疇及組合、次組合等，並得以總括方式記載涵蓋範圍寬廣且能為說明書所支持之請求項，但亦應配合說明書內容記載附屬項請求具體之實施例，有系統的構成涵蓋範圍寬窄不同的請求項群組。

　　規劃申請專利範圍，可以從五個面向著手：發明構思、必要技術特徵、新穎特徵、涵蓋寬廣的範圍及決定附屬項及請求項群組。

4.1.1　涵蓋發明構思

　　發明構思，包括所欲解決之問題、解決問題之技術手段及該技術手段對照先前技術之功效所構成的整體概念。發明構思通常表現於說明書之發明內容（簡要說明發明構思）及實施例（詳細說明發明構思）；其中僅技術手段應記載於請求項，但為使閱讀者明瞭申請專利之發明，請求項亦可以記載技術特徵所發揮之功能或效果。發明構思可以包括達到相同或不同發明目的的若干具體實施方式，亦可以擴及物及方法兩種不同範疇，甚至涵蓋組合及次組合發明等。發明構思之建構係以解決問題、達成功效之新穎特徵為核心，再擴及申請專利之發明所涵蓋的問題（包括主要目的、次要目的）、功效、組合、次組合、物或方法等範圍，建構各自的必要技術特徵。

　　撰寫申請專利範圍，應以各種類型請求項——獨立項／附屬項、上位概念／下位概念請求項、物／方法請求項或組合式／次組合式請求項等，儘可能寬廣地涵蓋發明構思（依循前述類型撰寫請求項時，有時候可以觸發想像力，將發明構思擴及原先未思及之實施方式或範圍）。為完整保護發明構思，應於附屬項中記載已揭露於說明書中之具體實施例，使其涵蓋寬窄不同的範圍，以利於日後之修正、訂正或更正，儘早順利取得專利權，且有利於在專利侵權訴訟階段依被控侵權對象適當主張被侵害之請求項，或迴避被告於專利有效性抗辯程序中所提出之先前技術，靈活運用各層次涵蓋範圍寬窄不同之請求項。

　　無論請求項項數的多寡或涵蓋範圍的寬窄，請求項的記載內容必須為說明書所支持，始符合專利法之規定，故每一項請求項所載之申請標的（subject matter）必須涵蓋說明書中所載完整呈現發明構思的申請專利之發明（claimed invention），若說明書中所載之發明未記載於請求項，則有貢

獻原則之適用，係屬社會大眾得自由利用之技術，見6.5.2之七「貢獻原則」。

4.1.2　決定必要技術特徵

獨立項應記載達成發明目的客觀上不可或缺的必要技術特徵，反映發明之整體技術手段。為充分保護申請專利之發明，申請人撰寫請求項時，獨立項僅須反映發明之整體技術手段，不必記載無關發明目的之非必要技術特徵，亦不必記載屬於實施方式或實施例之附加技術特徵，更不必記載屬於通常知識的技術特徵，而限縮獨立項之保護範圍，因為解釋申請專利範圍時，基於請求項整體原則，載入獨立項中之技術特徵皆會被法院視為必要技術特徵，而不論該技術特徵客觀上是否為必要或不必要。

附屬項係就被依附之請求項所載的技術手段作進一步限定之請求項，除前言部分所載包含被依附項中所載全部技術特徵之外，尚應在特徵部分另外再記載達成次要發明目的之附加技術特徵，進一步限定被依附項，進而廣泛地涵蓋發明非必要技術特徵之部分。但不必記載被依附項中所載之技術特徵已涵蓋的習知細節，例如固定裝置中之螺釘、電路元件中之電容或金屬材料中之特定元素等，除非該細節具重要（商業）價值或為有別於先前技術之新穎特徵。

依2.1.2「實體要件」之說明，為確保政府授予專利權之創作內容能為社會大眾所利用，取得申請日的申請文件，包括說明書、申請專利範圍及圖式，其揭露之內容及程度必須足以使具有通常知識者能合理確定申請人已完成該創作進而先占該創作之技術範圍。說明書是否符合揭露要件的客觀標準是「揭露內容是否明確而足以使具有通常知識者能認知到發明人發明了申請專利之發明」[1]，為滿足揭露要件，申請人必須合理清楚地傳達給具有通常知識者，申請人在申請時已完成該發明[2]。這種檢視是以具有通常知識者在申請時的觀點為之[3]，亦即應考量該發明所屬技術領域於申請時的通常知識水準。若具有通常知識者已經了解到申請人於申請時已完成申請專利之發

1　In re Gosteli, 872 F.2d 1008, 1012, 10 USPQ2d 1614, 1618 (Fed. Cir. 1989)

2　Vas-Cath, Inc. v. Mahurkar, 935 F.2d 1555, 1563-64, 19 USPQ2d 1111, 1117 (Fed. Cir. 1991)

3　Wang Labs. v. Toshiba Corp., 993 F.2d 858, 865, 26 USPQ2d 1767, 1774 (Fed. Cir. 1993)

明，即使各請求項對照先前技術之細微差異並未明示於說明書，仍符合揭露要件[4]。但若說明書未適當描述請求項所要求的基本特徵或關鍵特徵，且該特徵並非所屬技術領域中習見或為具有通常知識者已知者，則申請專利之發明整體可能不符合揭露要件。總之，具有通常知識者從習知技術無法直接且無歧異得知的內容，而為有關申請專利之發明者，均應記載於說明書，但不必記載習知且非主要之輔助特徵，且最好省略習知及已能為公眾得知之事項[5]；然而，為充分揭露申請專利之發明，說明書必須揭露申請專利之發明所有必要技術特徵，並詳細到使具有通常知識者可據以實現該發明。

專利權範圍並非記載於說明書，而係以申請專利範圍為準。申請專利範圍符合明確要件的客觀標準：(1)具有通常知識者由請求項本身之記載內容即可清楚了解其意義，而對其範圍不會產生疑義。(2)請求項記載之申請標的對照先前技術應具特殊性及區別性，而能區隔申請標的與先前技術之間的範圍界限。此外，判斷申請專利範圍之記載是否明確，應參酌之事項包括：(1)說明書及圖式所揭露之內容；(2)申請時的通常知識；(3)具有通常知識者於申請當時對於申請專利範圍之認知。對於具有通常知識者自明或已知之技術特徵，無須記載。惟須強調者，雖然判斷申請專利範圍之記載是否明確應參酌前述事項，但判斷的對象僅限於申請專利範圍本身之記載，無須涉及說明書，例如申請專利範圍本身之記載明確而能區隔其範圍界限，但其內容與說明書不一致，則為申請專利之發明無法為說明書所支持的問題，而非申請專利範圍不明確。

以「自行車座墊之避震結構」為例，請求項為：「一種自行車座墊之避震結構，包含：一支承架，呈金屬桿彎折之三角形；一座墊殼，底部前端設凹槽，該支承架前端插入該凹槽；其特徵在於該支承架兩後端與該座墊殼之間容置有彈性體。」由於申請標的係有關自行車座墊，故客觀上之必要技術特徵必須包括「支承架」、「座墊殼」、作為避震元件之「彈性體」及前述元件之結構關係，始能構成完整之座墊；其中，必須包括說明書中所載申請專利之發明解決問題、達成功效之新穎特徵「彈性體」。

4　Vas-Cath, 935 F.2d at 1563, 19 USPQ2d at 1116; Martin v. Johnson, 454 F.2d 746, 751, 172 USPQ 391, 395 (CCPA 1972)

5　In re Buchner, 929 F.2d 660, 661, 18 USPQ2d 1331, 1332 (Fed. Cir. 1991)

　　前述請求項不僅記載客觀上之必要技術特徵，另記載申請人主觀認定之必要技術特徵「金屬桿」、「三角形」及「凹槽」，雖然其並非達成發明目的客觀上不可或缺的必要技術特徵，但解釋申請專利範圍時，「金屬桿」、「三角形」及「凹槽」均具有限定作用，導致申請專利範圍之減縮。若該等技術特徵與所欲解決之問題及所欲達成之功效無關，且屬通常知識者，則不會因該等技術特徵之限定而使請求項具進步性，但取得專利權後卻有減縮專利權之作用，故切勿記載於申請專利範圍；惟為符合可據以實現要件，可以記載於說明書。

4.1.3　決定新穎特徵

　　請求項之記載應涵蓋寬廣的範圍，但其廣度不得牴觸先前技術，亦即先前技術決定了請求項範圍之最大廣度。因此，為取得專利權，獨立項應反映申請人自認為對照先前技術有貢獻或有區別的新穎特徵，突顯申請標的具有新穎性及進步性的創新部分。

　　以前述「自行車座墊之避震結構」為例，若申請人主觀認定申請專利之發明解決問題、達成功效之技術在於避震元件之設置，避震元件為新穎特徵，就前述二段式請求項而言，申請人必須將新穎特徵「彈性體」記載於連接詞之後的主體部分。

　　撰寫申請專利範圍，必須因應申請專利之發明的創新內容及其所處之產業技術發展狀況。具體而言，無論申請專利之發明係屬創造用途的先鋒發明、不同原理的全新發明、原理相同結構不同之發明或改良設計之發明，申請專利範圍必須以對照先前技術有貢獻或有區別的新穎特徵為核心，並包含達成發明目的不可或缺的必要技術特徵，以反映申請專利之發明的整體技術手段。

　　以液晶顯示面板為例，可以區分為觸控式及非觸控式；觸控式又可區分為電阻式、電容式、聲波式、電磁式及光學式等。電容式觸控面板可區分為表面電容（既有表面電容、內部電容）及投射電容（網格、線式感測）等；其中，投射式電容感測裝置包括：玻璃式電容、薄膜式電容等。此外，取消感測線路基板的貼合技術包括單片式玻璃觸控、面板內嵌式觸控等。就使用之角度而言，包括單點觸控及多點觸控。整理如下表：

液晶顯示面板	觸控式	電阻式	數位式			
			類比式			
		電容式	表面電容	既有表面電容		
				內部電容		
			投射電容	網格		
				線式感測	玻璃式電容	單片式玻璃觸控
					薄膜式電容	面板內嵌式觸控
		聲波式				
		電磁式				
		光學式				
	非觸控式					

　　以前述分類為例，在無觸控式面板技術的時代，第一個觸控面板技術應為先鋒發明；依其感測之工作原理，電阻式及電容式分屬於不同原理的全新發明；依其結構之差異，或許可以將玻璃式電容及薄膜式電容歸屬於不同結構之發明；另可依其結構細節進行差異化設計，即為改良發明。前述先鋒發明、全新發明、結構發明及改良發明僅係依產業技術發展狀況、研發之先後、技術分類架構等粗略描述彼此之間的相對關係，並非明確之定義。

　　對於「觸控面板」之先鋒發明，應著重於創新部分「觸控」，例如觸控面板之工作原理：當手指觸碰感測器時，會有一類比訊號輸出，由控制器將類比訊號轉換為電腦可以接受的數位訊號，再經由電腦裡的觸控驅動程式整合各元件編譯，最後由顯示卡輸出螢幕訊號在螢幕上顯示觸碰的位置。撰寫申請專利範圍時，前述原理僅能記載於說明書，而請求項必須記載實現該原理之技術手段，故撰寫獨立項時係以上位概念用語或功能用語記載結構特徵：「一種觸控螢幕……：一觸控面板控制器……將觸覺定位（類比訊號）……轉換為觸覺定位（數位訊號）……；一驅動程式……將該觸覺定位（數位訊號）……轉換為觸覺效果……驅動……；一觸覺感應控制器……將該觸覺效果……轉換為螢幕訊號……。」由於專利係保護具體的技術手段而非保護抽象的技術原理，故應將可實現觸控之（電阻式）感測模組技術撰寫成另一請求項，例如電阻式感測模組之工作原理：電阻式觸控面板由ITO

Film（氧化銦錫導電薄膜）和ITO Glass（氧化銦錫導電玻璃）所組成，中間由DOT隔開，在ITO Film和ITO Glass之間通入5V的電壓，藉由手指或觸控筆觸碰ITO Film形成凹陷，以接觸下層的ITO Glass產生電壓的變化，再經由A／D控制器轉為數位訊號讓電腦做運算處理取得（X, Y）軸位置，進而達到定位的目地。因此，應將電阻式感測器撰寫成請求項：「一種觸控螢幕感測模組⋯⋯：一導電薄膜⋯⋯；一導電板⋯⋯；一電路⋯⋯及；一控制器⋯⋯。」可能的話，應將該電阻式感測技術撰寫成組合、次組合、物之發明及方法發明等。如果可能的話，甚至可以包括以不同技術原理所完成之感測模組，例如電容式感測模組，廣泛地支持「觸覺感應」，使申請專利範圍更寬廣地涵蓋應用其他原理的感測模組。

　　對於以不同原理所完成之「電容式感測模組」發明，應著重於創新部分「電容式」，例如電容式感測模組之工作原理：利用排列之透明電極與人體之間的靜電結合所產生之電容變化，以所產生之誘導電流檢測其座標。電容式觸控面板係改良電阻式不耐刮的特性，其結構為：結構最外層為一薄薄的二氧化矽硬化處理層，硬度達到7H，第二層為ITO，在玻璃表面建立一均勻電場，利用感應人體微弱電流的方式來達到觸控的目的，最下層的ITO作用為遮蔽功能，以維持觸控面板能在良好無干擾的環境下工作。因此，應將電容式感測器撰寫成請求項：「一種觸控螢幕感測模組⋯⋯：一二氧化矽硬化處理層⋯⋯；一上導電薄膜⋯⋯；一組電極⋯⋯；一基板⋯⋯；一下導電薄膜⋯⋯及；一電路⋯⋯電容變化⋯⋯誘導電流⋯⋯。」可能的話，應將該電容式感測技術撰寫成組合、次組合、物之發明及方法發明等，甚至包括不同結構之感測模組，例如表面電容或投射電容等不同結構之感測模組，廣泛地支持「電容式感應」，使申請專利範圍更寬廣地涵蓋應用其他結構的感測模組。

　　請求項之撰寫必須因應申請專利之發明所處產業發展狀況掌握新穎特徵之所在，如前述先鋒發明請求項及以不同原理所完成之全新發明請求項的撰寫方式，故撰寫申請專利範圍之前，應先檢索先前技術確定新穎特徵，作為請求項內容之核心，再依專利標的及說明書中所載欲解決之問題及功效，充實其他必要技術特徵。雖然申請專利範圍可以包括各種類型、範疇及涵蓋各種寬窄範圍的請求項，但新穎特徵與產業發展狀況息息相關，若電阻式感測

模組已為先前技術，感測模組發明之請求項不宜包含電阻式元件，為迴避該先前技術，有必要限定於電容式，作為該請求項之新穎特徵及必要技術特徵。

4.1.4　涵蓋寬廣的範圍

涵蓋寬廣的範圍，指請求項不僅要涵蓋說明書所揭露的每一個實施例，而且要涵蓋申請時所有能想像的產物或方法，甚至於撰寫申請專利範圍之過程檢視原先創意之空隙，從預防仿冒的觀點，開發更多創意，涵蓋可能的迴避設計，納入原本不能想像或未聯想到的產物或方法，以預防競爭者仿冒申請專利之發明而實施發明構思。換句話說，請求項應足夠寬廣，不僅要具體記載與所揭露之實施例相同之產物或方法，甚至要涵蓋與請求項中所載之申請標的之均等之產物或方法。前述所稱之均等，指沒有實質上之差異，或彼此之間能簡易置換，或以實質相同之方式，能發揮實質相同之功能，而達到實質相同之結果者。

依第三章所說明之請求項撰寫形式，得朝四個面向擴展請求項涵蓋的範圍：申請標的、範疇、技術特徵之用語及技術特徵之數目。分別說明如下：

一、申請標的──組合式／次組合式請求項

眾所皆知者，請求項所記載之技術特徵愈少請求項所涵蓋的範圍愈廣，此即「最少元件原則」（least elements rule）。為使請求項涵蓋最寬廣的範圍，請求項中應只記載足以達成發明目的的必要技術特徵即可，具有通常知識者自明或已知之技術特徵，無須記載。

對於組合式請求項，應只描述足使所請求之組合運作之最少技術特徵，以涵蓋最寬廣的範圍。同理，若發明人對於先前技術有貢獻之發明核心為組合中之次組合，且該次組合本身為一個完整結構或裝置，而能發揮自己的功能而具產業利用性者，除組合式請求項之外，還可以記載元件數比該組合物更少的次組合式請求項，不須將組合中無關之周邊元件一併載入次組合式請求項。

組合，係複雜機器、裝置、方法或物品等；次組合，係某些技術特徵或技術特徵群組，其為組合中之主要構成部分。基於商業價值或經濟價值的考

量，得一併記載組合式請求項及次組合式請求項，擴大保護範圍。次組合所包含之元件及技術特徵少於其所構成之組合，次組合式請求項涵蓋之範圍比其所構成之組合式請求項寬廣，因此，得將次組合式請求項作為獨立項，組合式請求項引用次組合式請求項，於組合式請求項主體部分中陳述所引用之部分，例如：

1. 一種具有結構式(I)的化合物A。（次組合）
2. 一種組合物，包含X%之請求項1化合物A，Y%之化合物B，Z%之化合物C而成者。（組合）

甚至可以將組合及次組合分別撰寫為獨立項，例如美國專利第6373537號（包含：液晶顯示裝置、可固定在外殼之液晶顯示裝置、手提式電腦）：

1. 一種液晶顯示裝置，包含：
　一液晶面板，包含一顯示區域；
　一發光單元，包含一發光源，接合該液晶面板；
　一第1框架，耦合到該發光單元之表面及該液晶面板之側面；
　一第2框架，耦合到該液晶面板之邊緣及該第1框架之側面；
　一外殼；及
　一固定件，貫穿該第1框架之側面、該第2框架及該外殼，將該第1框架、該第2框架及該外殼接合在一起
2. 一種可固定在外殼之液晶顯示裝置，包含：
　一液晶面板，具有一顯示區域及第1複數個側緣；
　一支持框架，具有第2複數個側緣，並在包含一第1及一第2固定孔之該第2複數個側緣中之至少一側緣支持該液晶面板，該第1固定孔位於該支持框架之該側緣之上半部，該第2固定孔位於該支持框架之該側緣之下半部；其中，利用該第1及該第2固定孔將該支持框架不動的固定在該外殼。
7. 一種手提式電腦，包含：
　一液晶顯示模製件，具有一顯示面、背面及複數個側緣；

一上殼，實質上覆蓋該液晶顯示模製件之該背面；

一下殼，耦合到該上殼，並具有一輸入裝置；其中，該複數個側緣中至少其中之一包含一第1及一第2固定孔，該第1固定孔位於該液晶顯示模製件之該側緣之上半部，該第2固定孔位於該液晶顯示模製件之該側緣之下半部；且其中，利用該第1及該第2固定孔將該液晶顯示模製件不動的固定在該上殼。

12. 一種手提式電腦，包含：

一液晶顯示模製件，具有一顯示面、背面及複數個側緣；

一上殼，實質上覆蓋該液晶顯示模製件之該背面；

一下殼，耦合到該上殼，並具有一輸入裝置；其中，該複數個側緣中至少其中之一包含一第1及一第2固定孔，該第1固定孔位於該液晶顯示模製件之該側緣之上半部，該第2固定孔位於該液晶顯示模製件之該側緣之下半部；且其中，在該液晶顯示模製件之該側緣之該第1及該第2固定孔被用來將該液晶顯示模製件不動的耦合到該上殼。

　　方法請求項亦得撰寫成組合式請求項與次組合式請求項之關係，例如美國專利第5,926,237號（包含：排置液晶顯示裝置方法、組裝手提式電腦方法、製造液晶顯示裝置方法、製造手提式電腦方法）：

1. 一種排置液晶顯示裝置之方法，包含之步驟：排置一液晶顯示面板……；排置一發光單元……；排置一第1支持框架……；排置一第2支持框架……；排置一外殼；及排置一固定件……。

6. 一種組裝手提式電腦之方法，該電腦包含：一液晶顯示裝置……；一本體……；一外罩……，該方法之步驟包含：……。

35. 一種製造液晶顯示裝置之方法，包含之步驟：排置一第1框架；排置一反光單元……；排置一發光源……；排置一導光單元……；排置一液晶面板……；及排置一第2框架……。

45. 一種製造手提式電腦之方法，包含排置液晶顯示裝置之步驟，包含步驟：排置一第1框架；排置一反光單元……；排置一發光源……；排置一導光單元……；排置一液晶面板……；及排置一第2框架……；排置一本體……；排置一外罩……；及排置一固定件……。

二、範疇──物／方法請求項

　　申請專利範圍區分為兩種範疇：物之請求項及方法請求項。物之請求項，係記載具有物理實體之技術，包括物質、物品、設備、裝置、電腦程式產品或系統等。方法請求項係記載有時間要素之技術，包括有產物的製造方法及無產物之處理方法、使用方法及用途。

　　為完整保護發明構思，申請案得涵蓋物及方法請求項而包含前述各種不同類別之申請標的，可以的話，應儘可能為之，例如美國專利第6,456,343號（包含：液晶顯示裝置、組裝液晶顯示裝置之方法）：

1. 一種液晶顯示裝置，包含：
　一主要支持件，承托一背光單元及一液晶顯示面板；
　一上殼，封住該液晶顯示面板上緣、側緣及該主要支持件之側緣，其中該
　　上殼包含一孔；
　一插入式螺母，壓進該孔中；及
　一螺釘，鎖進該插入式螺母中，其中該螺釘將該上殼固定到該主要支持
　　件，使該液晶顯示面板保持在該主要支持件中。
12. 一種組裝液晶顯示裝置之方法，包含：
　安裝一背光單元及一液晶顯示面板於一主要支持件之內室中；
　將一插入式螺母插入上殼側緣之一預設孔中；
　將該插入式螺母壓入，使其駐於該預設孔中；
　將該上殼置於該主要支持件之上，使該液晶顯示面板之上緣及側緣為該
　　上殼所保護，而該插入式螺母對準該主要支持件之四穴；
　並藉一螺釘鎖入該插入式螺母，將該上殼與該主要支持件固定在一起，
　　其中該液晶顯示面板保持在該主要支持件中。

　　惟切勿於一請求項中一併請求不同範疇之標的。物之請求項係描述物或裝置是什麼；方法請求項係描述物或裝置做了什麼，或對物或裝置做了什麼。因此，物之請求項應避免方法特徵，除非是以正確方法描述方法特徵所實現之特殊功能；而方法請求項應避免物之技術特徵，除非該方法涉及工作

物或作用在工作物之某些操作手段。此外，尚須注意各獨立項中所載之申請標的之間是否屬於一個廣義的發明概念而符合發明單一性；不符合發明單一性者，應分割申請案。

對於物之發明，除了請求該物外，尚得請求製造該物之方法，使用該物之方法，及製造該物之裝置。對於方法發明，除了請求該方法外，尚得請求執行或使用該方法之裝置，及以該方法製成之物。例如3.1.1之一之(一)「施行細則第18條」中所述之「用於沸騰液體之傳熱壁」，其中第1、4及5項係請求該傳熱壁、製造傳熱壁之方法、及執行該方法之裝置：

1. 一種用於沸騰液體之傳熱壁，該傳熱壁外表面下方有許多<u>平行的狹長通道</u>，該外表面上沿通道間隔開設小孔，使該通道與該傳熱壁外部相通，其特徵在於：該外表面上的該小孔(5)中有一個從孔壁向孔中心伸出之非對稱凸起(4)，其在該小孔(5)橫截面上之投影面積與該小孔(5)橫截面的<u>面積比為0.4～0.8</u>。

4. 一種如請求項1所述用於沸騰液體傳熱壁之製造方法，……，其特徵在於：具切口(12)之肋片(11)係依下述步驟製得：……。

5. 一種執行請求項4所述用於沸騰液體傳熱壁之製造方法的專用鏟刮刀具，……，其特徵在於：……。

若方法發明與新穎之物屬於同一發明構思，則方法請求項得記載該新穎之物以符合可專利性。在這種情形之下，方法請求項中各步驟是由相關之機械元件所執行，而物之請求項包含執行各步驟之各機械元件。3.5.1之一「步驟之撰寫」之例：

1. 一種將輸送中之線材收集於筒中之裝置，其包含：
   (a) 一轉盤，該筒被固定於其上作旋轉運動；
   (b) 一線材導件，固定於該筒上方，以導引該輸送中之線材進入該筒中；
   (c) 旋轉該轉盤之手段，以改變該線材收集點相對於該筒底呈圓周狀；及
   (d) 使該導件作往復運動之手段，以改變該收集點相對於該筒底呈放射狀。

2. 一種將輸送中之線材收集於筒中之方法，其包含：
   (a) 導引該輸送中之線材進入該筒中；
   (b) 旋轉該筒使該筒之收集點相對於該筒底呈圓周狀變化；及
   (c) 使位於筒上之導引點往復運動，以使該收集點相對於該筒底呈放射狀變化。

　　方法請求項是一連串操控步驟，若物之請求項包含執行各操控步驟之手段，則屬於同一發明構思下之方法請求項，得將載於物之請求項中執行各步驟之手段轉載於方法請求項，作為步驟之記載。例如我國專利第385416號「電子商務系統」：

1. 一種提供網路上之交易紀錄存檔安全的電子商務系統，包括：
   一對話密鑰產生器，用來產生一對話密鑰以加密該交易紀錄；
   一交易紀錄加密器，用來加密使用該對話密鑰的該交易紀錄；及
   一交易紀錄發送器，用來將該已加密之交易紀錄發送到在該網路上之一存檔伺服器。
9. 一種提供網路上之交易紀錄存檔安全的電子商務方法，包括：
   產生一對話密鑰以加密該交易紀錄；
   加密使用該對話密鑰的該交易紀錄；及
   將該已加密之交易紀錄發送到在該網路上之一存檔伺服器。
17. 一種儲存著針對一電子商務系統之一程式的儲存媒體，以便為在一網路上之一交易紀錄提供存檔安全，該儲存媒體包括：
   一對話密鑰產生功能，用來產生一對話密鑰以加密該交易紀錄；
   一交易紀錄加密功能，用來加密使用該對話密鑰的該交易紀錄；及
   一交易紀錄發送功能，用來將該已加密之交易紀錄發送到在該網路上之一存檔伺服器。

　　執行方法發明，所使用之裝置、工作物、組合物或起始材料等具可專利性者，得以物之請求項請求之。例如前述「用於沸騰液體之傳熱壁」第4、5項：

4. 一種如請求項1所述用於沸騰液體傳熱壁之製造方法，……，其特徵在於：具切口(12)之肋片(11)係依下述步驟製得：……。
5. 一種執行請求項4所述用於沸騰液體傳熱壁之製造方法的專用鏟刮刀具，……，其特徵在於：……。

　　若產物之製造方法賦予該產物有別於先前技術之特性，則得以製法界定物之請求項請求之。製法界定物之請求項，其申請專利之發明應為請求項中所載之製造方法所賦予特性之產物本身，如後述之請求項2。

1. 一種處理聚乙烯物表面以增加其印刷油墨接受力之方法，其包含：將該物之表面接觸加濃硫酸之重鉻酸鈉飽和溶液。
2. 一種具有依請求項1之方法處理之表面的聚乙烯物。

三、技術特徵之用語──上位概念／擇一形式／手段請求項

　　為涵蓋寬廣的範圍並符合簡潔要件，請求項得就說明書中所載之實施方式或實施例作總括性的界定。通常請求項總括的方式有下列三種：(1)習知之上位概念用語；(2)自定之擇一形式；及(3)手段（步驟）功能用語。上位概念技術特徵的範圍限於說明書所載及具有通常知識者所能理解之下位概念技術特徵。當無法以上位概念請求項總括說明書中所載之實施方式或實施例時，得退而求其次以擇一形式或馬庫西式請求項列舉無適當或無上位概念用語之選項予以總括，而以單一請求項涵蓋數個並列之選項特徵，或以手段（步驟）功能用語總括說明書中所載之結構、材料或動作。

　　撰寫請求項，應考慮說明書中所揭露各個實施方式或實施例，並找出達成發明目的之技術手段的共同脈絡，以屬於同一發明構思之單一技術手段貫穿之，撰寫成上位概念請求項、擇一形式請求項或手段請求項，涵蓋說明書中所揭露之全部實施方式或實施例。上位概念請求項應作為獨立項，對於上位概念請求項有進一步限定之技術特徵或另外附加之技術特徵者，應載於上位概念請求項之附屬項，其中記載進一步限定之技術特徵的詳述式附屬項則為下位概念請求項。

以3.1.1之三之(三)「附屬項」中「手搖鈴」為例，第1項劃底線部分相對於第2項為上位概念用語，第2、5項劃底線部分分別為詳述式、附加式技術特徵：

1. 一種手搖鈴，包含：
   一罩體，內頂面設有一掛環；
   一手柄，其一端嵌入該罩體外頂面的一凹穴內；
   一錘體；及
   一柔軟線材，連接該掛環與該錘體。
2. 如請求項1所述之手搖鈴，其中該手柄有波浪形表面。（詳述式）
5. 如請求項1、2或3所述之手搖鈴，在該凹穴側邊上開設一孔洞，以一螺絲鎖入，藉以加強手柄與凸穴之連結。（附加式）

當無法以上位概念請求項總括說明書中所載之實施方式或實施例時，得以若干次上位概念請求項，例如馬庫西式請求項或手段請求項總括之。例如：

1. 一種處理聚乙烯物表面以增加其印刷油墨接受力之方法，其包含：將該物之表面接觸一種選自濃硫酸、硝酸及磷酸組成之群組之酸的重鉻酸鈉飽和溶液。（馬庫西請求項）
1. 一種處理廢水之裝置……空氣注入手段，將空氣注入廢水中……。（手段請求項）

四、技術特徵之數目——獨立項／附加式附屬項

請求項中所載之技術特徵整體構成達成發明目的之技術手段，技術手段與發明目的相對應，每一個發明目的得對應一請求項。申請案得包括一個以上發明目的，為使請求項涵蓋寬廣的範圍，得將各個欲解決之問題區分為主要發明目的及次要發明目的等。發明的必要技術特徵對應主要目的，應載入申請專利範圍中的獨立項，附加技術特徵對應次要目的，載入附屬項即可，

才能使獨立項之保護範圍更寬廣。

　　以2.3.1之一「發明目的與必要技術特徵」中「圓筒式濾清器的密封裝置」為例，若該發明所欲解決之問題有三個：(a)安裝過程中墊圈承受內部剪力；(b)安裝過程中存留空氣；(c)不規則形狀墊圈造成安裝不便。若將三個問題組合在一起作為一個發明目的，達成該發明目的之技術特徵必須一併記載於一項請求項，技術特徵之數目大增，其結果必然限縮請求項所涵蓋的範圍。相對地，若將三個問題各別作為發明目的，而將解決第一個問題之必要技術特徵載入獨立項，並將解決其他問題之技術特徵作為附加技術特徵分別載入其他兩項附屬項，而將技術特徵分布於三項請求項，相對於前述僅一項請求項，則必然擴大各請求項所涵蓋的範圍。例如下列三項請求項中劃底線之技術特徵分別解決前述三個問題：

1. 一種用於圓筒式濾清器中的密封裝置，其包括一個環形墊圈一個位於濾清器端蓋上用於安放此環形墊圈的環狀凹槽，環形墊圈的橫截面大致呈矩形，包括一對徑向延伸的表面和一對軸向延伸的表面，其特徵在於：在此墊圈的軸向內側面上設有一圓周構槽，濾清器端蓋的環狀凹槽內側壁上設有一個伸入到墊圈溝槽內的固位裝置將墊圈保持在凹槽內，<u>該固位裝置與墊圈溝槽呈鬆動配合</u>，墊圈的外直徑小於端蓋環狀凹槽外側壁的直徑，而墊圈的內直徑則等於或大於環狀凹槽內側壁外表面的直徑。

2. 如請求項1所述的密封裝置，其特徵在於：<u>該墊圈的角部是圓形</u>。

3. 如請求項1或2所述的密封裝置，其特徵在於：<u>該墊圈橫截面的形狀沿徑向上下對稱</u>。

4.1.5　決定附屬項及請求項群組

　　前述各小節已詳細說明請求項涵蓋寬廣範圍的四個面向，申請人得以組合及次組合涵蓋不同申請標的，得以不同範疇涵蓋物及方法發明，得以上位或次上位概念之總括方式涵蓋全部或部分實施例，甚至得將發明目的分成不同層次而以獨立項及附屬項涵蓋各種寬窄範圍。無論以何種撰寫方式涵蓋寬廣範圍之請求項，仍應注意申請專利範圍中之請求項勿超過合理數目，避免

重複申請而使請求項數目過多而繁瑣，以致請求項之間的差異僅在於習知技術特徵。請求項實質內容太接近或相同時，無論用語之間是否有差異，數目過多而繁瑣之請求項可能會被核駁。

當申請專利之發明涉及若干發明目的，應就不同發明目的分別處理技術特徵之細節，並撰寫成若干請求項請求保護各技術手段，而以獨立項及附屬項構成一系列完整保護之請求項群組。即使僅涉及一個發明目的，仍得以上位概念獨立項及下位概念附屬項構成請求項群組。準此為之，不僅可以完整保護創新之發明，而且可以涵蓋寬窄不同的保護範圍；在審查或維護專利階段，得依先前技術靈活地修正申請專利範圍，進而順利取得專利權；在專利侵權訴訟階段，得依各被控侵權對象之差異，適當主張被侵害之請求項。

附屬項不必記載獨立項之技術特徵已涵蓋的習知細節，只須記載有重要（商業）價值或有別於先前技術之新穎特徵。各請求項之間應有差異，描述同一技術特徵之用語應一致；若有意區別彼此之間為不同技術特徵，則應使用不同用語。

涵蓋範圍最狹窄的請求項是所謂的照片式請求項，即使有必要撰寫最狹窄的請求項，仍應止於申請專利之發明在商業上最佳之實施方式，只要能完整保護發明、順利取得專利並防止被侵害即足，切勿畫蛇添足又記載了螺釘或電容等習知元件之細節。

撰寫附屬項之前，應針對附加技術特徵逐一分析，從中選出具有重要（商業）價值且具有可專利性之技術特徵撰寫成附屬項。若未經篩選，可以撰寫成附屬項的數目可能非常龐大。假設獨立項包含上位概念技術特徵A、B、C，三個上位概念技術特徵各涵蓋二個下位概念技術特徵，亦即A包含a1及a2，B包含b1及b2，C包含c1及c2，則請求項涵蓋之技術手段的數目達$3 \times 3 \times 3 = 27$，得撰寫成一項獨立項及七項附屬項，如下表：

附屬項展開一覽表		
項號	請求項之技術特徵	涵蓋技術手段之數目
1（獨立項）	A、B、C	1
2（附屬項）	依附請求項1，其中A為a1或a2	2
3（附屬項）	依附請求項1，其中B為b1或b2	2
4（附屬項）	依附請求項1，其中C為c1或c2	2
5（附屬項）	依附請求項2，其中B為b1或b2	4
6（附屬項）	依附請求項2，其中C為c1或c2	4
7（附屬項）	依附請求項3，其中C為c1或c2	4
8（附屬項）	依附請求項5，其中C為c1或c2	8
註：1. 假設多項附屬項得直接或間接依附多項附屬項 　　2. 本例僅為詳述式附屬項之說明，尚不包括附加式附屬項		

專利侵權之損害賠償是基於所主張被侵害之請求項。請求項包含愈多元件，計算授權金或賠償金之基礎愈大。因此，應請求整個機器、設備或物品，而不只是其構成元件。當然，也可以撰寫各種請求項請求更完整之組合及次組合或組合之構件。

總之，應善用附屬項記載具（商業）價值而涵蓋範圍較狹窄之實施例，其理由在於：

(1) 附屬項中所載之細部特徵為專利權人擬付諸實施的實施例。

(2) 請求項之記載愈細節愈不容易牴觸先前技術。

(3) 防止潛在侵權人仿冒較佳實施例。

(4) 使被控侵權對象落入文義範圍，勿期待不可確定之均等論。

(5) 提升計算授權金或賠償金之基礎。

4.1.6　案例

本節藉五件專利權中所載之請求項具體示範如何規劃申請專利範圍，使其涵蓋發明構思、寬廣的範圍，並記載必要技術特徵、新穎特徵而構成完整的請求項群組。

美國專利案5835139、5926237、6002457、6020942、6373537將若干有

關液晶顯示裝置之發明構思，記載為「液晶顯示裝置」、「手提式電腦」及「可固定在外殼之液晶顯示裝置」三種物之發明，及「排置液晶顯示裝置之方法」、「製造液晶顯示裝置之方法」、「組裝手提式電腦之方法」及「製造手提式電腦之方法」四種方法發明。簡單分析如下：

- ・5件專利案：涵蓋物及方法範疇
- ・3種物之請求項：涵蓋物之組合及次組合
- ・4種方法請求項：涵蓋方法之組合及次組合
- ・180項請求項：包含31項獨立項及149項附屬項，涵蓋上、下位概念請求項及對應不同發明目的之各種寬窄獨立項及附屬項

　　以下提供5件專利案所包含之31項獨立項，讀者可以從中學習如何依申請標的、範疇、技術特徵之用語及技術特徵之數目等各種面向，運用各種請求項撰寫形式涵蓋寬廣的範疇，並構成請求項群組。

US PATENT：5835139、5926237、6002457、6020942、6373537

第 1 圖　本發明背光單元件組合結構透視圖

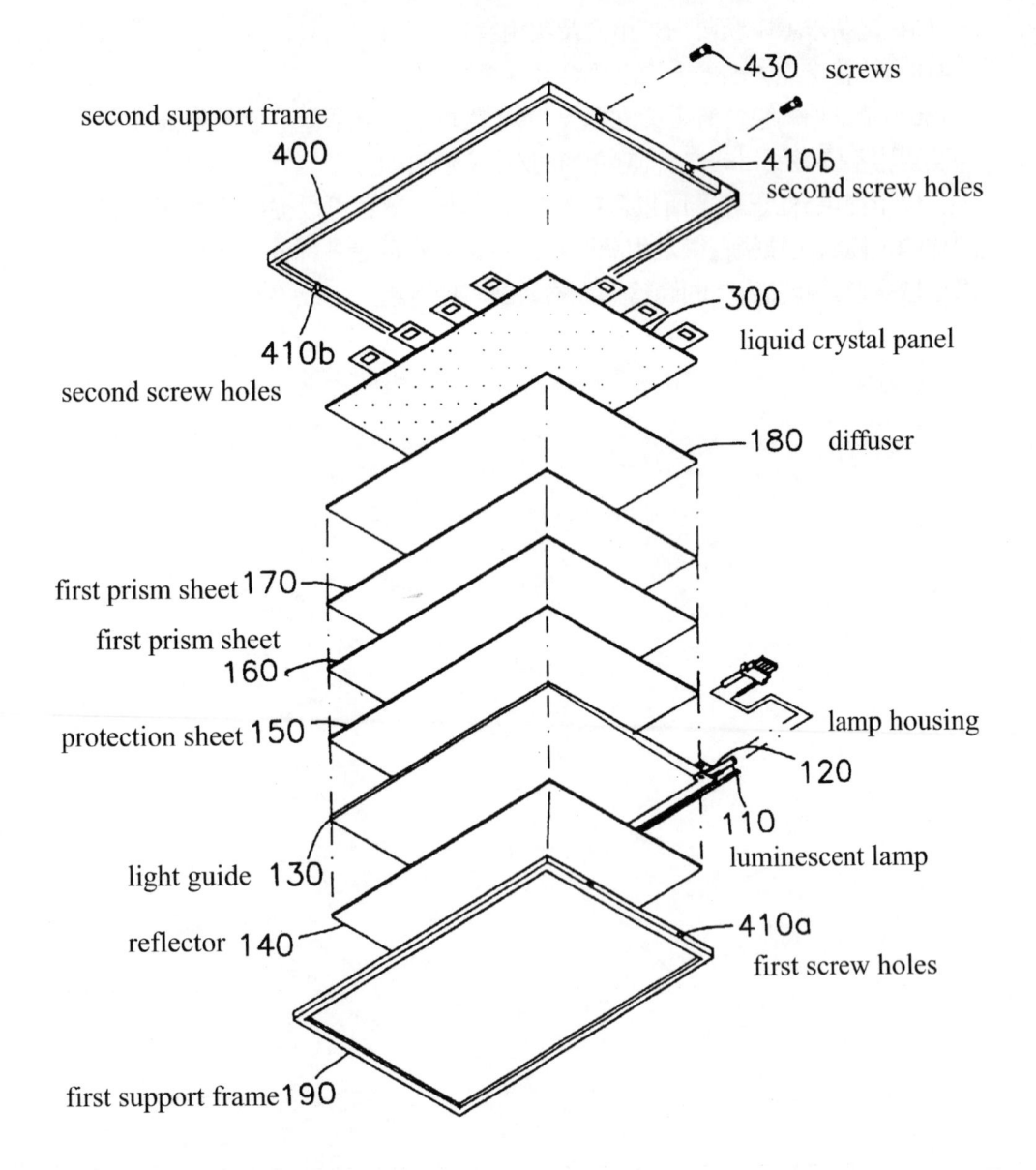

US PATENT：5835139、5926237、6002457、6020942、6373537

第 2 圖　本發明液晶顯示裝置、後罩及前罩組合結構透視圖

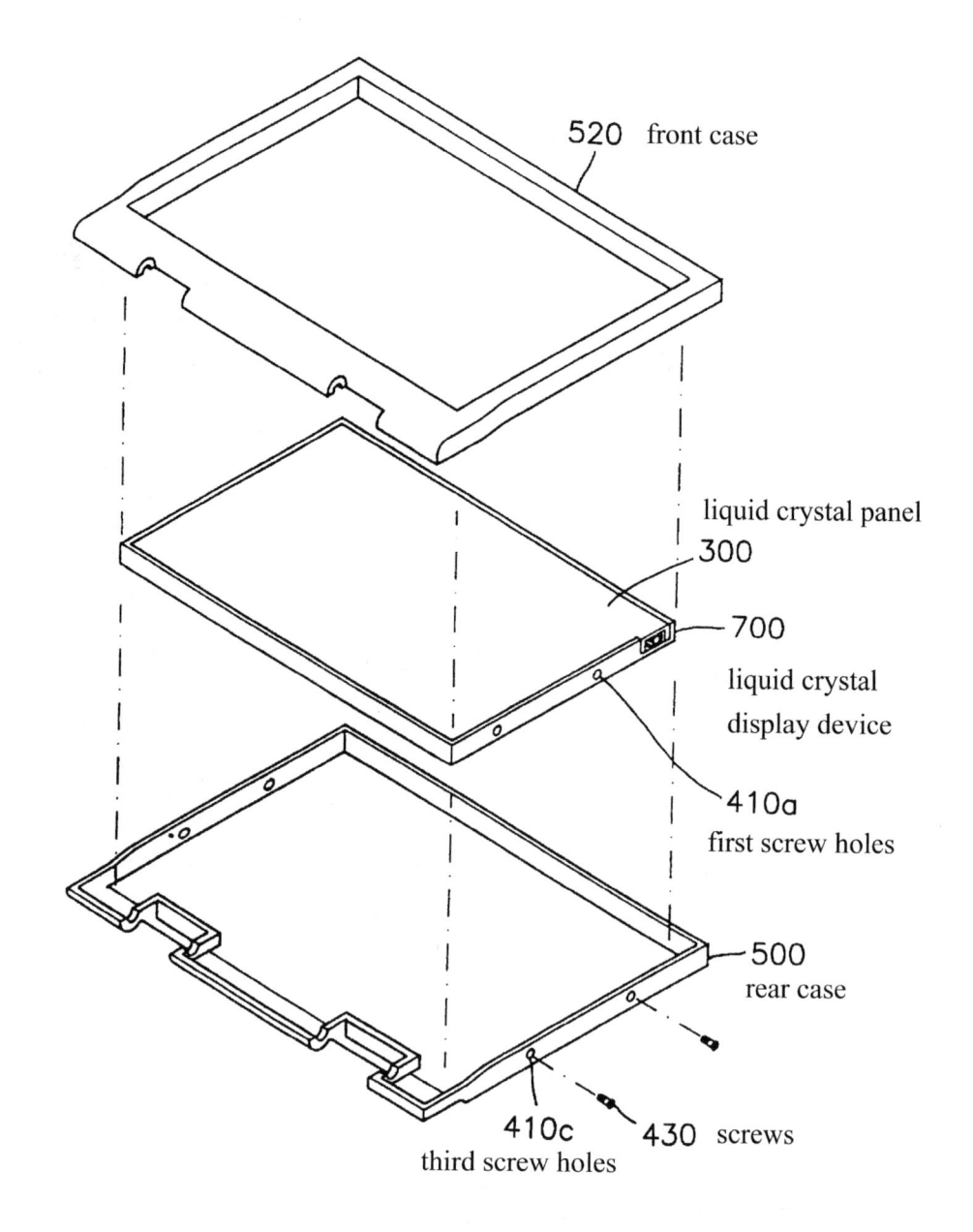

520　front case

liquid crystal panel
300

700

liquid crystal
display device

410a
first screw holes

500
rear case

410c　　430　screws
third screw holes

US PATENT：5835139、5926237、6002457、6020942、6373537

第 3 圖　揭示第 1 固定框架上固定孔之本發明液晶顯示器剖視圖

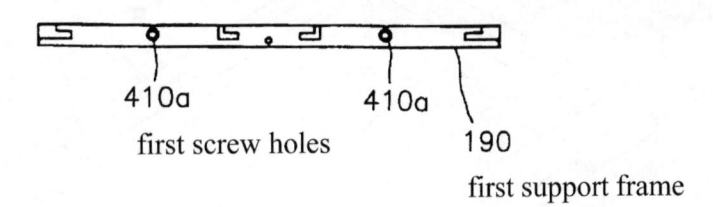

410a　　　　410a

first screw holes　　　190

first support frame

第 9 圖　本發明液晶顯示裝置與手提式電腦組合結構圖

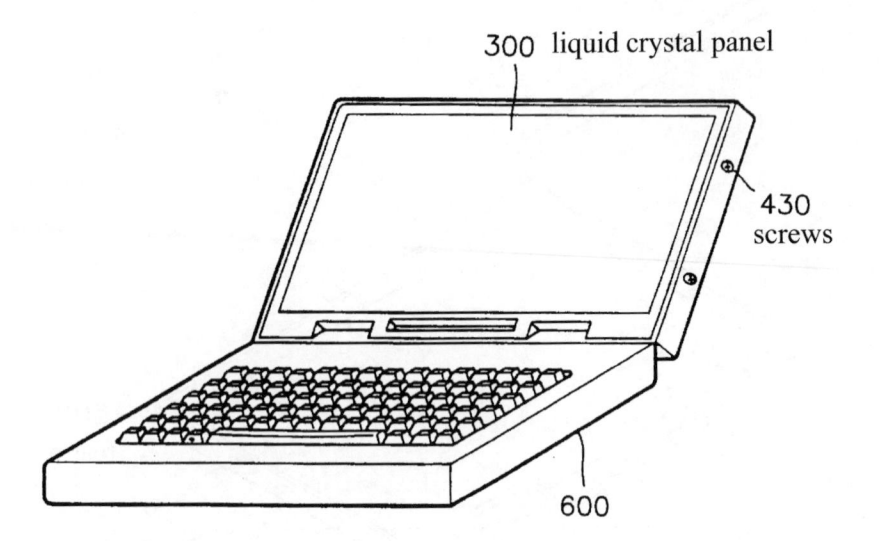

300　liquid crystal panel

430 screws

600

U.S. PATENT：5,835,139（包含液晶顯示裝置、手提式電腦）

1. 一種液晶顯示裝置，包含：

一液晶面板，具有一顯示區域，並具有前面、背面及第1複數個邊緣；

一發光單元，具有第2複數個邊緣與該液晶面板連接；

一第1支持框架，支持該發光單元，並具有與該發光單元之至少一邊緣平行延伸之一部位；

一第2支持框架，耦合到該第1支持框架之該部位；

一外殼；及

一固定件，貫穿該第1支持框架之該部位耦合到該第2支持框架，將該第1及該第2支持框架及該外殼接合在一起。

5. 一種手提式電腦，包含：

一液晶顯示裝置，具有一顯示面及第1複數個側緣；

一本體，具有一輸入裝置；

一外罩，耦合到該本體之邊緣，具有一第2複數個側緣；及

一固定單元，將該液晶顯示裝置之該第1複數個側緣裝到該外罩之該第2複數個側緣，而將該液晶顯示裝置固定到該外罩。

8. 一種手提式電腦，包含：

一液晶顯示裝置，具有一第1側緣；

一本體，具有一輸入裝置；

一外罩，接合該本體並具有一第2側緣；及

一固定單元，分別貫穿該液晶顯示裝置及該外罩之該第1、該第2側緣，將該液晶顯示裝置及該外罩接合在一起。

9. 一種液晶顯示裝置，包含：

一第1支持框架，在該第1支持框架之側緣具有一第1固定構件；

一反光單元，鄰接該第1支持框架；

一發光源，鄰接該反光單元；

一導光單元，鄰接該反光單元；

一保護單元，鄰接該導光單元；

一光折射單元，鄰接該保護單元；

一散光單元,鄰接該光折射單元;

一液晶面板,鄰接該散光單元;及

一第2支持框架,在該第2支持框架側緣具有一第2固定構件,其中該反光單元、該保護單元、該光折射單元、該散光單元及該液晶面板置於該第1與該第2支持框架之間,藉該第1及該第2固定構件僅貫穿該第1及該第2支持框架之該側緣,將該第1與該第2支持框架彼此裝在一起。

U.S. PATENT:5,926,237(包含排置液晶顯示裝置之方法、組裝手提式電腦之方法、製造液晶顯示裝置之方法、製造手提式電腦之方法)

1. 一種排置液晶顯示裝置之方法,包含步驟:

排置一液晶顯示面板,其具有一顯示區域,並具有前面、背面及第1複數個邊緣;

排置一發光單元,其具有與該液晶面板接合之第2複數個邊緣;

排置一第1支持框架,其支持該發光單元並具有與該發光單元之至少一邊緣平行延伸之部位;

排置一第2支持框架,其耦合到該第1支持框架之該部位;

排置一外殼;及

排置一固定件,貫穿該第1支持框架之該部位耦合到該第2支持框架,將該第1及該第2支持框架及該外殼接合在一起。

6. 一種組裝手提式電腦之方法,該電腦包含:

一液晶顯示裝置,具有一顯示面及第1複數個側緣;

一本體,具有一輸入裝置;

一外罩,耦合到該本體邊緣,並具有第2複數個側緣;

該方法包含步驟:將該液晶顯示裝置之該第1複數個側緣裝到該外罩之該第2複數個側緣,而將該液晶顯示裝置固定到該外罩。

9. 一種組裝手提式電腦之方法,該電腦包含:

一液晶顯示裝置,具有一第1側緣;

一本體,具有一輸入裝置;

一外罩，與該本體接合，並具有一第2側緣；

一固定單元；

該方法包含步驟：分別貫穿該液晶顯示裝置及該外罩之該第1、該第2側緣，將該液晶顯示裝置及該外罩接合在一起。

10. 一種排置液晶顯示裝置之方法，包含步驟：

排置一第1支持框架，其在該第1支持框架之側緣具有一第1固定構件；

排置一反光單元，鄰接該第1支持框架；

排置一發光源，鄰接該反光單元；

排置一導光單元，鄰接該反光單元；

排置一光折射單元，鄰接該導光單元；

排置一液晶面板，鄰接該光折射單元；及

排置一第2支持框架，其在該第2支持框架側緣具有一第2固定構件，其中該反光單元、該光折射單元及該液晶面板置於該第1與該第2支持框架之間，貫穿該第1及該第2支持框架之該側緣，將該第1與該第2支持框架彼此裝在一起。

15. 一種排置液晶顯示裝置之方法，包含步驟：

排置一第1框架；

排置一液晶面板，鄰接該第1框架，該面板具有一顯示面；及

排置一第2框架，耦合到該第1框架，並在該第2框架中至少一側緣具有一固定件，該側緣實質上垂直該液晶面板之該顯示面，其中貫穿該側緣可將該液晶顯示裝置接合一外殼。

25. 一種排置液晶顯示裝置之方法，包含步驟：

排置一液晶面板，其具有一顯示面；及

排置一框架，其實質上環繞該液晶面板之邊緣，並在該框架之至少一側緣具有一固定件，貫穿該側緣可將該框架裝到一外殼，其中該側緣實質上垂直該液晶面板之該顯示面。

35. 一種製造液晶顯示裝置之方法，包含步驟：

排置一第1框架；

排置一反光單元，鄰接該第1框架；

排置一發光源，鄰接該反光單元；

排置一導光單元，鄰接該發光源；

排置一液晶面板，鄰接該導光單元；及

排置一第2框架，在該第2框架之至少一側緣具有一固定件，其中該反光單元、該發光源、該導光單元及該液晶面板置於該第1與該第2框架之間，貫穿該第2框架之該側緣可將該第2框架裝到一外殼。

45. 一種製造手提式電腦之方法，包含排置液晶顯示裝置之步驟，包含步驟：

排置一第1框架；

排置一反光單元，鄰接該第1框架；

排置一發光源，鄰接該反光單元；

排置一導光單元，鄰接該發光源；

排置一液晶面板，鄰接該導光單元；及

排置一第2框架，其具有一第1側緣，其中該反光單元、該發光源、該導光單元及該液晶面板置於該第1與該第2框架之間；

排置一本體，其具有一輸入裝置；

排置一外罩，其接合該本體，並具有一第2側緣；及

排置一固定件，分別貫穿該液晶顯示裝置及該外罩之該第1及該第2側緣，將該液晶顯示裝置及該外罩接合在一起。

54. 一種製造手提式電腦之方法，包含排置液晶顯示裝置之步驟，包含步驟：

排置一第1框架；

排置一反光單元，鄰接該第1框架；

排置一發光源，鄰接該反光單元；

排置一導光單元，鄰接該發光源；

排置一液晶面板，鄰接該導光單元；及

排置一第2框架，其在第1側緣具有一第1固定件，其中該反光單元、該發光源、該導光單元及該液晶面板置於該第1與該第2框架之間；

排置一本體，其具有一輸入裝置；

排置一外罩，其接合該本體，並在第2側緣具有一第2固定件；及

排置一固定單元，分別貫穿該第2框架及該外罩之第1及該第2固定件，將該液晶顯示裝置及該外罩接合在一起。

U.S. PATENT：6,002,457（包含液晶顯示裝置）

1. 一種液晶顯示裝置，包含：
   一第1框架；
   一液晶面板，鄰接該第1框架，並具有一顯示面；及
   一第2框架，耦合到該第1框架，並在該第2框架之至少一側緣具有一固定
   件，該側緣實質上垂直該液晶面板之該顯示面，其中，貫穿該側緣可將
   該液晶顯示裝置固定到一外殼。

5. 一種液晶顯示裝置，包含：
   一液晶面板，具有一顯示面；及
   一框架，實質上環繞該液晶面板之邊緣，並在該框架之至少一側緣具有一
   固定件，貫穿該側緣可將該框架固定到一外殼，其中該側緣實質上垂直
   該液晶面板之該顯示面。

9. 一種液晶顯示裝置，包含：
   一第1框架；
   一反光單元，鄰接該第1框架；
   一發光源，鄰接該反光單元；
   一導光單元，鄰接該發光源；
   一液晶面板，鄰接該導光單元；及
   一第2框架，在該第2框架之至少一側緣具有一固定件，其中該反光單元、
   該發光源、該導光單元及該液晶面板置於該第1與該第2框架之間，貫穿
   該第2框架之側緣可將該第2框架固定到一外殼。

13. 一種液晶顯示裝置，包含：
    一液晶面板，具有一顯示區域，並具有前面、背面及第1複數個邊緣；
    一發光單元，具有第2複數個邊緣與該液晶面板接合；
    一第1支持框架，支持該發光單元，並具有與該發光單元之至少一邊緣平
    行延伸之一部位；
    一第2支持框架，耦合到該第1框架之該部位；
    一外殼；及

一固定件，貫穿該第1支持框架之該部位耦合到該第2支持框架，將該第1、該第2支持框架及該外殼接合在一起。

18. 一種液晶顯示裝置，包含：

一第1支持框架，在該第1支持框架之側緣具有一第1固定構件；

一反光單元，鄰接該第1支持框架；

一發光源，鄰接該反光單元；

一導光單元，鄰接該反光單元；

一光折射單元，鄰接該導光單元；

一液晶面板，鄰接該光折射單元；及

一第2支持框架，在該第2支持框架側緣具有一第2固定構件，其中該反光單元、該光折射單元及該液晶面板置於該第1與該第2支持框架之間，貫穿該第1及該第2支持框架之該側緣，將該第1與該第2支持框架彼此裝在一起。

23. 一種液晶顯示裝置，包含：

一第1框架；

一液晶面板，鄰接該第1框架，並具有一顯示面；及

一第2框架，耦合到該第1框架，並在該第2框架至少一側緣具有一固定件，該側緣實質上垂直該液晶面板之該顯示面；其中，貫穿該側緣能將該液晶顯示裝置裝到一外殼。

33. 一種液晶顯示裝置，包含：

一液晶面板，具有一顯示面；及

一框架，實質上環繞該液晶面板之邊緣，並在該框架之至少一側緣具有一固定件，貫穿該側緣可將該框架裝到一外殼，其中該側緣實質上垂直該液晶面板之該顯示面。

37. 一種液晶顯示裝置，包含：

一第1框架；

一反光單元，鄰接該第1框架；

一發光源，鄰接該反光單元；

一導光單元，鄰接該發光源；

一液晶面板，鄰接該導光單元；及

一第2框架，在該第2框架之至少一側緣具有一固定件，其中該反光單元、該發光源、該導光單元及該液晶面板置於該第1與該第2框架之間，貫穿該第2框架之側緣可將該第2框架裝到一外殼。

U.S. PATENT：6,020,942（包含手提式電腦）

1. 一種手提式電腦，包含液晶顯示裝置，包含：
   一第1框架；
   一反光單元，鄰接該第1框架；
   一發光源，鄰接該反光單元；
   一導光單元，鄰接該發光源；
   一液晶面板，鄰接該導光單元；及
   一第2框架，具有一第1側緣，其中該反光單元、該發光源、該導光單元及該液晶面板置於該第1與該第2框架之間；
   一本體，具有一輸入裝置；
   一外罩，接合該本體，並具有一第2側緣；及
   一固定件，分別貫穿該液晶顯示裝置及該外罩之該第1及該第2側緣，將該液晶顯示裝置及該外罩接合在一起。
4. 一種手提式電腦，包含液晶顯示裝置，包含：
   一第1框架；
   一反光單元，鄰接該第1框架；
   一發光源，鄰接該反光單元；
   一導光單元，鄰接該發光源；
   一液晶面板，鄰接該導光單元；及
   一第2框架，在第1側緣具有一第1固定件，其中該反光單元、該發光源、該導光單元及該液晶面板置於該第1與該第2框架之間；
   一本體，具有一輸入裝置；
   一外罩，接合該本體，並在第2側緣具有一第2固定件；及
   一固定單元，分別藉該第2框架及該外罩該之第1及該第2固定件，將該液晶顯示裝置及該外罩接合在一起。

10. 一種手提式電腦，包含：

一液晶顯示裝置，具有一顯示面及第1複數個側緣；

一本體，具有一輸入裝置；

一外罩，耦合到該本體之側緣，並具有第2複數個側緣，

其中該液晶顯示裝置之第1複數個側緣裝到該外罩之該第2複數個側緣，將該液晶顯示裝置固定到該外罩。

13. 一種手提式電腦，包含：

一液晶顯示裝置，具有一第1側緣；

一本體，具有一輸入裝置；

一外罩，接合該本體，並具有一第2側緣；及

一固定單元，分別貫穿該液晶顯示裝置及該外罩之該第1及該第2側緣，將該液晶顯示裝置及該外罩接合在一起。

14. 一種手提電腦，包含液晶顯示裝置，包含：

一第1框架；

一反光單元，鄰接該第1框架；

一發光源，鄰接該反光單元；

一導光單元，鄰接該發光源；

一液晶面板，鄰接該導光單元；及

一第2框架，具有一第1側緣，其中該反光單元、該發光源、該導光單元及該液晶面板置於該第1與該第2框架之間；

一本體，具有一輸入裝置；

一外罩，接合該本體，並具有一第2側緣；及

一固定件，分別貫穿該液晶顯示裝置及該外罩之該第1及該第2側緣，將該液晶顯示裝置及該外罩接合在一起。

23. 一種手提式電腦，包含液晶顯示裝置，包含：

一第1框架；

一反光單元，鄰接該第1框架；

一發光源，鄰接該反光單元；

一導光單元，鄰接該發光源；

一液晶面板，鄰接該導光單元；及

一第2框架，在第1側緣具有一第1固定件，其中該反光單元、該發光源、
該導光單元及該液晶面板置於該第1與該第2框架之間；

一本體，具有一輸入裝置；

一外罩，接合該本體，並在第2側緣具有一第2固定件；及

一固定單元，分別貫穿該第2框架及該外罩之該第1及該第2固定件，將該
液晶顯示裝置及該外罩接合在一起。

U.S. PATENT：6,373,537（包含液晶顯示裝置、可固定在外殼之液晶顯示裝置、手提式電腦）

1. 一種液晶顯示裝置，包含：

一液晶面板，包含一顯示區域；

一發光單元，包含一發光源，接合該液晶面板；

一第1框架，耦合到該發光單元之表面及該液晶面板之側面；

一第2框架，耦合到該液晶面板之邊緣及該第1框架之側面；

一外殼；及

一固定件，貫穿該第1框架之側面、該第2框架及該外殼，將該第1框架、
該第2框架及該外殼接合在一起

2. 一種可固定在外殼之液晶顯示裝置，包含：

一液晶面板，具有一顯示區域及第1複數個側緣；

一支持框架，具有第2複數個側緣，並在包含一第1及一第2固定孔之該第2
複數個側緣中之至少一側緣支持該液晶面板，該第1固定孔位於該支持
框架之該側緣之上半部，該第2固定孔位於該支持框架之該側緣之下半
部；其中，利用該第1及該第2固定孔將該支持框架不動的固定在該外
殼。

7. 一種手提式電腦，包含：

一液晶顯示模製件，具有一顯示面、背面及複數個側緣；

一上殼，實質上覆蓋該液晶顯示模製件之該背面；

一下殼，耦合到該上殼，並具有一輸入裝置；其中該複數個側緣中至少其
中之一包含一第1及一第2固定孔，該第1固定孔位於該液晶顯示模製件

之該側緣之上半部，該第2固定孔位於該液晶顯示模製件之該側緣之下
半部；且其中，利用該第1及該第2固定孔將該液晶顯示模製件不動的固
定在該上殼。

12. 一種手提式電腦，包含：

一液晶顯示模製件，具有一顯示面、背面及複數個側緣；

一上殼，實質上覆蓋該液晶顯示模製件之該背面；

一下殼，耦合到該上殼，並具有一輸入裝置；其中，該複數個側緣中至
少其中之一包含一第1及一第2固定孔，該第1固定孔位於該液晶顯示模
製件之該側緣之上半部，該第2固定孔位於該液晶顯示模製件之該側緣
之下半部；且其中，在該液晶顯示模製件之該側緣之該第1及該第2固
定孔被用來將該液晶顯示模製件不動的耦合到該上殼。

4.2 請求項之撰寫重點

　　規劃完成申請專利範圍之內容，可以開始撰寫申請專利範圍，將規劃內
容具體化。基於筆者之審查經驗，國人撰寫技術特徵係以具象之實體物作為
思考之基石，以致專利權範圍趨於狹窄。按物之請求項固然應具備結構特
徵，惟結構特徵並不限於具象之實體物，例如「工作面」、「固定裝置」或
「磁性構件」皆為上位概念用語的結構特徵，但並非具象之實體物「工作
枱」、「扣具」或「金屬桿」。雖然前述六個結構特徵皆為上位概念用語或
次上位概念用語，其涵蓋範圍包括說明書中所載之實施例，尚及於具有通常
知識者可以想像的習知結構，惟前三者係以「功能性思考」出發，後三者係
以「具象之實體」出發，致其所涵蓋的範圍仍有差異。

　　或謂功能特徵可能導致不明確之結果，惟筆者以為專利實務運作中常常
涉及「功能」，例如：申請專利之發明的實質內容包含所欲解決之問題、解
決問題之技術手段及技術手段所達成之「功效」；進步性審查，係考量請求
項中所載之技術手段、說明書中所載之問題及「功效」；專利侵權之全要件
原則及均等論判斷，係考量技術手段、「功能」及結果。因此，撰寫請求項
中之技術特徵時，切勿忽略「功能性思考」之撰寫技巧；惟須強調者，筆者
並非鼓勵「功能特徵」（雖然功能特徵有其妙用，而且請求項中包含功能特

徵亦無不可），而是建議整個請求項之撰寫應利用「功能性思考」，具體而言，起碼元件名稱應以「功能名詞」稱之。

4.2.1　撰寫步驟

1.8「申請文件之撰寫順序」中敘及請求項之撰寫係先獨立項後附屬項；基於涵蓋範圍大小及具象與否的考量，應先撰寫物之請求項，再撰寫方法請求項。其實撰寫順序的先後是撰寫人的個人習慣，對於構造不是太複雜、發明目的不是太多或實施例不是太多的裝置，通常是從涵蓋範圍較寬廣的請求項逐步限縮為較狹窄的請求項。首先，係依申請專利範圍之先期規劃撰寫物之發明的獨立項，參照圖式撰寫達成主要發明目的之獨立項，以上位概念用語或其他總括方式撰寫必要技術特徵及有別於先前技術之新穎特徵。其次，再一一撰寫附屬項，針對次要發明目的或具體限定，將具可專利性之技術特徵附加於所依附之獨立項或其附屬項，撰寫成各種具體的實施例請求項，涵蓋大大小小各種範圍。對於構造複雜、發明目的多或實施例多的發明，有時候反向撰寫，從涵蓋範圍較狹窄的請求項逐步擴大為較寬廣的請求項。

4.2.2　撰寫內容

完成申請專利範圍之規劃後，必然已經確定發明構思、達成主要發明目的之必要技術特徵、對照先前技術有貢獻之新穎特徵、為涵蓋寬廣範圍擬採用之請求項撰寫形式及達成各次要發明目的之附屬項等，撰寫申請專利範圍就是將前述規劃之事項逐一具體實現。申請專利範圍係由一項以上之請求項所構成，以下僅就單一請求項之撰寫，依其架構、順序及請求項之類型等擇要說明請求項之撰寫重點。

一、前言部分

請求項之前言部分主要內容僅為申請專利之發明名稱、範疇及技術領域。通常，前言中所載之申請標的名稱應與說明書中所載之發明名稱相同或稍加修飾，例如發明名稱「用於沸騰液體之傳熱壁、製造方法及專用鏟刮刀具」涵蓋物及方法範疇，應分為三項請求項並應修改為「用於沸騰液體之傳

熱壁」、「用於沸騰液體傳熱壁之製造方法」及「用於沸騰液體傳熱壁之製造方法的專用鏟刮刀具」。申請標的名稱之記載應力求簡短且範疇應明確，前言中勿記載發明目的、與發明本身無關之工作物、新穎特徵或用途，除非其為界定技術領域的唯一方式，例如前述傳熱壁之例。

對於技術領域，前言中之記載應恰如其分的反映申請專利之發明的技術手段，例如「自行車」發明，不宜記載為「車輛」，但可記載為「兩輪車輛」，以擴及相關之技術領域。若記載為「車輛」，專利申請階段，可能擴大先前技術之檢索領域，在專利侵權訴訟階段，可能因所載之申請標的內容，而被解釋為僅限於自行車或兩輪車輛之技術領域。若然，是否得不償失？

為避免涵蓋之技術領域太狹隘，前言中可以僅記載非特定名詞描述發明之目的或用途領域，例如「打平工作物之裝置」（apparatus for flattening a workpiece）〔目的陳述〕，或「熨燙裝置」（apparatus for ironing）〔用途領域〕。

除吉普森式請求項之前言外，前言勿提及先前技術且勿太冗長意圖作為請求項主體部分中所載技術特徵之前提基礎。

附屬項之前言應僅由被依附項之前言中主要名稱及範疇所組成，例如「如請求項1所述用於沸騰液體之傳熱壁」或「如請求項1所述之傳熱壁」；引用記載形式之獨立項應由被依附項之前言中主要名稱所組成，但彼此之間範疇得不相同，例如「一種如請求項1所述用於沸騰液體傳熱壁之製造方法」。

二、元件、零件及細部特徵

撰寫技術特徵，首先必須賦予達成發明目的之必要元件名稱。撰寫各必要元件名稱，通常係以名詞描述該元件之功能或所欲達成之目的為之，甚至得以手段功能用語記載元件所實現之功能。元件名稱應避免使用涵蓋範圍太狹窄的名詞，技巧上得參酌技術字典尋求上位概念用語，以擴大請求項所涵蓋的範圍。撰寫元件名稱，除名詞之外，尚得加註修飾語，以區別類似名稱，並得善用請求項差異原則（見5.4.4之三「請求項差異原則」），針對不同請求項指定不同名稱，有助於界定各請求項中不同技術特徵，以涵蓋不同

寬窄範圍。

　　撰寫必要元件名稱後，最好在同一子句中接續於該元件之主要描述之後，以邏輯順序（例如依結構順序或功能順序）描述各元件與請求項之實質有關之所有事項，包括：

(1) 元件之組成零件及其結構關係。

(2) 元件之細部特徵，例如縫隙、圓角等。

(3) 元件或其零件的尺寸、形狀或幾何關係。

(4) 元件所用之材料。

(5) 元件之方位（水平、垂直）或其位置（與其他元件之相對位置）。

　　撰寫必要元件或零件，通常應以業界慣用之名稱為之，且必須涵蓋或與說明書中該元件或零件之名稱相同，以獲得說明書之支持，盡可能使讀者不須參酌說明書或圖式即能得知該技術特徵之意義及其所能達成之功能。例如，某一技術特徵在申請專利之發明的結構中所表現之功能為工作面，則請求項中僅須記載工作面，而不須記載工作枱，但說明書通常應記載工作枱具有一工作面（惟就本例而言，因工作枱本質上必有工作面，故說明書亦得僅記載工作枱）。本例顯示應以元件在請求項中之必要功能所對應之用語（工作面）賦予其名稱，而非僅能以具有該功能之實體物名稱（工作枱）稱之，這是國人不善於利用的撰寫技巧「功能性思考」的上位概念化手法。事實上，作為技術特徵，工作面所涵蓋的範圍比工作枱更為寬廣，其範圍及於任何實體物上可供作業之表面，而不僅限於工作枱。

　　即使技術特徵之名稱與說明書中所載之名稱相同，解釋請求項時尚不得將該技術特徵限制在說明書中之實施例或圖式，亦即該技術特徵僅具有記載在請求項本身之特性。基於禁止讀入原則，請求項的作用係界定專利權範圍，說明書的作用係定義請求項中所載之文字、用語，但不得將說明書中所揭露之實施例或圖式中之特定條件、態樣讀入請求項，而減縮申請專利範圍之文字、用語所代表之意義或範圍（見5.3.1之三「禁止讀入原則」）。

　　撰寫請求項時，尤其是機械領域之發明，應參照表現實施例之圖式。撰寫過程中，可以一面撰寫一面確認請求項中所載之元件或其零件、細部特徵等是否表現於圖式，圖式中有遺漏的話，可以立即修正圖式，使請求項中所載之技術特徵與圖式一致。

　　請求項中元件之撰寫應以邏輯順序為之，得沿著申請標的所實現之一連串動作的「功能順序」，或沿著申請標的中依序排列之元件的「結構順序」予以撰寫。實務經驗顯示，機器類之裝置請求項較適用「功能順序」；物品請求項較適用「結構順序」。

　　檢視請求項中是否遺漏必要技術特徵或是否記載了非必要技術特徵，應依原先對於發明目的之規劃，考量所載之技術特徵是否為達成發明目的不可或缺之功能或操作，並參照圖式，一一檢視圖式中所表現之元件。若該功能或操作是達成發明目的不可或缺者，則為必要技術特徵；反之，則非必要技術特徵。

三、連結或協同關係

　　撰寫元件、零件及細部特徵之後，應繼續記載該元件於申請標的之位置，及元件與元件之間的連結或協同關係，並檢視該位置或該連結或協同關係是否表現於圖式。若請求項中某些技術特徵之間無連結關係或相關位置，而形成弧島現象者，會被認定請求項不符合明確要件，應檢視該技術特徵是否為必要者，若為必要，則應有連結關係。連結關係，得為結構連結、物理連結、電性連結或功能連結等。

　　記載技術特徵之間的位置或連結關係，通常應先記載全部有關之元件名稱，始在最後提及元件名稱的子句中記載技術特徵之間的相關位置或連結關係，以便於讀者理解，且能避免推導式請求之不合理現象，請參酌3.4.2之四「推導式請求」。例如記載元件A、B、C之間的相關位置或連結關係，應先記載元件A、B之名稱及其零件、細部特徵等，再於元件C之子句中記載元件C之名稱及其零件、細部特徵等，接著記載A、B、C之間的相關位置或連結關係。若僅先記載元件A之名稱及其零件、細部特徵等，再於元件B之子句中記載元件B之名稱及其零件、細部特徵等，接著記載A、B、C之間的相關位置或連結關係，由於在記載元件C之名稱及其零件、細部特徵等之前已先提及C與A或B的相關位置或連結關係，致生推導式請求而不符合明確要件。例如先記載「一馬達，……」及「一齒輪，……」，再記載「一連桿，連接該馬達及該齒輪，以傳達從該馬達到該齒輪之傳動」，切勿一開始或半途就記載「一連桿，將前述之馬達連接到後述之齒輪，以傳動該齒輪」。

　　若元件與其他元件之間的連結關係無關緊要，反而是功能協同關係比較重要，則僅須記載元件之間之功能協同關係，而不須記載連結關係，例如「驅動該螺旋彈簧之馬達」僅記載兩元件之間的功能協同關係，其連結關係已不言可喻，則不須記載為「馬達與該螺旋彈簧連結並驅動之」。

　　對於附屬項中所載的每一個元件而言，亦須記載其直接或間接與其他元件包括被依附項中之元件的連結或協同關係。

四、功能與操作

　　元件之功能與操作，指元件本身做了什麼，或其如何影響另一元件，或其協同另一元件做了什麼，或其對另一元件做了什麼，或其如何作用或影響不構成請求項中所載之技術特徵的工作物，例如「拔除毛髮之螺旋彈簧」，毛髮僅為工作物而非構成脫毛裝置之元件，而「拔除」即「螺旋彈簧」對於「毛髮」所為之操作行為。

　　元件與其他元件之間的連結關係經常與該等元件之組合所實現的功能有關，得一併記載於請求項，例如「馬達與該螺旋彈簧連結並驅動其旋轉」，「驅動其旋轉」即「馬達」與「螺旋彈簧」之功能協同關係。

　　除了撰寫元件、零件、細部特徵及連結關係之外，該技術特徵在申請標的中之個別功能（例如「固定」、「傳動」），或該技術特徵與其他技術特徵結合所實現之功能（例如「一線材，……長度用於使該錘體撞擊該罩體產生聲音……」），亦得記載於請求項，即使技術特徵之間並無連結關係時亦同。

4.2.3　檢視、修改請求項

　　撰寫完成全部請求項後，應從頭檢視請求項達成下列事項：
(1) 涵蓋整個發明構思。
(2) 記載必要技術特徵，尤其是元件之間的連結或協同關係。
(3) 記載新穎特徵。
(4) 涵蓋寬廣的範圍，尤其是用語之廣度是否適當。
(5) 依發明目的各層次之規劃，將各種寬窄範圍分別記載於獨立項及其附屬項。

(6) 涵蓋全部實施例，若有遺漏，會有貢獻原則之適用（見6.5.2之七「貢獻原則」）。

　　若有缺失，應重新調整並一併修正說明書及圖式中之內容，以確保申請標的為說明書所支持。下列事項為國人容易忽略者，特別提請注意。

一、撰寫格式

　　請求項之記載應依單句原則為之；完成文字之記載後尚須決定文字段落及標點符號的呈現格式。為便於區分並了解構造複雜的裝置、系統等請求項之內容，適於以分段式、次分段式、大綱式或冒號分號式請求項格式記載，實務上這些請求項格式普遍適用於大多數類型之請求項，具有易於撰寫、閱讀之優點。

二、推導式請求

　　在美國，將新元件或新步驟引進請求項，應注意是否為推導式請求（請參酌3.4.2之四「推導式請求」）。引進新元件或新步驟有兩種方式：(1)以新元件或新步驟作為子句之主題，如後述之「外殼」、「馬達手段」及「螺旋彈簧」；或(2)藉先前已記載引進之元件或步驟（「螺旋彈簧」），以「包含」等引進新元件或新步驟，如後述之「相鄰捲圈」。

1. 一種電動脫毛裝置，包含：
　　(a) 一外殼，為便於手持之可攜形式；
　　(b) 馬達手段，設置於該外殼中；及
　　(c) 一螺旋彈簧，包含複數個相鄰捲圈，以該馬達手段驅動之，……。

　　對於首次記載之元件或步驟，必須冠以不定冠詞；對於後續提及先前已記載之元件，必須冠以定冠詞「該」或「前述」。對於國人來說，似乎沒有這種習慣，以致常有不符合明確要件之爭執，而以此作法所記載之請求項顯得更明確、更具可讀性。

三、功能特徵及功能子句

撰寫請求項之前，應決定發明目的，再決定達成目的之技術手段，最後將構成該技術手段之結構特徵記載於請求項；適當時，某些結構得以功能性技術特徵代之，亦即以功能性技術特徵隱含結構。惟請求項中切勿僅記載發明目的或用途等，例如「一種醫藥品，其可治療肝癌。」僅請求一完成特定結果之裝置或產物，而未記載達成發明目的之任何結構，不符合明確要件。

除了記載構成技術手段之結構外，請求項尚應記載結構元件彼此之間的連結關係或功能協同關係，適當時，亦得記載元件所能實現之功能，或以功能特徵取代結構特徵。各元件所能實現之功能係針對個別元件，並不能表現完整結構之功能，僅藉以子句足以描述之。請求項中通常係利用功能子句描述整個請求項中所載技術手段之結果，不宜導入任何結構特徵。換句話說，解釋請求項時，功能子句不具實質的限定作用，僅有助於讀者了解所記載之技術手段。惟若功能子句隱含結構或步驟特徵，解釋請求項時，會限定該請求項所涵蓋之範圍。請求項記載功能子句者，應檢視請求項中所載之技術特徵是否足以支持該子句中所述之功能，亦即該子句係以該技術特徵為前提基礎，若該技術特徵不能達成該功能，則應修正之。

雖然少數美國判例認為功能子句得載入結構特徵，利用功能子句載入結構特徵仍然具有高度風險。由於功能子句與申請人的意識限定或排除事項有關，依全要件原則，專利侵權訴訟時，可能會被認定為解釋申請專利範圍之基礎，若申請人不想讓自己的專利權範圍被解釋得更狹窄，應避免記載功能子句，除非有絕對的把握，否則所載之功能子句應僅適當的描述所載之結構或方法必然產生之功能、操作或結果，請參酌3.3.9「功能子句」。

4.2.4　物之請求項

前述4.2.2「撰寫內容」已說明，請求項中所載之技術特徵應包括：元件、零件及細部特徵、連結或協同關係、功能與操作等。下列事項為國人容易忽略者，特別提請注意。

一、組合與集合

元件及零件名稱之賦予如同列舉物之請求項的零件清單，為區別辨識每一個元件或零件，各元件或零件之名稱均應予以記載且彼此相互獨立，因此，撰寫請求項之技術特徵，第1個步驟就是列舉各元件名稱，並於該元件子句中列舉所屬零件名稱。物之發明與零件清單之差異在於前者係將元件與零件結合在一起之組合物，而後者僅係元件與零件無結合關係之集合。因此，撰寫物之請求項的第2個步驟就是記載所列舉各元件及零件之連結關係，包括：

(1) 連結關係，包括動態連結或靜態連結，例如「元件A樞接元件B」、「元件A固定於元件B」等。

(2) 位置關係，例如「元件B置於元件A之上」。

(3) 協同關係，例如「元件A驅動元件B」。

撰寫元件之間的連結關係有若干記載形式：(a)在元件之間置入連結元件；(b)元件連結另一元件；(c)在元件之間置入連結手段。例示如下：

(a) 一種……裝置，包含：一A；一B；及一C連結A與B。

(b) 一種……裝置，包含：一A；一B連結A；及一C連結B。

(c) 一種……裝置，包含：一A；一B；一C；連結A與B之手段；及連結B與C之手段。

(c') 一種……裝置，包含：一A；一B；連結A與B之手段；一C；及連結B與C之手段。（c'與c之實質內容相同，僅記載順序稍作調整而已）

二、功能子句

物之請求項必須記載申請標的是什麼（即其結構），而非記載申請標的做了什麼（即其功能）。功能子句例如「其中」（wherein）、「以便」（so that）及「適於」（for）等子句皆係用以描述效果，其可能隱含結構特徵或連接關係，而有限定作用。在美國，「藉以」（whereby）子句僅描述先前所載結構或方法必然產生之功能、操作或結果，不允許有限定作用，應謹慎為之。

專利法施行細則第19條第4項提供一種以手段（步驟）功能用語記載之請求項的記載形式。對於這種記載形式，美國國會已指出「實現功能之手段」是結構而非功能，故該用語符合界定結構元件之法律規定。在美國，申請人要適用這種記載形式，必須使用「means for + V-ing（功能）」（對於方法請求項，則須使用「step for + V-ing（功能）之表現方式）或非結構用語（non-structural term）之表現方式，其專利權範圍僅限於請求項中所載之功能對應於說明書中所載之結構或材料及其均等範圍，見3.2.5之三之(四)「美國2011年35 U.S.C.112補充審查指南」。

三、負空間之記載

對於負空間（empty space）所形成之結構，例如孔洞、溝槽、細縫、凹槽、長孔、縫隙、間隔、穴或空洞等，最好先記載一元件，再記載該元件具有該負空間特徵，例如「操作桿具有一孔洞及一溝槽」。嗣後提及該特徵，應記載為「該孔洞」、「該溝槽」等。

四、不適當之用語

切勿使用「適於」（adapted to; adapted for），因為其表現方式有點功能性之傾向，可能使請求項不明確。對於這種情形，得以「用於」（for）代之，例如「用於支持該插入文件之一基座」（a base for supporting the inserted paper），切勿記載為「適於支持該插入文件之一基座」（a base adapted for supporting the inserted paper）。筆者認為即使「適於」具有功能性傾向，就中文而言，似無不明確，何況在美國，亦非認為「適於」（adapted to; adapted for）絕對不明確。

五、新型專利之標的與技術特徵

新型專利係保護物品之形狀、構造或組合。前述所指之「物品」並非本身不會作動之物，例如第二章所述之「文件架」，尚包括本身能作動且能操作工作物並實現功能之構造、裝置或機器。新型專利請求項中所載之技術特徵得為形狀、零件之安排或包含於裝置中之創作，亦得為物質、材料、製造方法等，因為專利法僅限定新型專利之標的，並未將新型專利之技術特徵限

於形狀、構造或組合。

對於以物品之形狀、構造或組合為標的，但包含非結構技術特徵（如材質或方法特徵）之新型請求項，若申請標的實質上為材質或方法本身，例如達成創作目的（所欲解決之問題）之改良特徵（創作重點）僅限於請求項中所載之材質或方法者，即新穎特徵為材質或方法者，有違反新型定義之虞（雖然智慧財產局所公告之專利審查基準並不認為違反新型定義，但司法機關之見解為何尚無定論，至少中國的審查指南認定違反實用新型定義），應予避免。違反新型定義之例，如請求項為：「一種木質筷子，主體形狀為圓柱形，端部為圓錐形，其特徵在於：該筷子加工成形後，浸泡於醫用殺菌劑中5～20分鐘，然後取出晾乾。」及「一種塑膠筷子，主體形狀為圓柱形，端部為圓錐形，其特徵在於：該筷子為不易斷裂、耐磨耗性佳之PC材質。」

基於請求項整體原則，前述兩請求項之解釋，仍不得忽略該方法或材質特徵，而不當擴大其專利權範圍。

六、電腦可讀之記錄媒體及程式產品

對於電腦軟體相關之發明，透過電腦利用電腦可讀之記錄媒體使電腦以特殊方式發揮功能者，該電腦可讀之記錄媒體為「物」之範疇。

由於網路之普及，電腦軟體可在網路上傳輸，故電腦軟體相關發明可寫成以「程式產品」（program product）為標的物之請求項。「程式產品」之意義廣泛，業界泛稱之為「載有電腦可讀取之程式且不限外在形式之物」。

七、附屬項

物之附屬項不得僅記載方法特徵，作為被依附項中已記載之結構的操作方法，尤其不得僅記載該結構本身就具有之功能，因為該方法特徵具有限定作用，但並未使附屬項與被依附項產生差異，例如「2.如請求項1……該連桿可以將該扭力轉變為推力。」而有違反明確要件之虞。因此，除非是製造方法，否則切勿僅以方法特徵或功能特徵作為附加技術特徵。

4.2.5　方法請求項

　　方法請求項，係有關物品、工作物或化學物質變成不同狀態或事物之轉換或還原手段；其記載內容係執行方法所需之操作步驟，應使用動詞形式記載操作步驟，其撰寫技巧得參考前述物之請求項中所述者。操作步驟，指能直接或間接以手或以手控制機器所執行之步驟。下列事項為國人容易忽略者，特別提請注意。

一、方法請求項與裝置請求項

　　以下為3.5.1之一「步驟之撰寫」中所例示之裝置及方法請求項，注意可作動之機器請求項與使用該機器之方法請求項之間的類似程度，其顯示物之請求項與方法請求項之間的轉換並非難事。策略上，為擴大申請專利範圍所涵蓋的範疇，可以輕易地將物之請求項改寫為方法請求項，一併申請之。

1. 一種將輸送中之線材收集於筒中之裝置，其包含（Apparatus for collecting an advancing strand in a barrel, which comprises）：
   (a) 一轉盤，該筒被固定於其上作旋轉運動（a turntable on which the barrel is mounted for rotation therewith）；
   (b) 一線材導件，固定於該筒上方，以導引該輸送中之線材進入該筒中（a trand guide positioned above the barrel for guiding the advancing strand into the barrel）；
   (c) 旋轉該轉盤之手段，以改變該線材收集點相對於該筒底呈圓周狀（means for rotating the turntable so that the point of collection of the strand varies circularly with respect to the bottom of the barrel; and）；及
   (d) 使該導件作往復運動之手段，以改變該收集點相對於該筒底呈放射狀（means for reciprocating the guide so that the point of collection varies radially with respect to the bottom of the barrel）。
2. 一種將輸送中之線材收集於筒中之方法，其包含（A method of collecting an advancing strand in a barrel, which comprises）：
   (a) 導引該輸送中之線材進入該筒中（guiding the advancing strand into the

barrel）；

(b) 旋轉該筒，使該筒之收集點相對於該筒底呈圓周狀變化（rotating the barrel so that the point of collection of the strand varies circularly with respect to the bottom of the barrel; and）；及

(c) 使位於筒上之導引點往復運動，以使該收集點相對於該筒底呈放射狀變化（reciprocating a guide point above the barrel so that the point of collection varies radially with respect to the bottom of the barrel）。

二、技術特徵

　　方法請求項應記載一連串步驟，通常不包括裝置特徵、物品特徵或組合物特徵，通常亦不包含心智步驟，亦即不要將「人」載入步驟中，除非其為執行方法所必要者。獨立項中所載之步驟應為達成發明目的所必要之技術特徵，對於非必要之細部特徵應刪除之，或移到涵蓋範圍較狹窄的附屬項。

　　請求項中所載之方法步驟通常係描述針對什麼對象或工作物之操作，例如直接針對工作物（前述請求項中之「輸送中之線材」）或針對操作工作物之裝置（前述請求項中之「線材導件」），以達成特定目的。可能的話，應說明執行各個步驟之功能或目的，例如前述「使該筒之收集點相對於該筒底呈圓周狀變化」及「使該收集點相對於該筒底呈放射狀變化」，有時候只要描述該步驟實現之功能，而不必描述執行該步驟所針對之結構或工作物。

　　藉助電腦執行之特定操作步驟是「方法」範疇；電腦是執行方法之裝置，為「物」之範疇。

　　專利法施行細則第19條第4項提供一種以手段（步驟）功能用語之記載形式。這種步驟功能用語之記載形式適用於方法請求項，其專利權範圍僅限於請求項中所載之功能對應於說明書中所載之動作及其均等範圍。

三、方法子句的涵蓋範圍

　　方法請求項中所載之物為執行請求項中所載之全部或部分步驟的結構，例如前述之「筒」。為使方法子句涵蓋範圍寬廣，應僅描述做了什麼而不特定參與之物，例如「導引輸送中之線材」，而不記載「導引輸送中之線材進

入該筒」。

　　方法子句中是否記載物之技術特徵會影響涵蓋範圍之寬窄，請求項中記載機器元件作用於工作物之方法動名詞者，其涵蓋範圍較狹窄，僅記載作用於工作物之方法步驟者，其涵蓋範圍較寬廣，因此，可以的話，應刪除該機器元件。

四、相互關係

　　相對於物之請求項，方法請求項中可以僅記載執行之步驟，而不必記載步驟之間的關係；雖然步驟之間並無物理上的連結關係，但方法請求項所針對之工作物與步驟之間通常有相互相關。

　　方法請求項之方法步驟應依執行步驟之順序予以記載，其順序直接或間接表現在時間限制用語，例如在記載步驟之前的「然後」、「接著」，有時候步驟中隱含了步驟順序，例如「加熱該空心棒」（heating said hollowed bar），雖然係記載加熱步驟，但也隱含必須先挖空棒子之後再執行加熱步驟。若步驟順序並非必要技術特徵，則應注意用語之使用，且／或於說明書特別說明並無順序之限制，以避免申請專利範圍之不當限縮。

五、附屬項

　　如同物之請求項，方法發明之附屬項亦可分為詳述式及附加式兩種。

　　方法附屬項，應避免僅附加機械或電路之結構特徵，除非其為被依附項中已記載之結構特徵的詳加限定。若附加技術特徵為附加式之結構特徵，除非係進一步界定被依附項中已記載之組合物或化學品，否則宜將該結構特徵改寫為步驟特徵，例如將「2.如請求項1之……方法，進一步包含一轉盤。」改寫為「2.如請求項1之……方法，其中旋轉該筒之步驟包含固定該筒於轉盤並旋轉該轉盤。」此外，方法請求項中所載之工作物並非方法發明之限定條件，故方法附屬項不得僅以工作物作為附加技術特徵。

　　若方法請求項載有較寬廣之步驟，又以另一較狹窄之步驟限定該步驟者，兩步驟得作為單一技術特徵，但應以動名詞形式予以記載，例如請求項得記載「以蒸餾方式〔較窄步驟〕分離〔較寬步驟〕」（separating by distilling），而非記載為「蒸餾而分離之」（distilling to separate）。若將

「分離」視為目的，將「蒸餾」視為步驟，則請求項可以記載為「蒸餾以分離之」（distilling for separating）。對於前述情形，較佳的方式是將兩步驟分別撰寫成兩項請求項，較寬廣之「分離」為被依附項，較狹窄之「蒸餾」為附屬項，記載為「其中分離包含蒸餾」（wherein the separating comprises distilling）。

4.2.6　吉普森式請求項

　　吉普森式請求項得用於物之請求項及方法請求項，但僅能用於獨立項。在我國，吉普森式請求項常用於機械領域，尤其是新型專利，但筆者建議少用此請求項，理由見本小節最後一段。

　　吉普森式請求項適用於將新的或經改良的技術特徵加到已知組合的改良發明，其前言部分中通常可相當寬廣地描述最接近申請標的之單一先前技術的舊技術特徵，並在連接詞之後的本體部分中描述新技術特徵彼此之間及新技術特徵與前言中之舊技術特徵之間的連結關係。吉普森式請求項前言中應記載所有已知或至少某些已知物、方法或組合之元件。相對於其他產物或方法請求項之前言，吉普森式請求項之前言通常相當長。

　　前言所載之技術特徵應為申請標的與先前技術共有且為必要之技術特徵，但僅侷限於待改良部分及與該待改良部分配合之部分，或為充分理解該待改良部分所需之部分，不要求對已知技術特徵作詳細說明。例如「具有日期顯示窗之手錶」，若其待改良部分為日期顯示窗，雖然指針、動力來源等為必要技術特徵，由於該等特徵與先前技術並無不同，且與發明目的無直接關係，不必記載該等特徵。此外，若連接詞為「其改良包含」，為避免文字重複，前言部分應載為「具有」，例如前述「具有日期顯示窗之手錶」。

　　吉普森式請求項隱含申請人自認前言中所載之技術特徵為先前技術，而請求項本身為該先前技術之再發明，故不僅專利權人有被追索授權金或損害賠償金之風險，且可能不利於專利權人嗣後維護及主張專利權。再者，吉普森式請求項隱含可專利性之重點在於主體部分而非前言部分，故檢索先前技術只須針對主體部分，即能組合說明書中所載最相關之先前技術，據以判斷請求項是否具進步性；但新穎性判斷仍須以單一先前技術對照請求項為之。

4.2.7 手段請求項

發明的新穎特徵在功能或功能之組合，若實現該功能之技術特徵為習知者，得採用手段請求項以手段（或步驟）功能用語記載該功能，並應於說明書中明確且充分記載實現該功能之已知結構、材料或動作，廣泛的記載申請標的。

請求項中使用手段功能用語之目的是要將說明書中所描述之實施例及申請時習知的均等範圍作為請求項之技術特徵，故審查階段及專利侵權訴訟階段皆應考量實施例及其均等範圍。換句話說，請求項中以手段功能用語所界定之範圍與說明書中所載之發明的範圍相同，但比請求項中以手段功能用語界定之功能的範圍狹窄。因此，能以上位概念界定技術特徵的情況下，切勿以手段功能用語界定，否則反而可能限縮了申請專利範圍。

是否為手段功能用語所描述之技術特徵的判斷原則：請求項的技術特徵必須記載「……手段（或裝置）」或「……步驟」的字眼，或為非結構用語所載之技術特徵；但重點在於該字眼之後必須記載功能，且不能充分記載達成該特定功能之結構、材料或動作。

是否為手段請求項，必須一個一個元件逐一判斷。手段請求項的解釋僅適用於請求項中所載之功能特徵，並非整個請求項或手段功能子句中所有的技術特徵均限於說明書中所揭露之結構、材料或動作及其均等範圍。對於請求項中所載之功能特徵，專利法施行細則已規定必須被解釋為說明書中所揭露之結構、材料或動作及其均等範圍，故請求項中記載功能特徵，必須在說明書載明其實施方式，清楚表示該技術特徵之涵義，否則違反明確要件。

雖然手段請求項之技術特徵為功能，但其是否符合專利要件，必須審究其涵蓋什麼結構，而非其具有什麼功能，因為功能是結構固有的內容。因此，手段請求項中之技術特徵的範圍限於說明書中所載之對應結構、材料或動作及其均等範圍，請求項是否符合專利要件皆須比對說明書中所載之對應結構、材料或動作。

請求項不得以單一手段之「純功能」界定物或方法請求項，因其僅為發明目的之記載，其涵蓋範圍及於可以想像得到足以達成發明目的之所有手段。純功能界定，指請求項中僅有描述發明目的之單一功能特徵，並非指手段請求項中全部技術特徵均為功能特徵。

4.2.8　製法界定物之請求項

製法界定物之請求項，指請求項中僅記載製成產物（或元件）之方法據以請求該產物（或產物之元件）者。典型的製法界定物之請求項，是以方法請求項或方法技術特徵之形式描述其產物或元件。前者，指物之申請標的完全由製造方法所界定；後者，指物之申請標的中之部分技術特徵係由製造方法所界定。

申請專利範圍以純物質為申請標的時，原則上應以化學名稱或分子式、結構式界定，或以物理或化學性質界定其申請專利範圍。在我國，製法界定物之請求項的使用時機是以製造方法之外的技術特徵無法充分界定申請專利範圍時，始得以製法界定物之發明。

製法界定物之請求項，其申請專利之發明應為請求項中所載之製造方法所賦予特性之產物本身，亦即申請標的為產物，技術特徵為方法步驟，但其是否具備專利要件並非由製造方法決定，而是由該產物本身所決定，亦即該製造方法必須賦予新穎特徵。

對於有些乍看之下為製法之技術特徵，若未賦予申請標的新穎特性者，均被美國法院判決是結構特徵，而不適用製法界定物之請求項。

4.3　範例說明

本節試圖藉兩個簡單的虛擬例分別示範請求項及說明書之撰寫，引領初學者了解本章前述各節之內容。

4.3.1　請求項之撰寫

一、撰寫格式

對於沒有經驗的申請人而言，第一次撰寫請求項大多是看圖說故事，以寫實的手法將其眼前的實物鉅細靡遺地描寫，例如：

1. 一種手搖鈴，具有長圓柱形的木質手柄，該手柄之一端嵌入於黃銅色鐘形
   罩頂端的圓筒形凹穴內，罩體內頂面設有一掛環，掛環下藉柔軟的棉質線
   材連接一水滴形金屬錘體。

　　就撰寫格式而言，前述單段式請求項之寫法可讀性低，無法立即分辨手
搖鈴的構成元件有幾個，亦無法分辨構成元件之間的連結關係等，不僅閱讀
者不易閱讀，撰寫者亦難以檢視。改寫為分段式請求項，會比較容易閱讀、
檢視，例如：

2. 一種手搖鈴，具有
   長圓柱形的木質手柄，該手柄之一端嵌入於
   黃銅色鐘形罩頂端的圓筒形凹穴內，罩體內頂面設有一掛環，掛環下藉
   柔軟的棉質線材連接
   該水滴形金屬錘體。

　　前述請求項2係以手柄、鐘形罩、線材及錘體四個實體元件為界，將請
求項1改寫為四個段落，但句不成句、行不成行，根本不符合中文語法，將
其改寫為冒號分號式的分段式請求項，會更容易閱讀、檢視，例如：

3. 一種手搖鈴，具有：
   一長圓柱形木質手柄，一端嵌入於凹穴內；
   一黃銅色鐘形罩，頂端設一圓筒形凹穴，罩體內頂面設一掛環，連接該棉
   　線；
   一柔軟棉質線材，另一端連接後述之錘體；
   該水滴形金屬錘體。

二、技術特徵之整理

　　規劃申請專利範圍可以從五個面向著手，包括發明構思、必要技術特徵、新穎特徵、涵蓋寬廣的範圍及決定附屬項及請求項群組，規劃方法如前述。依1.8「申請文件之撰寫順序」，接下來就是以前述之規劃內容為藍圖，先將所規劃的各個必要技術特徵及新穎特徵繪製成圖式，再將圖式中各個必要技術特徵及新穎特徵分別文字化，撰寫成獨立項、附屬項或其他請求項群組。

　　在撰寫請求項之前，可以利用表格先行整理所要撰寫之技術特徵，尤其是技術特徵相當繁複時，透過表格之整理，可以將必要技術特徵及新穎特徵作適當的配置、安排及組合，規劃各個技術特徵所屬之請求項，閱讀表格就可以清楚理解各請求項所包含的技術特徵及其連結關係等。利用前述表格進行技術特徵整理時，尤其應注意前提基礎、推導式請求、雙重包含、相同用語解釋一致性原則及定冠詞之使用等。

獨立項4				
前言部分	標的名稱	手搖鈴		
	其他限定			
連接詞（以「包含」為常態）		包含		
主體部分	元件	細部特徵	連接關係	功能操作
	手柄	為長圓柱形，為木料材質		
	罩體	黃銅色，鐘形		
		凹穴	為圓筒形，設於該罩體外頂端，該手柄一端嵌入於該凹穴內	
		掛環	設於該罩體內頂面	
	線材	柔軟棉質		
	錘體	為水滴形，為金屬材質	該線材一端連接該掛環，另一端連接該錘體	

　　表格之設計隨各人之喜好，以前述「手搖鈴」之請求項3為例，利用表格整理技術特徵作成獨立項4，簡單的示範表格如上。

　　附屬項亦可以表格整理技術特徵，尤其是整理依附關係，以避免不當依附或產生雙重包含的現象，以前述「手搖鈴」為例，簡單的示範表格如下：

附屬項5				
依附部分	依附項次	1及2	多附多檢視	無
	標的名稱	手搖鈴		
限定部分	附加特徵	細部特徵	連接關係	功能操作
	具有一吊環		設於該手柄另一端	

三、明確要件

　　經調整撰寫格式，前述請求項3之可讀性已相當高，接下來檢視其是否符合明確要件。就明確要件而言，請求項3至少有以下若干瑕疵：

a. 有兩個「凹穴」，第二次提及「凹穴」未使用定冠詞，以致不清楚究竟有幾個凹穴；若係指同一凹穴，該凹穴究竟是設於手柄或鐘形罩，亦不明確；
b. 以棉線連接之元件究竟是「掛環」、「罩體」或「凹穴」，並不明確；
c. 「該棉線」以定冠詞限定，但無前提基礎；
d. 若「棉線」及「棉質線材」係指同一元件，則有雙重包含之情事；
e. 有一個「後述」，以推導式請求方式導入新的技術特徵「錘體」；
f. 「該水滴形金屬錘體」之前提基礎是否為「錘體」，並不明確。

　　針對前述瑕疵，將請求項3修正如請求項4；並就請求項4依前述表格中附屬項5所整理的技術特徵，撰寫成請求項5。

4. 一種手搖鈴，包含：
　　一手柄，為長圓柱形木料材質；
　　一罩體，為黃銅色之鐘形，包含
　　一凹穴，為圓筒形，設於該罩體外頂端，該手柄一端嵌入於該凹穴內，

一掛環，設於該罩體內頂面；

一線材，為柔軟棉質；及

一錘體，為水滴形金屬材質，該線材一端連接該掛環，另一端連接該錘體。

5. 如請求項4所述之手搖鈴，其中該手柄之另一端設一吊環。

四、必要技術特徵

必要技術特徵，係達成發明目的不可或缺之技術特徵，故必要技術特徵必然包含新穎特徵；獨立項應敘明申請專利之標的名稱及申請人主觀認定之必要技術特徵。請求項之撰寫，應依說明書中所載申請專利之發明所解決之問題及對照先前技術所達成之功效，將實施方式所記載之必要技術特徵載入獨立項。

前述請求項4「手搖鈴」之發明的操作，係以手握持手柄並搖動手搖鈴始能產生聲音。經檢視請求項4，該線材之記載並未包含長度，依最寬廣合理的解釋原則，當線材之長度太長或太短皆無法使錘體撞擊到罩體而達成產生聲音的目的。其次，當罩體為軟性材質，即使線材長度適當，亦無法達成產生聲音的目的。請求項4為獨立項，因前述理由，其所載之發明欠缺說明書中所載之必要技術特徵，以致不被說明書所支持而違反支持要件，且因請求項4中所載之發明無法達成發明目的，故從說明書中所載之內容亦無法據以實現申請專利之發明。因此，前述請求項4應改寫為請求項6：

6. 一種手搖鈴，包含：

一手柄，為長圓柱形木料材質；

一罩體，為鐘形黃銅材質，包含

一凹穴，為圓筒形，設於該罩體外頂端，該手柄一端嵌入於該凹穴內，

一掛環，設於該罩體內頂面；

一線材，為柔軟棉質；及

一錘體，為水滴形金屬材質，該線材一端連接該掛環，另一端連接該錘體，該線材之長度適於使該錘體可撞擊到該罩體。

五、涵蓋寬廣的範圍

　　有謂申請專利範圍如藝術品，必須經過相當時日始能評量其價值究竟是黃金或是黃土。申請專利範圍無法提升申請專利之發明的商業價值的話，專利證書只是聊堪自慰的壁紙而已。前述請求項6之技術特徵鉅細靡遺，涵蓋範圍過於狹窄，不妨再思考是否可以減少技術特徵？或是否可以改寫成上位概念之用語？就整個申請專利範圍而言，是否可涵蓋不同申請標的及範疇？

　　以減少前述請求項6技術特徵之數目為例，在不影響所達成之發明目的的前提下，刪除非必要技術特徵，將其改寫為涵蓋範圍更寬廣的請求項7：

7. 一種手搖鈴，包含：
　　一手柄；
　　一罩體，為黃銅材質，包含
　　一凹穴，設於該罩體外頂端，該手柄一端嵌入該凹穴內，
　　一掛環，設於該罩體內頂面；
　　一線材；及
　　一錘體，為金屬材質，該線材一端連接該掛環，另一端連接該錘體，該線
　　　材之長度適於使該錘體可撞擊到該罩體。

　　以改變前述請求項7技術特徵之用語為例，在不影響所達成之發明目的的前提下，將請求項7中所載之下位概念用語以上位概念用語取代，改寫為涵蓋範圍更寬廣的請求項8：

8. 一種手搖鈴，包含：
　　一握持部；
　　一發聲部，為金屬材質，包含
　　一連接部，設於該發聲部外頂端，該握持部一端嵌入該連接部內，
　　一吊掛部，設於該發聲部內頂面；
　　一連接件；及

一撞擊件，為金屬材質，該連接件一端連接該吊掛部，另一端連接該撞擊件，該連接件之長度適於使該撞擊件撞擊該發聲部。

若技術特徵與發明目的無關，例如握持部與發聲部究竟是單一元件中兩個構造或是連結在一起的兩元件根本與發明目的無關，又如發聲部與撞擊件是否為金屬材質亦與發明目的無關，請求項8尚包含非必要技術特徵，可改寫為涵蓋範圍更寬廣的請求項9，且申請標的名稱亦可一併改變：

9. 一種聲音產生裝置，包含：
　一握持部；
　一發聲部，設於該握持部之一端；
　一撞擊件；及
　一連接件，一端連接該發聲部，另一端連接該撞擊件，該連接件之長度適於使該撞擊件撞擊該發聲部，而發出聲音。

請求項9載入「發出聲音」，以功能、操作界定該申請標的所達成之效果，並隱含發聲部及撞擊件之材質界定，使其材質範圍比請求項8「金屬」更為寬廣。事實上，請求項9「發出聲音」之功能、操作亦隱含連接件之長度界定，故可改寫為請求項10。

10. 一種聲音產生裝置，包含：
　一握持部；
　一發聲部，設於該握持部之一端；
　一撞擊件；
　一連接件，一端連接該發聲部，另一端連接該撞擊件；及
　當搖動該聲音產生裝置，可使該撞擊件撞擊該發聲部並發出聲音。

4.3.2　專利申請文件之撰寫

申請專利必須備具申請書、申請專利範圍、說明書、圖式及摘要等文件。除申請書之外，實務經驗顯示各文件之撰寫時間分配如下：申請專利範

圍（50%）、說明書（30%）、圖式（18%）及摘要（2%）。1.8「申請文件之撰寫順序」已說明撰寫順序：(1)繪製草圖並標示主要（元件）符號；(2)撰寫圖式簡單說明及元件名稱；(3)撰寫獨立項；(4)撰寫附屬項；(5)編排請求項；(6)依前述(3)～(5)之撰寫模式，完成涵蓋其他申請標的或範疇之請求項；(7)撰寫說明書；(8)撰寫摘要；(9)完成圖式；(10)依格式列印出說明書。

　　本小節以專利師第1期職前訓練試題為例，引領讀者撰寫申請文件。

＃某甲發明了一種如圖3、圖4所示的杯子，謂可以讓使用者將飲料與零食用一手拿著行走，另一手自由，如圖2所示。改進了通常必須一手拿飲料杯，一手拿零食袋的不方便，如圖1所示。

　　請依專利法及專利法施行細則規定撰寫一份專利說明書，說明書內容應包括：

一、發明名稱。

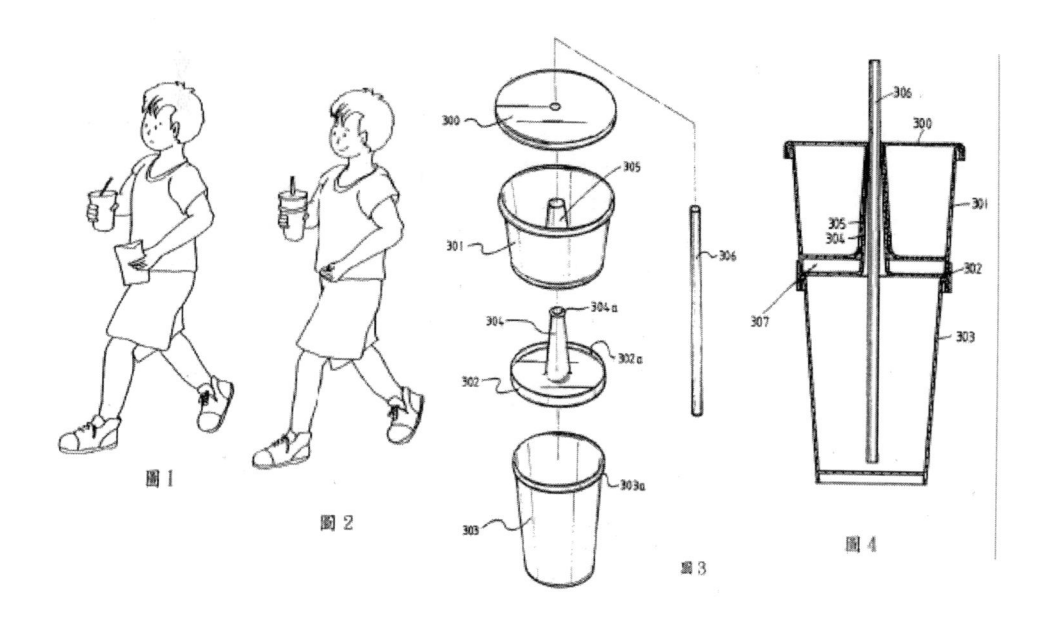

圖1　　　圖2　　　圖3　　　圖4

二、摘要。

三、發明說明。

四、申請專利範圍,其中包含1個獨立項,4個附屬項,附屬項中至少有2個
　　為多項附屬項。

　　撰寫專利申請文件之前,必須先進行申請專利範圍之規劃,包括:涵蓋
發明構思;決定必要技術特徵;決定新穎特徵;涵蓋寬廣的範圍;決定附屬
項及請求項群組。

　　依題意,發明構思為:「可以讓使用者將飲料與零食用一手拿著行走,
另一手自由。」經檢索先前技術,下列五種組合均已揭露於先前技術:(1)
下杯303+吸管306;(2)下杯303+下杯蓋302;(3)下杯303+下杯蓋302+吸
管306;(4)下杯303+上杯301;(5)下杯303+上杯蓋300+吸管306等。因
此,決定新穎特徵為:下杯303+上杯301+吸管306。

一、繪製草圖並標示元件符號

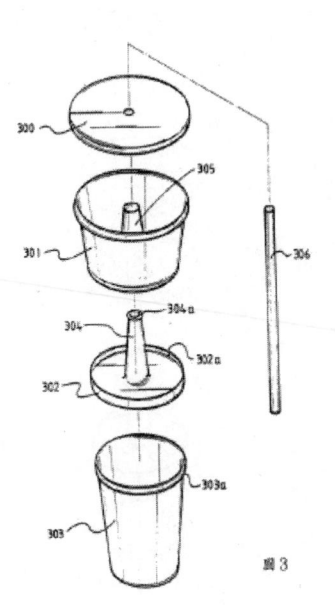

圖3

二、撰寫圖式簡單說明及符號說明

撰寫圖式簡單說明，例如：

圖1為飲料杯先前技術之態樣，使用者一手拿飲料杯，另一手拿食物。

圖2為本發明之態樣，使用者一手拿飲料杯及食物，另一手保持自由。

圖3為本發明之分解示意圖

圖4為本發明之組合示意圖

依前述草圖上所標示之符號撰寫符號說明。

符號	元件名稱
303	第1容器
303a	第1端緣
301	第2容器
305	第2束管
300	第2封蓋
302	第1封蓋
302a	蓋緣
304	第1束管
304a	第1孔
306	吸管

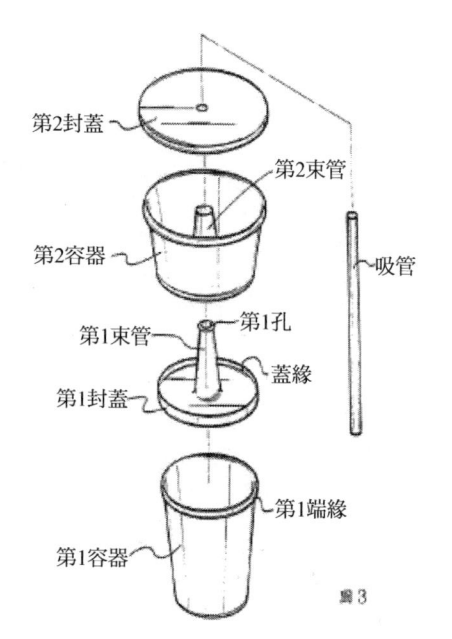

圖3

（＊右圖係供讀者對照，原則上，圖式中僅能有元件符號，不得有元件名稱）

（＊＊右圖未列出全部元件名稱及符號）

三、撰寫獨立項

如前述，經檢索先前技術，新穎特徵為：第1容器303＋第2容器301＋吸管306，換句話說，前述組合必須記載於獨立項，始有取得專利權之可能。除了新穎特徵之外，亦應將達成發明目的不可或缺的必要技術特徵一併記載

於獨立項。為便於考量請求項各組成部分，得利用前述表格整理技術特徵。

獨立項1				
前言部分	標的名稱	雙層容器		
	其他限定			
連接詞（以「包含」為常態）		包含		
主體部分	元件	細部特徵	連接關係	功能操作
	第1容器	具一第1封閉端及一第1開放端，該第1開放端具一第1端緣		
	第2容器	具一第2封閉端及一第2開放端，該第2開放端具一第2端緣	該第2封閉端可套設於該第1端緣	
		一第2孔	設於該第2封閉端	
	吸管			穿過該第2孔

獨立項1：

　　一種雙層容器，包含：

　　一第1容器，具一第1封閉端及一第1開放端，該第1開放端具一第1端緣；

　　一第2容器，具一第2封閉端及一第2開放端，該第2開放端具一第2端緣，
　　　該第2封閉端可套設於該第1端緣，

　　一第2孔，設於該第2封閉端；及

　　一吸管，可穿過該第2孔。

四、撰寫附屬項及編排請求項

　　附屬項之撰寫，係對應次要發明目的撰寫新穎特徵及必要技術特徵，或撰寫說明書中所載之實施例，本例未揭示次要發明目的及實施例，故僅就圖式及題意區分為4個附屬項，附屬項中至少有2個為多項附屬項。

　　多項附屬項必須依附2個以上之附屬項，故必須規劃記載於第3項至第5項。惟應注意者，多項附屬項不得依附多項附屬項，這是題目中所隱含的另一重點。

附屬項2				
依附部分	依附項次	1	多附多檢視	無
	標的名稱	雙層容器		
限定部分	附加特徵	細部特徵	連接關係	功能操作
	該第2封閉端設一第2束管，該第2孔位於該第2束管之端部	該第2束管高度低於該第2端緣		

附屬項3				
依附部分	依附項次	1或2	多附多檢視	無
	標的名稱	雙層容器		
限定部分	附加特徵	細部特徵	連接關係	功能操作
	第2封蓋	相對於該第2孔設一第3孔		該吸管可穿過該第2孔及該第3孔

附屬項4				
依附部分	依附項次	1或2	多附多檢視	無
	標的名稱	雙層容器		
限定部分	附加特徵	細部特徵	連接關係	功能操作
	第1封蓋	周邊設一蓋緣	該蓋緣可套設於該第1開放端及該第2封閉端	使承裝於第1容器內之液體不容易洩露
		相對於該第2孔，在該第1封蓋之蓋板上設一第1孔		該吸管可穿過該第2孔及該第1孔

附屬項5				
依附部分	依附項次	4	多附多檢視	無
	標的名稱	雙層容器		
限定部分	附加特徵	細部特徵	連接關係	功能操作
	該第1封蓋之蓋板上設第1束管	該第1孔位於該第1束管之端部		

附屬項2：

　　如請求項1所述之雙層容器，設一第2束管於該第2封閉端，其高度低於該第2端緣，且該第2孔位於該第2束管之端部。

附屬項3：

　　如請求項1或2所述之雙層容器，另包含一第2封蓋，相對於該第2孔，設一第3孔於該第2封蓋之蓋板，該吸管可穿過該第2孔及該第3孔。

附屬項4：

　　如請求項1或2所述之雙層容器，另包含一第1封蓋，在其周邊設一蓋緣，該蓋緣可套設於該第1端緣及該第2封閉端，使承裝於第1容器內之液體不容易洩露；相對於該第2孔，設一第1孔於該第1封蓋之蓋板，該吸管可穿過該第2孔及該第1孔。

附屬項5：

　　如請求項4所述之雙層容器，設第1束管於該第1封蓋之蓋板，該第1孔位於該第1束管之端部。

　　附屬項包含詳述式及附加式，詳述式只要限定下位概念技術特徵即可，例如材質、形狀等，比較不會出錯，考試時，這是可以利用的技巧。

附屬項5'：

　　如請求項4所述之雙層容器，該吸管為塑膠材質〔或圓管形〕。

五、撰寫說明書

(一) 發明名稱

　　發明名稱，應明確、簡要表示申請專利之發明，並應涵蓋申請標的。雖然發明名稱不必與標的名稱完全相同，但應反映申請標的之範疇，並儘可能使用國際專利分類表中之分類用語。

　　題意顯示發明名稱為「杯子」，但未顯示其製造方法、使用方法或用途，故只要反映其為物之發明即可。為使其涵蓋範圍較為寬廣，可以將申請標的之名稱「雙層容器」改為「容器」，或以「雙層容器」為發明名稱。

(二) 技術領域

　　技術領域的記載內容應表現發明之主題及範疇，慣用語句為「本發明係有關（涉及）一種……〔具體之技術領域〕」；為清楚起見，得進一步記載為「本發明係有關（涉及）……〔發明之上一階技術領域〕，尤其是一種……〔具體之技術領域〕」。

　　題意顯示分別承裝飲料及零食之「杯子」，故可以記載為：「本發明係有關一種杯子，尤其是一種承裝飲料及零食之杯子。」或「本發明係有關一種容器，尤其是一種承裝液體及固體之容器。」

(三) 先前技術

　　可以分成兩段撰寫。第1段：就檢索到之先前技術，尤其是最接近的先前技術，撰寫其原理、主要結構（或方法步驟）及技術手段。第2段：指出先前技術之問題或缺失，特別強調申請專利之發明所改良之問題或缺失。

　　題意顯示一手拿飲料杯一手拿零食袋的不方便，故可以記載為：「如圖1所示，消費者在休閒時，常常一手拿飲料杯，一手拿零食，此時，已沒有多餘的手可處理其他事務，例如與朋友握手、接手機。先前技術一直只有單一面向考量，沒有可供消費者承裝飲料及零食之單一容器的技術。有鑑於此，本發明創作雙層容器分別承裝飲料及零食，以解決此一問題。」

(四) 發明內容

發明內容，係簡要闡述申請專利之發明整個發明構思，重點在於該發明對照先前技術具有什麼技術貢獻；其實質內容係由發明所欲解決之問題、解決問題之技術手段及對照先前技術之功效三者相互關聯所構成之整體。發明係以技術手段解決先前技術中所存在的問題，該問題即為發明目的，而功效是發明對照先前技術所具有之優點，其為構成技術手段之技術特徵所帶來的有益效果。

發明內容為申請專利之發明的簡要記載。若發明內涵複雜，得分段描述發明所欲解決之問題、解決問題之技術手段及對照先前技術所達成之功效；若發明內涵不是太複雜，前述內容得以一段文字為之。

就「雙層容器」之發明，得先將前述獨立項中所載之文字移列於此作為發明內容，再修飾如下：「本發明之目的在於提供一種可以承裝飲料及零食之容器〔發明所欲解決之問題〕。鑑於本發明之目的，本發明提供一種雙層容器，包含：一第1容器，用以承裝飲料；一第2容器，套設於該第1容器之上，用以承裝零食，並具有一第2孔；及一吸管，可穿過該第2孔，用以吸取該第1容器中之飲料〔解決問題之技術手段〕。藉由本發明，使用者可以一手拿飲料及零食，另一手保持自由〔對照先前技術之功效〕。」

除前述之發明內容外，尚可針對次要發明目的，再將各個附屬項內容逐一移列於此加以修飾後為之。

(五) 實施方式

實施方式之記載，應為申請人所認為實施發明的較佳方式或具體實施例。說明書應記載一個以上實施方式詳細說明申請專利之發明；有圖式者，實施方式之記載應依指定之圖號參照各圖式，且應依符號參照各元件加以說明。

實施方式為申請專利之發明的詳細記載。若為物之發明，必須詳細說明該發明之結構、製造該發明之方法及該發明之用途，達到可據以實現申請專利之發明及支持申請專利範圍之地步；若為方法發明，必須詳細說明實施該發明之方法，達到可據以實現申請專利之發明及支持申請專利範圍之地步。

　　就「雙層容器」之發明，得先將前述獨立項中所載之文字移列於此作為實施方式之內容：「參照圖式3及4，一種雙層容器，包含：一第1容器，具一第1封閉端及一第1開放端，該第1開放端具一第1端緣；一第2容器，具一第2封閉端及一第2開放端，該第2開放端具一第2端緣，該第2封閉端可套設於該第1端緣，一第2孔，設於該第2封閉端；及一吸管，可穿過該第2孔。」

　　請求項中所載之文字作為實施方式係屬常態，實務上並無不可，惟嗣後解釋申請專利範圍時會有欠缺依據之缺點，筆者建議應將申請時之發明構思及已完成之發明內涵詳細予以描述。將前述實施方式中所載之文字修飾如下：「參照圖式3及4，一種雙層容器，包含：第1容器、第2容器及吸管。第1容器，具第1封閉端及第1開放端，整體可以呈圓筒形、方筒形或其他多邊形杯子狀，該第1開放端具第1端緣，呈捲邊設計以加強其強度。第2容器，具第2封閉端及第2開放端，整體可以呈圓筒形、方筒形或其他多邊形杯子狀，該第2開放端具第2端緣，呈捲邊設計以加強其強度，該第2封閉端可套設於該第1端緣內部或外部，亦即第1容器與第2容器之形狀必須相對應，必須同形狀；此外，於該第2容器之第2封閉端之底板中央或任何位置設一第2孔。吸管，形狀或管徑必須可穿過該第2孔，且其長度應大於為第1容器與第2容器高度之和，以便於吸取第1容器內所承裝之飲料。」

　　除前述之實施方式外，尚可針對次要發明目的，再將各個附屬項內容逐一移列於此加以修飾後為之。由於實施方式係審查申請文件是否符合可據以實現要件、支持要件等絕對要件之主要依據，每一項請求項中所載之文字或其內容均必須記載於實施方式，缺一項都不可。

　　將「雙層容器」之請求項2中所載之文字移列，另成一段文字，接續於前述實施方式之後：「為便於吸管貫穿第2容器插入第1容器之中，或容許第2容器亦承裝飲料，在第2容器之第2封閉端之底板中央或任何位置設一柱筒形、兩端開放之第2束管，該第2孔位於該第2束管之頂端部，以便於吸管穿過，吸取第1容器內所承裝之飲料，且該第2束管之高度低於該第2端緣，以免頂到後述之第2封蓋。」

　　實務上，有些專利代理人會建議寫一段文字：「應注意者，前述實施方式僅為例示性說明本發明之原理及功效，而非用於限制本發明之範圍。任何熟習本發明技術領域之人士在不違背本發明之技術原理及精神下，對實施方

式所進行之修飾與變化均屬本發明之權利範圍。」然而，依筆者在智慧財產局及智慧財產法院從事專利審查工作之經驗，前述文字並無任何效力，亦即不致於因前述文字而影響專利權利範圍，至少國內是如此，故讀者可以自己斟酌為之。

(六) 摘要

摘要應總括說明書中所揭露之內容，簡要揭示該發明之目的、構思、主要用途及對照先前技術具有新穎性、進步性的發明特點，以便讀者快速了解整個發明核心之所在，節省讀者的時間。記載之重點在於發明對於先前技術之貢獻，即前述的發明特點。摘要中應以構成發明特點之主要技術特徵為內容，並提及發明之標的及技術領域，但不必提及發明所聲稱之優點或理論性的用途，且不必比較該發明與先前技術。

就「雙層容器」之例，得將前述獨立項中所載之文字移列於此作為摘要，再修飾如下：「本發明係一種可以承裝飲料及零食之雙層容器，包含：第1容器，用以承裝飲料；第2容器，用以承裝零食；及吸管，可穿過第2容器，用以吸取第1容器中之飲料。藉由本發明，使用者可以一手拿飲料及零食，另一手保持自由。」

第五章 | 申請專利範圍之解釋

　　發明人申請、取得專利權的主要目的在於實施、處分及行使專利權，而其前提繫於專利權必須維持有效。專利有效性的爭執必須通過層層關卡的檢驗，包括舉發程序及專利權有效性抗辯（智慧財產案件審理法第16條[1]）的審理程序，前者包括智慧財產局的審查、經濟部訴願會的訴願程序、智慧財產法院的行政訴訟程序及最高行政法院的上訴程序，後者包括智慧財產法院民事一審、二審的訴訟程序及最高法院的上訴程序。專利有效性的爭執涉及申請專利之主體（申請人）有關專利申請權之歸屬等，及申請專利之客體（申請案）有關各種類專利之定義、產業利用性、新穎性、進步性、可據以實現要件、明確要件、支持要件等實體要件，前述要件只要有一項不符合，就會使該專利權無效。因此，有謂「專利權有如藝術品，其究為黃金或黃土常常必須多年後始見分曉。」

　　專利說明書是藉申請專利範圍界定專利權範圍，作為專利權人排除他人未經其同意利用其專利權之法律文件。申請專利範圍之撰寫，是以有限的文字、用語界定申請人所認定的創作內容。雖然發明創作是具體的技術構思，撰寫申請專利範圍時，仍得就申請專利之發明做總括性的界定，不必限制在具體的實施方式或實施例。但由於文字、用語本身的抽象性、多義性，及申請人運用文字、用語的主觀性、申請人自己可以作為詞彙編纂者（lexicographer）[2]等主、客觀因素，以有限的文字、用語難以明確、完整描述申請專利之發明的內涵，故透過說明書或字典等內、外部證據解釋申請專利範圍中所載申請專利之發明的內涵，實有其必要。

1　智慧財產案件審理法第16條：「當事人主張或抗辯智慧財產權有應撤銷，廢止之原因者，法院應就其主張或抗辯有無理由自為判斷，不適用民事訴訟法，行政訴訟法，商標法，專利法，植物品種及種苗法或其他法律有關停止訴訟程序之規定。前項情形，法院認有撤銷，廢止之原因時，智慧財產權人於該民事訴訟中不得對於他造主張權利。」

2　Markman v. Westview Instruments, Inc., 52 F.3d 967, 34 U.S.P.Q. 2d 1321 (Fed. Cir. 1995) "A patentee is free to be his own lexicographer. The caveat is that any special definition given to a word must be clearly defined in the specification."

　　提升專利權的品質是維護專利權有效的唯一法門，專利權品質的良窳取決於申請專利範圍及說明書的撰寫。為提升撰寫品質，除前幾章所述專利法所定可據以實現、明確及支持等實體要件、專利法施行細則所定之形式規定及請求項各種撰寫技巧外，讀者有必要更進一步了解專利訴訟實務，以體會、磨練前幾章所介紹的各種撰寫技巧。本書第五章及第六章將介紹美國各級法院在民事訴訟中解釋申請專利範圍及專利侵害判斷時常用的原則，供讀者將其融入說明書及申請專利範圍，以因應未來可能的爭執及挑戰。

　　本章主要係就民事訴訟中解釋申請專利範圍之基本理論、性質及效力、依據、一般原則、請求項結構及用語之解釋及特殊請求項之解釋等各方面簡單介紹適用之理論及原則，並適時提供美國法院所為之相關判例，作為撰寫申請專利範圍之進階學習內容。

5.1　基本理論

5.1.1　周邊限定主義

　　周邊限定主義，指專利權範圍完全取決於申請專利範圍中所記載之文字，申請專利範圍中以文字所載之技術特徵即為專利權人所主張之專利權範圍的周邊界限，侵權行為必須完全實施申請專利範圍中所載之每一個技術特徵，始落入專利權範圍，專利權人不得藉任何方式擴張專利權範圍。本理論之優點在於專利權範圍明確，社會大眾容易預期專利權範圍之周邊界限，亦有利於社會大眾之利用；但專利權人所負擔撰寫申請專利範圍的責任相當嚴峻沈重。採周邊限定主義之國家以英、美為代表。

5.1.2　中心限定主義

　　中心限定主義，指專利權保護範圍得以申請專利範圍中所載之技術構思為中心向外作一定範圍的技術延伸。本理論認為申請專利範圍之作用在於說明發明人對於先前技術上所作之貢獻，其目的僅供專利行政機關及社會大眾判斷發明是否具可專利性。法院在專利侵害判斷時，得透過說明書及圖式之內容理解發明構思，擴張申請專利範圍中之文義解釋進而超出申請專利範圍

中所載之文字範圍。本理論之缺點在於專利權範圍不明確，社會大眾不易預期專利權範圍之周邊界限，亦不利於社會大眾之利用。採中心限定主義之國家以德、日、荷為代表。

5.1.3　折衷主義

　　1973年歐洲專利公約第69條第(1)項規定：「歐洲專利或歐洲專利申請案的保護範圍由申請專利範圍之內容予以確定，得以說明書及圖式解釋申請專利範圍。」雖然本條概括規定解釋申請專利範圍的原則，但由於歐洲各締約國對於本條文之理解及執行有落差，為統一標準，在簽訂歐洲專利公約時，各締約國另簽訂一份解釋歐洲專利公約第69條的議定書[3]，內容如下：「第69條不應被理解為歐洲專利的保護範圍係由申請專利範圍中之文字嚴格的文義予以確定，而說明書及圖式僅用於解釋申請專利範圍中含糊不清之處；亦不應被理解為申請專利範圍僅具有指導作用，而其實際保護範圍係該發明所屬技術領域中具有通常知識者從說明書及圖式之內容所認為得擴展到專利權人所期望達到的範圍。申請專利範圍之解釋應介於前述兩種極端觀點之間，既能提供專利權人合理之保護，亦能提供他人足夠之法律確定性。」

　　議定書中所指兩種極端觀點即為「周邊限定主義」及「中心限定主義」，議定書未從正面闡述解釋申請專利範圍的原則，而是從反面排除兩種極端觀點，據以揭示歐洲專利公約係採周邊限定主義與中心限定主義之間的折衷主義，即專利權範圍係由申請專利範圍之實質內容（包括說明書中所記載的問題、手段及功效）所決定，而非完全取決於申請專利範圍中之文字，亦不得擴張申請專利範圍中之文義解釋進而超出申請專利範圍中所載之文字範圍。因此，為確定申請專利範圍之涵義，不論申請專利範圍中之文義是否

3　Protocol on the Interpretation of Article 69 The European Patent Convention : Article 69 should not be interpreted as meaning that the extent of the protection conferred by a European patent is to be understood as that defined by the strict, literal meaning of the wording used in the claims, the description and drawings being employed only for the purpose of resolving an ambiguity found in the claims. Nor should it be taken to mean that the claims serve only as a guideline and that the actual protection conferred may extend to what, from a consideration of the description and drawings by a person skilled in the art, the patent proprietor has contemplated. On the contrary, it is to be interpreted as defining a position between these extremes which combines a fair protection for the patent proprietor with a reasonable degree of legal certainty for third parties.

明確，均應參酌說明書及圖式中之記載，而非申請專利範圍中之文義不明確時始參酌之[4]。

其實，無論是「周邊限定主義」或是「中心限定主義」，兩者僅係學者於教科書上所為之理論，據以說明專利權保護體系，折衷主義已為全球現階段之主流，除歐洲諸國外，我國、日本及中國大陸之專利法之規定皆採折衷主義。

5.2　基本概念

專利法第58條第4項：「發明專利權範圍，以申請專利範圍為準，於解釋申請專利範圍時，並得審酌說明書及圖式。」前半段為周邊限定主義，後半段為中心限定主義，整體而言，既不偏周邊限定主義亦不偏中心限定主義，故我國專利權範圍的解釋係採折衷主義。

經濟部智慧財產局於民國93年10月4日在網站上發布「專利侵害鑑定要點」（草案），司法院祕書長嗣於93年11月2日以祕台廳民一字第0930024793號函將該要點送各法院參考。經過多年的實踐，尤其智慧財產法院於民國97年7月1日成立後，有關專利侵害訴訟之技術判斷概依該要點所定之程序，致該要點已為專利界依循的主要依據。

「專利侵害鑑定要點」（草案）分上、下兩篇，下篇「專利侵害之鑑定原則」將專利侵害訴訟程序中系爭物品或方法（以下稱「系爭對象」或「被控侵權對象」）是否侵害專利權範圍之判斷，分為兩階段，參照後述之流程圖：

階段1：解釋申請專利範圍，以確定專利權範圍（文義範圍）。

階段2：解析申請專利範圍及解析被控侵權對象，將經解釋、解析後之申請專利範圍與經解析後之系爭對象比對，並判斷系爭對象是否落入專利權範圍[5]。

4　尹新天，專利權的保護，專利文獻出版社，1998年11月，p218

5　Multiform Desiccants Inc. v. Medzam Ltd., 133 F.3d 1473, 1476, 45 U.S.P.Q.2d 1429, 1431 (Fed. Cir. 1998) "Determining whether a patent claim is infringed, by "covering" or "reading on" an accused device, involves two inquiries: (1) interpreting the claims, and (2) comparing the properly interpreted claims to the device."

流程圖

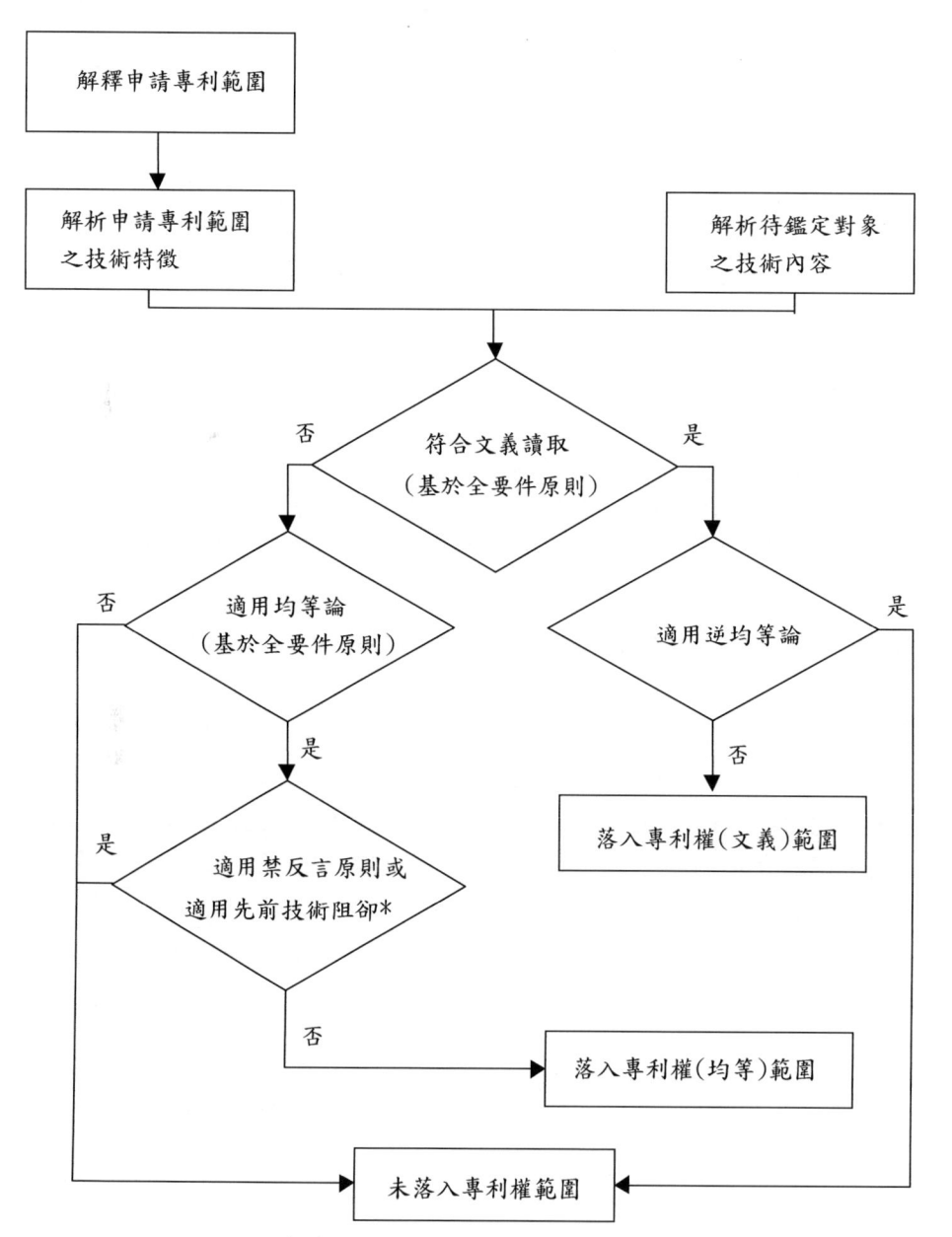

＊ 被告主張適用禁反言原則及／或適用先前技術阻卻，判斷時，兩者無先後順序關係

5.2.1　解釋申請專利範圍之場合及必要性

專利法第58條第4項有關發明專利權申請專利範圍之解釋，雖然適用於取得專利權之後的舉發及行政救濟程序，及專利侵害之民事訴訟程序，但並非意謂只有前述程序始有解釋申請專利範圍之必要。

依專利法第26條第2項，申請專利範圍應界定申請專利之發明；另依專利法施行細則第18條第2項，獨立項應敘明申請專利之標的名稱。申請專利之發明（claimed invention），指請求項中請求保護的申請標的（subject matter）；若請求項以選擇式界定其申請標的，應認定其每一個選項為一申請專利之發明[6]。依前述定義，申請專利之發明與申請標的係請求保護之發明的一體兩面，後者為前者之表徵。申言之，申請專利之發明著重於其發明內容，包括所欲解決之問題、解決問題之技術手段及對照先前技術之功效；申請標的著重於記載於請求項之技術特徵所構成之技術手段。申請案取得專利權後，相對於前述流程圖中所示之文義範圍及均等範圍，記載於請求項中之申請標的為文義範圍，亦稱專利權的技術範圍；而由問題、手段及功效三者所共同構成的申請專利之發明為請求項之均等範圍，亦稱專利權的保護範圍，因為落入均等範圍仍可能被認定侵權。

基於前述說明，記載在請求項中之「申請標的」係取得專利權之前的審查對象，例如新穎性審查。但實體要件的審查不限於請求項中所載之申請標的，例如進步性審查，係以每一請求項所載「申請專利之發明」的整體為對象，包括該發明所欲解決之「問題」、解決問題之「技術手段」及對照先前技術之「功效」作為一整體予以考量，前述問題及功效係記載於說明書而非請求項。又如申請更正說明書等申請文件之審查，尚須考量說明書中所載之產業利用領域及發明所欲解決之問題，二者之一與更正前不同者，則會被認定為實質變更申請專利範圍而不准更正，亦顯示申請專利之發明的內容不限於請求項中所載之「技術手段」，尚包括說明書中所載之「問題」及「功效」。

6　SPLT Article 1 Abbreviated Expressions (vi):"claimed invention" means the subject matter of a claim for which protection is sought; where a claim defines its subject matter in the alternative, each alternative shall be considered to be a claimed invention.

綜合前述說明，取得專利權之前的行政審查係以請求項中所載申請專利之發明為對象，但該申請專利之發明的整體內容包括請求項中所載之技術手段及說明書中所載之問題及功效，而非僅限於請求項中所載之申請標的，故行政審查過程中仍有解釋申請專利範圍之必要。

近年來，美國法院一方面藉均等論擴張專利權保護範圍，另一方面又創設若干法則限制均等論的適用，以兼顧衡平、正義及專利制度的基本精神。專利侵害判斷的關鍵通常就在解釋申請專利範圍這個步驟，美國聯邦巡迴上訴法院（以下簡稱CAFC）就表示：是否構成專利侵害的事實認定，通常在法院解釋申請專利範圍文字、用語時即已決定[7]。基於前述說明，尤其均等論之限制──全要件原則、禁反言原則及貢獻原則等備受重視的今天，解釋申請專利範圍之重要性在未來專利侵害訴訟程序中將日趨顯著，業已不言可喻。

眾所周知，在我國或在美國，專利侵害訴訟之被告除了可以向法院抗辯系爭專利權範圍未涵蓋被控侵權對象之外，亦可以抗辯系爭專利權無效。在專利權有效性之訴訟程序中，解釋申請專利範圍亦為一先決步驟[8]。無論於專利侵害或於專利有效性訴訟程序中，對於同一申請專利範圍均應作相同的解釋[9]，差異僅在於：判斷專利權範圍是否遭受侵害，係以解釋後之申請專利範圍與被控侵權對象比對；判斷專利權是否有效，係以解釋後之申請專利範圍與先前技術比對。

5.2.2　解釋申請專利範圍之目的

依專利侵害鑑定要點，在專利侵害民事訴訟程序中，解釋申請專利範圍之目的在於正確解釋申請專利範圍之文字意義（下稱文義），以合理界定專利權範圍。

7　Markman v. Westview Instruments, Inc., 52 F.3d 967, 989，34 U.S.P.Q.2d 1321, 1337 (Fed. Cir. 1995) (en banc) "To decide what the claims mean is nearly always to decide the case." (Mayer, J., concurring)

8　Amazon.com Inc. v. Barnesandnoble.com Inc., 239 F3d. 1343, 57 U.S.P.Q.2d 1747, 1751-52 (Fed. Cir. 2001) "It is elementary in patent law that, in determining whether a patent is valid and, if valid, infringed, the first step is to determine the meaning and scope of each claim in suit."

9　W.O. Gore & Associates v. Garlock, Inc. 842 F.2d 1275 (Fed. Cir. 1988) "The same interpretation of a claim must be employed in determining all validity and infringement issue in a case."

　　當發明人完成發明創作，將其創作內容撰寫成說明書、申請專利範圍及圖式等申請文件，揭露該創作所欲解決之問題、解決問題之技術手段及對照先前技術之功效，其揭露之程度足使具有通常知識者能製造或使用該創作而能合理確定發明人已完成該創作者，只要發明人將前述申請文件向社會大眾公開，即先占該創作之技術範圍，只要申請人提交前述申請文件向智慧財產局申請專利，即先占該創作之揭露範圍，無論申請人是否請求專利保護整個揭露範圍，他人不得侵占該發明人先占之技術範圍或該申請人先占之揭露範圍，而申請人所請求之申請專利範圍及後續之申請行為亦不得超出其先占之揭露範圍。

　　前述所稱「已完成該創作」，其揭露內容必須包含該創作所欲解決之問題、解決問題之技術手段及對照先前技術之功效，若申請時所提交之說明書揭露技術手段之技術特徵（A＋B＋C）可以解決X問題達成Y功效，而申請專利範圍記載之技術特徵為（A＋B），或嗣後將技術手段修正為（A＋B），因說明書並未揭露技術手段（A＋B）可以解決X問題達成Y功效，則前述申請專利範圍及修正內容皆超出其先占之揭露範圍，尚不得以該申請專利範圍亦為申請日所提交，而稱其屬於先占之揭露範圍的一部分。另以醫藥發明為例，說明書必須揭露藥物之成分、製造方法及用途，始足使具有通常知識者能合理確定發明人已完成該創作；若說明書揭露藥物D治療心臟病之用途，嗣後他人發現藥物D亦可治療感冒而申請治療感冒之用途發明，因說明書並未揭露藥物D可以治療感冒，治療感冒之用途發明並未侵占前述藥物D發明所先占之揭露範圍。

　　經公告取得專利權之申請案，其說明書及圖式應清楚傳達給社會大眾得知申請人已完成申請專利之發明，據以利用該發明；其申請專利範圍應明確界定專利權保護的範圍，使社會大眾知所迴避。尤應注意者，前述所指之專利權範圍應限於申請人已完成之發明的技術範圍，不得超出申請人先占之技術範圍。解釋申請專利範圍，應以申請專利範圍為依據，合理界定專利權的保護範圍。申請專利範圍的解釋是否合理，可以從專利法第1條之目的出發。專利法制係藉政府授予申請人於特定期間內「保護」專有排他之專利權，以「鼓勵」申請人創作，並將其公開使社會大眾能「利用」該創作，進而「促進產業發展」。因此，專利權範圍應落入申請人於申請文件中所揭露

已完成之發明的技術範圍，若專利權範圍超出說明書及圖式所揭露申請人先占之技術範圍，則不合理。簡言之，專利權範圍應與申請人已完成之發明中有請求保護的內容相呼應，概念上就是大發明大保護、小發明小保護、沒發明沒保護。

5.2.3 解釋申請專利範圍之意義

申請專利範圍的解釋有兩種，行政機關就申請案之審查程序與司法機關就侵害專利權之民事訴訟程序中所採用的解釋並不完全相同，前者係以「最寬廣合理的解釋」為原則，後者係以「客觀合理的解釋」為原則。

審查過程中，係在請求項為說明書所支持的前提下，賦予請求項具有通常知識者所認知最寬廣合理的解釋。由於申請人在申請專利的過程中可以修正請求項，賦予請求項最寬廣合理的解釋可以減少取得專利權後該專利權範圍被不當擴大解釋。在最寬廣合理的解釋原則下，請求項用語應賦予其字面意義（plain meaning），除非此意義與說明書不一致。字面意義，指具有通常知識者於完成發明時所賦予該用語的通常習慣意義（ordinary and customary meaning）。請求項用語的通常習慣意義得依請求項本身、說明書、圖式及先前技術等佐證說明之；惟最寬廣合理的解釋僅具有推定之效果，申請人主張該用語於說明書中已有不同的定義者，可推翻之。見3.2.5之三之(四)「美國2011年35 U.S.C.112補充審查指南」。

客觀合理解釋，指客觀解釋申請專利範圍的文義，合理界定專利權範圍。申請專利範圍一經公告，具有公示效果，應採取社會大眾可信賴的客觀解釋，且該專利權範圍係從說明書內容所能合理期待的範圍。解釋申請專利範圍，是探求申請人於申請時（並非侵權時）對於申請專利範圍所記載之文字的客觀意義（並非申請人的主觀意圖）；為使社會大眾對於申請專利範圍有一致之信賴，應以具有通常知識者（並非專利權人、可能的侵權人或法官）為解釋之主體始可能獲知其客觀意義；初步得以字面意義（即通常習慣意義）解釋之，但該意義與內部證據不一致者，則以內部證據優先。

在涉及侵權及有效性之訴訟程序，已核准的請求項係被推定為明確而有效，不會被賦予最寬廣合理的解釋，而是依申請歷史檔案（申請或維護專利過程中之內部證據）解釋之。換句話說，對於已核准專利權之請求項，除非

其用語的意義模糊而難以理解（insolubly ambiguous），否則法院不會認定該用語不明確；相對地，對於審查中之請求項，因不會將其推定為明確而有效，且申請人可修正申請專利範圍、說明書或圖式使申請專利範圍符合明確等要件，故應賦予最寬廣合理的解釋。見3.2.5之三之(四)「美國2011年35 U.S.C.112補充審查指南」。

　　美國CAFC在2005年Phillips案召開全院合議庭，對於申請專利範圍的解釋方法提出宣示性看法，CAFC指出：「解釋申請專利範圍時，說明書具有舉足輕重的地位，因為具有通常知識者了解請求項中所載之用語的意義不僅基於該用語所在之請求項的整體意義，亦基於整個專利所揭露之上下文的整體意義，包括說明書[10]。」

　　前述見解與中國最高人民法院的見解不謀而合，該法院於2009年12月28日以法釋〔2009〕21號公告「最高人民法院關於審理侵犯專利權糾紛案件應用法律若干問題的解釋」[11]，該解釋的第2條：「人民法院應當根據權利要求的記載，結合本領域普通技術人員閱讀說明書及附圖後對權利要求的理解，確定專利法第五十九條第一款規定的權利要求的內容。」第2條規定準確地說明申請專利範圍的解釋必須以「申請專利範圍」為準，更強調無論申請專利範圍是否明確，均必須從「說明書及圖式」所載之內容理解申請專利之發明，據以確定專利權範圍；而非單從「申請專利範圍」理解申請專利之發明，決定其內容是否明確。換句話說，「以申請專利範圍為準」並非指專利權範圍之確定完全取決於申請專利範圍（此為極端的周邊限定主義），無論申請專利範圍是否明確；亦非指只要申請專利範圍本身並無不明確，則無審酌說明書或圖式之必要，因為即使申請專利範圍本身明確，對照說明書所載申請專利之發明仍可能產生不明確或不被說明書所支持。

10　Phillips v. AWH corp., Nos. 03-1269, 1286, 2002 U.S. App. LEXIS 13954 (Fed. Cir. Jul. 12, 2005) (en banc) "The specification is of central importance in construing claims because the person of ordinary skill in the art is deemed to read claim term not only in the context of the particular claim in which the disputed term appears, but in the context of the entire patent, including the specification."

11　中國最高人民法院於2009年12月21日審判委員會第1480次會議通過「最高人民法院關於審理侵犯專利權糾紛案件應用法律若干問題的解釋」，自2010年1月1日起施行。

5.2.4　解釋申請專利範圍之性質

　　「專利侵害鑑定要點」將專利侵害訴訟程序中系爭對象是否侵害專利權範圍之判斷，分為解釋申請專利範圍及判斷系爭對象是否落入專利權範圍兩階段，係參酌歐美先進國家之設計，尤其是美國的專利侵害訴訟制度，事實上，這種設計與歐美國家所採用之陪審制度難脫關係。

　　在美國，將訴訟爭點區分為法律問題及事實問題，其目的在於因應美國法律制度的現實需要，但在我國專利侵害訴訟案件概由法院審判決定的制度下，並無將訴訟爭點予以區分之必要。由於「專利侵害鑑定要點」已區分為兩階段，本節仍然就解釋申請專利範圍之性質及申請專利範圍之解釋的效力詳加說明。

一、法律問題或事實問題

　　專利侵害係採民事訴訟途徑解決紛爭。在採當事人進行主義的民事訴訟，法院所探究的事實並非絕對的真實，而是基於當事人之主張及證據所能支持的相對真實。

　　在美國，專利侵害判斷階段2中之文義侵害及均等侵害判斷係屬事實問題，惟階段1之解釋申請專利範圍究竟係屬法律問題或事實問題，在1995年之前一直無法達成一致的見解。將訴訟爭點區分為法律問題或事實問題，其目的在於因應美國法律制度的現實需要，決定的依據通常是基於專業判斷及訴訟經濟的考量。在美國，涉及法律專業的判斷，且對於判斷結果一致性的要求較高者，通常被認定為法律問題，委由法官為之；相對地，若委由陪審團判斷，須花費較多的人力、時間、金錢，因此經濟因素亦為考量重點之一。

　　陪審團的責任係就案件的事實及證據作出決定，而法官的責任係對案件所涉及的法律問題作出判斷，並在陪審團之決定的基礎上作出判決。事實或證據的判斷涉及法律概念時，應由法官提供法律指導，再由陪審團作出決定。

　　確定某一問題究竟為法律問題或為事實問題的意義不僅在於判斷權責歸屬於法官或歸屬於陪審團，對於案件可否上訴亦有很大的影響。上訴法院對

申請專利範圍之解釋重新審理，基本上是依地方法院在一審過程中所留下、存在的法院審理紀錄加以審查。由於上訴法院並無相關的科學資源或技術專家提供技術上的說明及支援，且基於上訴法院屬法律審的性質，上訴法院並不會重新導入新事實、新證據作為審酌地方法院對於申請專利範圍之解釋是否適當之依據[12]。相對地，若一審之陪審團就當事人之主張所為之決定缺乏實質證據支持，即使該決定屬於事實問題，上訴法院仍得否定該決定，惟出現這種情況的機會微乎其微[13]。

　　CAFC於1995年Markman v. Westview Instruments案[14]判決：美國司法制度的一個基本原則是解釋書面文件為法官的權力，而非陪審團的責任。若證據係書面文件，需要確定的內容為書面文件所載內容的涵義，而非事實本身，則其應屬法律問題。專利文件為具有嚴格形式要求的書面文件，說明書之記載應使該發明所屬技術領域中具有通常知識者（以下簡稱具有通常知識者）能了解其內容，並可據以實現，而申請專利範圍應明確且必須為說明書所支持。

　　CAFC判決並確立解釋申請專利範圍是法律問題，係專屬法院之權責，其主要理由：

(1) 最高法院於19世紀即指出，依美國法的基本原則，法院有權自己解釋法律文件，說明書包括申請專利範圍均屬此類文件。

(2) 對專利權人的競爭者而言，有必要透過具法律訓練的法官，以類似且始終一致之分析方式解釋申請專利範圍，並建立解釋之原則，使專利權範圍符合撰寫人的原意且始終一致。

(3) 專利權之授予是國家與發明人之間的契約，其性質與一般私人契約不同，私人契約僅規範當事人之間的權利、義務，而專利權會影響社會大眾，基於社會公益之考量，受有法律訓練的法官始能勝任[15]。

12　Schering Corp. v. Amgen Inc., 222 F.3d 1347, 1354, 55 U.S.P.Q.2d (BNA) 1650, (Fed. Cir. 2000)

13　尹新天，專利權的保護，專利文獻出版社，1998年11月，p306～309

14　Markman v. Westview Instruments, Inc., 52 F.3d 967, 34 U.S.P.Q. 2d 1321(Fed. Cir. 1995) (en banc)，由於本案之判決，目前美國專利實務在專利侵害案件初審開庭前，聯邦地方法院會召開聽證會，就申請專利範圍中之文義及範圍先行認定，此即「馬克曼聽證會」（Markman hearing）。正式開庭後，陪審團就依此一認定，判斷是否構成侵權。

15　Markman v. Westview Instruments, Inc., 52 F.3d 967, 34 U.S.P.Q. 2d 1321(Fed. Cir. 1995) (en banc) "The

　　最高法院判決[16]支持前述見解，判決：申請專利範圍的解釋是一個法律判斷的問題，只有受過法律訓練、了解專利文件撰寫格式、熟悉解釋書面文件之法律規則的法官始能勝任，應專屬於法院職權判斷的範圍，不得由陪審團決定。

〔案例〕──Cybor Corp. v. Fas Technologies, Inc.[17]
- 系爭專利：一種精確分配小量液體之裝置及方法
- 請求項1：「一種以精確控制之方式過濾及分配液體之裝置，其包括：
  第1泵手段；
  第2泵手段，其與該第1泵手段液體連通；及
  過濾手段，位於該第1泵與該第2泵手段之間，其中該第1泵手段將液體從該過濾手段泵送到該第2泵手段；
  其中，該第1及該第2泵手段中之每一個均包括與液體接觸之表面，該表面是由不會污染到對黏性及／或高純度及／或對分子剪力敏感之工業液體的材料所構成者；且還包括使該第2泵手段依與該第1泵手段不同之速率或期間，或兩者均不同之速率及期間來收集及／或分配液體。」
- 系爭對象：將泵用於與申請專利之發明相同之目的。
- 爭執點：上訴法院對於地方法院解釋申請專利範圍的正當作為。
- 被控侵權人：在審查程序中專利權人曾申復其發明與「外部泵」之引證文件的區別，從而克服先前技術之核駁；並依申請歷史檔案，主張不得將請求項中所載「第2泵手段」（second pumping means）解釋為專利權涵蓋外部儲存器，亦即專利權人不得依35 U.S.C.第112條第6項主張具有外部儲存器之泵裝置（如被控裝置）為「第2泵手段」之均等物。然而，地方法院

---

interpretation and construction of patent claims, which define the scope of the patentee's rights under the patent, is a matter of law exclusively for the court."; "Courts are free to construe written instruments for themselves, and provided various reasons to include patents among these sorts of written instruments."; "a competitor's need for a clear definition of the scope of the patentee's fight to exclude from a judge, trained in the law who will similarly analyze the text of the patent and its associated public record and apply the established rules of construction, and in that way arrive at the true and consistent scope of the patent owner's rights"; "Patents, unlike private contracts, are enforceable against the general public."

16　Markman v. Westview Instruments, Inc., 517 U.S. 370 (1996)

17　Cybor Corp. v. Fas Technologies, Inc. 138 F.3d 1448, 46 USPQ2d 1169 (Fed. Cir. 1998)(en banc)

拒絕以專利權人所為之申復限縮申請專利範圍之解釋。

· CAFC：

1. CAFC作出之 Markman I判決解釋申請專利範圍純屬法律問題，上訴法院應完全重審（de novo）地方法院所解釋之申請專利範圍。

2. 美國最高法院作出Markman II判決後，CAFC大多遵循Markman I中所建立的「完全重審標準」（de novo standard），但有些案件，CAFC認為申請專利範圍之解釋為附屬的事實性認定，仍援用原先「明顯錯誤標準」（clearly erroneous standard）。問題在於Markman II判決是否修正了Markman I之「完全重審標準」？

3. Markman II之爭執點為「申請專利範圍之解釋是否完全屬於地方法院之法律問題」；美國最高法院判決「申請專利範圍之解釋是由法官認定之法律問題」（the totality of claim construction is a legal question to be decided by the judge）。CAFC全院合議庭議未發現最高法院在Markman II中之判決支持申請專利範圍之解釋涉及任何事實問題；反而最高法院贊同CAFC作為全國統一解釋申請專利範圍的角色。CAFC的結論是，Markman I所建立的「完全重審標準」並未被最高法院改變，CAFC將完全重審申請專利範圍之解釋，包括任何涉及申請專利範圍之解釋的相關事實問題。

4. 對於本案，CAFC認為被控侵權人所述之引證文件與發明專利之間明顯有別，故認為專利權人僅放棄該引證文件所揭示具有獨立功能且非屬物理連接的儲存器，但未放棄任何與泵物理連接之儲存器。因此，判決有足夠證據支持陪審團對於系爭對象在文義上侵害該請求項之認定。

二、馬克曼聽證

解釋申請專利範圍在專利侵害訴訟中具有舉足輕重之分量，美國專利司法實務發展出一套特別聽證制度進行申請專利範圍的解釋，稱為馬克曼聽證（Markman Hearing），每一件專利侵害案件皆會進行馬克曼聽證。惟對於舉行的時間及方式，美國最高法院並未於Markman案中明確規定。

於馬克曼聽證進行申請專利範圍之解釋時，原、被告雙方均得提供各自

對於申請專利範圍之解釋，而對於申請專利範圍之解釋的認定，法院係依其職權獨立評估申請專利範圍、說明書、申請歷史檔案及相關外部證據後，宣布申請專利範圍之意義，不受雙方主張之拘束[18]，亦即法院的決定可以是雙方當事人均未主張者。

馬克曼聽證僅就有爭執的申請專利範圍之文字、用語進行解釋[19]，不會直接涉及先前技術或被控侵權之物或方法特徵之認定。但從訴訟策略的角度，兩造在這一階段就可以先掌握、確認訴訟相關之事實資訊，例如可能的先前技術、被控侵權之物品或方法特徵，先行就整體訴訟程序進行沙盤推演，始決定訴訟策略。例如檢索到相當接近之先前技術時，被告會朝寬廣的方向解釋申請專利範圍，試圖使專利權無效，或誘使原告證詞反覆而生禁反言原則之適用。

〔案例〕——United States Surgical Corp. v. Ethicon, Inc[20]
- 背景說明：在先前之United States Surgical Corporation v. Ethicon Inc.案，CAFC已肯認地方法院依陪審團之決定判決該專利因顯而易知而無效。7週後，CAFC全院合議庭議作出劃時代的Markman I判決，在Markman II判決後，最高法院應專利權人之請求撤銷本案CAFC先前之判決，發回更審，並指示參考Markman案之判決。
- 專利權人：地方法院未解釋申請專利範圍，致造成無法彌補之瑕疵。
- CAFC：不同意專利權人之主張，並指出Markman案之判決並未要求法院必須就申請專利範圍中每一個用語逐一解釋，或針對雙方當事人未爭議之「申請專利範圍之解釋」的每一個用語作出指示。解釋申請專利範圍，係解決有爭議的含義及技術範圍，係釐清並解釋申請專利範圍所涵蓋之範圍，以作為侵權判斷之基礎。其並非強制性必須進行的過程。

18　Exxon Chemical Patents Inc. v. Lubrizol Corp., 64 F.3d 1553, 35 USPQ2d 1801, 1802 (Fed. Cir. 1995) "The judge's task is not to decide which of the adversaries is correct, instead, the judge must independently assess the claims, the specification, and if necessary the prosecution history, and relevant extrinsic evidence, and declare the meaning of the claims."

19　U.S. Surgical Corp. v. Ethicon, Inc., 103 F.3d 1554, 1568, 41 U.S.P.Q.2d 1225 1236 (Fed. Cir. 1997) "Claim construction is for 'resolution of disputed meanings.'"

20　United States Surgical Corp. v. Ethicon, Inc., 103 F.3d 1554, 41 USPQ2d 1225 (Fed. Cir. 1997)

5.2.5 申請專利範圍之解釋的效力

　　爭點效，美國稱爭點排除（issue preclusion）或爭點禁反言（issue estoppel），指法院就訴訟標的以外各爭點所為之判斷所生之效力，而與法院對於特定事項作成判決的既判力有別。詳言之，爭點效係指法律或事實爭點經過確定且經當事人完整、公平之爭執，則該爭點不可再提起，即使對同一訴訟案之不同請求項亦然[21]。爭點效之構成要件包括[22]：

(1) 與前訴相同且已獲確認之爭點。

(2) 前訴中，該爭點被提出且經確實爭執。

(3) 該爭點之決定對於前訴之判決為必要且重要。

(4) 被拘束之一方在前訴中已完整表示且具有完整、公平機會爭執該爭點。

　　爭點效可拘束後訴之當事人，若在前訴中以同一重要爭點而為爭執，經法院實質審理並作出判斷者，不得再以該爭點為先決問題的後訴中為矛盾之主張。針對事實認定而言，爭點效可涵蓋前、後訴訟相同當事人之不同請求（claim）或前、後訴訟不同當事人間之相同事項（subject）；爭點效之對象得為基於具有既判力之前訴判決之決定，亦得為一方當事人在前訴中之立場。

　　Markman案之前，CAFC依據爭點效之一般原則判斷：在訴訟中的法律或事實爭點，若1.在訴訟中業經確實辯論；2.且經法院作出最終且有效的判斷；3.該判斷對該訴訟之判決不可或缺；則對此爭點之判斷在後續訴訟的當事人之間具有一定的法律效力，當事人不得就此爭點再為爭執。

---

21 Foster v. Hallco Mfg. Co., 947 F.2d 469, 20 USPQ2d 1241 (Fed. Cir. 1991) "A rationale for issue preclusion is that once a legal or factual issue has been settled by the court after a trial in which it was fully and fairly litigated, that issue should enjoy repose. Such litigated issues may not be relitigated even in an action on a different claim."

22 Comair Rotron, Inc., v. Nippon Densan Corp., 469 F.3d 1535, 33 USPQ2d 1929 (Fed. Cir. 1995); In re Freeman, 30 F.3d 1459, 31 USPQ2d 1444 (Fed. Cir. 1994); Maccandless v. Merit Sys. Port. Bd., 996 F.2d 1193 (Fed. Cir. 1993) "Collateral estoppel—issue preclusion, requires that (1) the issues to be concluded are identical to those involved in the prior action; (2) in that action those issues were raised and actually litigated; (3) the determination of those issues in the prior action was necessary and essential to the resulting judgment; and (4) the party precluded was fully represented and had a full and fair opportunity to litigate the issues in the first action."

　　爭點效的例外情形實務上很少見，Jackson Jordan[23]案情如下：在該案的先前訴訟中，聯邦地方法院對申請專利範圍的解釋採取較狹窄的認定而與原告主張不同，但判決被告構成侵權。就申請專利範圍解釋的爭點，確實已於訴訟中經雙方當事人辯論且經法院作出最終且有效的判決，而該申請專利範圍解釋之判斷對該先前訴訟而言亦為必要。由於原告勝訴，無法就地方法院對於申請專利範圍的解釋提起上訴，上訴法院判決其係屬爭點效之例外情形，就該申請專利範圍的解釋不受先前訴訟判決之拘束。

　　在Markman案之後，有關爭點效之問題有兩個判決得為參考。一案為TM Patents L.P. v. International Business Machines Corp.[24]，在前訴中申請專利範圍已於聽證會中認定，在法院判決前雙方當事人達成和解，後訴之法院認為專利權人在前訴之馬克曼聽證程序中已有充分、公平的機會主張、申辯其對於申請專利範圍的解釋，故專利權人在後訴中對於申請專利範圍的解釋受前訴之拘束。另一案為Graco Children's Products Inc. v. Regalo International LLC[25]，在前訴中，陪審團認定被告構成均等侵害，申請專利範圍的文義不能涵蓋被控侵權對象，由於專利權人勝訴無法提起上訴，主張其對於申請專利範圍的解釋，故後訴之法院判決專利權人在後訴中對於申請專利範圍的解釋不受前訴之拘束。

5.3　解釋申請專利範圍之依據

　　解釋申請專利範圍是探求申請人在申請專利當時對於申請專利範圍所賦予的客觀意義，而非申請人自己的主觀意圖。依專利法第58條第4項規定：「發明專利權範圍，以申請專利範圍為準，於解釋申請專利範圍時，並得審酌說明書及圖式。」解釋申請專利範圍應以申請專利範圍本身為基礎，說明書及圖式等為輔助資料。實務操作上，解釋申請專利範圍是以申請專利範圍

23　Jackson Jordan, Inc. v. Plasser American Corporation et al., 747, F2d 1567, 224 U.S.P.Q. 1 (Fed. Cir. 1984)

24　TM Patents L.P. v. International Business Machines Corp., 1999 WL 1033777, 53 U.S.P.Q.2d 1093 (S.D.N.Y. 1999) "Under Markman, a hearing resolving the meaning of claim terms, in which the patentee had a full and fair opportunity to litigate the term's meaning, was binding on the patentee in a later suit against third party."

25　Graco Children's Products Inc. v. Regalo International LLC, 167F. Supp. 2d 763, 59 U.S.P.Q. 2d 1305

之文字、用語為核心，在不違背申請專利範圍之文字、用語的前提下，參考說明書及圖式、申請歷史檔案等內、外部證據，確認申請專利範圍所合理界定的專利權範圍。

內部證據及外部證據均只是作為解釋申請專利範圍的輔助資料，不得作為界定申請專利範圍的依據而增、刪申請專利範圍中所載之限定條件[26]。

5.3.1　解釋之基礎

一、以申請專利範圍為準

專利法第26條第3項規定：「申請專利範圍應界定申請專利之發明；其得包括一項以上之請求項，各請求項應以明確、簡潔之方式記載，且必須為說明書所支持。」（其他國家或組織亦有類似規定[27]）申請專利範圍之作用係界定申請人請求授予專利權之範圍，說明書係為符合專利要件而描述所請求授予專利權之發明，惟專利權範圍並非僅得由申請專利範圍予以確定[28]，前述專利法第58條第4項規定係確定專利權範圍之法律依據，亦即解釋申請專利範圍之基本原則。解釋申請專利範圍，應以具有通常知識者為解釋主體，綜合其閱讀說明書及圖式後所理解的申請專利之發明，依申請專利範圍所載之內容，據以確定其專利權範圍[29]；不論申請專利範圍中所載之內容是否明確，皆須審酌說明書及圖式充分理解申請專利之發明。

為協調各國專利制度，世界智慧財產權組織召開多屆實質專利法條約

26　U.S. Indus, Chems., Inc. v. Carbide & Carbon Chems. Corp., 315 US 668, 678 53 USPQ6, 10 (1942) "Extrinsic evidence is to be used for the court's understanding of the patent, not for the purpose of varying or contradiction the terms of the claim."

27　Substantive Patent Law Treaty (10 Session), Article 11(1) "[Contents of the Claims] The claims shall define the subject matter for which protection is sought in terms of the [technical] features of the invention."另外，專利合作條約PCT第6條亦有類似之規定。

28　United States v. Adams, 383 U.S. 39, 48-49 (1996) "While the claims ... limit the invention, and specifications can not be utilized to expand the patent monopoly, ... claims are construed in the light of the specifications and both are to be read with a view to ascertaining the invention."

29　中國「最高人民法院關於審理侵犯專利權糾紛案件應用法律若干問題的解釋」第2條，自2010年1月1日起施行。

（Substantive Patent Law Treaty，以下簡稱SPLT）[30]，第10屆草約中包括專利權範圍解釋之法則，如Article11(4)(a)規定：「申請專利範圍應由其用語予以決定。解釋申請專利範圍，應考量適用之說明書及圖式修正本或更正本，及該發明所屬技術領域中具有通常知識者於申請日之通常知識[31]。」而其Rule13(1)規定：「(a)除非說明書中賦予特別涵義，申請專利範圍之用語應依其在相關技術領域中之通常涵義及範圍解釋之。(b)申請專利範圍之解釋無須侷限於嚴格之文義。[32]」

　　無論是周邊限定主義或折衷主義，申請專利範圍才能決定專利權範圍[33]。解釋申請專利範圍是以申請專利範圍之文字、用語為核心，在不違背申請專利範圍之文字、用語的前提下，參考說明書、申請歷史檔案等內、外部證據，探求申請專利範圍之文字、用語所代表的客觀意義，以確認申請專利範圍所界定的專利權範圍。解釋申請專利範圍的整個過程皆圍繞在申請專利範圍的文字、用語所代表的意義，不得將說明書或申請歷史檔案中之技術特徵讀入申請專利範圍，亦即解釋申請專利範圍是以其所載之文字、用語為核心及界線[34]。CAFC即指出：檢視申請專利範圍的記載，不僅是解釋申請專利範圍的起點也是終點[35]。法院不得擴張或減縮具有對外公示效果之申請

---

30 為協調各國之專利制度，世界智慧財產權組織召開多屆實質專利法條約（Substantive Patent Law Treaty，以下簡稱SPLT）會議，2004年為第10屆，雖然該條約迄今尚未正式生效施行，惟從其草約內容仍得一窺各國協調之趨勢與方向。

31 Substantive Patent Law Treaty (10 Session), Article 11(4)(a) "The scope of the claims shall be determined by their wording. The description and the drawings, as amended or corrected under the applicable law, and the general knowledge of a person skilled in the art on the filing date shall [, in accordance with the Regulations,] be taken into account for the interpretation of the claims."

32 Substantive Patent Law Treaty (10 Session), Rule13 (1)(a) "The words used in the claims shall be interpreted in accordance with the meaning and scope which they normally have in the relevant art, unless the description provides a special meaning." (b) "The claims shall not be interpreted as being necessarily confined to their strict literal wording."

33 Markman v. Westview Instruments, Inc., 52 F.3d 967, 34 U.S.P.Q. 2d 1321 (Fed. Cir. 1995) (en banc), aff'd, 116 S. Ct. 1384 (1996) "The written description part of the specification itself does not delimit the right to exclude. That is the function and purpose of claims."

34 Thermally, Inc. v. Aavid Engineering, Inc., 121 F.3d 691, 693, 43 U.S.P.Q. 2d 1846, 1848 (Fed. Cir. 1997) "Throughout the interpretation process, the focus remains on the meaning of claim language."

35 AbTox, Inc. v. Exitron Corp., 122 F.3d 1019, 1023, 43 U.S.P.Q. 2d 1545, 1548 (Fed. Cir. 1997) "Claim construction inquiry, therefore, begins and ends in all cases with the actual words of the claim."

專利範圍所表彰之專利權範圍，而使申請專利範圍之解釋與授予之專利權範圍不同[36]。

二、以文字為核心與界線

美國一位大法官曾說：文字是內容的符號；文字與數字符號不同，僅能表達大概的意思，尤其是文字的組合更難以完整精確表達。

專利權範圍是以申請專利範圍中之文字、用語予以界定[37]，解釋申請專利範圍應以申請專利範圍中之文字為核心，並應從申請專利範圍中之文字出發[38]。若申請人自己作為文字編彙者，在說明書中賦予特定之定義，應依該定義解釋申請專利範圍[39]，否則應以具有通常知識者所認知或了解[40]之通常習慣意義（ordinary and accustomed meaning）[41]作為申請專利範圍中之文字意義。

通常習慣意義，係具有通常知識者於申請專利時所了解之意義[42]。惟由於該具有通常知識者是一個虛擬人物，美國專利訴訟實務上是以字典之定義

---

36 Max Daetwyler Corp. v. Input Graphics, In., 583 F.Supp. 446, 451, 222 U.S.P.Q. 150 (E.D. Pa. 1984) "The scope of the invention is measured by the claims of the patent. Courts can neither broaden nor narrow the claims to give the patentee something different than what he has set forth."

37 E.I. du Pont de Nemours & Co. v. Phillips Petroleum Co., 849 F.2d 1430, 1433, 7 U.S.P.Q.2d 1129 (Fed. Cir., cert. denied, 488 U.S. 986 (1988) "It is the wording of the claim that set forth the subject matter of the invention."

38 Smithkline Diagnostics, Inc. v. Helena Laboratories Corp., 859 F.2d 878, 882, 8 U.S.P.Q.2d 1468, 1472 (Fed. Cir. 1988) "Claim interpretation must begin with the language of the claim itself."

39 Markman v. Westview Instruments, Inc., 52 F.3d 967, 979 (Fed. Cir. 1995) "a patentee is free to be his own lexicographer."; "any special definition given to a word must be clearly defined in the specification."

40 Multiform Desiccants, Inc. v. Medzam, Ltd., 133 F.3d 1473, 1477 (Fed. Cir. 1998) "It is the person of ordinary skill in the field of the invention through whose eyes the claims are construed. Such person is deemed to read the words used in the patent documents with an understanding of their meaning in the field, and to have knowledge of any special meaning and usage in the field."

41 Transmatic, Inc. v. Gulton Industries, Inc., 53 F.3d 1270, 1277(Fed.Cir. 1995) "In construing a claim, claim terms are given their ordinary and accustomed meaning unless examination of the specification, prosecution history, and other claims indicates that the inventor intended otherwise."

42 Phillips v. A.W.H. Corp., 415 F.3d 1303, (Fed. Cir. 2005) (en banc) "To ascertain the meaning of a disputed claim term, the words of a claim are generally given their ordinary and customary meaning, as would be understood by a person of ordinary skill in the art in question at the time of the invention, i.e. as of the effective filing date of the patent application."

作為申請專利範圍中所載之文字、用語的通常習慣意義，這種作法似有違內部證據優先於外部證據之原則[43]。

　　舉例說明，例如有關運動鞋跟內的充氣密封氣囊專利，依字典之定義，「充氣」指充以氣體或空氣使其膨脹；而系爭對象密封氣囊中之壓力等於一大氣壓，其通常習慣意義為不須充以氣體或空氣[44]。

〔案例〕──Elkta Instrument S.A. v. O.U.R. Scientific[45]
· 系爭專利：一種以聚焦的伽瑪射線治療腦瘤之裝置。
· 請求項：放射源及放射光束置於「僅在延伸於30-45°曝光寬容度之間的區域」（only within a zone extending between 30-45° latitudes）。
· 系爭對象：放射源及放射光束置於14-43°曝光寬容度之間的區域。
· 地方法院：系爭對象侵害專利權。
· CAFC：請求項中所載之「only」及「extending」於說明書中並無明確定義，參酌韋伯新世界字典決定其通常習慣意義，「only」指「exclusive」，「extending」指「to stretch out」，故申請專利範圍應被解釋為放射源及放射光束嚴格限於30-45°曝光寬容度之間的區域，而認定系爭對象「放射源及放射光束置於14-43°曝光寬容度之間的區域」未侵害系爭專利權。

三、禁止讀入原則

　　專利法第58條第4項規定：「發明專利權範圍，以申請專利範圍為準，於解釋申請專利範圍時，並得審酌說明書及圖式。」本項規定已充分說明界定專利權範圍是以申請專利範圍為基礎，解釋申請專利範圍時，不得將說明書中所載之技術特徵讀入申請專利範圍，但得參酌說明書內容解釋申請專利範圍中之文字、用語。具體而言，解釋申請專利範圍係依解釋之原則、優先

43　經濟部智慧財產局，專利侵害鑑定要點，2004年10月4日，p30
44　程永順，羅李華，專利侵權判定──中美法條與案例比較研究，專利文獻出版社，1998年3月，p44
45　Elkta Instrument S.A. v. O.U.R. Scientific Intern., Inc., 214, F.3d 1302, 54, 54 U.S.P.Q. 2d (BNA) 1910 (Fed. Cir. 2000)

順序等，經整體考量後，確定申請專利範圍之文字、用語的意義；其係比較各證據後選擇合理之定義的結果，過程中有取捨，但不得將說明書及圖式有揭露但未載於申請專利範圍之技術特徵讀入申請專利範圍[46]，而縮小專利權範圍，亦不得將說明書及圖式未揭露之技術特徵排除於申請專利範圍之外，而擴張專利權範圍[47]。前述內容即為業界所稱的「禁止讀入原則」，然而，切勿因而誤解專利權範圍之確定完全取決於申請專利範圍，或只要申請專利範圍本身並無不明確則不必審酌說明書或圖式據以解釋申請專利範圍。相對地，解釋申請專利範圍時，不論申請專利範圍中所載之內容是否明確，皆應審酌說明書及圖式充分理解申請專利之發明，以申請專利之發明的實質內容客觀合理認定專利權範圍[48]。例外地，解釋手段請求項時，應包含說明書中所敘述對應於請求項中所載之功能的結構、材料或動作及其均等範圍，可謂係解釋申請專利範圍之特例。

　　依美國專利侵害訴訟判例，申請專利範圍與說明書之揭露內容間的關係係由兩項原則所確立：

(1) 不得將說明書中所載之技術特徵讀入申請專利範圍。

(2) 得參酌說明書內容解釋申請專利範圍中之用語。

　　就(2)而言，必須遵守之具體事項如下列（參酌申請歷史檔案解釋申請專利範圍，亦同）[49]：

(a) 參酌說明書內容解釋申請專利範圍中之用語，至少須在申請專利範圍中載有說明書中所定義之用語，始得參酌說明書中所載明確之定義予以解釋。若無該用語，則非合法的解釋方法。

46　Intervet America, Inc. v. Kee-Vet Laboratories, Inc., 887 F.2d 1050, 1053 (Fed. Cir. 1989) "courts cannot alter what the patentee has chosen to claim as his invention, ... limitations appearing in the specification will not be read into claims, ... interpreting what is mean by a word in a claim is not to be confused with adding an extraneous limitation appearing in the specification, which is improper."

47　Ethicon Endo-surgery, Inc. v. United States Surgical Corp., 93 F.3d 1572, 1578, 1582-83 (Fed. Cir. 996) "The district court ... read an additional limitation into the claim, an error of law."; "the patentee's infringement argument invites us to read [a] limitation out of the claim. This we cannot do."

48　中國最高人民法院2009年12月28日「最高人民法院關於審理侵犯專利權糾紛案件應用法律若干問題的解釋」第2條：「人民法院應當根據權利要求的記載，結合本領域普通技術人員閱讀說明書及附圖後對權利要求的理解，確定專利法第五十九條第一款規定的權利要求的內容。」

49　Renishaw plc v. Marposs Societa' per Azioni 158 F.3d 1243, 48 USPQ2d 1117 (Fed. Cir. 1998)

(b) 若說明書中無明確之定義，則須依通常習慣意義予以解釋。

(c) 若申請專利範圍之用語僅為一般性描述，不得將該用語（例如結構A）限制在說明書中之數值範圍，亦不得限制在說明書中之特定次結構（例如加修飾之結構A），而應為說明書中支持該用語之所有技術特徵。

　　前述「不得將說明書中所載之技術特徵讀入申請專利範圍，但得參酌說明書內容解釋申請專利範圍」兩者之區別終究並不具體，而且有爭議[50]。為避免爭執，在實務運作上，CAFC近年來有倚賴字典解釋申請專利範圍之趨勢，此舉反而衍生出過度依賴外部證據，而違背內部證據優先於外部證據之原則。

　　在Alloc, Inc.案中，CAFC曾指出，不得將說明書中之技術特徵讀入申請專利範圍，其原則是：(1)具有通常知識者認為說明書中所揭露之技術特徵對於發明實質或目的之達成並不具意義者；或(2)該技術特徵僅是例示性（exemplary）者。例示性技術特徵包括兩種情形：a.說明書中並未指明申請專利之發明應限於實施例之技術特徵；b.實施例記載該技術特徵之目的僅為符合揭露最佳實施例之規定[51]。換句話說，為符合專利有效原則，若說明書實施例中所載之技術特徵對於申請專利之發明為必要技術特徵或與先前技術有別之新穎特徵，則實施例之技術特徵得作為申請專利範圍中之必要技術特徵[52]，即使增加了申請專利範圍中原先未記載之技術特徵，仍屬適當，可視為並未違反「不得將說明書中所載之技術特徵讀入申請專利範圍」之原則。其他可限定專利權範圍的事由，請參酌5.3.2之一「適用順序」。

　　此外，若某技術特徵載於請求項A，未載於請求項B，解釋請求項B時，

50　Phillips v. AWH Corp., Nos. 03-1269, 1286, 2005 U.S. App. LEXIS 13954 (Fed. Cir. Jul. 12, 2005)(en banc) "The role of the specification in claim construction has been an issue in patent law decisions in this country for nearly two centuries."

51　Alloc. Inc. v. US International Trade Comm'n 342 F.3d 1361 (Fed. Cir. 2003) "The court shall not be less inclined to infer a more narrow definition of a disputed claim term from the specification if a person of ordinary skill in the art would consider the feature relied on from the specification 'exemplary' or insignificant to the essence or primary purpose of the invention."; "Where the specification describes a feature , not found in the words of the claims, only to fulfill the statutory best mode requirement, the feature should be considered exemplary, and the patentee should not be unfairly penalized by the importation of that feature into the claims."

52　Wang Labs. v. America Online, Inc., 197 F.3d 1377, 1384 (Fed. Cir. 1999)

不得以該技術特徵及相關之說明書內容及申請歷史檔案限定其專利權範圍，請參酌5.4.4之三「請求項差異原則」。

〔案例〕——Renishaw plc v. Marposs Societa' per Azioni[53]
- 系爭專利：一種用於精密測量機械零件之尺寸及位置的探測器，當探測尖端接觸到被測之工件時，該探測器產生電子「觸發」（trigger）訊號，電腦利用該觸發訊號計算出工件之尺寸及位置。
- 請求項：「一種接觸式探測器，置於確定位置之裝置的移動臂上使用……當探測尖端接觸到目標物，因而探測頭固定物相對於該外殼折回時，該探測器產生觸發訊號，該確定位置之裝置利用該觸發訊號取得該移動臂之即時位置讀數，該接觸式探測器包括……。」
- 爭執點：請求項中所載「當……」（when）之意義，即當探測尖端接觸到目標物，因而探測頭固定物相對於該外殼折回時，該探測器產生觸發訊號的時間點。
- 系爭對象：探測尖端接觸到目標物，因而探測頭固定物相對於該外殼往上運動之前，有明顯的時間延遲。
- 被控侵權人：依說明書之描述，其揭示了清楚的意圖，即在與工件接觸後應儘快提供啟動訊號，而非延遲一段時間後。
- 專利權人：
  1. 請求項中所載「當……」已反映說明書中對於時間點之意圖，但請求項中並未明確記載產生觸發訊號的任何時間終點。
  2. 依字典，「當……」用語之意義廣泛，為「在那時或那時之後」（at or after the time that）、「在那個情況時」（in the event that）或「在那個條件下」（on condition that）；依前述之意義，請求項之範圍涵蓋了接觸完成並折回後有明顯時間延遲始產生觸發訊號的系爭對象。
  3. 「當……」用語應被解釋為包括接觸後產生觸發訊號的任何時間，只要是發生了對工件的精密測量行為即足。
- 地方法院：「當……」之意義為「一旦接觸並折回」（as soon as contact

53　Renishaw plc v. Marposs Societa' per Azioni, 158 F.3d 1243, 48 USPQ2d 1117 (Fed. Cir. 1998) is made and deflection occurs），因而認定系爭對象未侵害該請求項。

・CAFC：

1. 請求項與說明書之間的關係業由兩條原則所確立：(1)不得將說明書中所載之技術特徵讀入申請專利範圍；(2)得參酌說明書內容解釋請求項中之用語。就(2)而言，要參酌說明書內容解釋請求項中之用語，至少須在請求項中載有說明書中所定義之用語，始得參酌說明書中所載明確之定義予以解釋。若無該用語，則非合法的解釋方法；若說明書中無明確之定義，則須依通常習慣意義予以解釋。若請求項之用語僅為一般性描述，不得將該用語（例如結構A）限制在說明書中之數值範圍，亦不得限制在說明書中之特定次結構（例如加修飾之結構A），而應解釋為說明書中支持該用語之所有特徵。

2. 對於一般性描述，若通常習慣意義（例如字典之定義）與說明書不一致者，不得以前者之意義予以解釋。若通常習慣意義不只一個，應參酌申請專利範圍或說明書，了解申請人之意圖（請求保護什麼？發明什麼？），以確定適當涵義。參酌申請歷史檔案解釋請求項，亦應依前述原則為之。

3. 對於「當……」用語，雖然字典中已有若干定義，但其正確意義已由說明書中所載之發明目的明確的確定：發生接觸後儘快產生訊號，以避免探測頭繼續運動而錯誤的延遲時間始產生觸發訊號。

5.3.2　內部證據

依專利法第58條第4項規定，解釋申請專利範圍之依據包括申請專利範圍、說明書及圖式。惟依美國專利侵害訴訟實務，自1995年Markman v. Westview Instruments案起即確立將所有解釋申請專利範圍之依據分為內部證據（intrinsic evidence）及外部證據（extrinsic evidence）。內部證據，為被解釋之申請專利範圍及該專利案相關的申請文件，包含專利說明書及其他申請及維護專利過程中之申請歷史檔案（prosecution history）[54]；外部證據，內部證據以外之證據。

---

54 經濟部智慧財產局，專利侵害鑑定要點，2004年10月4日，p30

一、適用順序

　　解釋申請專利範圍之輔助資料得分為內部證據及外部證據。內部證據包括專利核准後刊載在專利公報（Patent Gazette）上之申請專利範圍、說明書及申請及維護專利之程序中所產生的申請歷史檔案，主要包括專利行政機關與申請人或代理人之間的往來文件，例如審查意見通知書（office action）、審定書及申請人之申復、說明、修正、訴訟理由及答辯理由等。

　　內部證據是申請人針對其發明之陳述說明，申請人自己作為詞彙編纂者[55]，最能表達申請人所請求之專利權保護範圍，故解釋申請專利範圍時，應先參酌內部證據[56]，將其作為認定申請專利範圍之文字、用語的首要參考。就內部證據本身的順序而言，應先參考申請專利範圍，然後是說明書，最後是申請歷史檔案。

〔案例〕——Comark Communications, Inc. v. Harris Corp.[57]
· 系爭專利：一種校正音頻載體之系統及方法。
· 請求項1：「一種校正一般電視所發射放大的音頻載體之系統……該系統包括：視頻延遲電路，用於接收及延遲視頻訊號，以提供延遲之視頻訊號……。」
· 爭執點：請求項中所載「視頻延遲電路」（a video delay circuit）之意義。
· 地方法院：均等侵權。
· 被控侵權人上訴：主張地方法院忽略說明書中對於「視頻延遲電路」之教示，而作出錯誤解釋。
· CAFC判決：解釋請求項，得參酌說明書解釋請求項，但請求項之用語優先於說明書。請求項中所載「視頻延遲電路」之意義明確而充分，無須參酌說明書理解其意義。被控侵權人參酌說明書解釋請求項中已明確記載之

---

55 Gart v. Logitech, 254 F.3d 1334, 1339-40, 59 U.S.P.Q. 2d 1290, 1293-94 (Fed. Cir. 2000) "The intrinsic evidence is consulted to determine if the patentee has chosen to be his or her own lexicographer, or when the language itself lacks sufficient clarity... ."

56 Vitronics Corp. v. Conceptronic, Inc., 90 F.3d 1576, 1583, 39 USPQ2d 1573, 1577 (Fed. Cir. 1996) "Intrinsic of primary importance, then extrinsic if necessary."

57 Comark Communications, Inc. v. Harris Corp., 156 F.3d 1182, 48 USPQ2d 1001, (Fed. Cir. 1998)

用語，故將其限制在實施例中所揭露之功能性目的並不適當。被控侵權人對於請求項1之解釋將使請求項2成為多餘而無意義，明顯違反請求項差異原則。該原則並非堅定不變之原則，但其建立一種推定，即申請專利範圍中每一請求項均具有不同之含義及範圍。

　　詞彙編纂者原則（lexicographer rule），指申請人自己可以定義、運用、記載發明內容之文字、用語。申請人自己作為詞彙編纂者，必須在說明書或申請歷史檔案中刻意且清楚的（deliberately and clearly point out）指出申請專利範圍中之文字、用語與一般習知意義（conventional understanding）之差異，始足以當之[58]。

　　中國「最高人民法院關於審理侵犯專利權糾紛案件應用法律若干問題的解釋」[59]第3條：「（第1項）人民法院對於權利要求，可以運用說明書及附圖、權利要求書中的相關權利要求、專利審查檔案進行解釋。說明書對權利要求用語有特別界定的，從其特別界定。（第2項）以上述方法仍不能明確權利要求含義的，可以結合工具書、教科書等公知文獻以及本領域普通技術人員的通常理解進行解釋。」顯示中國解釋申請專利範圍的方法與前述內容並無不同，均係以內部證據優先於外部證據，且申請人可以自行編彙技術用語之意義為原則。

　　近年來，美國法院之觀點稍有改變，認為請求項中之用語的編纂並非單就詞彙本身之意義，而應以說明書及圖式之整體內容解釋之，故得以隱含之意義予以定義，亦即依據說明書整體內容所顯示該用語之用法，而不限於明示的詞彙編纂或明確的排除於請求範圍之外的情況[60]。因此，解釋申請專利範圍時，除了可依據說明書中申請人針對申請專利範圍中之文字、用語所為之定義外，亦可依據申請人於說明書中所定之必要技術特徵或新穎特徵限定申請專利範圍。換句話說，除了正向定義外，若申請人於說明書中明示或暗示將申請專利範圍中之文字、用語限於狹義之定義，或有反向排除、放棄所

58　Patient Transfer system, Inc. v. Patient Handling Solutions, Inc., (2000 U.S. Dist, LIXIS 7648)

59　中國最高人民法院於2009年12月21日審判委員會第1480次會議通過「最高人民法院關於審理侵犯專利權糾紛案件應用法律若干問題的解釋」，自2010年1月1日起施行。

60　Phonometrics, Inc. v. Northern Telecom, Inc. 133 F.3d 1459, 45 USPQ2d 1421 (Fed. Cir. 1998)

請求的範圍，例如說明書中所載之先前技術，應為申請專利範圍未涵蓋之範圍。在Teleflex[61]案，法院即明確指出：「專利權人可以透過以下方式表明其意圖不按照通常習慣意義適用請求項中之用語：針對某一用語重新定義；或在內部證據中說明其排除或限制申請專利範圍之意義，明確予以放棄。」Johnson Worldwide Associates[62]案，法院確定了一項原則：「若申請專利範圍無不明確，或發明人對於申請專利範圍中之用語並未重新定義，即無理由將說明書中所載之限定條件讀入申請專利範圍。」惟法院所稱「不明確」係以請求項本身之記載為準？或是以複數個請求項所構成之申請專利範圍整體為準？或是綜合說明書、圖式等文件所揭露申請專利之發明包括問題、手段及功效為準？具體而言，既然專利實體要件之審查對象為申請專利之發明，包括新穎性、進步性及專利法第26條所定各項要件之審查均如是，尤其支持要件及可據以實施要件均涉及請求項與說明書之間的關係，更可說明請求項是否明確之認定，仍須參酌說明書、圖式等所揭露之內容，據以認定申請人所完成之發明內容，而非就請求項本身單獨即可為之。簡言之，解釋申請專利範圍，應以具有通常知識者為解釋主體，綜合其閱讀說明書及圖式後所理解的申請專利之發明，依申請專利範圍所載之內容，據以確定其專利權範圍[63]。因此，當請求項中所載之技術特徵欠缺說明書中所載之必要技術特徵或新穎特徵，或申請專利範圍涵蓋說明書中所載之先前技術，致申請專利範圍與說明書中所載之申請專利之發明不一致，而有不明確或無法為說明書所支持者，說明書中所載之必要技術特徵、新穎特徵或先前技術可限定申請專利範圍，否則無從進行後續的進步性或均等論判斷。

由於技術的發展經常超越文字所能表達的意涵，美國專利申請實務上，申請人自己可以作為詞彙編纂者，於說明書中創造新的詞彙或賦予既有詞彙新的意義，一旦賦予特定詞彙明確的定義，解釋申請專利範圍時，若參酌說明書及申請歷史檔案能決定申請專利範圍中所載文字、用語之意義者，應以該定義為第一優先解釋申請專利範圍。例如請求項記載為：「一種敏感的影

---

61 Teleflex, Inc. v. Ficosa North America Corp. 299 F.3d 1313 (Fed. Cir. 2002)

62 Johnson Worldwide Associates, Inc. v. Zebco Corp. 175 F.3d 985, 50 USPQ3d 1607 (Fed. Cir. 1999)

63 中國「最高人民法院關於審理侵犯專利權糾紛案件應用法律若干問題的解釋」第2條，自2010年1月1日起施行。

像板，包括一塊薄鋁板，其表面經處理形成一氧化鋁鍍層，該鍍層由氧化鋁及鹼金屬矽酸鹽反應形成……。」本案之爭點在於如何解釋「反應」一詞。若依字典之定義，「反應」指發生化學轉變產生新的物質，則未落入專利權範圍，但法院綜合考量具有通常知識者所認知或了解「反應」的意義，以及說明書中以「應用」及「吸附」描述「反應」之定義，而未敘及「產生化學反應形成矽鋁酸鹽」，故法院將「反應」解釋為「形成」，而非「發生化學轉變而形成」[64]。

〔案例〕——Multiform Desiccants Inc. v. Medzam Ltd.[65]

· 系爭專利：一種處理醫療廢棄物之容器，包袋包括裝著有毒液體的內部容器及封袋，當該內部容器破裂或滲漏，釋出之液體會降解該封袋之材質而被封袋中之內容物所吸收、停滯或處理。封袋之材質為可溶性；實施例揭露之內容物為已知的聚丙烯酸鈉，其與液體接觸會膨脹並形成膠質吸附劑。

· 請求項1：「一種可吸收及停滯液體之包袋，其包含一可被液體降解之封袋；第一種材料，於該封袋內用以吸收及停滯該液體；及第二種材料，被限制於該封袋內，用以處理被吸收及停滯之該液體，而使令人不快之性質失效。」

· 系爭對象：封袋為多孔不織布材料，類似製作茶袋之材料，其內容物為聚丙烯酸鉀。當液體穿透封袋被聚丙烯酸鉀所吸收，聚丙烯酸鉀會膨脹撐開包袋，進一步釋出聚丙烯酸鉀吸收液體。

· 爭執點：請求項中所載「可……降解」（degradable）之意義

· 地方法院：「可……降解」之意義為必須至少部分溶解並分散到液體中，而系爭對象是因內容物膨脹而撐開封袋，並非因液體之直接作用而溶解並分散

· 專利權人：對於「可……降解」之意義，必須依內部證據解釋該用語，說明書並未將其限制在溶解及分散，而是廣義的包括該封袋收納功能的任何

64　程永順，羅李華，專利侵權判定－中美法條與案例比較研究，專利文獻出版社，1998年3月，p45

65　Multiform Desiccants Inc. v. Medzam Ltd., 133 F.3d 1473, 45 USPQ2d 1429 (Fed. Cir. 1998)

損耗，「可降解」之意思為「損耗封袋之功能」（loss of the containment function of the envelope）。依申請歷史檔案所提交字典之定義，「可降解」之意思為「剝奪承受力或真正功能」（to deprive of standing or true function）、「降低相關之性質」（impair in respect of some physical property），從前述定義證明「可……降解」之意義可以廣義包括收納功能的任何損耗，而不限於解體而造成之功能損耗。

· 被控侵權人：專利權人係在得知被控侵權物後始提交前述字典之定義，但該廣義之定義與說明書中有關之教導明顯矛盾。

· CAFC：

1. 系爭專利為組合發明，包括吸收材料、處理材料及「可……降解」之封袋。系爭對象具有這三個技術特徵，差異在於是否為「可……降解」之封袋。

2. 對於請求項中所載之用語，申請人自己可以作為辭彙編纂者，若申請人在說明書中所賦予之特定意義已足夠明確，使具有通常知識者能了解其意義，則解釋請求項時應採用該意義。雖然專利權人在申請過程提交之字典包含了廣義之定義，但從說明書及申請歷史檔案均未釐清「可……降解」之原始意義，故不能依據字典擴大請求項之範圍，而包括未溶解僅藉內容物膨脹而撐開封袋。

3. 若說明書已明確完整的定義請求項之用語，則不須從字典尋找該用語之意義。「可……降解」之意義應限制在說明書中所述之溶解／降解，即必須至少有部分溶解，並不包括完全未溶解僅藉膨脹而撐開封袋。

　　惟若內部證據對於申請專利範圍中之文字均未賦予新的意義，應以具有通常知識者所認知或了解的通常習慣意義解釋之。若內部證據之間有矛盾或不一致者，例如說明書與其他申請歷史檔案中之記載不一致，實務上大多以較窄的範圍解釋之。

　　對於申請專利範圍之解釋，內部證據與外部證據有衝突或不一致者，優先適用內部證據；內部證據足使申請專利範圍清楚明確者，無須考慮外部證據[66]。

66　Vitronics Corp. v. Conceptronic, Inc., 90 F.3d 1576 (Fed. Cir. 1996)

二、說明書及圖式

專利申請文件包括摘要、說明書、申請專利範圍及圖式。專利法第58條第4項規定：「發明專利權範圍，以申請專利範圍為準，於解釋申請專利範圍時，並得審酌說明書及圖式。」第5項：「摘要不得用於解釋申請專利範圍。」解釋申請專利範圍時，摘要並非得參酌之依據，SPLT[67]及EPC[68]亦有類似的規定。專利法第26條第3項：「摘要應敘明所揭露發明內容之概要；其不得用於決定揭露是否充分，及申請專利之發明是否符合專利要件。」惟申請時已被申請人揭露在摘要中之內容不得作為修正及更正說明書、申請專利範圍或圖式之依據[69]。SPLT將摘要分為申請人自行撰寫及專利行政機關撰寫兩種情況，而有不同規定[70]。

〔案例〕——CVI/Beta Ventures Inc. v. Tura LP[71]
- 系爭專利：一種利用形狀記憶合金（shape-memory alloy）所製成撓性眼鏡架，其在除去變形外力後可回復原來形狀，各別請求項分別記載該材料必須有「大於3%的彈力」（greater than 3% elasticity）及「至少3%的彈力」（at least 3% elasticity）。
- 爭執點：請求項中所載「彈力」之意義。

67　Substantive Patent Law Treaty (10 Session), Article 5(2) "The abstract shall merely serve the purpose of information and shall not be taken into account for the purpose of interpreting the scope of the protection sought or of determining the sufficiency of the disclosure and the patentability of the claimed invention."

68　EUROPEAN PATENT CONVENTION, (EPC 2000) Article 85 "The abstract shall serve the purpose of technical information only; it may not be taken into account for any other purpose, in particular for interpreting the scope of the protection sought or applying Article 54, paragraph 3. "

69　經濟部智慧財產局，第二篇發明專利實體審查基準，2013年，第一章說明書、申請專利範圍、摘要及圖式3.摘要

70　SPLT Rule 7(3)(b) "A Contracting Party may provide that the right of the applicant to make amendments and corrections in the abstract referred to in Article 7(2) shall not apply where the applicant is not responsible for the preparation of the final contents of the abstract to be published."

Article 7(4) [Abstracts Submitted by the Applicant] "In determining whether an amendment or correction referred to in paragraph (3) is permissible, a Contracting Party [may] [shall] provide that the disclosure in the abstract submitted by the applicant on the filing date shall form part of the disclosure referred to in paragraph (3)(i)."

71　CVI/Beta Ventures Inc. v. Tura LP, 112 F.3d 1146, 42 USPQ2d 1577 (Fed. Cir. 1997)

· 被控侵權人：「彈力」前之百分比是鏡架受力的伸展量，「至少3%的彈力」表示必須從3%以上的伸展中完全回復，換句話說，施以外力將100cm伸展到103.5cm，釋放後必須完全回復到100cm。

· 專利權人：「至少3%的彈力」之意義並不須完全回復，換句話說，施以外力將100cm伸展3.5%到103.5cm，釋放後只要回復3%即到103cm以上的程度，例如103.1cm。

· 地方法院：專利有效且被控侵權人侵害專利權。

· CAFC判決：發明目的與請求項之解釋應一致，即解釋時應考慮說明書及申請歷史檔案中所清楚記載該發明所欲解決之問題。為正常發揮矯正視力之功能並使配戴者舒適，眼鏡架通常必須依配戴者之臉型調整。具有彈力功能且能回復原來形狀的鏡架，始符合前述之目的。因此，可合理的相信請求項中所載之「彈力」係指受力後完全回復原來形狀的能力。「彈力」之前的百分比係指鏡架伸展量，「大於3%的彈力」指100cm伸展超過103cm時，必須能完全回復原來形狀；而「至少3%的彈力」指100cm伸展未超過103cm時，必須能完全回復原來形狀。專利權人無法舉證證明系爭對象與前述正確的解釋相同或均等，推翻了地方法院侵權的判決。

　　雖然在後述Moore U.S.A. Inc., v. Standard Register Co.案例中CAFC指出：將專利名稱所代表的意義作為技術特徵讀入申請專利範圍並不適當。惟在Hill-Rom Co., Inc., v. Kinetic Concepts, Inc.案中[72]，CAFC指出：專利說明書中之摘要亦得為解釋申請專利範圍之參考依據，雖然美國聯邦法規37 C.F.R. 1.72 (b) 規定說明書中之摘要「不得作為解釋申請專利範圍所涵蓋的專利權範圍[73]」，但該規定係規範USPTO人員的審查準則，不能作為法院解釋申請專利範圍時之限制。除了摘要之外，發明名稱等說明書中所載之內容亦得作為解釋申請專利範圍之參考，但不可以將其讀入申請專利範圍，而且若

72　Hill-Rom Co., Inc., v. Kinetic Concepts, Inc., 209 F.3d 1337, 1341, 54 U.S.P.Q. 2d (BNA) 1437 (Fed. Cir. 2000)

73　美國聯邦法規37 CFR 1.72 Title and abstract (b) "...The purpose of the abstract is to enable the Patent and Trademark Office and the public generally to determine quickly from a cursory inspection the nature and gist of the technical disclosure. The abstract shall not be used for interpreting the scope of the claims."

申請過程中對其有修正，亦不構成禁反言[74]。

〔案例〕——Moore U.S.A. Inc., v. Standard Register Co.[75]
- 系爭專利：「3800型印表機之壓力密封黏附型態」（pressure seal adhesive pattern）是一種處理印表機滾輪黏附干擾問題的方法。
- 請求項：明確主張其黏附型態必須提供充足的距離，以確保黏附不會干擾印表機的滾輪。
- 爭執點：充足的距離所指為何？
- 地方法院：依專利名稱「3800型印表機之壓力密封黏附型態」，以真實的3800型印表機製品之設計為準，認定所指充足的距離為至少1／4吋。
- CAFC判決：專利名稱中所指之3800型印表機僅為較佳實施例，不能限制申請專利範圍之解釋。

　　圖式之作用在於補充說明書文字不足之部分，使具有通常知識者閱讀說明書時，得依圖式直接理解發明各技術特徵及其所構成的技術手段。圖式係判斷是否符合充分揭露而可據以實現要件的基礎之一，其與說明書均得作為解釋申請專利範圍之依據[76]。

三、申請歷史檔案

　　申請歷史檔案（prosecution history）係指申請及維護專利之過程中所產生的申請文件，主要包括專利行政機關與申請人或專利代理人之間的往來文件，例如審查意見通知書（office action）、審定書及申請人之申復、說明、

74　Pitney Bowes Inc. v. Hewlett-Packard Co, 182 F.3d 1298, 1305, 51 USPQ2d 1161, 1165-66 (Fed. Cir. 1999) "The purpose of the title is not to demarcate the precise boundaries of the claimed invention but rather to provide a useful reference tool for future classification purpose. Consequently, an amendment of the patent title during prosecution should not be regarded as having the same or similar effect as an amendment of the claims themselves by the applicant."

75　Moore U.S.A. Inc., v. Standard Register Co., 229 F.3d 1091, 1109-11, 56 U.S.P.Q.2d (BNA) 1225 (Fed. Cir. 2000)

76　經濟部智慧財產局，第二篇發明專利實體審查基準，2013年，第一章說明書、申請專利範圍、摘要及圖式4.圖式

修正、訴訟理由及答辯理由等。

　　專利制度係以公示（public notice）方式宣告專利權人的權利，並使公眾知悉未經同意不得實施之專利權範圍，進而迴避或利用[77]。在公示原則之下，申請歷史檔案性質上是「無爭議的公開紀錄」[78]，且在衡平原則之下（equitable estoppel），專利權人不得為了與先前技術區隔，在申請專利階段主張申請專利範圍為A，而在專利侵害訴訟階段主張申請專利範圍為B，試圖以較寬廣的申請專利範圍涵蓋被控侵權對象，換句話說，解釋申請專利範圍時，應前後一致[79]。因此，即使申請專利範圍的文義已為明確，仍應參酌申請歷史檔案，以排除專利權人在申請過程中所放棄的專利權範圍[80]。惟申請歷史檔案性質上僅為申請過程中之協商紀錄，通常不如專利說明書明確，就內部證據而言，解釋申請專利範圍時，應先審酌申請專利範圍，其次為說明書及圖式，最後才參考申請歷史檔案[81]。

〔案例〕——Phillips Petroleum Co. v. Huntsman Polymers Corp.[82]
・系爭專利：一種嵌段式共聚物（block copolymer）及其製造方法。
・請求項1：「一種嵌段式共聚物，其包括丙烯均聚物（homopolymer）之第1聚合物嵌段，且相鄰乙烯及丙烯之共聚物之第2聚合物嵌段。」

77　Warner-Jenkinson Co., Inc. v. Hilton Davis Chemical Co., 520 U.S 17 (1997)"A patent holder should know what he owns, and the public should know what he does not."

78　White v. Dunbar, 119 U.S. 47, 51-52 (1886); Senmed Inc. v. Richard-Allen Medical Industries, 12 U.S.P.Q. 2d 1508, 1512 (Fed. Cir. 1989) "An inventor may not be heard at trial to proffer an interpretation that would alter the undisputed public record (claim, specification, and prosecution history) and treat claim as a 'nose of wax'"

79　Unique Concepts, Inc. v. Brown, 939 F.2d 1558, 1562, 19 U.S.P.Q. 2d 1500, 1504 (Fed. Cir. 1991) "Claims may not be construed one way in order to obtain their allowance and in a different way against accused infringers."

80　Inverness Medical Switzerland GmbH v. Princeton Biomeditech Corp., 309 F.3d 1365, 1372 65., 64 U.S.P.Q.2d 1926 (Fed. Cir. 2002) "Even where the ordinary meaning of the claim is clear, it is well established that the prosecution history limits the interpretation of claim terms so as to exclude any interpretation that was disclaimed during prosecution."

81　Phillips v. AWH Corp., Nos. 03-1269, 1286, 2005 U.S. App. LEXIS 13954 (Fed. Cir. Jul. 12, 2005) (en banc) "The prosecution history is an ongoing negotiation that often lacks the clarity of the specification and thus is less useful for claim construction."

82　Phillips Petroleum Co. v. Huntsman Polymers Corp., 157 F.3d 866, 48 USPQ2d 1161 (Fed. Cir. 1998)

- 請求項2：「一種從乙烯及丙烯單體製備嵌段共聚物之方法，該方法包括在有鹵化鈦及烷基鋁化合物催化劑存在的條件下，交替聚合該單體及該單體之混合物。」
- 地方法院：判決不侵權。
- 爭執點：請求項中所載之「嵌段式共聚物」之意義。
- 被控侵權人：「嵌段式共聚物」必須是顯著量之嵌段共聚物分子的組合物，系爭對象中99.99%成分是其他聚合物，最多僅有60ppm含量的嵌段聚合物分子，故不構成侵權。
- 專利權人：
  1. 「嵌段式共聚物」之意義在1958年申請時已為習知之物，「嵌段式共聚物」包含了相對少量之嵌段共聚物分子的組合物。
  2. 請求項中使用開放式連接詞「包括」（comprising），故請求項1包含了含有嵌段共聚物分子以外之其他分子的組合物，請求項2中「嵌段式共聚物」並未被限制在嵌段共聚物分子，其包含了所述聚合過程中所產生的整個聚合物產物，不論嵌段共聚物分子的含量為何。地方法院將注意力集中在單個分子上，而非請求項整體。
  3. 「嵌段式共聚物」用語更清楚定義發明，而非迴避先前技術，故不適用禁反言原則，系爭對象構成均等侵害。
- CAFC判決：
  1. 依內部證據，「嵌段式共聚物」之意義為(1)組合物含有閾值量的嵌段共聚物分子及鄰接的聚合物嵌段；及(2)聚合物嵌段包括顯著量的嵌段共聚物分子。
  2. 申請歷史檔案支持聚合物嵌段必須含有顯著量的嵌段共聚物分子，請求項中之「包括」用語已表明請求項要求有足夠量的嵌段共聚物分子，尚得有其他成分或步驟，從而使聚合產物可以被分類為嵌段共聚物。
  3. 專利權人無法證明系爭對象是否含有嵌段共聚物，或是否產生嵌段共聚物，及其含量為何，故系爭對象未構成文義侵害。此外，由於嵌段共聚物之含量係請求項中「嵌段式共聚物」之必要條件，依全要件原則，系爭對象亦未構成均等侵害。

〔案例〕——JT Eaton & Company Inc. v. Atlantic Paste & Glue Co.[83]

· 系爭專利：一種盤狀容器形之捕鼠器，其中包含感壓型接著材料，以黏住並捕獲老鼠。申請歷史檔案顯示專利權人在再審查時（取得專利時未主張）自陳該發明之接著劑必須在120°F垂直及水平懸掛24小時不會流下。

· 請求項1：「一種商用補鼠產品，包含：……相對厚的感壓型接著材料層……大於120°F之塑性流動溫度。」

· 爭執點：請求項中所載「大於120°F之塑性流動溫度」（a plastic flow temperature above 120°F.）之意義

· 地方法院：「大於120°F之塑性流動溫度」係指產品在120°F下裝運及儲存時，接著劑不會從支撐物上流下，並要求接著劑必須通過申請歷史檔案中於審查時所揭示之兩項測試：(1)將支撐物及其上之接著劑水平放置在120°F下16小時；(2)將支撐物及其上之接著劑垂直放置在77°F下63小時。若接著劑通過這兩項測試而不會從支撐物上流下，即符合「大於120°F之塑性流動溫度」之技術特徵。此外，雖然請求項1對照先前技術為顯而易見，但因該產品的商業成功，法院仍認為具有非顯而易見性，而該商品為該發明的具體實施例——垂直懸掛的兩個塑膠容器。

· CAFC判決：由於地方法院所採用之兩項測試無法確定120°F下垂直方向的塑性流動，依再審查時之申請歷史檔案，請求項中所載「大於120°F之塑性流動溫度」係指接著劑必須在120°F垂直及水平懸掛24小時不會流動。鑑於系爭對象之接著劑不符合前述塑性流動之特徵要求，判決未侵害該請求項。

· 反對意見：Rader法官認為請求項、說明書及申請歷史檔案已充分支持地方法院對於請求項之解釋，多數意見對於請求項所解釋之意義從未出現在於8年審查12年訴訟中雙方當事人之主張，其僅出現在專利公告後兩件所提交之聲明中，且雙方當事人從未就多數意見之解釋論辯。

　　在概念及意義上，申請歷史檔案（prosecution history）是解釋申請專利範圍之文字意義時應參考的證據資料，其確認的對象是文義範圍；申請歷史

83　JT Eaton & Company Inc. v. Atlantic Paste & Glue Co., 106 F.3d 1563, 41 USPQ2d 1641 (Fed. Cir. 1997)

檔案禁反言原則（prosecution history estoppel）是在被控侵權對象適用均等論的情況下，為限制均等論的適用而利用申請歷史檔案的步驟，其限制的對象是均等範圍[84]。兩者之間的法律意涵及判斷順序並不相同，應予以區隔。

〔案例〕——Desper Products, Inc. v. Qsound Labs, Inc.[85]
- 系爭專利：一種影音設備及方法，係透過處理單音道訊號創造一種幻象使音源分布在三維空間中之音頻系統。首先，單音道訊號被分成兩個單獨的頻道訊號，再以不同處理器處理每個頻道訊號，使單音道訊號之頻率及相位改變而創造幻象，並將出自於單點之音源在遠離音源之處分布在三維空間中。
- 方法請求項：「一種利用單音道輸入訊號產生並分布所選定聲音之清楚來源……的方法，包括下列步驟：
  將該輸入之單音道訊號分成相應的第1及第2頻道訊號；……
  使該第1或第2頻道中至少一個訊號改變振幅及產生相移……並在改變振幅及產生相移的步驟之後，保持第1頻道訊號與第2頻道訊號彼此分離……。」
- 系統請求項：「一種利用兩個設置在自由空間中之轉換器調節訊號之系統，用於對有聽眾之三維空間中之某預定位置，從至少一個與被選定之聲音一致之單音道輸入訊號中產生及分布清楚音源的聽覺幻覺，包括：
  第1及第2頻道裝置，兩者均接收相同之單音道輸入訊號……該第1及第2頻道訊號在被傳送到兩個轉換器之前，保持彼此分離。」
- 爭執點：請求項中所載「在……之後」（following）及「在……之前」（prior to）
- 地方法院：「在……之後」及「在……之前」係指在兩個訊號之相位及振

---

84 Southwall Technologies Inc. v. Cardinal IG Co., 54 F.3d 1570, 34 U.S.P.Q.2d 1673 (Fed. Cir. 1995) "Doctrine of prosecution history estoppel, which limits expansion of the protection under the doctrine of equivalents when a claim has been distinguished over relevant prior art. Claim interpretation in view of the prosecution history is a preliminary step in determining literal infringement, while prosecution history estoppel applies as a limitation of the range of equivalents if, after the claim have been properly interpreted, no literal infringement has been found."

85 Desper Products, Inc. v. Qsound Labs, Inc., 157 F.3d 1325, 48 USPQ2d 1088 (Fed. Cir. 1998)

幅被改變後，必須立即保持彼此分離。系爭對象兩個訊號之相位及振幅被改變後，是結合在一起，直到送入揚聲器之前才彼此分離。

· CAFC判決：

1. 方法請求項中所載「在……之後」之字面意義為依情況「時間一到之後」（subsequent to, after in time）或「緊接在後」（next after），惟前述兩意義均未明確定義必須保持訊號分離之時間點距離前述之改變之時間點有多長。保持訊號分離之技術特徵係為克服先前技術核駁而加入者，依說明書及申請歷史檔案，認定「在……之後」之意義為相位及振幅改變後，須立即保持分離。

2. 依字典（Webster's New World Dictionary 1131（2d ed. 1984））之定義，「在……之前」指「在時間上先於、早於、先前、在先」（preceding in time; earlier; previous; former），亦即系統請求項中所載「在……之前」係要求第1及第2頻道訊號送入兩個轉換器之前分離即足。惟對於「在……之前」，說明書已敘明其意義為該兩個頻道訊號開始時即分離，並一直保持分離，而非字典上之定義。

3. 在申請過程中，專利權人將方法請求項與系統請求項一併看待，雖然兩請求項之用語不一致，但為克服先前技術核駁，專利權人在修正時即已明確指出兩頻道訊號在改變振幅及相位後一直保持分離，故兩請求項中之用語的範圍並無不同。

4. 系爭對象兩個訊號之相位及振幅被改變後，是結合在一起，直到送入揚聲器之前才彼此分離，故無文義侵害；專利權人為克服先前技術核駁所為之修正及聲明適用禁反言原則，故亦無均等侵害。

5.3.3 外部證據

雖然我國專利法第58條第4項規定解釋申請專利範圍之依據僅為申請專利範圍、說明書及圖式。惟依美國專利侵害訴訟實務，自1995年Markman v. Westview Instruments案起即確立：除內部證據之外，外部證據亦得為解釋申請專利範圍之依據。

一、種類

　　外部證據，泛指非屬內部證據之資料或證詞[86]，包括：普通字典、科學字典、教科書、工具書、權威著作、百科全書、學術論文（learned treatises）、刊物、發明人證詞（inventor testimony）、專家證詞（expert testimony）、申請人之相關專利、未被該專利引用之先前技術及具有通常知識者之觀點等[87]。

　　援引外部證據解釋申請專利範圍，主要目的是協助法官理解系爭專利相關之科學原理、技術用語之意義及申請時該發明所屬技術領域之水準，而非直接用來解決申請專利範圍不明確之問題。

　　CAFC認為外部證據中未被引證的先前技術及字典比專家證詞更為客觀而可信[88]。在Texas Digital Systems, Inc. v. Telegenix, Inc.案中，CAFC認為解釋申請專利範圍時，應先參酌字典探究申請專利範圍的字義，然後再參酌說明書或申請歷史檔案，若字典所顯示之意義與內部證據牴觸，則以內部證據為優先，並認為參考內部證據的目的僅是用來決定字典上所顯示之意義是否被申請人推翻，例如申請人自己作為其發明的詞彙編纂者，或在說明書中明白放棄申請專利範圍中某部分發明[89]。

　　2000年初期，CAFC利用公眾可取得的資料，例如字典、百科全書或學術論文等，作為解釋申請專利範圍的依據，有快速成長的趨勢，理由有三[90]：

86　Vitronics Corp. v. Conceptronic, Inc., 90 F.3d 1576, 1583, 39 USPQ2d 1573, 1577 (Fed. Cir. 1996) "Extrinsic evidence consists of all evidence external to (not included in) the patent and prosecution history."

87　經濟部智慧財產局，專利侵害鑑定要點，2004年10月4日，p30～31

88　Vitronics Corp. v. Conceptronic, Inc., 90 F.3d 1576, 1583, 39 U.S.P.Q. 2d 1573, 1577 (Fed. Cir. 1996) "Among the types of extrinsic evidence, prior art documents and dictionaries, although to a lesser extent, are more objective and reliable guides than expert testimony, which tends to be biased."

89　Texas Digital Systems, Inc. v. Telegenix, Inc.308 F.3d 193, 64 U.S.P.Q. 2d 1812 (Fed. Cir. 2002) "Claim construction shall start with referring to dictionaries, and then looking to the intrinsic record only to determine whether the dictionary definition is rebutted. ... The inventor acts as his own lexicographer, when the specification sets forth an explicit definition of the term different from its ordinary meaning. ... disclaimer, when the specification uses words or expressions of manifest exclusion or restriction, representing a clear disavowal of claim scope."

90　陳森豐，科技藍海策略的保衛戰2006美國專利訴訟(一)，禹騰國際智權股份有限公司，2006年，p252～253。

1. 以字典之定義解釋申請專利範圍，符合美國專利訴訟實務。解釋申請專利範圍是以該範圍中所載之文字、用語為起點，探究該文字、用語的字面意義。字面意義（plain meaning），係以具有通常知識者於申請專利時所了解之意義。由於具有通常知識者是一個虛擬人物的觀點，美國專利訴訟實務上是以字典之定義作為申請專利範圍中所載之文字、用語的字面意義[91]。

2. 以字典之定義解釋申請專利範圍，就不會將說明書中所載之技術特徵讀入申請專利範圍。經參酌字典、百科全書或學術論文，並確定具有通常知識者所認定申請專利範圍中所載之用語的可能意義後，再參酌內部證據，選取最符合申請人原意之字面意義。透過這種方法，可以精確的探求申請人對於申請專利範圍中所載之用語的定義，且可有效避免將說明書中所載之實施例讀入申請專利範圍而限縮專利權範圍[92]。

3. 以字典之定義解釋申請專利範圍，比其他外部證據如專家證詞等更為客觀而且經濟、可靠。法院利用字典探求申請專利範圍中所載之文字、用語的字面意義，得不徵詢專家證人之證詞[93]。

〔案例〕——Trilogy Communications, Inc. v. Times Fiber Communications, Inc.[94]
· 系爭專利：一種同軸電纜，其內層導體與鞘（sheath，電纜外層導體）之

---

91 Cybor Corp. v. FAS Technologies Inc., 138 F.3d 1448, 1458, 46 U.S.P.Q. 2d 1169 (Fed. Cir. 1998) "...citing a dictionary for the 'plain meaning' of a claim term and confirming the meaning by reference to the intrinsic evidence."

92 Texas Digital Sys., v. Telegenix, Inc., 308 F.3d 1193, 64 U.S.P.Q. 2d 1812 (Fed. Cir. 2002) "By examining relevant dictionaries, encyclopedias and treaties to ascertain possible meanings that would have been attributed to the words of the claims by those skilled, and by further utilizing the intrinsic record to select from those possible meanings the one or ones most consistent with the use of the words by the inventor, the full breadth of the limitations intended by the inventor will be more accurately determined and the improper importation of unintended limitations from the written description into the claims will be more easily avoided."

93 CCS Fitness, Inc., v. Brunswick Cop., 288 F.3d 1359, 1368 (Fed. Cir. 2002) "When the ordinary meaning of a term can be determined from dictionary definitions and intrinsic evidence, there is no need to consult expert witness."

94 Trilogy Communications, Inc. v. Times Fiber Communications, Inc. 109 F.3d 739, 42 USPQ2d 1129 (Fed. Cir. 1997)

間的泡沫絕緣材料係與鞘「熔合黏接」（fusion-bonded）。

- 獨立項1：「一種電纜包括……泡沫絕緣體……該絕緣體與線芯黏接並受線芯及鞘的徑向壓力，該絕緣體不規則的填充於鞘之內表面並與該鞘熔合黏接。」

- 附屬項6：「依請求項1所述之電纜，其特徵在於該泡沫絕緣體與鞘之結合，另包括一外層促進接著材料，在低於泡沫絕緣體熔點下將該泡沫絕緣體與該鞘之內表面黏接。」

- 爭執點：請求項中所載「熔合黏接」之意義。

- 系爭對象：同軸電纜係以接著劑將泡沫絕緣體與鞘黏接。

- 被控侵權人：系爭對象並非請求項中所載之「熔合黏接」。

- 地方法院：依字典之定義「熔合，通常指以熱液化或熔化在一起的行為或過程」（the act or procedure of liquefying or melting together by heat），解釋「熔合黏接」必須熔化在鞘之表面，而判決系爭對象不侵權。

- 專利權人上訴：

  1. 主張請求項中之「熔合黏接」包括將泡沫絕緣體與鞘之間的接著劑溶解或熔化，並主張這種解釋受附屬項6「在低於泡沫絕緣體熔點下……黏接」（bonds ... at a temperature lower than the fusion temperature of the foam）之支持。

  2. 地方法院對於請求項1之「熔合黏接」必須熔化之解釋，將導致附屬項6之依附關係產生矛盾。

  3. 主張說明書中揭露了一種可溶化的促進接著材料，足以證明可在低於泡沫絕緣體熔點下溶化接著劑而達成黏接之效果。

- CAFC判決：

  1. 附屬項6並非詳加限定泡沫絕緣體與鞘之結合，而是將促進接著材料附加限定在低於泡沫絕緣體之熔點下黏接。

  2. 無論是否有促進接著材料，或促進接著材料是否於低熔點黏接，請求項1所載者是將「絕緣體與鞘熔合黏接」，故請求項1之「熔合黏接」必須熔化之解釋與附屬項6所載「促進接著材料」之間並無矛盾。

  3. 專利權人未能證明說明書有揭露僅使用促進接著材料就能將泡沫絕緣體與鞘黏接在一起，而無須將兩者熔合黏接；何況原申請專利範圍中僅使

　　用促進接著材料將兩者黏接之請求項已被放棄。由於系爭對象並非「熔合黏接」，故維持不侵權之判決。

　　利用字典解釋申請專利範圍，因有違內部證據優先於外部證據之原則，在解釋方法論上產生問題，美國CAFC在2005年Phillips v. AWH案中召開全院合議庭，對於該解釋方法提出宣示性看法，見5.3.3之三「使用字典的問題」。

　　除前述之字典外，最常被援引之外部證據有百科全書、學術論文、專家證詞及發明人證詞等。

　　解釋申請專利範圍應以該發明所屬技術領域中具有通常知識者於申請專利時之技術水準的觀點為之。惟「該發明所屬技術領域中具有通常知識者」及「申請專利時之技術水準」兩者均為虛擬的抽象概念，且與申請人的概念亦無關連（解釋申請專利範圍是探求在申請專利當時申請人對於申請專利範圍所賦予之客觀意義），因此，解釋申請專利範圍時，法院可以參考專家證詞，以理解系爭專利申請時的技術水準及背景[95]，尤其是內部證據無法明確說明時[96]。

〔案例〕——Eastman Kodak Co. v. Goodyear Tire & Rubber Co.[97]
・系爭專利：一種聚乙烯對酞酸鹽顆粒的製備方法。
・請求項1：「一種高分子量的聚乙烯對酞酸鹽的連續製備方法……包括在溫度為220℃至260℃、惰性氣體條件下迫使顆粒結晶為至少1.390g/cm³的密度，……。」
・爭執點：請求項中所載「在溫度為220℃至260℃」（at a temperature of 220℃ to 260℃）之意義。
・被控侵權人：「在溫度為220℃至260℃」係對顆粒或聚合物本身之限定。

95　Markman, 52 F.3d at 980-81, 34 U.S.P.Q. 2d at 1330-31"Trial courts generally can hear expert testimony for background and education on the technology implicated by the presented claim construction issue."
96　Vitronics, 90 F.3d at 1584, 39 U.S.P.Q. 2d at 1578 "A trail court is quite correct in hearing and relying on expert testimony on an ultimate claim construction questioning cases in which the intrinsic evidence does not answer the question."
97　Eastman Kodak Co. v. Goodyear Tire & Rubber Co., 114 F.3d 1547, 42 USPQ2d 1737 (Fed. Cir. 1997)

‧ 專利權人：「在溫度為220℃至260℃」係對加熱介質之限定，而非對顆粒
　或聚合物本身之限定。

‧ 地方法院：同意專利權人之主張。

‧ CAFC：從請求項文句本身、說明書及申請歷史檔案都傾向專利權人之主
　張，但並無內部證據能明確的作出結論。對於請求項之用語的解釋，通常
　應參酌具有通常知識者於申請時之認知，故對於請求項中之用語在發明構
　思中之意義，專家證詞得作為解釋之依據。惟若用語之解釋在內部證據中
　已為明確者，應限制外部證據之利用。是否利用或限制利用外部證據，屬
　於審理法院之職權。法院採用專利權人之專家證詞，指出在聚合物技術領
　域，結晶溫度通常指聚合物經歷結晶之溫度；但在工業化學產業中，結晶
　溫度係指加熱介質的溫度。此外，在有關化學製程及製法之技術著作中，
　結晶溫度指加熱介質的溫度。

‧ 反對意見：Lourie法官不同意「在溫度為220℃至260℃」係對加熱介質之
　限定，認為參酌說明書，請求項之字面很清楚的指顆粒的溫度。

　　雖然申請專利範圍的解釋與申請人主觀意圖並無絕對關係，惟發明人對
其發明之技術、背景、先前技術的問題點及解決問題的技術手段最為了解，
尤其是申請人自己作為詞彙編纂者創造新的詞彙時，發明人證詞更能釐清申
請專利範圍所載之文字、用語[98]。

二、角色及性質

　　職司申請專利範圍解釋的法官為法律專業人士，不一定熟悉系爭專利權
所涉及之技術領域，在解釋申請專利範圍時，有必要藉由外部證據協助法官
了解系爭專利有關的科學原理及出現在申請專利範圍、說明書或申請歷史檔
案中之文字、用語的意義以及該發明所屬技術領域的技術水準。外部證據可
以協助法官理解專利申請文件中所載之文字、用語的意義，參考外部證據不

98　Hoechst Celanese, 78 F.3d at 1580, 38 U.S.P.Q. 2d at 1130"An inventor is a competent witness to explain the invention and what was intended to be conveyed by the specification and covered by the claims. The testimony of the inventor may also provide background information, including explanation of the problems that existed at the time the invention was made and the inventor's solution to these problems."

一定是因為專利申請文件中有不明確，主要是為了協助法官理解申請專利之發明的意義[99]。在Apple Computer, Inc. v. Articulate Systems, Inc.案中[100]，專利權人在內部證據中未清楚定義「視窗」（window），法院參酌外部證據，以具有通常知識者之觀點認定「視窗」之意義相當廣泛，並落入先前技術範圍，而判決該專利權無效。

　　然而，利用外部證據解釋申請專利範圍應有限制，若依內部證據就可以解決申請專利範圍所載之文字、用語的不明確，則不須再參酌外部證據[101]；反之，得參酌外部證據[102]。依「專利侵害鑑定要點」，若內部證據足使申請專利範圍清楚明確，則無須考慮外部證據；若外部證據與內部證據對於申請專利範圍之解釋有衝突或不一致，則優先採用內部證據。其理由在於申請專利範圍、說明書及申請歷史檔案資料等內部證據一經公告則具有公示功能或效果，社會大眾基於對政府公告的正當信賴，內部證據已為明確的情況下，應以其為解釋申請專利範圍的唯一依據[103]，外部證據僅屬補充性質，亦即其係依內部證據無法明確解釋申請專利範圍的情況下所使用之補充證據。

　　解釋申請專利範圍時，參酌外部證據係屬法院依職權自由裁量的範圍，以決定是否利用外部證據協助其了解系爭專利之發明，除非顯有不當，否則

99　Markman v. Westview Instruments, In., 52 F.3d 967, 4 U.S.P.Q. 2d 1321 (Fed. Cir. 1995) (en banc), aff'd, 116 S. Ct. 1384 (1996) "This evidence may be helpful to explain scientific principles, the meaning of technical terms, and terms of art that appear in that patent and prosecution history. Extrinsic evidence may demonstrate the state of the prior art at the time of the invention. It is helpful to show what was then old, to distinguish what was new, and to aid the court in the construction of the patent."; "Extrinsic evidence, therefore, may be necessary to inform the court about the language in which the patent is written. It is not ambiguity in the document that creates the need for extrinsic evidence but rather unfamiliarity of the court with the terminology of the art to which the patent is addressed."

100 Apple Computer, Inc. v. Articulate Systems, Inc., 234 F.3d 14, 57 U.S.P.Q. 2d (BNA) 1057 (Fed. Cir. 2000)

101 Kegel Co. v. AMF Bowling, Inc., 44 U.S.P.Q. 2d 1123, 1127 (Fed. Cir. 1997) "When an analysis of the intrinsic evidence alone will resolve any ambiguity in a disputed claim term, it is improper to rely on extrinsic evidence."

102 Vitronics Corp. v. Conceptronic, Inc., 90 F.3d 1576, 1583, 39 USPQ2d 1573, 1577 (Fed. Cir. 1996) "Only if there were still some genuine ambiguity in the claims, after consideration of all available intrinsic evidences, should the trial court have resorted to extrinsic evidence in order to construe the claims."

103 Key Pharmaceuticals Inc. v. Hercon Laboratories Corp., 161 F.3d 709, 48 U.S.P.Q. 2d 1911 (Fed. Cir. 1998) "Competitors are entitled to rely on the public record of the patent, and if the meaning of the patent is plain, the public record is conclusive."

上級法院不宜干涉下級法院之自由裁量權[104]。

〔案例〕──Bell & Howell Co. v. Altek Systems[105]

- 系爭專利：一種微縮影片夾板及其製造方法，係將融化之塑膠條置於透明之底板上，再將透明之頂板置於該塑膠條上，待該塑膠條冷卻形成肋條，並將該底、頂板黏接在一起而製成者，肋條之間形成微縮片之容置空間。
- 爭執點：請求項中所載「完全黏接……不用接著劑」（integrally bonded ... free of adhesive）之意義
- 被控侵權人：依其專家證詞，主張在化學領域，「機械式黏接」（mechanical bonding）指兩種物質其中之一物質流入並填滿另一物質表面之凹縫後變硬，而使兩種物質固定在一起；「完全黏接」（integral bonding）指兩種物質之分子穿過其接觸面並混合在一起，以致無法分辨接觸面。系爭對象之層板與塑膠條之間的接觸面清晰可辨，故未侵害該請求項。
- 專利權人：未就「機械式黏接」及「完全黏接」提出解釋，但認為本專利中之「完全黏接」應從機械角度解釋之。
- 地方法院：採用被控侵權人之主張，並認為「完全黏接」不能解釋為「不用接著劑」，否則將導致「不用接著劑」之技術特徵無意義，故將「完全黏接」解釋為必須黏接到形成單一整體材料。
- CAFC：解釋申請專利範圍應先檢視內部證據，若內部證據不明確始得參酌外部證據。本專利之內部證據已明確顯示「完全黏接……不用接著劑」具有單一技術特徵之作用，「完全黏接」與「不用接著劑」係相互加強定義，後者並非多餘。內部證據已明明白白的定義「完全黏接」係層板與塑膠條之間無須使用接著劑，以屬於外部證據之專家證詞駁斥內部證據，不符法律上之要求。

---

104 Seattle Box Co. v. Industrial Crafting & Packing, Inc., 731 F.2d 818, 826, 221 U.S.P.Q. 568, 573 (Fed. Cir. 1984) "A trial judge has sole discretion to decide whether or not he needs, or even just desires, an experts assistance to understand a patent. We will not disturb that discretionary decision except in the clearest case."

105 Bell & Howell Co. v. Altek Systems, 132 F.3d 701, 45 USPQ2d 1034 (Fed. Cir. 1997)

〔案例〕[106]

· 系爭專利：一種用於快艇、水上摩托車或雪車等運動裝置的「提供中斷電
源供應功能的控制器」，其特點在於提供電子操控裝置一種中斷模式
（interrupt mode），啟動該模式時，除非達到預設的斷路電流而使該電子
操控裝置斷路外，電源供應僅是中斷而不會被完全斷路。

· 系爭對象：引擎的設計是當操作者脫離快艇、水上摩托車或雪車等運動裝
置時立即停止（break off）。

· 爭執點：請求項中所載「中斷模式」（interrupt mode）之意義是否涵蓋停
止（break off）。

· 專利權人：依字典解釋，中斷（interrupt）的字面意義包含「break off」及
「shut or cut off」之意義。

· 被控侵權人：申請人特別在說明書中強調其發明與傳統的電子操控裝置僅
提供開關控制不同，在中斷模式時，其電子操控裝置與其動力供應仍維持
在通路狀態，使電子裝置仍能繼續運作。

· 系爭對象：在中斷模式時，完全停止引擎之電源供應。

· 地方法院判決：雙方當事人之解釋皆有所本，惟基於內部證據優先於外部
證據之原則，被告依據內部證據之主張已為明確的情況下，不須參酌外部
證據，判決被告不侵權。

三、使用字典的問題

　　字典或類似資料主要是協助法官了解申請專利範圍所載之文字、用語的
普通意義[107]，其為社會大眾在訴訟前能取得的客觀資料[108]。美國2000年初期
的專利訴訟實務，除了違反內部證據優先於外部證據之原則外，大多先以字

---

106 陳森豐，科技藍海策略的保衛戰2006美國專利訴訟（一），禹騰國際智權股份有限公司，2006年，
p225～230

107 Webber Elec. Co. v. E.H. Freeman Elec. Co., 256 U.S. 668, 678 (1921) "Dictionaries or comparable sources
are often useful to assist in understanding the commonly understood meaning of the words used in the
claims."

108 Vitronics Corp. v. Conceptronic, Inc., 90 F.3d 1585 (Fed. Cir. 1996) "A dictionary definition has the value of
being an unbiased source accessible to the public in advance of litigation."

典之定義或以字典之定義為主解釋申請專利範圍，可能之缺點有三[109]：

1. 申請專利範圍所涵蓋的範圍可能無法為說明書所支持：為適合各界需求，字典中之解釋多為抽象、概括性說明，以字典之定義解釋申請專利範圍有可能使其範圍涵蓋過廣而無法為說明書所支持，違反專利要件而構成專利無效之事由[110]。申請專利範圍中所載之文字、用語的通常習慣意義並非必須以字典之定義作為唯一依據，對於具有通常知識者於申請專利時之觀點而言，不僅應參酌系爭申請專利範圍之文字、用語，亦應參酌全部專利資料，包括說明書[111]。

2. 因字典版本、出版時點之差異，申請專利範圍之解釋可能不一致：依美國專利訴訟實務，1990年至2000年之間使用了24種一般用途的字典作為解釋申請專利範圍的參考，包括美國傳世字典、韋伯第3國際字典、韋伯第9新學生字典、韋伯第3新國際字典、牛津英文字典、馬瑞韋伯學生字典等。因字典版本、出版時點之差異，對於申請專利範圍中所載之文字、用語之意義亦不一致，以字典之定義解釋申請專利範圍，將使社會大眾面臨選擇字典的問題。

3. 字典版本眾多，會增加社會大眾明瞭申請專利範圍的成本及不確定性：專利制度係以公示（public notice）方式宣告專利權人的權利，並使公眾知悉未經其同意不得實施之專利權範圍，故申請專利範圍是判斷專利權保護範圍的依據，具有對外公示之功能及效果，必須客觀解釋之，使公眾對於申請專利範圍有一致的信賴。若解釋申請專利範圍所使用之字典的版本、範圍不確定，使用字典不會比使用內部證據經濟、可靠，且會增加社會大眾明瞭申請專利範圍的成本及不確定性。再者，解釋申請專利範圍是探求申請專利當時申請人對於申請專利範圍所賦予之客觀意義，申請與侵權時點可能年代相隔久遠，捨棄手邊之內部證據而就十餘年前之字典，不利於

---

109 陳森豐，科技藍海策略的保衛戰2006美國專利訴訟(一)，禹騰國際智權股份有限公司，2006年，p263～267

110 Brookhill-Wilk 1, LLC v. Intuitive Surgical, Inc., 334 F.3d 1294 (Fed. Cir. 2003)

111 Aquatex Industries, Inc., v. Techniche Solutions., No. 05-1088 (Fed. Cir. August 19, 2005) "The specification is of central importance in construing claims because the person of ordinary skill in the art is deemed to read the claim terms not only in the context of the particular claim in which the disputed term appears, but in the context of the entire patent, including the specification."

社會公益。

〔案例〕[112]
- 系爭專利：一種用於建構樓板表面之厚板，其形狀構成能使水分從其表面流出而適於作為行走、站立之外部木質地板。
- 爭執點：厚板（board）之意義為何？
- 地方法院：依說明書，認定厚板之意義為「由圓木切割下來之木材所製成的加長型片狀建築材料」。
- 專利權人：該厚板並不限於從圓木切割下來的木材，法院的解釋係將說明書中之技術特徵讀入申請專利範圍。
- CAFC判決：解釋申請專利範圍應以具有通常知識者之觀點探求其中之文字、用語的通常習慣意義。參考字典認定「厚板」之意義，依美國傳世字典第二個解釋，厚板，指適合特殊用途之平板狀木材或類似的剛性材料；依韋伯第3國際字典，厚板，指一片經切割具有細薄厚度且有相當表面積之木材，通常係呈長度大於寬度之矩形。最後採取前者之解釋，並認定地方法院錯誤解釋申請專利範圍。

　　以字典為主解釋申請專利範圍，因有違內部證據優先於外部證據之原則，在解釋方法論上產生了問題，美國CAFC在2005年Phillips v. AWH案中召開全院合議庭，對於申請專利範圍之解釋方法提出宣示性看法。CAFC重申申請專利範圍之解釋應以內部證據優先於外部證據為原則，理由如下：
1. 外部證據不屬於專利申請文件，申請人在申請當時並非以外部證據說明其發明內容。
2. 外部證據並非依據具有通常知識者之觀點所編纂之文件。
3. 專家證詞等外部證據是臨訟所為者，容易有主觀之偏執。
　　法院指出：申請專利範圍的通常習慣意義係以具有通常知識者於申請專利當時之觀點閱讀全部專利文件後所認定之意義。字典並非依前述觀點所編

112陳森豐，科技藍海策略的保衛戰2006美國專利訴訟(一)，禹騰國際智權股份有限公司，2006年，p258～262

纂，過度依賴字典之抽象意義，具有相當的風險，可能將字典中抽象、概括性之定義轉化為申請專利範圍中所載之文字、用語的通常習慣意義[113]。

Phillips案後，只要涉及申請專利範圍之解釋，大多以本案所定詞彙編纂者原則及內部證據優先原則為之，判決指出：為平衡「保護專利權人的合理範圍」及「專利權範圍對社會大眾的公示效果」之雙方利益，使專利權人能掌握其專利權範圍，並使社會大眾能知悉專利權人排除他人實施之專利權範圍，專利權人自己可以作為其發明的詞彙編纂者，且解釋申請專利範圍應以內部證據為優先。

5.4　解釋申請專利範圍之一般原則

解釋申請專利範圍之目的在正確解釋申請專利範圍之文字意義，以合理界定專利權範圍[114]。除前述章節所介紹之理論、解釋之基礎及證據外，「專利侵害鑑定要點」及美國法院判例也揭示了若干解釋原則，說明如下。

5.4.1　解釋之主體

一旦申請專利範圍公告於專利公報即具有對外公示之效果，必須客觀解釋之；為使公眾對於申請專利範圍有一致的信賴，解釋申請專利範圍應以申請專利之發明所屬技術領域中具有通常知識者之觀點為標準[115]，才不致於流於主觀判斷。

〔案例〕[116]

・系爭專利：一種藉可吸納水分之合成材料多層結構之中層水分的蒸發效

---

113 Phillips v. AWH Corp., No. 03-1269, 03-1286, 2005 U.S. App. LEXIS 13954 (Fed. Cir. Jul. 12, 2005) (en banc) "Heavy reliance on the dictionary divorced from the intrinsic evidence risks transforming the meaning of the claim to the artisan into the meaning of the term in the abstract."

114 經濟部智慧財產局，專利侵害鑑定要點，2004年10月4日，p30

115 Moeller v. Ionetics, Inc., 794 F.2d 653, 657, 229 U.S.P.Q. 992 (Fed. Cir. 1986) "Claims should be construed as they would be by those skilled in the art."

116 陳龍豐，科技藍海策略的保衛戰2006美國專利訴訟(一)，禹騰國際智權股份有限公司，2006年，p109～113

果,使人涼快的方法,其中「藉……蒸發效果」是區別先前技術而增加之限定。

・系爭對象:包括自然纖維及合成纖維,並非單純合成纖維。

・專利權人:以系爭專利說明書中所列3件先前技術說明「纖維填充棉絮」之定義,並主張任何專業人士均能應用各種類型的纖維,包括合成、人造等。

・被控侵權人:解釋該3件先前技術應依據具有通常知識者的觀點,「纖維填充棉絮」僅限於合成纖維,不能包括天然纖維及合成纖維與天然纖維之結合。

・法院判決:該3件先前技術所揭露之商業化纖維填充棉絮皆為合成或人造纖維,依具有通常知識者的觀點,「纖維填充棉絮」僅限於合成纖維,不能包括天然纖維及合成纖維與天然纖維之結合,而同意被告之主張。

具體而言,解釋申請專利範圍時,必須參酌申請專利範圍、說明書及申請歷史檔案,以申請當時該發明所屬技術領域中具有通常知識者之技術水準的觀點[117],將其所理解申請專利範圍中之文字、用語的意義作為該申請專利範圍之解釋[118]。法院在解釋申請專利範圍時,必須將自己假設為具有通常知識者的技術水準,判斷申請專利範圍中之文字、用語的意義[119]。

〔案例〕——Endress + Hauser, Inc. v. Hawk Measurement Sys. Pty. Ltd.[120]
・系爭專利:一種監測貯藏箱中材料水平面之控制系統。

---

117 經濟部智慧財產局,專利侵害鑑定要點,2004年10月4日,p31

118 Markman v. Westview Instruments, In., 52 F.3d 967, 34 U.S.P.Q. 2d 1321 (Fed. Cir. 1995) (en banc), aff'd, 116 S. Ct. 1384 (1996) "Claim interpretation demands an objective inquiry into how one of ordinary skill in the relevant art, at the time of the invention would comprehend the disputed word of phrase in view of the patent claims, specification, and prosecution history."

119 Multiform Desiccants Inc. v. Medzam Ltd. 133 F.3d 1473, 1477 45 USPQ2d 1429, 1432 (Fed. Cir. 1998) "The inventor's words that are used to describe the invention — the inventor's lexicography must be understood and interpreted by the court as they would be understood and interpreted by a person in that field of technology."

120 Endress + Hauser, Inc. v. Hawk Measurement Sys. Pty. Ltd., 122 F.3d 1040, 43 USPQ2d 1849 (Fed. Cir. 1997)

· 請求項43：「一種用於監測貯藏箱中材料水平面之控制系統……特徵在於：其中該控制電路包括……水平面指示手段反應轉換手段，依該數位反應脈衝之相對數值，用來提供材料水平面之指示信號。」
· 被控侵權人上訴：專利權人之專家並非「具有通常知識者」
· CAFC：「具有通常知識者」係依第103條判斷非顯而易知性所使用之一個抽象概念，其係一個虛擬之人，被假設為熟知所有相關先前技術，而非描述某一具體的真人。若該概念係指一具體的真人，則在該領域中一個具有特殊技能之人即無資格以專家身分來作證，因為其已非通常之人。本請求項中所載「水平面指示手段」（level indicating means）適用手段功能用語，請求項43為手段請求項，其均等範圍與均等論是兩種不同概念，惟兩者之分析均必須就各技術特徵逐一（limitation-by- limitation）為之。

　　CAFC衡量「該發明所技術領域中具有通常知識者」之技術水準係參酌下列因素予以決定[121]：
1. 該專利之發明人的教育水準。
2. 該技術領域中實際工作者之教育水準。
3. 該技術領域中所遭遇之問題型態及其解決方式。
4. 該技術領域中的創新速度或欠缺創新。
5. 該技術領域中的技術複雜度。

5.4.2　解釋之時間點

　　由於技術的演進，申請專利範圍中之文字、用語會因不同時點而涵蓋不同範圍。為使社會大眾能信賴公示之申請專利範圍中的記載內容，申請專利範圍的解釋應客觀、一致。

　　解釋申請專利範圍是探求申請人在申請專利當時對於申請專利範圍所賦予之客觀意義，而非申請人自己的主觀意圖。換句話說，解釋申請專利範圍

---

[121] Environmental Designs v. Union Oil Co. of Cal., 713 F.2d 693, 698, 218 USPQ 865, 869 (Fed. Cir. 1983) "The educational level of the inventor; the educational level of active workers in the industry; the types of problems encountered in the art and the solutions to those problems; the speed, or lack thereof, with which innovations were made; and the level and sophistication of the technology in the industry."

是在確定具有通常知識者在申請專利時所理解申請專利範圍中之文字、用語[122]。基於技術的進步成長，以申請專利當時的技術觀點所解釋的申請專利範圍通常會小於以侵害專利權當時的技術觀點所解釋的申請專利範圍。

〔案例〕[123]
· 系爭專利：人工合成DNA所代表的特殊型態人類干擾素。
· 專利權人：申請專利範圍中關於DNA序列之記載應涵蓋侵權當時所有IFN-α胺基化合物有關的DNA序列。
· 被控侵權人：該DNA序列之記載僅限於特定自然發生的次型態。
· 法院判決：IFN-α在系爭專利申請專利後已有新的發現與定義，嗣後之新發現與定義均非申請人所能得知者，同意被告之解釋。

5.4.3　專利有效原則

專利有效原則，指每一個請求項之專利權皆應推定為獨立而有效，無論是獨立項、附屬項或多項附屬項，見35 U.S.C.第282條[124]。在專利侵害訴訟中，申請專利範圍有若干不同解釋時，應朝專利權有效的方向，選擇一個不包含說明書所載之先前技術的解釋為之，而不會使該專利權無效。專利有效原則僅係「推定」專利有效，而非指該專利絕對有效；換句話說，專利有效原則僅係將舉證責任歸於質疑專利有效性之一方的程序機制，尚不得據以主張該專利絕對有效，而為反駁他人質疑專利有效性之依據。當事人認為申請

---

122 Markman v. Westview Instruments, Inc., 52 F.3d 967, 34 U.S.P.Q. 2d 1321 (Fed. Cir. 1995) "The Federal Circuit has repeatedly stated that: 'the focus in construing disputed terms in claim language is... on the objective test of what one of ordinary skill in the art at the time of the invention would have understood the term to mean.'"

123 陳森豐，科技藍海策略的保衛戰2006美國專利訴訟(一)，禹騰國際智權股份有限公司，2006年，p118～121

124 United States Code 35 U.S.C. 282 "A patent shall be presumed valid. Each claim of a patent (whether in independent, dependent, or multiple dependent form) shall be presumed valid independently of the validity of other claims..."

專利範圍不符專利要件者，得向專利行政機關提起舉發[125]，或於專利侵害訴訟程序中向法院提起抗辯，而法院應基於專利有效之立場，審視證據之強度是否足以推翻專利有效性。若於專利侵害訴訟程序中未抗辯系爭專利無效，解釋申請專利範圍時，應基於專利有效原則，朝專利有效的方向，以內部證據或外部證據解釋申請專利範圍。

　　解釋申請專利範圍應遵守專利有效原則，係指依適用之解釋原則所解釋的結果必須仍為可行，不能違背或忽略申請專利範圍中明確表示的用語[126]，亦不得為遵守專利有效原則，而扭曲該用語之解釋使其不同於字面意義[127]。基於專利有效原則解釋申請專利範圍，仍不得將說明書中之技術特徵讀入申請專利範圍；但不宜誤解為即使申請專利範圍涵蓋說明書中所載之先前技術，或未涵蓋說明書中任何實施例而無法為說明書所支持，仍不得正確解釋申請專利範圍合理界定專利權範圍，縱然解釋的結果超出說明書先占之範圍亦在所不惜，見5.4.3之一「必須涵蓋實施例」及二「不涵蓋先前技術」。

〔案例〕──Digital Biometrics, Inc. v. Identix Inc.[128]
・系爭專利：一種電腦控制的數位成像及提取系統，用於捕捉、儲存、檢索及顯示指紋圖像。該系統係利攝影機產生指紋之模擬表達，並將攝影機之模擬輸出送到8 bit轉換器，該轉換器再將模擬輸出轉換成數位形式。
・請求項1：「一種產生轉動指紋圖像之數據特徵的方法，包括：
一個具有指頭接受表面之光學裝置；
讓指頭轉動過該光學裝置的該指頭接受表面，並從該裝置傳送與該表面接觸的指頭部分的指紋圖像；
對該光學裝置的該指頭接受表面成像，並針對所產生之該指紋圖像產生數

---

125 經濟部智慧財產局，專利侵害鑑定要點，2004年10月4日，p44～45：「專利權應視為有效，專利權之授予或撤銷屬專利主管機關之職權，鑑定時不得就專利權之有效性進行判斷。當事人對專利權之有效性有爭議者，應經由舉發程序解決。」

126 Generation II Orthonics Inc. v. Med. Tech. Inc., 263 F.3d 1356, 1365 (Fed. Cir. 2001) "Claims can only be construed to preserve their validity where the proposed claim construction is 'Practicable', is based on sound claim construction principles, and does not revise or ignore the explicit language of the claims."

127 Elekta Instrument S.A. v. O.U.R. Scientific Int'l, Inc., 214 F.3d 1302, 1309 (Fed. Cir. 2000) "We cannot construe the claim differently from its plain meaning in order to preserve its validity."

128 Digital Biometrics, Inc. v. Identix Inc., 149 F.3d 1335, 47 USPQ2d 1418 (Fed. Cir. 1998)

位數據；

當指頭轉動過該光學裝置的該指頭接受表面時，將相臨並疊交之指紋圖像的數位數據特徵陣列儲存起來；及

產生轉動指紋圖像的該數位數據特徵的組合陣列，作為眾多來自指紋圖像疊交部分之陣列及特徵的疊交圖像數學函數。」

· 請求項16：「一種產生轉動指紋圖像之數據特徵的方法，包括：

對指紋圖像相鄰及疊交之2維分片產生分片數據特徵的陣列；

產生轉動指紋圖像之數據特徵的組合陣列，作為來自眾多疊交分片之疊交分片數據的數學函數。」

· 地方法院：請求項要求一個可以儲存代表2維陣列之數位數據結構，惟因系爭對象每次僅儲存一個像素值，而非系爭專利「內部儲存第1幀之後的任何額外之圖像陣列」，故判決系爭對象未構成文義侵害，且因適用禁反言原則，其亦未構成均等侵害。

· 爭執點：請求項中所載「陣列」（arrays）及「分片數據」（slice data）之意義

· 專利權人：「陣列」並非必須是數位，說明書中有一段內容已具體說明，且字典之定義亦未要求數據必須是數位。此外，並主張「分片」用語比「活動區域」（active area）的含義更廣泛，後者是前者之次類，且「活動區域」用語僅用於部分請求項，依請求項差異原則，其與未記載該用語之請求項應有不同之意義。

· 被控侵權人：請求項16中所載之「分片數據」提供了解釋請求項之獨立基礎，「分片數據」與「活動區域」之意義相同，以支持地方法院之解釋。

· CAFC判決：

1. 專利權所指說明書中之內容僅為片段，就整體揭露內容而言，已明確指出請求項要求一個可以儲存代表2維陣列之數位數據結構，故無參酌字典之定義的必要。

2. 依說明書及申請歷史檔案，「分片數據」指的是活動區域中的數據，若依專利權人所指「活動區域」是一次組「分片數據」（an active area is a subset of the slice data），則使用前者之請求項應為使用「分片數據」之請求項16的附屬項，但事實上並非如此。

3. 若依專利權人之解釋，則不能確定部分請求項依說明書是否可據以實現，故不同意專利權人之解釋。

基於專利有效原則，美國法院提示了下列若干解釋申請專利範圍的操作原則：

一、必須涵蓋實施例

申請專利範圍係就說明書中所載實施方式或實施例作總括性的界定，其中，實施例係說明發明較佳的具體態樣。若申請專利範圍未涵蓋說明書中所揭露的實施方式或實施例（以下簡稱實施例），其並非正確的解釋[129]；除非申請專利範圍被特別明確地表示應限於實施例，否則申請專利範圍不得限於說明書中所揭露之實施例[130]。換句話說，說明書中所載之實施例得為解釋申請專利範圍之依據，但實施例不得限制專利權範圍，除非說明書中有明確地表示，見5.3.1之三「禁止讀入原則」。

〔案例〕──Laitram Corp. v. NEC Corp.[131]
· 系爭專利：一種高速光電列印設備及方法，在再審查程序中，專利權人修改請求項，補充「打字品質」（type quality）以克服先前技術核駁。依法律規定，只有當原請求項與再審查後之請求項相同（指範圍相同或無實質變更），專利權人始得主張原公告日至再審查核准日之間的損害賠償。被控侵權人贏得有關請求項範圍實質變更之第一審判決，但CAFC認定為克服先前技術核駁而補充修正請求項，並不自動實質變更請求項之範圍，即補充「打字品質」本身並非一定變更實質，故推翻前述判決並發回重審。
· 請求項1：「一種光電列印設備，用於列印具有打字品質之字母及數字……。」

---

129 Vitronics Corp. v. Conceptronic Inc., 90 F.3d 1576, 1582 (Fed. Cir. 1996) "A claim construction that excludes a preferred embodiment , is rarely, if ever, correct."

130 Substantive Patent Law Treaty (10 Session), Rule 13(2)(a) "The claims shall not be limited to the embodiments expressly disclosed in the application, unless the claims are expressly limited to such embodiments."

131 Laitram Corp. v. NEC Corp. 163 F.3d 1342, 49 USPQ2d 1199 (Fed. Cir. 1998)

- 請求項2:「一種光電列印方法,用於列印具有打字品質之字母及數字……。」
- 爭執點:再審查程序中所補充之「打字品質」之意義及是否變更請求項之範圍。
- 地方法院:說明書已揭示了產生「打字體」（type character）圖像之列印設備,且專家證詞亦顯示「打字體」意味具有「打字品質」之圖像,因此,「打字品質」之限定是原請求項中所含之技術特徵,修正前、後之請求項範圍相同。
- 被控侵權人上訴:為克服先前技術核駁所補充之「打字品質」變更了原請求項之範圍。
- 專利權人:雖然原請求項並無「打字品質」,但說明書已出現「打字體」,對於所請求之列印系統而言,「打字體」與「打字品質」意義相同。
- CAFC判決:
  1. 原請求項之設備或方法涵蓋產生任何品質之字母及數字;而補充後之請求項僅涵蓋「打字品質」之字母及數字。因此,補充後之請求項已變更了原請求項之範圍,因而克服先前技術之核駁。
  2. 說明書中僅實施例出現「打字體」,惟實施例不能限制請求項之上位概念用語的範圍。
  3. 申請歷史檔案顯示「字母及數字」（alphanumeric characters）與「具打字品質之字母及數字」（type quality alphanumeric characters）並非同義詞,後者是前者之一,故補充「打字品質」限縮並實質變更了請求項範圍。

二、不涵蓋先前技術

由於文字、用語的多樣性,申請專利範圍中之文字、用語可以有若干不同解釋[132],但不得涵蓋說明書中所載之先前技術;若申請專利範圍僅能有唯

---

132 Modine Mfg. Co., v. United States ITC, 75 F3d 1545, 37 U.S.P.Q.2d 1609 (Fed. Cir. 1996) "Claims amenable to more than one construction should, when it is reasonably possible to do so, be construed to preserve their validity."

一的解釋，而其涵蓋說明書中所載之先前技術，則無法適用不涵蓋先前技術之原則，而應被認定為專利無效[133]。

〔案例〕──Spectrum International Inc. v. Sterilite Corp.[134]

· 系爭專利：一種可循環回收使用之可疊置板條箱，專利權人曾在審查程序中申復請求項中所載「底板與前板中央部分的底緣……相接」，而克服引證文件中「底板與前板中央部分的上緣……相接」（in the prior art crate, the bottom side merges with the top edge of the central portion of the front wall, but not the bottom edge）。從請求項之記載，其底板與前板中央部分的底緣實質性部分相接（the bottom side of the crate merge with at least a substantial portion of the bottom edge of the central portion of the crate's front wall）。

· 請求項：「一種板條箱，包括兩相對之側板、連結側板之背板、連結側板且中央部分具有底緣……之前板，及……底板，……其中，……。」

· 系爭對象：板條箱前板為中央部分具上緣及底緣的單層塑膠板，兩邊緣均與底板相接。

· 爭執點：請求項中所載「包括」（comprising）連接詞之意義。

· 專利權人：

1. 系爭對象中所加上未載於請求項中之技術特徵無足輕重。

2. 請求項之用語「包括」並未從專利權範圍中排除其他未載於請求項之技術特徵。

3. 內部證據並未顯示請求項未涵蓋底板與前板中央部分上緣及底緣相接之系爭對象。

· CAFC判決：

1. 申請歷史檔案顯示，為克服先前技術核駁，專利權人限縮請求項之範

---

133 Eastman Kodak Co. v. Goodyear Tire & Rubber Co., 114 F.3d 1547, 1556, 42 U.S.P.Q.2D 1737, 1743 (Fed. Cir. 1998) "Claims should be read in a way that avoid ensnaring the prior art if is possible to do so, 'the only claim construction that is consistent with the claim's language and the written description renders the claim invalid, then the axiom does not apply and the claim is simply invalid.'"

134 Spectrum International Inc. v. Sterilite Corp., 164 F.3d 1372, 49 USPQ2d 1065 (Fed. Cir. 1998)

圍，公眾有理由信賴專利權人明確放棄之範圍。

2. 若依專利權人主張「包括」用語之廣泛解釋，則涵蓋了先前技術，這種解釋違反專利有效原則。在申請程序中，專利權人已明確放棄底板與前板中央部分之上緣相接之範圍，解釋請求項時，不得取消或修改請求項中具體界定之範圍，將原已放棄之範圍重新取回。

3. 依禁反言原則，禁止專利權人將原已放棄之範圍重新取回，故排除了系爭對象構成均等侵害之可能。

三、以最窄者為準

在專利審查過程中，申請中之請求項必須被賦予符合說明書之最寬廣合理的解釋（the broadest reasonable interpretation）[135]。雖然行政機關係以最寬廣合理的解釋為之，但配合修正或更正制度，改正申請專利範圍不明確或不為說明書所支持之部分，或限縮申請專利範圍牴觸先前技術之部分，最寬廣合理的解釋不致於使解釋結果超出合理的廣度[136]。

在專利侵害訴訟過程中，基於社會大眾對於經公示之申請專利範圍的正當信賴，若申請專利範圍之文字、用語有兩個以上可能的解釋時，例如內部證據中說明書與申請歷史檔案有矛盾或不一致，應採取範圍較狹窄的解釋，以保障社會大眾之利益[137]。尤其較狹窄的明確解釋可以釐清不明確的部分時，更應採取較狹窄的解釋[138]。

---

135 In re Hyatt, 211 F.3d 1367, 1372, 54 USPQ2d 1664, 1667 (Fed. Cir. 2000)

136 In re Prater, 415 F.2d 1393, 1404-05, 162 USPQ 541, 550-51 (CCPA 1969)

137 Athletic Alternatives, Inc. v. Prince Mfg., Inc., 73 F.3d 1573, 37 U.S.P.Q.2d 1365 (Fed. Cir. 1996) "Where there is an equal choice between a broader and a narrower meaning of a claim, and there is an enabling disclosure that indicates that the applicant is at least entitled to a claim having the narrower meaning, the Federal Circuit considers the notice function of the claim to be best served by adopting the narrower meaning."

138 Eithcon Endo-Surgery, Inc. v. U.S. Surgical Corp., 93 F.3d 1572, 40 U.S.P.Q.2d 1019, 1027 (Fed. Cir. 1996) "To the extent that a claim is ambiguous, a narrow reading, which excludes the ambiguously covered subject matter must be adopted."

5.4.4　公示原則

專利權範圍以申請專利範圍為準，而專利制度係以公示（public notice）申請專利範圍之方式宣告專利權人的權利範圍，並使公眾知悉未經同意不得實施之專利權範圍，進而迴避或利用[139]。其目的不僅是保護專利權人所取得之權利範圍，也讓社會大眾確定該專利權之排他範圍[140]，及從事正當商業活動或發明活動可以自由利用的範圍[141]。解釋申請專利範圍時，應依公告核准之申請專利範圍，申請專利範圍經核准更正者，應依公告之更正本為之[142]。

申請專利範圍是判斷專利權保護範圍的依據，具有對外公示之功能及效果，故解釋申請專利範圍時應採取社會大眾能信賴的客觀解釋，除非說明書等內部證據有明示，否則不得考量申請人在申請時的主觀意圖[143]。

基於公示原則，美國法院提示下列若干解釋申請專利範圍的操作原則：

一、請求項整體原則

請求項整體原則，指請求項中所載每一個文字、用語均屬必要而有意義的限定[144]，解釋申請專利範圍時，不得將請求項中任何文字或用語視為多餘

---

139 Warner-Jenkinson Co., Inc. v. Hilton Davis Chemical Co., 520 U.S 17 (1997)("A patent holder should know what he owns, and the public should know what he does not.")

140 Merrill v. Yeomans, 94 U.S. at 573-74 "It is only fair (and statutorily required) that competitors be able to ascertain to a reasonable degree the scope of the patentee's right to exclude."

141 McClain v. Orymayer, 141 U.S. 419, 424 (1891) "The object of the patent law in requiring the patentee 'to distinctly claim his invention' is not only to secure to him all to which he is entitle, but to apprise the public of what is still open to them."

142 Substantive Patent Law Treaty (10 Session), Article 11(4)(a)

143 Markman v. Westview Instruments, Inc., 52 F.3d 967, 34 U.S.P.Q. 2d 1321 (Fed. Cir. 1995) (en banc), aff'd, 116 S.Ct. 1384 (1996) "The subjective intent of the inventor when he used a particular term is of little or no probative weight in determining the scope of a claim (except as documented in the prosecution history). ... The focus is on the objective test of what one of ordinary skill in the art at the time of the invention would have understood the term to mean."

144 Markman v. Westview Instruments, Inc., 52 F.3d 967, 34 U.S.P.Q. 2d 1321 (Fed. Cir. 1995) (en banc), aff'd, 116 S.Ct. 1384 (1996) "All the elements of a patent claim are material, with no single part of a claim being more important or 'essential' than another."

或不必要[145]。

〔案例〕[146]

・系爭專利：一種研磨一固定轉速之萬向接頭元件的機械。
・請求項1：(a)用於固持該元件之裝置……；(b)一由具有研磨頭之研磨錐所組成之動力式研磨工具……；……(h)一潤滑液注射系統……；(i)一防護罩，圍繞該等研磨機械元件，用於研磨運轉期間防止潤滑液濺散。
・系爭對象：防護罩並未完全圍繞研磨機械元件。
・專利權人：「防護罩」界定之範圍過窄，請求項1中之防護罩非屬絕對必要之技術特徵。
・法院判決：申請專利範圍是社會大眾確認專利權保護範圍之依據，具有公示效果，申請專利範圍中之每一個文字、用語均屬必要技術特徵。若違反請求項整體原則，主張其中任一技術特徵為多餘限定，而擴張了專利權範圍，有違「公示原則」及「周邊限定主義」。

　　基於公示原則，解釋申請專利範圍應以申請專利範圍之記載為基礎，不得依說明書及圖式之內容界定其專利權範圍，亦即不得將說明書及圖式有揭露但未載於申請專利範圍之技術特徵讀入[147]，而縮小專利權範圍，亦不得將說明書及圖式未揭露之技術特徵排除於申請專利範圍之外[148]，而擴張專利權範圍。

---

145 Texas Instruments, Inc. v. United States ITC, 988 F2d 1165, 1171, 26 USPQ2d 1018 (Fed. Cir, 1993) "The court should not construe patent claims in a manner that renders claim language meaning less or superfluous."

146 陳森豐，科技藍海策略的保衛戰2006美國專利訴訟(一)，禹騰國際智權股份有限公司，2006年，p88～91

147 Intervet America, Inc. v. Kee-Vet Laboratories, Inc., 887 F.2d 1050, 1053 (Fed. Cir. 1989) "courts cannot alter what the patentee has chosen to claim as his invention, ... limitations appearing in the specification will not be read into claims, ... interpreting what is mean by a word in a claim is not to be confused with adding an extraneous limitation appearing in the specification, which is improper."

148 Ethicon Endo-surgery, Inc. v. United States Surgical Corp., 93 F.3d 1572, 1578, 1582-83 (Fed. Cir. 996) "The district court ... read an additional limitation into the claim, an error of law." " the patentee's infringement argument invites us to read [a] limitation out of the claim. This we cannot do."

二、相同用語解釋一致性原則

解釋申請專利範圍應參酌之內部證據，除說明書及申請歷史檔案之外，尚包括其他請求項有關的證據內容[149]，尤其是當其他請求項所載之文字、用語與系爭請求項中所載者相同時，說明書或申請歷史檔案對其他請求項所為之說明、修正或答辯等，亦會影響系爭請求項之解釋[150]。

申請專利範圍具有對外公示之功能及效果，解釋申請專利範圍時應採取社會大眾能信賴的客觀解釋，不得違背申請專利範圍中之文字、用語所明示之意義，且相同文字、用語之間的解釋亦不得不一致。若說明書或申請歷史檔案中並未特別說明相同文字、用語在不同請求項中之解釋表示不同意義，應推定其代表相同意義[151]。

各請求項中相同的文字、用語應作一致的解釋，適用於下列情形：

1. 同一請求項[152]。
2. 同一專利不同請求項[153]。
3. 同一專利不同程序[154]（例如申請、舉發與侵權訴）。

---

149 Fromson v. Advance Offset Plate, Inc., 720 F.2d 1565, 1569-71 219 U.S.P.Q. 1137, 1140-41 (Fed. Cir. 1983) "Terms of a claim must be interpreted with regard to other claims."

150 Southwall Technologies Inc. v. Cardinal IG Co., 54 F.3d 1570, 34 U.S.P.Q.2d 1673 (Fed. Cir. 1995) "Interpretation of a disputed claim term requires reference not only to the specification and prosecution history, but also to other claims. The fact that the court must look to other claims using the same term when interpreting a term in an asserted claim mandates that the term be interpreted in all claims. Accordingly, arguments made during prosecution regarding the meaning of a claim term are relevant to the interpretation of that term in every claim of the patent absent a clear indication to the contrary."

151 Phonometrics, Inc. v. N. Telecom, Inc., 133 F.3d 1459, 1465, 45 U.S.P.Q. 2d 1421, 1426 (Fed. Cir. 1998) "In interpreting claims, the court begins with the presumption that the same terms appearing in different portions of the claims should be given the same meaning unless it is clear from the specification and prosecution history that the terms have different meanings at different portions of the claims."

152 Digital Biometrics, Inc. v. Identix, Inc., 149 F.3d 1335, 1345, 47 U.S.P.Q. 2d 1418, 1425 (Fed. Cir. 1998) "The same word appearing in the same claim should be interpreted consistently."

153 Fonar Corp. v. Johnson & Johnson, 821 F.2d 627, 632, 3 U.S.P.Q.2d 1109, 1113 (Fed. Cir.1987) "Claim terms must be interpreted consistently. Interpretation of a disputed claim term required reference not only to the specification and prosecution history, but also to other claims. The fact that a court must look to other claims using the same term when interpreting a term in an asserted claim mandates that the term be interpreted consistently in all claims."

154 W.L. Gore & Associates v. Garlock, Inc., 842 F.2d 1275 (Fed. Cir. 1988) "The same interpretation of a claim must be employed in determining all validity and infringement issue in a case."

4. 相關專利[155]（例如申請案與分割案；同日申請之相同技術）。

〔案例〕——Phonometrics, Inc. v. Northern Telecom Inc.[156]
- 系爭專利：一種用於記錄旅館各房間所打出之長途電話的時間及費用的計算裝置。
- 請求項：「一種電子固態長途電話費的計算裝置，用於計算並記錄特定電話機所打出之長途電話費用……該計算裝置包括……電話費登記裝置，包括數位顯示，用於提供以元、角、分計價之實質上即時累計費用的顯示……。」
- 爭執點：請求項中所載「實質上即時」（substantially instantaneous）之意義。
- 地方法院：系爭對象並無「電話費登記裝置」（call cost register means）或其功能均等物，故未侵害該請求項。
- 專利權人上訴：「實質上即時」之意義為只要通話結束時顯示出電話費之資訊即足。
- 被控侵權人：「實質上即時」之意義為電話費之資訊必須在費用發生當時顯示出來。
- CAFC判決：請求項中出現「實質上即時」之技術特徵數次，以限定其傳輸即時性，並使電話之分段計費資訊被傳輸到電話費登記裝置。對於請求項中數次出現之「實質上即時」，應給予相同之解釋，因此，登記裝置是在累計費用發生當時即顯示出來，而不是在通話結束時才顯示出來。何況，說明書及申請歷史檔案均顯示前述之解釋。

〔案例〕——Key Pharmaceuticals v. Hercon Laboratories Corp.[157]
- 系爭專利：一種皮膚貼片，係施用於患者皮膚上，透過皮膚輸送硝化甘油，請求項教導必須含有足夠量之硝化甘油，才能使其具有藥效。

---

155 Watts v. XL Sys., Inc., 232 F.3d 877, 882, 56 U.S.P.Q. 2d 1836, 1839 (Fed. Cir. 2000) "Statements made in one prosecution history were applicable to the both asserted patents because the two patents were related."

156 Phonometrics, Inc. v. Northern Telecom Inc., 133 F.3d 1459, 45 USPQ2d 1421 (Fed. Cir. 1998)

157 Key Pharmaceuticals v. Hercon Laboratories Corp., 161 F.3d 709, 48 USPQ2d 1911 (Fed. Cir. 1998)

- 請求項：「一種經皮膚之黏性貼片，用於將具有藥理活性之藥物緩慢釋放給患者皮膚，其含有藥理活性藥物之基本平面薄片……能保持足夠量之藥理活性藥物分散在其中，從而在24小時內提供皮膚藥理學有效量之該藥理活性藥物……。」
- 爭執點：請求項中所載之「藥理學有效量」（pharmaceutically effective amount）所定義之硝化甘油的數值範圍。
- 被控侵權人：原本係依其專家證詞，主張該發明所屬技術領域中熟悉美國食品及藥物管理局（FDA）標準之具有通常知識者會理解硝化甘油的「藥理學有效量」是每天2.5mg至15mg範圍內，故該請求項應為無效。由於在地方法院之審理中逐漸明瞭先前技術所揭露之範圍的上限為每天2.0mg。因此，改提書面意見指「藥理學有效量」下限是每天1.5mg。
- 地方法院：同意被控侵權人之專家證詞，將「藥理學有效量」定義為每天2.5mg至15mg範圍內，但結論是系爭專利仍然有效，系爭對象構成侵害。
- 被控侵權人上訴：主張地方法院採信其專家證詞並不正確。
- CAFC判決：
  1. 若允許當事人主張其原先主張之觀點有誤，將會造成並擴大司法之低效率，且會使當事人在不滿意地方法院之判決時獲得第2次機會（second-bite），而必須重審。因此判決，若缺少正當理由，則禁反言原則、棄權或誘使性錯誤（invited error）禁止當事人在上訴中主張與其原主張之請求項之解釋有實質不同之意義，法院應拒絕該主張。
  2. 由於內部證據未明確定義「藥理學有效量」之數值範圍，參酌外部證據，依1984年申請專利時的FDA規則，「藥理學有效量」是每天2.5mg至15mg範圍，由於先前技術揭露之貼片均無法傳送每天2.0mg之硝化甘油，故被控侵權人無法證明系爭專利無效。

〔案例〕[158]
- 系爭專利：專利A為「重複利用衛星播送頻譜作為地面播送訊號之裝置及

---

158 陳森豐，科技藍海策略的保衛戰2006美國專利訴訟(一)，禹騰國際智權股份有限公司，2006年，p101～106

方法」；專利B為「以與衛星傳輸相同頻率傳輸地面訊號之裝置及方法」。

· 專利權人：提起侵害A專利之訴，主張系爭專利的定向接收天線不限於必須實際指向衛星與地面訊號的來源方向，系爭對象侵害其專利權。

· 被控侵權人：系爭專利的定向接收天線必須實際指向衛星與地面訊號的來源方向，而此特徵已揭露於先前技術。

· 爭執點：請求項中「定向接收範圍」如何解釋？

· 法院判決：經檢視A及B兩專利，雖然專利A並未明確限定，但專利B就同一用語則明白限定「該定向接收天線必須實際指向衛星與地面訊號的來源方向」。基於兩專利為同日申請相同技術之相關專利，法院認定兩專利中之接收天線之限定應一致。

〔案例〕[159]

· 系爭專利：涉及兩件密封技術專利，均係將木料、陶瓷、金屬浸在液態之密封膠中，除去密封膠後予以固化，均未提及須在室溫條件下進行，兩專利之差異：

第1件專利，申請人於審查過程中申復發明之密封膠得在無氧狀態下固化，而先前技術中之密封膠非真正之密封膠，須經加熱或在甲醯胺催化下固化；

第2件專利，未曾作前述之申復。

· 專利權人主張：系爭對象侵害第2件專利

· 系爭對象：密封膠必須加熱到90℃始產生固化反應

· 法院：即使兩件專利相關，專利權人僅在第1件專利申請過程中對無氧固化反應的溫度條件作出限定，該限定對於第2件專利而言，屬於外部技術特徵，非屬第2件專利之限定條件。

（註：法院依申請歷史檔案，判決本案例不適用「相同用語解釋一致性原則」）

---

159 程永順，羅李華，專利侵權判定－中美法條與案例比較研究，專利文獻出版社，1998年3月，p38

三、請求項差異原則

請求項差異原則（doctrine of claim differentiation），或稱請求項差異化原則，指每一請求項之範圍均相對獨立而具有不同的範圍，不得將一請求項解釋成另一請求項，而使兩專利權範圍相同。因此，請求項之間對應之技術特徵以不同用語予以記載者，應推定該不同用語所界定的範圍不同，不得將一請求項中之技術特徵讀入另一請求項，而將兩請求項之專利權範圍解釋為相同[160]。

請求項差異原則僅是一種推定，將各個請求項所涵蓋的範圍推定為不同，並非一種堅定不變的解釋原則，不得利用此原則擴張基於其申請專利範圍、專利說明書及申請歷史檔案所確定的申請專利範圍[161]。依據美國專利實務的要求，要推翻此種推定之反證，其證明標準必須是「清楚而令人信服」（clear and persuasive）[162]，其與專利有效性之推定標準（即clear and convincing）相同。

〔案例〕──Amerikam Inc. v. Home Depot, Inc.[163]
· 系爭專利：一種用於廚房或浴室水龍頭的閥門，其中之兩陶瓷碟片係由固定器定位……。
· 爭執點：固定器之材質是否有限制。
· 被控侵權人：對於說明書中所載之先前技術，申請人自承塑膠對耐久性不

---

160 Autogiro Co. of America v. United States, 384 F.2d 391, 155 U.S.P.Q.2d 697 (Ct. Cl. 1967) "The concept of claim differentiation. ... states that claims should be presumed to cover different inventions. This means that an interpretation of a claim should be avoided if it would make the claim read like another one. Claim differentiation is a guide, not a rigid rule."

161 Seachange International, Inc. v. C-Cor Inc., No. 413 F.3d 1361, 75 U.S.P.Q. 2d 1385 (Fed. Cir. 2005) "The doctrine "only creates a presumption that each claim in a patent has different scope"; it is not a hard and fast rule of construction ... The doctrine of claim differentiation can not broaden claims beyond their correct scope, determined in light of the specification and the prosecution history and any relevant extrinsic evidence."

162 Modine Mfg. Co. v. Int'l trade Comm'n, 75 F.3d 1545, 1549, 37 USPQ2d 1609, 1611 (Fed. Cir. 1996) "Such a presumption can be overcome, but the evidence must be clear and persuasive."

163 Amerikam Inc. v. Home Depot, Inc., 99 F. Supp. 2d 810 (W.D. Mich. 2000)

具備穩定的特性，不適於作固定器之材料，而系爭物品為塑膠製品，故系爭物品未構成侵害。

· 地方法院判決：申請專利範圍中獨立項並未界定固定器之材質，而附屬項界定該材質為銅或金屬，基於請求項差異原則將獨立項限制在金屬材質並不適當，且未參酌申請人在說明書中所陳述之意見解釋申請專利範圍。

（註：法院依請求項差異原則認定本案例請求項之範圍可以包含說明書中所載之先前技術，此項判決與後述案例顯然不同。）

〔案例〕[164]

· 系爭專利：泡沫塑料耳塞專利。

· 請求項1：「一種……圓柱形含有一定量有機增塑劑之彈性泡沫塑料製成之耳塞……。」

· 請求項2：「如請求項1之耳塞，該泡沫塑料由聚氯乙烯增塑溶膠構成。」

· 系爭對象：係以聚亞胺酯製成之耳塞，聚亞胺酯屬於內型增塑劑。

· 被控侵權人：依其專家證人，主張增塑劑通常係指「外型增塑劑」，且說明書中之實施例全部為外型增塑劑，請求項1中之增塑劑應解釋為外型增塑劑。

· 法院判決：請求項2中之「增塑溶膠」係聚合物與外型增塑劑之混合物，請求項2以外型增塑劑作為附加技術特徵進一步限定請求項1，應推定請求項1中之增塑劑包括外型及內型二種，系爭對象構成文義侵害。

〔案例〕——Fromson v. Anitec Printing Plates, Inc.[165]

· 系爭專利：一種陽極處理鋁之方法，係將鋁金屬通過陽離子電解液槽之持續陽極化製程，形成氧化鋁層以保護鋁金屬不被氧化。先前技術是在鋁進入陽極化槽之前先通過「接觸槽」（contact cell）將陽離子引導流入鋁，以減少電刷及捲軸對鋁表面所造成之損傷。本專利係在鋁進入「接觸槽」之前先通過陽極槽，在第1陽極槽（phosphoric cell）中產生初始陽極氧化

---

164 程永順，羅李華，專利侵權判定－中美法條與案例比較研究，專利文獻出版社，1998年3月，p41
165 Fromson v. Anitec Printing Plates, Inc. 132 F.3d 1437, 45 USPQ2d 1269 (Fed. Cir. 1997)

層以保護鋁，免受接觸槽及第2陽極槽中電流之衝擊。

- 請求項2：「一種持續由電解產生陽極鋁之製程，改良特徵包括在陰極接觸槽中導入由兩個或多個電源產生之陽極直流電，陽極接觸槽中有陽極與該直流電源連接，經過導入之直流電作用，鋁在導入該電解槽之前已在接觸槽中形成一陽極化之氧化層。」

- 爭執點：請求項中所載「陽極化」（phosphoric anodizing）及「陽極化之氧化層」（anodized oxide coating）之意義，及系爭對象之第1槽形成之薄氧化層是否落入「陽極化之氧化層」的範圍

- 系爭對象：一種持續電解製程，在鋁進入接觸槽及陽極槽之前的第1槽內使鋁之表面形成氧化層。

- 被控侵權人：系爭對象在第1槽中並未形成「陽極化之氧化層」；並主張其所使用之第1槽雖名為「陽極化」（phosphoric anodizing）槽，但實際上是侵蝕及淨化槽，其所形成之氧化層並非「陽極化之氧化層」

- 地方法院：依說明書（描述產生多孔氧化層之第1陽極化步驟）、先前技術資料（描述形成薄氧化層）及其他外部證據（專家證詞、經證實之證據及科學實驗），認為專利製程中之第1陽極化步驟要求多孔的厚氧化層，故請求項中所載「陽極化」及「陽極化之氧化層」之意義不及於系爭對象之第1槽之氧化形成作用

- 專利權人上訴：

  1. 主張字典已提供了「陽極化」之標準意義，該標準已取得說明書及申請歷史檔案之支持，不宜以其他外部證據改變原已明確之意義。

  2. 主張不論系爭對象第1槽所形成之保護層結構為何，其製程已形成陽極化之氧化層。

  3. 主張其他請求項另有記載在進入接觸槽之前必須在鋁表面形成多孔氧化層（porous oxide coating），依請求項差異原則，不得將「多孔」（porous）之技術特徵讀入請求項2

- CAFC：

  1. 說明書中已說明形成預備性保護層之目的係為保護鋁在接觸槽中不受燃燒及電衝擊。此保護層為多孔氧化層，但說明書及申請歷史檔案均未對保護層之厚度加以說明，亦未就「陽極化」限定於某種厚度。對於說明

書或審查程序中未討論之特定技術內容,得藉助外部證據。

2. 依專家證詞,並非所有電解形成之氧化層都能保護電解槽中的鋁,為達到保護鋁之發明目的,「陽極化」之保護層必須是厚的多孔氧化物。

3. 不同意專利權人有關請求項差異原則之主張,並指出無論請求項之間是否有差異,均不得被解釋得比原申請之請求項或說明書所涵蓋之範圍更廣。換句話說,原申請之請求項2僅涵蓋厚氧化層,不得依請求項差異原則將其解釋為涵蓋薄氧化層。總之,「陽極化」之意義係具有某些特定性質之氧化層。

· 協同意見書:Mayer法官認為,若雙方當事人對於請求項語言有相互衝突的證據,則必須考量專家證詞及證據,不僅是要更理解語言本身的含義,並且要找到語言真正的含義。

〔案例〕──Laitram Corp. v. Morehouse Industries Inc.[166]

· 系爭專利:一種塑膠模塊,其可以與其他類似模塊連接起來構成傳送帶。

· 請求項:「……至少兩個反向元件……每個反向元件具傳動表面……且每個傳動表面中至少一部分向下延伸……並依所欲之運動方向……。」

· 系爭對象:傳動表面為曲面。

· 爭執點:請求項中所載「傳動表面」(driving surface)之意義。

· 地方法院:雖然說明書所揭露之傳動表面為平面,但在申請過程中,為區別於先前技術,專利權人曾指出先前技術中圓筒形之壁面並未且不能提供朝著底面向下延伸並依運動方向的傳動表面,即如同請求項中所指者。因此,認定請求項中所載之「傳動表面」為平面,系爭對象在文義上未侵害該請求項;並指出依禁反言原則,系爭對象亦未均等侵害該請求項。

· 專利權人上訴:「傳動表面」應包括曲面的傳動表面,如同系爭對象的曲面。

· CAFC判決:

1. 參酌說明書確定請求項中所載之用語之意義並無不當,說明書僅揭示了平面之傳動表面,地方法院並未將平面之傳動表面讀入請求項中。

---

166 Laitram Corp. v. Morehouse Industries Inc., 143 F.3d 1456, 46 USPQ2d 1609 (Fed. Cir. 1998)

2. 申請過程中，專利權人曾作出區別於曲面傳動表面之先前技術的聲明，雖然該聲明並未被審查人員所引用，但不意味該聲明對於解釋請求項不具任何意義。

3. 雖然被控侵權人曾經請求再審查，而被認為其接受該請求項包括曲面之傳動表面，但其是否接受並不影響法院對於該請求項之解釋。

4. 若某一請求項僅有一種解釋，例如平面之傳動表面，即使其他請求項中明確限定於平面之傳動表面，仍不能依請求項差異原則認定該請求項除平面之外尚包含其他解釋，此時，應允許這些請求項有相似性存在。

5. 由於專利權人曾作出區別於曲面傳動表面之先前技術的聲明，依禁反言原則，該聲明已排除系爭對象落入系爭專利之均等範圍。

5.5　請求項結構及用語之解釋

專利權範圍，係以申請專利範圍中所載之技術特徵作為其範圍的周邊界限，侵權行為必須完全實施申請專利範圍中所載之每一個技術特徵，始落入專利權範圍。依性質之差異，請求項記載形式分為獨立項（包括引用記載形式之獨立項）及附屬項。無論是獨立項或附屬項，其專利權範圍皆以所載之技術特徵作為周邊界限，專利法施行細則第18條第3項：「附屬項應敘明所依附之項號，並敘明標的名稱及所依附請求項外之技術特徵，……；於解釋附屬項時，應包含所依附請求項之所有技術特徵。」引用記載形式之獨立項的解釋，係包含所引用之請求項中被引用之部分，例如全部或部分技術特徵、範疇或協作構件。

中國「最高人民法院關於審理侵犯專利權糾紛案件應用法律若干問題的解釋」[167]特別在第1條第2項規定：「權利人主張以從屬權利要求確定專利權保護範圍的，人民法院應當以該從屬權利要求記載的附加技術特徵及其引用的權利要求記載的技術特徵，確定專利權的保護範圍。」

---

167 中國最高人民法院於2009年12月21日審判委員會第1480次會議通過「最高人民法院關於審理侵犯專利權糾紛案件應用法律若干問題的解釋」，自2010年1月1日起施行。

5.5.1 前言

　　請求項所載之內容為元件、成分或步驟之組合者，應有一連接詞介於前言及主體之間。例如「一種……〔前言preamble〕，包括〔連接詞transition〕：……〔主體body〕。」、「一種……〔前言〕，係由〔連接詞〕……所組成〔主體〕。」及「一種……〔前言〕，其特徵在於〔連接詞〕：……〔主體〕。」等。前言部分係描述申請專利之標的相關事項，包括申請專利之標的的名稱、應用領域、發明目的及用途等，主體部分係描述技術特徵及技術特徵之間的連結關係，連接詞係連接前言與主體。

　　申請專利範圍的前言是否具有限定該請求項的作用？並無絕對標準，必須依個案之事實予以判斷[168]，視該前言在請求項中所代表之目的與意義而定。若前言之目的是賦予請求項重要意義適切的界定該發明，或是專利權人以請求項之前言記載其所請求之發明的結構特徵[169]者，則前言有限定作用。換句話說，前言中記載了請求項之結構特徵，或請求項中其他技術特徵有賴於前言賦予生命、意義及活力者，則該前言應被解釋為具有限定申請專利範圍之作用[170]；反之，若請求項之主體已於結構上完整界定發明，而前言僅是陳述該發明之目的或所欲達到之用途（purpose or intended use）者，則前言不具有限定申請專利範圍之作用[171]。

　　實務運作上，必須從發明整體觀之，判斷請求項之前言的作用[172]，而非

---

168 Catalina Mktg. Int'l v. Coolsavings. Com. Inc., 289 F.3d 801, 808, 62 USPQ 2d 1781, 1785 (Fed. Cir. 2002) "The determination of whether a preamble limits a claim is made on a case-by-case basis in light of the facts in each case; there is no litmus test defining when a preamble limits the scope of a claim."

169 Bell communications Research, Inc. v. Vitalink Communication Corp., 55 F.3d 615, 34 U.S.P.Q. 2d 1816 (Fed. Cir. 1995) "... the language of the preamble serves to give meaning to a claim and properly define the invention ... where a patentee uses the claim preamble to recite structural limitation of his claimed invention ..."

170 Pitney Bowers, Inc. v. Hewlett-Packard Co., 182 F.3d 1298, 1305, 51 USPQ 2d 1161, 1165-66 (Fed. Cir. 1999) "If the claim preamble, when read in the context of the entire claim, recites limitations of the claim, or, if the claim preamble is 'necessary to give life, meaning, and vitality' to the claim, then the claim preamble should be construed as if in the balance of the claim."

171 Kropa v. Robie, 187 F.2d 150, 88 U.S.P.Q. 478 (CCPA 1951) "Use the preamble only to state a purpose or intended use for the invention, the preamble is not a claim limitation."

172 In re Stencel, 828 F.2d 751, 754-55, 4 U.S.P.Q. 2D 1071, 107 (Fed Cir. 1987) "Whether a preamble of intended purpose constitutes a limitation to the claims is, as has long been established, a matter to be determined on the facts of each case in view of the claimed invention as a whole."

從請求項本身之記載判斷前言是否具有限定作用[173]。前言具有結構限定作用者，其實際上為申請專利之發明的一部分[174]，前言中界定發明結構之用語應被視為限定請求項之技術特徵。決定前言是否為結構特徵，得檢視申請案實際了解發明人的發明及請求項所欲涵蓋者[175]。

在IMS Technology, Inc., v. Haas Automation, Inc.案[176]中，前言記載「一種用於控制工具機與工作物間之相對移動的可程式微電腦控制裝置」，CAFC認為請求項前言中之「控制裝置」僅是技術特徵之描述內容的一部分，並非界定該請求項之結構特徵。

前言部分包含申請專利之標的名稱、應用領域、發明目的及用途等，舉例性說明應用領域者，例如前言記載為「一種香菸濾嘴材料的擠壓成型方法……」而說明書詳細說明其他領域之應用，其作用在於協助公眾理解請求項之內容，則前言部分不構成專利權範圍的限定條件。惟若發現已知物前所未知的特性，得利用該特性（所產生之新穎技術效果）於特定用途，而其前言部分記載用途者，例如前言記載為「一種香菸濾嘴材料的擠壓成型方法……」、「一種用於對樹幹注射農藥之注射裝置……」或「一種用於捕野豬之夾具……」，且說明書未說明其他領域之應用，其發明之特點限於將申請專利之方法或產物用於所載之用途，而產生顯著之效果或解決該技術領域中之問題者，該用途構成請求項之限定條件[177]，請參酌5.6.4「用途請求項」。

有關吉普森式請求項之前言，請參酌5.6.1「吉普森式請求項」。

---

[173] Corning Glass Works v. Sumitomo Electric, 868 F.2d 1251, 1257, 9 U.S.P.Q.2d 1962, 1966 (Fed. Cir. 1989) "No litmus test can be given with respect to when the introductory words of a claim, the preamble, constitute a statement of purpose for a device or are, in themselves, additional structural limitations of a claim."

[174] Pac-Tac Inc. v. Amerace Corp., 903 F.2d 796, 801, 14 USPQ 2d 1871, 1876 (Fed. Cir. 1990) "determining that preamble language that constitutes a structural limitation is actually part of the claimed invention."

[175] Corning Glass Works v. Sumitomo Electric, 868 F.2d 1251, 1257, 9 U.S.P.Q.2d 1962, 1966 (Fed. Cir. 1989) "The determination of whether preamble recitations are structural limitations can be resolved only on review of the entirety of the application to gain an understanding of what the inventors actually invented and intended to encompass by the claim."

[176] IMS Technology, Inc. v. Haas Automation, Inc., 206 F.3d 1422, 54, 54 U.S.P.Q. 2d (BNA) 1129 (Fed. Cir. 2000)

[177] 尹新天，專利權的保護，專利文獻出版社，1998年11月，p209～211

5.5.2　連接詞

連接詞，係記載於請求項的前言與主體之間，具有承先啟後之作用。由於生物、化學領域之發明的技術效果難以預測，必須以實驗驗證其結果，故必須以說明書中所提供之實驗數據將其專利權範圍限定在恰好符合申請專利範圍中所揭露之特定態樣。例如請求項為包含某特定官能基之化學式，但不能以該請求項主張只要包含此特定官能基，該物均落入其專利權範圍。因此，連接詞有開放式（open end）、封閉式（close end）及半開放式之區別，以涵蓋不同的專利權範圍[178]。

開放式連接詞，通常以「包含」或「包括」（comprising、containing、including）表示，指至少具有所揭露之技術特徵，且不排除更多技術特徵（at lease what follows and potentially more）[179]；封閉式連接詞，通常以「由……組成」（consisting of）表示，指具有所揭露之技術特徵，且僅以此為限（what follows and nothing else）[180]。半開放式連接詞，通常以「實質上由……組成」或「基本上由……構成」（consisting essentially of 或 consisting substantially of）表示，被認定為介於開放式與封閉式之間，指具有所揭露之技術特徵，且不排除實質上不會影響請求項所揭露之元件、成分或步驟。其他連接詞，例如「構成」（composed of），則必須參考說明書依個案認定其代表之意義[181]。

除前述連接詞之外，對於請求項中所載之元件與元件之連結或元件內部關係的連接詞「具有」（having）、「係」（being）等之解釋，亦應參酌說

178 經濟部智慧財產局，專利侵害鑑定要點，2004年10月4日，p32

179 Moleculon Research Corp. v. CBS, Inc., 793 F.2d 1261, 1271, 229 U.S.P.Q. 805, 812 (Fed. Cir. 1986) "When a claim uses an 'open' transition phrase, its scope may cover devices that employ additional, unrecited elements. The word 'comprising' has consistently been held to be an open transition phrase and does not exclude additional unrecited elements or steps."

180 Vehicular Technologies Corp. v. Titan Wheel Int.l, Inc., 212 F.3d 1377, 54 U.S.P.Q. 2d (BNA) 1841 (Fed. Cir. 2000)

181 AFG Industries Inc. v. Cardinal IG Co., 239 F.3d 1239, 57 U.S.P.Q. 2d 1776, 1780-81 (Fed. Cir. 2001) "The Manual of Patent Examining Procedure (MPEP), for example, contrasts 'composed of' with 'consisting of' and states that transition phrase such as 'composed of' ... must e interpreted in light of the specification to determine whether open or closed claim language is intended."

明書依個案認定其代表之意義[182]。舉例說明之，系爭專利「一種微型可用於標準電插座的螢光燈」申請專利範圍之技術特徵為兩個分開之半殼，被控侵權物之遮罩具有五個殼體。雙方當事人之爭執點為「具有兩個分開之半殼的遮罩」（having two separable half shells）之意義為何？地方法院判決申請專利範圍之技術特徵為兩個分開之半殼，被控侵權物之遮罩具有五個殼體，故認定不侵權。CAFC判決：依說明書之記載，較佳之遮罩是具有兩個分開之半殼，但並未限定系爭專利之遮罩只能有兩個分開之殼體，請求項中之用語「having」屬於開放式連接詞，被控侵權物之遮罩只要是兩個或兩個以上之殼體即構成侵權[183]。

〔案例〕——PPG Indus. Inc. v. Guardian Indus. Corp.[184]
- 系爭專利：一種用於製造汽車窗並具有特定透光性及綠色之玻璃，請求項之前言為「一種吸收紫外線之綠色玻璃，其具有之基本玻璃組合物包括之成分基本上由……組成：」
- 爭執點：請求項中所載「基本上由……組成」（consisting essentially of）連接詞之意義。
- 被控侵權人：主張系爭對象中含有硫化鐵，並未侵害該請求項。
- 專利權人：雖然玻璃中含有少量硫化鐵對性質有影響，但其影響並未使系爭對象不侵害。
- 地方法院：指示陪審團「基本上由……組成」指發明的成分包括請求項中具體記載之成分，且未記載對玻璃基本的新穎特點無實質影響之成分。玻璃基本的新穎特點為顏色、成分及透光性。若對於玻璃會產生重大且具因果關係之影響，這種成分屬於有實質影響。此外，將硫化鐵對玻璃基本的新穎特點是否有實質影響作為事實問題，指示陪審團判斷之。
- 專利權人上訴：
  1. 判斷硫化鐵對玻璃基本的新穎特點是否有實質影響，屬於解釋申請專利

---

182 Lampi Corp. v. American Power Prods., Inc., 228 F.3d 1365, 56 U.S.P.Q. 2d 1445 (Fed. Cir. 2000)

183 陳森豐，科技藍海策略的保衛戰2006美國專利訴訟(一)，禹騰國際智權股份有限公司，2006年，p328～329

184 PPG Indus. Inc. v. Guardian Indus. Corp., 156 F.3d 1351, 48 USPQ2d 1351 (Fed. Cir. 1998)

範圍之一環，應為法律問題。對於未列明之成分，不同陪審團會得到不同結論，足以證明對於請求項地方法院未提供足夠具體的解釋。

2. 使用「基本上由……組成」用語，意謂該請求項包含某些固有的不準確性。即使將硫化鐵對玻璃基本的新穎特點是否有實質影響交由陪審團判斷，指示陪審團有關「基本上由……組成」之技術特徵時，應反映申請人所認為有實質影響之定義。

3. 合理的陪審團不會認定系爭對象中少量硫化鐵所產生玻璃透光性及主要波長之微小變化對於發明基本的新穎特點有實質性影響。

・CAFC：

1. 「基本上由……組成」用語係半開放式連接詞，介於開放式與封閉式之間，亦即發明必須包含所列舉之成分，且包含未列舉但不會造成發明基本的新穎特點有實質影響之成分。

2. 同意地方法院將硫化鐵對玻璃基本的新穎特點是否有實質影響作為事實問題，亦即什麼元素或什麼元素多少含量以上有實質影響，係屬事實問題；並指出請求項經常使用並非完全準確之用語，對於這種請求項，只要符合基本法定要求，具體指出並清楚界定其發明即可。法院依請求項之用語及適當證據準確且具體解釋請求項後，對於該請求項是否涵蓋系爭對象，則屬陪審團應予判斷之事實問題。

3. 同意專利權人自己可以定義請求項中之用語，包括「基本上由……組成」用語。惟專利權人並未在內部證據中定義「基本上由……組成」用語之範圍。

4. 由於證據顯示硫化鐵對於玻璃是否有實質影響並不一致，故陪審團有權不採信專利權人之主張，而認定硫化鐵所產生之微小變化對於發明基本的新穎特點有實質性影響，並裁定系爭對象未侵害該請求項。

5.5.3　上位概念

上位概念（genus），指複數個技術特徵屬於同族或同類的總括概念，或複數個技術特徵具有某種共同性質的總括概念。下位概念（species），係

相對於上位概念表現為下位之具體概念[185]。例如，電腦係依人工輸入之信號、預存之程式或指令或記錄資料而執行演算處理並產生結果之有形物品，包括一般所稱之電子計算機、微處理器、單晶片微處理機或中央處理機等，但不以此為限。此時電腦就是上位概念，而電子計算機、微處理器、單晶片微處理機或中央處理機就是下位概念。

解釋申請專利範圍時，請求項中所載之上位概念技術特徵的範圍應限於說明書中所記載之下位概念事項及具有通常知識者於申請時所能理解之下位概念事項。

5.5.4　擇一形式

擇一形式，指請求項以「或」，例如「特徵A、B、C或D」，或馬庫西式請求項，例如「由A、B、C及D所構成的物質群中選出的一種物質」，並列記載一群具體技術特徵的選項，其申請專利範圍分別由各個選項予以界定。

解釋申請專利範圍時，請求項中所載之擇一形式技術特徵應限於請求項中所載之各個選項，以「特徵A、B、C或D」為例，請求項另載有技術特徵X，則其範圍分別為A＋X、B＋X、C＋X及D＋X；只要其中之一不符合專利要件，則整個請求項應不准專利。

5.5.5　一般用語及非特定用語

申請專利範圍應明確記載申請專利之發明，若申請專利範圍中有語義不明確之非特定（non-specific）用語，可能導致整體技術意義不明確。對於一般用語之說明，請參酌3.3.1「一般用語」；對於非特定用語之說明，請參酌3.1.2之一之(三)之4「用語」。

由於某些技術領域之特性，尤其是化學領域，以精確的數值或範圍嚴格定義申請專利範圍之技術特徵有其實際上的困難。在美國專利申請實務上，以不明確或非特定文字、用語界定申請專利範圍，例如「about」、

---

[185] 經濟部智慧財產局，第二篇發明專利實體審查基準，2013年，第三章專利要件2.4新穎性之判斷基準。

「substantial」等，若該文字、用語在該技術領域是合理的描述，或足以使請求項中所載之技術對照先前技術具有區別性，則仍為USPTO及法院所接受[186]。CAFC指出：「about」，指趨近於數量、數目或時間之精確值；「approximately」，指合理的接近[187]；解釋申請專利範圍時，必須參酌說明書、申請歷史檔案及其他請求項，依其技術及文體之意旨，決定非特定用語所包含之文義或範圍[188]。

〔案例〕[189]

・系爭專利：一種仿形之起司的製造方法，為克服先前技術之核駁，申請人曾主動放棄「約20%的特殊成分」之技術特徵。

・爭執點：請求項中所載「約25%的特殊成分」是否涵蓋21.5%的特殊成分；「以約190至約250°F的烘焙條件」之記載是否涵蓋「150至300°F的烘焙條件」。

・CAFC判決：依申請歷史檔案，專利權人曾放棄「約20%的特殊成分」之技術特徵，故認定「約25%的特殊成分」之記載不能擴張解釋而涵蓋21.5%的特殊成分；由於說明書揭露之烘焙條件的範圍為150至300°F，「約190至約250°F」之記載僅是專利權人申請之較佳溫度範圍，故認定「以約190至約250°F的烘焙條件」能被解釋為涵蓋「150至300°F的烘焙條件」。

---

186 Pall Corp. v. Micron Seps., 66 F.3d 1211, 1217, 36 U.S.P.Q. 2d 1255, 1229 (Fed. Cir. 1995) "Noting that terms such as 'approach each other ', 'close to', 'substantially equal' and 'closely approximately' are ubiquitously used in patent claims and that such usages, when serving reasonably to describe the claimed subject matter to those skill in the field of the invention, and to distinguish the claimed subject matter from the prior art, have been accepted in patent examination and upheld by the courts."

187 Schreiber Foods, Inc., v. Saputo Cheese USA Inc., 83 F. Supp. 2d 942 (N.D. 11. 2000)

188 Andrew Corp. v. Gabriel Electronics, Inc., 847 F.2d 819, 821-22, 6 U.S.P.Q. 2d 2010, 2013 (Fed. Cir.), cert. denied, 488 U.S. 927 (1988) "The use of the word 'about' avoids a strict numerical boundary to the specified parameter. However, the word 'about' does not have a universal meaning in patent claims. Its range must be interpreted in its technologic and stylistic context. ... in the patent specification, the prosecution history, and other claims determine... ."

189 Schreiber Foods, Inc., v. Saputo Cheese USA Inc., 83 F. Supp. 2d 942 (N.D. 11. 2000)

5.5.6　摘要、實施例及符號之解釋

　　說明書有助於確認申請專利之範圍及意義，故申請專利範圍必須為說明書所支持，包括申請專利範圍之文字、用語必須為說明書所支持[190]。美國CAFC在2005年Phillips案召開全院合議庭，對於申請專利範圍的解釋方法提出宣示性看法，CAFC就指出：「解釋申請專利範圍時，說明書具有舉足輕重的地位，因為具有通常知識者了解請求項中所載之用語的意義不僅基於該用語所在之請求項的整體意義，亦基於整個專利所揭露之上下文的整體意義，包括說明書[191]。」

　　對於前述原則性之說明，國際上尚有更細部之法規或判例。以下分別就摘要、實施例及符號之解釋說明之。

一、摘要

　　發明專利權範圍，以申請專利範圍為準，於解釋申請專利範圍時，並得審酌說明書及圖式。因此，摘要並非解釋申請專利範圍之依據，SPLT[192]及EPC[193]亦有類似的規定。

　　摘要並非說明書的一部分，但摘要為申請人所撰寫，申請人向專利專責機關申請專利必須備具摘要，若申請歷史檔案得為解釋申請專利範圍之依據，筆者認為摘要理當屬於可以作為解釋申請專利範圍之依據的內部證據。CAFC曾指出：專利說明書中之摘要亦得為解釋申請專利範圍之參考依據，

---

190 Standard Oil Co. v. American Cyanamid Co., 774 F.2d 448, 452, 227 U.S.P.Q. 293, 298 (Fed. Cir. 1985) "The description part of the specification aids in ascertaining the scope and meaning of the claims inasmuch as the words of the claims must be based on the description."

191 Phillips v. AWH corp., Nos. 03-1269, 1286, 2002 U.S. App. LEXIS 13954 (Fed. Cir. Jul. 12, 2005) (en banc) "The specification is of central importance in construing claims because the person of ordinary skill in the art is deemed to read claim term not only in the context of the particular claim in which the disputed term appears, but in the context of the entire patent, including the specification."

192 Substantive Patent Law Treaty (10 Session), Article 5(2) "The abstract shall merely serve the purpose of information and shall not be taken into account for the purpose of interpreting the scope of the protection sought or of determining the sufficiency of the disclosure and the patentability of the claimed invention."

193 EUROPEAN PATENT CONVENTION, (EPC 2000) Article 85 "The abstract shall serve the purpose of technical information only; it may not be taken into account for any other purpose, in particular for interpreting the scope of the protection sought or applying Article 54, paragraph 3. "

雖然美國聯邦法規37 C.F.R. 1.72 (b)規定說明書中之摘要「不得作為解釋申請專利範圍所涵蓋的專利權範圍」，但法院認為該規定係規範USPTO人員的審查準則，不能作為法院解釋申請專利範圍時之限制[194]。

二、實施例

解釋申請專利範圍時參酌說明書，僅能就申請專利範圍中所載之技術特徵予以解釋，不得增加、減少或變更申請專利範圍中之技術特徵，而變更專利權範圍[195]。換句話說，申請專利範圍界定專利權範圍，說明書定義申請專利範圍中所載之文字、用語[196]，但不得將說明書中所揭露之實施例中之特定條件、態樣讀入申請專利範圍，而減縮申請專利範圍之文字、用語所代表之意義或範圍[197]。SPLT有類似之規定：「除非申請專利範圍被特別限於實施例，否則申請專利範圍不得被特別限於說明書中所揭露之實施例[198]。」惟若說明書中明確將申請專利範圍限於實施例，則無「不得將實施例中之特定條件、態樣讀入申請專利範圍」的問題[199]。

在Interactive Gift案中，系爭專利是「一種依客戶需求在銷售點重製客戶所需資訊提供給客戶的系統」，地方法院認為實施例所揭露之銷售點不包括「家庭」，而認定被告以「家庭」為銷售點之方式並未侵害系爭專利。但

---

194 Hill-Rom Co., Inc., v. Kinetic Concepts, Inc., 209 F.3d 1337, 1341, 54 U.S.P.Q. 2d (BNA) 1437 (Fed. Cir. 2000)

195 Autogiro Co. of Am v. Unites States, 384 F.2d 391, 397, 155 U.S.P.Q. 697, 702 (Ct. Cl 1967) "... the district court did not import an additional limitation into the claim. Instead, it looked to the specification to aid its interpretation of a term already in the claim, an entirely appropriate practice."

196 Markman v. Westview Instrument, Inc., citing Goodyear Dental Vulcanite Co. v. Davis, 102 U.S. 222, 227, 26 L. Ed. 149 (1880) "Although the prosecution history can and should be used to understand the language used in the claim, it too cannot enlarge, diminish, or vary the limitations in the claims."

197 Specialty Composites v. Cabot Corp., 6 U.S.P.Q. 2d 1601, 1605 (Fed. Cir. 1988) "Particular embodiments appearing in the specification will not generally be read into the claims ... What is patented is not restricted to the examples, but is defined by the words in the claims."

198 Substantive Patent Law Treaty (10 Session), Rule 13(2)(a) "The claims shall not be limited to the embodiments expressly disclosed in the application, unless the claims are expressly limited to such embodiments."

199 Modine Mfg. Co. v. Int'l Trade Comm'n 75 F.3d 1545, 37 U.S.P.Q. 2d 1609 (Fed. Cir. 1996) "Where the patentee describes an embodiment as being the invention itself and not only one way of utilizing it, this description guides understanding the scope of the claims."

CAFC認為將申請專利範圍中之「銷售點」限制在實施例，而將實施例中之技術特徵讀入申請專利範圍，並不適當[200]。

筆者以為法院前述有關實施例之解釋方法及後述有關符號之解釋方法適為5.3.1之三「禁止讀入原則」之實際操作方法，不宜僵化地遵守「禁止讀入原則」，而認為只要請求項本身並無任何疑義、不明確之情事即無依說明書及圖式解釋申請專利範圍之必要；甚至，即使經申請專利範圍之解釋，仍係以申請專利範圍中所載之內容一字不動地建構專利權範圍，而不論該申請專利範圍是否涵蓋說明書中所載之先前技術或至少一實施例。若是一字不動地解釋申請專利範圍，筆者以為該解釋方法無異為極端的周邊限定主義，而與我國專利所採取的折衷主義不合。

再者，前述所謂「疑義、不明確」之認定結果究竟係以請求項本身之記載內容為基礎，或係以全部請求項之記載內容為基礎，或係綜合申請專利範圍、說明書、圖式等申請文件所揭露申請專利之發明包括問題、手段及功效為基礎，必須審慎思辨，若不是以全部申請文件為基礎，僅依部分文件內容例如單一請求項中所載之技術特徵理解該請求項是否「疑義、不明確」，則所理解的發明內容可能並非申請人於申請日所完成之發明，因而超出其所先占之範圍，給予其專利保護顯不合法，對於社會大眾及專利侵害訴訟之當事人亦不公平。

〔案例〕——Ekchian v. Home Depot, Inc.[201]
・系爭專利：一種用於測量木工水平面傾斜角度之可變電容置換感測器，此種感測器係使用一種隨傾斜角度正比變化電容之內部電容器，本發明係以導電性液體替代先前技術中之固定電容器板。
・請求項：「一種電容置換感測器，包含……一種導電性液狀介質……。」
・爭執點：請求項中所載「導電性液狀介質」（a conductive liquid-like medium）的導電程度。
・系爭對象：使用一種部分填充液體之感測器。

---

200 陳森豐，科技藍海策略的保衛戰2006美國專利訴訟(一)，禹騰國際智權股份有限公司，2006年，p167～168

201 Ekchian v. Home Depot, Inc., 104 F.3d 1299, 41 USPQ2d 1364 (Fed. Cir. 1997)

· 被控侵權人：主張未侵權，因為所使用之液體並非可充分導電。

· 地方法院：拒絕採用專利權人所主張「導電性液狀介質」之定義，認為這種解釋將包括所有液體，以致「導電性」之限定無意義；並將「導電性液狀介質」解釋為其所需要之導電率與說明書中所揭露之實施例相近。此外，並認定依IDS（揭露義務）所揭露之先前技術造成禁反言之適用，因此，系爭對象在文義及均等論方面均未侵害請求項

· 專利權人上訴：

1. 說明書未對「導電性」賦予任何特殊意義，依通常知識，請求項中所載之「導電性液狀介質」應包括任何具導電性之液體。

2. 由於提交揭露義務文件之目的並非克服核駁，故不得據以為適用禁反言之基礎。

· CAFC判決：

1. 實施例得作為解釋申請專利範圍之依據，但申請專利範圍不必然限於實施例，說明書並未明示或暗示要將「導電性」限於實施例的導電率範圍內，故「導電性」之解釋應為具有通常知識者的通常習慣意義。請求項中所載之「液狀介質」必須充當儲存電荷之電容器，因此，具有通常知識者所了解的「導電性液狀介質」應為只要比絕緣材料更具導電性，足以構成儲存電能之電容器即可。

2. 對於IDS文件是否得為解釋申請專利範圍之依據，認為IDS為內部證據之一，為USPTO、法院及社會大眾所信賴，專利權人有意將IDS中之先前技術與本發明區隔，是一種防止核駁的預防行為，故IDS得為解釋之依據，亦得為判斷是否適用禁反言原則之依據。

〔案例〕——Mantech Envtl. Corp. v. Hudson Envtl. Services, Inc.[202]

· 請求項：「一種消除或降低地下水區域煙類污染物初始濃度之挽回方法，該方法包括步驟(a)在該地下水區域提供多個相互間隔之井……」

· 地方法院：

1. 在Markman聽證中，各方專家證詞皆同意「井」（well）指提供地下水

---

202 Mantech Envtl. Corp. v. Hudson Envtl. Services, Inc., 152 F.3d 1368, 47 USPQ2d 1732 (Fed. Cir. 1998)

通路之裝置;但對於此含義是否適用於該請求項則有不同意見。被控侵權人之專家證詞主張請求項中所載之「井」應限定於「雙重目的之井」,既可注入亦可監測地下水(a structure used for both monitoring and injecting the groundwater)。

2. 同意被控侵權人之主張,請求項中所載之「井」之意義為監測並注入地下水之結構;但也指出專家證詞僅作為相關技術領域之背景資料,對於請求項之解釋完全依賴內部證據。

· 爭執點:完全依賴內部證據解釋「井」之意義,僅將外部證據作為背景資訊而不以其作為解釋之基礎,在法律上是否正確。

· 專利權人:在Markman聽證中雙方專家證詞已有共識,「井」指提供地下水通路之裝置,說明書中並無任何對「井」之定義,故應採用專家證詞之定義。

· 被控侵權人:內部證據已明確揭露「井」之定義,專利權人無法證明說明書中之定義不明確,故外部證據僅能作為相關技術領域之背景資料。

· CAFC判決:

1. 雖然法院有權採用外部證據,但在內部證據已明確時,應以內部證據為解釋請求項之依據,而外部證據僅作為協助法院正確理解請求項之參考,不得據以改變或違背請求項之用語。

2. 依請求項及說明書,「井」係指將地表與地下水連接起來的結構,其「不是可注入就是可監測」,也包括「既可注入亦可監測」,但並不一定是後者(a structure connecting the surface to the groundwater that can either monitor or inject, or both, but it need not do both)。因此,地方法院將請求項與實施例結合所作出「既可注入亦可監測」地下水之解釋顯然過窄。

3. 由於系爭對象並非所有井均行使前述注入及監測兩功能,將該案發回更審。

三、符號

圖式及說明書均為解釋申請專利之依據。請求項所載之技術特徵引用符

號者，解釋申請專利範圍，不得將該技術特徵限於圖式中該符號所對應之具
體結構，而限制其專利權範圍[203]。SPLT即規定：「⋯⋯對應於圖式中之零
件的參考符號不得被解釋為限制申請專利範圍[204]。」

5.5.7　功能子句

功能子句（functional clause）係以「whereby」、「thereby」或「so
that」等引領之子句，功能子句包括藉以子句（whereby clause）。藉以子
句，通常附加於請求項末尾描述技術特徵或整個請求項之功能、效果或操作
方式，其可能隱含結構特徵或連接關係，而有限定作用。

藉以子句通常附加於請求項末段，以描述功能、效果或操作方式，請參
酌3.3.9「功能子句」。由於藉以子句與專利權人的意識限定或排除事項有
關，依全要件原則，原則上應列入比對內容。例如請求項中記載：「一
種⋯⋯轉向裝置，包括：⋯⋯，藉此達成快速轉向目的。」其中「藉此達成
快速轉向目的」即為藉以子句，應列入比對內容[205]。

決定藉以子句是否為請求項中之限定條件端賴個案之事實。在美國，過
去很多判例判決藉以子句中所載之功能不能作為決定該請求項可專利性之基
礎；但近代的觀點認為藉以子句可以是結構或方法的一部分。在Hoffer v.
Microsoft案，美國法院判決，藉以子句所陳述之條件對於可專利性具有實質
意義，其不能被省略而改變該發明之實質[206]。因此，若藉以子句隱含結構或
步驟特徵，解釋申請專利範圍時，藉以子句會限定請求項涵蓋之範圍。然
而，法院也注意到另一判例曾指出，當方法請求項中之藉以子句對於確實記
載之方法步驟僅表示其所欲之結果時，其不具重要性[207]。

---

203 經濟部智慧財產局，專利侵害鑑定要點，2004年10月4日，p32
204 Substantive Patent Law Treaty (10 Session), Rule 13(3) "Any reference signs to the applicable part of the
　 drawing referred to in Rule 5(3)(c) shall not be construed as limiting the claims."
205 經濟部智慧財產局，專利侵害鑑定要點，2004年10月4日，p34
206 Hoffer v. Microsoft Corp., 405 F.3d 1326, 1329, 74 USPQ2d 1481, 1483 (Fed. Cir. 2005)
207 Minton v. Nat'l Ass'n of Securities Dealers, Inc., 336 F.3d 1373, 1381, 67 USPQ2d 1614, 1620 (Fed. Cir.
　 2003)

5.6　特殊請求項之解釋

5.6.1　吉普森式請求項

　　解釋申請專利範圍應以請求項所載之整體內容為依據。專利法施行細則第20條第1項規定：二段式請求項（即吉普森式請求項）之解釋，應結合前言部分與特徵部分之技術特徵，認定其專利權範圍。專利侵害鑑定要點有相同之規定[208]。

　　CAFC在Rowe v. Dror案中明確指出吉普森式請求項中之前言不僅界定發明之背景，也界定其範圍[209]。美國專利審查操作手冊（MPEP）亦指出：吉普森式請求項得被視為一個包含先前技術內容之組合式請求項，只是其將先前技術部分記載於前言，故前言中所記載之步驟或結構均為技術特徵，而具限定作用[210]。

〔案例〕──Kegel Co., Inc. v. AMF Bowling, Inc.[211]
- 系爭專利：一種在保齡球道上施加保護油層之機器。
- 請求項7：「維護保齡球道之機器……特徵包括：維護裝置，包括……傳送裝置，用於將球道裝飾料從該儲存裝置傳送到緩衝裝置，該傳送裝置包括……許多橫向排列之油繩……並使每條該油繩能獨立且有選擇性的在該第1位置及該第2位置之間移動之手段。」
- 系爭對象：有5條柔韌的油繩，每條均單獨受螺線管之控制，另包括了一可排列程序之控制器，使5條油繩中2條僅依先後順序操作。
- 爭執點：請求項中所載之「使每條該油繩能獨立且有選擇性的在該第1位

---

208 經濟部智慧財產局，專利侵害鑑定要點，2004年10月4日，p31

209 Rowe v. Dror, 112 F.3d 473, 42 U.S.P.Q. 2d 1550 (Fed. Cir. 1997) "... the claim preamble defines not only the context of the claimed invention, but also its scope..."

210 United States Patent and Trademark Office, Manual of Patent Examination Procedure Section 608.01 (m) (6ed. Rev. Sept. 1995) "The Jepson form of claim is to be considered a combination claim. The preamble of this form of claim is considered to positively and clearly include all the elements or steps recited therein as a part of the claimed combination."

211 Kegel Co., Inc. v. AMF Bowling, Inc. 127 F.3d 1420, 44 USPQ2d 1123 (Fed. Cir. 1997)

置及該第2位置之間移動之手段」（means for selectively and independently shifting each of said wicks between said first position and said second position）。

· 被控侵權人：除了傳送裝置必須包括「使每條該油繩能獨立且有選擇性的在該第1位置及該第2位置之間移動之手段」之技術特徵外，其他技術特徵均可由系爭對象讀取。

· 地方法院：解釋請求項7，認為每條油繩必須各別與螺線管連接，故各別螺線管控制油繩之能力與控制器所排列之程序無關。系爭對象與請求項7均有油繩各別連接螺線管之結構，且各螺線管能獨立且有選擇性的移動與其相連之油繩，即使系爭對象某些油繩得依順序操作，文義上系爭對象侵害請求項7之專利權。

· 被控侵權人上訴：請求項中所載「獨立」（independently）必須包含可排列程序之控制器所執行之功能，其為請求項之一部分。由於系爭對象之控制器僅能以先後順序操作油繩，故未侵害請求項7。

· 專利權人：請求項7記載了3個個別裝置：維護裝置、推進系統及控制系統。控制裝置是請求項之一部分；但控制裝置之結構及功能並非維護裝置之一部分。

· CAFC：請求項7以吉普森式撰寫，意指前言部分均為已知技術，亦即前言部分的內容不僅是申請專利之發明的內涵，並界定其範圍。請求項7之發明係由前言部分與特徵部分（維護裝置）結合所構成。系爭對象中每條油繩各自有一螺線管，油繩之間並未相連，以達成維護裝置中各螺線管「獨立選擇」（selectively and independently）移動其油繩。無論系爭對象中控制器所排列之程序為何，其各油繩之移動均係由各別螺線管控制。因此，維持地方法院之判決。

5.6.2　手段請求項

　　以功能界定物或方法之請求項，指請求項中至少有一技術特徵並未記載結構、材料或動作，而係以手段功能用語或步驟功能用語（means plus function or step plus function，以下簡稱手段功能用語）表示，例如前述「使

每條該油繩能獨立且有選擇性的在該第1位置及該第2位置之間移動之手段」、「振盪手段」、「放大電氣訊號手段」等。

　　描述發明並不一定要用結構、材料或步驟等技術特徵，若發明的創新部分在於抽象功能及其相互間之連結關係，得以功能作為技術特徵描述該發明。為記載以功能所構成之發明，我國專利法施行細則第19條第4項參酌美國法典35 U.S.C.第112條第6項規定以手段功能用語記載申請專利範圍的撰寫格式，申請專利範圍中得以功能作為技術特徵界定申請專利之發明。為符合說明書之揭露要件，及專利權人所獲得的專利權範圍應限於申請人於說明書中所揭露之技術範圍的原則，解釋以手段功能用語記載之手段請求項時，應包含說明書中所載相對應之結構、材料或動作及其均等範圍（equivalents）。對於以電腦實現特定功能之發明（即電腦軟體相關發明）而言，其涵蓋範圍不僅限於說明書中所載之結構，並應限於說明書中所載之演算法（algorithm）[212]。若說明書中未適當描述達成申請專利範圍中所載之功能的結構、材料或動作，可能因申請專利範圍記載不明確等理由，而被認定為無效[213]。

一、手段請求項之解釋及其步驟

　　解釋手段請求項時，除了請求項中所載之功能特徵外，該功能特徵僅能包含說明書之實施方式中對應於該功能之結構、材料或動作，及具有通常知識者不會產生疑義之均等範圍（均等物或均等方法），據以認定其專利權範圍。前述解釋申請專利範圍之規定適用於手段功能用語所界定之技術特徵，非以手段功能用語界定之技術特徵，例如其他結構特徵，不受前述規定之限制[214]。這種解釋方法是為避免專利權人利用手段功能用語擴張其專利權範

---

212 WMS Gaming, Inc. v. International Game Technology, 184 F.3d 1339 (Fed. Cir. 1999), citing by Harris Corporation v. Ericsson Inc., Nos. 03-1625, 1626, (Fed. Cir. Aug 5, 2005) "The court's precedent requires the corresponding structure of a computer-implemented function to be more than just hardware that the disclosed algorithm constitutes part of the corresponding structure as well."

213 Kemco Sales, Inc. v. Control Papers Co., Inc. 208 F.3d 1352, 1360-61, 54 U.S.P.Q. 2d (BNA) 1308 (Fed. Cir. 2000)

214 IMS Technology, Inc. v. Haas Automation, Inc., 206 F.3d 1422, 54, 54 U.S.P.Q. 2d (BNA) 1129 (Fed. Cir. 2000) "Section 112, paragraph 6 does not limit all terms in a means-plus-function or step-plus-function clause to what was disclosed in the written description and equivalents thereof."

圍，進而超出其揭露內容所先占之技術範圍。因此，CAFC指出：對於手段請求項，若說明書中所載之結構可以互相替代，解釋該請求項，不必以一個上位概念用語涵蓋所有可互相替代的結構，只要就個別結構對該手段功能用語作出個別解釋即足[215]，否則有違公示原則。

　　中國「最高人民法院關於審理侵犯專利權糾紛案件應用法律若干問題的解釋」[216]第4條：「對於權利要求中以功能或者效果表述的技術特徵，人民法院應當結合說明書和附圖描述的該功能或者效果的具體實施方式及其等同的實施方式，確定該技術特徵的內容。」顯示中國對於以功能或效果特徵界定之請求項，其解釋申請專利範圍的方法與前述內容相當接近。

〔案例〕——Multiform Desiccants Inc. v. Medzam Ltd.[217]
- 系爭專利：一種處理醫療廢棄物之容器，包袋包括裝著有毒液體的內部容器及封袋，當該內部容器破裂或滲漏，釋出之液體會降解該封袋之材質而被封袋中之內容物所吸收、停滯或處理。封袋之材質為可溶性；實施例揭露之內容物為已知的聚丙烯酸鈉，其與液體接觸會膨脹並形成膠質吸附劑。
- 請求項11：「一種可吸收並停滯液體之包袋，其包括第1種材料……，第2種材料……，及用於包含該第1種及該第2種材料之手段，該手段是乾燥的，用於在該手段與該液體接觸時釋出該第1種及該第2種材料，從而使該第1種及該第2種材料對該液體進行吸收、停滯及處理。」
- 專利權人：

1. 在申請過程中曾聲明該封袋正常功能不一定須解體，因「可……降解」可被解釋為「解體」（disintegrate）之同義詞，為避免不明確，故以手段功能用語撰寫請求項。由第11項，即可清楚說明本發明並不限於溶解、解體的封袋。系爭對象具有收納及釋出內容物之功能，即使其結構、材料與說明書中所載者並非完全相同，其仍屬具有相同功能的均等

---

215 Cortland Line Co., v. Orvis Co., Inc., 203 F.3d 1351, 53 U.S.P.Q. 2d 1734 (Fed. Cir. 2000)

216 中國最高人民法院於2009年12月21日審判委員會第1480次會議通過「最高人民法院關於審理侵犯專利權糾紛案件應用法律若干問題的解釋」，自2010年1月1日起施行。

217 Multiform Desiccants Inc. v. Medzam Ltd., 133 F.3d 1473, 45 USPQ2d 1429 (Fed. Cir. 1998)

物。

2. 依請求項差異原則，對於請求項1之「可……降解」，請求項11手段請求項應給予更寬的不同解釋，因為後者並未限制在「可……降解」，而是以收納及釋出之功能予以界定。

3. 對於均等論之判斷，系爭對象與系爭專利之間係可置換之關係，證明兩者均等。

・地方法院：

1. 請求項11收納及釋出之功能並未涵蓋所有與液體接觸即釋出其內容物之封袋，因為其說明書所描述之封袋材料為「可降解之澱粉紙」（degradable starch paper）、「在水與其他液體中可降解」（degradable in water and other liquids）、「能溶解」（able to dissolve）及「實際上全部解體」（practically entirely disintegrated），因此封袋之釋出功能必須由溶解造成解體予以達成。系爭對象並未行使請求項11之功能。

2. 對於系爭對象之撐開方式與請求項11之溶解方式以達到釋出功能，具有通常知識者不認為兩者之間是可置換之關係。

・CAFC判決：

1. 手段請求項中之功能不能被擴大而超出說明書所能支持的範圍，亦即僅限於說明書中所載之結構、材料或動作及其均等物。

2. 依請求項差異原則，每一請求項之範圍均相對獨立，惟以不同用語撰寫之請求項亦可能涵蓋基本上相同之申請標的。即使依請求項差異原則，仍不得將請求項之範圍擴大而超出其應有之範圍。因而認定地方法院之判決並無違誤。

3. 有關均等論之判斷，亦支持地方法院之觀點。

　　手段請求項包含說明書所揭露之結構、材料或動作及其均等範圍，所述之均等範圍與均等論經常造成混淆，其異同說明如下：

(1) 均等範圍適用於專利審查、有效性及侵害判斷；均等論僅適用於專利侵害判斷。

(2) 均等範圍判斷之時點為專利申請時，即解釋申請專利範圍之時點；均等論判斷之時點為專利侵害時。

(3) 均等範圍之均等物或方法必須與請求項中所載之功能完全相同；均等論之功能僅須與請求項所載之技術特徵實質相同即足。

　　對於手段請求項之解釋，SPLT之規定與前述方法略有出入：以功能或特性表示手段或步驟之請求項，若未定義支持其之結構、材料或動作，則應被解釋為能執行相同功能或具有相同特性之任何結構、材料或動作[218]。

　　解釋手段請求項，必須有四個步驟：

(1) 決定請求項中所載之技術特徵是否以手段功能用語予以界定。

(2) 確定以手段功能用語界定之功能為何。

(3) 決定說明書中對應該功能之結構、材料或步驟，此步驟屬於法律問題[219]。

(4) 判斷所對應之結構、材料或步驟及其均等物或方法為何，此步驟屬於事實問題[220]。

　　在第(3)步驟中，說明書或申請歷史檔案必須清楚描述與請求項中之手段功能用語的對應關係，始能認定所對應之結構、材料或動作為該手段功能用語所涵蓋之範圍[221]；若未清楚描述，則非該手段功能用語所涵蓋之範圍[222]。

---

218 Substantive Patent Law Treaty (10 Session), Rule 13(4)(a) "Where a claim defines a means or a step in terms of its function or characteristics without specifying the structure or material or act in support thereof, that claim shall be construed as defining any structure or material or act which is capable of performing the same function or which has the same characteristics."

219 B. Braun Med., Inc. v. Abbott Lab., 124 F.3d 1419, 1424-25, 43 U.S.P.Q. 2d 1896, 1899-1900 (Fed. Cir. 1997)

220 Palumbo et al. v. Don-Joy Co. et al. 762 F.2d 969, 975, 226 U.S.P.Q. 5, 8 (Fed. Cir. 1985)

221 O.I. Corp. v. Tekmar Co., 115 F.3d 1576, 1583, 42 U.S.P.Q. 2d 1777, 1782 (Fed. Cir. 1997) "The Federal Circuit holds that, pursuant to this provision (35 U.S.C. 112 paragraph 6), structure disclosed in the specification is corresponding structure only if the specification or prosecution history clearly links or associates that structure to the function recited in the claim. This duty to link or associate structure to function is the quid quo for the convenience of employing Section 112, Paragraph 6."

222 Medtronic Inc. v. Advanced Cardiovascular Systems Inc., 58 U.S.P.Q. 2d 1607 (Fed. Cir. 2001) "Even though the alleged corresponding structure in the specification are definitely capable of performing the function recited in the means-plus-function limitation, that may be insufficient to relate that structure to the means-plus-function limitation in the claim where there is no clear link or association between the disclosed structure and the function recited in the means-plus-function claim limitation."

　　過去一段時期，專利權人認為手段請求項有較大的空間擴張解釋其專利權範圍，但從美國專利實務的發展觀之，對於手段請求項的專利權範圍，法院判決已嚴格限制於說明書中所載之對應結構、材料、動作或其均等物或方法。依非正式統計，2000年之後，CAFC認定為手段請求項的案例，80%不利於專利權人，因此，希望藉手段請求項擴張專利權範圍的想法並不實際。

二、是否為手段請求項之判斷

　　對於請求項的撰寫形式或實質內容是否適用35 U.S.C.第112條第6項規定，美國法院已發展出相當清楚的規範：

(1) 請求項中之技術特徵以「means for *V-ing*（達成……功能之手段）」形式記載特定功能者，則推定為屬於手段功能用語[223]，若未以「means for *V-ing*」形式記載，即使以「means of *noun*」形式記載，仍推定為不屬於手段功能用語[224]。

(2) 請求項中記載足夠之結構特徵者，則推翻前述之推定[225, 226]。

(3) 對於手段功能用語，說明書中必須清楚記載對應請求項中所載之功能的結構、材料或動作。

　　USPTO於2011年2月9日發布35 U.S.C.112之補充審查指南（Supplementary Examination Guidelines），依該補充審查指南之規定，適用35 U.S.C.112第6項之請求項必須符合下列全部條件，見3.2.5之三之(四)「美國2011年35 U.S.C.112補充審查指南」：

---

223 Kemco Sales, Inc. v. Control Papers Co., Inc. 208 F.3d 1352, 1360-61, 54 U.S.P.Q. 2d (BNA) 1308 (Fed. Cir. 2000)

224 Mas-Hamiton Group v. LaGard, Inc., 156 F.3d 1206, 1213, 48 U.S.P.Q. 2d 1010, 1016 (Fed. Cir. 1998) "The absence of the word 'means' in a claim element creates a rebuttable presumption that 35 U.S.C. 112, paragraph 6 does not apply."

225 Personalized Media Communications Inc. v. International Trade Comm'n, 161 F.3d 696, 704, 48 U.S.P.Q. 2d 1880, 1887 (Fed. Cir. 1998) "In determining whether a presumption is rebutted, the focus remains on whether the claim recites sufficiently definite structure."

226 法律上的推定，係為法律適用或運作的政策安排，對於法律所要適用的事實，若具備某些要件或形式時，先認定其具有該法律效果，除非有反證可以證明法律所要適用的事實並不存在，始能推翻該推定。

(a) 技術特徵使用手段片語或非結構用語，而無結構修飾語。

(b) 請求項中所載手段片語或非結構用語被功能語言所修飾。

(c) 請求項中所載手段片語或非結構用語未被足以達成請求項中所特定之功能的完整結構、材料或動作所修飾。

　　非結構用語，非指描述結構之名詞，其只是一個取代手段片語之用語，以連結功能語言。決定功能用語是否為非結構用語，應檢視下列事項：

(a) 說明書揭露內容是否足以使具有通常知識者認知到其表示了某種結構。

(b) 一般字典或特殊字典是否提供了證據證明藉該用語可認知到某種結構。

(c) 先前技術是否提供了證據證明該用語具有該技術領域中已公認可實現所界定之功能的結構。

　　聯邦法院之判例指出，申請專利範圍是否適用35 U.S.C.第112條第6項，並非單純從其撰寫形式予以判斷，而應就其實質記載內容是否揭露要達成之功能且未揭露充分的結構綜合判斷之[227]。具體而言，僅因請求項中以「means」記載技術特徵，並不能認定該技術特徵屬於35 U.S.C.第112條第6項中所稱之手段功能用語；反之，即使請求項中未以「means」記載技術特徵，亦不能認定該技術特徵就不屬於35 U.S.C.第112條第6項中所稱之手段功能用語[228]。

〔案例〕——Mas-Hamilton Group v. LaGard, Inc.[229]

· 系爭專利：一種電子撥號組合鎖。

· 請求項1：「……控制桿操作手段，用於在該組合被輸入後，向該凸輪驅動該控制桿，以回應連續撥號……。」

---

[227] Phillips v. AWH Corp., Nos. 03-1269, 1286, 2005 U.S. App. LEXIS 13954 (Fed. Cir. Jul. 12, 2005) (en banc), citing Watts v. XL Sys., Inc., 232 F.3d 877, 880-81 (Fed. Cir. 2000) "Means-plus-function claiming applies only to purely functional limitations that do not provide the structure that perform the recited function."

[228] Cole v. Kimberly-Clark Corp., 41 U.S.P.Q. 2d 1001, 1006 (Fed. Cir. 1996) "Merely because a named element of a patent claim is followed by the word 'means', however, does not automatically make the element a 'means-plus-function' element under 35 U.S.C. 112, 6. The converse is also true; merely because an element does not include the word 'means' does not automatically prevent that element from being construed as a means-plus-function element."

[229] Mas-Hamilton Group v. LaGard, Inc., 156 F.3d 1206, 48 USPQ2d 1010 (Fed. Cir. 1998)

‧請求項3：「一種基本上無彈性之控制桿活動元件，用於將控制桿從其位置脫離，並移動到將控制桿之凸出部分與凸輪的輪面接觸而使凸輪轉動，導致在預定方向上將鎖的機構從閉鎖位置改變為開鎖位置……。」

‧爭執點：請求項1中所載之「控制桿操作手段」（lever operating means）之意義及請求項3是否為手段請求項。

‧地方法院：雖然請求項3未記載「means」用語，但其為手段請求項。

‧專利權人上訴：請求項3未記載「means」用語，應推定其非手段請求項。

‧CAFC判決：

1. 因請求項1係以手段功能用語予以限定，依說明書確定達成「向該凸輪驅動該控制桿」（driving said lever toward said cam）功能之結構時，注意到「控制桿操作手段」包括螺線管，其係以電能驅動絕緣導線線圈，在線圈內產生磁場而提供動力，故認定該螺線管是「控制桿操作手段」結構的必要部分。

2. 系爭對象：(1)使用「步進馬達」（stepper motor），其係以電流脈衝所驅動，基本上保持不需動力之固定狀態，並以手工回復原位；(2)「步進馬達」的動力轉換為旋轉運動；(3)每次旋轉運動之角度僅一格。系爭專利：a.使用螺線管；b.螺線管的動力轉換為線性運動；c.旋轉運動為連續性。基於以上3點差異，認定兩者非均等物，故系爭對象未構成文義侵害；兩者以實質上不相同之手段提供控制桿動力來操作鎖，故系爭對象未構成均等侵害。

3. 使用「……手段」用語，不一定能使該技術特徵成為功能性技術特徵；反之，未使用「……手段」用語，亦不能排除該技術特徵為功能性技術特徵。

4. 未記載「……手段」用語，應推定其非手段請求項，但該推定並非最後的結果。請求項3中僅限定功能，但未定義足夠的結構，且「控制桿活動元件（lever moving element）」並非相關技術領域中習知的含義，故請求項3應為手段請求項，「控制桿活動元件」應被限制在說明書中所揭露之結構及達成相同功能之均等物。

5. 由於「控制桿活動元件」應被限制在說明書中所揭露之螺線管，系爭對

象之「步進馬達」未構成文義侵害；且兩者以實質上不相同之手段提供控制桿動力來操作鎖，故系爭對象未構成均等侵害。

〔案例〕——Serrano v. Telular Corp.[230]

· 系爭專利：一種連接標準電話與無線收發器之方法及裝置，該發明係接收來自該標準電話之撥號輸入，將其轉化為數據流並儲存在該無線收發器中，作為後續之傳輸。該裝置自動判斷什麼時候電話被撥入最後一位數字，並作出回應向該無線收發器提供發送訊號。

· 裝置請求項：「一種連接電話通信設備，……及移動式無線收發器……之系統，該系統包括：……判斷手段……該手段可自動判斷在無線收發耦合手段上所輸入的一組電話數字的最後一位數字；並與該判斷手段耦合的發送信號手段，用以確定最後一位數字被輸入時回應該判斷手段，將發送信號提供給該無線收發器。」

· 方法請求項：「一種連接電話通信設備……及無線收發器……之方法，包括：……自動判斷在該電話通信設備上撥出之電話號碼中的至少最後一位數字；並將每個來自該轉換步驟的數位化的號碼送至該無線收發器以用於後續之傳輸。」

· 說明書：揭露之較佳實施例係分析電話號碼的頭幾個數字，據以判斷會有多少位數字被撥入；並揭露該系統採用時間操作，據以確定最後一位數字被撥入的時間點，亦即當一位數字撥入後有3秒間隔時，系統就提供發送信號。此外，說明書另揭露採用離散邏輯電路之數位分析及計時的特點。

· 爭執點：請求項中所載「判斷手段」（determination-means）之意義係識別最後一位撥入之數字或時間點。

· 地方法院：「判斷手段」之技術特徵包含數位分析及暫停特性的使用，系爭對象文義侵害專利權。

· 被控侵權人上訴：

1. 依字典之意義，主張「判斷手段」及「判斷」（determining）步驟必須確定最後一位數字已撥入。

---

230 Serrano v. Telular Corp., 111 F.3d 1578, 42 USPQ2d 1538 (Fed. Cir. 1997)

2. 請求項中所載之「判斷手段」應被限制在完成數位分析的結構及實現該手段之離散邏輯電路。

· CAFC判決：

1. 裝置請求項中所載「判斷手段」描述了一種判斷最後一位數字的功能，但未描述明確結構以支持該功能，從而認定該請求項適用35 U.S.C. 112 第6項。「判斷手段」不僅指撥入最後一位數字之判斷，亦包括說明書中所指撥入最後一位數字之時間點之判斷，而非被控侵權人所指字典之定義。

2. 雖然說明書揭露了完成數位分析之電路以判斷撥入之數字已完成，但也揭露了使用計時器判斷撥入之數字已完成；雖然說明書揭露了離散邏輯電路，但也說明亦得使用軟體控制下之微處理器。

3. 方法請求項中並未記載功能，但記載了判斷至少最後一位數字之動作，故不適用步驟功能用語。

〔案例〕——Unidynamics Corp. v. Automatic Prod. Int'l, Ltd.[231]

· 系爭專利：一種冷凍及未冷凍食品的零售機器。

· 請求項1：「一種零售機器，用於銷售冷凍及未冷凍食品，該零售機器包括……外殼手段，其具有將冷凍食品加入到冷凍儲藏區及分配區的開孔，覆蓋開孔的門，及有助於保持門關閉之彈簧手段。」

· 爭執點：請求項中所載「有助於保持門關閉之彈簧手段」（spring means tending to keep the door closed）之意義。

· 系爭對象：有兩種機型，一種機型的門是由磁鐵保持關閉；一種機型的門是由緩衝托架關閉。

· 地方法院：「有助於保持門關閉之彈簧手段」並非手段功能用語，其之意義為具有將門關閉並保持關閉之彈簧。雖然系爭對象的兩種機型均能保持門的關閉，但均不具有關門的作用，故不符合「有助於保持門關閉之彈簧手段」。因此，系爭對象未構成文義侵害。

· 專利權人上訴：專利文獻、產品介紹及專家證詞等已證明彈簧、磁鐵及緩

---

231 Unidynamics Corp. v. Automatic Prod. Int'l, Ltd., 157 F.3d 1311, 48 USPQ2d 1099 (Fed. Cir. 1998)

衝托架均可以保持門的關閉，三者之間具可置換性。

· 被控侵權人：系爭對象並無「有助於保持門關閉」之特徵，其唯一有助於保持門關閉之力為自然界之重力，故不符合全要件原則，而未構成侵害。

· CAFC判決：

1. 使用「means」用語之技術特徵即推定為適用手段功能用語，雖然「彈簧（spring）」用語係屬結構特徵，但僅因存在結構特徵仍不能排除其適用手段功能用語限定，請求項中之「彈簧」僅是進一步釐清該手段之功能。

2.「有助於保持門關閉之彈簧手段」手段功能用語所涵蓋之範圍限於說明書中所載之結構及其均等物，系爭對象並無「有助於保持門關閉」之特徵，兩種機型均係利用重力將門關閉，故未構成文義侵害。

3. 系爭專利是將門關閉，而系爭對象係保持門在關閉位置，兩者並非實質相同之功能，故系爭對象未構成均等侵害。

在科技領域中，經常以功能名詞作為元件之名稱，例如制動器（brake）、夾子（clamp）、容器（container）等，這些名詞並不會有定義不明確的問題，不能以這些名詞表示功能（例如means for clamping），且未在請求項中明確揭露其具體結構，即認定其屬於手段功能用語。在 Greenberg v. Ethicon Endo-Surgery, Inc.案[232]中，CAFC認為系爭專利請求項中的「擒縱機構」（detent mechanism）係參考系爭專利各主要結構元件而記載的用語，不能就此認定其屬於手段功能用語。

〔案例〕——Personalized Media Communications, LLC, v. International Trade Commission[233]

· 系爭專利：一種捕捉或確定電視節目播放中之系統。

· 請求項7：「一種捕捉或確定電視節目播放中之具體訊號的系統……該系統包括：用於接收至少一些該播放資訊及在具體時間或具體位置檢測該具

---

232 Greenberg v. Ethicon Endo-Surgery, Inc., 91 F.3d 1580, 39 U.S.P.Q. 2d 1783, 1784-1787 (Fed. Cir. 1996)

233 Personalized Media Communications, LLC, v. International Trade Commission, 161 F.3d 696, 48 USPQ2d 1880 (Fed. Cir. 1998)

體訊號之數位檢測器……。」

· 爭執點：請求項中所載「數位檢測器」（digital detector）之意義。

· 國際貿易委員會：「用於……數位檢測器」（digital detector for）係功能性語言，未限定具體結構，屬於手段功能用語；並認為說明書僅描述該數位檢測器檢測視頻播放中之數位資訊的功能，卻未描述具有通常知識者能製造之具體結構，且「數位檢測器」並非該技術領域習知之用語，故依35 U.S.C. 112.II認定該請求項無效。

· 專利權人：「數位檢測器」係該技術領域中習知之用語，且說明書已清楚的定義該用語之範圍。

· CAFC判決：

1. 請求項使用「means for *V-ing*」用語之技術特徵，即推定為適用手段功能用語；未使用「means for *V-ing*」用語，即推定為不適用手段功能用語。前述推定均得以內部證據或外部證據推翻，重點在於是否有充分明確之結構特徵，有充分明確之結構特徵，得將適用手段功能用語之推定推翻。

2. 「檢測器」並非一般之結構用語，如「手段」（means）、「元件」（element）或「裝置」（device）等；亦非含義不清楚之自創用語（coined term），如「配件」（widget）或「器具」（ram-a-fram）等；而係結構特徵的充分描述，如「整流器」（rectifier）或「檢波器」（demodulator）等。雖然「數位檢測器」之限定未使用「means for V-ing」用語，而係以功能語言定義，且未記載任何特定結構，但「檢測器」（這種上位用語）本身已總括了各種不同之結構特徵，故「檢測器」並非手段功能用語。

3. 「數位檢測器」中之「數位」係對其結構範圍進一步限定，亦即是對已為適當限定之結構（檢測器）另加額外之功能性限定（捕捉數位資訊）。

4. 「數位檢測器」之意義為一種裝置，其係檢測資訊流中之數位訊號資訊，請求項之記載並非不明確。國際貿易委員會所依賴之依據並未顯示請求項不明確，僅是有關說明書之記載是否足使具有通常知識者可據以實現，但其為35 U.S.C. 112.I無效之基礎而非35 U.S.C. 112.II。

三、步驟功能用語之解釋

　　對於步驟功能用語，在Masco Corp. v. U.S.案中，美國聯邦賠償法院（Federal Claims Court）指出，只有當系爭步驟所包含之功能未記載相關之動作時，始適用35 U.S.C.第112條第6項步驟功能用語[234]，至於其他規範一概準用手段功能用語。

　　美國聯邦賠償法院亦參酌Rader J法官在另案中之協同意見書指出：功能，指申請專利範圍中之一元件與其他元件或與申請專利範圍整體之關係中所完成之事項；動作，指描述如何達成或完成前述之功能[235]。

〔案例〕——OI Corporation v. Tekmar Company, Inc.[236]
- 系爭專利：一種用於去除氣相色譜分析樣品中之水汽的裝置及方法，其係使氣流通過盛在容器內之該樣品，清除該樣品中之雜質及水汽，氣流、雜質及水汽組成之分析物餘料（analyte slug）流出該容器，再流經一可控制溫度之通道，最後該氣流經過另一較低溫度之通道，再流回氣相色譜分析儀，以進行雜質測定。
- 裝置請求項：「一種從分析物餘料中去除水汽之裝置，……包括：(a)第1手段，用來使該分析物餘料穿過加熱到起始溫度之通道……；及(b)第2手段，用來使該分析物餘料穿過經氣冷到第2溫度之通道……。」
- 方法請求項：「一種從分析物餘料中去除水汽之裝置，……包括步驟：(a)使該分析物餘料穿過被加熱到起始溫度之通道……；及(b)使該分析物餘料穿過經氣冷到第2溫度之通道……。」
- 地方法院：依35 U.S.C.第112條第6項規定，對於裝置請求項及方法請求項之解釋均聚焦於「通道」之意義，並認為其被限定在說明書中所揭露之非平滑且非圓柱狀通道及其均等物。系爭對象中係平滑之圓柱狀通道，故作

---

234 Masco Corp. v. U.S., 47 Fed. Cl. 449 (2000), cited O.I. Corp. v. Telmar Co., Inc., 115 F.3d 1576, 1582, 42 U.S.P.Q. 2d (BNA) 1777 (Fed. Cir. 1997)

235 Seal-Flex, Inc. v. Athletic Track and Court Const., 172 F.3d 836, 50, 50 U.S.P.Q. 2d (BNA) 1225 (Fed. Cir. 1999) "…'function' corresponds to what that element ultimately accomplishes in relationship to other elements of the claim and to the claim as a whole. …'acts' describe how a function is accomplished."

236 OI Corporation v. Tekmar Company, Inc. 115 F.3d 1576, 42 USPQ2d 1777 (Fed. Cir. 1997)

成未侵權之判決。

· 專利權人上訴：

1. 請求項中之(a)中所載之「通道」（passage）並非手段功能用語，不適用35 U.S.C.第112條第6項

2. 附屬項將「通道」限定為一種能使分析物餘料產生漩渦或螺旋之結構，故其所依附之獨立項不宜仍被限定為能產生漩渦之結構，而且若該獨立項之解釋排除平滑封閉的幾何形狀，會違背請求項差異原則

3. 地方法院錯誤的以方法請求項之前言定義一功能，並誤將請求項中所載達成該功能之步驟認定為步驟功能用語

4. 前述方法請求項與裝置請求項「併行」，故兩者之解釋應一致均適用35 U.S.C.第112條第6項

· 被控侵權人：為達成使分析物餘料通過之功能，通道是必要的，故「通道」係描述手段功能用語之部分。說明書中僅揭露非平滑管道，並指出先前技術是平滑的管道，而與該發明有別，故「通道」用語應解釋為不包括平滑的封閉式管道。

· CAFC：

1. 同意專利權人對於「通道」並非手段功能用語之解釋，但認為裝置請求項仍為手段請求項。裝置請求項中「用來使該分析物餘料穿過……之手段」（means for passing the analyte slug through a passage）未記載明確的結構支持該手段，故為手段功能用語；惟「通道」僅為使分析物餘料穿過之功能所發生的位置，並非使分析物餘料穿過之功能的手段，故其並非手段功能用語。由於說明書中所描述之通道均為非平滑之非圓管，且清楚的據以區別於先前技術，故「通道」之解釋不包括平滑的封閉結構。

2. 請求項差異原則僅是各個請求項代表不同範圍的推定，並非一種堅定不變的解釋原則。若請求項之用語或內部證據已有明確之定義，不宜以其他請求項之用語解釋該請求項。

3. 「步驟」是方法中一技術特徵之一般描述；「動作」是步驟之施行。方法請求項之前言為「一種從分析物餘料中去除水汽之裝置」（A method for removing water vapor from an analyte slug），主體為「步驟：……使

該分析物餘料穿過……通道……」（comprising the steps of：... passing the analyte slug through a passage ...）。前言係描述該方法之目的的陳述，而非與個別「通道」步驟相關之功能，由於該方法請求項並未記載與步驟相關之功能，故該請求項並非步驟功能用語請求項。

4. 方法請求項與裝置請求項中之技術特徵大部分一致，除了後者使用了「手段」用語。由於每一請求項之範圍均相對獨立，不能因兩請求項「併行」，就認為兩者均適用35 U.S.C.第112條第6項。方法請求項並非步驟功能用語請求項，其所載之「通道」不包括平滑圓柱狀封閉結構。

5.6.3　製法界定物之請求項

製法界定物之請求項，指產物或產物中至少一元件係以其製造方法界定之請求項，例如「一種依請求項1之方法製得之模製內層鞋底。」、「一種電阻器，包含：(a)陶瓷內芯；(b)經由分解煙類氣體使碳沉積於內芯上形成碳被覆層；(c)導電金屬帶……。」當申請專利之發明本身無法以其結構、組成分或理化特性等特徵明確、充分界定者，得以製法特徵界定物之請求項。

以製造方法界定物之請求項，該製造方法是否構成解釋申請專利範圍之技術特徵，有兩種不同觀點「製造方法非技術特徵」及「製造方法為技術特徵」。

一、製造方法非技術特徵

原則上，製法界定物之請求項的申請標的應限於申請專利範圍中所載之製造方法所賦予特性的終產物本身[237]，而非該製造方法，SPLT亦有類似之規定[238]。換句話說，製法界定物之請求項的申請標的為產物，享有絕對的保護[239]，只要被控侵權物與專利權之產物標的相同或均等，即使製造方法不

---

237 經濟部智慧財產局，專利侵害鑑定要點，2004年10月4日，p33

238 Substantive Patent Law Treaty (10 Session), Rule 13(4)(b) "Where a claim defines a product by its manufacturing process, that claim shall be construed as defining the product per se having the characteristics imparted by the manufacturing process."

239 EPO boards of appeal decisions T_0400/88 "5. As repeatedly decided by Boards of Appeal (see decisions above, paragraph 2), "product-by-process" claims have to be interpreted in an absolute sense, i.e.

同，仍應構成侵權。我國發明審查基準規定：「以製法界定物之請求項，其申請專利之發明應為請求項中所載之製法所賦予特性之物本身，亦即以製法界定物之請求項是否具備專利要件並非由製法決定，而係由該物本身決定。若請求項中所載之物與先前技術中所揭露之物相同或屬能輕易完成者，即使先前技術所揭露之物係以不同方法所製得，該請求項仍不得予以專利。[240]」即採「製法非技術特徵」之觀點。若專利審查與專利侵害判斷的標準一致，則申請專利範圍之解釋應不受其製造方法之限定。然而，若物之請求項中僅記載其製造方法特徵，而該製造方法不能限定該物，則該請求項將無任何限定條件。針對這種請求項，有一說認為：解釋申請專利範圍時仍必須參酌說明書中所載之製造方法，以該製造方法所賦予申請標的物之特性理解申請專利之發明，亦即該製造方法必須賦予以其他方式無法描述之新穎特徵（novel feature）作為限定條件，見3.2.5之四「製法界定物之請求項」。

　　1991年美國Scripps案，CAFC認為：製法界定物之請求項是否符合專利要件的審查，該物應不受方法特徵之限定，而專利侵害之判斷原則應與前述審查原則一致，故製法界定物之請求項的正確解釋應為產物不受方法特徵之限定。換句話說，只要是與請求項中所載之方法製得之產物本身相同，則以任何方法製得之產物皆侵害該請求項[241]。

二、製造方法為技術特徵

　　由於製法界定物之請求項就是在申請時無法以其結構、組成分或理化特性等特徵明確、充分界定產物的情況所採取的權宜措施，侵權時通常除製法之外亦無明確、充分之特徵足資比對，前述理論於實務上難以運作，因此，將製法納入比對內容，可能是不得不然的作法。

　　持製造方法為技術特徵之觀點的人認為以製造方法界定產物之申請專利範圍係在其他技術特徵無法明確且充分界定申請專利範圍時始得為之，而取

---

independently of the process. They have, thus, to be examined as any other product claim, namely whether or not the claimed product fulfills the basic requirements of novelty (Article 54 EPC) and inventive step (Article 56 EPC)."

240 經濟部智慧財產局，第二篇發明專利實體審查基準，2013年，第一章說明書、申請專利範圍、摘要及圖式2.5.2以製法界定物之請求項

241 Scripps Clinic & Research Foundation v. Genentec In., 927 F.2d 1565, 18 USPQ 2d 1001 (Fed. Cir. 1991)

得之專利權範圍亦限於以該製造方法製得之產物。專利權範圍係由申請專利範圍予以確定，無論是專利審查或專利侵害訴訟程序，申請專利範圍中所載之所有技術特徵均為重要而不可或缺（即請求項整體原則），製造方法理應構成解釋申請專利範圍之技術特徵。若該產物係已知者，以製造方法界定產物對於先前技術的貢獻為製造該已知產物之新方法，其專利權範圍應受該方法之限定。若該產物係未知者，其結構或性質等無法確定，僅得以製造方法予以界定，例如一種以特殊技術釀製之酒，由於不知酒的成分或特性，僅以釀製方法予以界定，在此情況下，其專利權範圍僅能受該方法之限定，否則即無任何限定條件。

　　美國專利審查作業手冊（MPEP）2113規定製法界定物之請求項係就產物本身是否符合專利要件予以審查，其規範與國際並無不同。然而，在專利有效性或侵權訴訟中，法院對於製法界定物之請求項之觀點並不一致，在1990年之前，一般認為製法界定物之請求項的專利權範圍限於產物本身，不涵蓋以不同方法製得之產物。雖然1991年有前述之Scripps案，惟1992年Atlantic案，CAFC全院合議庭隨即作出相反的決定，判決指出：在侵權訴訟程序中，必須考量製法界定物之請求項中所包含之方法特徵，方法特徵應為專利權範圍之限定條件，否則違背專利法基本之全要件原則——被告實施請求項中之全部技術特徵或其均等物時始構成侵權行為[242]。

　　雖然解釋製法界定產物之申請專利範圍有兩種不同觀點，由於物之專利與方法專利之權能的差異在於「製造」，惟「使用」製造方法即等於「製造」物品，且自從TRIPs擴張製造方法之專利保護後，方法專利權之效力亦及於該方法直接製成之物，比較專利法第58條第2項、第3項之規定，製造方法與以製造方法界定之物二者的專利權能並無實質上的差異。惟依專利法第99條第1項規定[243]，製造方法專利之舉證責任倒置，當製造方法專利所製成之物在該製造方法申請專利前，為國內外未見者，於專利侵害訴訟程序中，他人製造相同之物，推定為以該專利方法所製造。因此，申請專利範圍以製

---

242 Atlantic Thermoplastics Co. Inc., v. Faytex Corp., 974 F.2d 1299, 24 USPQ 2d 1138 (Fed Cir. 1992) (en banc)

243 專利法第99條第1項：製造方法專利所製成之物在該製造方法申請專利前，為國內外未見者，他人製造相同之物，推定為以該專利方法所製造。

造方法界定物並無實際效益，反而不適用舉證責任倒置之規定[244]。惟若提起專利侵害訴訟，實體物便於作為查扣、起訴之對象，故製法界定物之請求項仍有其在起訴程序上之效益。

三、因應不同階段之解釋方法

在美國Abbott Labs. v. Sandoz, Inc.案，CAFC以全院合議庭確認「在判斷侵權時，製法界定物之請求項中該製法應被視為限定條件。[245]」Abbott案判決解決了前述CAFC在Scripps案與Atlantic案中解釋方法的歧異。

前述判決結論「製造方法應被視為申請專利範圍的限定條件」與美國專利審查實務「製造方法不得被視為申請專利範圍的限定條件」顯然不同。美國MPEP規定：製法界定物之請求項不受所列舉步驟之操作的限制，僅受步驟中所載之結構的限制[246]。對於製法界定物之請求項的審查，目前全世界採取的解釋方法並無不同，申請專利之發明應為請求項中所載之製造方法所賦予特性之物本身，亦即以製法界定物之請求項是否符合專利要件並非由該製法決定，若請求項中所載之物與先前技術中所揭露之物相同或能輕易完成者，即使先前技術所揭露之物係以不同方法所製得，該請求項仍不得予以專利。

CAFC在判決中特別說明解釋申請專利範圍的基本原則——申請專利範圍具有定義功能（definition function）及公示功能（public notice function），並說明三個理由：

(1) 最高法院支持，包括1884年BASF案之判決結果同本Abbott案，1997年Warner-Jenkinson案重申的全要件原則。

(2) 申請人有權決定如何界定申請專利之發明，但依35 U.S.C.第112條第2項明確要件及公示功能，其選擇之界定方式將限定其專利權範圍。

(3) 若不考慮製法為判斷侵權時的限定條件，將無法確認被控侵權物與專利是否相同。

申請專利範圍必須定義專利權範圍，即申請專利範圍本身應就其中所載

---

244 尹新天，專利權的保護，專利文獻出版社，1998年11月。p204～208

245 Abbott Labs. v. Sandoz, Inc., 566 F.3d 1282, 1293 (Fed. Cir. 2009) (en banc).

246 美國專利審查作業手冊Manual of Patent Examining Procedure (MPEP), 8 Edition, 2113

之用語意義提供明確的指示，但解釋申請專利範圍時仍應參酌說明書，瞭解申請專利範圍的必要內容，尤其發明人自己作為詞彙編纂者（lexicographer）或明確放棄某些範圍。然而，解釋申請專利範圍時不得將說明書中所載之技術內容讀入申請專利範圍，故有必要藉說明書清楚瞭解申請專利範圍有界定或未界定之間的微妙界線，重點在於申請專利範圍不得超出說明書所揭露發明人已完成之發明（即本書所稱申請人以說明書揭露其所先占的技術範圍）。若申請專利範圍涵蓋的範圍過廣，例如申請專利範圍本身、說明書或申請歷史檔案明確指出申請專利之發明限於某物或某方法時，則法院可能會將申請專利範圍限於說明書所載的實施例。

　　CAFC引用最高法院在Warner-Jenkinson案所重申普遍適用的原則：「申請專利範圍中所載的每一元件對於定義該專利範圍而言皆為重要。[247]」CAFC認為在專利侵害訴訟中考量製法界定物之請求項，不可忽略申請專利範圍的公示功能。若說明書中除了製造方法並未揭示請求項中所界定之化合物的任何結構或特性，且該製造方法並非製法界定物之請求項的限定條件，則以其他製造方法製得相同化合物的被控侵權人也必須對侵權行為負責，將損及社會大眾對申請專利範圍中以文字界定專利權範圍的信賴保護。

　　若說明書未揭露申請專利之發明的結構或特性，但在專利訴訟時卻主張其專利權範圍涵蓋所有相同產物而不限於所載之製造方法，法院僅能以請求項中所載之方法與被控侵權的方法比對，而無其他分析工具可以用來確認被控侵權物是否構成侵害。若專利權人主張系爭專利的製造方法與被控侵權物的製造方法相似，法院尚得據以判斷被控侵權物是否侵害系爭專利；惟若專利權人主張侵權的基礎不在製造方法是否相似，則法院無從確認被控侵權物是否侵害系爭專利，而且法院亦無理由不准他人利用較佳的不同製造方法從事生產。

　　基於前述說明，對於製法界定物之請求項，CAFC多數法官認為若製造方法並非判斷侵權時的限定條件，則無法確認被控侵權物與系爭專利物是否相同，而且也違背申請專利範圍的公示功能，故請求項中所載之製法應為判斷侵權時的限定條件。然而，亦有少數法官強烈反對前述判決，主要理由有

---

247 Abbott Labs. v. Sandoz, Inc., 566 F.3d 1282, 1293 (Fed. Cir. 2009) (en banc).

三，說明如下。

(1) 製法界定物之請求項的解釋方法應考量下列事項，再決定其解釋方法：a.該物是否新穎，b.該物是否無法以製造方法以外之技術特徵充分界定請求項，及c.發明的核心是否為製法。對於某些成分結構難以界定的發明，使用製法界定物之請求項是唯一選擇，限制了製法界定物之請求項的權利範圍，無疑會打擊該技術領域的發明。

(2) USPTO的審查基準對於可專利性之判斷與CAFC的判決不同，對於製法界定物之請求項，CAFC判決的解釋方法係以方法請求項解釋物之請求項，相對於USPTO的解釋方法增加新的限定條件，因而失去了申請人以製法界定物之請求項請求保護新產物的本意。兩機關的解釋方法不同，會導致判斷同一發明之專利有效性與判斷侵權的解釋方法不一致。

(3) 就前述理由(3)「若不考慮製法為判斷侵權時的限定條件，將無法確認被控侵權物與專利是否相同」，該案的不同意見書認為舉證責任在專利權人，若專利權人無法證明被控侵權物的結構與系爭專利相同，則應受無法舉證之不利益，不應以不易舉證為由，限制製法界定物之請求項的解釋方法。

　　專利有效性與專利侵權分析同屬專利侵害訴訟案件之程序，對於申請專利範圍的解釋方法是否應一致的問題，事實上已有定論。CAFC曾多次闡述解釋申請專利範圍的原則：在司法機關「不論是專利有效性或專利侵權分析，申請專利範圍的解釋方法必須一致。[248]」（按司法機關與行政機關的解釋方法不一致，已如前述）然而，Abbott案的判決並未遵從這個原則，對於方法界定物之請求項，採取專利訴訟階段的專利有效性與專利侵權分析不同的解釋方法；在後續的Amgen案中，法院持續適用Abbott案的見解，並指出「在專利訴訟階段的專利有效性與專利侵權分析，解釋申請專利範圍的方法不一致，影響是重大的。」[249]

---

248 Amazon.com, Inc. v. Barnesandnoble.com, Inc., 239 F.3d 1343, 1351 (Fed. Cir. 2001); also in W. L. Gore & Assocs., Inc. v. Garlock, Inc., 842 F.2d 1275, 1279 (Fed. Cir. 1988) "claims must be interpreted and given the same meaning for purposes of both validity and infringement analyses."

249 Amgen Inc. v. F. Hoffmann-La Roche Ltd. 2009 U.S. App. LEXIS 20409 (Fed. Cir. Sept. 15, 2009) "the impact of these different analyses is significant."

5.6.4 用途請求項

3.5.5「有關用途之請求項」已指出，涉及用途之請求項就有三種記載形式：用途請求項（use claim）、用途界定物之請求項（product-by-use claim）及用途界定方法請求項。

用途界定物之請求項，係有關特定用途之產物發明，例如「一種殺蟲劑」、「一種用於治療心臟病之醫藥組合物」之請求項。依申請專利範圍整體原則（as a whole）[250]，解釋用途界定物之請求項，不得忽略任何技術特徵，故其專利權範圍除了受請求項中所載之所有技術特徵之限定外，亦應受所載之用途的限定。例如「一種用於殺蟲之組合物A＋B」，其專利權範圍係組合物A＋B限於「殺蟲」之用途，則組合物A＋B用於清潔不屬於該請求項之專利權範圍。對於用途界定物之請求項的解釋，SPLT亦規定其應受所載之用途的限定[251]。

由於用途界定物之請求項受所載之用途的限定，故其隱含某些限定條件，例如請求項為「一種熔鋼之鑄模」，其隱含該鑄模之熔點遠高於亦屬成型模具的一般塑膠製冰盒。就此例而言，製冰盒之用途並非適於高熔點之成型模具，即使鑄模與製冰盒兩者之結構完全相同，後者仍未落入鑄模之專利權範圍。

用途發明，指發現物的未知特性，利用該特性於特定用途之發明。對於化學物質，無論是已知物質或新物質，其特性是物質所固有，故用途發明的本質不在物質本身，而在於物質特性的應用。

產物之用途發明，指產物的新穎使用方法，以產生某種預期之效果。因此，以用途為申請標的之用途請求項視同方法發明，例如「物質A作為殺蟲之用途」或「物質A之用途，其係用於殺蟲」視同「使用物質A殺蟲之方法」或「一種殺蟲方法，其係使用物質A」（申請標的為方法），具有「殺蟲」及「使用物質A」之技術特徵。

用途請求項與前述用途界定物之請求項容易混淆。「用化合物X作為殺

---

250 經濟部智慧財產局，專利侵害鑑定要點，2004年10月4日，p31「解釋申請專利範圍應以請求項所載之整體內容為依據」。

251 Substantive Patent Law Treaty (10 Session), Rule 13(4)(c) "Where a claim defines a product for a particular use that claim shall be construed as defining the product being limited to such use only."

蟲劑」或「化合物X作為殺蟲劑之用途」為用途請求項，視同方法請求項；
而「用化合物X製備之殺蟲劑」或「含化合物X之殺蟲劑」為用途界定物之
請求項，並非方法請求項。前述兩種區別僅取決於請求項之記載形式，對於
技術手段之實質內容並無差異。

第六章 | 發明暨新型專利權範圍侵害判斷

經濟部智慧財產局於民國93年10月4日在網站上發布「專利侵害鑑定要點」，司法院祕書長嗣於93年11月2日以祕台廳民一字第0930024793號將該要點草案函送各法院參考。對於前述要點，第五章已針對其中所載專利權範圍侵害判斷流程之階段1「解釋申請專利範圍」詳加說明。

為增進申請專利範圍之撰寫技巧，本章將針對侵害專利權範圍判斷流程之階段2「解析被控侵權之系爭對象、比對經解釋後之申請專利範圍與系爭對象、並判斷系爭對象是否落入專利權範圍」，包括全要件原則、均等論、禁反言原則、先前技術阻卻、逆均等論等內容予以詳加說明，並引述美國法院之相關判例，以為撰寫申請專利範圍之參考。

6.1 專利侵害判斷之階段及流程

6.1.1 流程概述

侵害判斷之流程如下（請參照6.1.3「流程圖」）：

1. 解釋申請專利範圍
2. 比對經解釋後之申請專利範圍與系爭對象（或稱被控侵權對象）
   (1) 解析申請專利範圍之技術特徵
   (2) 解析系爭對象之技術內容
   (3) 基於全要件原則（all-elements rule / all-limitations rule），判斷系爭對象是否符合文義讀取（read on）
   a. 若系爭對象符合文義讀取，且被告主張適用逆均等論（reverse doctrine of equivalents），應就其主張予以判斷。
   (a) 若系爭對象適用逆均等論，則應判斷系爭對象未落入專利權範圍。
   (b) 若系爭對象不適用逆均等論，則應判斷系爭對象落入專利權之文義範圍。

b. 若系爭對象符合文義讀取，而被告未主張適用逆均等論，應判斷系
爭對象落入專利權之文義範圍。

c. 若系爭對象不符合文義讀取，應再判斷系爭對象是否適用均等論
（doctrine of equivalents）。

(4) 基於全要件原則，判斷系爭對象是否適用均等論

a. 若系爭對象不適用均等論，則應判斷系爭對象未落入專利權範圍。

b. 若系爭對象適用均等論，且被告主張適用禁反言原則（prosecution
history estoppel）及／或先前技術阻卻時，應再判斷系爭對象是否適
用禁反言原則或先前技術阻卻（判斷時，無先後順序）。

　(a) 若系爭對象適用禁反言原則及／或先前技術阻卻其中之一，則應
判斷系爭對象未落入專利權範圍。

　(b) 若系爭對象不適用禁反言原則且不適用先前技術阻卻，則應判斷
系爭對象落入專利權之均等範圍。

c. 若系爭對象適用均等論，且被告未主張禁反言原則及先前技術阻卻
時，應判斷系爭對象落入專利權之均等範圍。

6.1.2　各步驟之範圍圖示

下圖係比較前述各步驟執行後所構成之範圍及各範圍之大小。

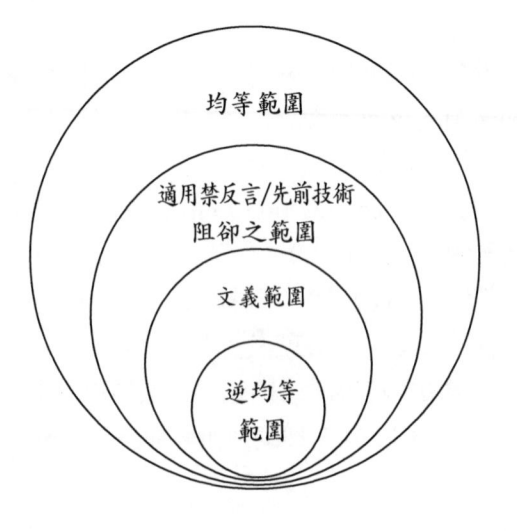

6.1.3　流程圖

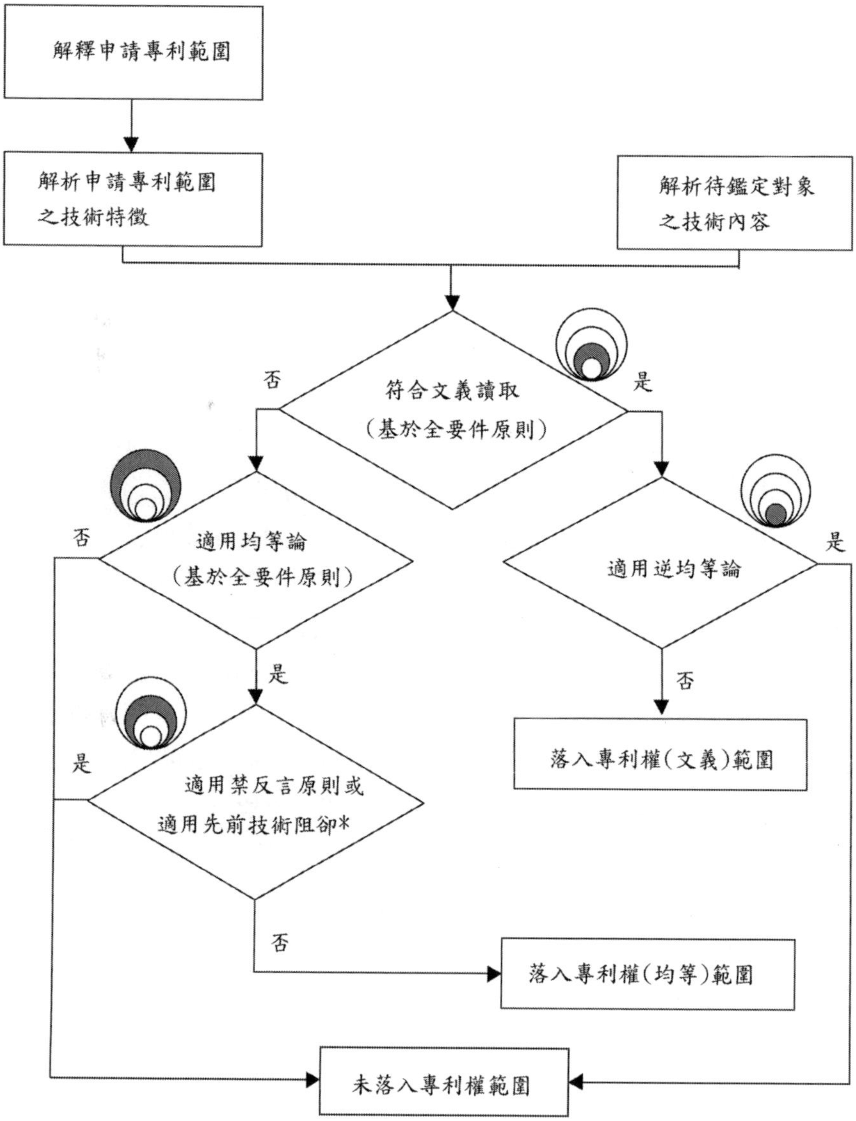

```
┌─────────────────┐
│  解釋申請專利範圍  │
└─────────────────┘
         │
         ▼
┌─────────────────┐                    ┌─────────────────┐
│  解析申請專利範圍  │                    │  解析待鑑定對象   │
│  之技術特徵       │                    │  之技術內容      │
└─────────────────┘                    └─────────────────┘
```

否　　　　　　　符合文義讀取　　　　是
　　　　　　　（基於全要件原則）

否　　適用均等論　　　　　　　適用逆均等論　　是
　　（基於全要件原則）

是

適用禁反言原則或
適用先前技術阻卻*

否

落入專利權（文義）範圍

落入專利權（均等）範圍

未落入專利權範圍

* 被告主張適用禁反言原則及/或適用先前技術阻卻，判斷時，兩者無先後順序

 ** 各步驟之範圍圖示，暗色部分表示該步驟之範圍

6.2　解析申請專利範圍及系爭對象

專利侵害判斷，就是先確定專利權範圍，再確定系爭對象，最後是比對、判斷系爭對象是否落入專利權範圍。進行比對之前，必須正確解析申請專利範圍之技術特徵及系爭對象之技術內容，此一解析工作直接影響比對結果之正確性。

美國最高法院於1997年Warner-Jenkinson案[1]對於均等論之適用開始採取嚴格的態度，肯認禁反言原則得阻卻均等論之適用，無論是申請、維護專利之程序中所為「有關可專利性」之修正或申復，均適用禁反言原則（見6.5.2之八「Warner- Jenkinson v. Hilton Davis案」）；嗣後又於2002年在Festo[2]案中判決：任何與核准專利有關之要件均有關可專利性，但禁反言原則僅能彈性限制均等論，並將是否有適用均等論之空間的證明責任由專利權人負擔（見6.6.5「Festo v. Shoketsu Kinzoku Kogyo Kabushiki案」）。自此以後，全要件原則、禁反言原則及貢獻原則等限制均等論的理論、原則備受重視，均等範圍有逐漸被限縮的趨勢，為避免專利權範圍被過度限縮，在擬定專利侵害訴訟之攻防策略時，專利界日益重視前述階段1中申請專利範圍的解釋，這是可想而知的正常發展。其實，除前述限制均等論的理論、原則外，前述階段2中原本就隱藏著一個有可能限縮均等範圍的操作步驟，即「解析申請專利範圍」。眾所周知者，申請專利範圍中所載之技術特徵的數量與其所涵蓋的範圍成反比，即技術特徵越多涵蓋範圍越窄；相反地，將申請專利範圍解析成若干要件（elements），要件中所包含技術特徵的數量與其所涵蓋的均等範圍成正比，即技術特徵越多涵蓋的均等範圍越寬。換句話說，應正確解析申請專利範圍，以免過度限縮或不當擴張均等範圍。

6.2.1　解析申請專利範圍

比對系爭對象是否落入專利權範圍，係基於全要件原則及逐一比對原

1　Warner-Jenkinson Company v. Hilton Davis Chemical Co., 520 U.s. 17, at 21023 (1997)("Each element contained in a patent claim is deemed material to defining the scope of the patented invention, and thus the doctrine of equivalents must be applied to individual elements of the claim, not to the invention as a whole.")

2　Festo Corporation v. Shoketsu Kinzoku Kogyo Kabushiki Co., Ltd., et al., 122 S.Ct. 1831, 1833 (2002)

則；若從系爭對象可以讀取請求項中各個技術特徵之文義，則構成文義侵害；若請求項中各個技術特徵與系爭對象中各個技術內容無實質差異（insubstantial difference），則構成均等侵害。美國最高法院於Warner-Jenkinson案肯認請求項之整體比對相對於逐一比對會累積差異的結果，而使專利權超出合理的均等範圍。然而，請求項中之文字敘述係以單句表現一整體技術手段，並未單獨條列各個技術特徵，且請求項中所載之所有技術特徵均為重要而不可或缺（請求項整體原則），故在比對專利權範圍與系爭對象之前，應先解析申請專利範圍中所載之技術特徵。

一、解析申請專利範圍之目的及必要性

如前述，申請專利範圍中所載之技術特徵的多寡涉及其專利權範圍的大小，故將申請專利範圍解析得愈細，要件中所包含技術特徵的數量愈少，該要件所涵蓋的均等範圍愈狹窄。專利侵害訴訟涉及兩造之利益，就專利權人的角度，專利權涵蓋的範圍愈寬廣對其愈有利，但就被控侵權人的角度，專利權涵蓋的範圍愈狹窄對其愈有利，故訴訟策略上就有必要考量申請專利範圍應如何解析。因此，解析申請專利範圍之目的在於將請求項中所載之文字拆解成各個具獨立功能的技術特徵，以確保專利侵害判斷結果的正確性。

全要件原則係指請求項中每一技術特徵均對應表現在系爭對象中，包括文義的表現及均等的表現，但並不限於每一技術特徵必須一對一的對應表現。以系爭對象中多個元件、成分或步驟達成申請專利範圍中單一技術特徵之功能，或以系爭對象中單一元件、成分或步驟達成申請專利範圍中多個技術特徵組合之功能，均得稱該技術特徵係對應表現在系爭對象[3]，而未違反全要件原則。若一元件對應多個技術特徵符合全要件原則，就專利權人的角度，當然希望將系爭專利請求項中所載之技術特徵對應系爭對象的所有技術內容整體比對，以擴大其均等範圍，然而，整體比對方式是否符合全要件原則，亦為解析申請專利範圍時應考量之事項。

在Warner-Jenkinson案，除了肯認禁反言原則可以阻卻均等論之適用外，美國最高法院也確認均等論之適用必須以技術特徵逐一比對之方式為

3　專利侵害鑑定要點，第二節之一之(一)「得組合或拆解技術特徵」，第36頁。

之，該法院判決：「獨立項中之每一個技術特徵對於確定專利權範圍都很重要（deemed material），故均等論應針對請求項中各個技術特徵，而非針對發明整體[4]。在適用均等論時，即使對單一技術特徵，亦不得將保護範圍擴張到實質上忽略請求項中所載之技術特徵的程度。只要均等論之適用不超過前述之限度，我們有信心均等論不致於損及申請專利範圍在專利保護體系中之核心作用。」依全要件原則，均等論之均等檢測必須基於要件逐一檢測之基礎[5]；侵權之認定要求被控物或方法必須包含每一個技術特徵或其均等物或方法[6]。技術特徵逐一（element-by-element test / elemental approach）比對方式，係將系爭對象之技術內容與請求項中所載對應之技術特徵個別比對，若兩者實質相同，則構成均等侵害，見6.5.2之四之(一)「逐一比對」。由於整體比對方式會造成均等範圍不當擴張，故美國最高法院判決均等論之適用必須以逐一比對方式為之。實務操作時，勿以整體比對之方式為之，可以理解，但實務操作上整體比對與逐一比對之界線為何？以包含10個技術特徵之請求項為例，將該10個技術特徵解析為1要件（element）作為比對之基礎，固然可以理解其後續的均等判斷必然係以整體比對之方式為之，而不被美國最高法院所容許；那麼，將該10個技術特徵解析為2要件，是否符合逐一比對方式？若非，則到底應解析為幾個要件，始符合逐一比對方式？前述問題看似複雜，其實均指向一件事，即解析申請專利範圍的標準為何的問題。

二、解析申請專利範圍之標準

專利係保護解決問題之技術手段，而非保護功能本身。技術手段係技術特徵的集合；技術特徵係申請專利範圍中界定申請專利之發明的限定條件，通常於物之發明為結構及結構關係等特徵，於方法發明為條件及步驟等特徵。解析申請專利範圍，係將請求項中所載之內容拆解為能產生獨立功能而

4　Warner-Jenkinson Company v. Hilton Davis Chemical Co., 520 U.s. 17, at 21023 (1997)("Each element contained in a patent claim is deemed material to defining the scope of the patented invention, and thus the doctrine of equivalents must be applied to individual elements of the claim, not to the invention as a whole.")

5　美國學者認為「逐一比對」為全要件原則之內涵，因為整體比對會忽略某些技術特徵，故全要件原則有時係指「逐一比對」的意思。

6　M. Scott Boone, Defining and Redefining the Doctrine of Equivalents: Notice and Prior Art, Language and Fraud, 43 IDEA 650-51 (2003).

能對整體技術手段達成作用效果之技術單元或技術單元的集合[7]。

功能，係技術特徵的特性，而為技術特徵與結果之間的因果演變過程，通常功能係一種客觀的物理作用或化學反應。就物品而言，通常指技術特徵本身所能產生之機械功能或電氣功能，例如彈簧藉彈性而具有儲存或釋放能量之功能；就物質而言，通常指技術特徵本身所能產生之化學反應。技術特徵之名稱通常係其所能產生之功能的定義，例如彈簧、連桿、傳動輪、扣件、噴嘴及觸媒等。

解析申請專利範圍，應依申請專利範圍中所載之文字，以功能為主，以名稱、文義為輔，將請求項中能相對獨立實現特定功能、產生效果的元件、成分、步驟或其結合關係（以下簡稱技術內容）設定為技術特徵。解析申請專利範圍時，不得忽略請求項中所載任何技術特徵，以致違反全要件原則；但以系爭對象中多個元件、成分或步驟達成申請專利範圍中單一技術特徵之功能，或以系爭對象中單一元件、成分或步驟達成申請專利範圍中多個技術特徵組合之功能，均可稱該技術特徵對應表現在系爭對象，而未違反全要件原則。解析申請專利範圍之極限，不得破壞技術特徵之功能，例如不得將螺釘再拆解為螺頭及螺桿兩個技術特徵，而失其螺固之功能。

雖然物之發明通常為結構特徵，但單一結構不一定能產生獨立功能而對整體技術手段達成作用效果。申請專利範圍中單一技術特徵之功能可能由系爭對象中多個元件、成分或步驟達成；申請專利範圍中多個技術特徵組合之功能亦可能由系爭對象中單一元件、成分或步驟達成。因此，解析申請專利範圍時，應以功能為主，將技術特徵組合或拆解，使申請專利範圍中每一技術特徵均對應表現在系爭對象。

以實例說明如下，請求項記載：

一種供人乘坐之家具，其包含：

一第一支撐組件（垂直向上支持人體臀部）；

一第二支撐組件（水平向前支持人體背部）；

一對第三支撐組件（垂直向上支持人體雙臂）；及

---

7 閻秀元，如何對技術方案進行特徵區劃，專利侵權判定實務，北京，2001年11月，p70。

至少三件第四支撐組件（將前述組件與地面平行隔開）。

（本例省略組件間之結合關係）

　　依功能解析，所界定之家具為「座椅」，第一支撐組件為「座部」，第二支撐組件為「靠背」，第三支撐組件為「扶手」，第四支撐組件為「椅腳」。

　　前述實例僅屬說明性質，將申請專利範圍中之文字解析為若干技術特徵，實務操作上相當困難，例如申請專利範圍中之「四隻木製椅腳」，若與系爭對象中之「單柱四爪鋼製椅腳」比對，究竟應以椅腳之支數解析為四個技術特徵，或解析為「四隻」、「木製」及「椅腳」三個技術特徵？其解析之結果會因設定之功能不同而有差異。

　　總結前述說明，解析申請專利範圍之技術特徵，係將請求項拆解為若干具有獨立功能且能對整體技術手段產生功效的技術單元或單元之組合，該技術特徵必須具有獨立性及價值性。獨立性，技術特徵本身具獨立功能，不須再與其他技術特徵組合即能發揮其本身的功能。價值性，技術特徵對請求項中所載之整體技術手段具價值，亦即技術特徵在整體技術手段中可以發揮作用、產生功效。

　　以請求項中所載之技術特徵作為整體技術手段的零件、組件、未完成品或完成品為例，說明前述之獨立性及價值性。例如請求項記載：「一外殼(a)，包含前蓋(a1)、筒身(a2)及後蓋(a3)……；一內部元件(b)，包含透鏡(b1)及雷射模組(b2)……。」解析申請專利範圍，例示如下：

　　5個要件：a1 + a2 + a3 + b1 + b2

　　4個要件：a1 + a2 + a3 + B(b1 + b2)

　　3個要件：A(a1 + a2 + a3) + b1 + b2或(a1 + a2) + a3 + B(b1 + b2)

　　2個要件：A(a1 + a2 + a3) + B(b1 + b2)或(a1 + b1) + (a2 + a3 + b2)

　　1個要件：(a1 + a2 + a3 + b1 + b2)

前述解析的結果整理如下：

零件：a1、a2、a3、b1及b2。
組件：A(a1 + a2 + a3)及B(b1 + b2)。
未完成品：(a1 + a2)、(a1 + b1)及(a2 + a3 + b2)。
完成品：(a1 + a2 + a3 + b1 + b2)。

解析申請專利範圍的結果僅包含零件或組件者，符合前述獨立性及價值性；只要包含未完成品者，不符合前述獨立性及價值性；以完成品作為解析結果者，違反逐一比對原則。

6.2.2　解析系爭對象

解析系爭對象，應對照申請專利範圍之技術特徵，解析系爭對象中對應之技術內容。解析系爭對象所得之元件、成分、步驟或其結合關係與申請專利範圍之技術特徵必須對應，系爭對象中與申請專利範圍之技術特徵無關的元件、成分、步驟或其結合關係應予剔除。解析申請專利範圍係獨立為之；解析系爭對象，係對應系爭專利申請專利範圍所載之文字，不得反向為之。

應注意者，專利侵害判斷，係就系爭對象與系爭專利申請專利範圍中所載之文字比對，而非將系爭對象化作文字，再與系爭專利申請專利範圍中所載之文字比對。換句話說，文義讀取，指從系爭對象讀取到系爭專利技術特徵的文義；均等論，指系爭對象之技術內容相對於請求項中之技術特徵僅為非實質性之差異。因此，解析系爭對象，係對應系爭專利申請專利範圍所載之文字，擷取對應的技術內容，而以文字表現解析的結果，絕非將系爭對象化成文字，再與申請專利範圍比對。

6.3　全要件原則

為判斷系爭對象是否侵害專利權，應在解析申請專利範圍與系爭對象後，就二者比對，並判斷系爭對象是否落入專利權範圍。專利侵害包括文義侵害及均等侵害兩種類型，全要件原則應作為文義侵害及均等侵害判斷之限

制（或稱前提條件）而非前置步驟，亦即並非先判斷是否符合全要件原則，再判斷是否符合文義讀取。

6.3.1　定義

全要件原則（all elements rule / all limitations rule），指請求項中每一技術特徵完全對應表現（express）在系爭對象，包括文義的表現及均等的表現。請求項中每一技術特徵或與其實質均等之結構或步驟表現在系爭對象時，始構成侵害。

6.3.2　Pennwalt Corp. v. Durand-Wayland, Inc.案[8]

全要件原則係美國法院於1987年Pennwalt Corp. v. Durand- Wayland, Inc.,案中所創設。該專利係有關水果及其類似物之分類器，利用被分類物之本質，例如水果之顏色、重量或兩者之組合，區別分類物。請求項主要係以硬體結構及功能性技術特徵限定其發明，爭執焦點在於將物品卸載到對應的容器之前，利用移位寄存器（shift register）指示已完成分類而正等待卸載之物品的位置。系爭對象係利用電腦儲存被分類物之顏色及重量數據後加以分析，故並無位置指示功能，亦無儲存及傳遞位置變化數據之功能。

專利權人主張系爭對象雖然不具有位置指示功能，但其具備重量及顏色的區別功能，得藉該功能輕易推知物品的位置，再以電腦進行說明書中所載之作用，故尚不足以迴避專利侵害。

然而，法院認為除非系爭對象具備請求項中所載之每一個技術特徵或均等之技術內容，就本專利以功能性技術特徵界定申請專利範圍而言，應具備請求項中完全相同之功能，尤其是系爭指示位置之功能，否則不構成侵害。雖然系爭電腦得被設計成具有該功能，惟其不能感應外界訊號之刺激，且實際上亦未被設計為具備位置指示功能，最後判決不構成侵害。法院指出：在適用均等論時，必須將每一個技術特徵均視為申請專利範圍的一部分，且每一個技術特徵均為重要不可或缺者。專利權人必須證明從系爭對象中可以找到每一個技術特徵或均等之技術特徵，始能認定構成侵害。於前述之均等比對，系爭對象中之替代技術與請求項中對應之技術特徵必須是以實質相同的

8　Pennwalt Corp. v. Durand-Wayland, Inc., 833 F.2d 931 (Fed. Cir. 1987)

方式，達成實質相同的功能。

　　對於此案之判決，有不同意見書認為系爭對象究竟是欠缺請求項中某一技術特徵或是將該技術特徵與其他技術特徵合併，兩者之間應導致不同結論；並認為將某一個技術特徵一分為二或將兩個技術特徵合而為一，仍然構成均等侵害。前述不同意見係指出均等侵害判斷究竟應採取技術特徵「逐一比對」或請求項「整體比對」的問題，在1997年之前美國法院並無統一標準，請參照6.5.2之四「逐一比對或整體比對」。

　　此外，美國法院認為全要件原則係屬法律問題，當事人得上訴至聯邦巡迴上訴法院。

6.3.3　全要件原則並非判斷步驟

　　依前述美國法院判決，全要件原則係文義侵害及均等侵害之限制，只要被控侵權人能提出證據證明申請專利範圍中有一項以上之技術特徵無法從系爭對象找到，即得以不符合全要件原則，主張不構成侵害。

　　然而，申請專利範圍中單一技術特徵之功能可能由系爭對象中多個元件、成分或步驟達成；申請專利範圍中多個技術特徵組合之功能亦可能由系爭對象中單一元件、成分或步驟達成。解析申請專利範圍時，必須將技術特徵組合或拆解，使申請專利範圍中每一技術特徵均對應表現在系爭對象。無論是文義侵害或均等侵害之判斷，均應注意申請專利範圍之解析是否妥適，不得僅以申請專利範圍之技術特徵與系爭對象之實體元件無法一一對應為由，即判斷無侵害之可能。因此，在判斷流程中全要件原則是文義侵害及均等侵害之限制，而非文義侵害判斷前的一個判斷步驟。

　　中國「最高人民法院關於審理侵犯專利權糾紛案件應用法律若干問題的解釋」[9]第7條：「（第1項）人民法院判定被訴侵權技術方案是否落入專利權的保護範圍，應當審查權利人主張的權利要求所記載的全部技術特徵。（第2項）被訴侵權技術方案包含與權利要求記載的全部技術特徵相同或者等同的技術特徵的，人民法院應當認定其落入專利權的保護範圍；被訴侵權

9　中國最高人民法院於2009年12月21日審判委員會第1480次會議通過「最高人民法院關於審理侵犯專利權糾紛案件應用法律若干問題的解釋」，自2010年1月1日起施行。

技術方案的技術特徵與權利要求記載的全部技術特徵相比，缺少權利要求記載的一個以上的技術特徵，或者有一個以上技術特徵不相同也不等同的，人民法院應當認定其沒有落入專利權的保護範圍。」顯示中國的專利侵害訴訟程序中亦有全要件原則之適用，適用於文義侵害及均等侵害兩個判斷步驟，且已拋棄過往的「多餘限定原則」。

6.3.4　實務操作三原則

依全要件原則，判斷是否構成文義侵害或均等侵害之三原則如後述[10, 11]。檢視後述三原則時，若系爭對象之技術內容落入請求項中以上位概念撰寫之技術特徵所涵蓋之範圍，則應判斷構成侵害。

(1) 精確原則（Rule of Exactness），系爭對象與請求項中所有技術特徵均相同而未附加或刪減任何技術特徵，或某些技術特徵雖然不相同但為均等者，應判斷構成侵害。

(2) 附加原則（Rule of Addition），基本上，若系爭對象包含請求項中所有技術特徵或為均等，並附加某些技術特徵，不論附加的技術特徵本身或與其他技術特徵結合是否產生功能、效果，均應判斷構成侵害。

惟若系爭專利為組合物請求項，應依下列方式判斷：

a. 開放式連接詞，例如請求項中之技術特徵「包括A、B、C」，系爭對象為「A、B、C、D」，應判斷構成侵害。

b. 封閉式連接詞，例如請求項中之技術特徵「由A、B、C組成」，系爭對象為「A、B、C、D」，應判斷不構成侵害。

c. 半開放式連接詞，例如請求項中之技術特徵「主要由A、B、C組成」，系爭對象為「A、B、C、D」，得分為以下兩種情況：(1) D為實質上不會影響申請標的之基本及新穎特性的元件、成分或步驟或其結合關係者，應判斷構成侵害；(2) D為實質上會影響申請標的之基本及新穎特性的元件、成分或步驟或其結合關係者，應判斷不構成侵害。

d. 其他方式表達之連接詞，則應參照說明書內容，依個案認定其係屬開放

10　洪瑞章，專利侵害鑑定，p8，1996年5月16日

11　中國北京高級人民法院審判委員會，關於審理專利侵權糾紛案件若干問題的規定，2003.10.27-29，第15條

式、封閉式或半開放式，再依前述方式判斷是否構成侵害。

(3) 刪減原則（Rule of Omission），系爭對象欠缺請求項中一項或若干項技術特徵，或與請求項中一項或若干項技術特徵不相同且不均等者，應判斷不構成侵害。

6.4　文義侵害

從系爭對象中能找到與請求項中每一個技術特徵相同的對應特徵，應判斷請求項中每一個技術特徵之文義均能從系爭對象讀取（read on）。符合文義讀取者，構成文義侵害（literal infringement）。

2004年我國專利制度導入功能性技術特徵界定申請專利範圍（functional claims）之特殊記載形式，等同於現行專利法施行細則第19條第4項：「複數技術特徵組合之發明，其請求項之技術特徵，得以手段功能用語或步驟功能用語表示。於解釋請求項時，應包含說明書中所敘述對應於該功能之結構、材料或動作及其均等範圍。」本規定主要係參考美國專利法第112條第6項[12]，SPLT Rule 13 (4)(a) 亦有類似之規定[13]。

依前述細則之規定，請求項得以達成特定功能之手段（means for...）的形式記載申請專利範圍，不須記載結構、材料或動作，例如振盪手段、電驅動手段、放大電氣訊號手段等。若申請專利範圍中使用手段片語（means for...）並記載特定功能者，法院應推定專利權人係使用手段請求項，適用前述細則之規定，請參酌5.6.2之二「是否為手段請求項之判斷」。惟若請求項中有詳細結構、材料或步驟之敘述，而足以達成該功能者，該技術特徵應被

12　35 U.S.C. 112(6): "An element in a claim for a combination may be expressed as a means or step for performing a specific function without the recital of structure, material, or acts in support thereof, and such claim shall be constructed to cover the corresponding structure, material or acts described in the specification and equivalents thereof."

13　Substantive Patent Law Treaty (10 Session), Rule 13(4)(a): Where a claim defines a means or a step in terms of its function or characteristics without specifying the structure or material or act in support thereof, that claim shall be construed as defining any structure or material or act which is capable of performing the same function or which has the same characteristics. 為協調各國之專利制度，世界智慧財產權組織召開多屆實質專利法條約（Substantive Patent Law Treaty，以下簡稱SPLT）會議，2004年為第10屆，雖然該條約迄今尚未正式生效施行，惟從其草約內容仍得一窺各國協調之趨勢與方向。

認為屬於結構性敘述，不適用前述細則之規定[14]；但僅有部分結構、材料或步驟之敘述時，並不當然就不適用[15]。

　　手段請求項之專利侵害訴訟中比對判斷文義侵害時，若系爭對象之技術內容所產生之功能與請求項中所載之功能相同，而且該技術內容與說明書中所敘述對應於該功能之結構、材料或動作相同或均等者，則構成文義侵害。反之，只要功能或對應功能之記載其中之一不相同或不均等，則不構成文義侵害。此處之均等判斷，仍以實質相同為標準，請參酌6.5.2之五「手段請求項之均等判斷」。

6.5　均等侵害

　　系爭對象與經解析之申請專利範圍比對，若系爭對象未構成文義侵害，法院應進一步判斷系爭對象與申請專利範圍是否實質相同，而構成均等侵害[16]。法院進行均等侵害判斷，不以專利權人提出主張為條件，惟專利權人應舉證說明系爭對象與申請專利範圍是否實質相同[17]。

　　專利侵害案件，問題最多、爭議最烈者當屬均等侵害。均等論係由美國法院所創設，對於世界各國專利侵害訴訟實務影響深遠。由於美國的專利制度悠久，豐富的司法判決值得參考，以下簡單介紹美國近代幾個重要判決，以資借鏡。

6.5.1　均等論

　　均等論（doctrine of equivalents），指專利權保護範圍不限於申請專利範圍之文義，尚得擴張至能以實質相同之方式（way，我國之「專利侵害鑑定要點」稱技術手段），產生實質相同之功能（function），達成實質相同

14　Cole v. Kimberly-Clark Corp., 102 F.3d 524, 531 (Fed. Cir. 1996)("To invoke [section 112(6)], the alleged means-plus-function claim element must not recite a definite structure which performs the described function.")

15　Laitram Corporation v. Rexnord, Inc., 939 F.2d 1533 (Fed. Cir. 1991)

16　Graver Tank & Mfg. Co., Inc. v. Linde Air Products Co., 339 U.S. (1950) 605, 70 S.Ct. 854, 94 (L. Ed 1097), at 858.美國最高法院認為被告的主觀意圖無關均等論之適用，不構成文義侵害之後應進行均等判斷，並無先決條件。

17　Dolly, Inc. v. Spalding & Evenflo Cos., 16 F.3d 394 (Fed. Cir. 1994)

之效果（result）的均等範圍。

　　由於以文字精確、完整描述發明的範圍，實有其先天上無法克服的困難[18]，若將專利權範圍限於申請專利範圍之文義，對專利權人並不公平，且讓仿冒者有可乘之機。為保障專利權，防止他人抄襲發明成果僅稍加非實質的微小改變就輕易迴避專利權範圍而規避侵權責任[19]，美國最高法院於1853年Winans v. Denmead案[20]創設均等論概念。美國最高法院基於衡平（equity）推衍出均等論，並指出系爭對象之技術內容相對於請求項中之技術特徵無實質差異（insubstantial difference）者，構成均等侵害（infringement under doctrine of equivalents）。

　　專利權範圍不限於申請專利範圍之文義，應包含所有與其所申請之技術特徵均等之範圍[21]。SPLT Article 11(4)(b)規定：「為決定專利所賦予之保護範圍，應合理考量與申請專利範圍所載之技術特徵（elements）均等的技術特徵。[22]」Rule 13(5)復規定：「對於第11(4)(b)條，均等特徵通常應被認為係被控侵權時均等於申請專利範圍中所載之技術特徵：(i)若所載之技術特徵與均等特徵之間無實質差異，且均等特徵產生與所載之技術特徵實質相同的結果；及(ii)具有通常知識者沒有理由假設該均等特徵已被排除於申請專利之發明之外者。[23]」

18　Festo Corporation v. Shoketsu Kinzoku Kogyo Kabushiki Co., Ltd., et al., 122 S.Ct. 1831, 1837 (2002)("The language in the patent claims may not capture every nuance of the invention or describe with complete precision the range of its novelty")

19　Graver Tank & Manufacturing Co., v. Linde Air Products Co. (1950), 339 U.S. 605, 70 S.Ct 854, 94 (L.Ed 1097), at 858，法院解釋均等論的基本原理：若將專利權侷限於申請專利範圍的文義，會導致專利權人於文義的限制下從事救濟，而使發明之實質屈就於形式之下。此限制會鼓勵侵權人僅對專利標的作非實質的微小改變及置換，而迴避專利法的保護。

20　Ross Winans v. Adam, Edward, and Talbot Denmead, 56 U.S. 330, 343, (1853)("The exclusive right to the thing patented is not secured, if the public are at liberty to make substantial copies of it , varying its form or proportions.")

21　Warner-Jenkinson Co., Inc. v. Hilton Davis Chemical Co., 520 U.S 17 (1997)("The scope of a patent is not limited to its literal terms but instead embraces all equivalents to the claims described")

22　Substantive Patent Law Treaty (10 Session), Article 11 (4)(b) : For the purpose of determining the scope of protection conferred by the patent, due account shall be taken[, in accordance with the Regulations,] of elements which are equivalent to the elements expressed in the claims.

23　Substantive Patent Law Treaty (10 Session), Article 13 (5) : For the purposes of Article 11(4)(b), an element ("the equivalent element") shall generally be considered as being equivalent to an element as expressed in a claim ("the claimed element") if, at the time of an alleged infringement:...

　　1950年美國最高法院於Graver Tank & Manufacturing Co. v. Linde Air Products Co.案重申均等論的保護係為防止專利權之空洞化，避免不道德的仿冒者藉不重要而非實質的改變及置換規避專利侵權責任[24]。最高法院判決：在確定系爭對象是否侵害專利權時，首先應依申請專利範圍之文義進行判斷。若系爭對象落入專利權的文義範圍，則構成侵害。但因為一模一樣的抄襲十分少見，若允許他人稍加變動就能利用專利發明，專利權之保護就空洞無用。若專利權人在任何情況下均受限於申請專利範圍之文字內容，則專利權人的利益就無法得到合理的保護，專利制度鼓勵公開發明的目的就會落空。均等論係順應此需要而提出者，其核心在於防止他人盜用專利發明的成果。均等論不僅適用於開創性發明，亦適用於改良發明。

　　美國最高法院於1997年Warner-Jenkinson案肯認均等論存在之價值，並再次確認均等論之適用應以侵權行為時為判斷時點[25]。此外，美國聯邦巡迴上訴法院（以下簡稱CAFC）判決均等論之適用為事實問題，是否構成均等侵害由陪審團決定。

　　由於均等範圍不可預測，具有高度不確定性，若依均等論將申請專利範圍相當明確的文義範圍向外擴張至均等範圍，會使專利權範圍之界限模糊，而且過度擴張均等範圍亦有違專利制度中以公示方式明確揭示專利權範圍之基本宗旨[26]。近年來，為求取平衡，美國法院一方面藉均等論擴張專利權保護範圍，另一方面又創設若干法則限制均等論的適用，以兼顧衡平、正義及專利制度的基本精神。

　　中國「最高人民法院關於審理侵犯專利權糾紛案件應用法律若干問題的解釋」[27]第14條第1項：「被訴落入專利權保護範圍的全部技術特徵，與一

24　Graver Tank & Manufacturing Co. v. Linde Air Products Co., 339 U.S. 608, (1950)("But courts have also recognized that to permit limitation of a patented invention which does not copy every literal detail would be to convert the protection of the patent grant into a hollow and useless thing. Such a limitation would leave room for —indeed encourage—the unscrupulous copyist to make unimportant and insubstantial changes and substitutions in the patent ..., and hence outside the reach of law.")

25　Warner-Jenkinson Company v. Hilton Davis Chemical Co., 520 U.s. 17, at 21023 (1997)

26　Winans v. Denmead, 56 U.S. 15 How. 330, 14 L.Ed. 717 (1853)法院認為均等論之適用會產生各種可能的解釋，故其帶來不確定性是必然的結果。

27　中國最高人民法院於2009年12月21日審判委員會第1480次會議通過「最高人民法院關於審理侵犯專利權糾紛案件應用法律若干問題的解釋」，自2010年1月1日起施行。

項現有技術方案中的相應技術特徵相同或者無實質性差異的，人民法院應當認定被訴侵權人實施的技術屬於專利法第六十二條規定的現有技術。」顯示中國的專利侵害訴訟程序中亦有均等論之適用，且同樣是以「無實質差異」為判斷標準。

6.5.2　均等侵害判斷

系爭對象技術內容的改變相對於申請專利範圍之技術特徵，無實質差異（insubstantial difference）者，即系爭對象與申請專利範圍實質相同者，則構成均等侵害。以下簡介美國法院進行均等侵害判斷時，所運用之若干法則。

一、無實質差異

現階段世界各國於專利侵害訴訟中所採行的均等論（the doctrine of equivalents, DOE），係美國最高法院於1853年Winans v. Denmead案[28]所創設。Winans案法院認為雖然系爭對象之技術內容未落入專利權之文義範圍，但系爭對象與專利範圍之間的差異微小而無實質差異（minimum and insubstantial difference）者，仍構成均等侵害。

Winans v. Denmead案係有關運送煤塊等重物之車廂，車廂為圓錐體，得使重物平均施加壓力於車體內壁，而不會使車廂變形。系爭對象為倒八角錐體車廂結構而與專利之圓錐體不同，未構成文義侵害。專利權人主張八角錐體近似於無限多邊的圓錐體，系爭對象係以相同原理達成實質相同之效果。美國最高法院認為任何人不可能製造出一個絕對的圓錐體，系爭車廂的形體與圓錐體相近，且其功能及效果與專利發明實質相同，故接受專利權人的主張，判決侵害專利權。

二、三部檢測

1853年美國最高法院創設均等理論，但未詳述均等侵害之判斷法則。

28　Ross Winans v. Adam, Edward, and Talbot Denmead, 56 U.S. 330, 343, (1853)("The exclusive right to the thing patented is not secured, if the public are at liberty to make substantial copies of it , varying its form or proportions.")

1950年美國最高法院於Graver Tank & Manufacturing Co. v. Linde Air Products Co.案始確立以功能、方式、結果三部檢測（function-way-result tripartite test）為標準判斷是否構成均等侵害。若系爭對象與系爭專利之申請專利範圍比對，係以實質相同的方式（way），產生實質相同的功能（function），而達成實質相同的結果（result）時，應判斷為無實質差異，構成均等侵害[29]。事實上，三部檢測係於1817年由Bushrod Washington法官在Gray v. James, 10 F.Cas. 1015所建立，嗣後有多項判決係依該法則。美國法院認為三部檢測法則係屬法律問題，當事人得上訴至聯邦巡迴上訴法院。

　　Graver Tank & Manufacturing Co. v. Linde Air Products Co.案係由鹼土族矽酸鹽與氟化鈣所組成之電焊劑專利，最高法院係以另一個重要的判斷法則，即具有通常知識者已經知道申請專利範圍中所載之材料與系爭對象中之材料之間具有可置換性，判決構成均等侵害，參照6.5.2之三「可置換性」。

　　功能、方式、結果三部檢測（function-way-result tripartite test），係考慮申請專利範圍之技術特徵與系爭對象中對應之技術內容的相似性。例如申請專利範圍之技術特徵為A、B、C，系爭對象中對應之技術內容為A、B、D。在文義侵害步驟中判斷C與D不相同，若專利權人主張C與D均等，應再判斷D是否係以與C實質相同的方式，達成與C實質相同的功能，產生與C實質相同的結果。若兩者之方式、功能、結果均相同或實質相同，應判斷C與D無實質差異，系爭對象構成均等侵害。但若其中有一項實質不相同，應判斷C與D有實質差異，系爭對象不構成均等侵害。實質相同，指兩者之間的差異為具有通常知識者參酌侵害時之通常知識，顯而易知者。

　　經濟部智慧財產局發布的「專利侵害鑑定要點」將三部檢測中之方式（way）譯為「技術手段」，易產生混淆及誤解。按「技術手段」見於專利法施行細則第17條第1項第4款「……解決問題之技術手段……」；審查基準

29　Graver Tank & Manufacturing Co. v. Linde Air Products Co., 339 U.S. 608, (1950)("To temper unsparing logic and prevent an infringer from stealing the benefit of the invention" a patentee may invoke this doctrine to proceed against the producer of a device "if it performs substantially the same function in substantially the same way to obtain the same result." Sanitary Refrigerator Co. v. Winters, 280 U.S. 30, 42. The theory on which it is founded is that "if two devices do the same work in substantially the same way, and accomplish substantially the same result, they are the same, even though they differ in name, form, and shape." Union Paper-Bag Machine Co. v. Murphy, 97 U.S. 120, 125)

稱技術手段係技術特徵之組合。均等論之適用與否係就技術特徵逐一比對，經三部檢測，技術特徵之功能、方式及效果均相同或實質相同時，則判斷該技術特徵構成均等。依前述說明，三部檢測中之way並非技術特徵所組成之技術手段，將其理解為達成功能、產生效果所採取之技術方式或技術途徑較為妥適。

三、可置換性

可置換性（interchangeability），或稱置換容易性，指具有通常知識者參酌侵害時之通常知識，就知悉可以將請求項中之技術特徵置換為系爭對象中之元件、成分或步驟，而不會影響其結果[30]。若兩者之間具可置換性，則為非實質的改變，系爭對象構成均等侵害。

雖然均等侵害主要係以三部檢測判斷，但在實務上，化合物之成分及組成與機械或電機之技術特徵不同，化合物之功效是功能、方式及結果之混合，無法全然明瞭替代物之操作方式，故除三部檢測外尚須其他判斷法則。

1950年美國最高法院於Graver Tank & Manufacturing Co. v. Linde Air Products Co.案中，雖然確立三部檢測為判斷均等侵害之重要法則，但也認為以三部檢測判斷並不容易，判決指出：在確定兩個技術特徵是否均等時，應考慮專利文件之內容、先前技術及每一個案的特殊環境等因素。均等的概念不能拘泥於僵化的模式，也不能脫離具體案情憑空論述。均等並非指兩技術特徵在各方面均相同。A與B均等，B與C均等，不等於A與C均等。在絕大多數的情況下，被認為不均等的兩個技術特徵在某種特定條件下有可能被認為均等。均等判斷的一個重要因素是具有通常知識者認為兩個技術特徵是否可以置換。均等判斷屬於事實的認定，雙方當事人均得提出專家證詞、有關

---

30 Graver Tank & Mfg. Co., Inc. v. Linde Air Products Co., 339 U.S. 605, 609 (1950) ("What constitutes equivalency must be determined against the context of the patent, the prior art, and the particular circumstances of the case. ... Consideration must be given to the purpose for which an ingredient is used in a patent, the qualities it has when combined with the other ingredients, and the function which it is intended to perform. An important factor is whether persons reasonably skilled in the art would have known of the interchangeability of substitutes for an element of a patent is one of the express objective factors noted by Graver Tank as bearing upon Whether the accuse device is substantially the same as the patented invention.")

文件及先前技術文件等作為證據，由陪審團衡量證據之可信度、說服力及分量。

　　Graver Tank & Manufacturing Co. v. Linde Air Products Co.案係由鹼土族矽酸鹽與氟化鈣所組成之電焊劑專利，系爭對象係鈣與錳之矽酸鹽，錳非鹼土族元素，顯然不構成文義侵害。專家證詞顯示鹼土族元素經常出現在錳礦，兩者在電焊材料中扮演同樣的功能，且已公告之美國專利顯示錳得為電焊材料。依據前述專家證詞及先前技術，最高法院判決具有通常知識者已經知道可以將申請專利範圍中之鎂置換為錳，而不會影響其功能或結果，故系爭對象構成均等侵害。

　　美國法院判斷均等侵害時最常依據的法則係三部檢測，但由於科技的進步及發展，使物及方法的複雜性大增，僅以三部檢測不足以判斷實質上之差異。實務上，專利權人主張均等侵害時，對於實質相同的功能與實質相同的結果舉證較易，而方式是否實質相同，在運用三部檢測的過程中最具關鍵性地位[31]。因此，法院亦經常採用可置換性[32]，判斷系爭對象是否構成均等侵害。

　　值得一提者，在Graver Tank案中有兩位法官提出不同意見書，認為說明書中已揭露錳是適當的替代物，但未將錳載入申請專利範圍，基於公示原則，不得利用說明書中已記載之內容改寫申請專利範圍，故說明書已揭露但未載入申請專利範圍的錳應被視為貢獻給公眾，不得於均等侵害判斷時再主張錳屬於均等範圍。雖然貢獻原則早於1926年已由美國最高法院創設，見6.5.2之七「貢獻原則」，惟在1950年似乎仍未成為主流，以致Graver Tank案仍未以貢獻原則排除系爭對象適用均等論。

四、逐一比對或整體比對

　　美國法院判斷系爭對象是否構成均等侵害，主要係運用三部檢測，惟判

31　Dolly, Inc. v. Spalding & Evenflo Cos., 16 F.3d 394 (Fed. Cir. 1994)

32　Warner-Jenkinson Co., Inc., v. Hilton Davis Chemical Co., 520 U.S. 17 (1997)("The known interchangeability of substitutes for an element of a patent is one of the express objective factors noted by Graver Tank as bearing upon whether the accused device is substantially the same as the patented invention.")

斷時究竟應以請求項之技術特徵逐一比對，或應以請求項之整體比對，在1997年美國最高法院定下標準之前一直無法統一，以下簡單說明兩種不同標準之判決。

(一) 逐一比對

在6.3.2 Pennwalt Corp. v. Durand-Wayland, Inc.[33]案中進行均等侵害判斷時係採用技術特徵逐一（element-by-element test / elemental approach）比對方式，將系爭對象之技術內容與請求項中所載對應之技術特徵個別比對，若兩者實質相同，則構成均等侵害。美國學者認為「逐一比對」為全要件原則之內涵，因為整體比對容易忽略某些技術特徵，故全要件原則有時係指「逐一比對」的意思。

美國最高法院於1997年Warner-Jenkinson案[34]中確認技術特徵逐一比對方式，最高法院判決：對於專利權保護範圍之確定，獨立項中每一技術特徵均屬重要，故均等論應針對請求項中各個技術特徵，而非針對請求項中所載之整體發明。尤應強調者，適用均等論時，即使是針對單一技術特徵，亦不得將保護範圍擴張到實質上忽略請求項中所載之技術特徵的程度（這句話嗣後成為「請求項破壞原則」的指引）。只要均等論之適用不超過前述之限度，我們有信心均等論不致於會損及申請專利範圍在專利保護中之核心作用。Niles法官指出均等論之適用似乎未受申請專利範圍之限制，若將其適用範圍限於請求項中每一個技術特徵，而非請求項之整體，則可以調和矛盾。

由美國最高法院前述判決，均等侵害判斷應就請求項之技術特徵與系爭對象中對應之技術內容逐一比對判斷，且僅就兩者之間不相同的技術特徵為之，而非如同進步性，係就系爭對象與請求項之整體發明比對判斷。相對於整體比對，逐一比對方式對專利權保護範圍之認定較為嚴格，不利於專利權人。

33　Pennwalt Corp. v. Durand-Wayland, Inc., 833 F.2d 931 (Fed. Cir. 1987)

34　Warner-Jenkinson Company v. Hilton Davis Chemical Co., 520 U.s. 17, at 21023 (1997)("Each element contained in a patent claim is deemed material to defining the scope of the patented invention, and thus the doctrine of equivalents must be applied to individual elements of the claim, not to the invention as a whole.")

(二) 整體比對

除技術特徵逐一比對方式之外，另一種方式係就申請專利之發明整體比對（invention as a whole / entirety approach），將系爭對象與請求項整體比對，若兩者實質相同，則構成均等侵害。整體比對方式對專利保護範圍之認定較為寬鬆，有利於專利權人。

1. Hughes Aircraft Company v. United States案[35]

1983年CAFC於Hughes Aircraft Company v. United States案有關同步通訊衛星專利之侵害訴訟中採取整體比對方式進行均等侵害判斷。

為維持衛星在地球表面一定高度並與地球自轉同步，控制並維持衛星的方位相當重要，必須將衛星上的太陽能面板準確指向太陽以取得衛星動力，並將天線準確指向地球以傳送太陽表面資訊。為控制並維持衛星的方位，利用瞬間自旋角（instantaneous spin angle; ISA）計算進動量（precession）之改變成為關鍵，但1950年代末期至1960年代初期，美國太空總署仍無法解決控制衛星方位的問題。系爭專利之發明係將太陽脈衝訊號傳送到地球，讓地面控制站模擬衛星的轉動，並計算衛星的自轉速率、太陽的角度及瞬間自旋角ISA，而以ISA作為計算衛星方位改變量之基礎。系爭對象為S/E太空船（store and execute），其亦傳送太陽脈衝之資訊，但與專利不同之處為S/E太空船是將訊號傳送到太空船上的電腦，利用電腦計算衛星與太陽的角度，再調整衛星之方位，而非傳送到專利所指之地面控制站，故地面控制站不須知道太空船的ISA角度。

由於請求項中所載之技術特徵──地面控制站限於「外部位置」（external location），顯然S/E太空船不構成文義侵害。惟CAFC舉出系爭專利權與系爭對象七項相近之處，認為系爭對象之發明構想主要源於系爭專利之發明，差異點在於系爭對象係利用當代發達的電腦技術，將ISA位置指示訊號處理地點從地面控制站轉移到太空船上之電腦，該技術的改變並不能迴避侵害，而以整體比對方式認定兩者之功能、方式及效果均屬實質相同，認定S/E太空船構成均等侵害。

---

35 Hughes Aircraft Company v. United States, 140 F.3e 1470, at 1473 (Fed. Cir. 1998)

2. Corning Glass Works v. Sumitomo Electric USA案[36]

　　1989年CAFC於Corning Glass Works v. Sumitomo Electric USA案有關光纖傳遞訊號之波導管專利之侵害訴訟中採取整體比對方式進行均等侵害判斷。

　　光纖，係於純矽中摻雜金屬元素，經過熔融、抽絲成纖維狀，再將純矽被覆於外表，即成為俗稱之光纖。光可經由透明媒介物予以傳輸，為克服光通訊傳輸的衰竭問題，使光通訊能到達遠方，光纖外層的光折射率必須低於軸心層，使光在纖維中循光折射率較高之軸心層可以全反射的方式傳輸。系爭專利之發明係以純矽或矽中摻雜微量金屬元素作為被覆層，而軸心層之矽摻雜含量較高之微量金屬元素，利用二者光折射率之高低差，限制光折射角度以達成遠距通訊之目的。系爭專利之發明屬於正向摻雜（positive doping）技術；系爭對象係利用負向摻雜（negative doping）技術，將氟元素摻雜在光纖被覆層，降低光折射率，而軸心層未摻雜。

　　請求項所載之技術特徵係在軸心層摻雜微量元素，而系爭對象之軸心層為純矽，顯然不構成文義侵害。若以三部檢測法，焦點在於兩者所採取之方式是否實質相同。就技術特徵逐一比對，請求項所載之技術特徵係在軸心層摻雜微量元素，而系爭對象之軸心層為純矽，未摻雜任何元素；請求項之被覆層係純矽或正向摻雜，而系爭對象之被覆層係負向摻雜，兩者之方式不相同。惟法院認為「依全要件原則，必須在系爭對象中找到申請專利範圍每一個技術特徵或均等之技術內容，但不須要一一對應。[37]」而以整體比對方式，判決兩者之方式實質相同，構成均等侵害。

五、手段請求項之均等判斷

　　對於以手段功能用語記載之功能特徵所界定之手段請求項，系爭對象之技術內容所產生之功能必須與請求項中所載之功能相同，且該技術內容與說明書中所敘述對應於該功能之結構、材料或動作相同或均等，始構成文義侵害。若兩者之功能特徵相同，但結構、材料或動作不相同且不均等，由於已

36　Corning Glass Works v. Sumitomo Electric USA, Inc., 868 F.2d 1251 (Fed. Cir. 1989)

37　Corning Glass Works v. Sumitomo Electric USA, Inc., 868 F.2d 1259 (Fed. Cir. 1989)("An equivalent must be found for every limitation of the claim somewhere in an accused device, but not necessarily in a corresponding component, although that is generally the case.")

進行功能特徵之均等判斷,是否須要進行均等侵害判斷?若兩者之功能特徵不相同,法院是否須要進行均等侵害判斷?這兩點是外界常常會產生疑惑的問題。

　　對應於申請專利範圍中之功能特徵,說明書中所載結構、材料或動作的均等範圍與專利侵害的均等論均以無實質差異為判斷標準,惟前者之判斷時點為申請時,後者為侵害時。因判斷時點不同,當系爭對象與系爭專利之功能特徵相同,但結構、材料或動作不相同且不均等時,仍須判斷系爭對象中是否有均等之新興技術(申請後始開發之技術after-arising technology)構成均等侵害[38]。惟若兩者之功能特徵不相同(包括實質不相同)時,鑑於均等論限於功能、方式及結果之實質相同,經判斷不構成文義侵害者,既然功能已不相同,則無須再進行均等侵害判斷。

　　在Unidynamics Corp. v. Automatic Prod. Int'l, Ltd.[39]案,系爭專利係一種冷凍及未冷凍食品的零售機器。請求項為:「一種零售機器,用於銷售冷凍及未冷凍食品,該零售機器包括……外殼手段,其具有將冷凍食品加入到冷凍儲藏區及分配區的開孔,覆蓋開孔的門,及有助於保持門關閉之彈簧手段。」爭執點在於請求項中所載「有助於保持門關閉之彈簧手段」(spring means tending to keep the door closed)之意義。系爭對象有兩種機型:一種機型的門是由磁鐵保持關閉;一種機型的門是由緩衝托架關閉。地方法院判決:「有助於保持門關閉之彈簧手段」並非手段功能用語,其技術意義為具有關門並保持關閉之彈簧。雖然系爭對象的兩種機型均能保持門的關閉,但均不具有關門的作用,故不符合「有助於保持門關閉之彈簧手段」。因此,系爭對象未構成文義侵害。專利權人上訴主張專利文獻、產品介紹及專家證詞等已證明彈簧、磁鐵及緩衝托架均可以保持門的關閉,三者之間具可置換性。被控侵權人抗辯系爭對象並無「有助於保持門關閉」之特徵,其唯一有助於保持門關閉之力為自然界之重力,故不符合全要件原則,而未構成侵

38　Texas Instruments v. United States International Trade Commission, 805 F.2d 1558 (Fed. Cir. 1986) (Texas Instrument I)法院強調均等範圍不以申請時已知或應知有均等置換之技術特徵為限。但Valmont Industries, Inc. v. Reinke Manufacturing Co., Inc.案,法院將均等範圍侷限於非實質性之改變。兩種分歧之標準尚未釐清。

39　Unidynamics Corp. v. Automatic Prod. Int'l, Ltd., 157 F.3d 1311, 48 USPQ2d 1099 (Fed. Cir. 1998)

害。CAFC判決：

1. 請求項中使用「means」用語之技術特徵應推定為適用手段功能用語，雖然「彈簧」（spring）用語係屬結構特徵，但不能僅因請求項中包含結構特徵就排除其適用手段功能用語之限定，亦即請求項中之「彈簧」僅是進一步釐清該手段之功能。

2. 「有助於保持門關閉之彈簧手段」手段功能用語所涵蓋之範圍限於說明書中所載之結構及其均等物，系爭對象兩種機型均係利用重力將門關閉，並無「有助於保持門關閉」之特徵，故未構成文義侵害。

3. 系爭專利是將門關閉，而系爭對象係保持門在關閉位置，兩者並非實質相同之功能，故系爭對象未構成均等侵害。

　　1986年CAFC於Texas Instruments v. United States International Trade Commission案[40]解釋以功能特徵界定之申請專利範圍時，強調均等範圍不以具有通常知識者於申請時已知或應知可以均等置換之技術特徵為限。系爭專利係微型電子計算機，每一個技術特徵均為功能特徵。請求項為一種以電池驅動的微型電子計算機，由四個部分組成：(1)鍵盤輸入裝置，(2)電子裝置，包括記憶裝置、運算裝置及訊號傳送裝置，(3)顯示裝置，(4)殼體，其內安裝前述三項裝置及電池。

　　系爭專利請求項之文義範圍相當寬廣，即使系爭對象係申請後17年才出現，在這一段時間內，申請專利範圍中每一個技術特徵的產業技術均經歷相當大的變化，但幾乎所有微型電子計算機仍然落入該範圍。美國貿易委員會的行政法官（administrative law judge）認為系爭對象具有請求項中所有技術特徵之功能，但產生該功能之裝置與說明書中所載之裝置不相同且不均等，而不構成侵害。惟CAFC認為若申請專利範圍中每一個技術特徵均由新興技術取代，將均等侵害判斷範圍限定在單一技術特徵，無視其他技術特徵的改變，而認定單一技術特徵的改變係整體發明唯一的改變，這種判斷並不妥當。系爭對象使用系爭專利所有技術特徵，但由於技術的進步，使申請專利範圍中之技術特徵喪失可辨識性（readability）時，應採取整體比對方式，

40　Texas Instruments v. United States International Trade Commission, 805 F.2d 1558 (Fed. Cir. 1986) (Texas Instruments I)

判斷是否構成均等侵害。就本案而言，以技術特徵逐一比對方式判斷，並無證據證明不侵害，但若以整體比對方式，因差異累積的結果（cumulative effect），系爭對象已超出合理的均等範圍，而不構成均等侵害。

整體比對方式對專利保護範圍之認定較為寬鬆，通常有利於專利權人。法院這項判決雖然是以逐一比對方式判斷是否構成均等侵害，卻又將比對結果的差異累積，認定不構成均等侵害。法院在判決中即表明該法院傾向於減縮解釋以功能特徵界定之申請專利範圍。

此外，法院又針對訴訟中提及之逆均等論特別予以回應[41]，事實上，前述判決亦得視為適用逆均等論之例。若新興技術落入專利權之文義範圍，但其係運用不同原理、不同方式達成實質相同之效果者，則可以主張逆均等之適用，參照6.5.3「逆均等論」。

六、改劣發明之均等判斷

改劣發明，指功能、效果不如專利發明。美國法院認為改劣發明的功能、效果雖然不如專利發明，仍必須依正常程序判斷其是否構成均等侵害。例如以鏈環組成之傳送帶專利，請求項限定每一個鏈環之間的距離與鏈環寬度比例為1.06：1，而系爭對象的距離與鏈環寬度比例為1.35：1。雖然被告主張1.35與1.06之差異很大，不構成均等侵害，但CAFC認為說明書已敘明鏈環間距之設計係為了使傳送帶減少彎度及增加抗剪強度，而系爭對象亦具備此特性，只是效果較差而已，故仍判決構成均等侵害[42]。

七、貢獻原則

貢獻原則（dedication rule），有謂說明書禁反言（the specification estoppel），係美國最高法院於1926年所創設有關解釋申請專利範圍的法則[43]，指申請人揭露於說明書或圖式但未載於申請專利範圍中之技術手段，

---

41 Texas Instruments v. United States International Trade Commission, 846 F.2d 1369 (Fed. Cir. 1988) (Texas Instruments II)

42 程永順，羅李華，專利侵權判定——中美法條與案例比較研究，p200～201，專利文獻出版社，1998年3月。

43 Alexander Milburn Co. v. Davis-Bournonville Co., 270 U.S. 390 (1926)

應視為貢獻給社會大眾[44]。申請案經核准公告後，該技術手段可為先前技術，作為核駁後申請案之新穎性及進步性的依據，但不得據以主張均等論。

說明書中有揭露但未記載於申請專利範圍之技術，應被視為貢獻給社會大眾，例如申請專利範圍中記載之技術手段為A＋C，系爭對象中對應之元件、成分、步驟或其結合關係為B＋C，雖然說明書中記載A＋C及B＋C兩實施例，因申請專利範圍中僅記載A＋C而未記載B＋C，即使B與A均等，B＋C之技術手段應被視為貢獻給社會大眾，而限制其適用均等論[45]。

中國「最高人民法院關於審理侵犯專利權糾紛案件應用法律若干問題的解釋」[46]第5條：「對於僅在說明書或者附圖中描述而在權利要求中未記載的技術方案，權利人在侵犯專利權糾紛案件中將其納入專利權保護範圍的，人民法院不予支持。」顯示中國的專利侵害訴訟程序中亦有貢獻原則之適用。

(一) Maxwell v. J. Baker, Inc.案[47]

1996年CAFC於Maxwell v. J. Baker, Inc.案有關鞋子成雙捆綁之專利中，再次確認此原則。

由於在零售市場中，顧客往往會打散成雙的鞋子，製造商包裝鞋子之前，必須將鞋子成雙捆綁在一起，對於有鞋帶孔之鞋，將細線穿過鞋帶孔，即能達成目的。本專利請求項記載之技術特徵係將有孔之小標籤嵌入無鞋帶孔之鞋的內、外鞋墊之間，再以細線穿過小標籤之孔，而將鞋子成雙捆綁；但說明書另揭露：「……得將小標籤嵌入鞋子內側面或內側後緣面……。」

系爭對象有兩件，分別「將小標籤嵌入鞋子內側面」及「內側後緣面」，法院認為揭露於說明書但未載於申請專利範圍中之部分應視為貢獻給社會，而成為公共財產，不得再主張均等論。因此，判決不構成侵害。

44　Maxwell v. J. Baker, Inc., 86 F.3d 1098 (Fed. Cir. 1996)

45　經濟部智慧財產局，專利侵害鑑定要點，2004年10月4日，p42

46　中國最高人民法院於2009年12月21日審判委員會第1480次會議通過「最高人民法院關於審理侵犯專利權糾紛案件應用法律若干問題的解釋」，自2010年1月1日起施行。

47　Maxwell v. J. Baker, Inc., 86 F.3d 1098 (Fed. Cir. 1996)

(二) Johnson & Johnston v. R.E. Service Co.案[48]

2002年CAFC於Johnson & Johnston v. R.E. Service Co.案有關多層印刷電路板專利中，援引貢獻原則，判決不得再主張均等論。

請求項中多層印刷電路板係由多層銅箔及滲和其中之不導電樹脂所組成，特徵在於採用「預壓」方式將銅箔固定於模版上，再將灌注之樹脂加熱使其融化，以固定所有銅箔。請求項記載之技術特徵係以硬質鋁葉作為預壓板的底層；但說明書另揭露：「雖然底層材質為鋁，但亦得利用其他金屬例如不銹鋼或鎳合金等。在某些情形下，……亦得利用聚丙烯。」

系爭對象係以鐵作為預壓板的底層，但被告並未挑戰構成均等侵害之事實判斷，而是主張申請專利範圍中之技術特徵為鋁，不包括鐵，依Maxwell v. J. Baker, Inc.案之判決，揭露於說明書但未載於申請專利範圍中之部分應視為貢獻給社會，而成為公共財產，不得再主張均等論。然而，原告援引另一個判決YBM Magnex, Inc. v. International Trade Commission[49]案，主張專利權範圍必須以申請專利範圍為準，均等論擴張之範圍限於與申請專利範圍有相當程度之關係者，法院在前述Maxwell案中，排除於專利權之外的技術特徵與申請專利範圍並無相當程度之關係，故本案與Maxwell案之情況不同。法院必須調和兩判決之分歧，最後選擇Maxwell案，判決：即使說明書中有揭露但未載於申請專利範圍的部分與申請專利範圍的部分均等，因貢獻原則之適用，仍不得再主張均等論。

八、Warner- Jenkinson v. Hilton Davis案[50]

美國政府於1982年成立聯邦巡迴上訴法院（Court of Appeals for the Federal Circuit），授予專利爭議案件之專屬管轄權，以統一專利法之法律見解。該法院被認為對專利權人與專利制度較友好，對於均等論之適用有較寬鬆的傾向，均等論的廣泛適用弱化了申請專利範圍作為界定專利權範圍的角色，導致1997年美國最高法院於Warner-Jenkinson v. Hilton Davis案中對於均

48　Johnson & Johnston Associates Inc. v. R.E. Service Co. Inc., et al., 285 F.3d 1046 (Fed. Cir. 2002)

49　YBM Magnex, Inc v. International Trade Commission, 145 F.3d 1317, 46 U.S.P.Q. 2d 1843 (Fed. Cir., 1998)

50　Warner- Jenkinson Co., v. Hilton Davis Chemical Co., 520 U.S. 17 (1997)

等論之適用採取嚴格的態度。最高法院在本案中肯認：a.1952年專利法修正後仍有適用均等論之必要；b.不構成文義侵害之後應進一步判斷是否構成均等侵害；c.有關均等論的判斷法則；d.禁反言原則得構成均等論之阻卻等。

　　Warner- Jenkinson v. Hilton Davis案「超滲透過濾法」係有關食品、藥品及化妝品用染料之製造方法專利，其係在每平方英寸約200至400磅的液體壓力及pH值為6.0至9.0之間的條件下，將染料溶液透過直徑約為5-15埃的薄膜細孔過濾雜質，而製得純度達90%以上之染料。

　　系爭對象所採取之滲透過濾法之操作條件為每平方英寸約200至500磅的液體壓力及pH值為5.0，將染料溶液透過直徑約為5-15埃的薄膜細孔過濾雜質。本案之爭點在於pH值5.0是否均等於pH值6.0。

　　上訴人在訴訟中提出三項主張：

(1) 基於1952年修正增加之35 U.S.C.第112條第6項所規定之「均等」僅適用於申請專利範圍中之功能特徵，顯示美國國會已拒絕適用均等論，主張應廢除均等侵害判斷。

(2) 為發揮申請專利範圍之公示功能，均等論應僅限於申請時說明書中所載之結構、材料或動作的均等。

(3) 不論當初放棄的理由為何，專利權人在申請、維護專利之程序中所放棄的內容均應排除於專利權範圍之外，不得據以主張均等侵害。

　　對於上訴人第(1)項主張，美國最高法院認為1952年修正之35 U.S.C.第112條第6項係針對該法院於1946年Halliburton案[51]不同意專利權人採用功能特徵記載申請專利範圍之判決而制定。該項規定減縮功能特徵之範圍，僅及於說明書所載之結構、材料或動作及其均等範圍，並未排除均等論之適用，而Graver Tank案之判決中已指出均等論主要係擴張專利權保護範圍。最高法院同意CAFC Niles法官之不同意見書，確認均等侵害判斷應遵照逐一比對原則，就請求項中各個技術特徵予以比對，最高法院判決：獨立項中之每一個技術特徵對於確定專利權範圍都很重要（deemed material），故均等論應針

51　Halliburton Oil Well Cement Co. v. Walker, 329 U.S. 1-8 (1946)

對請求項中各個技術特徵,而非針對發明整體[52]。在適用均等論時,即使對單一技術特徵,亦不得將保護範圍擴張到實質上忽略請求項中所載之技術特徵的程度。只要均等論之適用不超過前述之限度,我們有信心均等論不致於損及申請專利範圍在專利保護體系中之核心作用。

對於第(2)項主張,最高法院認為申請專利範圍中所載之技術特徵與系爭對象中之技術內容是否能互相置換係事實判斷,均等侵害判斷之時點係以發生侵害行為時為準,故應不限於申請時說明書中所載之均等範圍。

對於第(3)項有關禁反言原則之主張,最高法院認為禁反言原則之適用僅限於專利權人所為有關可專利性之修正,適用時,應了解申請、維護專利之程序中修正說明書等文件之原因。就系爭專利而言,由於申請過程中審查官曾引用pH值大於9.0之純化染料先前技術核駁,申請人修正申請專利範圍加入pH值6.0至9.0之限制。其中,pH值9.0顯然係為克服先前技術所為之修正,而有禁反言原則之適用,但pH值限於6.0之原因不明。判決指出:為克服先前技術以外之理由的修正並無禁反言原則之適用,但並不意謂理由不明之修正均不適用禁反言原則。申請專利範圍具有公示及界定發明之雙重作用,專利權人有責任說明申請、維護專利之程序中之修正理由,而由法院判斷該理由是否足以阻卻均等論之適用。若從申請歷史文件無法判斷修正理由,應推定增加技術特徵之修正係為了克服先前技術,則該技術特徵受禁反言原則之阻卻,不得適用均等論,但專利權人得提出反證予以推翻。這種適用禁反言原則之立場能合理阻卻均等論之適用,並強化申請專利範圍公示界定發明及之功能。

除前述上訴人之主張,CAFC在審理過程中亦提出三個有關均等論之問題:
(1) 均等侵害判斷係法律問題或係事實問題?
(2) 不構成文義侵害之後,是否必須進行均等侵害判斷?
(3) 除三部檢測外,是否尚有其他法則得判斷均等侵害?

對於第(1)項問題,CAFC判決均等侵害判斷係屬事實問題,應由陪審團

---

52 Warner-Jenkinson Company v. Hilton Davis Chemical Co., 520 U.s. 17, at 21023 (1997)("Each element contained in a patent claim is deemed material to defining the scope of the patented invention, and thus the doctrine of equivalents must be applied to individual elements of the claim, not to the invention as a whole.")

判斷。由於上訴人並未提出主張，最高法院亦未就此問題表態。

　　對於第(2)項問題，上訴人主張依Graver Tank案之判決，均等論之目的在於防止「不道德的仿冒」及「剽竊」，為實現衡平，例如防止剽竊時，始須適用均等論。CAFC認為可以依據被告行為之類型究竟係屬仿冒、迴避設計或獨立研發，藉以佐證申請專利範圍與系爭對象之間是否無實質差異。若被告行為係仿冒者，則有助於推論其無實質差異；但若被告行為係迴避設計，則有助於推論其有實質差異。最高法院指出Graver Tank案確曾判決均等論具有防止仿冒及剽竊之作用，但並不意謂均等論僅能適用於該作用，均等侵害與文義侵害均不以被告的主觀意圖為構成要件，故不構成文義侵害之後尚須進一步判斷是否構成均等侵害。為求客觀，判斷均等侵害無需任何前提條件。

　　對於第(3)項問題，最高法院認為Graver Tank案中所採用的三部檢測較適合判斷機械裝置是否構成均等侵害，對於其他領域較不適合，而無實質差異之判斷亦非萬靈丹，應依具體個案採用適當的判斷法則。判決指出：均等侵害判斷所採用的法則並非重點，重點在於系爭對象是否包含了申請專利範圍中所載之所有技術特徵或均等之技術特徵。若將判斷焦點集中於每一個技術特徵，避免實質上忽略任何技術特徵，則可以降低判斷法則之重要性。判斷時，應就每一個技術特徵在發明中所擔負之作用進行分析，自然而然就判斷出被置換的技術特徵與系爭對象之技術內容的功能、方式及效果是否相符。

　　綜合以上說明，美國最高法院在Warner- Jenkinson v. Hilton Davis案中確認了下列七項：

(1) 均等侵害判斷之存在及必要性，以防止抄襲者規避法律責任。

(2) 均等論已被過分擴張，進而影響以公示方式確定當事人權益的專利制度。

(3) 為平衡當事人之利益並兼顧專利制度，均等侵害應就請求項中每一個技術特徵，而非就發明之整體予以判斷。

(4) 應視個案情形，採用適當的均等侵害判斷法則。

(5) 均等侵害判斷應以侵權發生之時點為準。

(6) 均等論係由衡平衍生而來的法則，禁反言原則得阻卻均等論之適用，亦即不得主張申請專利範圍中經修正之部分適用均等論。

(7) 申請、維護專利之程序中所為有關可專利性之修正始適用禁反言原則。原告必須說明修正理由，若無法確知修正理由，推定係為克服先前技術之核駁，但原告得提出反證予以推翻。

九、可預見性

　　為避免在專利權之文義範圍外過度擴張其均等範圍，近年來專利侵害訴訟實務有限制適用均等論的傾向。2002年美國最高法院於Festo v. Shoketsu Kinzoku Kogyo Kabushiki案中提出「可預見性」（foreseeability）概念，但目前美國法院尚未將可預見性認定為均等侵害判斷法則之一。

　　美國最高法院在Warner- Jenkinson v. Hilton Davis案中確認：除非專利權人提出反證，否則適用禁反言原則時，推定專利權人已放棄申請、維護專利之程序中原申請專利範圍與修正後申請專利範圍之間的部分；若所提出之反證能推翻該推定，則適用均等論。美國最高法院於Festo v. Shoketsu Kinzoku Kogyo Kabushiki案中再度予以肯認，並就舉證責任的倒置，列舉三種可能的反證，參照6.6.5之四「推定適用禁反言原則阻卻之範圍」：

(1) 申請時不能預見的均等範圍。

(2) 修正理由與均等範圍之間的聯繫關係非常薄弱。

(3) 因某些理由，無法合理期待專利權人於申請時記載該均等範圍。

　　對於均等論之適用，美國法院已發展出若干法則：無實質差異、三部檢測、可置換性等。美國最高法院由前述所列舉可能的反證，試圖提出「可預見性」概念，限制均等論之適用。

　　可預見性，指申請專利範圍中未記載申請時可預見之部分者，於專利侵害訴訟程序中不得主張該可預見而未預見之部分為其均等範圍。依可預見性概念，對於申請時可預見之部分，能合理期待專利權人將其載入申請專利範圍之中，使其文義範圍包含可預見之部分，專利權人不能透過均等論將申請專利範圍擴張至可預見而未預見之部分。對於專利權人於申請時無法預見之部分，原本即無所謂有意識放棄或不放棄，不生禁反言原則阻卻均等論之問題，故系爭專利申請後始出現之新興技術仍適用均等論。

可預見性原本係由美國Rader法官於Sage[53]及Johnson & Johnston[54]二案之協同意見書中所倡議，雖然能限制均等論之適用，但均等理論係防止抄襲者規避法律責任而提出，「主要適用於專利申請後所產生的均等物或方法」，「並非為矯正申請時的錯誤而設」[55]。若規範申請人必須將所有可預見之部分均載入申請專利範圍，似乎又將專利權範圍侷限於文義範圍，且此概念似乎又落入均等侵害判斷係以侵權發生時或以申請時為準之爭。雖然可預見性對於均等論之限制並非將專利權保護範圍僅限於申請時之文義範圍，新興技術仍然能適用均等論，惟專利權人一方面要證明系爭對象之技術特徵係具有通常知識者參酌侵害時之通常知識即知悉而可置換，一方面又要證明係專利權人於申請時無法預見，這兩種證明彼此之間難以調和，故目前美國法院尚未將可預見性作為均等侵害判斷法則之一；然而，可預見性之影子業已悄悄地隱藏在後述的請求項破壞原則之中。

十、限制均等論的新理論

為防止「不道德的仿冒者」[56]以無實質變化的方式迴避他人專利之文義範圍，美國最高法院在Winans v. Denmead[57]案創設了均等論，150年來均等論一直是專利侵權判斷中最困擾法院、使法院見解最分歧的法律理論。在這150年中，美國法院發展出相當多有關均等論之案例法，不僅有無實質差異檢測法（insubstantial difference）、功能—方式—結果三部檢測法（function-way-result tripartite test）、可置換性（interchangeability）等檢測均等論是否

53 Sage Prods. Inc. v. Devon Indus., Inc., 126 F.3d 1420, 1444 (Fed. Cir. 1997)("as between the patentee who had a clear opportunity to negotiate broader claims but did not do so, and the public at large, it is the patentee who must bear the cost of its failure to seek protection for this foreseeable alteration of its claimed structure.")

54 Johnson & Johnston Associates Inc. v. R.E. Service Co. Inc. and Mark Frate, 285 F.3d 1046 (Fed. Cir. 2002)("This alternative would also help reconcile the preeminent notice function of patent claims with the protective function of the doctrine of equivalents. This reconciling principle is simple: the doctrine of equivalents does not capture subject matter that the patent drafter reasonably could have foreseen during the application process and included in the claims.")

55 Martin Adelman, Professor of Law in The George Washington University Law School.

56 Graver Tank & Mfg. Co. v. Linde Air Prods. Co., 339 U.S. 605, 607-08 (1950).

57 Winans v. Denmead, 56 U.S. 330 (1853).

適用之方法,亦有限制均等論之理論或原則,較為國人所知者如全要件原則/全限定原則(all-elements rule / all-limitations rule)、申請歷史檔案禁反言原則(prosecution history estoppel / file wrapper estoppel)、貢獻原則(dedication rule)等。自從1994年起,CAFC另創設了三種限制均等論之理論、原則:「請求項破壞原則」(the claim vitiation rule / the claim vitiation doctrine, CVD)、「特別排除原則」(specific exclusion principle)及「詳細結構原則」(detailed structure rule)。

依美國專利侵害訴訟理論之體系,涉及全要件原則之運用進而導致均等論之限制者包括:a.逐一比對技術特徵;b.請求項破壞原則;c.特別排除原則;d.詳細結構原則。b與c兩原則之關係密切,而d原則又為c原則其中一種態樣。

(一) 請求項破壞原則

基於全要件原則,均等論可以適用於技術特徵被置換的情況,但不適用於技術特徵消失的情況(全要件原則的刪減原理)。請求項破壞原則,指均等論之適用會破壞(vitiated)申請專利範圍中至少某一個技術特徵者,則不適用均等論。1997年美國最高法院於Warner-Jenkinson案判決:在適用均等論時,不得將保護範圍擴張到實質上忽略請求項中所載之技術特徵的程度。請求項破壞原則係源於全要件原則的不當適用,旨在防止藉均等論不當擴張專利權保護範圍。法官得以專利權人主張之均等論破壞請求項中所界定之技術特徵為由,無須經由陪審團判斷,逕自援引請求項破壞原則作成一部或全部即決判決(summary judgment),專利權人不得向被控侵權人主張其權利。因此,請求項破壞原則亦為均等論的限制,限縮均等範圍的不當擴張。

1. 發展的根源

1994年起CAFC就陸續以請求項破壞原則作成判決,但真正成為請求項破壞原則發展之指引(guidance)者係美國最高法院在Warner-Jenkinson案判決文中之註腳(footnote)[58]:「對於因陪審團的黑箱作業決定所生不能檢視

58　Warner-Jenkinson, 520 U.S. at 29, 41 U.S.P.Q.2d at 1871. (emphasis added) (citations omitted). "With regard to the concern over unreviewability due to black-box jury verdicts, we offer only guidance, not a specific

的顧慮，我們僅提供指引，而非特別指令。若證據顯示合理的陪審團不能決定兩元件是否均等，地院必須同意一部或全部的即決判決。若某些法院因不熟悉專利標的勉強為之，我們確信CAFC可以解決這個問題。當然，限制均等論之適用的各種法律，應由法院決定，就審判前請求部分即決判決之聲請，或就陪審團決定後及證據調查結束時請求判決法律事項之聲請。因此，就個案事實，若禁反言原則可以適用，或*均等論會完全破壞（vitiated）特定技術特徵，應由法院作成一部或全部判決，而無具體的問題留待陪審團解決。*」

美國最高法院的前述指引已明確指出，均等論會完全破壞特定技術特徵時，法院應作成一部或全部即決判決，係將其視為法律問題（question of law）賦予法院解釋及決定的權利，而非屬由陪審團決定的事實問題（question of fact）。1997年於美國最高法院Warner-Jenkinson案判決後，CAFC基於前述指引，另引述該案中之陳述「重要的是確保全要件原則之適用，不容許個別技術特徵被廣泛的適用，以致從整體中實質上剔除了該技術特徵」[59]，以支持請求項破壞原則[60]。近年來CAFC以請求項破壞原則[61]、特別排除原則[62]大幅限制均等論之適用。

---

mandate. Where the evidence is such that no reasonable jury could determine two elements to be equivalent, district courts are obliged to grant partial or complete summary judgment. If there has been a reluctance to do so by some courts due to unfamiliarity with the subject matter, we are confident that the Federal Circuit can remedy the problem. Of course, the various legal limitations on the application of the doctrine of equivalents are to be determined by the court, either on a pretrial motion for partial summary judgment or on a motion for judgment as a matter of law at the close of the evidence and after the jury verdict. Thus, under the particular facts of a case, if prosecution history estoppel would apply or if a theory of equivalence would entirely vitiate a particular claim element, partial or complete judgment should be rendered by the court, as there would be no further material issue for the jury to resolve."

59　Warner-Jenkinson, 520 U.S. at 29

60　Freedman Seating Co. v. Am. Seating Co., 420 F.3d 1350, 1358 (Fed. Cir. 2005); Searfoss v. Pioneer Consol. Corp., 374 F.3d 1142, 1151 (Fed. Cir. 2004); Sage Prods. v. Devon Indus., 126 F.3d 1420, 1429 (Fed. Cir. 1997).

61　Daniel H. Shulman, Donald W. Rupert, "Vitiating" the Doctrine of Equivalents : A New Patent Law Doctrine, 12 Federal Circuit Bar Journal, 457 (2002-2003)

62　Peter Curtis Magic, Exclusion Confusion? A Defense of the Federal Circuit's Specific Exclusion Jurisprudence, Michigan Law Review [Vol. 106:347 November 2007]

2. 各界意見

雖然CAFC已於數十件案件中援引請求項破壞原則,但美國專利實務界及學界意見分歧。不支持之意見認為:

(1) 請求項破壞原則不符合最高法院之原意:Warner-Jenkinson案最高法院的原意僅指專利侵害的均等判斷不能就發明整體為之,法院必須考量請求項中各個技術特徵是否均等,據以適用均等論。若均等論未基於全要件原則而就不符合文義侵害之各個技術特徵比對是否均等,其「會完全破壞特定技術特徵」,則應以即決判決為之,前述註腳所提供之指引僅強化前述規則,不應衍生一種新的法律理論[63]。

(2) 請求項破壞原則導致不可預測之結果:若請求項破壞原則對於均等論之事實認定很重要,CAFC有必要清楚描述請求項破壞原則之意義,且判決應有一致性。雖然CAFC的案例法相當支持請求項破壞原則,但係以各種不同方式適用請求項破壞原則,導致不可預測之結果[64]。

(3) 專利權人過度負擔證明均等侵權的責任:CAFC的案例法以各種不同方式適用請求項破壞原則,提供被控侵權人大量的防禦方法,相對地會加重專利權人的舉證責任,以致訴訟的焦點轉移到法院所適用各種不同方式、規則的法律事項,陪審團幾乎不必再作均等論之事實調查,專利權人爭執系爭對象與系爭專利請求項之技術特徵是否無實質差異,基本上已無意義[65]。

Rader法官曾經對請求項破壞原則表示看法,認為均等論係在請求項中某一個限定條件不符合時,因無實質差異而認定侵權,而請求項破壞原則是在有實質差異時判定不侵權,故請求項破壞原則只是屬於均等論中是否有實質差異的判斷而已,沒有必要另定請求項破壞原則。此外,美國最高法院在Warner-Jenkinson案已表示均等論為事實問題,而請求項破壞原則係以即決

63　Daniel H. Shulman, Donald W. Rupert, "Vitiating" the Doctrine of Equivalents : A New Patent Law Doctrine, 12 Federal Circuit Bar Journal, 464 (2002-2003)

64　Daniel H. Shulman, Donald W. Rupert, "Vitiating" the Doctrine of Equivalents : A New Patent Law Doctrine, 12 Federal Circuit Bar Journal, 475 (2002-2003)

65　Blake B. Greene, Bicon, Inc.v. Straumann Co.: the Federal Circuit Specifically Excluded Claim Vitiation to Illustrate a New Limiting Principle on the Doctrine of Equivalents, Berkeley Technology Law Journal, 166 (2007)

判決為之而為法律問題，Rader法官認為兩個原則是一體兩面，只是均等論由陪審團認定，請求項破壞原則由法官認定，實務上會衍生出很多問題。

3. 各種規則簡介

　　美國學者Shulman及Rupert依CAFC的案例法將請求項破壞原則的適用區分為四種：Lourie規則（the Lourie Rule）、Michel規則（the Michel Rule）、無限定條件規則（the No Limitation Rule）及重要限定條件規則（the Significant Limitation Rule）。兩位學者認為雖然Lourie法官及Michel法官對於請求項破壞原則所採用之規則尚具有可預測性，但其他CAFC法官並未以一致之方式適用請求項破壞原則[66]。

(1) Lourie規則

　　依CAFC Lourie法官之規則（以下稱Lourie規則），請求項中所載的每一個字皆為一獨立的限定條件，對應限定條件的技術手段必須相同，始適用均等論。CAFC經常以Lourie規則認定重新配置之結構或空間元件未構成均等侵權，因為任何其他配置方式皆會破壞請求項中所載之特定配置方式。因此，Lourie規則幾乎不給均等論之適用留下一絲空間。[67]

〔案例〕——Cooper Cameron Corp. v. Kvaerner Oilfield Products, Inc.[68]
・系爭專利：一種海上油井之鑽油設備。
・請求項：「……一維修艙門橫向延伸從兩栓柱之間穿過軸牆……」。

---

66 Daniel H. Shulman, Donald W. Rupert, "Vitiating" the Doctrine of Equivalents : A New Patent Law Doctrine, 12 Federal Circuit Bar Journal, 464, 465, 479 (2002-2003)

67 Blake B. Greene, Bicon, Inc.v. Straumann Co.: the Federal Circuit Specifically Excluded Claim Vitiation to Illustrate a New Limiting Principle on the Doctrine of Equivalents, Berkeley Technology Law Journal, 167 (2007) "The Lourie Rule practically eliminates any application of the doctrine of equivalents by requiring that "every word in a claim is a limitation that must be met in an identical way" to find infringement. The Lourie Rule has consistently precluded application of the doctrine of equivalents where the accused product rearranged structural or spatial claim elements because any other arrangement would vitiate the specific arrangement described in the claims."

68 Cooper Cameron Corp. v. Kvaerner Oilfield Products, Inc. 291 F.3d 1317, 62 U.S.P.Q.2d 1846 (Fed. Cir. 2002)

・系爭對象：鑽油平台也具有一維修艙門，但其維修艙門在上方（above），而不在兩栓柱之間。

・被控侵權人：以被控侵權之鑽油平台的維修艙門位置已超出請求項「之間」（between）為由，聲請未侵權之即決判決，理由在於若被控侵權的鑽油平台落入該請求項之範圍，將會破壞全要件原則。

・地方法院：基於維修艙門的位置不同，同意不侵權之即決判決。

・CAFC：維持未均等侵害的即決判決，判決指出：被控被侵權裝置中的維修艙門從兩栓柱「之上」進到鑽油平台總成，不能均等於「兩栓柱之間」的連結關係。若不顧及系爭專利維修艙門連結總成僅在兩栓柱「之間」，將會破壞該限定條件，從而牴觸全要件原則。

(2) Michel規則

依CAFC Michel法官之規則（以下稱Michel規則），均等論不能涵蓋請求項之文義範圍所排除之事項。CAFC以Michel規則認定未落入請求項中所載之數值範圍或數值的文義範圍者皆未構成均等侵權；亦以Michel規則認定改變請求項中所載之材料並未構成均等侵權，例如將木料改變為金屬；亦以Michel規則認定對立的反義詞彼此之間皆未構成均等侵權，例如「正負」、「陰陽」、「強弱」、「大小」、「黑白」等，亦即黑與白不均等，大與小不均等。Michel規則與特別排除原則有部分重疊，兩者之差異詳見6.5.2之十之(二)「特別排除原則」。

值得注意者，以Michel規則所作成之判決結果似乎會牴觸最高法院於說明均等論時所引用有關材料之Graver Tank案的判決結果；亦會牴觸有關數值範圍之Warner-Jenkinson案的判決結果[69]，然而，筆者以為僅就材料及數值範圍之爭執的判決結果固然不同，但個案的案情及推論過程並不相同，尚難一概而論，就此認定Michel規則顯然違反美國最高法院的論理，尤其該規則與

69　Blake B. Greene, Bicon, Inc.v. Straumann Co.: the Federal Circuit Specifically Excluded Claim Vitiation to Illustrate a New Limiting Principle on the Doctrine of Equivalents, Berkeley Technology Law Journal, 167 (2007) "The Michel Rule has resulted in a finding of no infringement under the doctrine of equivalents in situations both where the equivalent range or number is outside the literal scope of the claimed range or number and where a claimed material is substituted (e.g., wood for metal)."

特別排除原則重疊之部分，仍值得觀察其後續發展。

〔案例〕——Moore U.S.A., Inc. v. Standard Register Co.[70]
- 系爭專利：一種商業郵寄表格/信封。
- 請求項：「……該表格上有一縱長條膠合區延伸長度方向的大部分……」。
- 系爭對象：系爭對象的表格與系爭專利類似，但其縱長條膠合區僅延伸到表格長度方向的47.8%。
- 專利權人：被控侵權之表格均等侵害。
- 地方法院：不同意均等侵害，因為會抹殺請求項中之限定條件「長度方向的大部分」。
- 專利權人：縱長條膠合區延伸到邊緣留白長度方向的48%與延伸50.001%無實質差異。
- CAFC：維持未均等侵害之判決，因為容許47.8%均等於「大部分」會破壞「大部分」的限定，故限定條件「大部分」不能有任何均等範圍。判決指出：若「小部分」能均等於「大部分」，則其前面的限定條件「第一及第二縱長條膠合區分別設於該第一面的該第一及第二縱長邊緣區」即已足夠，該限定條件就非屬必要。其次，會不合邏輯，合理的陪審團不可能認定「小部分」與「大部分」無實質差異。

(3) 無限定條件規則

　　無限定條件規則（No Limitation Rule），指請求項破壞原則適用於唯有將系爭專利請求項中所載之限定條件予以寬廣的解釋，以致該限定條件不再為限定條件，始能認定均等侵權的情況[71]。CAFC以無限定條件規則認定形狀變化並未構成均等侵權，因為若特定形狀之限定條件可均等於任何形狀，

70　Moore U.S.A., Inc. v. Standard Register Co., 229 F.3d 1091, 56 U.S.P.Q.2d 1225 (Fed. Cir. 2000).

71　Blake B. Greene, Bicon, Inc.v. Straumann Co.: the Federal Circuit Specifically Excluded Claim Vitiation to Illustrate a New Limiting Principle on the Doctrine of Equivalents, Berkeley Technology Law Journal, 167 (2007) "The No Limitation Rule finds claim vitiation to exist where an equivalent requires such a broad reading of a claim limitation that the limitation is meaningless. "

則該限定條件變得沒有意義。從維護社會大眾的信賴的角度，專利權人明知該限定條件不重要，卻仍將其記載於請求項，若該限定條件仍適用均等論，將會破壞請求項的限定，故應認定限定條件以外的範圍為專利權人主觀意識所排除，而有請求項破壞原則之適用。

〔案例〕——Tronzo v. Biomet, Inc.[72]

· 系爭專利：一種髖關節義肢。
· 請求項：該義肢之球及托座機構包含一杯狀體插入合成的髖關節托座，該杯狀體具有一「一般圓錐形外表面」。
· 系爭對象：髖關節義肢之杯狀體具有半球形外表面。
· 專利權人：被控侵權之義肢均等侵害。
· 專利權人之專家證詞：半球形的杯狀體與圓錐形杯狀體無實質差異。
· 地方法院：同意均等侵害。
· CAFC：駁回均等侵害之判決。法院認為：雖然被控侵權之半球形杯狀體「達成所需之結果」並「以基本上相同之方式運作」，惟若依專家證詞，任何形狀皆均等於請求項中所載之圓錐形限定條件，則這樣的結果不被Warner- Jenkinson案之全要件原則所容許，因為一般圓錐形被賦予任何均等範圍，該限定條件就等於沒有限定作用。

(4) 重要限定條件規則

重要限定條件規則（Significant Limitation Rule），指請求項破壞原則僅適用於系爭專利之文義範圍與系爭對象不同之處為請求項中所載之重要限定條件的情況[73]。法院於Nova Biomedical案闡述重要限定條件規則之意義，指出唯有重要的限定條件被破壞時始不適用均等論（only significant limitations will be vitiated by applying the DOE），而非只要有一限定條件被破壞就不適

72　Tronzo v. Biomet, Inc.156 F.3d 1154, 47 U.S.P.Q.2d 1829 (Fed. Cir. 1998).

73　Blake B. Greene , Bicon, Inc.v. Straumann Co.: the Federal Circuit Specifically Excluded Claim Vitiation to Illustrate a New Limiting Principle on the Doctrine of Equivalents, Berkeley Technology Law Journal, 167 (2007) "Finally, under the Significant Limitation Rule, claim vitiation occurs where an accused product contains changes from the literal scope of a significant claim limitation."

用均等論，法院特別強調「並非請求項中每一個字均為一獨立的限定條件」
（not every word in a claim is a separate limitation），這種說法顯然與Lourie
規則不一致。重要限定條件規則試圖緩和僵化的Lourie規則與Michel規則，
目的仍是要限制均等論的廣泛適用，但仍無法提供可預測的結果。

〔案例〕──Nova Biomedical Corp. v. I-Stat Corp.[74]
· 系爭專利：一種溶液專利。
· 請求項：「……具有導電率指示，顯示該溶液的等同血球容積值……」
　（having a conductivity indicative of a known equivalent hematocrit value）。
· 說明書：溶液的導電率數值即為血球容積值。系爭專利將「等同血球容積
　值」定義為「血液樣本的血球容積標準」（the hematocrit level of a blood
　sample）；真正的血液樣本的血球容積值在0（無紅血球的純血漿）到100
　（僅有紅血球）的範圍。雖然真正的血液樣本的血球容積值不會為負值，
　但因溶液的導電率優於血漿，其血球容積值會有負值。
· 地方法院：認定無均等侵害。理由為「等同血球容積值」在文義上限於真
　正血液樣本的血球容積值，即0到100，因被控侵權溶液的血球容積值有負
　值，認定無文義侵害。此外，地院認定被控侵權溶液不適用均等論，因為
　其讀入「等同血球容積值」定義，會破壞限定條件「血液樣本」。
· CAFC：駁回無均等侵害之判決。均等論的事實調查完全取決於被控侵權
　裝置與請求項之文義之間是否有實質差異，要決定限定條件是否被破壞，
　必須檢視欠缺的系爭限定條件是否重要。基於前述規則，若被控侵權溶液
　適用均等論，應考量其是否會破壞限定條件「血液樣本」。CAFC判決：
　系爭限定條件可以被解釋為：「標準化的溶液……具有一種〔特定〕離子
　的已知濃液，且具有與血液樣本相同的導電性，該血液樣本的血球容積標
　準為已知者。」容許其均等物包含「標準化的溶液……具有一種〔特定〕
　離子的已知濃液，且具有與樣本相同的導電性，該樣本的血球容積標準為
　已知者。」並未完全破壞限定條件，因為並非請求項中每一個字均為獨立

---

74 Nova Biomedical Corp. v. I-Stat Corp. No. 98-1460, 1999 WL 693881 (Fed. Cir. Sept. 3, 1999) (per curiam)
(unpublished decision).

的限定條件。CAFC認定「血液」是不重要的限定條件，被控侵權溶液可適用均等論，而將案件發回更審，進行無實質差異之事實調查。

4. 我國相關判決

我國智慧財產法院於民國97年7月1日成立後至民國101年底援引請求項破壞原則作成之判決共五件：

(1) 99民專訴第94號案，系爭專利為「鑰匙導引結構」，判決內容類似Lourie規則中所指重新配置之結構或空間元件。

(2) 99民專上更(一)第12號案，系爭專利為「多功能保眼眼罩之改良構造」，判決內容類似重要限定條件規則。

(3) 100民專訴第23號案，系爭專利為「手提動力工具之懸浮減震機構」，判決內容類似重要限定條件規則。

(4) 100民專訴第103號案，系爭專利為「電鍋收納櫃之集水結構」及「電鍋收納櫃之排氣結構」，判決內容類似Lourie規則中所指重新配置之結構或空間元件。

(5) 101民專上第3號案，系爭專利為「手提動力工具之懸浮減震機構」，判決內容類似重要限定條件規則。

99民專上更(一)第12號案，系爭專利「多功能保眼眼罩之改良構造」，判決闡述請求項破壞原則：按專利侵害鑑定比對時，若必須破壞請求項之界定（例如使某一技術特徵消失），始能使系爭產品對應系爭專利請求項所載之技術特徵，則不適用均等論，而此種破壞某一請求項或申請專利範圍之界定行為，學理上稱之為請求項破壞原則（the claim vitiation doctrine, CVD），目的在於防止權利人利用此種方式解釋其申請專利範圍，將顯然存有差異之他人物品，納入所謂均等範圍。本件倘依上訴人前揭主張，將要件C及E合而為一要件……，勢將破壞上訴人系爭專利申請專利範圍第1項所界定之「主機本體內設有充氣幫浦、洩氣閥、導氣管、……、蜂鳴器」，「主機本體……外表延伸一導線與控制器銜接」，因而打破了主機本體之內、外連結關係。……尤其前述臺北高等行政法院判決：「須換裝較長狀之氣管及導線……技術手段……尚有不同」，認為導氣管之長短及連結關係對於技術手段是否實質相同應為判斷重點。基於前述說明，將要件C及E結合為一要

件，不僅破壞原有對於申請專利範圍請求項之界定，且將不當擴張系爭專利之均等範圍，極端而言，倘將請求項之界定完全破壞，其結果就是將請求項作為一整體予以比對，有違逐一（請求項）比對原則，故不宜破壞請求項之界定始符合我國專利侵害鑑定要點中所載均等論之逐一比對原則。

100民專訴第23號案，系爭專利「手提動力工具之懸浮減震機構」，判決闡述請求項破壞原則：按均等論係為防止不道德之仿冒者以無實質變化之方式迴避他人專利之文義範圍而創設，然如均等論之適用會破壞申請專利範圍中對於至少一特定限制條件，使該限制條件構成之技術內容於申請專利範圍中完全喪失功能，勢將造成請求項破壞之結果；又專利權人既可預見該限定條件在申請專利過程具有特定之意義，惟仍將該限制條件列為申請專利範圍之構成要件，自應認為係有意識就申請專利範圍所附加之限制條件，如仍准許專利權人將申請專利範圍擴大解釋為不含該限制條件，則有違社會大眾對於申請專利範圍之信賴保護原則，顯非法之所許，難認有均等論之適用，是謂禁止請求項破壞原則。系爭專利更正後申請專利範圍第2項又附加以滑套或套管之技術特徵組合動作模組，則該項限制條件即為該請求項之重要結構，如予以省略不論，則請求項之結構即會遭破壞。是依據禁止請求項破壞原則，自不容原告將滑套之技術特徵擴張及於被控侵權物品以二支內六角螺絲組裝之技術內容。

(二) 特別排除原則

特別排除原則，指專利權人不能主張從申請專利範圍特別排除之均等範圍[75]。若申請專利範圍或說明書明示或暗示從申請專利範圍排除其所主張之均等範圍[76]，基於公示功能，特別排除原則可阻卻專利權人適用均等論重新主張專利權人明確排除的技術範圍[77]，其確保社會大眾得以說明書或申請專

75　Dolly, Inc. v. Spalding & Evenflo Cos., 16 F.3d 394, 400 (Fed. Cir. 1994).

76　SciMed Life Sys., Inc. v. Advanced Cardiovascular Sys., Inc., 242 F.3d 1337, 1347 (Fed. Cir. 2001) "The foreclosure of reliance on the doctrine of equivalents in such a case depends on whether the patent clearly excludes the asserted equivalent structure, either implicitly or explicitly."

77　SciMed Life Sys., Inc. v. Advanced Cardiovascular Sys., Inc., 242 F.3d 1337, 1347 (Fed. Cir. 2001) "The patentee cannot be allowed to recapture the excluded subject matter under the doctrine of equivalents without undermining the public-notice function of the patent."

利範圍中明確的負面表示，主張專利權人不得將其已排除之專利標的重新主張其均等範圍[78]。然而，若特別排除原則適用的太廣泛，可能會使均等論無用武之地，因為就每一個技術特徵而言均可謂已特別排除任何未落入其文義範圍的技術內容[79]。

1. 特別排除原則之內涵

　　特別排除原則性質上為法律事項，其具有阻卻被控侵權對象中之元件均等於請求項之限定條件的效果[80]。特別排除原則的理論基礎在於被控侵權對象欠缺請求項中限定條件之文義或其均等範圍則違反全要件原則[81]。依美國最高法院於Warner-Jenkinson案中之認定，若法院認為系爭專利適用特別排除原則，則法院必須作成未均等侵權之即決判決[82]，若然，則該案件的事實調查不必進行均等論之三部檢測或無實質差異檢測之均等分析。

2. 特別排除原則與請求項破壞原則之異同

　　實務案例顯示，特別排除原則與請求項破壞原則之間關係密切[83]，法院

78　SciMed Life Sys., Inc. v. Advanced Cardiovascular Sys., Inc., 242 F.3d 1337, 1347 (Fed. Cir. 2001) "noting that by drafting the patent to clearly exclude the proposed equivalent [catheters that used a dual lumen configuration], the patent holder allowed "competitors and the public to draw the reasonable conclusion that the patentee was not seeking patent protection for" the dual lumen configuration."

79　Gerald Sobel, Patent Scope and Competition: Is the Federal Circuit's Approach Correct?, 7 Va. J.L. & Tech. 3, 26 (2002) "If each claim were to 'specifically exclude' all alternatives not literally within it, the doctrine of equivalents would disappear."

80　Dolly, Inc. v. Spalding & Evenflo Cos., 16 F.3d 394, 400 (Fed. Cir. 1994) "The concept of equivalency cannot embrace a structure that is specifically excluded from the scope of the claims." Wiener v. NEC Elecs., Inc., 102 F.3d 534, 541 (Fed. Cir. 1996) "holding that the accused device does not contain an equivalent for each claim limitation because specific exclusion applied."

81　Boone, supra note 12, at 651; cf. Cook Biotech Inc. v. ACell, Inc., 460 F.3d 1365, 1379 (Fed. Cir. 2006) "A claim that specifically excludes an element cannot through a theory of equivalence be used to capture a composition that contains that expressly excluded element without violating the 'all limitations rule.'"

82　Warner-Jenkinson Co. v. Hilton Davis Chem. Co., 520 U.S. 17, 39 n.8 (1997) "Where the evidence is such that no reasonable jury could determine two elements to be equivalent, district courts are obliged to grant partial or complete summary judgment."

83　SciMed Life Sys., Inc. v. Advanced Cardiovascular Sys., Inc., 242 F.3d 1337, 1347 (Fed. Cir. 2001) "The [specific exclusion] principle articulated in these cases is akin to the familiar rule that the doctrine of equivalents cannot be employed in a manner that wholly vitiates a claim limitation."

認定特別排除原則的案例，通常亦適用請求項破壞原則。然而，特別排除原則阻卻均等論之理論依據與請求項破壞原則不同，特別排除原則係阻卻均等論適用於申請專利範圍或說明書中所載特別排除之均等範圍[84]。換句話說，一旦申請專利範圍或說明書有負面表示之記載，則專利權人就特別排除了該均等範圍，不論專利權人是有意或無意（purposefully or unintentionally），因為其可得知或可合理的得知法院會排除嗣後其主張之均等範圍。相對地，請求項破壞原則係被控侵權對象的替代元件破壞請求項中所載之限定條件，而不構成均等侵權之認定，並非說明書或申請專利範圍中有特別排除之記載，因此，請求項破壞原則阻卻均等論之適用無需任何證據證明專利權人有意、已知或可得知不能主張均等侵權[85]。

　　基於前述說明，特別排除原則，係回頭檢視說明書或申請專利範圍中之記載；請求項破壞原則，係展望未來所主張之均等對象。特別排除原則，係基於公示功能，以確保社會大眾能依賴專利權人放棄之均等範圍[86]；請求項破壞原則，並未特別強調公示功能，因為社會大眾不能預測哪些元件會破壞請求項中所載之限定條件。

　　申請專利範圍具有定義功能及公示功能，公示功能確保社會大眾可以基於申請專利範圍及說明書之記載，認知到專利權範圍，並據以迴避，但亦可認知到專利權人所放棄的技術範圍[87]。特別排除原則係基於專利權人在其說明書中所為之清楚陳述，據以認知到其特別排除之事項，特別排除原則之適用係維護公示功能，阻卻專利權人建構均等範圍時重新主張其清楚排除之事項。因此，特別排除原則係強調公示功能；請求項破壞原則則有弱化公示功能之趨勢，CAFC在Bicon案[88]並未採用請求項破壞原則，隱晦地強調維護均

84　Dolly, Inc. v. Spalding & Evenflo Cos., 16 F.3d 394, 400 (Fed. Cir. 1994).

85　Daniel H. Shulman, Donald W. Rupert, "Vitiating" the Doctrine of Equivalents : A New Patent Law Doctrine, 12 Federal Circuit Bar Journal, 483 (2002-2003)

86　SciMed Life Sys., Inc. v. Advanced Cardiovascular Sys., Inc., 242 F.3d 1347 (Fed. Cir. 2001) "The unavailability of the doctrine of equivalents could be explained ... as the product of a clear and binding statement to the public that metallic structures are excluded from the protection of the patent."

87　PSC Computer Prods., Inc. v. Foxconn Int'l, Inc., 355 F.3d 1353, 1360 (Fed. Cir. 2004) "The ability to discern both what has been disclosed and what has been claimed is the essence of public notice. It tells the public which products or processes would infringe the patent and which would not."

88　Bicon, Inc. v. Straumann Co. (Bicon II), 441 F.3d 945 (Fed. Cir. 2006).

等分析之前提的公示功能，而以特別排除原則阻卻均等論之適用。

3. 特別排除原則之適用

　　特別排除原則適用於專利權人在說明書或申請專利範圍中明確放棄申請專利範圍中之專利標的。案例法顯示涉及說明書之特別排除主要用於明示的放棄[89]，例如專利權人限制均等範圍[90]或強調發明包含所請求之元件[91]，故可以預知其可以適用特別排除原則。相對地，因申請專利範圍應記載請求內容，通常不會明示放棄申請專利範圍中的專利標的，故涉及申請專利範圍之特別排除通常係用於暗示的放棄[92]。基於前述之比較，涉及申請專利範圍之特別排除似乎比較沒有可預測性。

　　檢視CAFC適用特別排除原則涉及申請專利範圍的案例，顯示該原則之適用似有一共通模式，即當專利權人在一對選擇組（in a binary choice setting）中選擇請求其中之一，特別排除原則會阻卻專利權人主張另一選項為均等物[93]。惟應注意者，一對選擇組要求請求項中所載之限定條件必須是兩選項之一，例如限定條件「惰性氣體」特別排除「活性氣體」包括專利權

89　Novartis Pharms. Corp. v. Abbott Labs., 375 F.3d 1328, 1337 (Fed. Cir. 2004) " In light of the specification's implicit teaching that surfactants do not compose the entire portion of the lipophilic component, Novartis is foreclosed from arguing that Span 80, which the specification expressly acknowledges is a surfactant, is an equivalent to a pharmaceutically acceptable non-surfactant lipophilic excipient, as required by the lipophilic phase under our claim construction."

90　SciMed Life Sys., Inc. v. Advanced Cardiovascular Sys., Inc., 242 F.3d 1345 (Fed. Cir. 2001) "the common specification of SciMed's patents referred to prior art catheters, identified them as using the [proposed equivalent] dual lumen configuration, and criticized them ..."

91　SciMed Life Sys., Inc. v. Advanced Cardiovascular Sys., Inc., 242 F.3d 1345 (Fed. Cir. 2001) "the disclaimer of [proposed equivalent] dual lumens was made even more explicit in the portion of the written description in which the patentee identified coaxial lumens as the configuration used in 'all embodiments of the present invention'"

92　SciMed Life Sys., Inc. v. Advanced Cardiovascular Sys., Inc., 242 F.3d 1346 (Fed. Cir. 2001) "By defining the claim in a way that clearly excluded certain subject matter, the patent implicitly disclaimed the subject matter that was excluded and thereby barred the patentee from asserting infringement under the doctrine of equivalents."

93　Senior Techs., Inc. v. R.F. Techs., Inc., 76 Fed. Appx. 318, 321 (Fed. Cir. 2003) "In a binary choice situation where there are only two structural options, the patentee's claiming of one structural option implicitly and necessarily precludes the capture of the other structural option through the doctrine of equivalents."

人主張均等的熱空氣[94]，而非僅限於對立的反義詞（即藍色vs.非藍色；圓形vs.非圓形）。

〔案例〕──Bicon, Inc. v. Straumann Co.[95]

・系爭專利：一種露頭襯套裝置，用來保持被植入之假牙周圍的空間，使置於該植入物上之牙冠能裝在病人的牙床之下。專利中所描述的植入物係由根部構件及基座所構成：根部構件係插入病人之頜骨以定置該植入物；基座係連結該根部構件並凸出於病人牙床之上以供固定牙冠之裝置。在植入該根部構件之外科手術及嗣後裝上該基座之後，醫師將專利所請求之露頭襯套置於該基座之上。該襯套防止病人牙床組織在愈合過程中密合包圍該基座。一旦病人下頜及嘴巴完全愈合，移開該襯套可讓出一空間，容許永久牙冠安裝在病人牙床之下，如此可美美的維持病人原本之牙床。在製作永久牙冠之期間，該襯套也作為固定暫時牙冠之裝置。

・請求項：「一種露頭襯套構件，在將基座置於已植入病人牙床骨中之根部構件上的過程中，用於保護牙間之凸丘，其中[a]該基座具有一平截球形基面部分，及[b]一圓錐面部分具有一選擇之高度，係從前述平截球形基面延伸而出，包含……[e]該內孔具有一斜面通常係配合該基座之圓錐面部分，……。

・系爭對象：被控侵權裝置共兩件。第1件為一塑膠製結構，稱為impression cap，當醫師準備牙冠模之期間，係裝在基座及根部構件肩部的外周；第2件為一圓錐形塑膠製裝置，稱為burnout coping，係用來製造永久牙冠，裝在具有相同於基座及該根部構件肩部形狀之結構外周。

・專利權人：承認系爭裝置中之基座並無平截球形基面；惟主張其根部構件的喇叭狀頸部平面包含平截球形基面或其均等物，根部構件頸部凹入的喇叭狀面均等於基座外凸的平截球形基面。

・地方法院：因請求項前言中所載之結構係了解主體中所載之限定條件有關之限定，故前言中所載之基座是由請求項及說明書中所描述之特性所界定

94　Eastman Kodak Co. v. Goodyear Tire & Rubber Co., 114 F.3d 1547, 1551, 1561 (Fed. Cir. 1997).

95　Bicon, Inc. v. Straumann Co. (Bicon II), 441 F.3d 945, 956 (Fed. Cir. 2006).

之特殊結構。法院判決該基座與該根部結構有別,且該基座包含平截球形基面部分,亦即該基座之基礎具有一凸面及一圓錐面部分,其係從平截球形基面延伸到一適當的高度。由於請求項5中所描述的基座必須包含平截球形基面,法院判決該裝置所具有的平截球形基面係在根部構件上而非在基座上,故該裝置與請求項中所載之結構不均等。法院認為除此之外的其他認定均會破壞請求項中基座具有一平截球形基面之限定條件。法院亦不同意專利權人所主張根部構件頸部凹入的喇叭狀面均等於基座外凸的平截球形基面,法院判決專利權人於請求項5中使用明確語言賦予狹窄的結構限定條件,而該語言限定了可能的均等範圍,不能包含根部構件內凹的喇叭狀頸部,因為內凹面與外凸面相反,因為這樣的理論會破壞請求項中之限定條件,且喇叭狀頸部不滿足三部檢測。因此,法院同意被控侵權人所提未侵權之即決判決之聲請,判決系爭裝置未侵害請求項5之均等範圍。

· CAFC:認可地院未均等侵權之認定。CAFC判決根部構件內凹結構均等於基座外凸結構之認定會否定請求項中平截球形之限定條件,並指出請求項5前言具有該基座形狀之詳細描述,「詳細記載結構之請求項適當地限制均等論之適用」。CAFC認為特別排除原則特別適用於請求項5,因為請求項界定了基座之基面部分的結構致明示排除了可區別之不同且相反的形狀。CAFC進一步指出這樣的案例「以清楚排除某些專利標的之方式定義請求項,這種專利隱含了放棄被排除之專利標的,從而阻卻了專利權人重為主張均等侵害。」系爭裝置之基座形狀是平截圓錐(非平截球面),且根部構件之頸部為內凹(非外凸),這些結構明顯與系爭專利之基座的形狀相反,故被排除在外。因此,特別排除原則阻卻了系爭裝置之基座之基面部分及根部構件之頸部均等於請求項5中所描述平截球形基面及基座之外凸部分。

4. 我國相關判決

我國智慧財產法院於97年7月1日成立後至101年底援引特別排除原則作成之判決共兩件:

(1) 99民專上更(一)第8號案,系爭專利為「聚醯亞胺積層板」,判決內容涉及特別排除原則。

(2) 99民專上更(一)第12號案，系爭專利為「多功能保眼眼罩之改良構造」，判決內容涉及請求項破壞原則及特別排除原則。

99民專上更(一)第8號案，系爭專利為「聚醯亞胺積層板」，法院判決指出：說明書中已明確說明溶劑成分為系爭專利的重要改良，「成功的新溶劑系中含少量之酮類溶劑，例如丙酮」，「丙酮含量越〔超過〕30%則會增加後續加熱處理的困難，若酮類含量太少亦無法達成本創作之目的」，「若丙酮含量低於1%則無法顯示本創作之目的功效」，足見酮類含量範圍之限定為系爭專利一重要之特徵；說明書中亦明確記載：「實際上，其他不同之極性非質子溶劑組合，只要含有部分成分的溶劑是丙酮者亦可為本創作之使用」，已明確界定系爭專利之溶劑系統必須包含丙酮，只要含有部分成分的溶劑是丙酮者則可為本創作之使用，反之若溶劑系統中完全不含丙酮者則非屬系爭專利之保護範圍，為專利申請人主觀意識之特別排除，故尚不能為專利權人以均等論為由擴張其權利範圍。

99民專上更(一)第12號案，系爭專利為「手提動力工具之懸浮減震機構」，判決闡述特別排除原則：申請專利範圍中所載之技術特徵經申請人特別限定其意義或經特別描述時，其所賦予之特別意義或所描述之範圍，將限制申請人於取得專利後透過均等之解釋擴張其意義或所描述之內容，稱為特別排除原則（specific exclusion principle；Bicon, Inc. v. The Straumann Co., Fed. cir. 2006, 05-1168），又稱意識限定原則，在此等情形下，則可限制或阻卻均等論之適用。例如請求項記載之技術特徵為「大部分」、「高溫」時，則「大部分」與「小部分」即不均等、「高溫」與「低溫」亦不均等。本件上訴人系爭專利申請專利範圍第1項記載：「該主機本體內設……，外表……」等語，明確界定主機本體之內、外結構，且內部證據顯示上訴人於異議答辯：「將控制電路裝設於控制器中……可有效免除鼻部之負荷」云云，明確主張主機本體之內、外結構之差異會影響所生之功效，顯然係有意識地特別限定主機本體之內、外結構，以排除不同之結構。若上訴人認為元件位置之置換係可輕易完成時，即應避免使用相對之二元選項用語（binary，例如系爭專利所使用之「內、外」，或「陰、陽」、「正、負」等字詞），或應將可預期之實施方式記載於說明書，亦即描述若干可能之置換方式，據以支持申請專利範圍中上位概念用語之界定，或至少在維護申請

專利之過程中不宜有扞格之主張，否則即應有特別排除原則之適用。

(三) 詳細結構原則

美國最高法院於1997年Warner-Jenkinson案中肯認以均等論擴張專利權保護範圍的價值，但另一方面又創設全要件原則、申請歷史檔案禁反言原則、貢獻原則等法則限制均等論的適用，以兼顧衡平、正義及專利制度的基本精神，導致近年來美國專利侵害訴訟的攻防焦點幾乎集中在解釋申請專利範圍這個步驟。不可諱言者，由於我國「專利侵害鑑定要點」之訂定大部分是沿襲美國專利侵害訴訟制度之經驗，台灣的專利侵害訴訟似乎也與美國亦步亦趨，兩造當事人的攻防日益重視申請專利範圍的解釋。

依筆者在智慧財產法院任職技術審查官的觀察，台灣的專利侵害訴訟案件中有一大部分為創作高度較低的新型專利，因美國專利並無新型專利制度，致有若干較不為美國專利界重視的問題已成為我國專利訴訟程序中特有的攻防重點，而這幾個重點牽涉到本節要探討的均等論限制理論，尤其是詳細結構原則。

1. 詳細結構原則之內涵

一如前述，特別排除原則與請求項破壞原則之間關係密切，前者係從後者演化的一種新理論，觀察實際案例，特別排除原則通常亦適用請求項破壞原則。嗣後CAFC又創設一種限制均等論之理論，而為特別排除原則其中一種態樣，稱為詳細結構原則，「記載詳細結構的請求項應相對限制其均等範圍」（a claim that contains a detailed recitation of structure is properly accorded correspondingly limited recourse to the doctrine of equivalents）[96]。

詳細結構原則限制均等論係從請求項中所載之用語出發，該原則與特別排除原則顯然有關，因為兩原則皆關注公示功能，詳細結構原則係藉申請專利範圍中記載詳細結構，據以告知社會大眾專利權人僅尋求有限的專利保護範圍。法院在Bicon案中指出詳細結構原則特別適用於本案之案情，請求項記載基座的平截球形基面部分，特別排除「明顯不同甚至相反之形」

---

96 Bicon, Inc. v. Straumann Co. (Bicon II), 441 F.3d 955 (Fed. Cir. 2006).

（distinctly different and even opposite shapes），而為一種記載詳細結構之請求項。基於前述說明，「詳細結構原則適用於結構特徵特別排除元件」（a structural claim limitation specifically excludes an element）的情況。[97]

　　在美國已有相當多案例顯示用語較為狹窄的限定條件僅有有限的均等範圍（a narrow claim limitation deserves a limited scope of equivalence）[98]，故詳細結構請求項的概念已見於先前判例，但CAFC從未明白限制特定請求項適用均等論，而僅一般性地適用限制理論。CAFC創設詳細結構原則，在實際案件中可以作成即決判決，免除均等論之事實調查，且被控侵權人可以明確爭執專利權人主張詳細結構請求項的均等範圍，作為被控侵權人之防禦基礎。

2. 詳細結構原則之適用

　　被控侵權人如何主張詳細結構原則之適用，仍無明確判決可供遵循，尚難預測CAFC之態度。參酌Bicon案之判決，該案顯示請求項特別記載形狀，法院僅重申特別排除原則之適用，「記載詳細結構的請求項應相對限制其均等範圍」，而將不同且相反之形排除於均等範圍之外。然而請求項應記載到什麼程度始符合「詳細結構」？何謂「相對限制其均等範圍」之真義為何？以Bicon案為例，法院認為「內凹」及「平截球形基面」為詳細記載之結構，是否導致請求項中所載之形狀嗣後均被認定為詳細結構，尚待觀察。至於「相對限制其均等範圍」似非指完全阻卻均等論之適用，筆者以為依記載詳細之程度而有不同程度之限制，例如數值範圍跨距100及跨距10，兩者之限制程度應有不同，若等比率限制兩者之均等範圍，100的20%為20，10的20%為2，絕對值應不同。

　　按申請專利範圍所涵蓋的保護範圍除了文義範圍之外尚包含均等範圍，要使其文義涵蓋寬廣的範圍，申請人撰寫申請專利範圍時，最常見的方式係

97　Bicon, Inc. v. Straumann Co. (Bicon II), 441 F.3d 955 (Fed. Cir. 2006).

98　Sage Prods. Inc. v. Devon Indus., 126 F.3d 1420, 1424 (Fed. Cir. 1997) "For a patentee who has claimed an invention narrowly, there may not be infringement under the doctrine of equivalents in many cases, even though the patentee might have been able to claim more broadly. If it were otherwise, then claims would be reduced to functional abstracts, devoid of meaningful structural limitations on which the public could rely."

減少技術特徵的數量及使用上位概念用語,甚至僅記載已知結構所達成之功能而不記載詳細結構。相對的,在申請或維護專利權時,申請人或專利權人可以藉修正或更正申請專利範圍之方式增加技術特徵或改用下位概念用語,以迴避先前技術而限縮申請專利範圍。從涵蓋範圍寬廣的申請專利範圍限縮為狹窄的申請專利範圍,固然有申請歷史檔案禁反言原則的適用,以限制其均等範圍的不當擴張,惟若原本所撰寫的申請專利範圍涵蓋範圍狹窄,嗣後於專利侵害訴訟中,是否可能鑽漏洞藉解釋申請專利範圍之技巧,不當擴張原本涵蓋範圍狹窄的申請專利範圍?

眾所周知者,專利權的保護範圍係申請專利範圍所載技術特徵的交集所界定的範圍,故技術特徵的數量與專利權的保護範圍成反比,技術特徵越多專利權的涵蓋範圍越窄。此外,使用上位概念用語或下位概念用語記載之請求項,其涵蓋的範圍亦不相同。上位概念,指複數個技術特徵屬於同族或同類,或具有某種共同性質的總括概念,例如電腦;下位概念,指相對於上位概念表現為下位之具體概念,例如電子計算機、微處理器。舉例而言,常見的上位概念用語記載方式,例如「加熱」之下位概念用語得為「電氣加熱」、「微波加熱」或「蒸氣加熱」;「固定裝置」之下位概念用語得為「螺釘」、「螺栓」或「鉚釘」;「C1-C4烷基」得總括甲基、乙基、丙基及丁基。在科技領域中,經常以功能名詞作為元件之名稱,例如制動器、夾子、容器、固定裝置等。

以固定裝置為例,其下位概念用語包含螺栓,記載固定裝置的申請專利範圍與記載螺栓的申請專利範圍兩者的保護範圍是否應有不同?若從文義讀取的角度,上位概念的固定裝置所總括的範圍包括下位概念的螺栓,兩者的文義範圍顯然不同。惟若從均等論的角度,無論是經三部檢測或可置換性的檢測,均可能達成無實質差異之認定,進而適用均等論。換句話說,無論是上位概念用語的固定裝置或下位概念用語的螺栓,兩者的均等範圍並無不同。均等範圍係法院基於衡平藉均等論將請求項之文義範圍向外擴張至與該文義實質相同的範圍,總結前述固定裝置與螺栓之分析,兩者的保護範圍並無不同。若然,申請人於撰寫申請專利範圍時必然會儘量記載下位概念用語,以便於取得、維護專利權,且無礙於專利權的保護範圍。事實是否如此?本小節的詳細結構原則甚至前述的特別排除原則顯然已給出答案,筆者

也以為大發明大保護、小發明小保護、沒發明不保護。眾所周知者，先鋒型發明之技術領域之密集程度低，相對於改良型發明應有較為寬廣的保護範圍；同理，上位概念發明相對於下位概念發明，應有較為寬廣的保護範圍。對照專利審查的角度，若上位概念請求項牴觸先前技術而不具進步性，下位概念請求項可以迴避該先前技術而取得專利權，則該專利與該先前技術接近，其技術領域之密集程度高，該專利之保護範圍應較為狹窄。相對地，若上位概念請求項未牴觸任何先前技術而取得專利權，則該專利與該先前技術疏遠，其技術領域之密集程度低，該專利之保護範圍應較為寬廣。基於前述說明，上位概念請求項之均等範圍對照下位概念請求項應給予更為寬廣的保護始合理。

台灣的專利侵害訴訟案件中有一大部分為創作高度較低的新型專利，其對照發明技術之密集程度通常較高，且以下位概念用語記載請求項或以詳細結構記載請求項之情況比比皆是，故專利權人主張適用均等論時，受限於本節所述請求項破壞原則、特別排除原則或詳細結構原則的情況可能更多。前述說法並非指新型專利一定比發明專利的均等範圍狹窄，而是指新型專利的事實狀況，同一技術領域的新型專利權範圍較為密集，彼此之間差異程度不是太大，較有援引前述三項原則限制均等論之空間。

3. 我國相關判決

我國智慧財產法院於民國97年7月1日成立後至民國101年底援引請求項破壞原則但屬詳細結構原則之判決僅一件100民專訴第103號案，系爭專利有二「電鍋收納櫃之集水結構」及「電鍋收納櫃之排氣結構」。

法院判決：系爭專利「電鍋收納櫃之集水結構」請求項1界定之技術特徵「頂板向上述前方開口傾斜，其下傾的邊緣設有若干排水孔」，經原告特別限定其意義或經特別描述，其所賦予之特別意義或所描述之範圍限制均等之解釋。原告所稱系爭產品頂板無傾斜、其下傾的邊緣無排水孔亦為系爭專利前述技術特徵之均等範圍，顯然已破壞該技術特徵之界定，而有違請求項破壞原則，換言之，可限制或阻卻均等論之適用，即系爭產品與系爭專利請求項1無實質相同之可能。系爭專利「電鍋收納櫃之集水結構」請求項1項界定之技術特徵「底面板設一盛水板延伸至上述頂板邊緣的下方，且該底面板

的邊緣與該頂板的邊緣之間預留一間隙」，經原告特別限定其意義或經特別描述，其所賦予之特別意義或所描述之範圍限制均等之解釋。原告所稱系爭產品並未設置盛水板及間隙亦為系爭專利前述技術特徵之均等範圍，顯然已破壞該技術特徵之界定，而有違請求項破壞原則，換言之，可限制或阻卻均等論之適用，即系爭產品與系爭專利請求項1無實質相同之可能。系爭專利「電鍋收納櫃之排氣結構」請求項1界定之技術特徵「內部框架之二相對側壁之上下部之若干風孔；以及設於該內部框架二側壁與該外殼二側壁之間的循環空間」，經原告特別限定其意義或經特別描述，其所賦予之特別意義或所描述之範圍限制原告均等之解釋。原告所稱系爭產品無風孔及無法與內部框架二側壁形成循環空間亦為系爭專利前述技術特徵之均等範圍，顯然已破壞該技術特徵之界定，而有違請求項破壞原則，換言之，可限制或阻卻均等論之適用，即系爭產品與系爭專利請求項1無實質相同之可能。

6.5.3 逆均等論

申請專利範圍之作用有二：界定專利權範圍（define the scope of patent right）；告知社會大眾（notice to the public）。由於以文字精確、完整描述申請專利之發明的範圍，實有其先天上無法克服的困難，故專利權範圍包括申請專利範圍之文義及其均等範圍。均等論之作用係從文義範圍擴張專利權之保護範圍，但另有一種均等論係從文義範圍減縮專利權之保護範圍，故稱為逆均等論（reversed doctrine of equivalents）。

一、逆均論之意義

逆均等論，指利用不同原理之不同方式達成實質相同之結果者，即使落入文義範圍，仍然不構成侵害。逆均等論係體現專利法之精神而創設，國家授予專利權人特定期間之排他權，專利權保護範圍理應與專利之發明的貢獻相當。由於發明專利保護技術本身，不保護技術之原理，故申請專利範圍中應記載技術特徵，於物之發明通常為結構特徵，於方法發明通常為條件或步驟等特徵。若系爭對象之技術內容與申請專利範圍之技術特徵相同，但其所用之原理與專利之發明不同，顯然其並非專利權人於申請時即已完成之發明，應從申請專利範圍之文義排除該部分。

美國最高法院在前述6.5.2之八「Warner- Jenkinson v. Hilton Davis案」[99]中指出雖然逆均等論及35 U.S.C.第112條第6項以功能性技術特徵界定申請專利範圍對於專利權文義範圍有減縮作用，但美國國會係因Halliburton Oil Well Cementing Co. v. Walker案而制定該法條，並非將均等論文字化，故二者之法理基礎不相同。

在專利侵害訴訟中，系爭對象與申請專利範圍比對，判斷其構成文義侵害者，法院應依被告之舉證，進行是否適用逆均等之判斷。若系爭對象係利用與系爭專利不同原理之不同方式，達成與系爭專利實質相同之結果者，即使落入文義範圍，仍然不構成侵害。

二、逆均論之適用

美國最高法院在Graver Tank案中提及1898年Boyden Power Brake Co. v. Westinghouse[100]案藉以闡明逆均等論，並確認逆均等論之存在。1986年CAFC於前述Texas Instruments v. United States International Trade Commission[101]案，參照6.5.2之五「手段請求項之均等判斷」，曾表示逆均等論之適用前提有二：系爭對象已構成文義侵害，及系爭對象與專利之發明有相當差異，以致申請專利範圍經解釋後反而減縮專利權的保護範圍。在美國，專利權人得利用均等論攻擊，被告得利用逆均等論防守。逆均等論係於系爭對象構成文義侵害始進行比對判斷，由被告負舉證責任，且因其屬事實問題，逆均等論應由陪審團判斷。

1985年CAFC於SRI International v. Matsushita Electric Corporation of America案[102]認為應考慮適用逆均等論。由於任何影像均係由紅、綠、藍三

---

99 Warner-Jenkinson Company, Inc., v. Hilton Davis Chemical Co., 520 U.S. 17, 28 (1997)

100 Boyden Power Brake Co. v. Westinghouse, 170 U.S. 537, 568 (1898) ("But, even if it be conceded that the Boyden device corresponds with the letter of the Westinghouse claims, that does not settle conclusively the question of infringement ... The patentee may bring the defendant within the letter of his claims, but if the latter has so far changed the principle of the device that the claim of the patent, literally construed, have ceased to represent his actual invention, he is as little subject to be adjudged an infringer as one who violated the letter of a statute has to be convicted, when he has done nothing in conflict with its spirit and intent.")

101 Texas Instruments v. United States International Trade Commission, 846 F.2d 1369 (Fed. Cir. 1988) (Texas Instruments II)

102 SRI International v. Matsushita Electric Corporation of America, 775 F.2d 1107, 1122-1126 (Fed. Cir. 1985)

原色光以不同強度比例組成，若將掃描影像之光訊號經由濾鏡分解為紅、綠、藍光，並以電子訊號分別記錄強度，則該影像得經由電子訊號及光訊號之處理而重現。本專利係將影像轉換為電子訊號的單管電視攝影機，請求項係利用兩組條狀柵欄濾鏡相互間之角度差，使掃描時間不同，而產生不同頻率之電子訊號以記錄不同原色之強度。系爭對象之技術內容亦有兩組條狀柵欄濾鏡，分別與垂直軸間形成角度相同而方向相反之角度差，因而落入專利權之文義範圍。但系爭對象係利用相位差之原理將記錄不同原色強度之電子訊號予以區分，故兩者所利用之原理並不相同。

三、主張逆均論之風險

對於專利申請後產生之新興技術，較有可能以不同原理之方式達成相同或更佳之效果，但在專利侵害訴訟中主張適用逆均等論，必須冒著已承認系爭對象構成文義侵害之風險，故實際案例甚少。除了前述兩案之外，CAFC在Scripps Clinic & Research Foundation v. Genetech, Inc.案中認為似有適用逆均等論之可能，要求地方法院重新考慮。由於適用逆均等論之案例甚少，在前述SRI International v. Matsushita Electric Corporation of America案中，就有於解釋時直接減縮申請專利範圍及適用逆均等論始予以減縮兩種見解之爭論。部分見解認為專利權範圍應以申請專利範圍為準，不得依說明書所載之技術內容改寫申請專利範圍，得減縮申請專利範圍的情況僅限於適用逆均等論。然而，筆者以為申請專利範圍並非絕對不能減縮，當申請專利範圍已超出說明書所揭露專利權人所完成之發明時，即超出專利權人先占之範圍時，必須減縮其專利權範圍，否則不啻侵害社會大眾之利益。

四、逆均論vs.解釋申請專利範圍

美國專利侵害訴訟實務尚未出現逆均等論之案例，而我國卻有不少專家學者舉例說明適用逆均等論之範例，大多係因運用禁止讀入原則解釋申請專利範圍時太過僵化的結果，見5.3.1之三「禁止讀入原則」，簡要說明如下。

專利侵害訴訟過程中，解釋申請專利範圍係以客觀合理解釋為原則。解釋申請專利範圍，是探求申請人於申請時（並非侵權時）對於申請專利範圍所記載之文字的客觀意義（並非申請人的主觀意圖）；為使社會大眾對於申

請專利範圍有一致之信賴，應以具有通常知識者（並非專利權人、可能的侵權人或法官）為解釋之主體始可能獲知其客觀意義。解釋申請專利範圍時，不論申請專利範圍中所載之內容是否明確，皆應審酌說明書及圖式充分理解申請專利之發明，以申請專利之發明的實質內容客觀合理認定專利權範圍[103]。

　　解釋申請專利範圍時，除了可依據說明書中申請人針對申請專利範圍中之文字、用語所為之定義外，亦可依據申請人於說明書中所定之必要技術特徵或新穎特徵限定申請專利範圍。換句話說，除了正向定義外，若申請人於說明書中明示或暗示將申請專利範圍中之文字、用語限於狹義之定義，或有反向排除、放棄所請求的範圍，例如說明書中所載之先前技術，應為申請專利範圍未涵蓋之範圍。在Teleflex[104]案，法院即明確指出：「專利權人可以透過以下方式表明其意圖不按照通常習慣意義適用請求項中之用語：針對某一用語重新定義；或在內部證據中說明其排除或限制申請專利範圍之意義，明確予以放棄。」

6.6　禁反言原則

　　專利侵害訴訟中，判斷系爭對象適用均等論之後，應再判斷禁反言原則是否能阻卻均等論之適用，若以禁反言原則能阻卻均等論之適用，系爭對象不構成侵害。

　　自1995年Markman v. Westview Instruments案起即確立解釋申請專利範圍得參酌內部證據及外部證據。內部證據包括提出申請、維護專利之程序中所產生的申請歷史檔案；內部證據以外之證據為外部證據。專利侵害訴訟程序中，申請歷史檔案得作為解釋申請專利範圍之依據，並得作為主張適用禁反言原則之依據，以阻卻均等論之適用。

---

103 中國最高人民法院2009年12月28日「最高人民法院關於審理侵犯專利權糾紛案件應用法律若干問題的解釋」第2條：「人民法院應當根據權利要求的記載，結合本領域普通技術人員閱讀說明書及附圖後對權利要求的理解，確定專利法第五十九條第一款規定的權利要求的內容。」
104 Teleflex, Inc. v. Ficosa North America Corp. 299 F.3d 1313 (Fed. Cir. 2002)

6.6.1 何謂禁反言原則

禁反言原則，又稱申請歷史禁反言原則或申請檔案禁反言原則（prosecution history estoppel / file wrapper estoppel），指申請、維護專利之程序中，因「有關可專利性」就申請專利範圍所為之「說明或修正」，而「減縮申請專利範圍」者，嗣後在專利侵害訴訟中構成專利權範圍之限制，不得藉均等論予以擴張，而將說明或修正所放棄（surrender）之部分重新取回（recapture）[105]。SPLT Rule 13(6)有類似之規定：「在決定專利所賦予之保護範圍時，[應][得]考量申請人或專利權人在專利核准程序或司法之專利無效程序中所為限制申請專利範圍之陳述。[106]」

中國「最高人民法院關於審理侵犯專利權糾紛案件應用法律若干問題的解釋」[107]第6條：「專利申請人、專利權人在專利授權或者無效宣告程式中，通過對權利要求、說明書的修改或者意見陳述而放棄的技術方案，權利人在侵犯專利權糾紛案件中又將其納入專利權保護範圍的，人民法院不予支持。」顯示中國的專利侵害訴訟程序中亦有申請歷史檔案禁反言原則阻卻均等論之適用。

6.6.2 禁反言原則之類型

美國最高法院於Warner-Jenkinson v. Hilton Davis案中曾判決禁反言原則得阻卻均等論之適用，申請專利範圍經修正之部分不得再被主張屬於均等範圍；並判決申請、維護專利之程序中所為有關可專利性之修正，始適用禁反言原則。原告必須說明修正理由，若無法確知修正理由，推定係基於克服先前技術之核駁，但原告得提出反證予以推翻。依該案之判決，是否可以理解為專利權人就申請專利範圍所為之修正始適用禁反言原則，而就申請專利範

---

105 Texas Instruments, Inc. v. United States International Trade Commission, 988 F.2d 1165 (Fed. Cir. 1993)

106 Substantive Patent Law Treaty (10 Session), Rule 13 (6): In determining the scope of protection conferred by the patent, due account [shall][may] be taken of a statement limiting the scope of the claims made by the applicant or the patentee during procedures concerning the grant or the validity of the patent in the jurisdiction for which the statement has been made.

107 中國最高人民法院於2009年12月21日審判委員會第1480次會議通過「最高人民法院關於審理侵犯專利權糾紛案件應用法律若干問題的解釋」，自2010年1月1日起施行。

圍之說明不適用禁反言原則？

在申請、維護專利之程序中，審查人員有核駁意見時，申請人必須提出說明或修正。申請人提出之說明係就申請專利範圍之文義者，固然得作為嗣後解釋申請專利範圍之依據，但若該說明減縮了申請專利範圍，亦得適用於禁反言原則，例如對於請求項所載之技術手段A，審查人員引用先前技術A'以不具進步性核駁，申請人申復說明A與A'所產生之功效顯然不同後取得專利權。若在專利侵害訴訟中，專利權人主張專利A與系爭對象A'均等時，被告得依申請歷史檔案，以專利權人曾說明申請專利範圍不及於A'為由，主張適用禁反言原則，系爭對象未構成均等侵害。

事實上，美國法院認為禁反言原則得分為兩種：基於說明之禁反言原則（argument-based estoppel）及基於修正之禁反言原則（amendment-based estoppel）。無論是說明或修正之禁反言原則，只要申請歷史檔案減縮了申請專利範圍，均得主張之[108]。

6.6.3　禁反言原則之特性

申請歷史檔案得作為解釋申請專利範圍及主張禁反言原則之依據。主張禁反言原則，並非以申請歷史檔案重新解釋申請專利範圍，以減縮專利權之文義範圍，而係減縮專利權人所主張之均等範圍；尤應注意者，禁反言原則之適用，係就技術特徵予以減縮，而非就專利之發明整體為之。

禁反言原則與均等論均係基於衡平衍生出來的法則，禁反言原則係於系爭對象構成均等侵害，始須進行比對判斷，但應由被告提出適用禁反言原則之申請歷史檔案，作為客觀證據。

傳統禁反言理論係由誠信原則衍生而來，通常被視為一種抗辯手段，必須由被告主張並負擔舉證責任，證明導致禁反言原則之事由，始得適用[109]。我國「專利侵害鑑定要點」採此觀點[110]。

---

108 Texas Instruments, Inc. v. United States International Trade Commission, 988 F.2d 1165 (Fed. Cir 1993)

109 美國最高法院在Warner- Jenkinson v. Hilton Davis案中曾判決：均等論的判斷必須是一種客觀判斷，禁反言原則仍然是對侵權指控的一種抗辯手段。該判決所採取之觀點與我國「專利侵害鑑定要點」（草案）相同。

110 專利侵害鑑定要點（草案）第43頁(三)1.主張「禁反言」有利於被告，故應由被告負擔舉證責任。

　　美國法院的主流意見認為禁反言原則係專利侵害判斷時解釋申請專利範圍的一種獨立手段，法院不應被動等待當事人主張，而應主動調查是否有足以導致適用禁反言原則之事實。1968年於Eneral Instrument Cop. v. Huges Aircraft Co.案，美國法院判決：若禁反言原則僅係一種抗辯，被告在一審程序中未提出，即應認定已放棄該抗辯。因此，禁反言原則並非僅為一種抗辯，其亦得作為專利權範圍之限制。法院參考說明書解釋申請專利範圍時，尚須審究專利歷史檔案。在申請、維護專利之程序中被刪除或核駁之申請專利範圍不得在專利侵害訴訟中重新取回，此不僅涉及當事人之利益，亦涉及公眾利益。因此，雖然地方法院未論及禁反言原則，上訴法院不應被動等待當事人提出主張，仍有責任主動進行禁反言原則之判斷[111]。

　　美國最高法院在Warner-Jenkinson案之判決中指出：申請利範圍應具有明確界定申請專利之發明及公示的作用……專利局應確保所授予之專利權僅涵蓋依法能獲得專利權保護的發明。由這段話可見美國最高法院係從專利制度本身的需求來看待禁反言原則，因此，專利侵害訴訟中之禁反言原則已脫離傳統禁反言理論自成一格，傳統禁反言理論係指相對人信賴行為人之意思表示，行為人須負擔法律上之義務，不得再為相反之主張。在專利侵害訴訟中，由於被告是否信賴專利權人在申請、維護專利之程序中所為關於申請專利範圍之表示，並非主張禁反言原則之構成要件，被告不須證明專利權人主觀上有意為前述之表示，亦不須證明被告之信賴，只要申請歷史檔案顯示客觀證據，即適用禁反言原則。

6.6.4　判斷重點

　　系爭對象構成均等侵害時，法院須考慮是否有禁反言原則之適用。實務上並不一定要先判斷是否適用均等論，若系爭對象顯然適用禁反言原則，則可直接認定系爭對象未落入均等範圍，不必先認定適用均等論之後再決定是否適用禁反言原則，其判斷之重點[112]：

---

111 尹新天，專利權的保護(第2版)，知識產權出版社，北京，2005年4月。p455引述美國Eneral Instrument Cop. V. Huges Aircraft Co. 226 U.S.P.Q 289 (1968)

112 Festo Corporation v. Shoketsu Kinzoku Kogyo Kabushiki Co., Ltd., et al., 234 F.3d 558 at 586 (Fed.Cir. 2000)

(1) 確認構成均等侵害之技術特徵。

(2) 確認該技術特徵是否曾被申復或修正。

(3) 考量該技術特徵所屬之請求項是否曾被減縮。

(4) 若以上答案皆為肯定者，應再確認該申復或修正理由是否有關可專利性。

(5) 若申復或修正理由不明，法院應推定為有關可專利性。

(6) 專利權人得舉反證，推翻法院之推定。

6.6.5　Festo v. Shoketsu Kinzoku Kogyo Kabushiki 案[113]

　　美國最高法院於Warner-Jenkinson v. Hilton Davis案中肯認禁反言原則得阻卻均等論之適用，對於申請、維護專利之程序中所為「有關可專利性」之修正，適用禁反言原則。惟最高法院未進一步說明「有關可專利性」是否包括「可據以實施」（enablement）、「書面揭露」（written description）等其他要件，亦未說明是否請求項一經修正即完全阻卻請求項之均等範圍。

　　對於前述兩個問題，2002年美國最高法院於Festo Corporation v. Shoketsu Kinzoku Kogyo Kabushiki Co., Ltd.[114]案中判決：任何與核准專利有關之要件，例如可據以實施、書面揭露等，均有關可專利性；但禁反言原則僅能彈性限制均等論，並將是否有適用均等論之空間的證明責任由專利權人負擔。該案之專利係有關磁化無桿汽缸推動裝置，由汽缸、汽缸內部之活塞及包覆汽缸外部之套筒三者組成，特徵在於此裝置係利用位於汽缸內之磁性活塞帶動汽缸外部之套筒。Stoll請求項之技術特徵包括外部套筒為可磁化之物質及得將附著於汽缸內壁之雜質移除的密封環，其中技術特徵「可磁化之物質」係申請程序中所增加而減縮申請專利範圍。Carroll請求項之技術特徵所包括之技術特徵「一對活塞上之密封環」係再審查程序（類似我國的舉發程序）

---

113 1988年原告提起專利侵權訴訟，獲地方法院判決勝訴，被告上訴，聯邦巡迴上訴法院合議庭維持原判（Festo II），被告仍不服再上訴，最高法院接受被告之上訴，將原判決廢棄，全案發回更審（Festo III），更審後，聯邦巡迴上訴法院合議庭仍維持地方法院之原判決（Festo IV），嗣後該上訴法院又接受被告之聲請，自行廢棄Festo IV之判決，決定召開全院審判，針對5項具體問題進行辯論及判決（Festo V）Festo Corporation v. Shoketsu Kinzoku Kogyo Kabushiki Co., Ltd., et al., 72 F.3d 857 (Fed.Cir. 1995)(Festo II),vacated and remanded, 520 U.S. 1111, 117 S.Ct. 1240, 137 L.Ed.2d 323 (1997)(Festo III), 187 F.3d 1381 (Fed.Cir. 1999)(Festo IV), 234 F.3d 558 (Fed.Cir. 2000)(Festo V)

114 Festo Corporation v. Shoketsu Kinzoku Kogyo Kabushiki Co., Ltd., et al., 122 S.Ct. 1831, 1833 (2002)

中所增加而減縮申請專利範圍。系爭對象具有一個雙向密封環,且其外部套筒為無法磁化之鋁合金,故對於兩請求項不構成文義侵害。

經過各級法院反復審理,CAFC召開全院合議庭審理(en banc rehearing),針對其所提之五項具體問題進行言詞辯論並做出判斷[115](Festo V),針對其中第一項及第三項,最高法院亦做出判斷[116]。就該五項問題簡介如下。

一、可專利性之意義

問題1:最高法院於Warner-Jenkinson案中指出,申請、維護專利之程序中因有關可專利性之修正而減縮申請專利範圍者,適用禁反言原則。惟其是否必須限於為克服先前技術之修正?與核准專利有關之其他要件是否包括在內?

CAFC多數意見認為任何與核准專利有關之要件,例如可據以實施、書面揭露等,均有關可專利性,否則無法取得專利,即使取得專利亦可能判決無效。禁反言原則之作用在於維護申請專利範圍之公示效果,排除專利權人重新取回其已放棄之部分,故任何為符合專利法所規定之要件所為減縮申請專利範圍之修正,均應適用於禁反言原則,沒有理由將禁反言原則之適用僅限於為克服先前技術之修正。若專利權人能證明其修正與可專利性無關,則不適用禁反言原則。

最高法院支持此判決,認為申請人在申請、維護專利之程序中不同意審查人員之核駁意見,得循救濟管道上訴,若為取得專利,放棄上訴而有意識修正申請專利範圍者,表示申請人承認減縮之申請專利範圍無法擴及修正前之範圍,則不得於專利侵害訴訟中再主張被放棄之部分為其均等範圍。反之,若未減縮申請專利範圍,即使係有關可專利性之修正,應無禁反言原則之適用,不影響專利權人主張均等論的權利。

---

115 Festo Corporation v. Shoketsu Kinzoku Kogyo Kabushiki Co., Ltd., et al., 234 F.3d 558 at 563-4 (Fed.Cir. 2000)

116 Festo Corporation v. Shoketsu Kinzoku Kogyo Kabushiki Co., Ltd., et al., 122 S.Ct. 1831, 1833 (2002)

二、主動、被動修正的考量

問題2：依Warner-Jenkinson案之判決，專利權人所為之修正非依審查人員之通知，而係主動提出者，是否不適用禁反言原則？

CAFC多數意見認為申請專利範圍中被放棄之部分一旦公示即告確定，不論是專利權人主動提出或被動依審查人員之通知修正而減縮申請專利範圍，均適用禁反言原則。再者，申復說明申請專利範圍，亦不論主動或被動，只要減縮申請專利範圍，均適用禁反言原則。

三、禁反言原則阻卻之範圍

問題3：依Warner-Jenkinson案之判決，專利權人提出修正而減縮申請專利範圍，有禁反言原則之適用，對於該經修正之技術特徵，是否仍有主張適用均等論之餘地？

CAFC多數意見推翻自1983年Hughes Aircraft Co. v. United States案以來所持禁反言原則對均等論之適用具有程度不一之阻卻[117]的彈性阻卻說（flexible bar），而改採完全阻卻說（complete bar）。彈性阻卻，指即使於申請、維護專利之程序中修正並減縮申請專利範圍，而於專利侵害訴訟中，對於經修正之技術特徵，僅就涉及有關可專利性而修正之部分不得主張均等範圍，至於不涉及有關可專利性而修正之部分仍得主張均等範圍。完全阻卻，指若於申請、維護專利之程序中修正並減縮申請專利範圍，對於經修正之技術特徵，只要其係涉及有關可專利性之修正，則該技術特徵不得主張均等範圍。以Warner-Jenkinson案為例，專利權人修正申請專利範圍加入「pH值6.0至9.0」之技術特徵，pH值9.0係為克服先前技術所為之修正，無論依彈性阻卻說或完全阻卻說，均不得主張pH值9.0以上之均等範圍。惟若專利權人能提出反證，推翻法院所為pH值6.0係有關可專利性之修正的推定，依彈性阻卻說，仍得主張pH值6.0以下之均等範圍，但依完全阻卻說，則不得主張pH值6.0以下之均等範圍。

---

117 Hughes Aircraft Co. v. United States, 717 F.2d 1351 (Fed. Cir. 1983)(prosecution history estoppel "may have a limiting effect" on the doctrine of equivalents "within a spectrum ranging from great to small to zero")

CAFC多數意見認為採取彈性阻卻說會使專利權範圍不可預測，以致社會大眾從事迴避設計或技術改良時，必須面對專利侵害訴訟之威脅，常造成當事人各執一詞，非經爭訟至上訴審階段，幾乎無法確定均等範圍，故改採完全阻卻說，對於經修正之技術特徵，均不得再主張適用均等論。屬於少數意見的Rader法官認為完全阻卻說會導致經修正之請求項的專利權範圍不及於新興技術，而新興技術正是以均等論衡平考量的重點之一，結果勢必影響專利之價值，變相鼓勵他人仿冒抄襲。

最高法院認為禁反言原則的基本理論係對於專利權人在申請、維護專利之程序中就申請專利範圍所為之主張，包括修正而減縮申請專利範圍，嗣後不得於專利侵害訴訟中為相反之主張。此外，適用均等論的主要理由為界定申請專利範圍之文字無法完整表達發明之內容，即使修正申請專利範圍之後，此理由仍未消失。因此，最高法院不支持CAFC有關完全阻卻說之多數意見，改採彈性阻卻說，判決禁反言原則並未完全阻卻均等論之適用，阻卻範圍限於專利權人放棄之部分，未放棄之部分不受影響。

四、推定禁反言原則阻卻之範圍

問題4：依Warner-Jenkinson案之判決，若修正申請專利範圍的原因不明，應推定為有關可專利性之修正，則專利權人是否有主張均等論之適用的空間？

聯邦巡迴上訴法院依完全阻卻說，認為專利權人不得主張均等論。

依前述6.6.5之三「禁反言原則阻卻之範圍」的判決，若申請人修正申請專利範圍，而被認定放棄之部分包括其無法預見的均等範圍，例如新興技術，則顯然不合理，故美國最高法院支持彈性阻卻說，惟將經修正但未放棄之均等範圍的舉證責任由專利權人負擔[118]。最高法院並特別列舉三種可能的反證[119]：

---

118 Festo Cor. v. Shoketsu Kinzoku Kogyo Kabushiki Co., Ltd., et al., 122 S.Ct. 1842, (2002) ("we hold here that the patentee should bear the burden of showing that the amendment does not surrender the particular equivalent in question. ... A patentee's decision to narrow his claims through amendment may be presumed to be a general disclaimer of the territory between the original claim and the amended claim.")

119 Festo Cor. v. Shoketsu Kinzoku Kogyo Kabushiki Co., Ltd., et al., 122 S.Ct. 1842, (2002) ("There are some cases, however, where the amendment cannot reasonably be viewed as surrendering a particular equivalent.

(1) 申請時不能預見的均等範圍。

(2) 修正理由與均等範圍之間的聯繫關係非常薄弱。

(3) 因某些理由，無法合理期待專利權人於申請時記載該均等範圍。

五、禁反言原則與全要件原則

問題5：若判決系爭對象侵害專利權範圍，依Warner-Jenkinson案之判決，是否違反全要件原則？

CAFC認為若禁反言原則無法阻卻系爭對象適用均等論，始須判斷全要件原則，而本案適用禁反言原則，故兩者之間的競合不待討論。

6.7　先前技術阻卻

專利侵害訴訟中，判斷系爭對象適用均等論之後，應再判斷先前技術是否能阻卻均等論之適用，若先前技術能阻卻均等論之適用，系爭對象不構成侵害。實務上並不一定要先判斷是否適用均等論，若系爭對象顯然適用先前技術阻卻，則可直接認定系爭對象未落入均等範圍，不必先認定適用均等論之後再決定是否適用先前技術阻卻。

由於無專利權之先前技術係公共財產，任何人均得自由利用。以均等論將專利權之文義範圍向外擴張，而使均等範圍涵蓋系爭專利申請日前已公開之先前技術，並不符合公平原則，故均等論之適用不僅受全要件原則及禁反言原則之限制，亦應受先前技術阻卻之限制。

先前技術阻卻，指系爭對象與申請專利之前的先前技術相同，或為具有通常知識者依申請日之前的先前技術能輕易完成者，則阻卻均等論之適用。

The equivalent may have been unforeseeable at the time of the application; the rational underlying the amendment may bear no more than a tangential relation to the equivalent in question; or there may be some other reason suggesting that the patentee could not reasonably be expected to have described the insubstantial substitute in question.")

6.7.1 舉證責任

專利侵害訴訟時，應推定每一請求項均為有效[120]。CAFC認為先前技術阻卻之判斷係屬法律問題，被告對於假設性申請專利範圍（hypothetical patent claim，參照6.7.4「先前技術阻卻之判斷」）是否涵蓋先前技術，應負擔舉證責任（burden of production），提出證據後，專利權人應負擔說服責任（burden of persuasion），證明該申請專利範圍未涵蓋先前技術[121]。

6.7.2 適用場合

專利權範圍應以申請專利範圍為準。先前技術阻卻係基於衡平衍生而來，主張先前技術阻卻僅能減縮專利權之均等範圍，不得據以重新改寫申請專利範圍，以減縮專利權之文義範圍。

我國專利權之授予係一種授益之行政處分，專利權有效與否應由行政機關認定。基於權力分立原則，專利權有效性之核定對於法院產生確認效力。一旦專利審定核准後，若未經第三人提起舉發撤銷該專利權或專利權人未放棄該專利權，該專利權應被認定為有效。專利侵害訴訟中，被告認為系爭專利違反專利要件或涵蓋先前技術，應透過行政程序撤銷該專利權。若系爭對象既落入專利權之文義範圍，又與先前技術相同或依先前技術能輕易完成，顯然該專利違反專利要件，被告應透過舉發程序予以解決，而非主張先前技術阻卻。

系爭對象對於系爭專利構成均等侵害，且與先前技術相同或依先前技術能輕易完成者，系爭專利並不必然違反專利要件。另有一種見解認為均等侵害判斷要求之相近程度高於進步性，且進步性專利要件比對判斷之限制條件較為寬鬆，換句話說，申請專利範圍與先前技術比對不具進步性，但系爭對象與申請專利範圍比對，仍可能構成均等侵害，故捨舉發專利權無效之程序

---

120 United States Code 35 U.S.C. 282: A patent shall be presumed valid. Each claim of a patent (whether in independent, dependent, or multiple dependent form) shall be presumed valid independently of the validity of other claims...

121 Streamfeeder, LLC v. Sure-Feed Sys., 175 F.3d 974 (Fed. Cir. 1999) (When the patentee has made a prima facie case of infringement under the doctrine of equivalents, the burden of coming forward with evidence to show that the accused device is in the prior art is upon the accused infringer, not the trial judge.)

而不為，僅在專利侵害訴訟中主張先前技術阻卻，不利於被告。為符合公平原則，我國「專利侵害鑑定要點」（草案）傾向美國之觀點，建議先前技術阻卻僅適用於構成均等侵害，不適用於文義侵害的場合。

2002年CAFC於Tate Access Floors, Inc. v. Interface Architectural Res., Inc.[122]案中判決先前技術阻卻僅適用於均等侵害，法院認為：均等範圍不得擴張至涵蓋先前技術或以先前技術為基礎顯而易見之部分，理由在於均等論之適用係將專利權範圍擴張至文義範圍之外，但均等論係基於衡平，擴張專利權範圍必須受先前技術之限制，故不適用於文義侵害。再者，依35 U.S.C第282條第2項，被告抗辯專利無效必須提出清楚而令人信服的證據（clear and convincing evidence）；主張先前技術阻卻，僅須提出優勢證據（preponderance of the evidence）。若系爭對象構成系爭專利之文義侵害，而仍允許被告主張先前技術阻卻，無異變相鼓勵被告逃避專利無效訴訟較重的舉證責任。

日本最高法院認為先前技術阻卻適用於文義侵害及均等侵害兩種情況，中國亦採此觀點。

中國「最高人民法院關於審理侵犯專利權糾紛案件應用法律若干問題的解釋」[123]第14條：「被訴落入專利權保護範圍的全部技術特徵，與一項現有技術方案中的相應技術特徵相同或者無實質性差異的，人民法院應當認定被訴侵權人實施的技術屬於專利法第六十二條規定的現有技術。」顯示中國的專利侵害訴訟程序中亦有先前技術阻卻均等論之適用。

---

122 Tate Access Floors, Inc. v. Interface Architectural Res., Inc. 279 F.3d 1357, 1366-67 (Fed. Cir. 2002) (Interface cites several doctrine of equivalents cases in an attempt to bolster its "practicing the prior art" defense to literal infringement. They hold that the scope of equivalents may not extend so far as to ensnare prior art. ... With respect to literal infringement, these cases are inapposite. The doctrine of equivalents expands the reach of claims beyond their literal language. That this expansion is guided and constrained by the prior art is no surprise, for the doctrine of equivalents is an equitable doctrine and it would not be equitable to allow a patentee to claim a scope of equivalents encompassing material that had been previously disclosed by someone else, or that would have been obvious in light of others' earlier disclosures. But this limit on the equitable extension of literal language provides no warrant for constricting literal language when it is clearly claimed.)

123 中國最高人民法院於2009年12月21日審判委員會第1480次會議通過「最高人民法院關於審理侵犯專利權糾紛案件應用法律若干問題的解釋」，自2010年1月1日起施行。

6.7.3　先前技術的範圍

先前技術應涵蓋申請前所有能為公眾得知（available to the public）之資訊，並不限於世界上任何地方、任何語言或任何形式，例如文書、網際網路、口頭或展示等。申請前，指發明申請案申請日之前，不包含申請日；主張優先權者，則指優先權日之前，不包含優先權日，並應注意申請專利之發明各別主張之優先權日[124]。

無專利權之先前技術屬於公共財產，任何人均得自由利用。對於有專利權之先前技術而言，無論該先前技術是否能使系爭專利無效，系爭對象是否侵害該先前技術之專利權與其是否侵害系爭專利權無關[125]。因此，無論先前技術是否有專利權，均得據以主張先前技術阻卻。

6.7.4　先前技術阻卻之判斷

專利權之均等範圍係由專利權之文義範圍向外擴張，涵蓋能以實質相同之方式，產生實質相同之功能，達成實質相同之效果的範圍。先前技術阻卻的結果係減縮專利權之均等範圍，若系爭對象與系爭專利申請前之先前技術相同或能輕易完成者，則不構成均等侵害。

1990年於Wilson Sporting Goods Co. v. David Geoffrey[126]案中，爭議的焦點在於涵蓋系爭對象之均等範圍是否亦涵蓋先前技術。CAFC認為：專利權人不得以均等論為藉口，從專利商標局取得不當之權利。均等論之目的在於防止他人剽竊專利發明之成果，而非給予專利權人不合專利法規定之保護。因此，法院創設「假設性申請專利範圍分析法」作為先前技術是否能阻卻均等論之適用的判斷方法，將系爭專利之申請專利範圍中與系爭對象均等之技術特徵擴大涵蓋系爭對象中對應之技術內容，再將其視為一虛擬的申請專利範圍與系爭專利申請前之先前技術比對。該分析法係由法院就涵蓋系爭對象之均等範圍，審核其是否符合新穎性、進步性等專利要件的方法。適當的話，得直接將系爭對象視為一虛擬的申請專利範圍與先前技術比對。

---

124 經濟部智慧財產局，第二篇發明專利實體審查基準，2013年，第三章專利要件2.2.1先前技術
125 尹新天，專利權的保護，p374，專利文獻出版社，1998年11月
126 Wilson Sporting Goods Co. v. David Geoffrey & Associates, 904 F.2d 677 (Fed. Cir. 1990)

　　操作「假設性申請專利範圍分析法」時，係由被告主張先前阻卻並提出系爭專利申請前之先前技術證據，再由專利權人[127]就申請專利範圍中未明確記載但有依據或支持的部分，提出一個在文義上能涵蓋系爭對象之虛擬的申請專利範圍，再將該虛擬的申請專利範圍與該先前技術比對。若該虛擬的申請專利範圍具新穎性及進步性者，應判斷均等範圍得擴及系爭對象，系爭對象構成均等侵害；惟若該假設之申請專利範圍不具新穎性或進步性者，應判斷均等範圍不得擴及系爭對象，系爭對象不構成均等侵害。

　　前述與申請專利範圍比對之先前技術得為單一先前技術、多項先前技術之組合或為該發明所屬技術領域中之通常知識[128]。惟若系爭對象中僅部分技術特徵揭露於先前技術，則先前技術不能阻卻均等論之適用，應判斷系爭對象構成均等侵害[129]。

　　請求項之記載形式包括獨立項及附屬項兩種，獨立項的限制條件比其附屬項少，涵蓋的範圍比其附屬項廣。若系爭對象未侵害獨立項，亦不會侵害其附屬項。由於獨立項涵蓋的範圍比其附屬項廣，其擴張之均等範圍反而容易受先前技術阻卻，以致未侵害獨立項反而可能侵害其附屬項，故必須分別對獨立項及其附屬項進行「假設性申請專利範圍分析法」。

　　在案情簡單的狀況下，「假設性申請專利範圍分析法」固有其判斷上之優點，但該分析法並非判斷先前技術阻卻的唯一方法，究竟採用什麼方法，

---

127 Streamfeeder, LLC v. Sure-Feed Sys., 175 F.3d 974 (Fed. Cir. 1999) (When the patentee has made a prima facie case of infringement under the doctrine of equivalents, the burden of coming forward with evidence to show that the accused device is in the prior art is upon the accused infringer, not the trial judge.) 被告對於假設性申請專利範圍是否涵蓋先前技術，應負擔舉證責任，提出證據後，專利權人應負擔說服責任，證明該申請專利範圍未涵蓋先前技術。

128 Streamfeeder, LLC v. Sure-Feed Sys., 175 F.3d 974, 982-83 (Fed. Cir. 1999) (If the hypothetical claim could have been allowed by the Patent and trademark Office in view of the prior art, then the prior art does not preclude the application of the doctrine of equivalents and infringement may be found. On the other hand, as in the PTO's examination process, references may be combined to prove that the hypothetical claim would have been obvious to one of ordinary skill in the art and thus would not have been allowed.)

129 陳佳麟，習知技術元件組合專利之均等論主張與習知技術抗辯適用之研究，2003年全國科技法律研討會，p241，註66，Supra note 64, p.140, (The [prior art] restriction applies only to the claim as a whole, so there is no immunity from infringement by equivalence unless all of the relevant features of the accused product are found in the prior art, either in one reference or in several that, together, made the combination obvious.) 註67, ([O]ne cannot escape infringement, either literal or under the doctrine of equivalents, merely by identifying isolated features of the accused product in the prior art.)

應依個案決定。1998年CAFC在Hughes Aircraft Company v. United States案及1986年德國最高法院在Formstein案[130]中對於先前技術阻卻之判斷採取三方比對法，先將系爭對象與系爭專利比對，再將系爭對象與先前技術比對，最後判斷兩者之相近程度。若前者更相近，則構成侵害，若後者更相近，則不構成侵害。惟相近程度係不確定之概念，難以精確判斷，美國在該案之後即未再利用此判斷方法。然而，CAFC於2008年9月Egyptian Goddess[131]案以全院合議之方式創設系爭專利、系爭對象及先前技藝三方檢測的「新的普通觀察者法則」，作為判斷設計專利侵害的檢測方法。雖然該方法並非先前技術阻卻的檢測方法，但三方檢測方法不失為釐測相對關係的比對方法，仍有其客觀意義。

6.7.5　先前技術阻卻vs.禁反言原則

先前技術及禁反言原則均能阻卻均等論之適用，兩者在專利侵害訴訟中得分別主張，亦得一併主張，主張時應考量下列之差異點[132]：

(1) 先前技術阻卻係被告的抗辯手段，法院沒有責任主動檢索先前技術，被告提出主張始予審理。禁反言原則並非僅為一種抗辯手段，其亦得作為專利權範圍之限制，故不僅涉及當事人之利益，亦涉及公眾利益，法院有責任主動進行禁反言原則之判斷。

(2) 主張先前技術阻卻，被告應負擔舉證責任，提出證據後，專利權人應負擔說服責任，證明假設性申請專利範圍未涵蓋先前技術。被告主張禁反言原則，專利權人必須說明修正申請專利範圍之理由，若無法確知修正理由，推定係為克服先前技術之核駁，專利權人得提出反證予以推翻。

(3) 先前技術阻卻係從專利權之均等範圍排除先前技術之部分，而減縮申請專利範圍；禁反言原則係從專利權之均等範圍排除有關可專利性之修正或申復的部分，所減縮之申請專利範圍可能僅有一部分係屬先前技術，故其適用之範圍比先前技術阻卻寬廣，有利於被控侵權人。換句話說，先前技術

---

130 尹新天，專利權的保護，專利文獻出版社，p385，1998年11月

131 Egyptian Goddess, Inc. et al. v. Swisa, Inc. et al., Case No. 2006-1562 (Fed. Cir., September 22, 2008) (Bryson, J.) (en banc)

132 尹新天，專利權的保護，專利文獻出版社，p388，1998年11月

阻卻係就系爭對象與先前技術整個技術手段；而禁反言原則係就系爭對象與系爭專利之所載之技術特徵。

(4) 先前技術阻卻係以屬於外部證據之先前技術阻卻均等論之適用；禁反言原則係以屬於內部證據之申請歷史檔案阻卻均等論之適用，兩者舉證之來源不同，但均應於判斷構成均等侵害之後始須判斷是否適用。

6.7.6　先前技術阻卻vs.專利無效抗辯

我國「智慧財產案件審理法」業於民國97年7月1日起施行，第16條：「當事人主張或抗辯智慧財產權有應撤銷、廢止之原因者，法院應就其主張或抗辯有無理由自為判斷，不適用民事訴訟法、行政訴訟法、商標法、專利法、植物品種及種苗法或其他法律有關停止訴訟程序之規定。前項情形，法院認有撤銷、廢止之原因時，智慧財產權人於該民事訴訟中不得對於他造主張權利。」

就維護被控侵權人之權益而言，在專利侵害訴訟程序中，援引先前技術，抗辯專利權無效或主張系爭對象有先前技術阻卻均等論之適用，甚至向專利專責機關提起舉發請求撤銷系爭專利權，均為被控侵權人可以採行之防禦方法。依前述第16條規定，抗辯專利權無效之法律效果為「智慧財產權人於該民事訴訟中不得對於他造主張權利」，依專利法第82條第3項：「發明專利權經撤銷確定者，專利權之效力，視為自始不存在。」兩者之法律效果不同，自不待言。然而，作為防禦方法，是否有必要一併主張先前技術阻卻及專利權無效？或僅主張其中之一？

抗辯專利權無效或主張先前技術阻卻均等論之適用，兩者在專利侵害訴訟中得分別主張，亦得一併主張，主張時可以考量下列之差異點：

(1) 目的不同：先前技術阻卻，係從專利權之均等範圍排除先前技術之部分，而減縮申請專利範圍；抗辯專利權無效，係主張專利權有無效事由，不得對於他造主張權利。

(2) 比對對象不同：先前技術阻卻，係被控侵權對象與先前技術比對；抗辯專利權無效，係系爭專利與先前技術比對。

(3) 比對時點不同：先前技術阻卻，係侵權行為發生時；抗辯專利權無效，係系爭專利申請時。

(4) 比對標準不同：先前技術阻卻，係被控侵權對象對照先前技術是否相同或是否為先前技術與通常知識的簡單組合（我國專利侵害鑑定要點；美國標準為是否具新穎性、非顯而易知性）；抗辯專利權無效，係系爭專利是否具可專利性，包括對照先前技術是否具新穎性、進步性等。

(5) 比對方式不同：先前技術阻卻，係被控侵權對象與先前技術單獨比對；抗辯專利權無效，係系爭專利與單一先前技術單獨比對或複數件先前技術組合比對。

6.8　日本Tsubakimoto Seiko Co. Ltd. 案[133、134]

　　日本專利侵害訴訟實務，除非申請專利範圍撰寫不當，導致保護範圍過窄，否則法院過去通常係以避免法律不確定性為由，拒絕進行均等判斷。

　　1998年日本最高法院就Tsubakimoto Seiko Co. Ltd. v. THK K.K. 案「具有滾珠槽之軸承」專利侵害訴訟作出判決，確認專利侵害訴訟得適用均等論，理由在於：

(1) 專利權人申請專利時難以預見未來可能發生的侵害方式。

(2) 若允許他人以已知之組件或手段（means）置換，就能迴避專利權範圍，不啻鼓勵抄襲、仿冒，不符合公平原則，亦有違專利法之立法宗旨。

　　日本最高法院在判決中詳細闡述均等判斷，系爭對象未落入專利權之文義範圍，尚須判斷是否符合下列五項要件，五項要件均具備者，始構成均等侵害：

(1) 系爭對象與申請專利範圍之間有差異之技術特徵並非發明本質上的技術特徵者。

(2) 系爭對象與申請專利範圍之間有差異之技術特徵互相置換，能以相同方式獲得相同效果，而實現相同發明目的者（置換可能性）。

(3) 上述技術特徵之互相置換，對於該發明所屬技術領域中具有通常知識者而

---

133 尹新天，專利權的保護，專利文獻出版社，p334，1998年11月

134 劉立平，等同原則，「環形滑動珠花鍵軸承」三審判案及「等同侵權五要件」，程永順，專利侵權判定實務，p101～124，法律出版社，2001年11月

言，係在製造系爭對象之時間點（即侵害時）容易思及者（置換容易性）。

(4) 系爭對象與系爭專利申請前的先前技術不相同，亦非該發明所屬技術領域中具有通常知識者基於申請日之前的先前技術能輕易完成者（先前技術阻卻）。

(5) 專利權人在申請、維護專利之程序中無意將系爭對象排除於專利權範圍之外者（禁反言原則）。

6.8.1　本質上的技術特徵

日本最高法院所列構成均等侵害第1項要件：系爭對象與申請專利範圍之間有差異之技術特徵非屬發明本質上的技術特徵者。換句話說，只有非本質上的技術特徵有均等範圍，本質上的技術特徵必須相同，始有構成均等侵害之可能。

一、定義

日本最高法院在Tsubakimoto Seiko案之侵害訴訟中並未明確解釋「本質上的技術特徵」，但1976年大阪地方法院於「活動鉛筆」專利之侵害訴訟已明確將請求項所載之技術特徵分為本質部分及非本質部分。在「具有滾珠槽之軸承」專利之侵害訴訟判決後，東京地方法院及大阪地方法院在專利侵害訴訟中判決：本質上的技術特徵，指專利之發明中能解決問題之技術特徵，即對先前技術有貢獻具有進步性之技術特徵。若將該技術特徵置換為其他技術特徵，會使該發明之整體變成不同技術構思之發明。判斷時不得僅在形式上截取請求項所載之部分技術特徵，而應比對專利之發明與先前技術，確定解決問題之手段中的特徵性原理，客觀認定該發明之實質價值，再判斷系爭對象解決問題之手段所採之原理是否與該發明實質相同。

日本所稱本質上的技術特徵即為發明單一性中所稱「特別技術特徵」、發明專利基準或設計專利基準中所稱「新穎特徵」或請求項破壞原則中「重要限定條件規則」之對象。重要限定條件規則（Significant Limitation Rule），指請求項破壞原則僅適用於系爭專利之文義範圍與系爭對象不同之

處為請求項中所載之重要限定條件的情況[135]。法院於Nova Biomedical案闡述重要限定條件規則之意義，指出唯有重要的限定條件被破壞時始不適用均等論（only significant limitations will be vitiated by applying the DOE）。換句話說，適用均等論時不得破壞重要限定條件，若將重要限定條件規則嚴格解釋為重要限定條件本身無均等論之適用，則與日本這個判決有類似見解。

二、美國設計專利Litton System, Inc. v. Whirlpool Corp.案

依前述美國有關均等侵害之判斷法則，無論是三部檢測或可置換性均無須區別本質或非本質上的技術特徵，僅須以申請專利範圍中所載之各個技術特徵為基礎，逐一判斷是否構成均等侵害。惟1984年CAFC於Litton System, Inc. v. Whirlpool Corp.[136]設計專利侵害案創設新穎特徵（point of novelty）檢測，確立「被告設計必須竊用設計專利之新穎特徵」始構成侵害之原則。這項新穎特徵檢測適度限縮Gorham[137]檢測適用均等論所擴張之專利權保護範圍。判決指：新穎特徵，係設計專利與先前技藝不同的裝飾性特徵[138]，即新穎特徵必須是對於先前技藝有貢獻之裝飾性特徵，而非功能性特徵。Litton案所建立的「新穎特徵法則」（point of novelty test）嗣後CAFC於2008年9月Egyptian Goddess[139]案以全院合議之方式修正，但仍保留「新穎特徵」之概念。

若依Tsubakimoto案之判決及美國Litton案之判決，前者所指「本質上的技術特徵」與後者所指「新穎特徵」均為對於先前技術（藝）有貢獻之特徵，二者之立論、定義、減縮申請專利範圍之目的相似。兩個國家的司法機

---

135 Blake B. Greene , Bicon, Inc.v. Straumann Co.: the Federal Circuit Specifically Excluded Claim Vitiation to Illustrate a New Limiting Principle on the Doctrine of Equivalents, Berkeley Technology Law Journal, 167 (2007) "Finally, under the Significant Limitation Rule, claim vitiation occurs where an accused product contains changes from the literal scope of a significant claim limitation."

136 Litton System, Inc. v. Whirlpool Corp., U.S. Ct. of App., Fed. Cir. 728 F.2d 1423 (1984)

137 Gorham Mfg. Co. v. White, 81 U.S. (14 Wall.) 511, 512, 20L Ed.731 (1871)進行設計專利侵害判斷時，應以一般觀察者之觀點，對於兩項設計施予一般注意力，若兩項設計近似之處使其產生誤認，而誘導其購買不具專利之設計者，應認為兩項設計實質相同。

138 Sears, Roebuck & Co. v. Talge, 140 F2d 395, 396 (8th Cir. 1983)

139 Egyptian Goddess, Inc. et al. v. Swisa, Inc. et al., Case No. 2006-1562 (Fed. Cir., September 22, 2008) (Bryson, J.) (en banc)

關對於兩種不同種類之專利權有相似之判決，這是一個相當有趣值得持續觀察的問題。

三、與美國均等侵害判斷法則之比較

Litton案所建立的「新穎特徵法則」（point of novelty test）嗣後CAFC於2008年9月Egyptian Goddess[140]案以全院合議之方式廢棄「新穎特徵法則」，修正為經系爭專利、系爭對象及先前技藝三方檢測的「新的普通觀察者法則」，但仍保留「新穎特徵」之概念。[141][142]

CAFC全院合議庭認為新的普通觀察者法則應為認定設計專利是否被侵害之唯一法則，任何新穎特徵之審理，應作為普通觀察者法則之一部分為之，而非作為獨立之法則僅著重於爭訟過程中所聲稱之新穎特徵。使用普通觀察者法則，應參酌先前技藝，比對系爭專利之設計與系爭對象，亦即系爭專利之設計先與先前技藝比對，再與系爭對象比對。使用普通觀察者法則時，普通觀察者之觀點應參酌先前技藝觀察系爭專利之設計與系爭對象之間的差異。當參酌先前技藝觀察系爭專利之設計與系爭對象之間的差異，普通觀察者的注意力會被吸引到系爭專利之設計與先前技藝不同的部分。當系爭專利之設計接近先前技藝時，系爭對象與系爭專利之設計之間新穎特徵的微小差異對於普通觀察者就很重要。

筆者支持Egyptian Goddess案判決的見解，在該案判決前，於2007年11月本書初版時即指出日本案的「本質上的技術特徵」（類似Litton案的「新穎特徵法則」）有下列缺失，而難以操作。

1. 開創性發明保護力度不及改良發明

美國專利司法實務在過去曾將發明區分為開創性發明及改良發明兩種。開創性發明的大部分或全部技術特徵作為解決問題的技術手段係屬新穎者，

---

140 Egyptian Goddess, Inc. et al. v. Swisa, Inc. et al., Case No. 2006-1562 (Fed. Cir., September 22, 2008) (Bryson, J.) (en banc)

141 顏吉承，評析美國Egyptian Goddess設計專利侵權訴訟案（上），專利師季刊第4期，頁101～114，2011年1月

142 顏吉承，評析美國Egyptian Goddess設計專利侵權訴訟案（下），專利師季刊第5期，第5期，頁52～65，2011年4月

其本質上的技術特徵多於非本質上的技術特徵，相對於改良發明，開創性發明享有較大的均等範圍[143]（但近十餘年已罕見，因法院無可行的準則予以區分）。惟若依Tsubakimoto案之判決，對於非屬本質上的技術特徵始得主張均等範圍，導致開創性發明大部分或全部技術特徵不具有均等範圍的結果，其專利權保護力度反而不及改良發明，不利於開創性發明之研發。

2. 均等範圍不及於新興技術

本質上的技術特徵作為申請專利範圍之核心，係解決問題而對先前技術有貢獻具有新穎性、進步性之技術特徵，且係決定該專利之價值的新穎特徵。新興技術是均等論衡平考量的重點之一，由於本質上的技術特徵不具有均等範圍，致使專利權保護範圍不及於新興技術，結果勢必影響專利之價值，變相鼓勵他人仿冒抄襲。這項要件所造成之結果與日本最高法院將均等侵害之判斷時點改採侵權時之理由矛盾，參照6.8.3「置換容易性」中之理由(1)及(2)。

3. 幾乎沒有適用先前技術阻卻之可能

由於本質上的技術特徵不具有均等範圍，在專利侵害訴訟程序中，無論系爭對象對照系爭專利係屬文義侵害或均等侵害，對應系爭專利本質上的技術特徵，系爭對象應具備相同之技術內容（系爭對象＝系爭專利），但因為該特徵是對先前技術有貢獻具有新穎性、進步性之技術特徵（系爭專利≠先前技術），在法院認定構成均等侵害之後，被控侵權人幾乎沒有適用先前技術阻卻之可能（系爭對象≠先前技術）。

4. 非減縮專利權之文義範圍

從減縮專利權之均等範圍的角度，對於均等侵害判斷，第1項要件中「本質上的技術特徵」似具有逆均等論之減縮作用，但此要件並非如逆均等論係減縮專利權之文義範圍，而係將不同原理之技術手段排除於均等範圍之外，事實上是保持其原本之文義範圍，既不減縮文義範圍亦無均等範圍。依

---

143 Perkin-Elmer Corp. v. Westinghouse Electric Corp., Inc., 822 F.2d 1528 (Fed.Cir. 1987)

美國以實質相同之方式，產生實質相同之功能，而達成實質相同之結果的三部檢測方式，不同原理之技術手段屬於均等範圍的可能性微乎其微，欲藉此要件減縮均等範圍恐無成效。

5. 不可預見之部分不具有均等範圍

6.5.2之九「可預見性」中指出：申請專利範圍中未記載申請時可預見之部分者，於專利侵害訴訟不得主張該可預見而未預見之部分為其均等範圍。Tsubakimoto案中非本質上的技術特徵（即已知的技術特徵）係申請時可預見者，能合理期待專利權人將申請時可預見之部分載入申請專利範圍者，反而得主張均等範圍，足證Tsubakimoto案與可預見性之間，兩種概念之立論及結果完全不同。

6.8.2　置換可能性

日本最高法院所列構成均等侵害第2項要件「置換可能性」，指系爭對象與申請專利範圍之間有差異之技術特徵互相置換，能以相同方式獲得相同效果，而實現相同發明目的者，類似於美國的三部檢測。

在日本，考量效果是否相同時，應結合專利之發明的類型及所欲解決之問題，不同的發明類型或問題所產生之效果亦不同。此外，所指之效果得分為質與量兩方面，開創性發明的技術特徵多表現在質的效果，改良發明的技術特徵多表現在量的效果。

6.8.3　置換容易性

日本最高法院所列構成均等侵害第3項要件「置換容易性」，指系爭對象與申請專利範圍之間有差異之技術特徵互相置換，對於具有通常知識者而言，係在製造系爭對象之時間點（即侵害時）容易思及者。

日本最高法院主張置換容易性的判斷係以侵權時為準，理由如下：

(1) 申請人在申請專利時難以預期新興技術之發展，若以申請之時間點為準，相對的會降低對於開創性發明的保護。

(2) 若以新興技術置換申請專利範圍中之技術特徵，即能輕易的迴避系爭專利，有違專利法之立法宗旨，會降低發明之動力。

(3) 專利之發明的實質內容應包含他人從申請專利範圍中所載之技術特徵容易思及之技術。

隨時間之推移，適用置換容易性之範圍無疑將日益擴張，導致專利權範圍更加不可預期。為避免置換容易性之不可預期，日本學界認為判斷是否構成均等侵害時，應遵守第1項要件，不得將申請專利範圍中本質上之技術特徵的文義範圍擴張至申請人於申請時未思及、未記載者，亦即應將專利權之均等範圍予以減縮，不及於與專利之發明不同原理之技術手段的範圍。

Tsubakimoto案之置換容易性，與美國Warner-Jenkinson案中所指具有通常知識者參酌侵害時之通常知識，即知悉得將請求項中之技術特徵置換為系爭對象中之元件、成分或步驟，而不會影響其結果之可置換性（interchangeability），兩者基本概念相同。

日本與美國均有置換可能性，但美國並不強調置換容易性，只是將其視為均等論之檢測方式之一，咸認置換容易性係源自於德國，中國大陸的均等侵害判斷亦有類似之規定[144]。德國最高法院在Formstein案中認為均等侵害判斷，應為具有通常知識者於申請專利範圍中所載之技術手段的基礎上，結合說明書及圖式內容，判斷申請專利範圍中之技術特徵置換為系爭對象中對應的技術內容是否顯而易知，若為顯而易知者，則構成均等侵害。

6.8.4　先前技術阻卻

日本最高法院所列構成均等侵害第4項要件：系爭對象與系爭專利申請之前的先前技術不相同，亦非具有通常知識者基於申請日之前的先前技術能輕易完成者。若系爭對象與申請專利之前的先前技術相同，或具有通常知識者基於申請日之前的先前技術能輕易完成者，適用先前技術阻卻。日本最高法院的理由如下：

(1) 無專利權之先前技術係公共財產，任何人均得自由利用。若系爭對象與先前技術相同或依據先前技術能輕易完成，而仍構成均等侵害，則明顯侵犯

---

144 中國北京高級人民法院審判委員會，關於審理專利侵權糾紛案件若干問題的規定，2003.10.27-29，第11條第2項（與權利要求記載的技術特徵相等同的特徵，是指以基本相同的手段，實現基本相同的功能，達到基本相同的效果，並且所屬領域的技術人員在侵權行為發生時通過閱讀說明書、附圖和權利要求書，無需經過創造性勞動就能夠聯想到的特徵。）

公共利益，不符合公平原則。

(2) 若系爭專利涵蓋先前技術或依據先前技術能輕易完成，則不應取得專利權。若判斷系爭對象構成均等侵害，有違專利法之立法目的，並侵犯公共利益。

　　日本最高法院認為先前技術阻卻適用於文義侵害及均等侵害（中國大陸亦採此觀點[145]），而美國的先前技術阻卻僅適用於均等侵害。各國所採之觀點不同，關鍵在於CAFC認為專利權範圍應以申請專利範圍為準，申請專利範圍的作用之一為界定專利權範圍，而先前技術阻卻係基於衡平衍生而來，主張先前技術阻卻僅能減縮專利權之均等範圍，不得據以重新改寫申請專利範圍而減縮專利權之文義範圍。再者，依美國專利法第282條第2項，被告抗辯專利無效必須提出清楚且明確之證據（clear and convincing evidence），而主張先前技術阻卻，僅須提出優勢證據（preponderance of the evidence）。若系爭對象構成系爭專利之文義侵害，而仍允許被告主張先前技術阻卻，無異變相鼓勵被告逃避專利無效訴訟較重的舉證責任[146]。

　　日本學者中山信弘認為先前技術阻卻不須討論專利之有效性或專利權之技術範圍，故不會涉及法院與特許廳之間權限分配的問題。主張先前技術阻卻的主要目的係希望在單一訴訟中解決糾紛，故先前技術阻卻適用的範圍應僅限於系爭對象與系爭專利相同或相近的情況，因為要求法院判斷系爭對象對於先前技術不具進步性等專利要件，而不構成侵害，對於法院負擔過重[147]。前述見解不涉及進步性等專利要件，而與日本最高法院之判決不完全一致，且與美國法院以假設性申請專利範圍分析法，判斷是否適用先前技術阻卻之觀點亦不完全一致。

6.8.5　禁反言原則

　　日本最高法院所列構成均等侵害第5項要件：專利權人在申請、維護專

---

145 中國北京高級人民法院審判委員會，關於審理專利侵權糾紛案件若干問題的規定，2003.10.27-29，第40條

146 陳佳麟，習知技術元件組合專利之均等論主張與習知技術抗辯適用之研究，2003年全國科技法律研討會，p256

147 中山信弘，工業所有權法（上）特許法（第二版增補版）（英文翻譯本），p417～420

利之程序中無意將系爭對象排除於專利權範圍之外者。換句話說，若專利權人在申請、維護專利之程序中有意識地將系爭對象排除於專利權範圍之外者，適用禁反言原則，專利權人在專利侵害訴訟中不得為相反的主張。

日本最高法院認為不論修正的理由為何，一旦申請人在申請、維護專利之程序中有意識的修正申請專利範圍，不論是否為迴避先前技術，均不得重為主張減縮之部分。是否適用禁反言原則之界線在於申請專利範圍之修正是否為申請人之主觀意願，若為有意識的修正，則經修正之請求項均適用禁反言原則。日本最高法院對於禁反言原則限縮均等論之適用的觀點與美國所採之彈性阻卻說不同，日本的禁反言原則比美國的完全阻卻說更大幅限制均等論之適用。

6.9　德國重要判決[148]

德國第一部專利法誕生於1887年，當時的專利說明書不包括申請專利範圍，在專利侵害訴訟時，係由法官判斷專利的保護標的。1898年起德國專利局開始要求申請人撰寫申請專利範圍，但其主要作用係定義發明標的，專利權範圍係依說明書之內容及現有技術狀況予以確定。1953年德國最高法院之判決建立「三分法」的判斷方法，即分為發明的直接對象、發明的對象及一般發明構思三個範圍。

1978年德國修正專利法與歐洲專利公約調和，1986年最高法院於Formstein案中作出重要判決，該案係有關「路緣鑲邊石塊」專利，其請求項為：

1. 一種模制而成之路緣鑲邊石塊，其橫截面具有整體結構或多個部分組成之結構，具有一縱向溝槽，以形成路邊的雨水排水道，其特徵在於尚包括至少一個與上述縱向溝槽交叉的橫向溝槽，該橫向溝槽的開口位於石塊遠離馬路的外側。

2. 如請求項1所述之路緣鑲邊石塊，其特徵在於所述橫向溝槽略微向外傾斜。

---

148 尹新天，專利權的保護，專利文獻出版社，北京，1998年11月，p160～166

　　系爭對象係利用已知的下水道，並舖設已知的礫石及鑲邊石塊，以形成路邊的雨水排水道，其係路邊排水道之舖設方法。德國最高法院認為被告採用之施工方法所得之路緣結構可能落入（物品）專利權的保護範圍之中，而撤銷上訴法院之判決，發回更審。各界對此判決的焦點在於其判斷原則：

(1) 放棄「總的發明構思」理論，代之以「均等論」。

(2) 判斷均等時，不再強調「直接均等」及「間接均等」，另外建立一套統一的判斷依據，即判斷系爭對象與專利權範圍之間的差異是否為該發明所屬技術領域中具有通常知識者顯而易見者。

(3) 為限制均等範圍之擴張，肯定「自由技術抗辯原則」，並擴張其適用範圍，若系爭對象與先前技術相同或系爭對象對於先前技術係顯而易見者，均不構成侵害。

6.10　專利侵害判斷與專利要件審查之對應關係

　　本節嘗試將專利侵害訴訟中之文義侵害、均等侵害判斷與專利審查中之新穎性、進步性要件判斷作簡單的對應比較，由於侵害判斷與專利要件之判斷在性質上及法理上並不相同，筆者並不認為文義侵害等於新穎性判斷、均等侵害等於進步性判斷，僅指出兩者之間的對應關係。

6.10.1　文義侵害與新穎性

　　文義侵害判斷，係專利侵害訴訟過程中，基於全要件原則，比對判斷請求項所載之文義與系爭對象是否相同；新穎性判斷，係專利審查過程中，比對判斷請求項所載申請專利之發明與先前技術是否相同，其判斷標準有三：形式相同、實質相同及下位概念對上位概念[149]（「直接置換」之判決標準僅適用於擬制喪失新穎性）。文義侵害判斷與新穎性審查基準雖然不完全一致，但其結果有相當程度的對應關係，列表比較如下：

149 經濟部智慧財產局，第二篇發明專利實體審查基準，2013年，第三章專利要件2.4新穎性之判斷基準

文義侵害判斷				新穎性判斷
請求項	系爭對象	說明	判斷結果	審查結果
A,B,C	A,B,C	精確原則	文義讀取	不具新穎性
A,B,C,D	A,B,C	刪減原則，兩者功效相同	文義不讀取	具新穎性
A,B,C（開放式）	A,B,C,D	附加原則，僅外加D功效	文義讀取	不具新穎性
A,B,C（封閉式）	A,B,C,D	附加原則，兩者手段不同	文義不讀取	具新穎性
A,B,C（半開放式）	A,B,C,D	附加原則，D無實質影響	文義讀取	不具新穎性
A,B,C（半開放式）	A,B,C,D	附加原則，D有實質影響	文義不讀取	具新穎性
A,B,C,D	a,b,c,d	A,B,C,D為上位概念	文義讀取	不具新穎性
a,b,c,d	A,B,C,D	a,b,c,d為下位概念	不會發生	通常具新穎性

註：新穎性判斷時，將請求項作為申請專利之發明，系爭對象作為先前技術
　　除最後一列外，文義讀取判斷與新穎性判斷有相同的結果

6.10.2　均等侵害與進步性

在專利侵害訴訟中，無論是以三部檢測、可置換性或無實質差異進行均等侵害判斷，均係判斷系爭對象與專利權範圍兩者實質內容相近之程度。6.10.1「文義侵害與新穎性」中已列表比較專利審查中之新穎性與文義侵害判斷結果之對應關係，本節嘗試比較專利審查中之進步性與均等侵害判斷之異同，以供讀者從不同角度檢測自己在操作進步性或均等侵害判斷尺度之拿捏。

依前述均等論之說明及智慧財產局發布之發明專利實體審查基準第三章專利要件，進步性與均等侵害判斷之差異如下：

(1) 均等侵害判斷係請求項與系爭對象單獨比對；而進步性係請求項與單一或複數項先前技術之組合比對。

(2) 均等侵害判斷係就請求項中所載之技術特徵與系爭對象中對應之技術內容

逐一比對；而進步性係就請求項中所載申請專利之發明與先前技術整體比對。

(3) 均等侵害判斷係以侵害專利之時點為準；而進步性係以申請專利之時點為準。

按專利權的文義範圍係記載於請求項中之技術特徵所構成者，而專利權的保護範圍不限於請求項之文義，尚得擴張至能以實質相同之方式，產生實質相同之功能，達成實質相同之效果的均等範圍。基於6.10.1「文義侵害與新穎性」之分析，請求項之文義範圍或可稱為其新穎性範圍，相對地，請求項之均等範圍是否可對應其進步性範圍？例如，有甲、乙兩專利，乙專利對照先前技術甲專利具進步性，若實施乙專利，其是否會均等侵害甲專利？再如，丙申請案對照先前技術甲專利不具進步性，若實施丙發明，其是否會均等侵害甲專利？

就前述第(1)項差異而言，發明專利實體審查基準第三章專利要件3.3「進步性之審查原則」中指出得以一項先前技術或多項先前技術之組合審查進步性，顯然進步性比對判斷之條件較為寬鬆，均等侵害判斷所要求之相近程度高於進步性。換句話說，若A與B均等，A對照C不具進步性，則A、B相對於A、C應更為相近。

6.5.2之四之(二)之2「Corning Glass Works v. Sumitomo Electric USA案」之管轄法院以請求項之技術特徵整體比對方式，判決兩者實質相同，構成均等侵害。惟若就請求項中所載之技術特徵「純矽」或「正向摻雜之被覆層」與系爭對象「負向摻雜之被覆層」比對，並不構成均等侵害。另於1997年Warner-Jenkinson v. Hilton Davis案中，美國最高法院判決均等侵害應就請求項中每一個技術特徵逐一比對判斷，而非就發明之整體為之，以免擴張到不合理的程度，判決：「在適用均等論時，即使對單一技術特徵，亦不得將保護範圍擴張到實質上忽略請求項中所載之技術特徵的程度。只要均等論之適用不超過前述之限度，我們有信心均等論不致於損及申請專利範圍在專利保護體系中之核心作用。」參照6.5.2之八「Warner- Jenkinson v. Hilton Davis案」。因此，就第(2)項差異而言，如同第(1)項差異，均等侵害判斷所要求之相近程度高於進步性。

依前述兩項差異及分析，均等侵害判斷所要求之相近程度高於進步性。

基於舉重明輕之法理，乙專利對照先前技術甲專利具進步性，若實施乙專利，並無均等侵害甲專利之可能；然而，丙申請案對照先前技術甲專利不具進步性，若實施丙發明，有可能但非必然會均等侵害甲專利。

就第(3)項差異而言，均等侵害判斷係以侵害專利之時點為準，則申請日之後的新興技術有構成均等侵害之可能；而進步性係以申請之時點為準，申請日之後公開的技術不得作為進步性判斷之依據。因此，第(3)項差異僅能顯示均等侵害判斷涵括之時間範圍較廣，涵蓋較多的新興技術，但與相近程度並無直接關係。

接續前述第(2)項差異之分析。進步性要件係判斷申請專利之發明基於先前技術是否顯而易知而不論是否增進功效，但專利侵害判斷限於專利發明與系爭對象之手段、功能及結果必須實質相同始構成均等侵害。從兩者之判斷原則論之，若發明A基於申請日之前的先前技術（包括系爭專利B）為非顯而易知但未增進功效而取得專利，隨著新興技術之出現，因判斷時點之差異，嗣後發明可能被判斷為與系爭專利B實質相同（參照6.5.2之二「三部檢測」，方式、功能及結果實質相同，而實質相同指兩者之間的差異為該發明所屬技術領域中具有通常知識者參酌侵害時之通常知識顯而易知者），而構成均等侵害。由於發明A業經檢索、審查，認定對照先前技術包括系爭專利B具新穎性、進步性，而取得專利，即使主張先前技術阻卻，實際上適用之可能性微乎其微。準此推論，前述「乙專利對照先前技術甲專利具進步性，若實施乙專利，並無均等侵害甲專利之可能」並不一定成立。

基於前段分析，在專利權之性質為排他權，以及現行專利侵害判斷的遊戲規則下，即使系爭對象取得專利，仍有可能構成均等侵害。然而，禁反言原則及先前技術阻卻係限縮均等論之適用範圍，三者均係基於衡平衍生而來的法則，若系爭對象已取得專利權，且非屬利用系爭專利之再發明，即使因新興技術之出現以致兩專利構成均等，在訴訟策略上，似乎可以主張在系爭專利申請時系爭對象對照系爭專利非屬顯而易知，故適用先前技術阻卻而未侵害系爭專利權。換句話說，主張先前技術阻卻的基礎，除系爭專利申請日之前的先前技術外，尚可包括系爭專利本身，準此，前述「乙專利對照先前技術甲專利具進步性，若實施乙專利，並無均等侵害甲專利之可能」始能成立。

國家圖書館出版品預行編目資料

專利說明書撰寫實務／顏吉承著.--三版.--
臺北市：五南圖書出版股份有限公司，
2013.03
面；公分.

ISBN 978-957-11-7039-8（平裝）

1.專利

440.6   102003826

1U73

專利說明書撰寫實務

作　　者 ─ 顏吉承(407.4)

企劃主編 ─ 劉靜芬

責任編輯 ─ 游雅淳

封面設計 ─ P.Design視覺企劃

出　版　者 ─ 五南圖書出版股份有限公司

發　行　人 ─ 楊榮川

總　經　理 ─ 楊士清

總　編　輯 ─ 楊秀麗

地　　址：106台北市大安區和平東路二段339號4樓

電　　話：(02)2705-5066　　傳　　真：(02)2706-6100

網　　址：https://www.wunan.com.tw

電子郵件：wunan@wunan.com.tw

劃撥帳號：01068953

戶　　名：五南圖書出版股份有限公司

法律顧問　林勝安律師

出版日期　2007年11月初版一刷
　　　　　2009年11月二版一刷（共二刷）
　　　　　2013年 3 月三版一刷
　　　　　2024年 8 月三版七刷

定　　價　新臺幣550元